国际时尚设计丛书·服装

U0742638

国际服装立裁设计

美国经典立体裁剪技法

（原书第5版）

［美］康妮·阿曼达·克劳福德　著

郭新梅　译

中国纺织出版社有限公司

内 容 提 要

本书是引进美国的经典服装类版权图书。内容涵盖全面，以立体裁剪的基本理论为出发点，从初级基础到高级技术，再到复杂技法，通过案例逐步进阶提高，分为立体裁剪概述、基础样板、中级技术和高级技术四大部分。本书着重讲述上衣原型、裙子、裤子、针织服装、夹克、连衣裙、礼服裙等款式的立体裁剪，并介绍了服装各部位的个性化立体裁剪设计和样板修正方法。书后附有单位换算表。

全书图文并茂、由浅入深、通俗易懂，立体裁剪步骤和技法讲解详细，从基本款到高级时装和斜裁设计均有步骤、图解说明。书中涵盖很多经典实用和当前流行的立裁技法和综合案例。本书适合服装设计师、服装制板师、高等院校纺织服装专业学生和服装爱好者阅读学习。

THE ART OF FASHION DRAPING

Connie Amaden-Crawford

© Bloomsbury Publishing Inc., 2018

This translation of The Art of Fashion Draping, 5th edition is published by China Textile & Apparel Press by arrangement with Bloomsbury Publishing Inc. All rights reserved.

著作权合同登记号：图字：01-2019-0861

图书在版编目（CIP）数据

国际服装立裁设计：美国经典立体裁剪技法：原书第5版/（美）康妮·阿曼达·克劳福德著；郭新梅译. -- 北京：中国纺织出版社有限公司，2023.10

（国际时尚设计丛书.服装）

书名原文：THE ART OF FASHION DRAPING

ISBN 978-7-5229-0771-0

Ⅰ.①国… Ⅱ.①康… ②郭… Ⅲ.①立体裁剪—美国②服装设计—美国 Ⅳ.① TS941.631 ② TS941.2

中国国家版本馆 CIP 数据核字（2023）第 137300 号

责任编辑：张晓芳 朱冠霖　　责任校对：高 涵
责任印制：王艳丽

中国纺织出版社有限公司出版发行
地址：北京市朝阳区百子湾东里A407号楼　邮政编码：100124
销售电话：010—67004422　传真：010—87155801
http://www.c-textilep.com
中国纺织出版社天猫旗舰店
官方微博 http://weibo.com/2119887771
北京华联印刷有限公司印刷　各地新华书店经销
2023年10月第1版第1次印刷
开本：889×1194　1/16　印张：31
字数：680千字　定价：128.00元

凡购本书，如有缺页、倒页、脱页，由本社图书营销中心调换

前　言

本书第 5 版适用于服装教育者、学生和设计师等专业人员，旨在帮助服装工作者通过立体裁剪技法的学习，来提高服装设计的水平。在原版的基础上新版做了全面的更新与优化，提高了图片的精度，放大了插图，并用彩色线条标示立裁过程。

内容更新

新版旨在更新设计，增加了新的设计案例和技法插图。第 4 章合体短裙原型，增加了样衣合体性的评价与修正。第 5 章袖子原型，更新了袖子与袖窿的匹配方法。第 6 章衣身原型及造型，更新了如何调节衣身、肩部、领口、侧缝等各部位的合体性。第 8 章圆形荷叶边与抽褶设计，增加了腰部装饰褶设计技法。第 9 章公主线款式服装设计，更新调整了公主缝的合体性相关内容。第 10 章无省上衣设计，增加了男式育克衬衫设计的内容，更新了无省设计合体性评价及修正方法。第 13 章裤子设计，详细地阐述了裤子合体性的调节方法。第 14 章针织服装设计中增加了很多内容，包括合体款针织服装设计。第 18 章日常休闲连衣裙设计，依照读者的需求增加了最新的露肩款式、衬衫。第 19 章增加了紧身胸衣的设计。

本书结构

这本的结构设置是按照掌握立体裁剪知识的逻辑顺序展开，从介绍立体裁剪所用的工具开始，到基本操作步骤，再到高级复杂技法。

第一部分立体裁剪概述，首先介绍了立体裁剪的基本常识，使读者认识到立体裁剪是进行服装设计创作的一种方式；并阐述了织物的特性，介绍了面料的经纬纱向，以及在人台上操作的准备工作和基本方法；详细讲解了样片缝份的加放方法和对位点的标记方法；给出了立体裁剪常用的工具和材料，以及服装专业术语等。

第二部分基础样板，主要讲解了基本原型的立裁方法，这是学习和掌握立裁技法的基础。通过在人台上直接操作对面料进行造型，使读者理解并掌握衣身原型、裙原型、全身式衣身原型、袖原型等各种基本型的立裁方法。立体裁剪的边操作、边感受设计的直观性，是平面裁剪无法比拟的。

第二部分中还循序渐进地讲解了纱向、省道、褶裥和碎褶等技法在造型设计中的合理应用，使读者理解到设计中所必要的松量、腰线造型和样板平衡等相关知识。袖原型方面的知识也包括在这部分中。为了提高袖片立裁的效果和准确性，这里采取先用平面方法绘制袖子基本纸样，然后用大头针别合组装，再到人台上调节袖子的平衡性和合体性。基本原型部分更新了全身式基本原型的内容，也包括上衣和连衣裙的造型分类。这部分内容主要侧重于全身式原型的应用和款式变化。

第三部分中级技术，引导读者通过对各种款式服装的立裁训练，从而掌握基本技术，包括衬衫、公主线设计、无省设计、裙子和袖子等。通过典型案例的学习，掌握应用褶、省、碎褶和松量等技术手法，对人体的胸、腰、臀等部位进行合理造型和款式设计。详细地讲解了如何从领口到下摆有效地控制面料；如何在对面料不进行过度处理时而能够达到平滑柔顺的设计。

第四部分高级技术，指导设计师应用已掌握的立裁技法，进行创意设计和复杂造型。主要包括裤子设计、针织服装设计、领子设计、外套设计、垂荡褶设计、斜裁连衣裙、刻纹褶皱礼服等相关内容。通过立裁操作，在完成各种款式的造型设计中使读者掌握丰富的立裁技巧。

本书是服装设计专业和高级时装定制的优秀教材，既可以作为服装设计专业的入门教材，也可以作为立体裁剪爱好者的选修课程。总之，这本书对每一位有志于服装设计的人士都是有益的。

基于多年从事服装设计、产品设计和高校教学的丰富经验，作者深深体会到：只有具备了扎实而全面的立体裁剪基本功，才能创作出优秀的设计作品。殷切期望通过本书的学习，读者能够成功打下通往服装设计之路的坚实基础。

目　录

第一部分

立体裁剪概述

    许多设计师都倾向于采用立体裁剪的方法进行创作与设计。借助在人台上直接操作，就如同服装穿在人身上一样，设计师可以实时地观察造型的比例、合体度、平衡、款式风格等。而用实际面料进行创作时，面料的悬垂性等相关特性又能给设计师以启发和灵感。

    第一部分阐明了为什么要采用立体裁剪以及什么时候采用。探索并指出了时装面料、纤维、混纺、色彩和组织结构等信息，以及它们与各种设计的相互关系。第一部分还介绍了立体裁剪的常用工具和设备；定义了织物的纹理及其与设计的关系；给出了立体裁剪的相关术语和基本原则。

    这部分通过标准立裁技术的基本原则指导学生，使其建立立体裁剪的基本知识。学生只有掌握了这些基本技能后，才能体会到一块面料是如何转变成服装造型的。

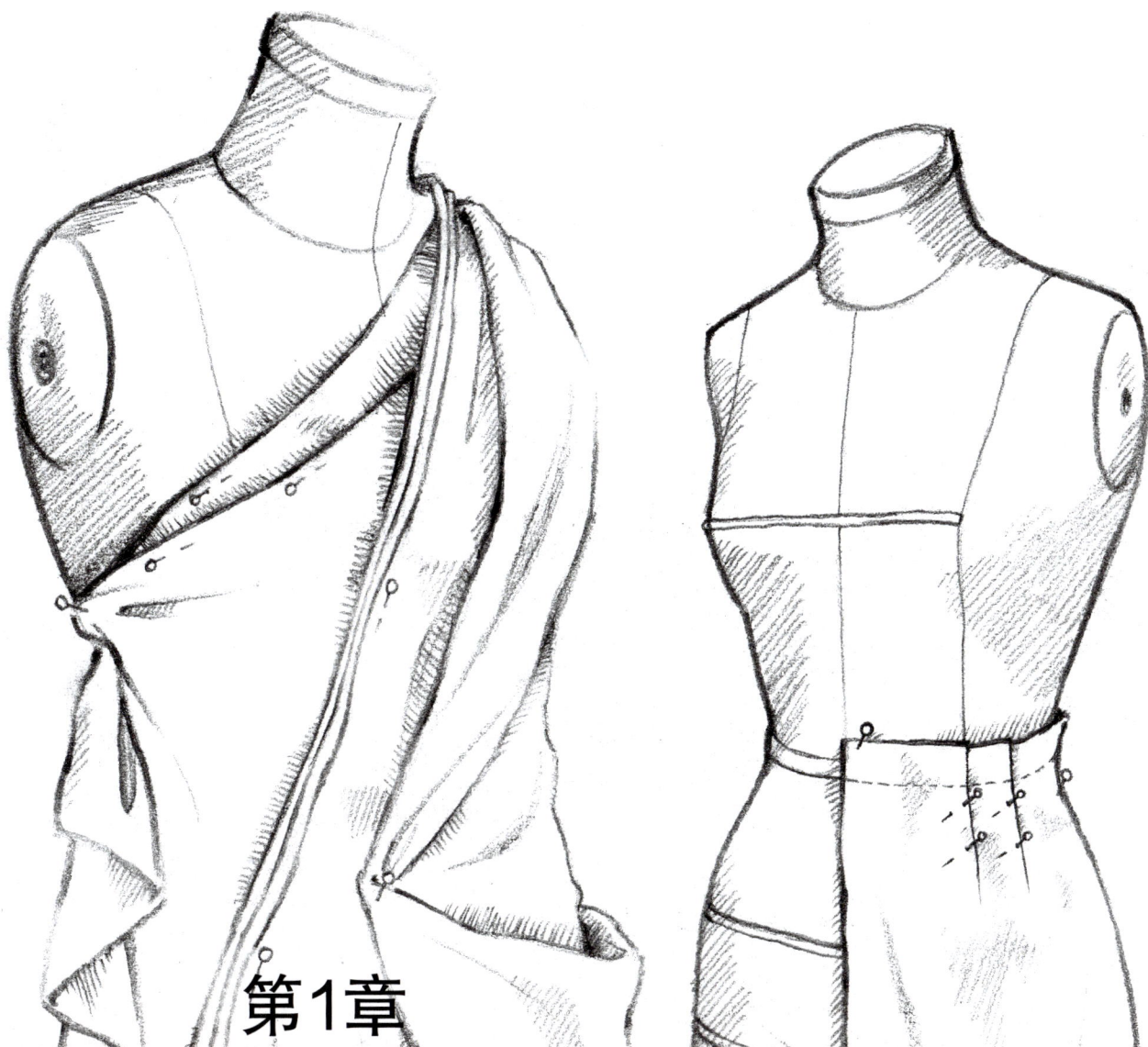

第1章
立体裁剪的基本原则
和技法

» 设计构思
» 面料选择
» 面料元素
» 面料的经纬纱向
» 立裁准备
» 样板平衡原则
» 缝份
» 对位剪口

立体裁剪是指设计师在人台或模特上，通过对面料进行造型、裁剪、别针等操作，创作出预期款式的一门技术。立体裁剪是一种古老的制衣方式，也是一种面料造型艺术。不同的设计师进行创作时采用的方式会各不相同，但很多设计师都倾向于用立裁的方式来实现原创设计。这是因为直接用面料操作能给设计师带来更多的灵感，能够最大限度地表现出面料的悬垂性和其他特性。同时，立裁使设计师直接看到服装的款式造型，能够实时地调节服装的比例、合体度、各部位的平衡性等相关问题，恰似服装穿着在真人身上一样直观方便。

通过立体裁剪，可以亲眼看到一个设计的形成过程。本章详细地介绍了立裁的基本原理和操作过程，读者能够轻松掌握。用立体裁剪的方法在人台或人体上实现设计要优于完全采用平面制板的方法，主要体现在以下几个方面。

> » 通过立体裁剪，设计师能直接在人台或人体上观察款式造型，确保服装达到完美的合体度。
> » 立体裁剪便于对一些关键设计进行反复试验，如育克、领子、袖型等。
> » 立体裁剪便于对一些局部设计和元素做最佳定位，如服装的层次、造型线、领口细节、宽松度、衣长、服装开口以及其他局部（门襟、口袋、贴边）等。
> » 立体裁剪方便设计师进行省道转移和分割线的变换，优化服装的线条设计。

本书从基本款式到高级成衣再到斜裁设计，通过立体裁剪技术插图，逐步地讲解操作方法和步骤。这些操作方法在本书的前后是一致连贯的，有助于设计师掌握立裁的基本原则。本书还通过图示说明了如何选用合适的面料，将原创设计转变成各种款式的成衣设计。

本书的指导方针是培养设计师对当前流行造型的敏感意识，有助于提高设计师对款式造型的分析解剖能力，也有助于提升设计师对款式细节的观察、分析和处理能力。立裁技术的掌握有助于促进设计创作、提高裁剪的准确性、创作出独特风格的时尚作品。

通过这些立裁技巧的学习，设计师立裁时会掌握面料的视觉元素，将面料处理得更加合理而优美。立裁技法的掌握使设计师的裁剪技术更加娴熟。立裁中的扭转、雕塑造型等特殊技法，有助于将技术转变成富有创意的设计思路。这些立裁技法与流行的色彩和纹理的面料结合，使服装造型具有独特的光影效果。

掌握一些特殊立裁技法，并与面料的丝缕方向和款式的设计线相结合，将会造就一种冒险性的创作精神，探索出超越传统的裁剪方式，挖掘出面料的潜在性能，其中也包括设计师亲自对面料进行的改造而创造出的新时尚。

设计构思

原创设计都会带来无限的乐趣，无论设计师是用草图的形式表现设计，还是借助立裁的方式，在大脑中先形成构思，再手眼结合调节面料上的线条和形状来实现设计。要想对面料进行完美地造型，设计师必须对线条、比例、平衡和设计细节等进行斟酌，对面料应该充满爱意地、轻柔地抚摸、裁剪、造型。学会用手去操纵捋顺面料直到合适的位置，用指尖来感受设计。将面料整理成想要的设计，不断地完善设计、调整合体性、校准样板、复制样板。另外，还要经常花时间去研究时尚杂志上的设计师以及参观精品店，来激发想象力、促进学习热情。知识的积累有助于为各种创意思路的实现提供途径，也会使设计层出不穷、永无止境。

成功创作一款服装要具备以下三个要素。

1. 服装的款式应该满足目标受众的形象、年龄、穿着场合以及生活方式的需求。
2. 服装的结构与工艺必须达到一定的质量要求。
3. 服装的设计应满足人们的审美情趣，包括色彩和相关细节。

时尚魅力

充分了解流行时尚和那些创造时尚的设计师，对于理解服装设计至关重要。设计师决定着流行趋势，有时会影响流行时尚很多年。时尚作为历史的一部分，在不同的时期不断地重复出现，风格也不断地被重新定义。20世纪的高级时装在很大程度上要归功于新技术的发展，新技术极大程度地改善了面料的后处理。另外，也要归功于时装设计师对面料的再造处理，这些处理技术和方式转变成了服装造型中的新设计。服装设计师精通面料变化的视觉元素，善于将其转变成赏心悦目的服装结构。如查尔斯·沃斯（Charles Worth）、玛德琳·维奥内特（Madeleine Vionnet）、格蕾夫人（Madame Alix Grès）、尼娜·里奇（Nina Ricci）、乔治·阿玛尼（Giorgio Armani）、可可·香奈儿（Coco Chanel）、克里斯特·巴伦西亚加（Cristóbal Balenciaga）、梅因布彻（Mainbocher）、克莱尔·麦卡德尔（Claire McCardell）、吉尔伯特·阿德里安（Gilbert Adrian）、于贝尔·德·纪梵希（Hubert de Givenchy）、唐娜·卡兰（Donna Karan）、三宅一生（Issey Miyake）、诺玛·卡玛利（Norma Kamali）、佩里·埃利斯（Perry Ellis）和尼古拉斯·盖斯奎尔（Nicolas Ghesquière）。还有一些时尚达人，如南希·米特福德（Nancy Mitford）和盖伊·塔利斯（Gay Talese），他们为当今的新秀设计师搭建了时尚平台。

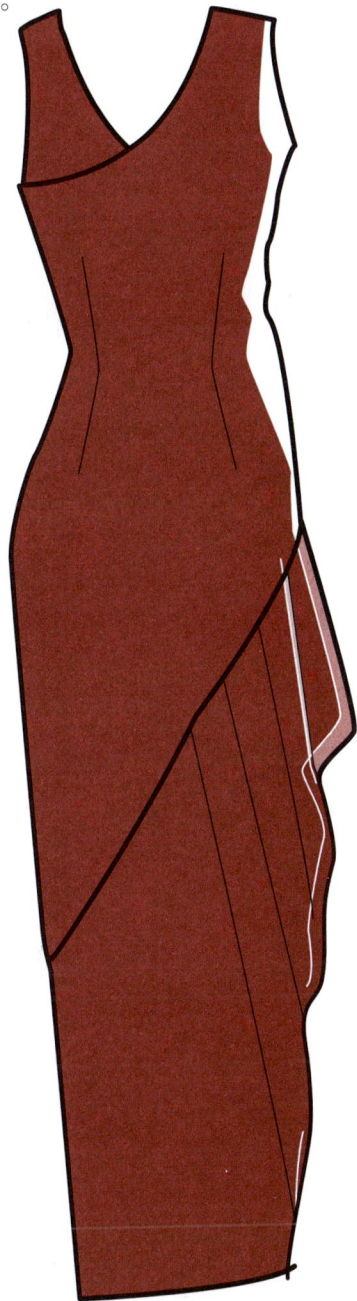

图1-1

明确设计细节

时尚杂志每年发表新的流行趋势。当分析这些新设计时，你是在审视一种新的艺术风格，它是由各种设计元素创造性地结合在一起构成的。你所掌握的各种专业知识和技法将引导你成功实现各种款式的创作。

你可以在基本款的基础上做出多种变换，形成各种不同款式的新造型，关键是要表现出每款服装的主要风格特点。这些风格特点可能是造型线、镶边，或者是袖型；对于裙子主要是造型的变化，如铅笔型、钟型、短款或长款等；也或者是对服装的开口设计，如侧面、正面还是背面开口等。设计的焦点问题包括以下各方面。

» 衣身造型：基本型、公主线型、无省型、紧身型、宽松型、针织、雕塑型等。

» 设计线：公主线、育克线等。

» 领口线细节：前领口高或后领口高、低领口、V型领口、方型领口等。

» 省道或褶裥：一个、两个、多个等。

» 宽松度变化：在肩部、腰线等处加放的松量，或者从侧缝、设计线，以及样板的某个设计点而放射出的宽松量设计。

» 衣长：短款、及膝的传统长度、长及小腿、长及脚踝、全身长度等各种形式。

» 服装开口：前开口、后开口、侧开口、双排扣开口、无开口。

» 袖子类型：短袖、长袖、翻边或不翻边、钟型、衬衫袖、主教袖、外套袖等袖型。

» 局部配件：衣领、袖口、门襟、口袋、腰带等，通过这些部件的补充与强调才得以完善最终的整体造型。

图1-2

设计元素

服装是三维立体的，是从多方位去欣赏的。当在纸上观察设计时，或者从书本、杂志上审视服装时，一定要记住这时候的视角是二维平面的。设计一个新款服装的基本理念是通过将各种设计元素创造性的组合起来，形成令人愉悦的新风格。这些设计元素包括颜色、明暗、线条、形状和织物机理等，在进行设计时，一定要在脑海里仔细斟酌这些元素。

颜色

颜色，也被色彩专家称为色相，人们对设计做出的首要反应就是颜色。它能传达目的和心情，激起一定的情感，做一个新设计要仔细斟酌颜色。色彩、面料和设计的完美结合，才能使服装美丽动人，展现出着装者正面积极的特性。从头到脚的整身采用一种色调，可以彰显身高；合理的色彩对比，可使身体的比例更加匀称；在人体某些部位采用中性色和深色，可以起到忽视或弱化的作用；而脸部附近或者需要着重突显的部位，可采用明亮醒目的颜色。

明度

颜色的明暗程度称为明度。明度高的为浅色调，它们在调色板中明亮而突显。明度低的为深色调，在色调板上有后退的感觉。最强烈的明度对比是纯白和纯黑。深色调的颜色（黑色、棕色、灰色、米色）在视觉上有收缩的感觉，能够修饰身材、显得细长柔美；而较浅、较亮的颜色则更引人注意。

线条

服装上的线条主要由衣片间的接缝和一些设计细节构成，如碎褶、褶裥、折叠和开口等呈现出的线条。垂直方向的线条有缩小体型的作用，给人瘦小的视错觉；而水平方向的线条则使人体看起来更宽阔。当使用向下的斜线时，身材会显得又瘦又高。然而，若使用向上的斜线时，则会显得又矮又胖。带有线条的面料（曲线、斜线、垂直线或水平线等）会引起着装者情感上的某些潜意识。例如，曲线表示愉悦和渐变，垂直线表示权威感，而水平线给人以稳定感，斜线则给人一种兴奋感。

廓型

如何忽略服装中细节，而仅从外观轮廓上描述服装时称为廓型。远观服装时廓型至关重要。时尚周期性的循环特征大多都表现在服装廓型的特征上。最常见的廓型有沙漏型、A型、直筒状、楔型和钟型。长度的变化不会影响廓型。

面料及纹理

面料是设计师将设计与人体联系起来进行"雕塑"的媒介。通常由经验和实际观察以及反复地试验，来决定何种面料适合相应的设计。除了条纹面料外，印花面料用于宽松型设计中，将会产生平面的效果，因为人体的形体被弱化了，印花图案成为服装的主要特征。有光泽、柔软、丝顺的面料，使服装具有飘逸流动的艺术感。此外，采用纯度和明度较高的面料，会使服装造型看起来有拉近或者远离的感觉。

总而言之，本书鼓励设计师通过面料作为雕塑媒介，将设计与人体联系起来，实现各种创意思路。综合考虑面料的质地、质量、可持续性、薄厚、印花、颜色、图案等要素，有助于设计师选择最佳的面料来呈现设计。在针对具体的客户进行创作时，应该遵循一些指导原则，例如，对比色、织物重量等方面的考虑，这将有助于为客户提供最佳的新设计。

面料选择

开始立体裁剪之前,要广泛地考虑可供选择的各种面料。面料选择的合适与否对服装的成品外观影响很大。适合的面料种类和质量非常重要,将决定成品服装的外观、耐用性、日常维护和穿着舒适性等问题。优秀设计师不仅了解面料的纤维成分、组织结构和后整理,而且清楚成品面料的结构和性能,以便把握好服装或样板的放松量和平衡性。要决定哪种面料最适合设计,常常取决于设计师的经验和其敏锐的洞察力,或者反复尝试。

手感、外观和质地

面料的触觉感受称为手感。面料的外观是指织物的柔韧性。面料的质地则包括重量、组织结构和悬垂性等相关性能。质地是由不同种类的纤维、以不同的成纱加捻方式构成纱线,再以不同的组织结构编织而成的各种特性的面料,同时还要考虑面料的染色和后整理工艺。

选择面料的质量和重量

选择合适的面料质量和重量对于设计很重要。天然纤维,如棉、亚麻、丝绸和羊毛,具有较好的透气性,制成的服装穿着更舒适。柔软的面料穿着起来具有收缩感,使体型显得柔美。这类织物做成竖直方向的褶皱,悬垂柔顺,使身材显得苗条修长。

粗犷、闪亮或硬挺的面料会突显身材,如果整件都用该材料会有较强的廓型感。将粗犷、闪亮或硬挺的面料与柔软的面料结合起来应用,会创作出富有创意的新款。在针对具体的客户选择面料时,请记住轻薄面料的使用量会少一些,而厚重面料的使用量会多一些。

选择面料的颜色

研发新设计或者创作个性化的设计时,

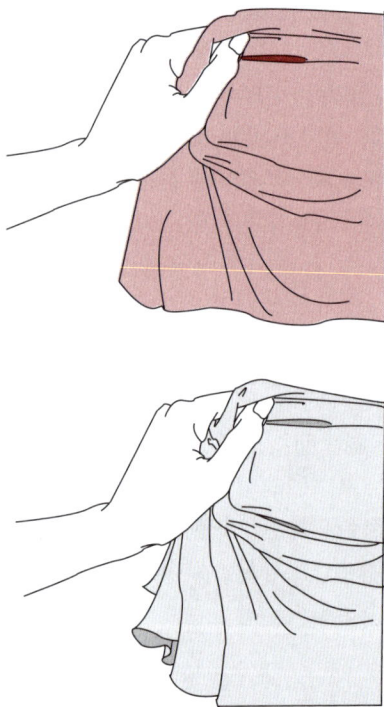

图1-3

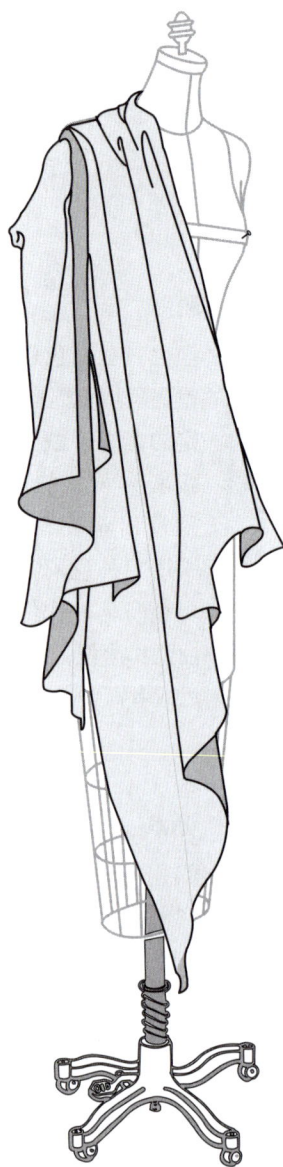

图1-4

都要谨慎考虑颜色。色彩代表着一定的意图,并唤起一定的情感意识。色彩、织物和设计的完美结合会使服装更优雅,使着装者更得体。可以从头到脚地选取统一的色调,能够最大限度地体现身高的错觉,给人苗条修长的外观。采用对比色可以平衡人体的比例,隐藏或弱化人体局部的缺陷。纯色能够凸显设计细节,而格子和印花图案则有弱化设计的作用。中性色(黑色、棕色、灰色、米色)在视觉上有缩小和弱化感,而浅色、亮色则更吸引人们注意力。由于深色能使体型显小、显瘦,所以"小黑裙"不仅是任何女人衣柜中不可或缺的衣物,也几乎是任何场合的理想之选。

选择面料的图案

带有柔和图案的印花面料穿着在人体上可以增色不少,既可以表现得浪漫夸张,也能够显得简约单纯。竖条纹面料具有显瘦的视错觉,而水平方向的横条纹则看起来更宽阔。当前流行的平面印花面料的图案主要包括:几何形、绘画、植物、花卉、波点和条纹等。

国际服装立裁设计:美国经典立体裁剪技法(原书第5版)

面料元素

面料和服装都应该适应于人们的生活方式，满足着装多样化的需求。例如，我们身边所熟悉的运动类服装是由牛仔布、单面针织物和各种机织棉以及合成纤维制成的。透明薄纱织物显露人体的体型。因此，网眼薄纱、欧根纱、轻薄的纯棉织物和针织物都要谨慎使用以防走光。特殊的晚礼服面料，如雪纺、双绉、丝绸、巴里纱和织锦等，能够展现当今女性的优雅生活。相比之下，亚麻布、泡泡纱、土织格子布、天然棉、灯芯绒、羊毛和各种人造合成面料适合用于实用、经久耐用型的服装。

织造技术

虽然构成织物的组织结构和纤维的种类各不相同，但织物的生产过程一般都是相同的。首先将纤维捻成纱线，然后通过针织或机织的方式将纱线织成面料。织物的花色可以通过染和印的方式实现。最后，通过后整理技术（通常是化学整理）来改善织物的性能，以满足消费者的需求，适合于最终用途。

如今，纺织业最大的进展是纺织厂正在将有机纤维与高科技设备相结合。这是伴随着不断研发"创新性"的理想织物而诞生的。粗看起来，创新面料和纱线可能会和传统面料很相似，但创新的复杂性主要体现在后整理上，包括喷绘、硬化、纱化、水洗、皱褶和变形等工艺，使织物变得更轻、更耐用、手感更好。优质原材料与精细工艺相结合，使织物的性能、外观和手感都焕然一新。例如，被誉为"高科技—人然"织物是由天然纤维与合成纤维混纺而成的，织物各方面的性能显著提升。一些纺织厂还将不同的天然纤维相互混纺，如羊绒、蚕丝和羊毛等，使织物更加轻盈、蓬松而温暖。上等的精细织物，如羊绒、小羊驼毛、马海毛和超细羊毛等，只需要做简单的后整理就能获得上乘的质量，如黏合、磨砂、刷洗、毛羽或原生化。羊毛、麻、丝与棉或亚麻的混纺，质地会有显著改善。

混纺面料

混纺织物是指由两种或两种以上不同类型的纤维混纺而成，混纺纤维改善了织物的总体性能。当一

种纤维不具备所需的性能时，通常会采取混纺的形式。例如，棉织物易起皱，但具有良好的吸湿性和柔软性，将棉与优良抗皱性的涤纶进行混纺，会使织物具有抗皱、吸湿、柔软等性能。现在许多机织物和针织物中混纺氨纶已经是很普遍了。由于技术的进步，混纺织物的种类和数量无穷无尽，任何纤维都可以与其他纤维混纺。随着天然纤维、合成纤维和人造纤维的生产和织造技术的迅速发展，面料种类也将日新月异。

棉花加工技术的革新，使得棉织物富有光泽而柔软。此外，天然纤维可以和合成纤维以及其他天然纤维进行混纺。例如，羊毛和棉混纺、羊毛和亚麻混纺的织物在市场上都很常见了。由超精细工艺织造而成的新型织物，其组织结构精细，具有轻盈、品质上等、梦幻般手感的特性。

可持续性面料

可持续性发展问题对服装业产生了巨大的变革。由于对有机种植原材料、可回收、可生物降解纤维材料的需求，使得有机棉、大麻、亚麻、苎麻、竹子、大豆、玉米和纤维素纤维等成为纺织品的主要来源。利用先进技术从回收塑料和其他材料中提取可用的材料，开发功能性、生态可持续性的纤维，染色技术和后整理工艺都更加节能而环保。在动物和植物纤维的提取和加工方面也有了新突破，出现了环保生态纤维、精细羊毛、更细更软的纱线等新产品。

纤维

不同的纤维以及将纤维编织在一起时所选择的不同的织造方式都决定了织物的类型。纤维分为天然纤维和人造纤维。天然纤维来源于植物与动物毛，植物纤维包括：棉花、亚麻、大麻、苎麻和黄麻等。动物纤维的来源包括：绵羊、安哥拉山羊（安哥拉）、安哥拉兔（马海毛）、骆驼和羊驼。蚕丝是由蚕茧经缫丝抽出的长丝纤维。人造纤维是利用天然植物材料，如木浆、竹子、海藻、大豆、玉米等，被粉碎压榨成浆后，用化学药剂进一步分解，将其变成适合纺纱的纤维丝。

合成纤维在自然界中不存在，是通过各种化学工艺生产而成。合成纤维包括醋酸纤维、丙烯酸纤维、尼龙、聚酯纤维、人造丝、氨纶、仿毛纤维、人造毛皮和天丝等。金属纤维多采用金、银、铜、不锈钢和铝等材质制成细长丝，常常作为包芯纱的芯与另一种纤维一起纺成线，再织成面料。

此外，还有一个适合于工业用的人造纤维的次级市场。这些纤维是由长链合成聚酰胺与芳香环相连而成。芳纶是一种具有高韧性和阻燃性的纤维（由杜邦公司生产并注册为Kevlar和Nomex），该纤维不会熔化；在700℃以上会炭化和降解，回潮率为5.5%，用于运动员和飞行员的热防护服，也用于装甲车上的防弹衣。

超细纤维是比头发丝和蚕丝都更细的一种合成纤维。采用超细纤维技术生产的织物看起来如同丝绸一般，非常柔软丝滑。该技术还可用于生产轻薄的仿亚麻织物，以及可水洗、耐缩绒的仿羊毛织物，均具有丝绸般的手感。最常见的超细纤维是由聚酯、聚酰胺（尼龙）制成，或者由两者混纺而成。

图1-5

织物结构

从纤维到纱线再织成面料有几种不同的织造方式。机织和针织是最常见的两种。对机织和针织面料织造原理的理解，有助于积累知识，从而触类旁通地认识其他织造工艺。

机织面料

机织物由经纱和纬纱两组纱线构成。经纱是纵向的纱线，纬纱是横向的纱线，经纱和纬纱以直角交叉编织。经纱和纬纱交织的方式不同，就形成了不同的织物形式，如平纹织物、斜纹织物、缎纹织物，还有烂花、提花和起绒织物等。所有机织物的共同特点是，在裁剪的边缘容易脱散，并且越松散的织物，散边现象越严重。织物的耐磨、耐用性能随着编织紧度和密度的提升而增强。

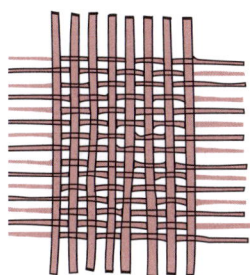

图1-6

平纹织物

每根纬纱与每根经纱分别上下交织。

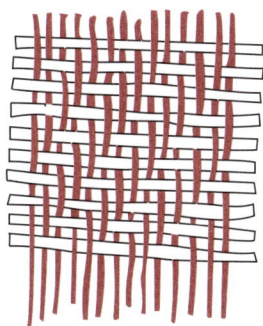

图1-7

斜纹织物

通过织物表面的斜向织纹可以识别出斜纹织物。纬纱至少间隔两根或两根以上的经纱才交织一次。

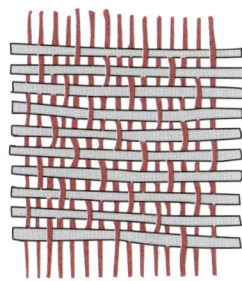

图1-8

缎纹织物

纬纱间隔几根经纱才交织一次，织物表面富有光泽。

表1-1　机织物

纤维种类	轻薄织物	中等厚度织物	厚重织物
棉织物	细棉布、雪纺、纱布、优质薄棉布、欧根纱、巴厘纱 适用于正装、晚装、多层时装，或者用于衬里、内衣和加固定型材料	仿羔羊呢、条格棉布、印花棉布（精制棉）、织锦缎、牛仔布、法兰绒、华达呢、方格色织布、平纹棉布、衬衫布、凸纹织物、泡泡纱、府绸、绉条布、斜纹布和平绒 适用于运动装、休闲装、男式衬衫、童装、睡衣、女式上衣和连衣裙	仿羔羊呢、锦缎、绳绒织物、灯芯绒、织锦缎、牛仔布、帆布、华达呢、凸纹织物、毛巾布、斜纹布、丝绒、天鹅绒和平绒 适用于晚装、运动装、连衣裙、夹克、睡衣、定制服装和童装
麻织物	优质的细麻纱常常是纱罗织物和手绢布的首选 适用于晚礼服、衬衫和裙子	采用中等粗细的亚麻纱通过不同的组织结构，可织成各种中等厚度的麻织物 适用于衬衫、女上衣、连衣裙和童装	采用较粗重的亚麻纱通过不同的组织结构，可编织成不同厚重的亚麻织物 适用于裤子、定制服装、运动装、夹克、西服套装和外套

纤维种类	轻薄织物	中等厚度织物	厚重织物
丝织物	雪纺、透明丝织物、乔其纱、网眼布、欧根纱、薄纱、透明薄绸和中国丝绸 适用于正装、晚装、女式上衣、衬衫，以及衬里	双绉、查米尤斯绉缎、缎背绉、天鹅绒、针织布和提花布 挺爽的丝绸，如塔夫绸、缎和锦缎 适用于连衣裙、晚装、柔和的裤装。挺爽的丝绸适用于正装、晚礼服衬衫和夹克	双宫绸、山东绸、斜纹、粗花呢 适用于定制服装、裤子、运动装和晚装
毛织物	宽幅细毛织物、印花薄毛料 适用于晚装、连衣裙、围巾、裙子、上装和裤子	法兰绒、华达呢、人字斜纹呢、印花呢、粗花呢、精纺毛料（绒面呢） 适用于男女西服和大衣、定制服装、裙子、裤子、运动装、休闲装、运动外套	罗登呢、粗花呢、麦尔登呢 适用于大衣和其他户外装
新型天然纤维（苎麻、大麻和竹子）	采用细纱通过不同组织结构织成的各种轻薄织物 适用于晚装、连衣裙、围巾、裙子、上衣和裤子	采用中等粗细的纱线通过不同组织结构织成的各种中等厚度的织物 适用于男女西服和大衣、定制服装、裙子、裤子、运动装、休闲装、运动外套	采用粗重的纱线通过不同组织结构织成的各种厚重织物 适用于大衣和其他户外装
人造纤维（黏胶人造丝、莫代尔、竹纤维、天丝）	采用细纱通过不同的组织结构织成的各种轻薄织物 适用于晚装、连衣裙、围巾、裙子、上衣和裤子	采用中等粗细的纱线通过不同的组织结构织成的各种中等厚度的织物 适用于男女西服和大衣、定制服装、裙子、裤子、运动装、休闲装、运动外套	采用粗重的纱线通过不同的组织结构织成的各种厚重织物 适用于大衣和其他户外着装
合成纤维（尼龙、醋酸纤维、丙烯酸纤维、聚酯纤维和氨纶）	采用细纱通过不同的组织结构织成的各种轻薄织物 适用于女上装、裙子、连衣裙、贴身内衣、晚装	采用中等粗细的纱线通过不同的组织结构织成的各种中等厚度的织物 适用于女上装、裙子、连衣裙、晚装、裤子和婚纱礼服	采用粗重的纱线通过不同的组织结构织成的各种厚重织物 适用于运动装、女上装、连衣裙、定制服装、大衣、外套等

注　将两种或两种以上不同类型的纤维混合在一起，加捻、纺纱而织成的混纺织物能够提高织物的性能。混纺比例较高的那种纤维的性能将决定织物的主要特征和性能。例如，70%棉和30%聚酯纤维的混纺织物，其性能多表现出棉的特征而非聚酯纤维的。归功于先进技术，混纺织物的种类和数量丰富多样，无穷无尽。请参阅上表，了解不同厚度面料的不同用途。

蕾丝织物：在历史上，棉、亚麻、丝以及金属丝等都曾用于制作蕾丝。将一根线环绕、扭结、编织到其他线上，形成镂空图案的织物即为蕾丝。另外，很多混纺纤维也常用于编织成松散的弹性机织蕾丝，重量较轻。

针织面料

针织物是由纱线构成的线圈相互串套而成的，分为纬编和经编两种类型。纬编是每根纱线在一个线圈横列中形成线圈。经编是一根纱线形成的线圈沿着织物长度方向相互串套，纬向由一系列多根纱线构成。针织物图案的变化是通过改变基本针法或线圈排列而实现的。针织物的一个重要特征就是弹性性能，弹性的大小和伸缩方向（单向或双向）是由编织工艺决定的。请参阅第14章的针织设计相关内容，了解各种针织物弹性性能。

针织物的外观因纤维种类和编织类型的不同而不同。针织物的特性由所采用的纤维性能而决定。不同的纤维类型、织物重量、纹理和图案等各种因素的不同，使针织物的种类繁多，广泛应用于各类服装。针织物品种的选用必须要适合服装设计。

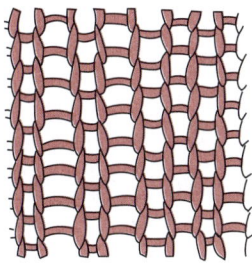

图1-9

单面针织物

在面料幅宽方向上由一组针形成线圈编织而成，从轻薄到厚重，可织出各种厚度的单面针织布。与双面针织不同，单面平纹针织物的横向伸长率约20%。织物的正面是竖直方向的纹理，反面是水平方向的纹理。单针织物常用于T恤衫。

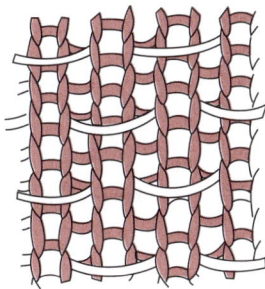

图1-10

双面针织物

需要用两组针形成双线圈，织物的正反面具有相似的外观。双面织物多为中厚型和厚重型织物，具有良好的造型性和保型性。

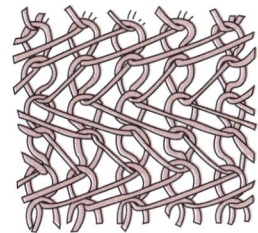

图1-11

经编针织物

在长度方向由多个线圈构成，通常采用较细的纱线制成，多用于内衣和轻型衬里。织物的正面是垂直的纹理，横向弹性较好。

表1-2 针织物

织物名称	纤维构造	适用品类	手感和面料特征
双面针织物	涤纶、棉、毛、丝、人造丝、莱卡	适用于T恤和休闲装	硬挺、平整、稳定。适于中等柔软度的喇叭造型，保型性较好
双罗纹织物	尼龙、涤纶丝、棉	适用于T恤、腰部松紧式的裤子和裙子、休闲装	外观平整光滑，正反面纹理一致。如果抽褶或用松紧带缩褶，褶皱效果蓬松柔和
提花针织物	涤纶、尼龙、丝、涤纶混纺物	适用于T恤、较少分割结构的合体连衣裙	通常具有很丰富的表面纹理，柔顺优雅
运动针织物	涤纶、棉、毛、丝、涤纶混纺物	适用于T恤、休闲连衣裙	适合中等柔软度的喇叭造型，保型性较好
米兰尼斯经编针织物	尼龙	适用于毛衫式的上衣和连衣裙、松紧腰裙子	丝滑柔软，不卷边。有一定的横向拉伸性，无纵向弹性。抽褶或者松紧带缩褶，褶皱效果柔和顺畅
拉舍尔经编针织物	腈纶、毛、棉、涤纶	适用于宽松、飘逸的夹克	模仿钩针或网状织物的效果，悬垂形状类似锥形。松量蓬起，具有较好的服装造型感
凸条花纹针织物	腈纶、棉、涤纶	适用于领口、袖口、夹克下摆等收口部位	通过拉伸来塑型，纬向具有很高的弹性和回复率
单面针织物	各种纤维均可以，特别是腈纶、棉、丝、涤纶	时尚T恤、简洁的连衣裙	正面光滑平整，反面有线圈。纬向弹性较好，经向有一定的弹性。适合于柔和的喇叭造型，具有中等的柔顺性
氨纶和莱卡针织物	氨纶和莱卡、人造丝和尼龙金属丝的混合物	运动服、泳装	有非常高的弹性和回复率，通过拉伸面料造型
经编针织物	尼龙、棉	睡衣、内衣，如裤子、衬裙、睡袍	大多都是中等厚度的面料，适合于柔软的喇叭造型，也适合于抽褶或松紧抽褶以及其他装饰褶裥

面料的经纬纱向

要想通过一定的技巧对面料进行准确的立体造型，必需要对织物结构的基本知识有一定了解和掌握。纱向是指织物中纱线的方向。面料不同的纱向具有不同的特性，将影响面料在人台上立裁时的处理方式。

经纱（直丝绺）

机织物平行于布边方向的纱称为经纱。布边是织物两边沿长度方向织成的紧密的边，不易磨损。经纱强度较大，弹性变形性小于横纱。多数情况下经纱位于服装的竖直方向。

纬纱

纬纱垂直于经纱，纱线从布边的一边到另一边，与经纱相编织，也称为横纱。机织物的横向比纵向弹性稍大。纬纱一般位于服装的水平方向，使衣服看起来更圆润更丰满。在立体裁剪中，面料的横纱通常平行于地面。

斜丝

斜向的伸缩性较大，显著大于经向或纬向。在确定正斜丝方向时，要将面料折叠后经纱与纬纱成45°夹角，45°方向的斜丝即为正斜丝。立裁时设计师常常利用斜丝的弹性进行创作，替代了省道的作用，使造型合体优雅。

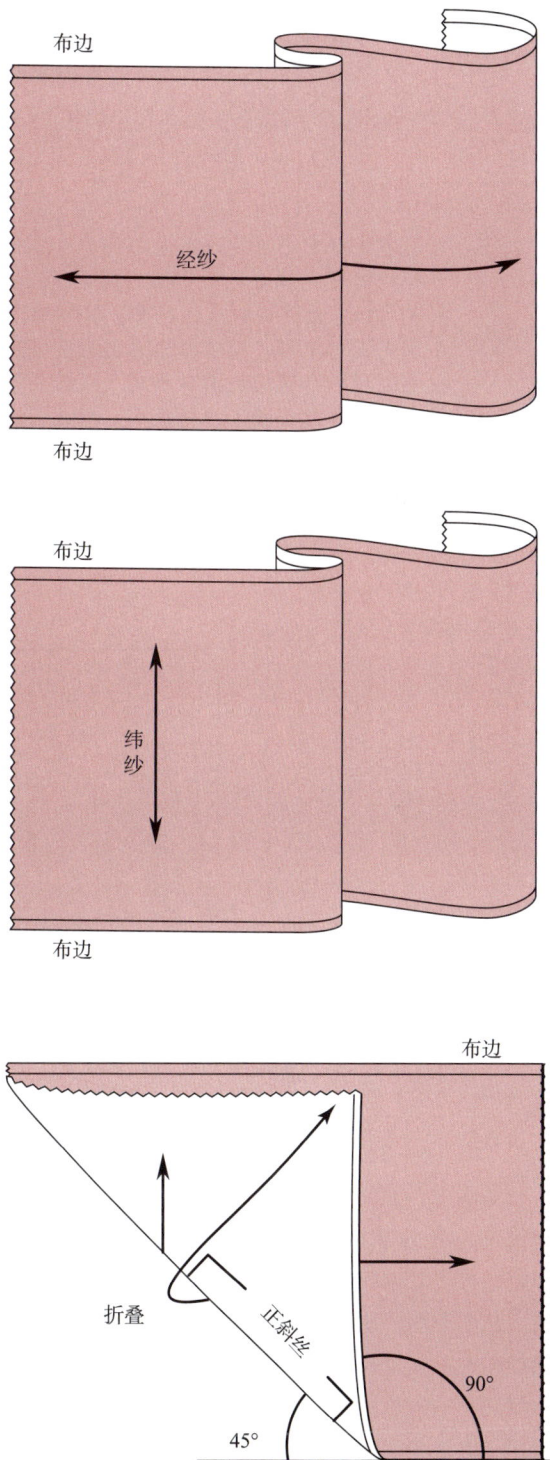

图1-12

立裁准备

归正丝缕

开始立体裁剪之前，首先要检查面料的丝缕是否发生变形，确保经纱和纬纱丝缕垂直成90°。归正丝缕是对经向和纬向纱线进行垂直整理的过程。如果面料的纱线不完全垂直，则必须采用归正的方法校正面料。

将面料的两个布边对齐沿纵向折叠，通过归拔将丝缕调直。在布边上每隔5.1cm（2英寸）打一剪口，以放松经纱。用大头针将面料的各边别在一起（双折边除外）。沿正斜丝方向轻轻地拉伸面料几次后，间隔约7.6cm再重复拉伸动作，直到织物丝缕笔直，纬纱和经纱正好成90°为止。

注 工厂中生产面料时，一般是将面料卷在滚轴上，然后放倒在托盘上运输。这样可以防止面料的纹理、布边和丝缕发生扭曲变形。托盘被运送到制造商处，卸到大型货架上，卷轴一直平放着，直到进入生产流程中面料才被铺到裁床上裁剪。这样的运输贮存方式可以确保供给制造商的面料质量。

在家用缝纫市场，面料在上卷之前先在机器上沿经向对折。然后被卷到一块专用硬纸板上，称为卷板。在运送到各个商场之前卷板都平放贮存。在商场中一般将卷板立起来放置以供展销，但这样放置会使面料的纹理和丝缕发生扭曲变形。所以，在使用面料前需要对纱向进行校正，使其回复到原来的横平竖直的状态。

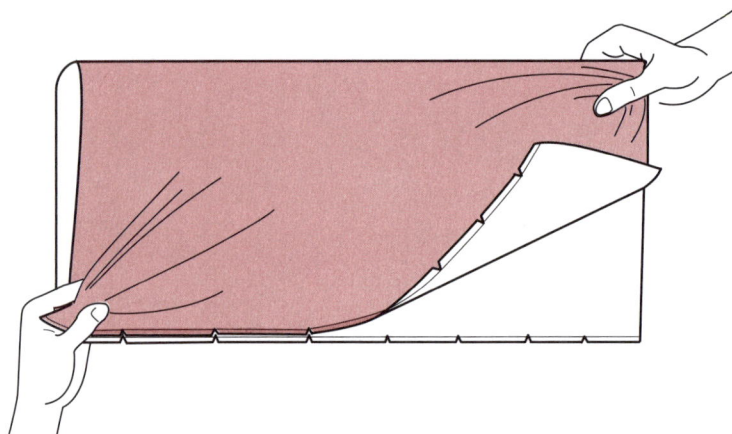

图1-13

坯布

一些设计师直接使用成衣面料来做立裁设计。

然而，更为常见的是用白坯布做立裁设计。白坯布是一种平纹棉织物，由未经漂白的原色粗梳纱线制成，从薄到厚，质地从柔到粗，种类各异。坯布的经纬纱向明显，适合作为一般机织物的替代面料进行立体裁剪。一般用平纹白坯布先做立裁试验，以防止直接用成衣面料而造成的浪费。所选白坯布的质量和手感要能体现成品服装面料的质地和特性。初学者应该尝试使用各种厚薄不同的白坯布来创作，或者选用柔韧不易变形的白坯布来进行原创设计。

» 柔软轻薄的白坯布适合模拟真丝、人造丝、内衣面料和轻薄棉织物。
» 中等厚度的白坯布适合模拟羊毛织物和中厚型棉织物。
» 粗厚型的白坯布适合模拟厚型羊毛织物和棉织物。
» 帆布坯布适合模拟牛仔布、毛皮以及仿毛皮等厚重型的面料。

国际服装立裁设计：美国经典立体裁剪技法（原书第5版）

样板平衡原则

所有的设计都要准确把握面料与人体之间的关系，面料在人体上应自然下垂，横纱与地面平行。除了侧缝，服装的经纱和纬纱要保证横平竖直，无论服装的前面还是后面都要保证平衡性。如果某个局部的样片纱向不正确，服装穿在人身上时就会出现扭曲、牵扯、斜绺等不良现象。样板的平衡可保证服装穿在人体或人台上时，侧缝竖直向下，衣身平衡地位于人体上，不会前后牵扯。

以上所述的都是理解和认识立体裁剪的基本原则，只有掌握了这些基础知识才能准确的做出立体造型。这些原则将指导设计师以最简单、有效而快捷的方式实现立体裁剪的造型创作。

平衡原则（铅垂原理）

在进行立裁创作时应遵循以下平衡原则。

» 前、后中线要对齐面料的经纱方向。
» 上衣前片的胸围线要对齐纬纱方向，保证胸围线以下部分衣身竖直向下自然悬垂。
» 上衣后片的背宽横线要对齐纬纱方向，保证背宽横线以下部分衣身竖直向下自然悬垂。
» 上衣前片公主面中线（沿胸围线从胸高点到侧缝的中点）要对齐经纱方向，与前中线平行，这样可确保前、后侧缝倾斜角度相同。
» 袖窿类似于马蹄形，后袖窿弧线要比前袖窿长1.3cm（1/2英寸），这样才能保证袖窿的平衡性，袖子与袖窿才能完美匹配，袖型优美。
» 前腰围线比后腰围线长1.3cm（1/2英寸）。
» 当前、后中线平行时，前、后侧缝倾斜角度应相同，线条的形状和长度都相同。

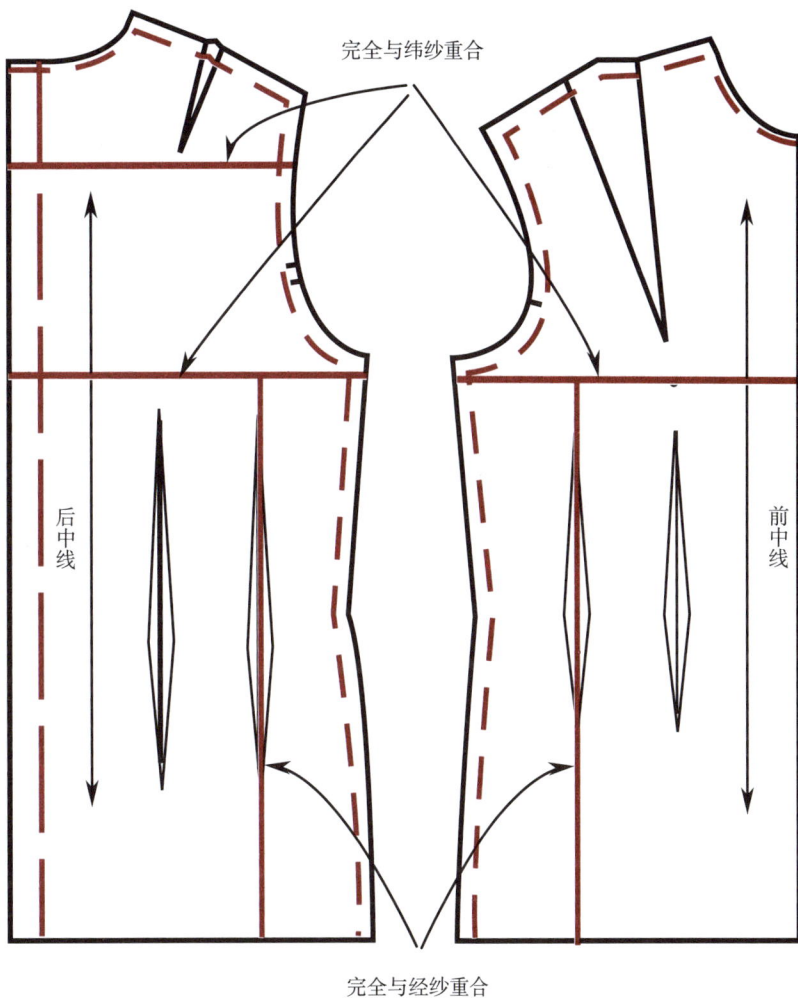

图1-14

注　样板的平衡可保证服装穿着在人体或者人台上时，侧缝线竖直向下，服装不会向前或向后牵扯。

缝份

完成立体裁剪之后一般都要给样片边缘加放缝份。缝份是为了将样片缝合在一起，需要在净缝线以外加放的面料量。缝份的大小取决于缝合线的位置和工厂的预算。下面是服装厂常见的缝份放量。

» 缝份的常规加放量为：1.3~2.5cm（1/2~1英寸）。

例如：腰线、肩线、袖窿弧线、裤子内侧缝、侧缝、分割线、袖子和袖克夫都是常规缝份放量 1.3~2.5cm（1/2~1英寸）。

» 缝份的变化放量：0.6cm（1/4英寸）。

仅用于领子、贴边和领口弧线。

> **注** 缝份放量小时可节省缝制后的缝份修剪时间。

» 装拉链的接缝和合体造型的接缝放量：2.5cm（1英寸）。

接缝处需要安装拉链或者要求紧身合体，通常缝份留出可以修改的余量，加放的缝份量为 2.5cm（1英寸）。

» 裙子和上衣的底边缝份：

短裙、连衣裙或者上衣的底边通常加放的缝份量为2.5cm（1英寸）。

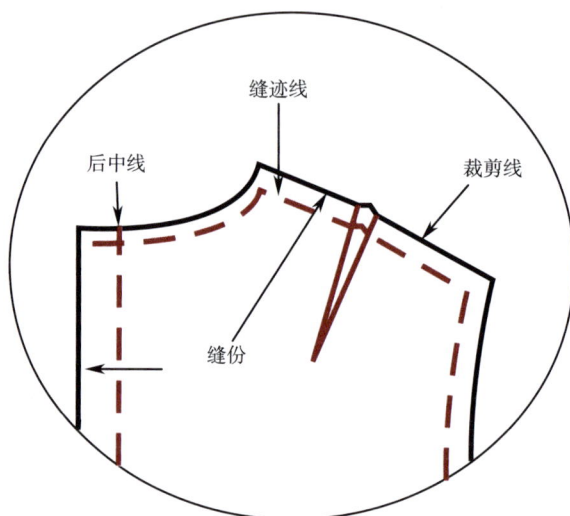

图1-15

特殊缝合处

缝份0.6~2.5cm（1/4~1英寸）

有些服装需要特殊的缝合工艺，例如：睡衣、针织类衣服等，要求各种不同的缝份放量：0.6cm（1/4英寸）、1.3cm（1/2英寸）、1.9cm（3/4英寸）、2.5cm（1英寸）等。

» 法式接缝的缝份为1.3cm（1/2英寸）。

» 腰带或者明包缝的缝份为1.9cm（3/4英寸）。

» 需锁边的针织接缝的缝份为0.6cm（1/4英寸）。

» 安装拉链的接缝的缝份为2.5cm（1英寸）。

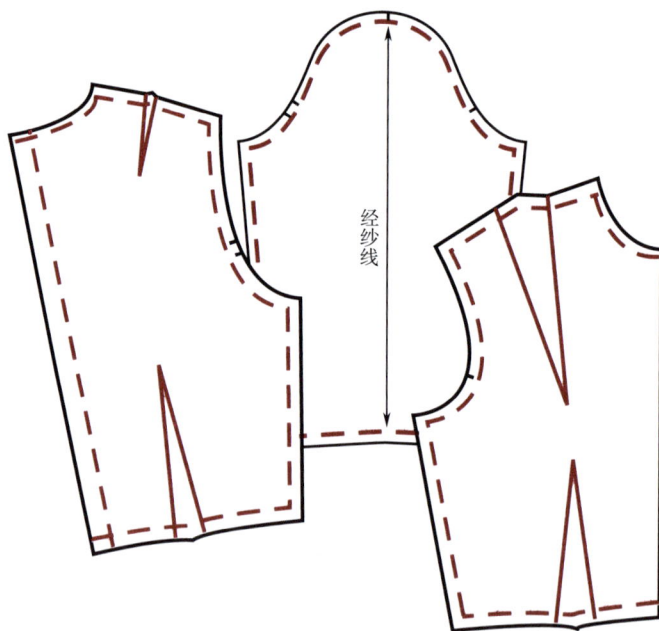

图1-16

对位剪口

在立裁样片上或者纸样上打对位剪口，是为了保证对应的样片缝合在一起时能够准确对位。剪口可用于区分样片的不同部位，如侧缝、前中线、后中线等。剪口也用于标明省道、褶裥、缩褶等设计位置和其他的一些设计特征。以下是正确打剪口的基本原则。

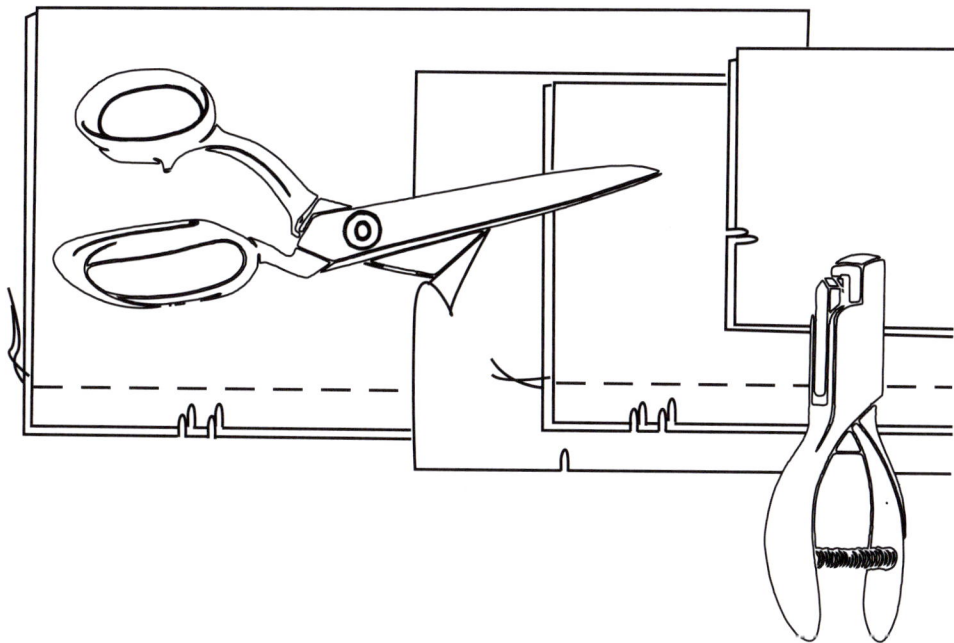

图1-17

打剪口的部位

1 前中线：上衣、原型衣、裙子、裤子等的前中线都必须要打剪口标明为前片（单剪口），也包括中心是双折线的情况。

2 后中线：标明为后片样板（双剪口）。上衣、原型衣、裙子、裤子以及领子的后中线都必须打剪口。

> **注** 当两个样板都有中心双折线，看起来非常相似时，剪口的形式就可以用来区分前、后片。前中线上为单剪口，后中线上为双剪口。典型的服装样板有：套头上衣、松紧腰裙子、领面和领里等。

3 肩线：领子、袖子以及育克等，所有肩线位置都要打剪口标明。

4 侧缝：腰带的侧缝位置要打剪口标明。

5 袖窿：前袖窿为单剪口，后袖窿为双剪口。

6 袖山对位剪口：前袖山为单剪口，后袖山为双剪口，袖山与肩线的对位点打单剪口。

7 款式线：前片为单剪口，后片为双剪口。

8 所有折边：底边、褶裥、省道、贴边等部位的折线，需要在折线位置做剪口标记。

打剪口的统一原则

样板上每增加一个剪口，都会增加服装的总成本，精打细算的公司常常会减少剪口的使用量。相反，一些效益较好的公司会把剪口打得过于泛滥。但无论怎样，打剪口的统一规则毫无例外地都要遵循，如：

» 剪口必须一对一，或者对应缝合线。
» 样板的前、后片通过剪口加以区分。
» 造型线的剪口不要打在中点上。
» 不要使样片颠倒。
» 剪口成对出现。所有需要缝合在一起的样片都需要成对做剪口标记。否则，落单的剪口就没有与之对应的样片可缝合了。
» 省道上的剪口是为了标明省量大小。
» 在需要缩褶的样片打剪口，以标明缩缝量的大小，以便与不缩缝的样片相缝合。
» 对于0.6cm（1/4英寸）缝份的封闭接缝不用打剪口，这种缝缝很容易辨识。双剪口用于标明后片，用于后袖山弧线、后袖窿、拉链开

口处等后片样板各部位，需要与另一后片相缝合，缝份多为1.3cm（1/2英寸）。
» 一些效益较好的中大型公司，双剪口也用于底领和领座后中的双折位置。
» 由设计师决定样板打剪口的原则，但整套样板的原则要统一。
» 所有剪口与样板边缘垂直。

惯例

对于预算较紧的公司，常见的做法是不在有缝份的样板上打剪口。不要求裁剪师去做标记或去打额外的剪口，使得样板简单，也节约了时间和成本。因为缝纫工一般都清楚不同的缝份量对位不同的服装部位，所以这种做法是可行的。但是，为了缝纫的准确性，很多公司还是选择打剪口。

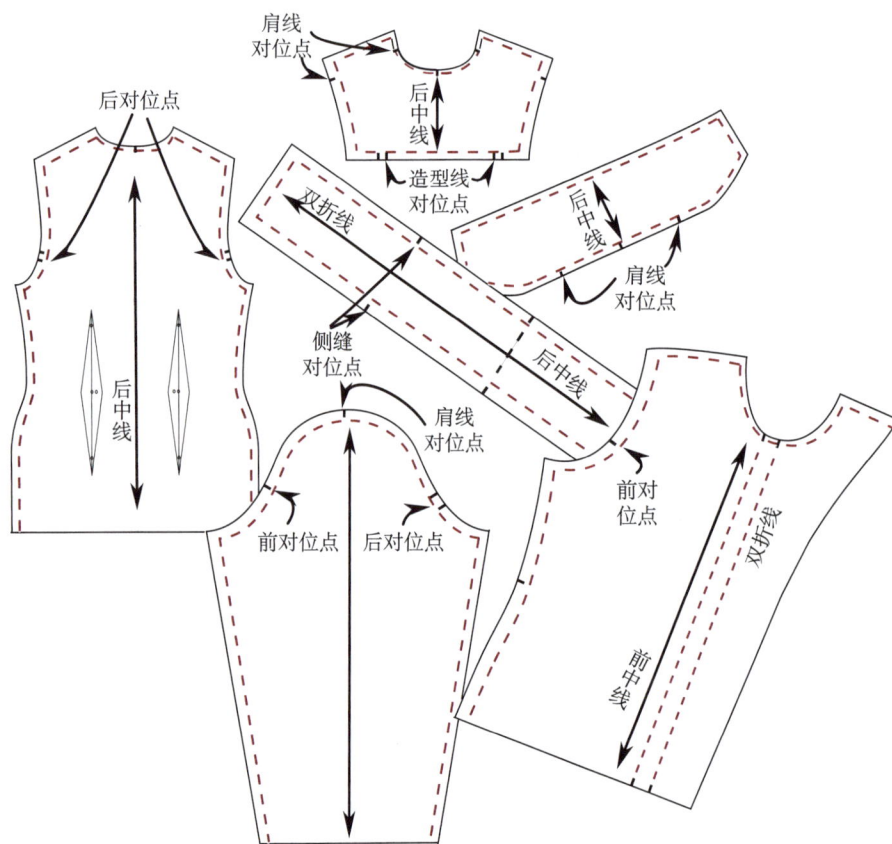

图1-18

第2章

人台、工具及专业术语

> 立裁人台
> 立裁工具和材料
> 缝制流程指南

本章主要介绍如何正确选择立体裁剪的人台、工具和材料。说明讲解适合于立体裁剪的工具和材料，阐述织物纹理与设计的关系，并给出立体裁剪常用术语和基本原则。

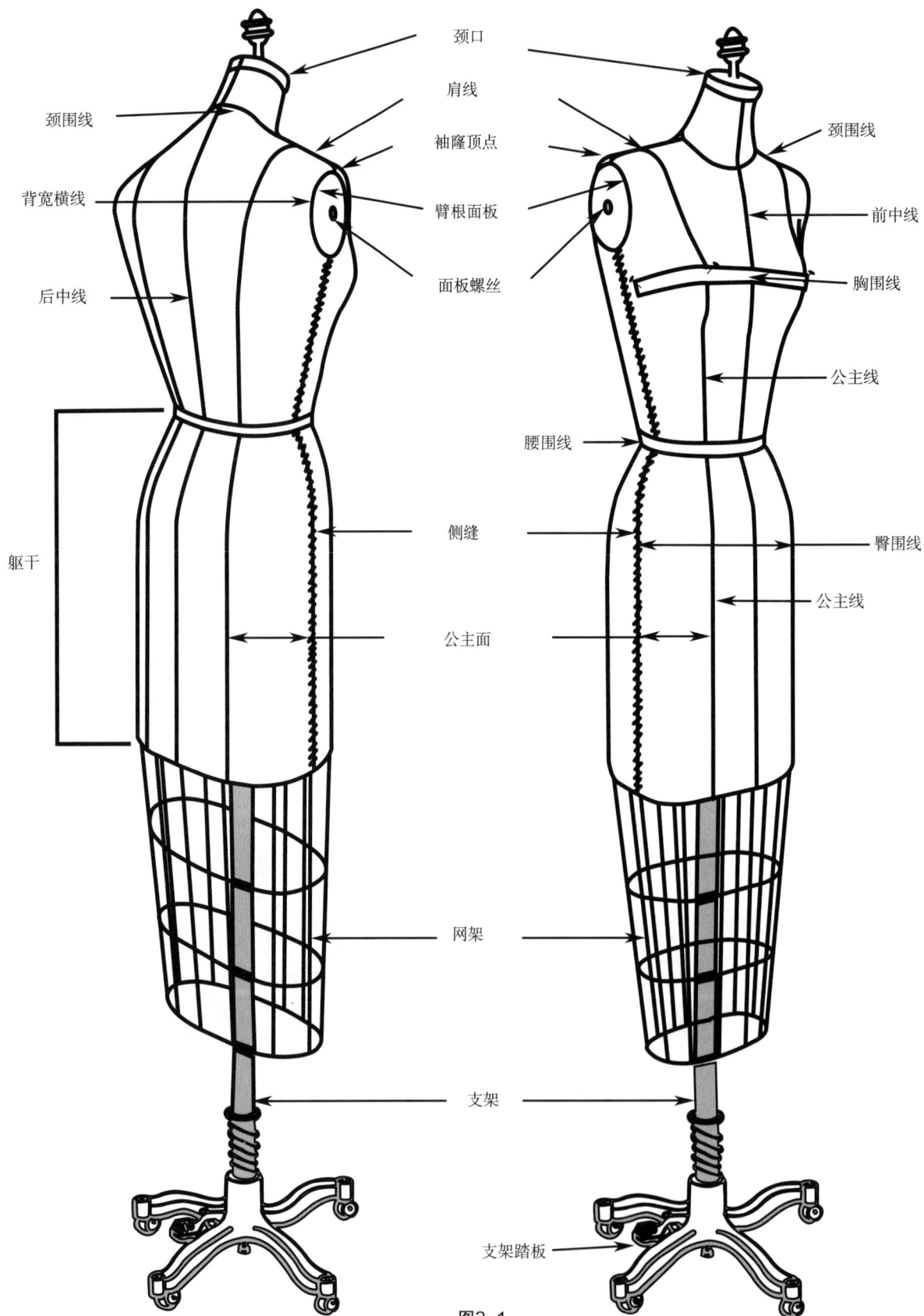

颈口
肩线
袖窿顶点
臂根面板
面板螺丝

颈围线
背宽横线
后中线
躯干

颈围线
前中线
胸围线
公主线
腰围线
臀围线
公主线

侧缝
公主面

网架

支架

支架踏板

图2-1

立裁人台

在进行立体裁剪时，为使造型符合人体的曲线一般都要借助人台来操作面料。通过人台也能直观地看出服装样片与人体之间的关系。按照人台的形状整理面料、裁剪、别针、造型，从而获得想要的样板。通常，面料的经纱方向与人台的前、后中线对齐，而面料的纬纱则处于人台的水平围度方向。如果用斜丝立裁，则更容易造型，更易达到适体性。

市场上有各种造型的人台以及人台生产厂家可供选择。无论对于新手、专业设计师，还是工厂的板房中，最常用的立裁人台是装有填充料、表面用棉布包覆的人台。这种人台可以转动、高度可调、形态符合人体的体型，核心坚固、表面富有弹性，便于插针。人台的左、右侧要完美对称。

服装公司里常用人台进行立体裁剪、调试基础样板，以及进行原创设计，也用人台进行样衣的试穿、检测、修正等。因此，在选购人台时，要特别注意人台的形状、尺寸、比例等。必须慎重选择人台生产厂家，因为不同生产厂家的人台造型不同，直接影响到基础样板的板型，以及后续款式的延伸设计。要保证样板不需要做太大的改动就能满足大部分客户的需求。

人台尺寸和造型是基于特定的个体或公司的要求而定制的。在本书中所有立裁案例都是基于少女型人台设计的。然而，立裁技术是不受人台品种限制的。人台几乎每年都会依据国家标准和人体体型的改变而进行修正。但是，任何新买来的人台都要进行检测与校准，调整其肩线和侧缝的平衡性。

人台手臂

用细帆布和厚实填充物制作的布手臂可以替代人体的手臂用于袖子的立裁和试衣。人台生产厂家通常也生产可拆卸的布手臂，可以单独购买。但这种手臂通常比较僵硬，不方便袖子的试穿。所以，很多设计师都亲自制作更加柔韧的布手臂。布手臂可以分为大、中、小等不同尺码。具体可参考第5章，袖子样板及手臂制作方法等相关内容。

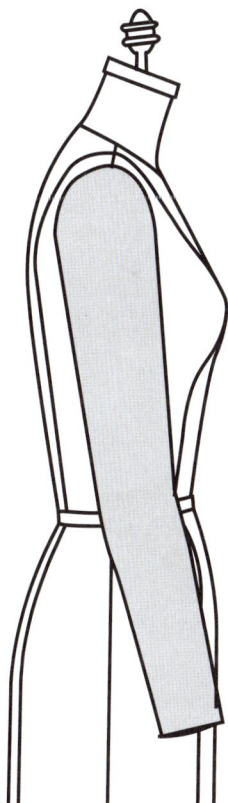

图2-2

专业人台

适合于各种人群体型的标准人台多种多样，如少男人台、少女人台、儿童人台、青年人台、女子人台、男子人台等。服装公司基于服装品类、合体度要求、人体体型等各方面的需求，也常常为客户选择裤子人台和其他一些专用人台。服装市场上常见8号或10号女子标准人台，也有其他专用人台。

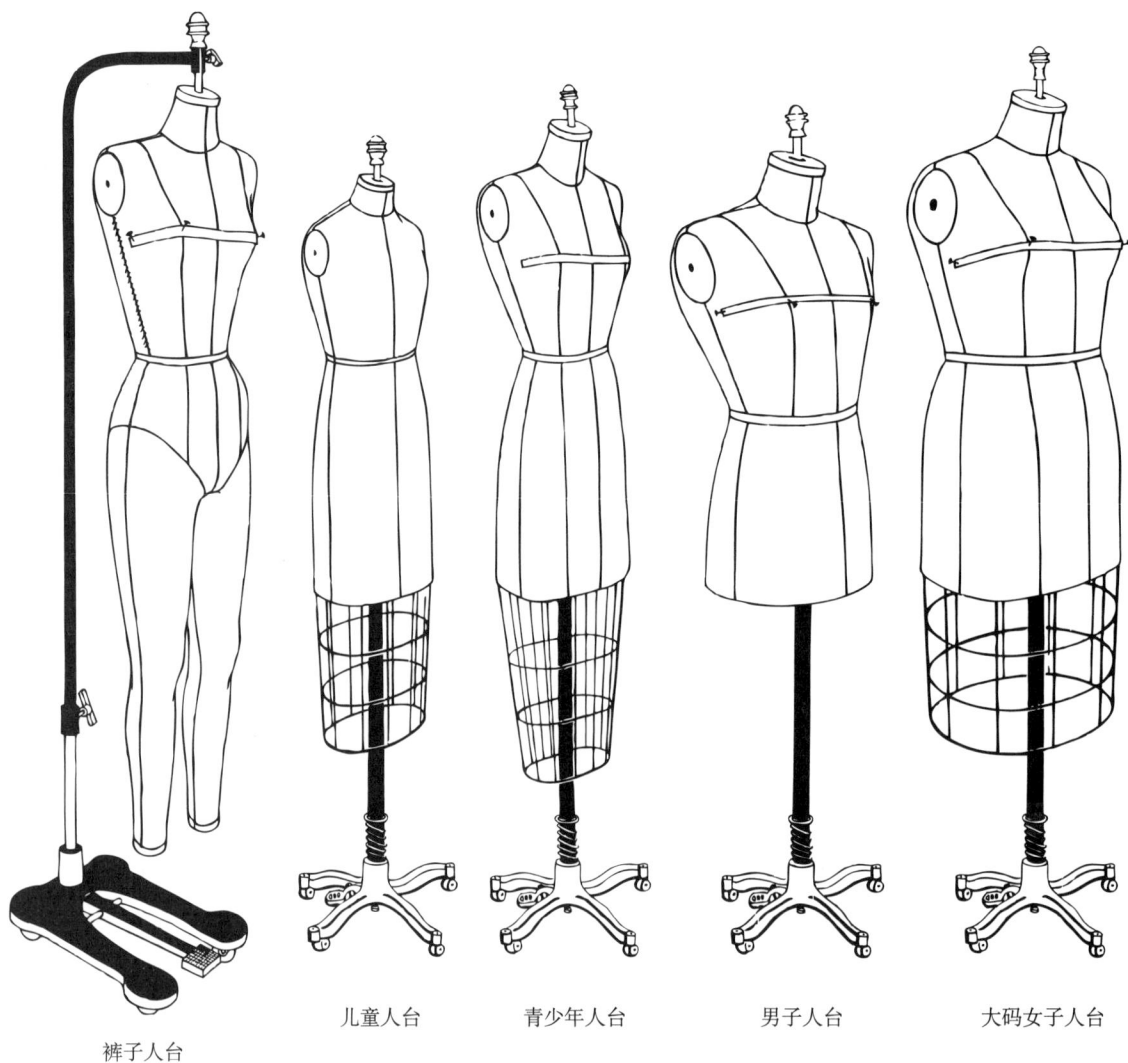

裤子人台   儿童人台   青少年人台   男子人台   大码女子人台

图2-3

表2-1　人台供应商

公司名称	联系方式	主要产品
凡比乐斯菲特公司 （Fabulous Fit）	116 Franklin St New York，NY10013	提供各种织物包覆人台，也提供人台外层的衬垫和表面包覆织物，以便对人台尺寸或形状进行修改
时尚用品有限公司/纽约人台 （Fashion Supplies Inc. /New York Forms）	1203 Olive St Los Angeles，CA 90015	提供各种欧洲体型的人台、织物包覆人台，以及各种陈列用人台
金剪缝纫用品公司 （Golden Cutting & Sewing Supplies）	921 E 8th Street Los Angeles，CA 90021	提供各种中国制造的人台
PGM股份有限公司 （PGM-Pro inc）	5041 Heintz St Baldwin Park, CA 91706	提供各种中国制造的织物人台
百货公司 （The Shop Company）	1970 Swarthmore Ave Ste 11 Lakewood, NJ 08701	提供一系列由中国制造的专业人台

立裁操作方法

掌握下列的立裁基本原则有助于培养协调统一的立裁操作习惯。

左、右对称款式的立体裁剪

当衣身左、右两边设计相同时，立裁时一般不是两边都做，而是仅在人台的一侧做半身。传统一般习惯在人台的右半身做立裁设计。

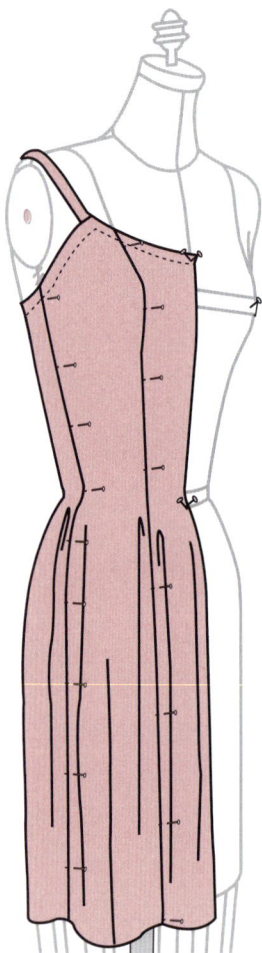

图2-4

不对称款式的立体裁剪

对于精美的连衣裙、短裙，以及女式上衣等款式，不对称设计是很重要的造型手法。这种特殊设计左、右片需要分别立裁。

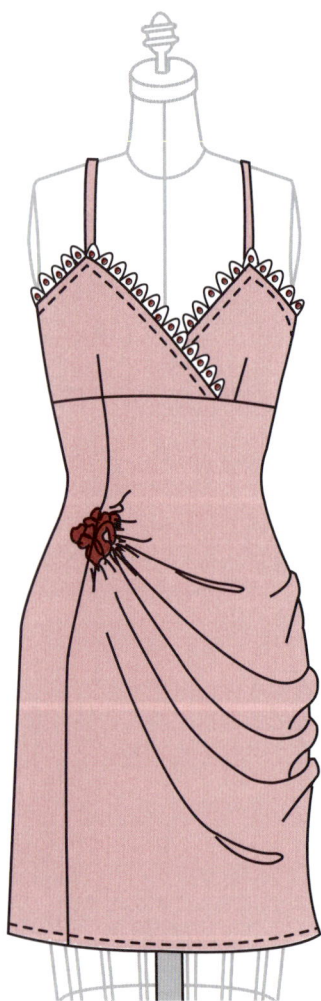

图2-5

斜裁设计的立体裁剪

斜裁是指用面料的斜丝方向披挂在人台上进行造型，斜裁设计能够很好地体现人体的曲线，具有优雅的装饰效果。为了最终造型的准确性，斜裁是需要在人台上进行全身立裁的典型设计。斜裁服装具有很好的弹性，不需要省道就可以塑造合体的造型；也常利用斜丝面料形成柔和的褶皱，如荡领。

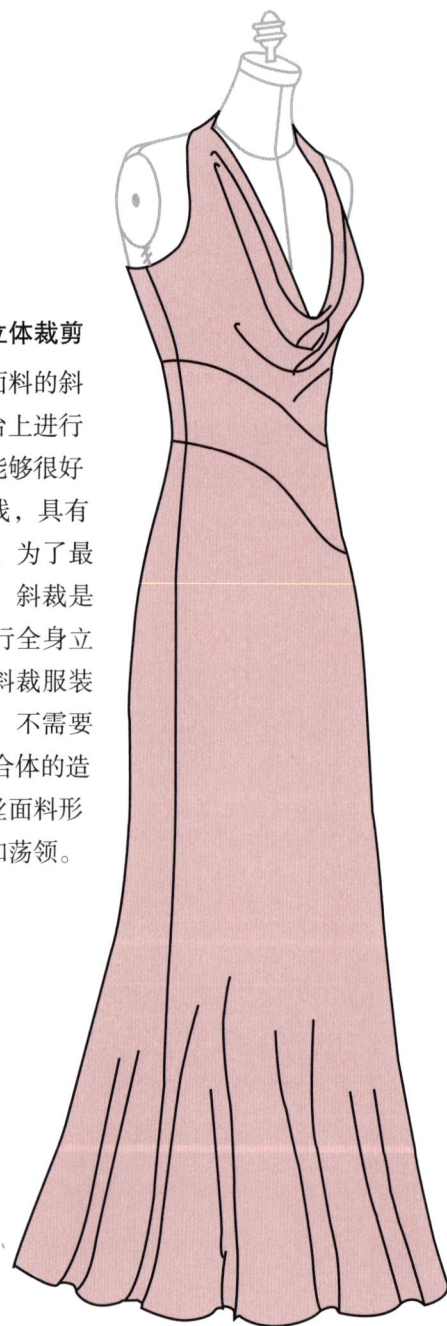

图2-6

胸带

在很多情况下，为了使立裁的合体度更准确，需要在人台上装一条胸带。人台胸围线上装了这条带子之后，表示与人体穿着文胸时的体型状态相同，所以有时也将其称为文胸带。

① 将胸带的一端固定在人台胸围线左公主面的中点处。

② 紧紧地沿着胸围线将胸带拉到人台右侧，注意不要在前中线做任何固定。

③ 再将胸带的另一端固定在人台右公主面的中点处。胸带要绷紧并准确固定。

④ 在胸带的胸高点上别针固定，并标记出胸高点（胸高点是胸围线与公主线相交的最高点）。

袖窿平衡

人台侧缝线向上延长穿过袖窿臂根面板的竖直线，要与过螺丝孔的水平线相互垂直。如果不垂直，通过调节肩线和侧缝线的位置进行校准，校准后用记号笔标出新位置。

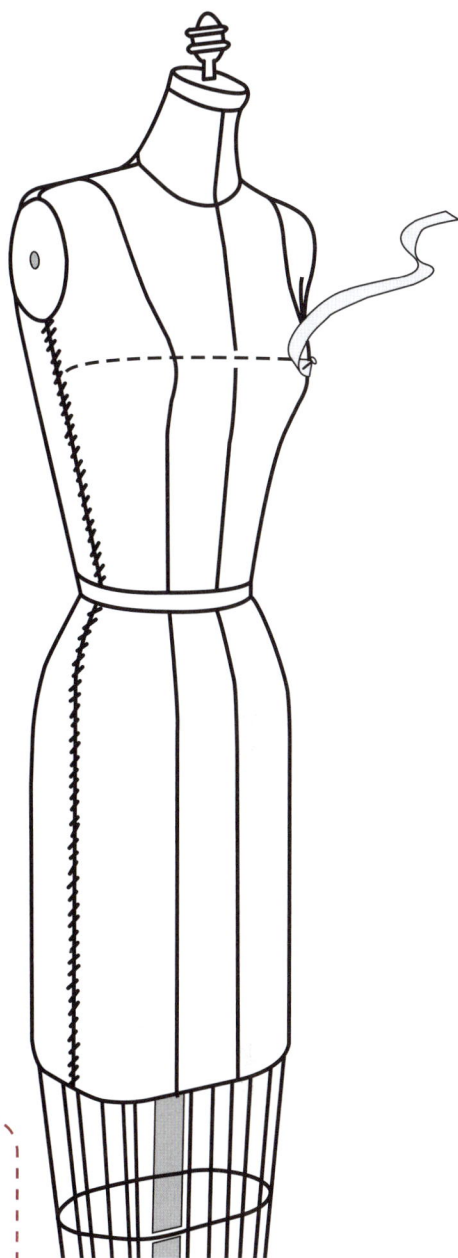

图2-8

袖窿深

有些人台没有传统的臂根面板，就需要确定出腋下点位置。建议从腰围线沿着侧缝向上量取，在所设计的袖窿最低点处做标记，即为腋下点。对于小码人台（8~10号），一般量取21.6cm（$8\frac{1}{2}$英寸）。在这个数据基础上，其他号型的人台，以0.6cm（1/4英寸）为档差进行调整。

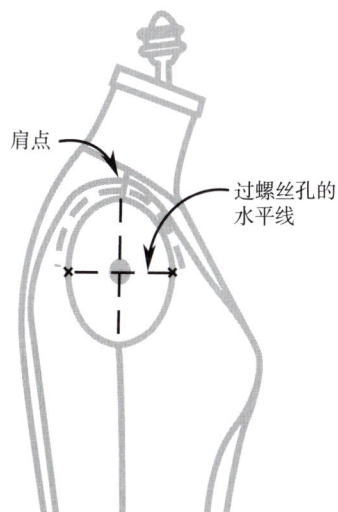

肩点
过螺丝孔的水平线

图2-7

立裁工具和材料

　　立体裁剪时需要用到一些工具和材料，以便进行测量、标记和设计。平常将工具和材料放在触手可及的地方，同时，要保证工具的干净整洁，以便随时使用。

　　锥子：一端是金属粗针，粗针直径约3.2mm（1/8英寸），长7.6~20.3cm（3~8英寸），另一端是木质手柄。常用于打孔和做记号，如省口、扣眼、口袋位置、腰带孔位、剪口、纱向线，以及一些特殊设计标记。无论是在面料还是在皮革上打孔都要清晰干净。

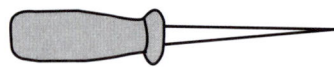

图2-9

　　46cm（18英寸）塑料打板尺：尺子宽5.1cm（2英寸），带有3.2mm（1/8英寸）的小方格。刻度清晰，用于绘制线条和加放缝份。

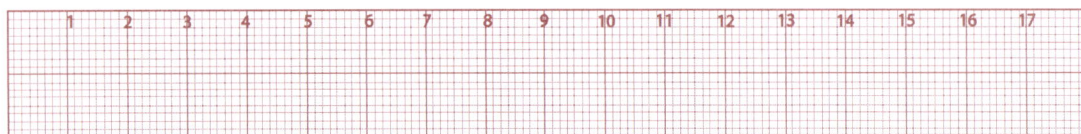

图2-10

　　法式曲线尺：长约25.4cm（10英寸），形似螺旋状的不规则曲线形尺子。用于绘制曲线，如袖窿曲线、衣领、袖山弧线、领口线、裆弯弧线、驳领线、口袋和省道等。

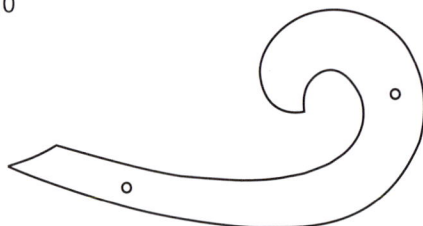

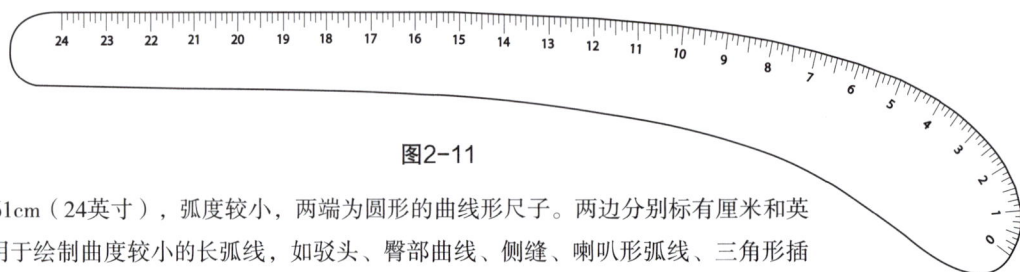

图2-11

　　长弧线尺：长约61cm（24英寸），弧度较小，两端为圆形的曲线形尺子。两边分别标有厘米和英寸以及分度刻度。多用于绘制曲度较小的长弧线，如驳头、臀部曲线、侧缝、喇叭形弧线、三角形插片、公主线、裤子内侧缝等。

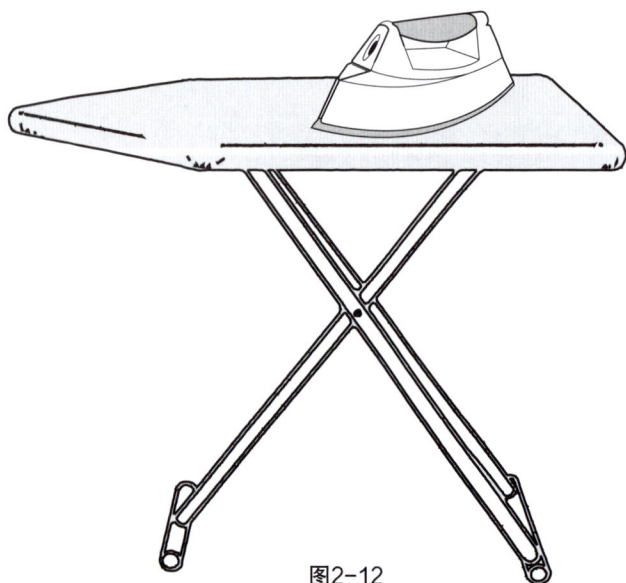

　　熨斗：干湿两用熨斗，用于熨烫白坯布、校整丝缕。

　　烫板：用于铺平面料的平板，长约137cm（54英寸）、一端宽约38cm（15英寸），到另一端宽度缩小至15.2cm（6英寸）左右，表面平整柔软，在上面熨烫面料和服装。

图2-12

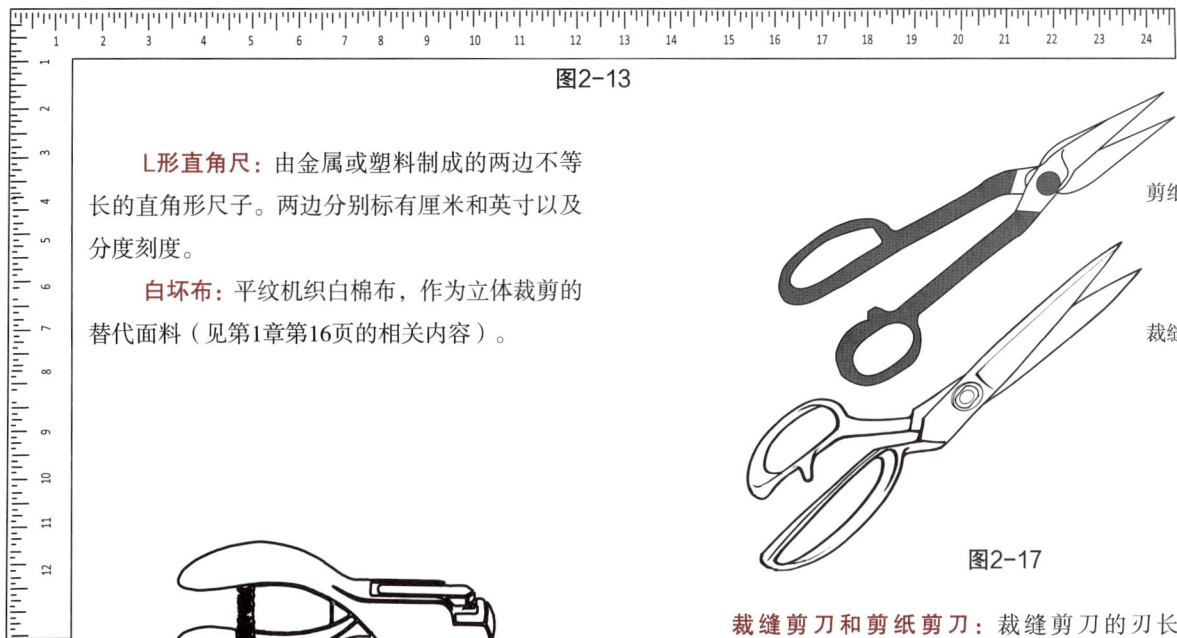

图2-13

L形直角尺：由金属或塑料制成的两边不等长的直角形尺子。两边分别标有厘米和英寸以及分度刻度。

白坯布：平纹机织白棉布，作为立体裁剪的替代面料（见第1章第16页的相关内容）。

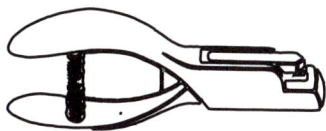

图2-14

剪口钳子：用于打剪口，可打宽度为0.6cm（1/4英寸）的U形剪口，用于在纸样边缘打对位记号。

卡纸、马尼拉打板纸：厚而硬的卡纸，用于打板和制作样板。常用的马尼拉纸有的一边带色，有的两边都有颜色。各种宽度均有，成卷出售，厚度从1X（薄）到2X（厚）不等。

图2-15

纸样钩：金属钩子，端头有带子，用于挂样板。

样板纸/菱格纸：印有宽2.5cm（1英寸）格子的厚白纸。成卷出售，各种宽度均有。用于绘制样板和做标记。

铅笔：从较软的2B到较硬的5H，用于在白坯布上绘制样板。

大头针：常用17号，针尖锋利，光滑细长，用于在人台上立裁时固定纸、白坯布或者其他面料。同类型的21号针要更长一些。

图2-16

针包：用于插针和收集大头针的小软包，立裁时取针放针更便捷。

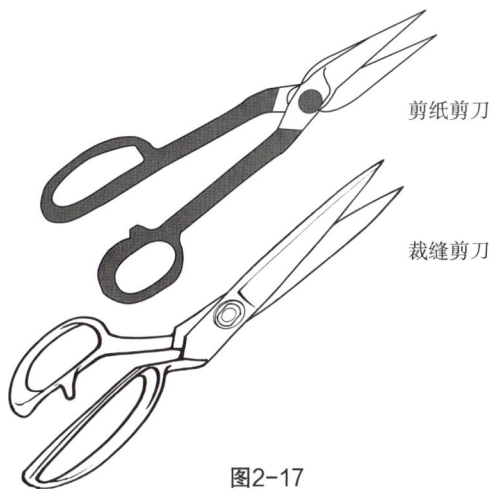

剪纸剪刀

裁缝剪刀

图2-17

裁缝剪刀和剪纸剪刀：裁缝剪刀的刃长10.2~20.3cm（4~8英寸），由金属制成。弯曲状手柄更易握手，裁剪效率更高。剪纸剪刀刃长7.6~15.2cm（3~6英寸），比裁缝剪刀略短一些。两者的主要区别在于手柄，裁缝剪刀的手柄一个大一个小，用于剪布。剪纸剪刀的两个手柄一样大，用于剪纸。

标记带：较窄的织带，用于在人台上做款式标记。

画粉：宽约3.8cm（$1\frac{1}{2}$英寸）的方形粉柄，边缘尖锐，用于在衣服的底边做临时标记，以及其他需改动的临时线条。

软尺：柔软而有韧性的窄带，长1.5m（60英寸），正反面分别标有厘米和英寸，用于人台、面料以及人体的尺寸测量。

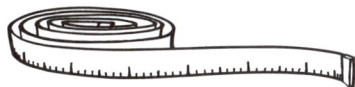

图2-18

金属卷尺：长91.4cm（36英寸），宽0.6cm（1/4英寸），易于弯曲，可用于测量袖隆、裤裆、领口等弧线的尺寸。

滚轮：一端是手柄，一端是带有尖齿、可以转动的圆轮。用于将立裁样片上的标记点转移到纸样上。

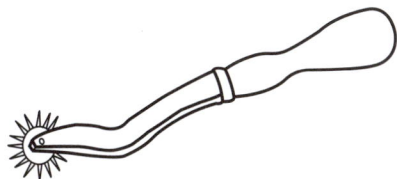

图2-19

码尺：木质或者金属材质，长度为91.4cm（36英寸），标有厘米或英寸，用于校准面料的纱向、测量底边或者绘制长直线。

缝制流程指南

你曾经是否有过想缝制一件衣服却不知从哪开始的经历？是从拉链开始做起，还是从侧缝开始？对于服装专业人员，只有掌握正确的缝制工艺流程，才能完成服装制作。

服装厂的专业人员不使用报表形式，而是严格遵循具有逻辑顺序的缝制工艺单，可以参考相关的"缝制方法说明手册"。按照系统的缝纫方法进行操作，服装的前、后片在缝制时尽可能地平放。一般首先缝合衣片的省道、褶裥、抽褶以及分割线等，而侧缝和肩线要尽可能晚的缝合，不到必要时先不缝合。这样在机器上操作就更容易，缝纫工艺更简化。整件服装被处理的频率应尽量低，以防过多操作带来的磨损和变形。服装样片方便熨烫，整件服装的缝制耗时要尽量少。

按系统方法缝纫时，要严格遵循连续工序中的每一步，不要随意减少省略步骤。如果款式不需要某个特定步骤，可直接进行下一步。按照这种方式系统地进行缝纫练习，你会对各种服装的缝制方法有一个深刻的理解，如连衣裙、上衣、短裙、背心、裤子、夹克等。最终将使你的缝纫效率显著提高。

逐步缝纫方法

1. 黏衬：服装的任何部位只要需要黏衬，在开始缝纫之前都要先黏衬。通常上衣的衣领、克夫、领窝、门襟等部位要黏衬。短裙和裤子一般腰头要黏衬。

2. 缝合省道、褶、裥：检查各样片是否有省道、褶、裥等设计，不管这些设计位于服装的哪个部位，若有的话都要先缝制。若是短裙的腰部整个都要抽褶时，则先缝制完两边的侧缝后再抽褶。

3. 缝合造型线：造型线不同于肩线、袖窿或侧缝等接缝，它通常是衣片某处的分割线，从衣片的一边到另一边。如育克线是从一侧袖窿到另一侧袖窿的水平分割线；公主线是从肩线到下摆的纵向分割线。如果造型线上还需要做特殊的缝制工艺，如暗包缝、装饰接缝、嵌条等，则在此时处理这些工艺。另外，裤子的前、后

裆也在这一步缝合，一直缝到拉链开口处，如果需要明线也在这一步直接辑上。

> **注** 此时，衣身前、后片上的工艺已经分别处理完毕，但前、后片还没有缝合起来。

4. 装口袋：口袋是服装上所有细节中最醒目的设计。缝制口袋的熟练程度体现了工艺操作的水平。所以，要花时间去练习装口袋的工艺，要注意衣身两边口袋的平衡性。

5. 装拉链：通常当服装还处于平面的衣片状态时就要装拉链。然而，对于连衣裙的腰侧拉链要到第15步才做。

6. 缝合肩缝：多数服装的肩部都有肩缝，如上衣、连衣裙等，在此时缝合肩缝一般是平缝，然而也有例外，如男衬衫要用暗包缝。

7. 缝合T恤类服装的袖子：对于大多数合体的服装，要到第13步才装袖。但是，如果是类似T恤的平面型服装，则要在这一步缝合袖子，即在缝合侧缝之前先缝合袖子。

8. 缝合侧缝及内侧缝：将平面的衣片组装成立体的衣服。选择与服装款式相符的缝迹形式，衣服上的所有侧缝都在此时缝合，如衬衣、紧身胸衣、裙子、裤子等，包括裤子的内侧缝。如果连衣裙设计有衬裙，将衬裙和紧身胸衣的侧缝分别缝合起来，但不要将衬裙与胸衣缝合起来。

9. 绱腰或者裙子和裤子的腰头贴边：绱腰、腰头贴边、裙子前中贴边以及松紧腰等都在这一步制作。如果有衬里，则与上一步相同，先制作好衬里，将衬里与外层服装的反面相对一起绱腰，完成腰头的缝合。

10. 准备及装领：先将领里与领面缝合到一起，修剪缝份、熨烫平整。然后缝合领口贴边、门襟贴边等。最后将领子装到衣身领口上。无领的斜裁牵条绲边或贴边到第13步再做。

11. 缝制袖子：先将袖子上的局部细节缝合好，如袖开衩、克夫、装饰边、褶裥、松紧等。提前

处理好这些细节，在缝合袖山与袖窿时也更容易操作。如果是无袖款式可跳过这一步。然而，无袖款式在处理袖窿时要用到斜裁牵条绲边、贴边、或折边等工艺，无袖款式直接转到第13步。

⑫ 装袖：这一步是将准备好的袖子绱到衣身的袖窿上。如果无袖则直接转至下一步贴边的缝合。

⑬ 缝制衣身贴边（无领或无袖设计）：缝合无袖或者无领款式的袖窿、领口的贴边或斜裁绲边。

⑭ 缝合袖窿或领口贴边：对于无袖或无领的服装，需要采用贴边或者绲边形式处理毛边。

> **注** 衣身前门襟的贴边在第10步装领子时已经缝制完毕。

⑮ 缝合连衣裙的腰线：如果制作的是一款有腰线的连衣裙，则在此时将连衣裙的上身胸衣与下身的裙子在腰围线处缝合起来。

⑯ 安装连衣裙拉链：如果连衣裙的款式有腰围分割线，侧腰需要装拉链，则在此时安装拉链。纸样上会注明拉链的类型和尺寸，长度在46~56cm（18~22英寸）的拉链一般用在连衣裙的后中线。如果设计要求用扣子和扣眼则跳过这一步。

⑰ 缝合底边：基于服装款式和面料特性选择适合的底边处理工艺，底边缝合后在正面应看不到线迹，除非是专门设计的明线装饰。

⑱ 缝制闭合件：这一步是钉扣子、锁扣眼。确定扣眼的位置，扣子和扣眼应位于前中线上，而非服装的边缘上。在胸围线及腰围线处应各有一粒扣子。其他闭合件也在此时安装，如挂钩、暗扣等。

⑲ 装饰物：缝合安装服装上其他装饰，如装饰腰带、蝴蝶结等。

缝纫指南 小贴士

制作服装时按照下列步骤缝纫，跳过不需要的步骤。可以将这个小贴士拷贝下来，并塑封制成小卡片，挂在缝纫机附近，以便随时参考。

1	黏衬		
2	省道、褶、裥		
3	造型线		
4	口袋		
5	拉链		
6	肩缝		
7	T恤袖子		
8	内外侧缝		
9	绱腰及裙腰贴边		
10	领子		
11	准备袖子		
12	装袖		
13	衣身贴边		
14	连衣裙腰线		
15	有腰线连衣裙装拉链		
16	底边及底边装饰线		
17	闭合件		
18	其他装饰物		

图2-20

第二部分

基础样板

一般公司里研发新款产品时，首先要有一套基础样板（也称为原型或基本型）。基础样板可以通过在专业的人台上立裁获得。基础样板应满足目标客户群的体型、比例、尺寸、合体度等各方面的要求。由于基础样板至关重要，所以，一定要投入足够的精力去立裁、试衣、修正、再调整等严格的校准，直到获得一套满意的基础样板。

第二部分以图示形式逐步阐述各类基础样板的立体裁剪方法，如基本衣身、短裙、袖子、上衣和廓型变化等。理解并掌握这些基础样板的应用方法，对于设计理论的深化至关重要。这些基础样板给设计师和品牌提供了目标客户的合体度、廓型、放松量、袖窿尺寸、腰围尺寸以及衣长等各方面的参考标准。基础样板合理有效地应用可以很大程度地缩减制板时间和调试过程。一旦掌握了这些基础技法，就能很轻松地掌握其他变化款式的设计。

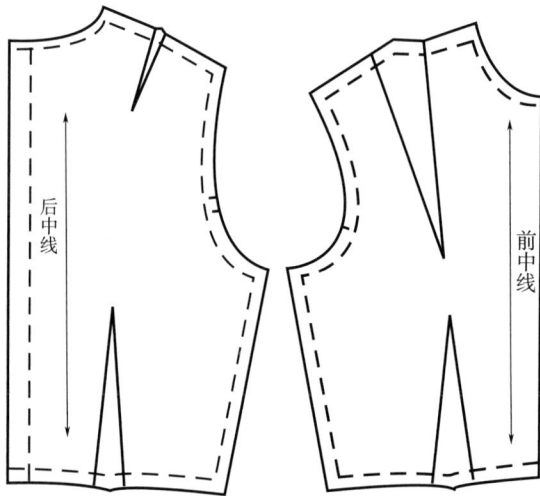

图1

从二维平面纸样到三维立体造型的实现，衣身原型和裙原型是最常应用的基础样板。并且，常常应用它们来变换出其他形式的基础样板。通过基础样板的省道变换，可以设计出省、褶裥、分割线、缩褶等多种形式的服装款式。

基本袖原型一般通过平面纸样绘制的方法获得。然而，绘制完的平面纸样还需要在人台上进行校正、试穿、调整平衡性等一系列的修正过程才能最终完成。详细内容见第5章制作布手臂的相关内容。本章讲述如何将立体裁剪的样片转换成平面纸样的方法。

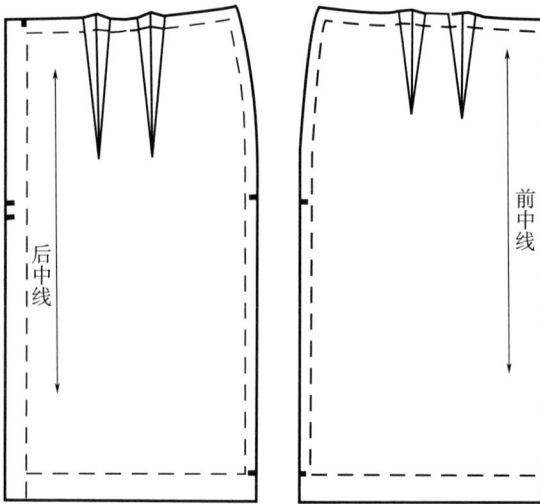

图2

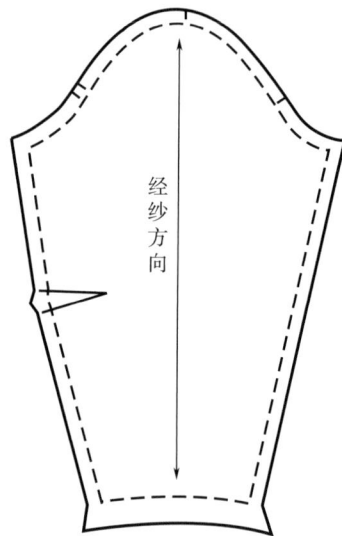

图3

全身式衣身原型及廓型是衣长到臀围线，有肩省或侧胸省，有时也有菱形腰省的基本样板。该基本型用途广泛，常用于袖窿合体的衬衫和连衣裙的设计中，也常用于侧缝是直线形或者喇叭形的不收腰的平面型服装的样板设计中。该基本型的省道同样也可以转变成褶裥、分割线或缩褶等形式。

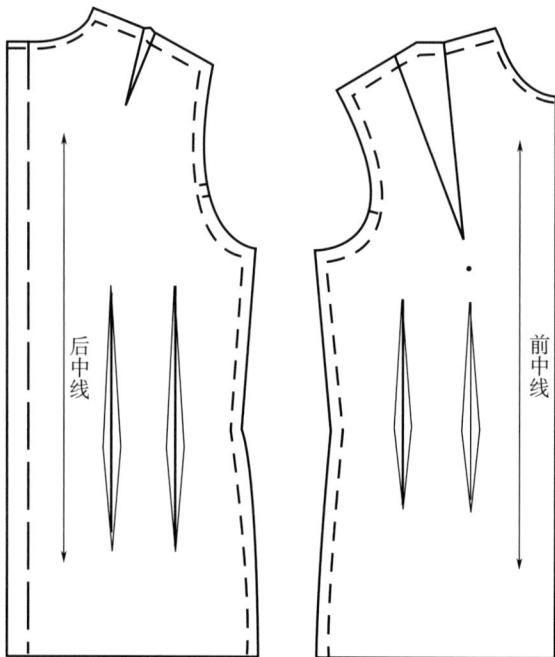

第3章
衣身原型

衣身原型理论

当服装公司研发新产品时，首先必须要有一系列基础样板（也称为原型或基本型）。这些基础样板能够满足目标客户群的体型、比例、尺寸、合体度等方面的要求，给设计师和企业提供目标客户群着装需求各方面的衡量依据，如合体度、廓型、松量、袖窿和腰围尺寸、衣长等。

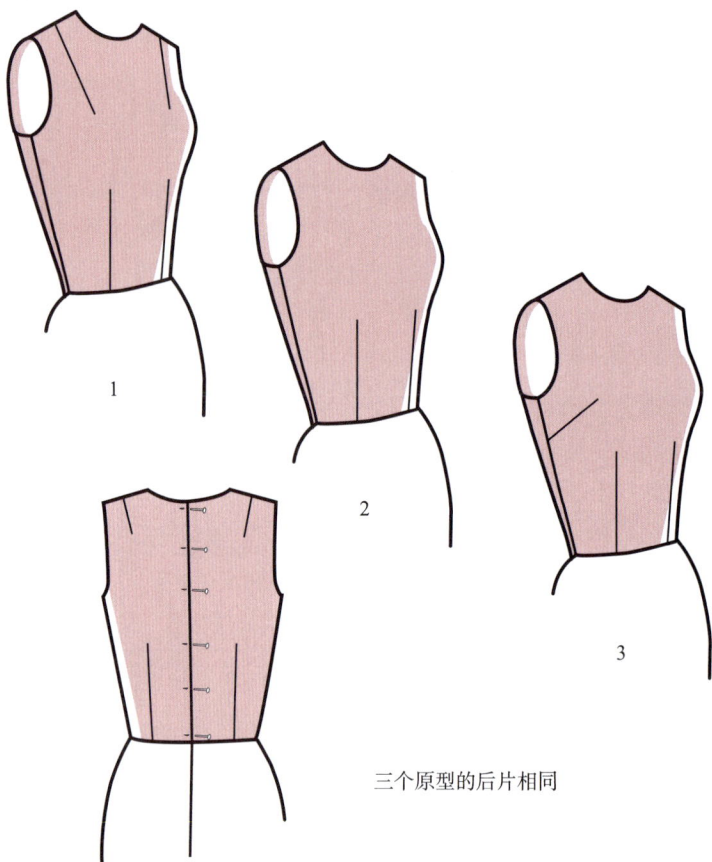

三个原型的后片相同

图3-1

基本原型的形式

基于腰围的合体程度可以将基本原型分为以下三种形式。

1 肩省、腰省原型。

2 腰省原型。

3 侧胸省、腰省原型。

基本原型的应用如下。

» 有腰围线的合体款式的设计。

» 将省道转换成褶裥、分割线、缩褶的设计，或者将所有省道合并成某一个省的设计。

第3章阐述了三种原型的立裁方法和拓板步骤，即肩省、腰省原型，腰省原型，侧胸省、腰省原型，以及定制客户腰省原型。三种原型的后片均相同。无论是在人台上操作还是在定制客户身上操作，这种立裁技法可确保正确的合体性、放松量和服装比例。

目标

通过这部分对各种款式的立裁学习，读者应具备以下能力。

» 认识面料的经纬纱向与水平胸围线、省道的方向及位置的关系。

» 理解纬纱是如何随着省道位置的变化而变化的。

» 能够在人台上对一块面料进行立体塑型，使其满足人体的体型。

» 能够在面料上做出所需要的省道形状。

» 立裁出的造型具有合适的松量及合体的袖窿尺寸。

» 能够把握前、后片的平衡和腰围造型。

» 立裁出的袖窿在合体度、造型、松量、尺寸和平衡性等方面均正确无误。

» 检验并分析立裁结果，分析造型的合体性、悬垂性、平衡性、比例等，并拓板。

肩省、腰省原型

肩省、腰省原型是腰围合体的基本原型，通过前、后腰省控制腰围的合体性。当用一块平面布料在立体的人体上进行裁剪时，面料的余量就会从胸高点辐射出来，通过前肩省可以控制罩杯的大小。后肩省塑造后背的造型及袖窿的合体性。

这款原型是其他原型的基础，常用这款原型教授基本技法。它也是平面纸样设计最常用的基本原型。因为这款原型的水平胸围线正好与纬纱重合，与前、后中线垂直，与此同时，前、后片的侧缝线为同一角度。可参考第51页的图示和详细阐述。

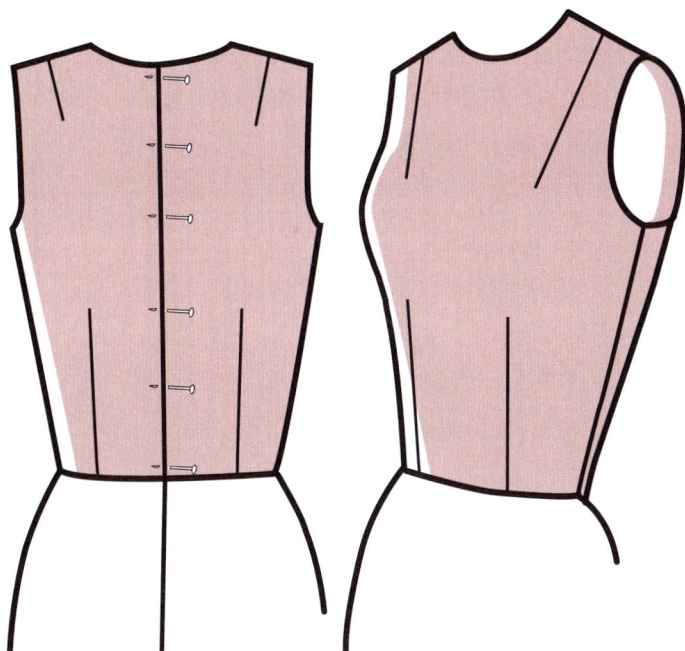

图3-2

前、后侧缝与竖直方向所成角度相同。

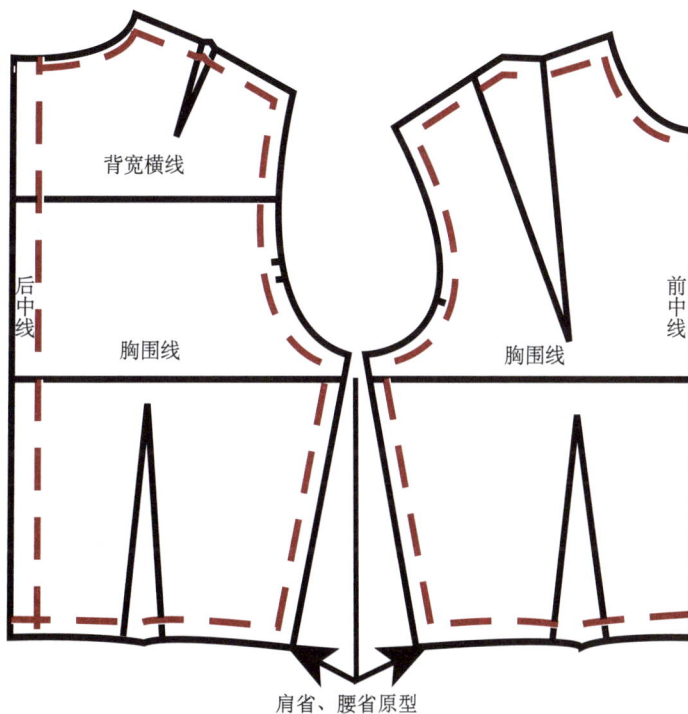

背宽横线

后中线

胸围线

前中线

胸围线

肩省、腰省原型

图3-3

肩省、腰省原型：前片面料准备

1. 测量人台前面，从颈口到腰围线的竖直长度，再加12.7cm（5英寸），为前片用料的长度。在白坯布上沿经纱方向量取相同的长度，打剪口并撕开面料。

2. 测量人台前面，从前中线到侧缝的水平宽度，再加12.7cm（5英寸），为前片用料的宽度。在白坯布上沿纬纱方向量取相同的宽度，打剪口并撕开面料。

3. 距离撕开的布边2.5cm（1英寸）沿经纱方向画出前中线，并折倒缝份熨烫平整。

> **注** 面料的布边朝向左边，撕开的毛边朝向右边。

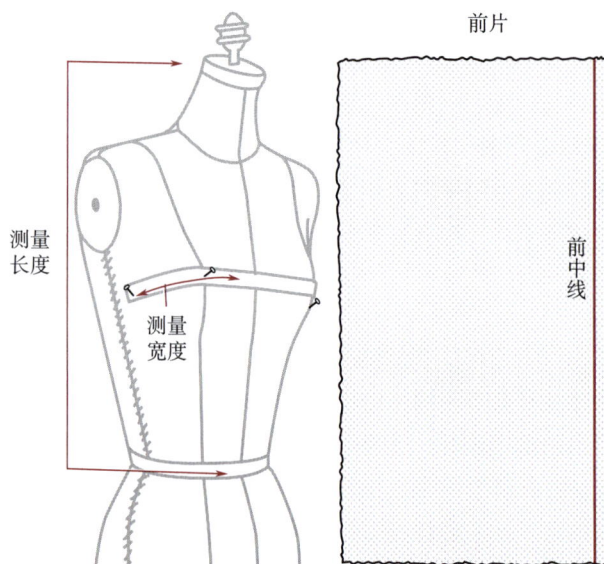

图3-4

4. 用L型直角尺，在面料的中间画一条与经纱垂直的水平线为胸围线。

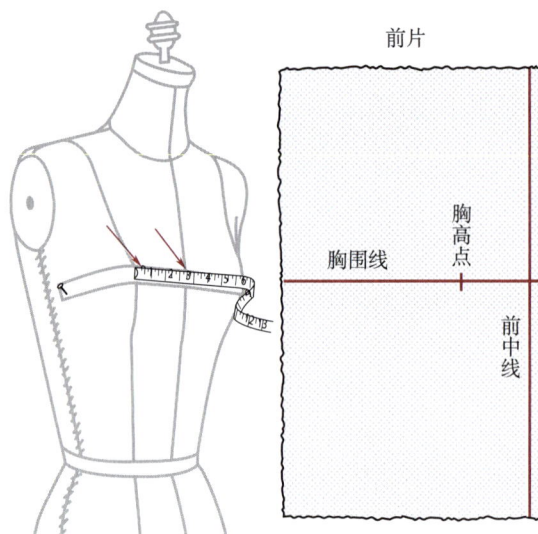

图3-5

5. 测量并标记胸高点。
   a. 测量人台前中线到胸高点的水平距离。
   b. 在面料胸围线上量取相同距离，做出胸高点标记。

6. 测量并标记侧缝。
   a. 沿人台胸围线测量从胸高点到侧缝的水平距离，再加0.3cm（1/8英寸）的松量。
   b. 在面料胸围线上量取相同距离，标记出侧缝位置。

7. 标记公主面中线。
   a. 在人台胸围线上标出胸高点到侧缝的中点。
   b. 在面料上相同位置标出此点，过此点用L型直角尺向下做平行于前中线的竖直线。

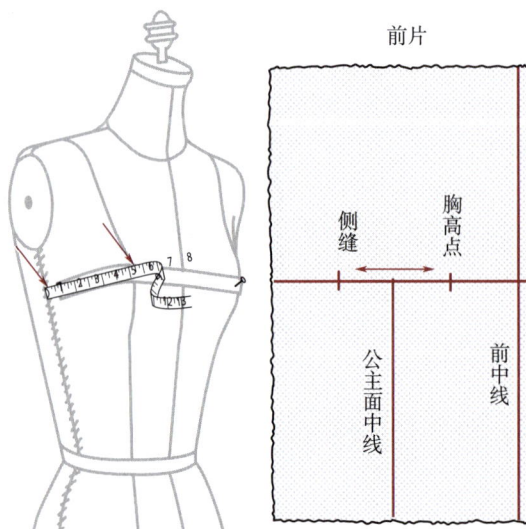

图3-6

肩省、腰省原型：后片面料准备

① 测量人台后面，从颈口到腰围线的竖直长度，再加12.7cm（5英寸），在白坯布上量取相同长度，打剪口并撕开面料。

② 测量人台后面，从后中线到侧缝的水平宽度，再加12.7cm（5英寸），在白坯布上量取相同宽度，打剪口并撕开面料。

③ 距离撕开的经纱布边2.5cm（1英寸）沿经纱方向画出后中线，折倒缝份熨烫平整。

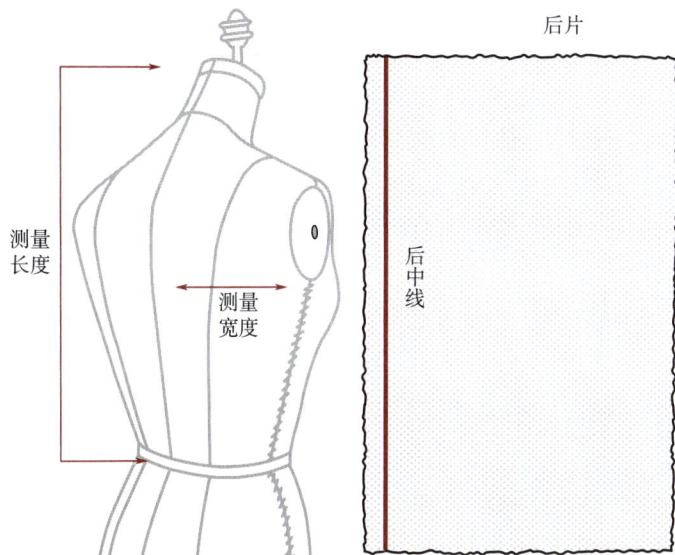

图3-7

④ 沿后中线从上向下量取7.6cm（3英寸）做一标记，为后中领口线位置。

⑤ 从后中领口标记点竖直向下量取10.8cm（$4\frac{1}{4}$英寸），过此点用L型直角尺画一条水平线为背宽横线。

图3-8

> **注** 这个数值只适合8~10号人台，相当于从后中领口到腰围线的1/4。对于其他型号的人台，直接取后领口到腰围线的1/4即可。

⑥ 测量背宽位置。

　a. 沿人台背宽横线测量从后中线到袖窿的水平距离，再加0.3cm（1/8英寸）的松量。

　b. 在面料的背宽横线上量出相同距离，并标记袖窿位置。

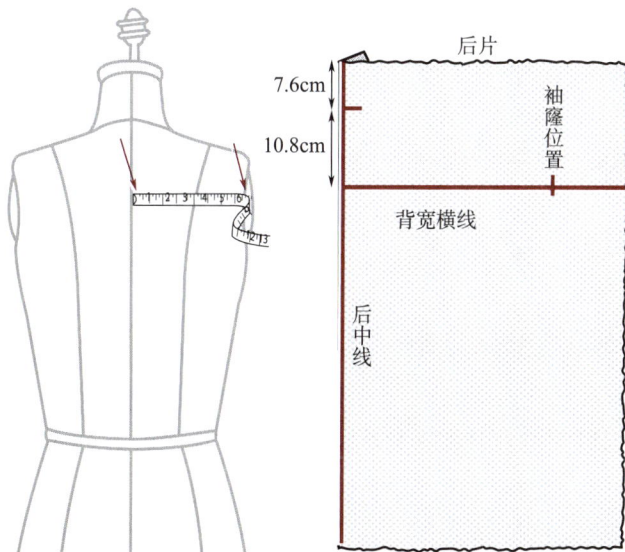

图3-9

肩省、腰省原型：前片立裁步骤

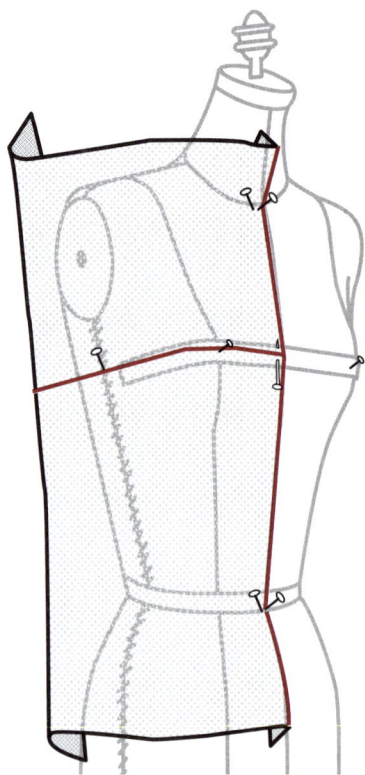

图3-10

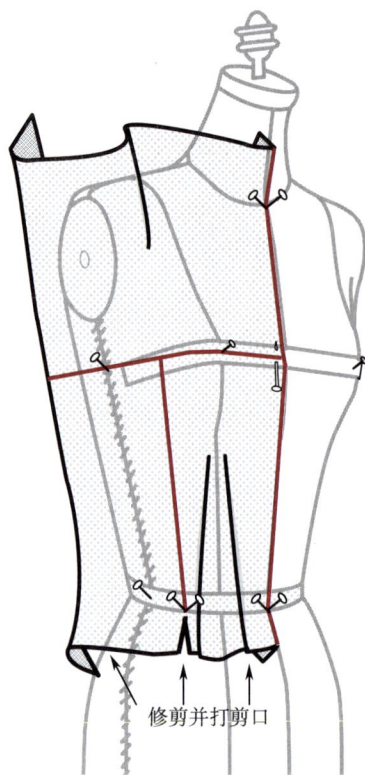

修剪并打剪口

图3-11

① 面料上的胸高点标记与人台上的胸高点对准，别针固定。

② 面料上的前中折线对准人台上的前中线。分别在前颈点和前腰围点各别一根针固定，然后在胸带上再别一针固定。

③ 固定公主面中线。

  a. 在人台的公主面中线与腰围交点处别一针，以备后续步骤。

  b. 将面料上的公主面中线与人台上的公主面中线对齐。

  c. 分别在腰围线和胸围线上别针固定。

④ 调整固定前片，使胸围线平行于地面（而不是胸带）。

注 公主面中线的作用在于校对面料的纱向是否正确，即保证经纱平行于前中线，纬纱平行于地面。

⑤ 修剪腰围线以下多余面料，预留缝份5.1cm（2英寸）。对准公主面中线，在腰围线下的缝份上打剪口。

注 过度裁剪腰围处的面料会使腰围过紧、缺少松量（0.3cm的松量必不可少）。

国际服装立裁设计：美国经典立体裁剪技法（原书第5版）

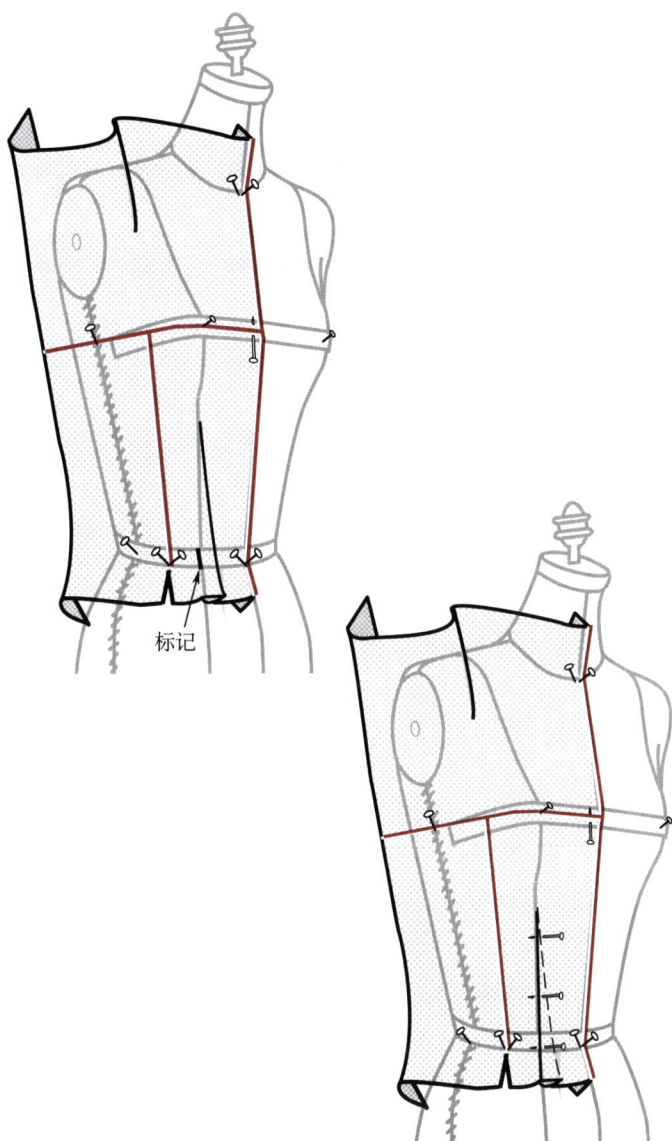

标记

图3-12

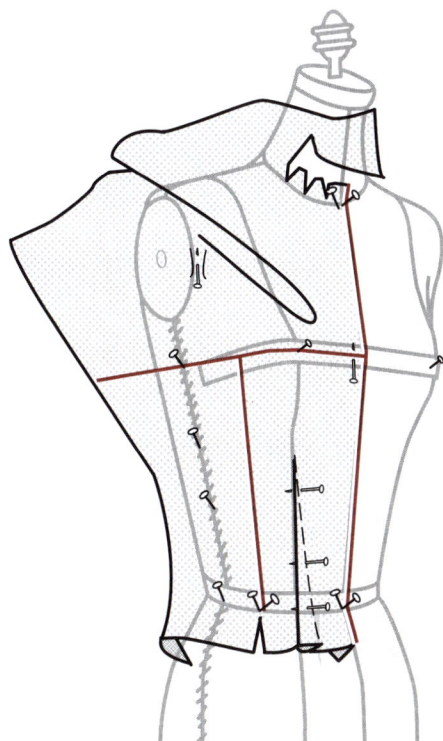

图3-13

⑥ 立裁前腰省。公主面中线与前中线之间多余的面料即为腰省，操作时不要将腰部及胸部面料绷得过紧。

　a. 在公主线与腰围线交点处做标记。沿腰围线从前中线到公主线轻轻抒平面料，公主线处做标记。在腰围线的公主线位置捏出省量。

　b. 在腰围线处的公主线位置别合省道。将腰围公主线处捏出的省道量倒向前中线，省尖对准胸高点，用大头针别出省道。

⑦ 抒平、整理、固定其余腰围线。从公主面中线向侧缝轻轻抒平面料，在侧缝、腰围线交点处固定一针，操作时腰围要留松量0.3cm（1/8英寸），并且不要使胸部绷紧。

⑧ 立裁侧缝及肩线。

　a. 抒平侧缝附近多余面料，操作时不要过度牵拉面料而使胸部绷紧。

　b. 沿着人台的袖窿向上抒平面料直到肩线，操作时以防袖窿过紧，在袖窿中部前腋点附近留松量0.6cm（1/4英寸），并用大头针固定这一松量。将多余的面料留在肩线上。

> **注** 如果是泡沫人台或者人台上装有胳膊，就没必要留0.6cm（1/4英寸）的松量了。

⑨ 立裁前领口弧线。抒平领口线周围面料，修剪多余面料，在缝份上等间隔打剪口。

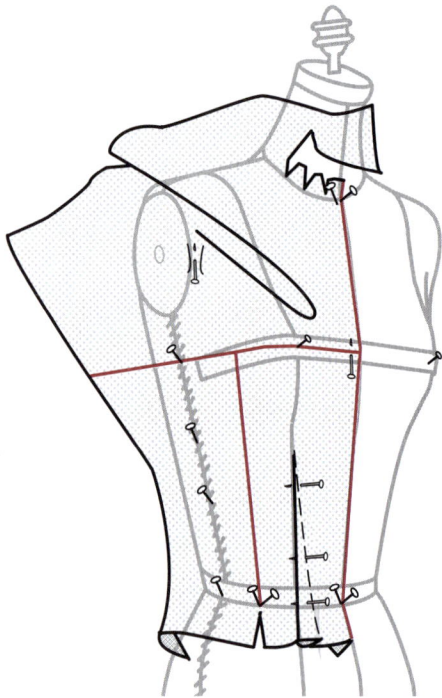

图3-14

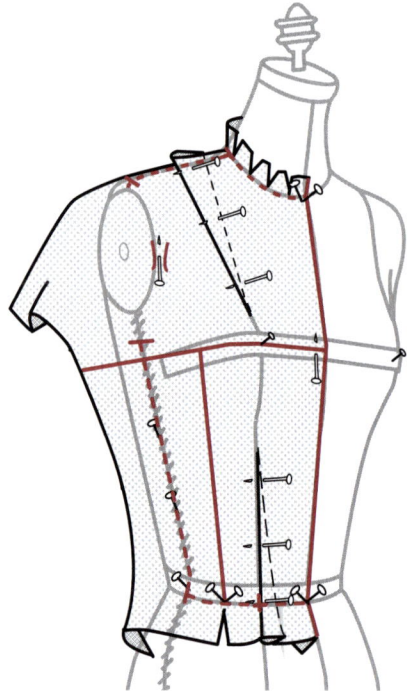

图3-15

10 从领口线、肩线交点向公主线捋平肩线，在公主线和肩线交点处别针固定，并做出公主线标记点。

11 整理出前肩省。将从肩线、领口和从肩线、袖窿捋出的多余面料捏成肩省。胸部越丰满肩省就越大，胸部越平坦肩省就越小。

  a. 在肩线、公主线标记点处捏出肩省。

  b. 在公主线处别合省道，缝份倒向前袖窿侧，省尖指向胸高点自然消失。

12 在样片上标记出与人台对应的所有关键点。

  a. 领口线：在前颈点和领口线、肩线交点处做标记，用虚线轻轻描出其余领口线。

  b. 肩线和肩省：用虚线轻轻描出肩线，省道和省端点做标记。

  c. 袖窿：

  » 肩端点做标记。

  » 袖窿中部前腋点做标记。

  » 袖窿底与侧缝交点做标记。

  d. 侧缝：用虚线轻轻描出。

  e. 腰围线和腰省：前中线腰围点、侧腰围点以及腰省两边做标记。

肩省、腰省原型：后片立裁步骤

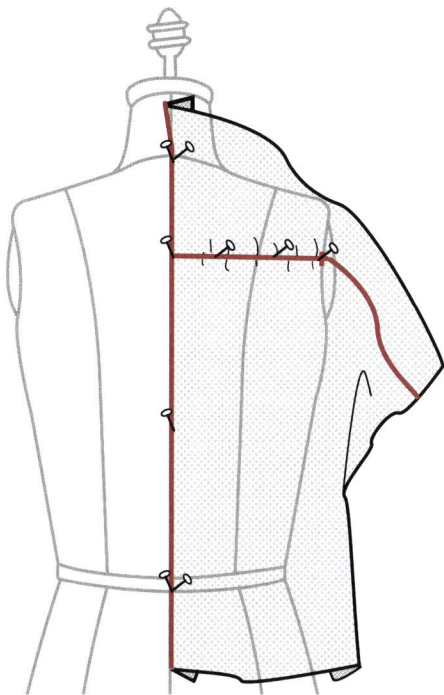

图3-16

① 面料上的后中双折线对准人台上的后中线，别针固定。

② 面料上的后中领口标记点与人台上的后领口中点对齐。

③ 面料上的背宽横线与人台上的背宽横线对齐。在背宽横线上预留0.6cm（1/4英寸）的松量，使松量均匀分布在背宽横线上，并别针固定背宽横线。

> **注** 立裁背宽横线时，要使面料不受任何外力和牵扯，面料沿背宽横线向下自然悬垂，并且面料底边平行于地面。

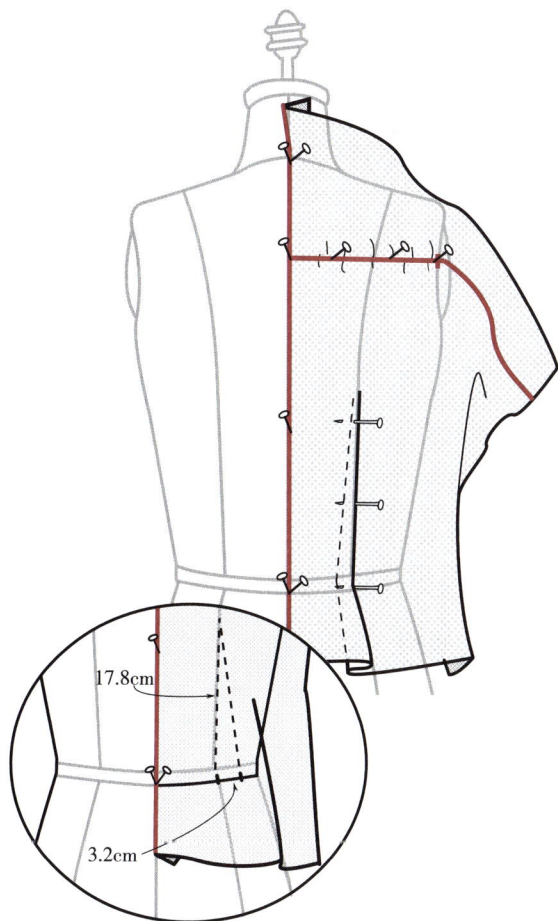

图3-17

④ 立裁后腰省，省长17.8cm（7英寸），省大3.2cm（$1\frac{1}{4}$英寸），具体操作如下。

a. 沿后腰线从后中向体侧方向捋平面料，一直捋到后公主线，在后公主线、腰围线交点做记号。

b. 从上一步的标记点开始向侧缝方向量出省量3.2cm（$1\frac{1}{4}$英寸），并做标记。

c. 从省口中点向上量取省长17.8cm（7英寸），省中线保证与后中线平行（沿经纱方向），如图所示。

d. 折叠别出后腰省。在腰围线上公主线所做标记处，折叠捏出3.2cm（$1\frac{1}{4}$英寸）的后腰省，省道向上自然消失在17.8cm（7英寸）的省尖标记点处。

> **注** 以上是8~10号的人台所取的数值，在此基础上，后腰省的省大和省长随着人台型号的大小而变化。

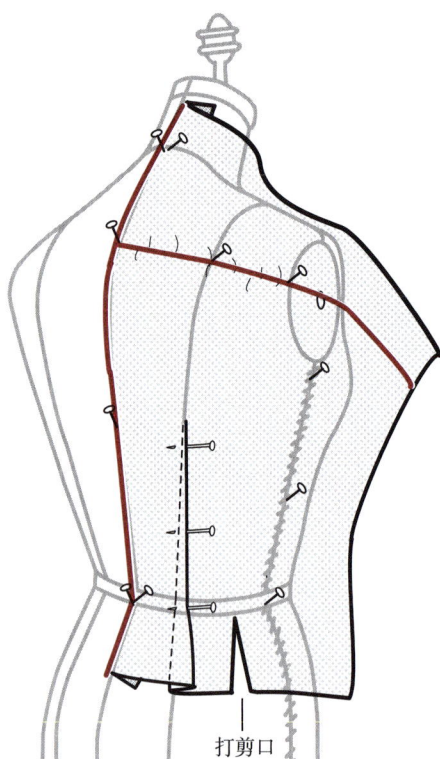

打剪口

图3-18

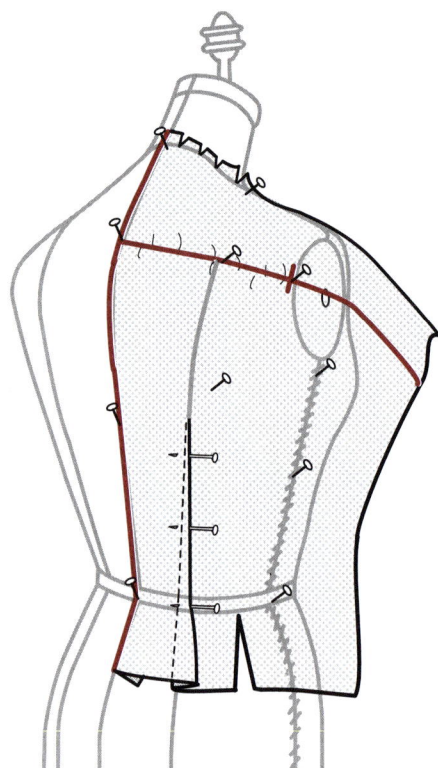

图3-19

⑤ 修剪、捋平、整理后腰围线。

   a. 对准公主面中线，在腰围缝份上打剪口。

> **注** 腰围处过度裁剪会使腰围过紧，缺少必要的松量。

   b. 沿着腰围线向侧缝捋平面料，在侧缝、腰围线交点处别针固定。

⑥ 捋平整理后侧缝。将多余面料轻轻捋过侧缝，别针固定侧缝，注意操作时不要使后背紧绷。

⑦ 捋平、修剪、整理后领口。

   a. 仔细地修剪颈部周围多余面料，等间隔均匀地在领口周围打上剪口。

   b. 捋平后领口周围多余面料，直到人台的侧颈点，并别针固定侧颈点。

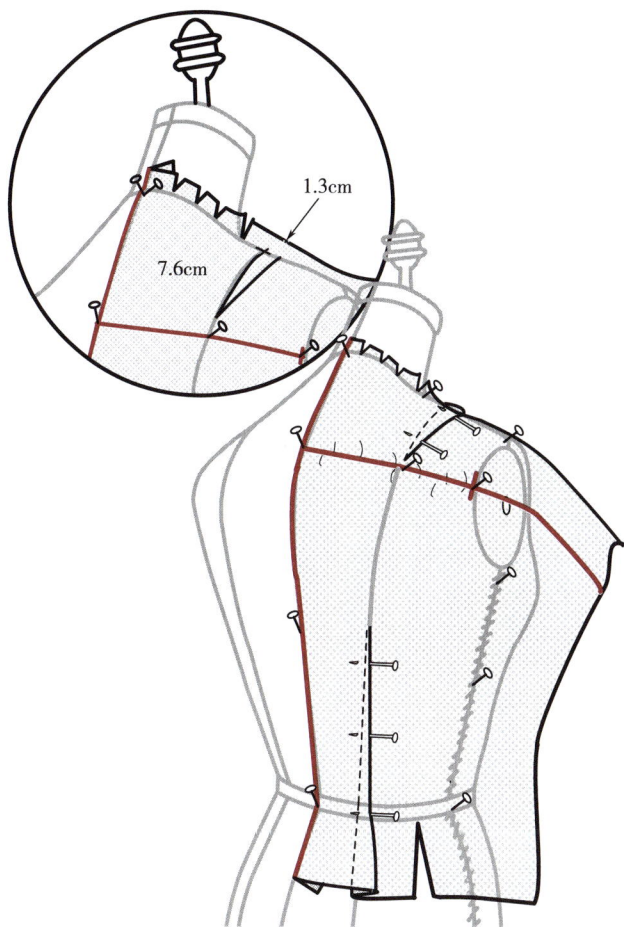

图3-20

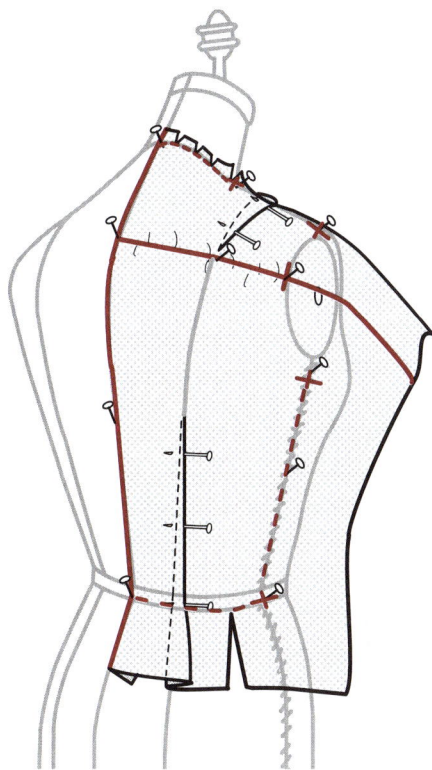

图3-21

8 做出后肩省，省长7.6cm（3英寸），省大1.3cm（1/2英寸）。

  a. 沿肩线从侧颈点向公主线方向捋平面料，在公主线处做标记。

  b. 沿肩线从公主线标记点开始向袖窿方向量取1.3cm（1/2英寸）（后肩省的大小），并做标记。

  c. 沿公主线从肩线开始向下量取7.6cm（3英寸）并做标记，为肩省长。

  d. 折叠并别出肩省。将公主线处标记间的面料折叠捏出1.3cm（1/2英寸）肩省，省长7.6cm（3英寸），省尖向下消失在省长标记处。

9 在样片上标记出与人台对应的所有关键点。

  a. 领口线：在后颈点和领口线、肩线交点做标记，其余领口线用虚线轻轻描出。

  b. 肩线和肩省：用虚线轻轻描出肩线，肩省和肩点做标记。

  c. 袖窿：

  » 在肩端点做标记。

  » 袖窿中部后腋点做标记。

  » 袖窿底与侧缝交点做标记。

  d. 侧缝：用虚线轻轻描出。

  e. 腰围线和腰省：后中腰围点、侧腰围点以及腰省两边做标记。

肩省、腰省原型拓板

有些设计师习惯将立裁的样板拓到打板纸上（白色菱格纸），而有些则倾向于直接在白坯布上描样画板。其实设计的实现路径不局限于一种。下述第2步到第12步就是直接在立裁白坯布上画板的过程。

1 将立裁好的样片从人台上取下，铺平在桌面上。如果打算将样板拓在纸上，则按下面的步骤操作。

　a. 在打板纸上分别画一条竖直线和一条水平线，将样片放在其上，使两者的竖直线和水平线相重合。

　b. 用滚轮将样片上的标记点拓印到打板纸上。

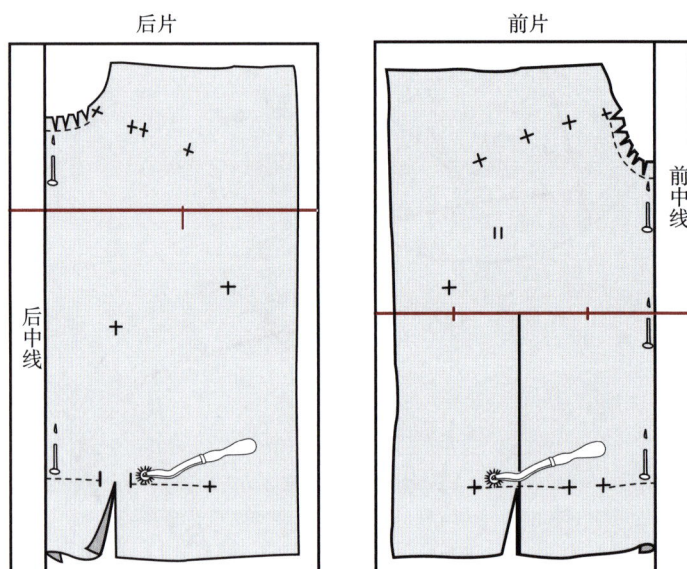

图3-22

2 在以下几个位置做出90°的垂直短线。

　a. 前颈点（0.6cm）。

　b. 前腰点（1.3cm）。

　c. 后颈点（2.5cm）。

　d. 后腰点（2.5cm）。

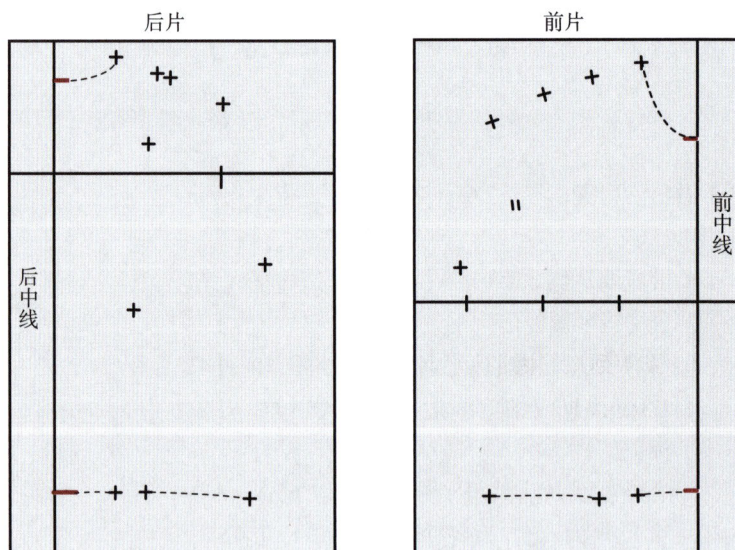

图3-23

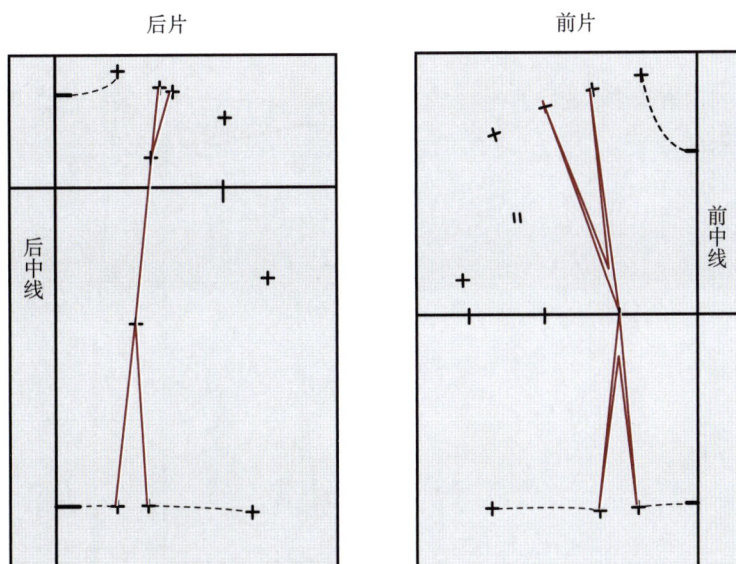

图3-24

③ 用直尺画出四个省道。

a. 前腰省：通过腰部所做省道标记找出省口中点，与省尖点连成一条直线，此省中线应该与经纱方向重合。否则，做适当的修正与调整，直到与经纱方向一致。画出省边线，并将省尖点向下移2.5cm（1英寸）。

b. 前肩省：过肩线上所做的省口标记画出省边线，并将省尖点向上移2.5cm（1英寸）。

c. 后腰省：通过腰部所做的省道标记找出省口中点，此点竖直向上做出省长（新消失点），从消失点（省尖点）向下与省口标记点相连画出省道。

d. 后肩省：将后腰省的省尖点与后肩省靠近领口侧的省口标记点直线相连（这条线不一定与公主线重合）。沿此线从肩线向下量取省长7.6cm（3英寸），为省尖点，省尖点再与肩部的另一省口标记直线相连。

④ 用法式曲线尺画出前、后领口弧线。要保证弧线与前颈点或后颈点所做的90°小短线圆顺衔接。校核肩线上的标记点。

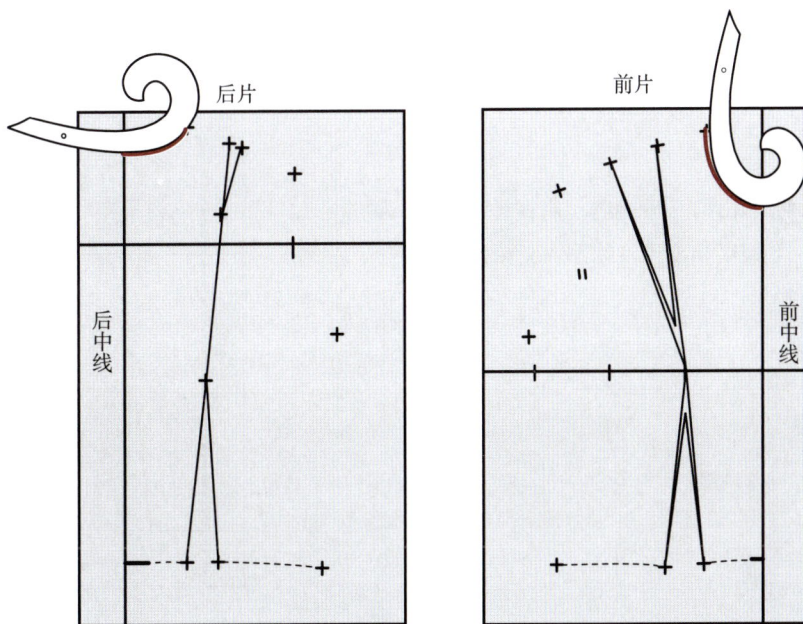

图3-25

5　画顺前、后肩线。将肩省折叠起来，直
　　线连接侧颈点和肩端点。

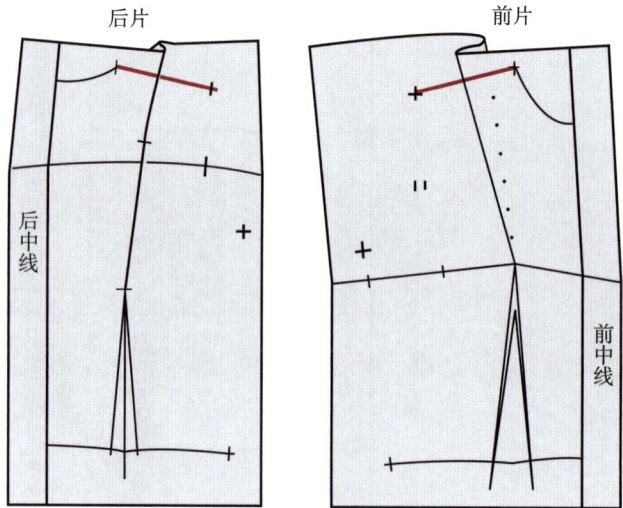

后片　　　　　前片

后中线

前中线

图3-26

6　画顺前、后腰围线。将腰省折叠起来，
　　用长弧线尺，从前中线到侧缝圆顺地
　　画出前腰围线，再从后中线到侧缝画
　　出后腰围线。

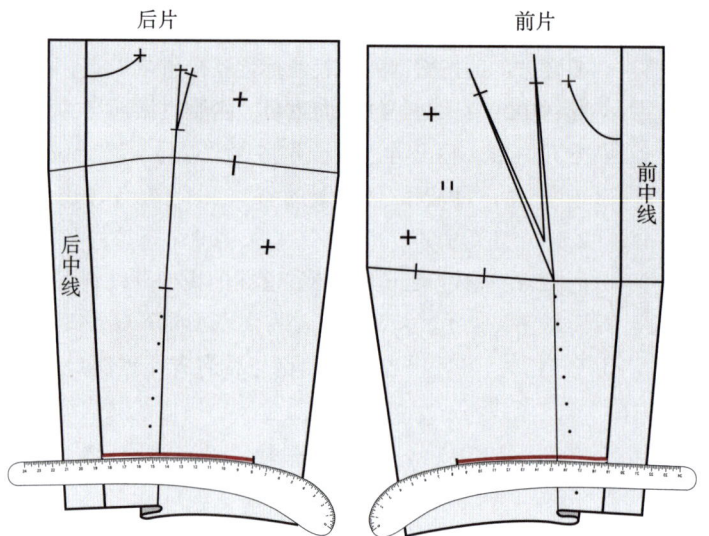

后片　　　　　前片

后中线

前中线

图3-27

7　画出前、后侧缝。用直尺将袖窿、侧缝
　　交点和侧缝、腰围线交点直线相连。

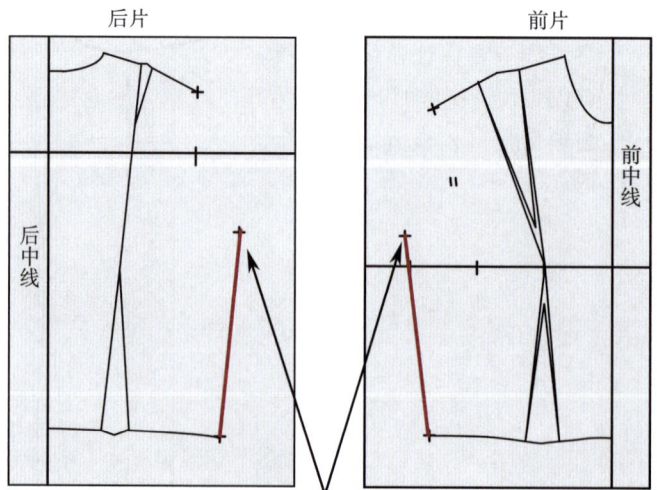

后片　　　　　前片

后中线

前中线

袖窿腋下点

图3-28

国际服装立裁设计：美国经典立体裁剪技法（原书第5版）

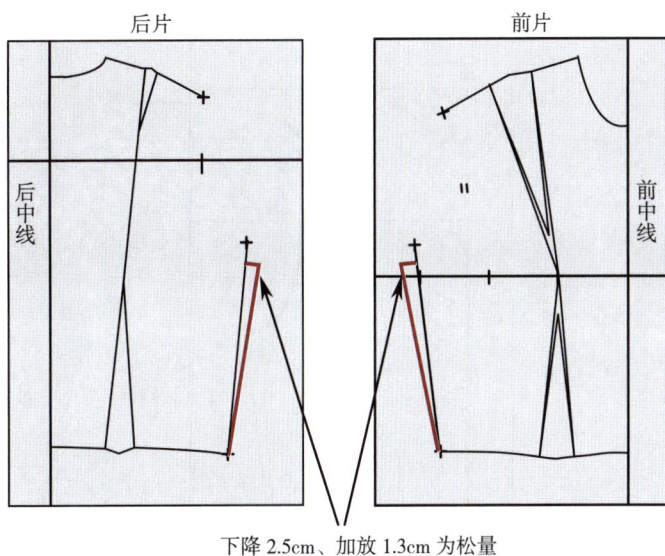

后片　　　　　　前片

8 加放侧缝松量，完成侧缝线。

   a. 从袖窿、侧缝交点，沿侧缝向下取
2.5cm（1英寸）做标记。

   b. 过标记点向外做垂直于侧缝的短线，
长1.3cm（1/2英寸），为前侧缝加放的
松量。

   c. 连接加放量1.3cm（1/2英寸）的端点与
侧缝、腰线的交点，即为新侧缝。

下降 2.5cm、加放 1.3cm 为松量

图3-29

> **注** 前、后侧缝与竖直方向所成的角度要相同（平衡性的要求）。如果没有达到，说明立裁不够准确。

时尚与松量

    某些年代，合体的服装是偏紧身的，而某些年代则是偏宽松的。由于合体性的程度是随着时尚的流行而变化的，所以加放量也则大则小。并且，对于紧身衣、无袖连衣裙以及针织服装等是不考虑松量的。具体参见相关章节的这些款式的设计。

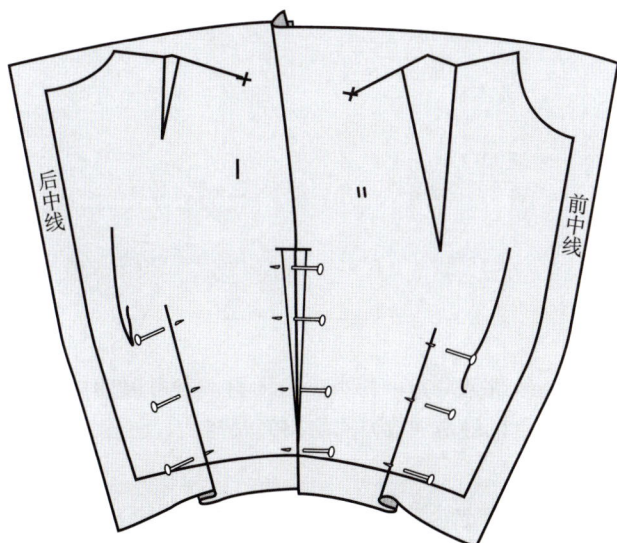

后中线　　　　　　前中线

图3-30

9 校核腰围线。将上一步调节后的新侧缝前、后别合在一起，腰围线应该是一条圆顺平滑的弧线。否则，立裁可能不够准确。某些时候，腰围线做些轻微的修正就会圆顺。修正的方法是将侧缝、腰围线交点向下降0.6cm（1/4英寸），再重新画顺弧线，如果这样还不能保证腰围线的圆顺，就要退回去重新立裁或再校核各个立裁步骤。

10 检查前、后腰围线的长度（腰围平衡性要求）。

   a. 从前中线到侧缝测量前腰围的长度。

   b. 从后中线到侧缝测量后腰围的长度。

> **注** 前腰围应该比后腰围大1.3cm（1/2英寸）。否则，通过加减一定的量，重新调整侧缝的位置，直到满足要求为止。

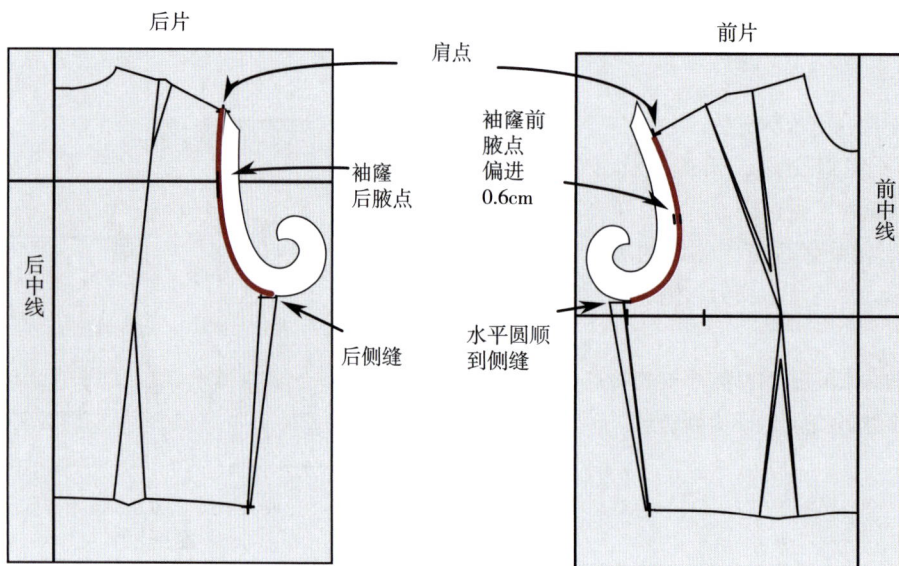

后片　　　　　　　　肩点　　　　　前片

袖窿
后腋点

后中线

后侧缝

袖窿前
腋点
偏进
0.6cm

前中线

水平圆顺
到侧缝

图3-31

⑪ 画顺后片袖窿弧线。用法式曲线尺将下面各点圆顺的连起来。

  a. 后肩点。

  b. 袖窿中部后腋点处，过背宽横线与袖窿的交点，向下做长3.2cm（$1\frac{1}{4}$英寸）的短直线。

  c. 新侧缝端点，即原侧缝下降2.5cm（1英寸）的位置。

注　在袖窿中部背宽横线的位置，后袖窿弧线基本成竖直的。法式曲线尺过袖窿的腋下点放置时，将尺子稍微倾斜一点绘制。而前袖窿弧线在此位置基本是圆顺平滑的曲线。

⑫ 画顺前片袖窿弧线。用法式曲线尺将下面各部分圆顺的连起来。

  a. 前肩点。

  b. 袖窿中部前腋点向内偏进0.6cm（1/4英寸）。

  c. 原侧缝线下降2.5cm（1英寸）的位置。注意袖窿弧线过此点后要与加放出的1.3cm（1/2英寸）直线衔接圆顺。

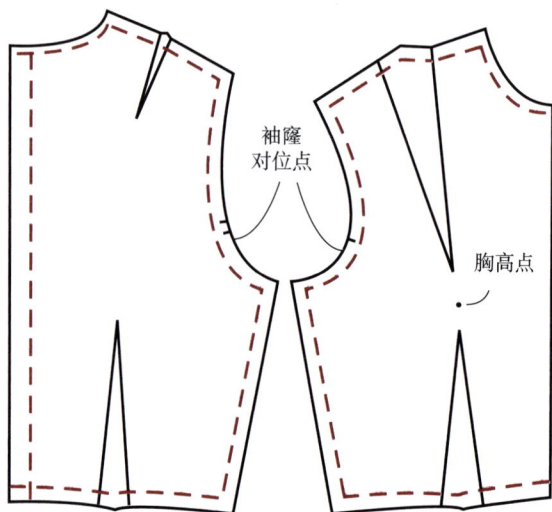

袖窿
对位点

胸高点

图3-32

⑬ 加放缝份并修剪多余面料。参考第18页第1章的缝份加放方法的相关内容。

⑭ 确定袖窿对位点。前袖窿为单剪口，后袖窿为双剪口。对位点位于前、后袖窿弧长的1/3处，从侧缝向上沿袖窿弧线量取约7.6cm（3英寸）。

15 调整袖窿的平衡性。为了使绱好的袖子悬垂稳定到位，要对袖窿的平衡性进行校正。

> **注** 衣身前、后片在肩部和侧缝要保证合体性。同时，衣身要有合适的松量，前、后片要保证平衡。因此，如果袖窿不平衡，需要对前、后袖窿曲线进行修正。

a. 测量前、后袖窿弧长。用塑料软尺或金属卷尺，测量前、后袖窿净缝线的长度，后袖窿应比前袖窿大1.3cm（1/2英寸）。

b. 修正袖窿使其增长：将袖窿中部腋点附近的弧线向内凹进0.6cm（1/4英寸），过此点用法式曲线尺重新修正袖窿中部曲线，分别与肩点和腋下点连成圆顺的弧线。

c. 修正袖窿使其缩短：将袖窿中部腋点附近的弧线向外凸出0.6cm（1/4英寸），过此点用法式曲线尺重新修正袖窿中部曲线，分别与肩点和腋下点连成圆顺的弧线。

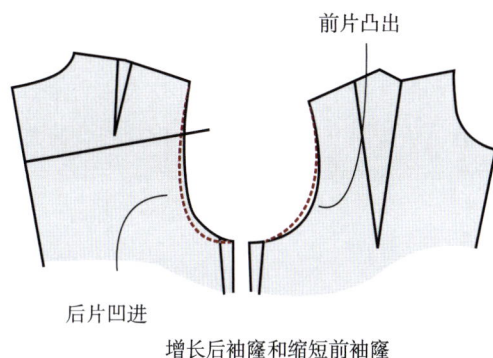

前片凸出

后片凹进

增长后袖窿和缩短前袖窿

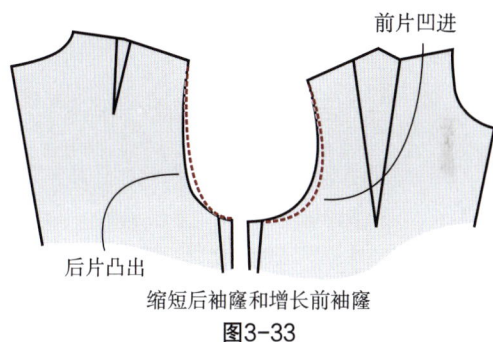

前片凹进

后片凸出

缩短后袖窿和增长前袖窿

图3-33

> **注** 如果通过0.6cm（1/4英寸）的调节量修正后，袖窿还不能保证平衡，则需要进一步校核肩缝和侧缝位置准确与否。

16 校核前、后侧缝的平衡性。

a. 将前、后片在侧腰点对齐别一针固定。

b. 以固定点为轴心，旋转前片使前中线与后中线处于平行状态。

c. 检查前、后片侧缝位置。此时，前、后片侧缝应重合。如果不重合，则相应增加或减少一定量进行修正，以消除差异，直到两者重合为止。

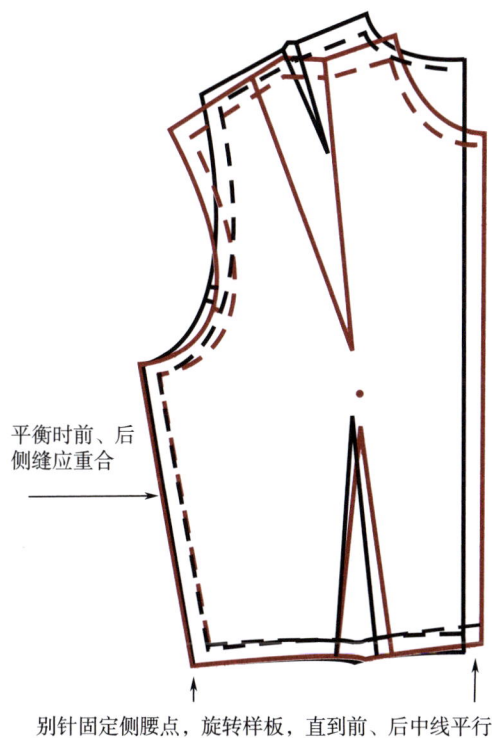

平衡时前、后侧缝应重合

别针固定侧腰点，旋转样板，直到前、后中线平行

图3-34

组装及评测立裁效果

评测指南

仔细检查立裁最终造型的效果可以起到几个作用。立裁的最终造型反映出服装的合体性恰当与否。合体性恰当的服装看上去美观舒服，与人体的体型自然吻合。松量的大小与当今的时尚趋势以及服装的款式风格都相符合。可按照下表所列各项，检查松量的大小和服装的平衡性，以及分析服装的设计是否到位，必要时可做一定的修正和改动。

组装别样

当所有样片的描线和拓板完成后，将各样片再组装起来。组装时大头针都垂直于接缝别合。这个款式立裁的是右半身，将其穿到人台的右侧。认真对齐净缝线，前片压后片别合侧缝和肩缝。

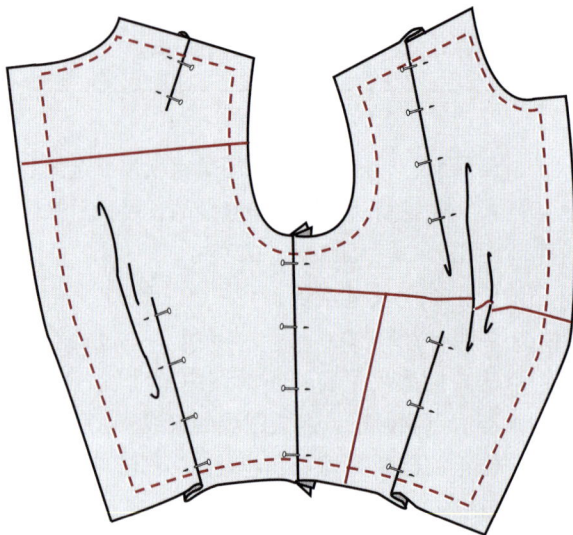

图3-35

检验项目

下列各项有助于学生或老师检查校核立裁的准确性：

准备面料

✓ 预测面料的长度和宽度。

✓ 正确画出面料的经向线、纬向线及其他相关线条。

正确拓板

✓ 所有的线条干净顺畅，缝份加放正确。

✓ 袖窿形状准确平衡。袖窿在腋底按照要求降低一定的量，形状类似马蹄形。

接缝

✓ 前、后肩缝等长，肩省对齐。

✓ 前、后侧缝等长，对齐。

✓ 当前、后中线平行时前、后侧缝倾斜程度相同，这保证了前、后侧缝同一角度。

正确组装

✓ 所有的大头针都垂直于拼接别针。

✓ 正确别合前片省道：肩省和腰省的省尖点（消失点）都向后退2.5cm（1英寸）。

✓ 所有省道都倒向同一方向（倒向中线）。

松量准确

✓ 侧缝、袖窿交点处加放松量为1.3cm（1/2英寸）。

✓ 前胸围加放松量为0.3~0.6cm（1/8~1/4英寸），保证前袖窿不紧绷。

✓ 后背宽加放松量为0.3~0.6cm（1/8~1/4英寸），保证后袖窿不紧绷。

✓ 前、后腰围各加放松量0.6cm（1/4英寸）。

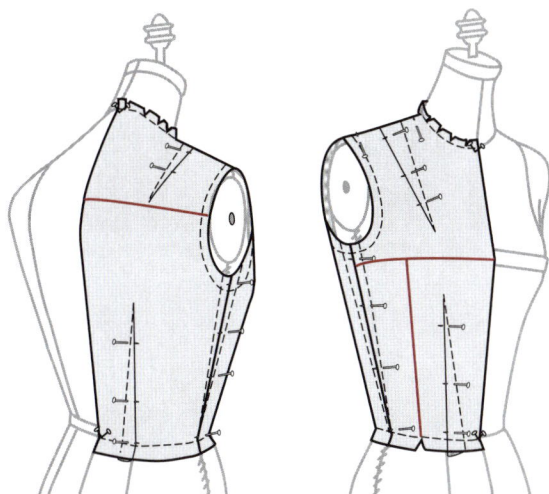

图3-36

> **注** 如果立裁造型评测不达标,则需取下所有
> 大头针,再重新立裁前、后片。注意操作
> 时一定不要硬拉、硬拽面料。

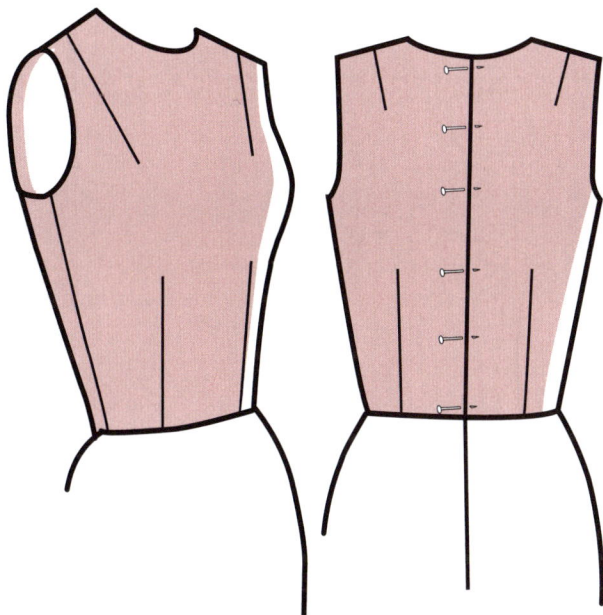

图3-37

缝合样衣

　　建议将衣身基本原型和裙子基本原型的白坯布样片缝合起来(裙子的立裁见第4章)。将白坯布样片缝合成一件完整的样衣,方便设计师检查合体性和平衡性。一旦样衣检测合格,就可将该样板作为其他各种款式设计的基本样板加以应用。

样衣效果评价

悬垂性

✓ 前、后中线竖直向下垂直地面。
✓ 前、后片的纬向纱线平行于地面。
✓ 样衣自然悬垂,所有接缝不牵拉、不歪曲。
✓ 肩缝和侧缝拼合后平滑顺畅,没有牵拉或扭曲现象。
✓ 样衣的侧缝线与人台的侧缝线正好对齐。
✓ 前衣身公主面的中线(胸高点到侧缝的中点)正好与经纱方向相同,且平行于前中线。
✓ 前腰围大于后腰围1.3cm(1/2英寸)。

整体外观

✓ 整件作品完整、干净、平服。
✓ 整体松量均匀得当。

松量偏小的情况

✓ 前胸和后背有牵扯绷紧现象。
✓ 腰围可能出现紧绷现象。
✓ 整个衣身紧绷人体。
✓ 侧缝牵拉变形,偏离人台的侧缝线。

松量偏大的情况

✓ 肩缝出现偏长现象。
✓ 胸部出现褶皱或起浮现象。
✓ 领口出现褶皱或起浮现象。
✓ 袖窿出现褶皱或起浮现象。

比例

✓ 立裁样衣应达到与设计图稿相同比例效果。
✓ 要允许有所需的设计松量。

设计特征

　　立裁造型时要遵循设计方案的具体要求,例如,褶裥的数量、宽松度、领型、袖型、扣位、扣子数量等。

腰省原型

　　另一种合体型基本原型是前片只有一个腰省的形式。这种形式是将肩省转移到腰部，与原来的腰省合并成一个较大的腰省。

　　前、后片的腰省既控制腰部的合体性，也控制胸凸罩杯的大小。这款原型立裁过程简单，常作为基础样板用于腰部合体型的服装样板的设计。

　　腰省原型的立裁方法是从前中线开始，对齐经纱和纬纱线。然后向上整理面料、顺序捋平肩线、袖窿、侧缝等处面料，将多余的面料都整理到腰围线上形成一个腰省。

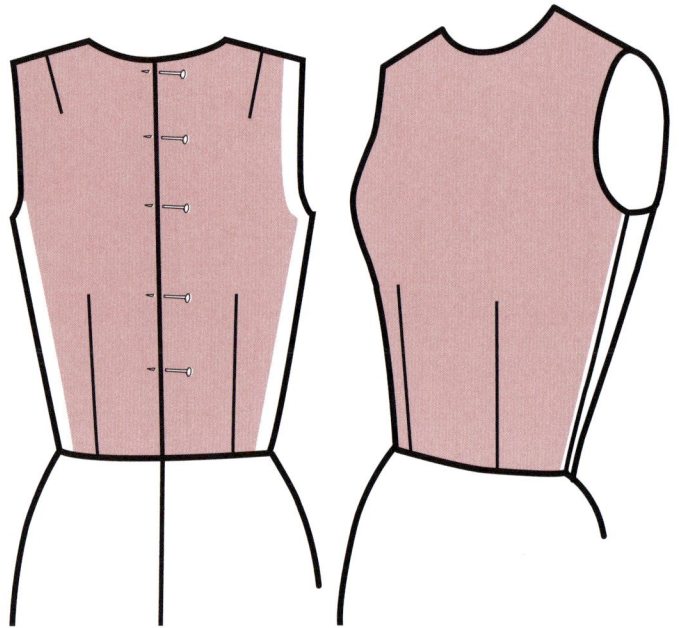

图3-38

> **注** 样板师倾向于选择腰省原型进行省道转移的变换操作，因为方便快捷。然而，这款原型一般不用于较宽松的款式设计（如罩衫、衬衫、夹克、插肩袖或和服袖款式的服装），因为该原型的前、后侧缝不平衡，会导致衣服侧缝的扭曲变形。

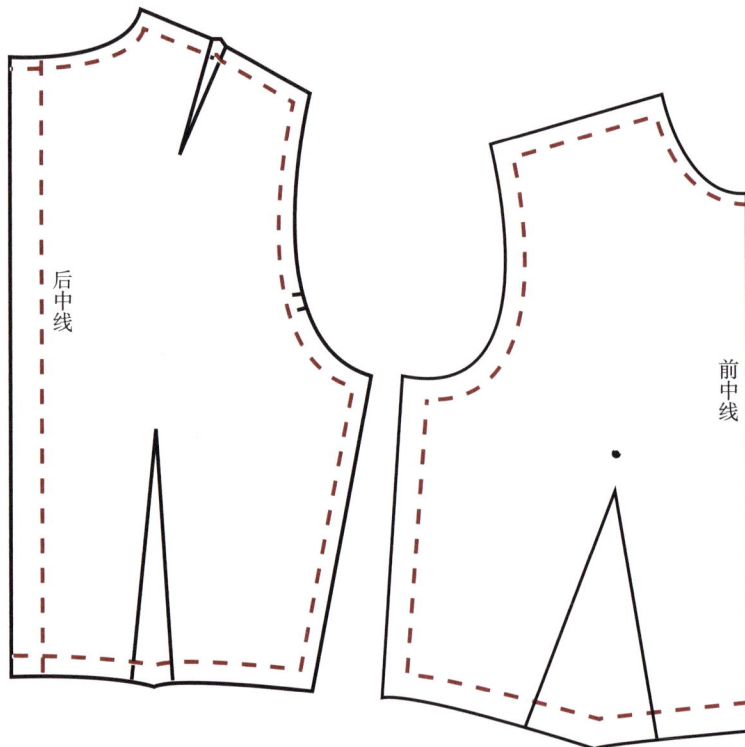

后中线

前中线

图3-39

腰省原型：面料准备

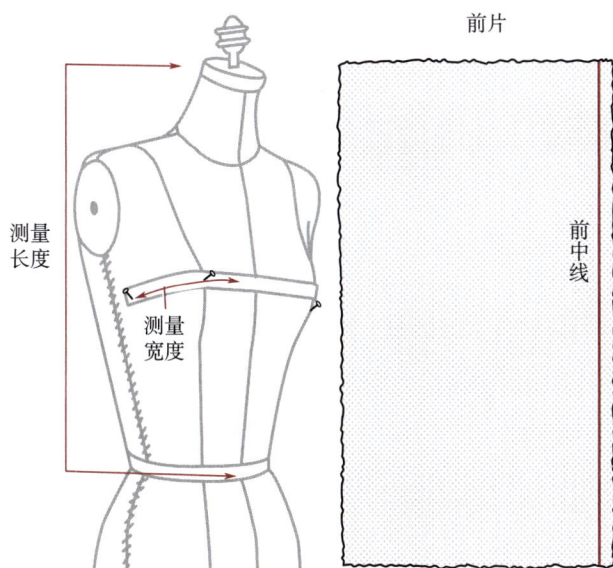

图3-40

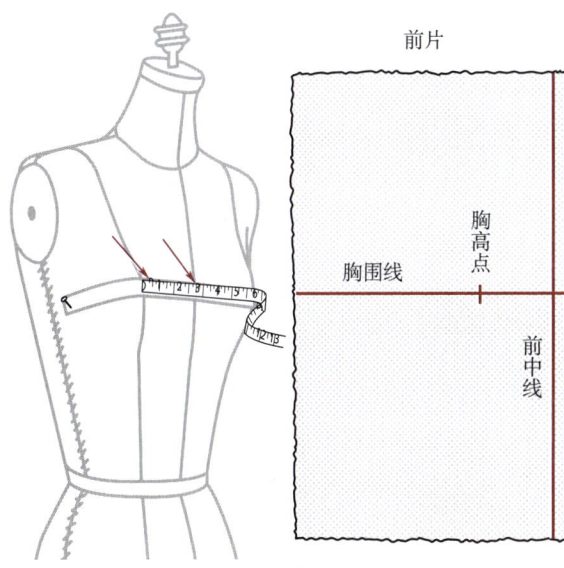

图3-41

① 测量人台前面从颈口到腰围线的竖直长度，再加12.7cm（5英寸），为前片用料长度。在白坯布上沿经纱方向量取相同长度，打剪口并撕开面料。

② 测量人台前面从前中线到侧缝的水平宽度，再加12.7cm（5英寸），为前片用料的宽度。在白坯布上沿纬纱方向量取相同的宽度，打剪口并撕开面料。

③ 距离撕开的经纱布边2.5cm（1英寸）画出前中线，并折倒缝份熨烫平整。

注　面料本身的布边朝向左边，撕开的毛边布边朝向右边。

④ 用L型直角尺，在面料的中间画出一条与经纱垂直的水平线为胸围线。

⑤ 测量并标记胸高点。

　a. 测量人台前中线到胸高点的水平距离。

　b. 在面料的胸围线上测量相同距离，并标记出胸高点。

腰省原型：立裁步骤

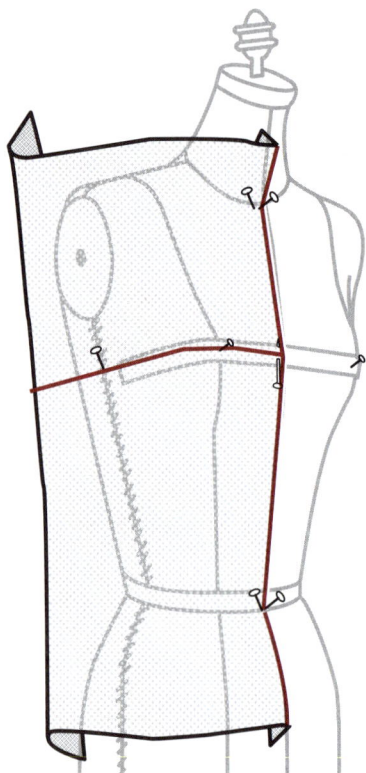

图3-42

① 面料上标记的胸高点与人台上的胸高点对准固定。

② 面料上的前中折线对齐人台上的前中线，分别在前颈点和前腰点各别一针固定，然后在胸带上再别一针。

③ 立裁前领口及肩线。修剪颈部周围多余面料，在缝份上等间隔地打上剪口。将平胸围线以上的面料，一直捋过肩线，在净缝线外侧的侧颈点和肩端点附近各别一针固定肩线。

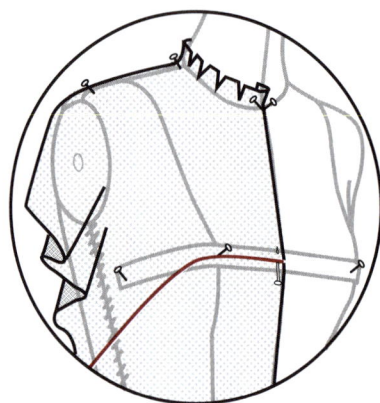

④ 立裁袖窿。从肩线继续向下轻轻捋平袖窿周围面料，操作时以防袖窿过紧，在袖窿中部腋点处留松量0.6cm（1/4英寸），这也是胳膊活动时袖窿所必需的宽松量。继续将面料整理到腋下，在袖窿、侧缝交点处别针固定。

注　操作时不要急于修剪袖窿周围多余面料，因为初学者很有可能将袖窿做得过紧。

⑤ 立裁侧缝。沿侧缝向下轻轻捋平腋下面料，将多余的面料都整理到腰围线上。整理好侧缝别针固定。

注　此时，从胸高点到侧缝之间的纬纱不再保持水平，而是向下倾斜。

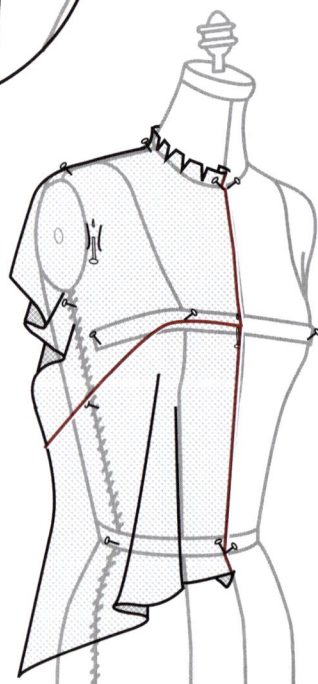

图3-43

6 立裁前腰围线及腰省。

   a. 修剪腰围线以下多余的面料，预留缝份
      2.5cm（1英寸）。

> **注** 将腰围线下的多余面料修剪到2.5cm（1英寸）以内是很有必要的。

   b. 在腰围的公主线处立裁省道。将腰围上所有
      多余的面料都集中到公主线处，整理成腰
      省，省道倒向前中，省尖对准胸高点。

> **注** 腰部的余量（省道的大小）取决于胸部的丰满度（胸部越丰满、省道越大）。

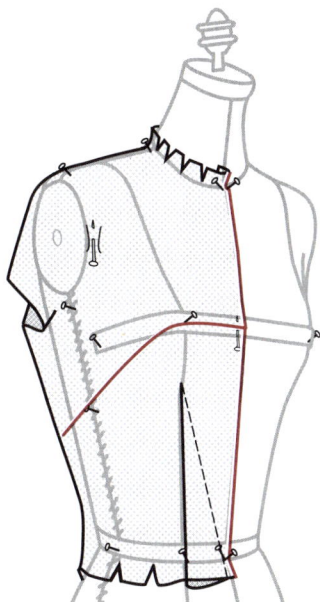

图3-44

7 在样片上标记出与人台对应的所有关键点。

   a. 领口线：在前颈点、侧颈点做标记。

   b. 肩线：用虚线轻轻描出肩线，在肩端点做
      标记。

   c. 袖窿：

   » 肩端点做标记。

   » 袖窿中部前腋点做标记。

   » 袖窿腋下点做标记。

   d. 侧缝：用虚线轻轻描出。

   e. 腰围线和腰省：在前腰点、侧腰点以及腰省
      两边做标记。

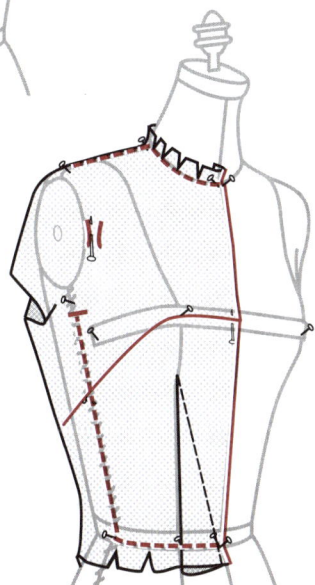

图3-45

8 立裁后片。按照第43~45页所述步骤裁剪后片。

9 取下所有样片拓板。按照下述方法对腰省原型
   进行拓板。

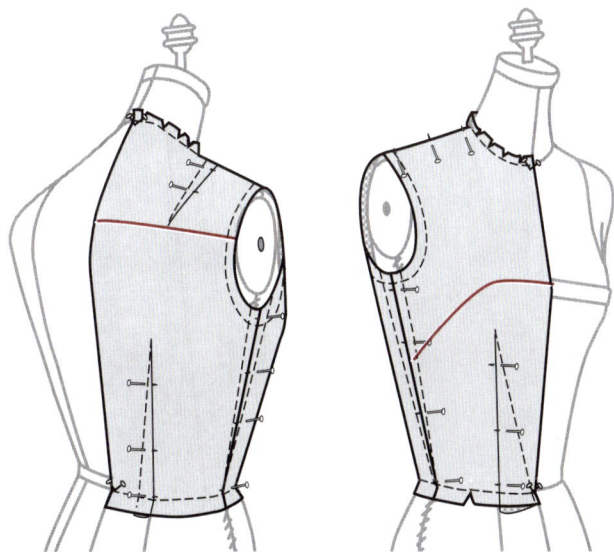

图3-46

腰省原型拓板

这款原型的拓板与两个省道的原型类似。然而，此原型在校核时前、后侧缝不必要求对称与平衡。但完成的原型样衣在人台上着装试穿时，侧缝线要与人台的侧缝线完全对齐。

1. 连接省尖点（胸高点）和腰部所做的省道标记，画出前腰省。然后，将省尖点向下移2.5cm（1英寸）再与腰部的省口标记点相连，为最终的省道净缝线。

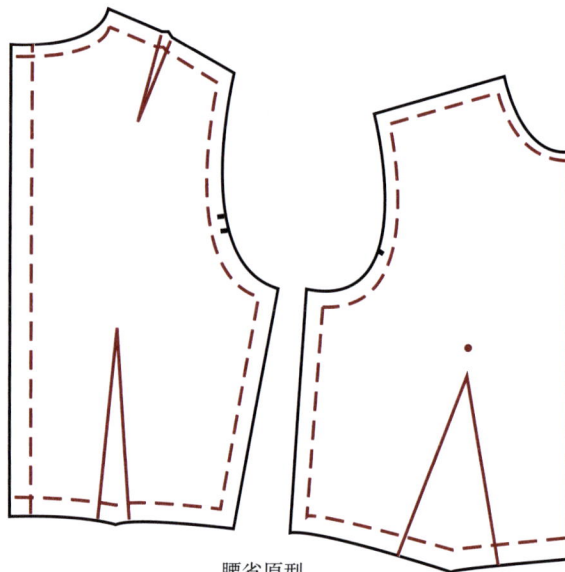

腰省原型

图3-47

2. 连接省尖点与腰部所做的省口标记点，画出后腰省。

3. 将后腰省的省尖点与后肩省靠近颈侧的省道标记点直线相连，从肩线沿此线向下量取省长7.6cm（3英寸），为省尖点，该点再与肩线上的省道另一标记点直线相连，画出后肩省。

4. 在以下几个位置做90°的垂直短线。
   a. 前颈点（0.6cm）。
   b. 前腰点（1.3cm）。
   c. 后颈点（2.5cm）。
   d. 后腰点（2.5cm）。

5. 画出前、后肩线。用直尺将侧颈点与肩点直线相连。对于后片，需要将肩省折叠起来再绘制肩线。绘制完成后要校核前、后肩线长度是否相同。

6. 画出前、后领口弧线。如图所示，用法式曲线尺绘制，要保证弧线在前颈点和后颈点与90°小短线衔接圆顺，弧线也要经过肩线上的标记点。

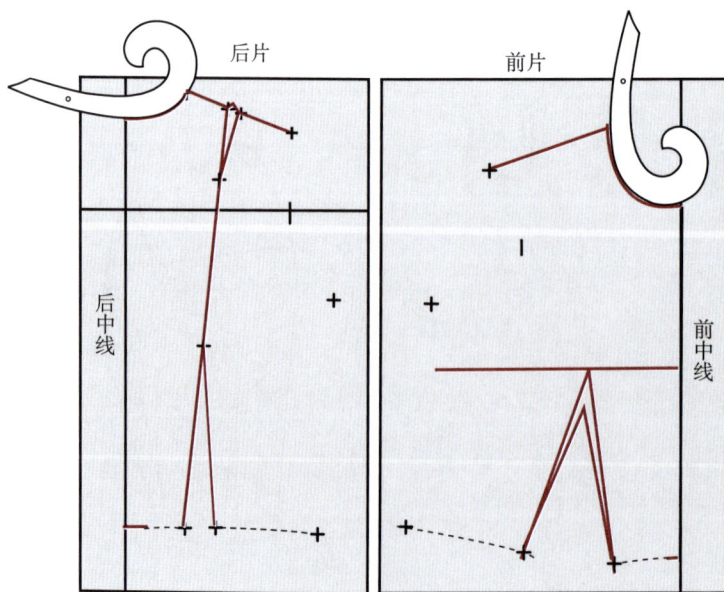

图3-48

7 画出前、后腰围线。

　　a. 将前腰省折叠起来，用长弧线尺，从前中线到侧缝圆顺地画出前腰线。

　　b. 将后腰省折叠起来，用长弧线尺，从后中线到侧缝圆顺地画出后腰线。

8 检查前、后腰线的长度和平衡性。

　　a. 从前中线到侧缝测量前腰围的长度。

　　b. 从后中线到侧缝测量后腰围的长度。

　　c. 前腰围应该比后腰围大1.3cm（1/2英寸）。否则，通过加减一定的松量，重新调整前、后片侧缝的位置，直到满足要求。

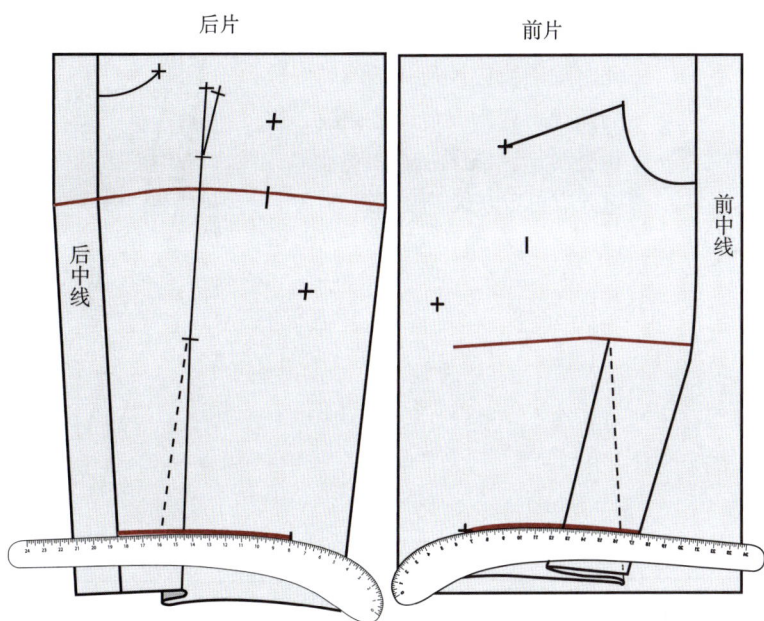

后片　　　　前片

后中线　前中线

图3-49

> **注**　对于丰满成熟的体型，前腰围会比后腰围大2.5cm（1英寸）。

9 画出前后侧缝线。

　　a. 用直尺将侧缝、袖窿交点和侧缝、腰围线交点直线相连。

　　b. 在腋下沿侧缝线向下取2.5cm（1英寸）做标记。

　　c. 过标记点向外做前、后侧缝的垂线，长1.3cm（1/2英寸），为侧缝增加的松量。

　　d. 将加放量1.3cm（1/2英寸）的端点与原侧缝、腰围线交点直线相连，为新侧缝线。前、后侧缝做同样的处理。

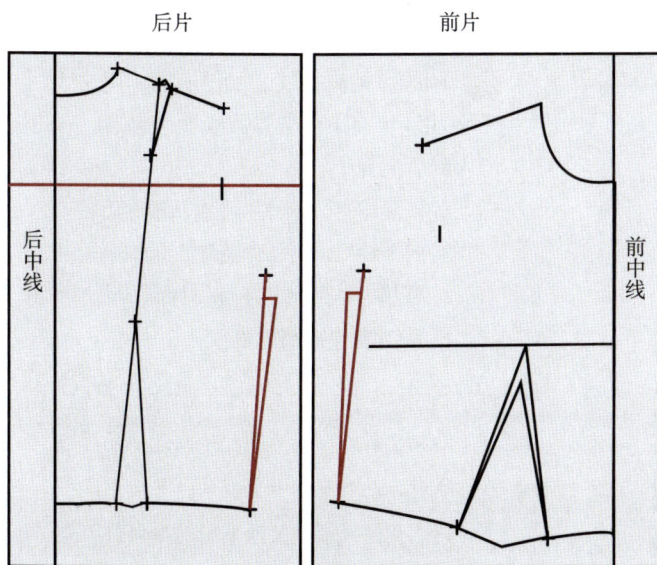

后片　　　　前片

后中线　前中线

图3-50

10 校核腰围线的圆顺性。

  a. 将前、后衣身的腰省折叠闭合，再将前、后片侧缝对齐别合起来。

  b. 此时腰围线应该是一条圆顺平滑的弧线。否则，可以将侧缝、腰线交点向下降0.6cm（1/4英寸），过此点再重新画顺腰围线。

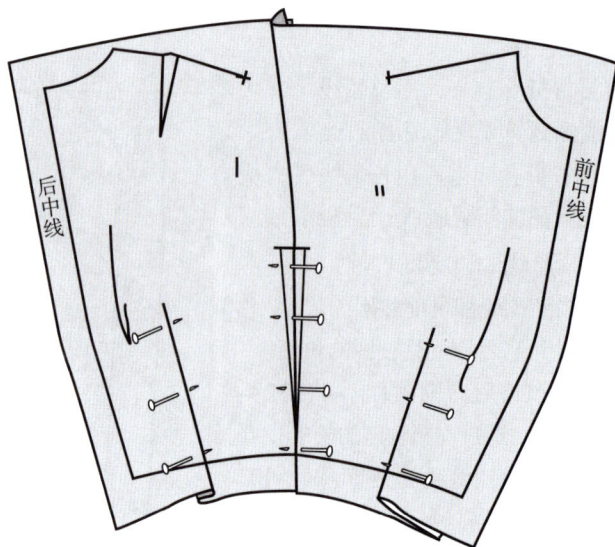

图3-51

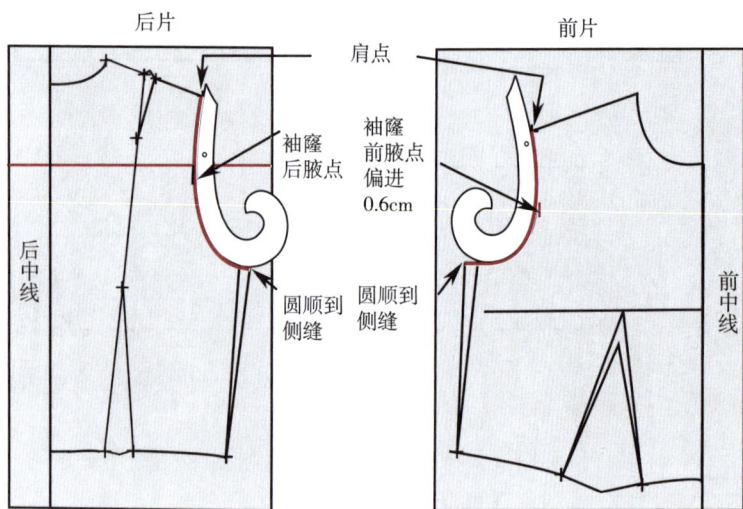

后片　　　　　　　　　　肩点

后中线　　袖窿后腋点　　袖窿前腋点偏进0.6cm　　前中线

圆顺到侧缝　　圆顺到侧缝

前片

图3-52

11 画顺前袖窿弧线。如图所示，用法式曲线尺将下面各点圆顺地连起来。

  a. 前肩点。

  b. 袖窿中部前腋点。

  c. 前侧缝、袖窿弧线交点。

> **注** 要确保前袖窿弧线圆顺，且具有1.3cm（1/2英寸）的松量。

12 画顺后袖窿弧线。如图所示，用法式曲线尺将下面各点圆顺地连起来。

  a. 后肩点。

  b. 袖窿中部后腋点。注意从袖窿后腋点向下约3.2cm（$1\frac{1}{4}$英寸）长的一段袖窿基本是直线，并与后中线平行。

  c. 后侧缝、袖窿弧线交点。

> **注** 后袖窿弧线从肩点圆顺地画到袖窿后腋点时，此处基本是竖直的，与后中线平行。用法式曲线尺绘制时稍微倾斜一点尺子，圆顺地连到袖窿、侧缝线交点处。

13 加放缝份、做对位标记、袖窿平衡性校核、合体性校核等相关内容，请参阅第50~53页的具体阐述。

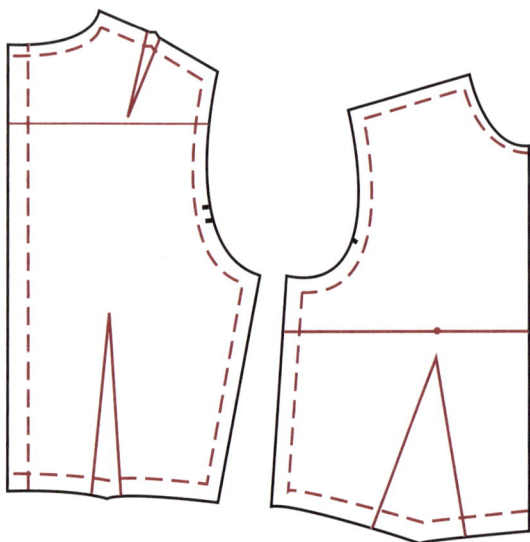

图3-53

国际服装立裁设计：美国经典立体裁剪技法（原书第5版）

腰省原型转变成肩省、腰省原型及平衡性校核

腰省原型在前片只有一个较大的腰省，不利于检测前、后片侧缝的平衡性，也不利于着装时面料丝缕的校核。通过将其转换成含有两个省道的肩省、腰省原型，所有的平衡问题就解决了。但是，当设计腰部合体型的款式时，还是要选用这款原型会效率更好些。

要将一个省道的腰省转换成两个省道的肩省、腰省原型，关键是合理分解省道量。同时，还要保证前、后侧缝线的倾斜角度相同。

1 转移前片肩省的准备工作。

　a. 做出公主面中线。前片侧缝对齐腰省靠近侧缝的省边线折叠，折痕线即为公主面中线。

　b. 将胸高点与肩线的中点相连，此线即为肩省线。

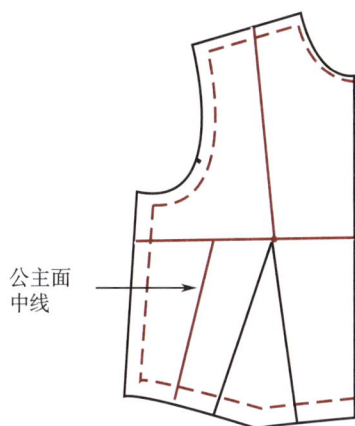
公主面中线

图3-54

2 转移部分腰省到肩部形成肩省。

　a. 剪开靠近侧缝边的腰省省边线，一直剪到胸高点。

　b. 从肩线到胸高点剪开肩省线。

　c. 按住胸高点不动，将侧边纸样向下旋转合并一部分腰省，直到公主面中线与前中线平行（处于经纱方向），此时多余的省量自动地转移到了肩线上。

　d. 绘出新肩省和新腰省的省边线。

> **注** 胸部越丰满，肩省就越大。反之，胸部越平坦，肩省也就越小。

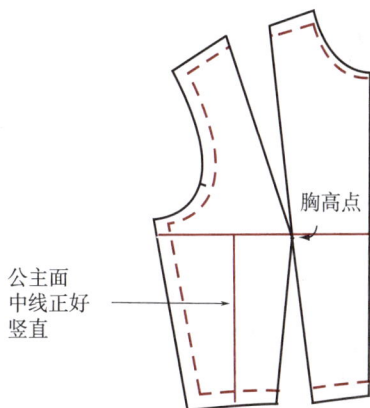
胸高点

公主面中线正好竖直

图3-55

3 调整前、后侧缝的平衡性。

　a. 将前、后片的侧腰点对齐别合在一起固定。

　b. 以固定点为轴心，旋转前片使前中线与后中线平行。

　c. 检查前、后侧缝的位置。此时，前、后侧缝应该重合。如果不重合，则增加或者减少一定量来修正前、后侧缝，直到重合为止。

4 调整袖窿的平衡性。测量前、后袖窿弧长，后袖窿应比前袖窿大1.3cm（1/2英寸）。否则，修正袖窿中部弧线，具体做法参照第51页袖窿平衡性的相关内容。

5 组装并检查样衣。将修正好的两个省道原型加放缝份后，重新别合在一起试穿检测相关问题。

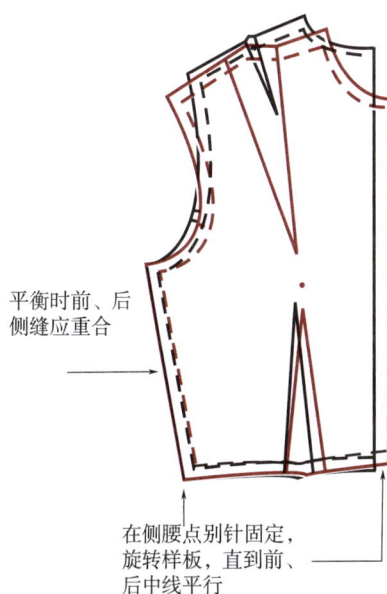
平衡时前、后侧缝应重合

在侧腰点别针固定，旋转样板，直到前、后中线平行

图3-56

侧胸省、腰省原型

　　另一款合体型基本原型是由一个腰省和一个侧胸省构成。胸凸的余量集中到腋下侧缝形成侧胸省。侧胸省和腰围线上的腰省一起构成合体原型。

　　立裁方法与上面讲述的前两种原型类似。反复练习各种不同原型的立裁过程，能够帮助设计者提高对省道转移技巧的理解与操作，从而掌握各类款式的衣身设计变化。

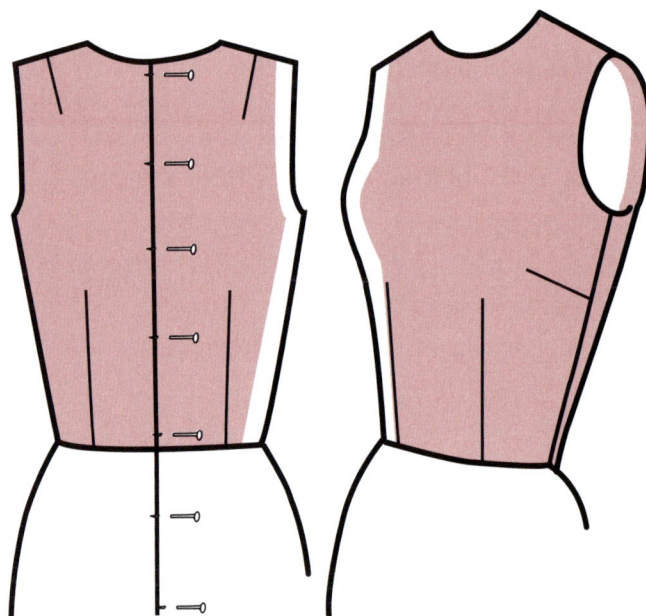

图3-57

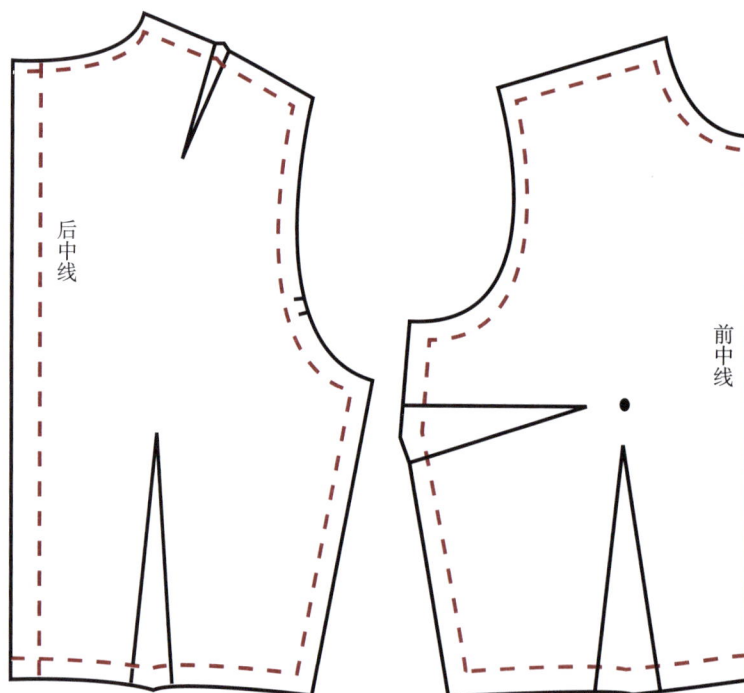

图3-58

侧胸省、腰省原型：面料准备

1. 测量人台前面从颈口到腰围线的竖直长度，再加12.7cm（5英寸），为前片用料的长度。在白坯布上沿经纱方向量取相同的长度，打剪口并撕开面料。

2. 测量人台前面从前中心到侧缝的水平宽度，再加12.7cm（5英寸），为前片用料的宽度。在白坯布上沿纬纱方向量取相同的长度，打剪口并撕开面料。

3. 距离撕开的经纱布边2.5cm（1英寸）画出前中线，并折倒缝份熨烫平整。

> **注** 面料本身的布边在左边，撕开的毛边在右边。

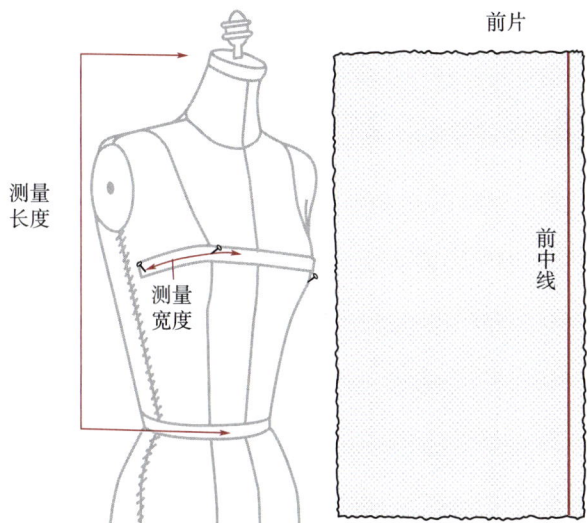

图3-59

4. 用L型直角尺，在面料的中间画一条与经纱垂直的水平线为胸围线。

5. 测量并标记胸高点。
   a. 测量人台前中线到胸高点的水平距离。
   b. 在面料胸围线上测量相同距离，并标记胸高点位置。

6. 测量并标记侧缝位置。
   a. 沿人台胸围线测量从胸高点到侧缝的水平距离，再加0.3cm（1/8英寸）的松量。
   b. 在面料的胸围线上量取相同距离，并标出侧缝位置。

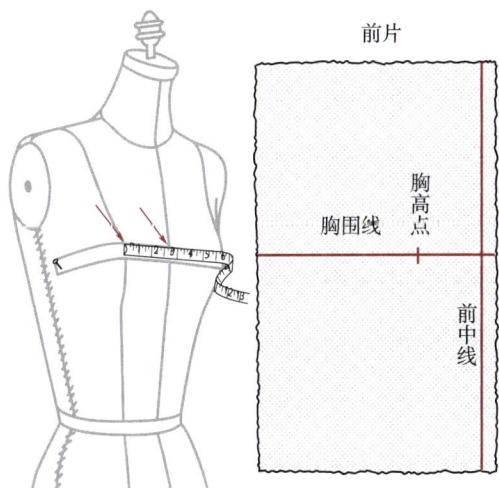

图3-60

7. 绘出公主面中线。
   a. 在人台胸围线上标记出胸高点到侧缝的中点。
   b. 在面料上相同位置标出此点，过此点用L型直角尺向下做前中的平行线。

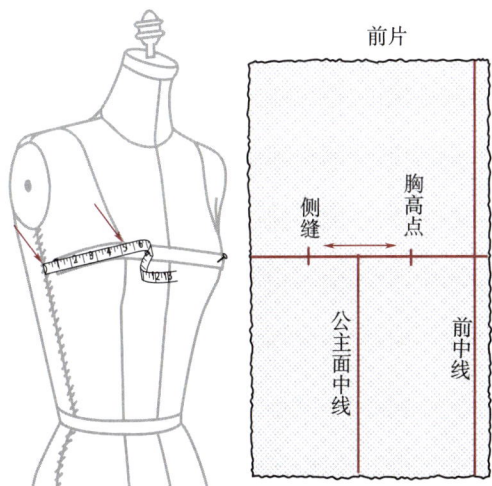

图3-61

侧胸省、腰省原型：立裁步骤

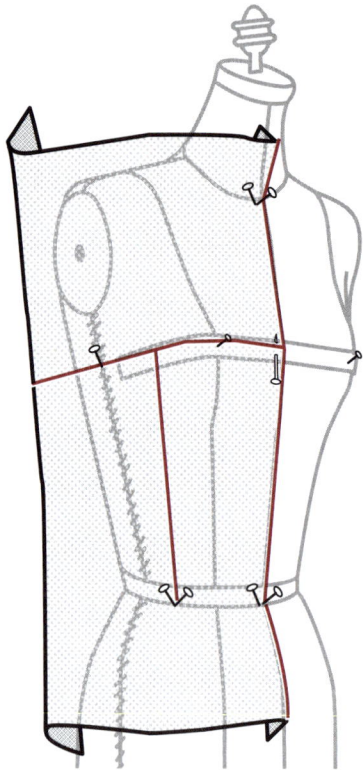

图3-62

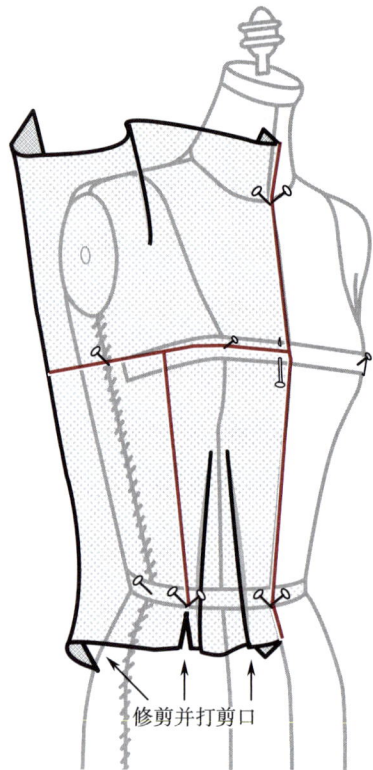

修剪并打剪口

图3-63

① 面料上的胸高点标记与人台上的胸高点对准
　 固定。

② 面料前中的双折线对准人台的前中线。分别在
　 前颈点和前腰点各别一针固定，然后在胸带上
　 再别一针固定。

③ 固定公主面中线。

　 a. 在人台的公主面中线与腰围线交点处别一
　 　 针，以备后用。

　 b. 将面料上的公主面中线与人台上的对齐。

　 c. 在腰围线和胸围线上别针固定。

④ 调整固定前片，使水平胸围线平行于地面（不
　 是胸带）。

> **注** 公主面中线的作用在于确保纬纱水平，
> 即校核经纱是否平行于前中和纬纱是否
> 平行于地面。

⑤ 将腰围线以下多余面料修剪至5.1cm（2英寸）。
　 并在公主面中线处的腰线缝份上打剪口。

> **注** 过度裁剪腰围面料会使腰围过紧、缺
> 少松量（0.3cm的松量必不可少）。

国际服装立裁设计：美国经典立体裁剪技法（原书第5版）

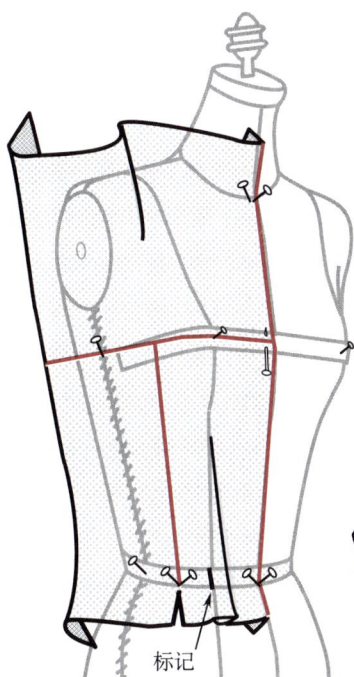

标记

图3-64

图3-65

6 立裁前腰省。腰围线上公主面中线与前中线之间的多余面料即为腰省，在捏省时不要将腰部及胸部面料收得过紧。

　　a. 在公主线与腰围线交点处做标记。从前中线到公主线沿腰围线轻轻捋平面料，并在公主线处做标记。在腰围线的公主线位置整理出省量，并做标记。

　　b. 在腰围的公主线位置别合省道。腰围多余面料量在公主线标记处别合成省道，省量倒向前中，省尖对准胸高点。

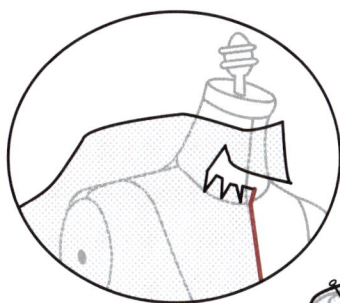

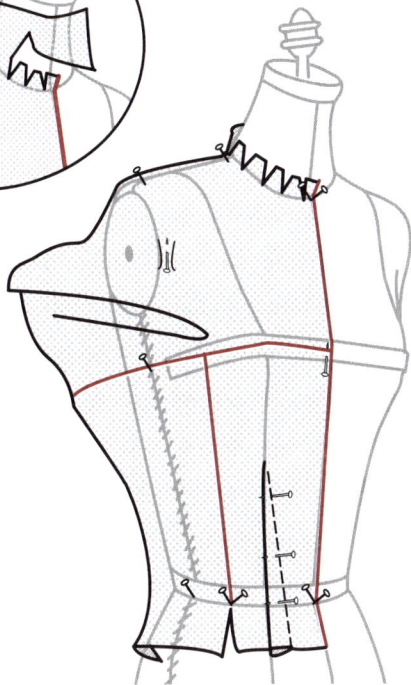

7 从公主面中线向侧缝轻轻捋平其余面料，一直捋过侧缝线，在侧缝、腰线交点处别针固定，操作时腰围要留松量0.3cm（1/8英寸），胸部不能紧绷。

8 捋平颈部周围面料，修剪多余面料，在缝份上等间隔地打上剪口。

9 将胸围线以上面料向上捋平到肩线，并别针固定肩线。

10 从肩端点向下捋平袖窿周围面料，袖窿中部前腋点处留松量0.6cm（1/4英寸），并别针固定住该松量。这是为了确保袖窿不会立裁得过紧。

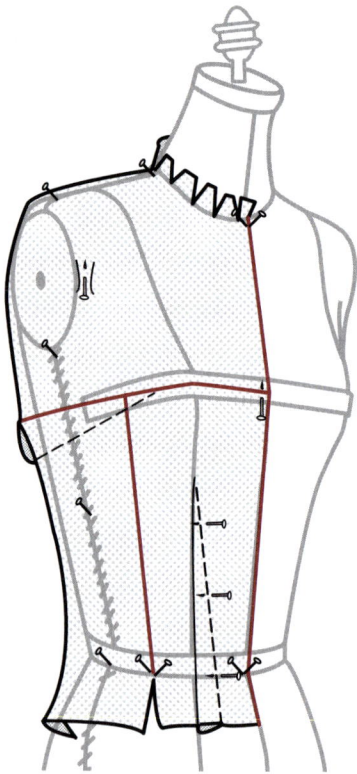

图3-66

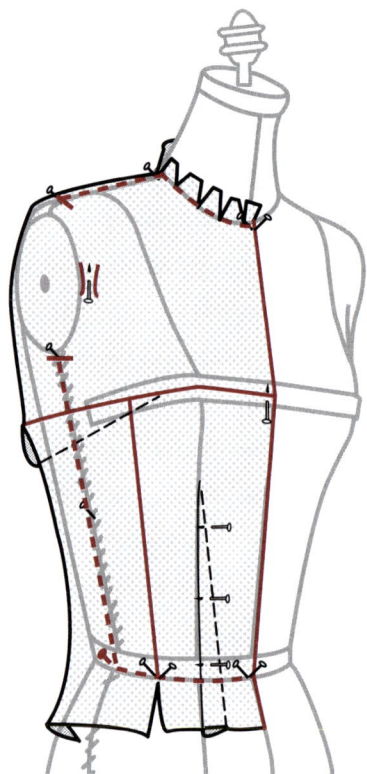

图3-67

11 从袖窿继续向下捋平面料，使多余的面料都推到侧缝的胸围线以下。

12 将多余的面料在侧缝胸围线位置整理成胸省，省量倒向下方，省尖指向胸高点自然消失。

13 在样片上标记出与人台对应的关键点。

　　a. 领口线：在前颈点、侧颈点做标记，其余领口线用虚线轻轻描出。

　　b. 肩线：用虚线轻轻描出肩线，肩端点做标记。

　　c. 袖窿：

　　» 肩端点做标记。

　　» 袖窿中部前腋点做标记。

　　» 袖窿腋下点做标记。

　　d. 侧缝及侧胸省：用虚线轻轻描出侧缝线，并在省道两边做标记。

　　e. 腰围线和腰省：分别在前腰点、侧腰点以及腰省两边做标记。

14 立裁后片。按照第43~45页所示的步骤裁剪
   后片。

15 按照第46~53页所述肩省、腰省原型的拓板方
   法，将立裁样片从人台上取下拓板。

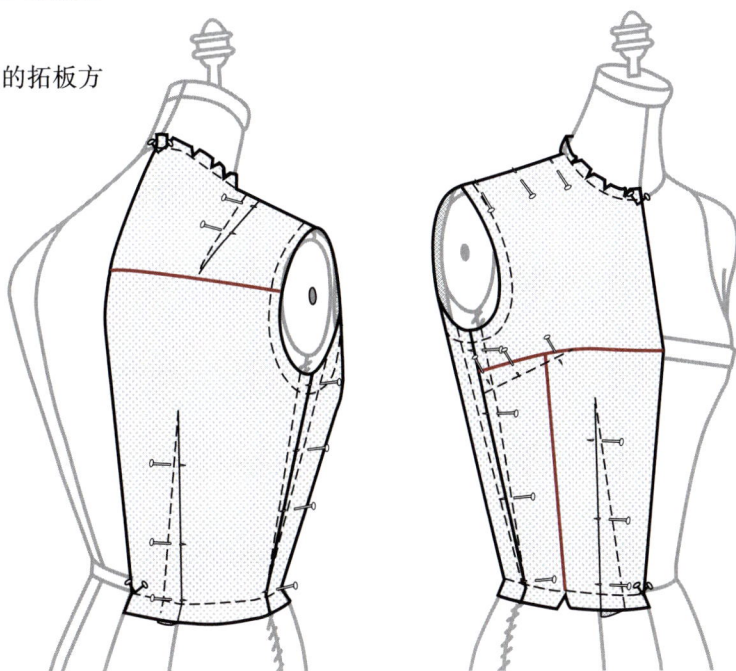

图3-68

侧胸省、腰省原型

图3-69

定制客户原型

客户身上立裁前后片：腰省原型

定制客户的原型样板可以通过在客户身上直接立裁而得到。这种在人体上立裁的方法，使原型的所有数据都与人体的比例相吻合：背长、罩杯大小、胸高点和腰线位置等。这种方法非常有利于那些与标准体型相差较远的人群的定制服装，大大减少了这类客户的试衣频率。

客户的原型样板也可以作为其他款式变化设计的基本样板。因样板的规格与客户的体型是一致的，采用具有客户体型特征的原型样板进行设计，将很大程度上减少后续的调试与修正过程。

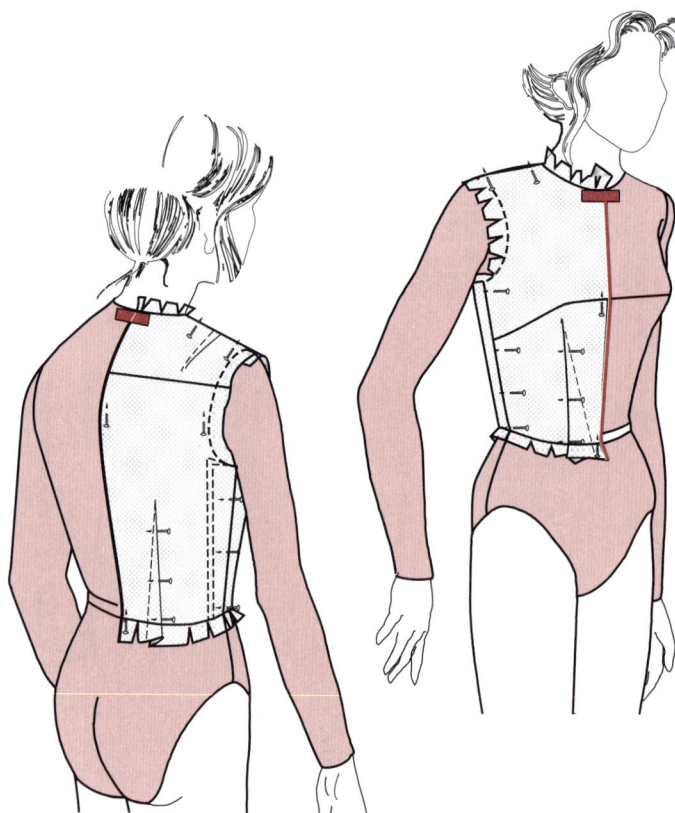

图3-70

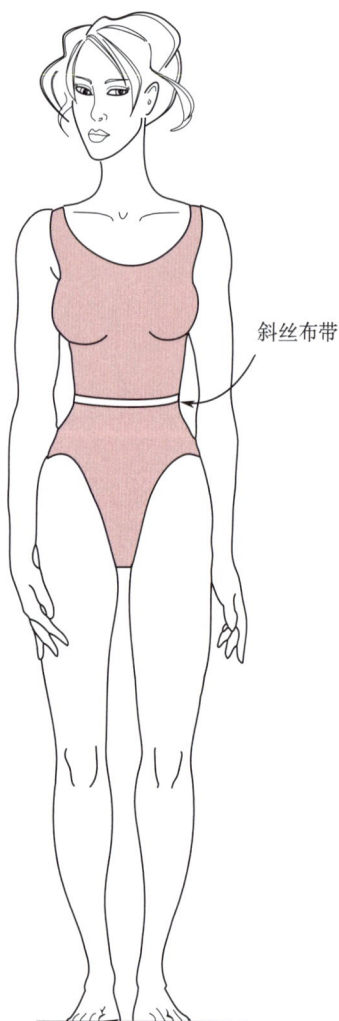

斜丝布带

图3-71

准备

为了达到最佳的立裁效果，客户只穿贴身内衣，不穿鞋。在腰围处系一条较宽的绳带或斜丝布带，布带要稳定地位于腰围线上。

立裁操作时一定注意提醒客户目视前方、不要往下看。

国际服装立裁设计：美国经典立体裁剪技法（原书第5版）

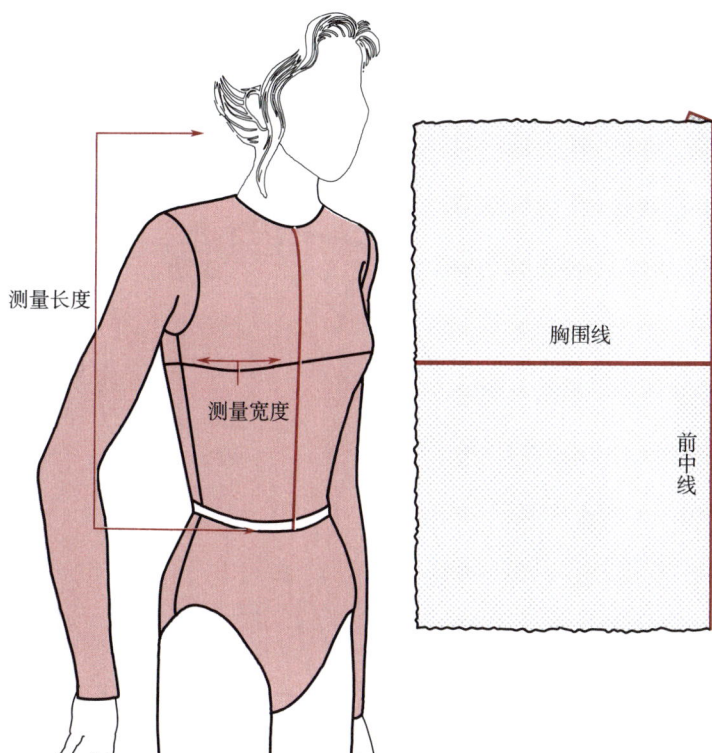

图3-72

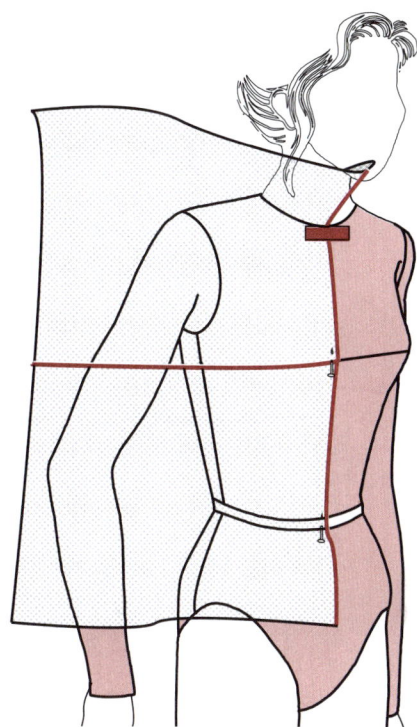

图3-73

① 准备前片面料（厚衬布）。

> **注** 在客户身上立裁，建议采用无纺厚衬
> 布，会比较容易操作，也不容易拉伸
> 变形。

a. 长度：从模特颈部上端测量到腰围线的竖直
长度，再加12.7cm（5英寸），为前片用料
的长度。

b. 宽度：从人体前中线测量到侧缝的水平宽
度，再加12.7cm（5英寸），为前片用料的
宽度。

c. 经向线：距离面料经纱布边2.5cm（1英寸）
画出前中线，并折叠2.5cm（1英寸）的缝份
熨烫平整。

d. 纬向线：在面料的中间画出一条与经纱垂直
的水平线，表示胸围线。

② 立裁前中部位。

a. 面料前中双折线对准人体的前中线。

b. 在胸围线与前中线的交点别针固定，可以将
大头针别在文胸上。

c. 在前腰点别针固定，将大头针别在腰围带
子上。

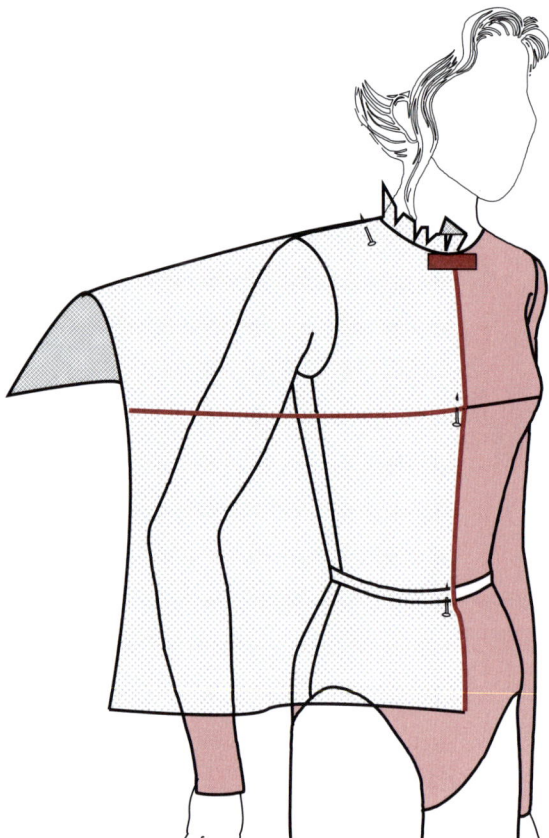

图3-74

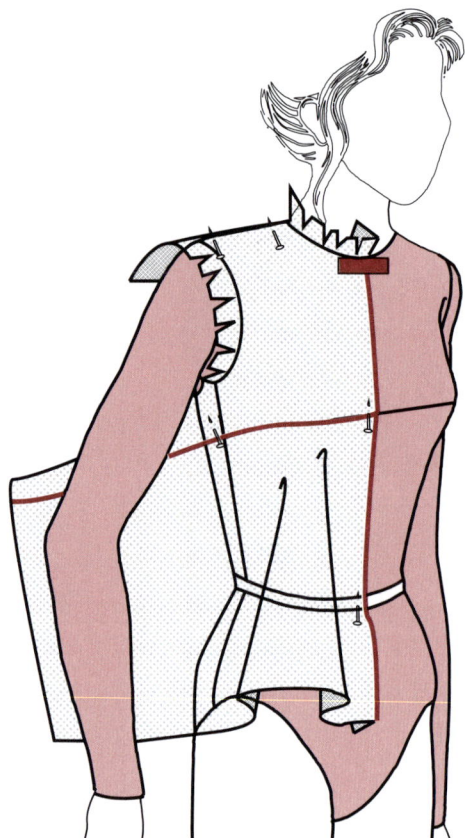

图3-75

3 立裁前领口线。

    a. 将平前领口部位周围面料，修剪颈部周围多余的面料，在缝份上等间隔地打上剪口。

    b. 在侧颈点别针固定，针别在贴身内衣上。

4 立裁肩线。

    a. 将平肩线上多余的面料。

    b. 在肩线与袖窿的交点的肩端点别针固定。

5 立裁肩线及袖窿。

    a. 沿袖窿向下继续将平面料，修剪多余面料，在袖窿缝份上等间隔地打上剪口。

    b. 将平腋下面料。继续整理袖窿周围的面料，裁剪多余面料，在整个袖窿的缝份上等间隔地打上剪口。

6 立裁侧缝、腰围部位。

    a. 将平腋下及侧缝面料。将多余的面料都推到胸高点下面的腰围线上形成腰省。腰省的大小取决于胸部的丰满程度（胸部越丰满，省量越大）。

    b. 别针固定侧缝，将针别在文胸和内衣上。

7 立裁前腰围线和腰省。

　　a. 修剪腰围线以下多余面料，在缝份上均匀打
　　　剪口。

　　b. 将腰围线上多余的面料捏成腰省，省尖指向
　　　胸高点，将针别在腰带上。

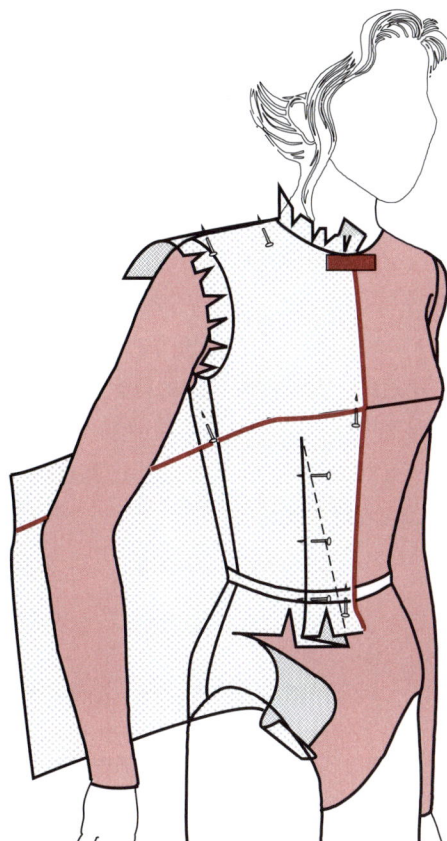

图3-76

8 立裁前侧缝。

　　a. 修剪侧缝外多余面料，至少预留缝份5.1cm
　　　（2英寸）。

　　b. 在腋下及侧腰点别针固定侧缝。

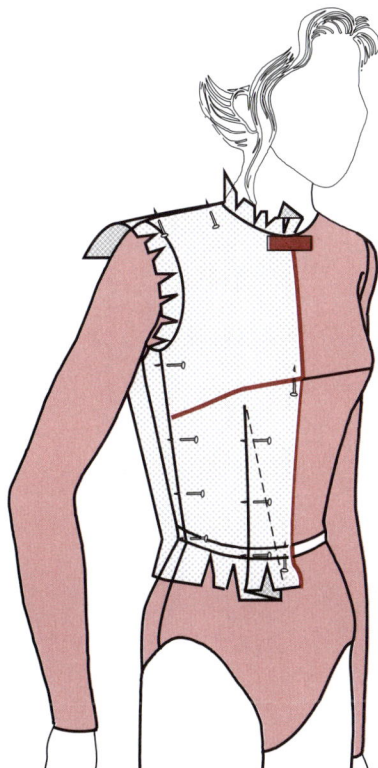

图3-77

9 准备后片面料。

   a. 长度：从模特颈部上端测量到腰围线的竖直长度，再加12.7cm（5英寸），为面料的长度。

   b. 宽度：从人体的后中线水平测量到侧缝的宽度，再加12.7cm（5英寸），为面料的宽度。

   c. 经向线：距离面料左边经纱布边2.5cm（1英寸）画出后中线，并将2.5cm（1英寸）的缝份折倒熨烫平整。

   d. 后领口水平线：沿后中线从上向下量取7.6cm（3英寸），做长为2.5cm（1英寸）的小短线，为后中领口线的位置。

   e. 背宽横线：沿后中线从后中领口水平线再向下量取10.2cm（4英寸），过此点做一条水平线为背宽横线。

   f. 临时腰围线：测量模特的后颈点到后腰围线的竖直长度，在面料后中线上标记出相同长度，过此点做一条水平线为临时腰围线。

   g. 准备后腰省：

» 沿临时腰围线从后中向侧缝方向量取7cm（$2\frac{3}{4}$英寸），并做标记。

» 从标记点再继续量取3.2cm（$1\frac{1}{4}$英寸）（侧缝方向），并做标记，两个标记点间的量即为腰省量（如下图所示）。

» 过腰省的中点竖直向上量取17.8cm（7英寸），对于身高较矮的客户，向上量取15.2cm（6英寸）为省长。

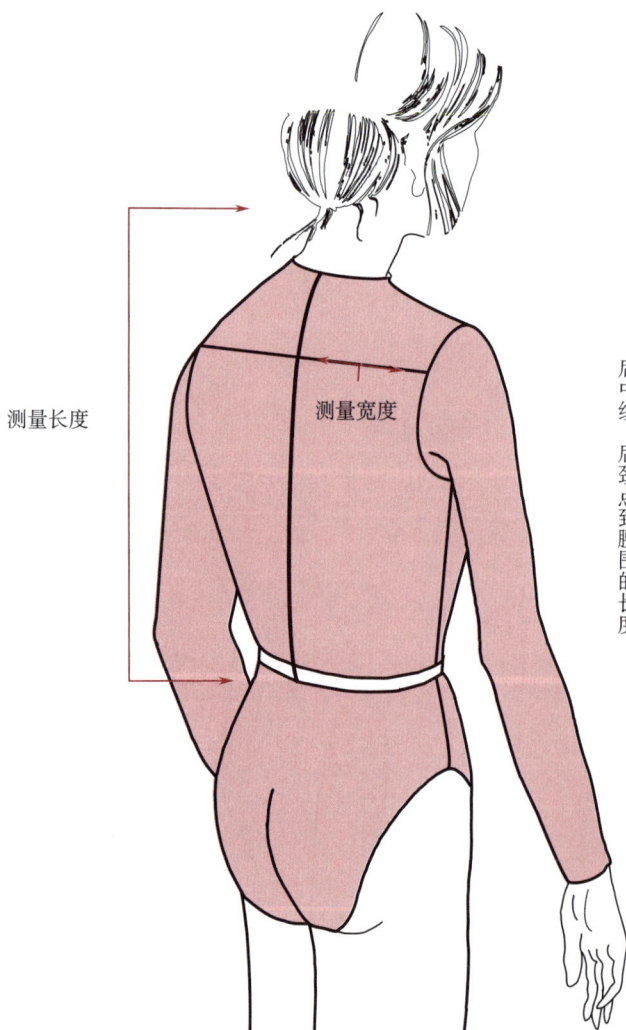

图3-78

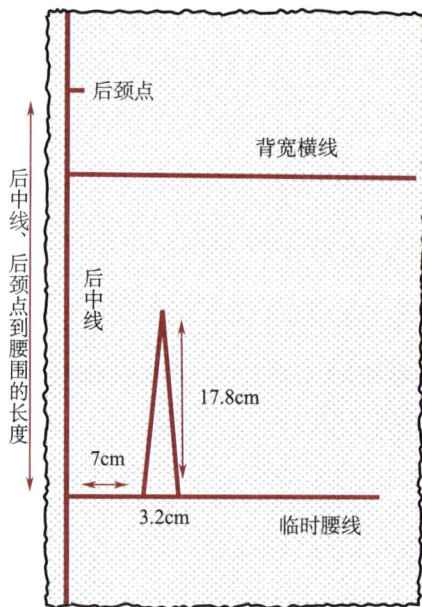

图3-79

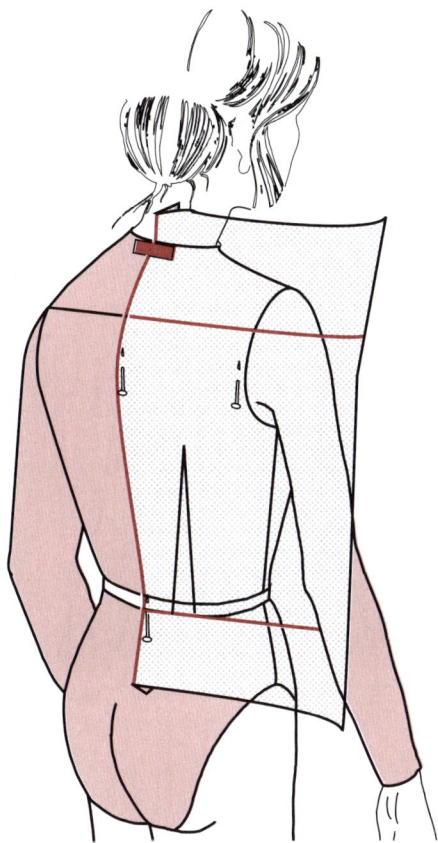

图3-80

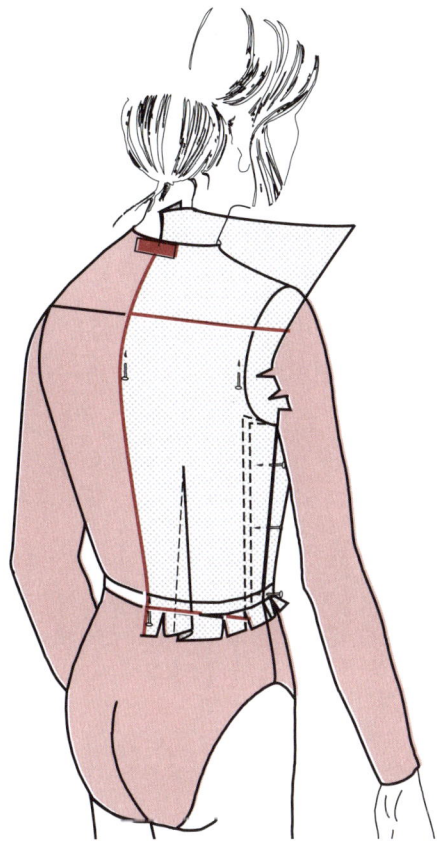

图3-81

10 立裁后中部位。

a. 面料后中双折线对准人体的后中别针固定。沿着脊柱竖直向下即为人体的后中线。

b. 对齐后中领口线和背宽横线，别针固定。在后中线的文胸位置再别一针固定。

c. 对齐后腰点并别针固定，将针别在腰带的后中线。

11 立裁后腰省。

a. 捏出并别好后腰省，省长17.8cm（7英寸）〔身高较矮者省长取15.2cm（6英寸）〕，省口大3.2cm $\left(1\frac{1}{4}$英寸$\right)$。

b. 确定省尖点，即省长17.8cm（7英寸）的端点。

c. 将腰省别针固定在腰带上。

12 立裁其余腰围线及侧缝。

a. 沿腰围线将腰省侧面的面料轻轻推向侧缝，注意操作时不要向上或向下拉扯面料。

b. 让客户的胳膊略微抬起，将侧缝的缝份折倒，后片压前片别合前、后侧缝。

13 修剪整理后领口。

  a. 捋平后领口周围面料，修剪多余面料，在缝份上等间隔地打上剪口。

  b. 立裁出后肩省，省长7.6cm（3英寸），省大1.3cm（1/2英寸），位于后肩中点。

  c. 将后肩缝份折倒，前、后肩线对齐，后肩压前肩别合肩线。

14 立裁后袖窿。

  a. 继续向下修剪后袖窿周围多余面料，并在缝份上均匀打剪口。

  b. 在后袖窿中部的背宽横线处留有一定松量，立裁时不要忘记。

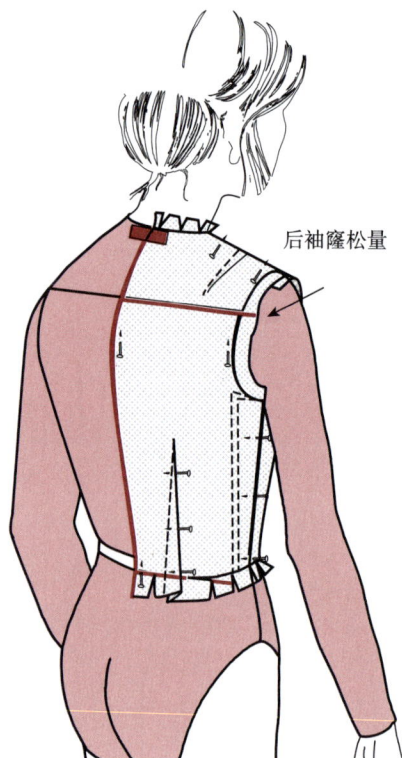

后袖窿松量

图3-82

15 在样片上做出标记。用彩色马克笔在以下各处做上标记。

  a. 前、后腰带位置。

  b. 前、后侧缝线。

  c. 前、后领口线。

  d. 前、后肩线。

  e. 前、后袖窿：

  » 肩端点。

  » 袖窿中部前、后腋点（在这个位置会自动产生松量）。

  » 腋下点（与袖片对位的袖窿最低点）。

  f. 前腰省。

  g. 胸高点。

16 前、后片拓板。参考第58~60页相关内容，将客户的前、后立裁样片进行拓板。

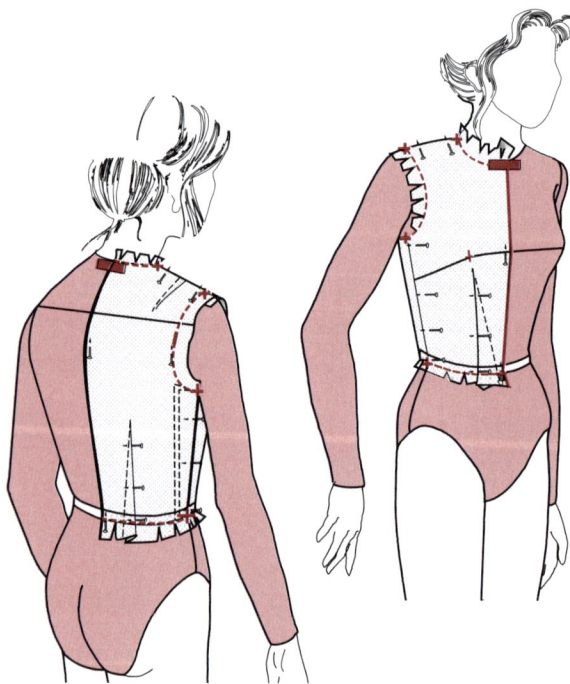

图3-83

国际服装立裁设计：美国经典立体裁剪技法（原书第5版）

第4章
合体短裙原型

» 合体短裙原型款式分类
» 合体短裙基本原型
» 短裙原型拓板
» 组装及评价立裁效果
» 短裙合体性

合体短裙原型款式分类

两个省道直筒短裙

合体短裙基本原型是有两个省道的直筒型，裙子侧缝平行于前、后中线。前、后中线为直丝方向，臀围线正好是纬纱方向，臀围线以下裙身为直筒型。裙子腰部合体，腰臀的差量形成腰省。掌握这款短裙的立裁技法至关重要，它是其他款式设计的基础。

通过合体短裙进行其他款式变化设计时，常常要对腰省进行变换。腰省通常会被转变成缩褶、塔克褶、造型褶、育克、分割线，以及其他位置的省道。

下面详细讲解合体短裙的立裁方法，也给出了立裁样片拓成裙子纸样的方法。

图4-1

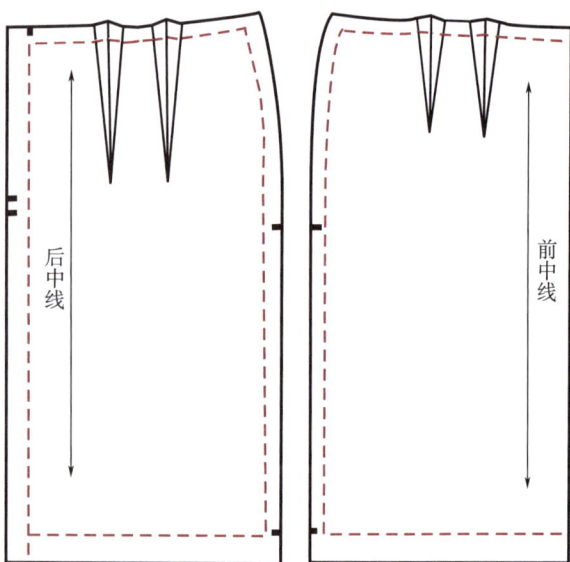

图4-2

目标

通过这部分立裁技法的学习，读者应该具备以下能力。

» 认识面料的经纬纱向与臀围水平线的关系、与省道的方向和位置的关系。

» 能够对平面的面料进行合体臀围的立体造型。

» 检查并分析立裁造型的松量、合体性以及平衡性是否得当。

» 将立裁样片拓写到打板纸上成为裙子纸样。

» 能够立裁出腰部合体的两个省道的直筒短裙。

» 以两个省道短裙为基本样板，能够变化出一个省道的短裙和腰部抽褶的短裙。

» 基于人体的体型对裙子前、后片的合体性进行修正。

» 检查并修正前、后片侧缝的平衡性。

» 检验立裁的最终造型，并做必要的修正。

国际服装立裁设计：美国经典立体裁剪技法（原书第5版）

一个省道的短裙和微喇叭型（A型）短裙也是设计师常用的两款合体基本原型。这三种基本款短裙常常用来设计各种变化款式的短裙。各种不同款式的短裙设计及立裁方法见第12章的相关内容。

一个省道短裙

一个省道基本款短裙也是合体直筒型，侧缝平行于前、后中线。腰、臀部位贴体，臀围以上面料余量在腰围整理成一个省道。当设计需要用一个省道的原型裙进行省道转移，或者转变成塔克褶、造型褶、分割线及缩褶时，通常采用此款基本型。通过纸样变化即可得到塔克褶、造型褶、分割线等不同的设计形式。

一个省道短裙的立裁与两个省道的方法与步骤基本相同，唯一的区别就是将腰围处的面料余量整理成一个省道，而非两个省道。

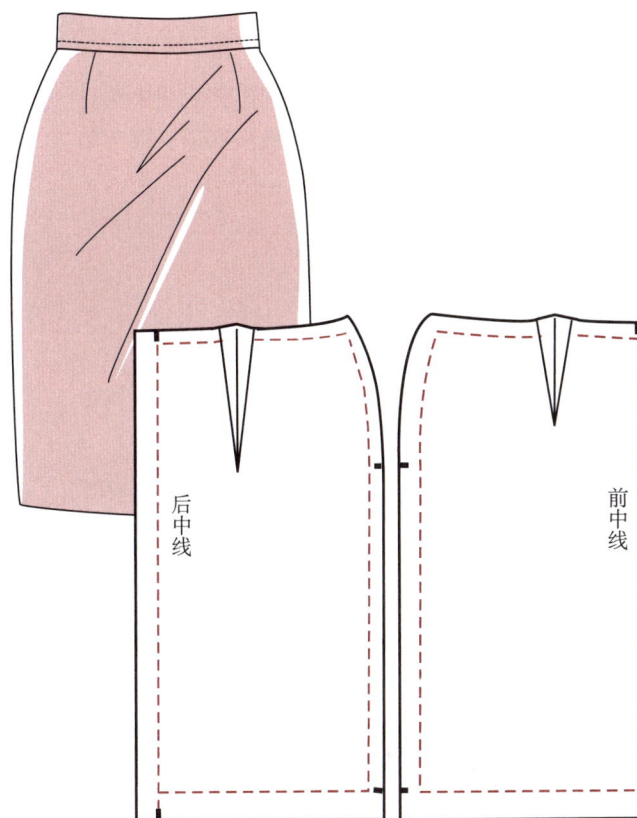

图4-3

微喇叭型（A型）短裙

微喇叭型（A型）短裙的腰、臀部位合体，臀围线以下呈小喇叭的造型。腰围线是一条明显的圆弧形曲线。当曲线的腰围线与直线的腰头缝合后，就会在下摆形成喇叭型。

微喇叭型（A型）短裙常用于A型或者下摆是圆弧形的设计。在基本款式的基本上可以加入各种变化元素，如分割线、不同的腰头、各种口袋、不同的底摆造型，以及裙长等。

微喇叭型（A型）短裙的立裁方法见第239~242页第12章的相关内容。

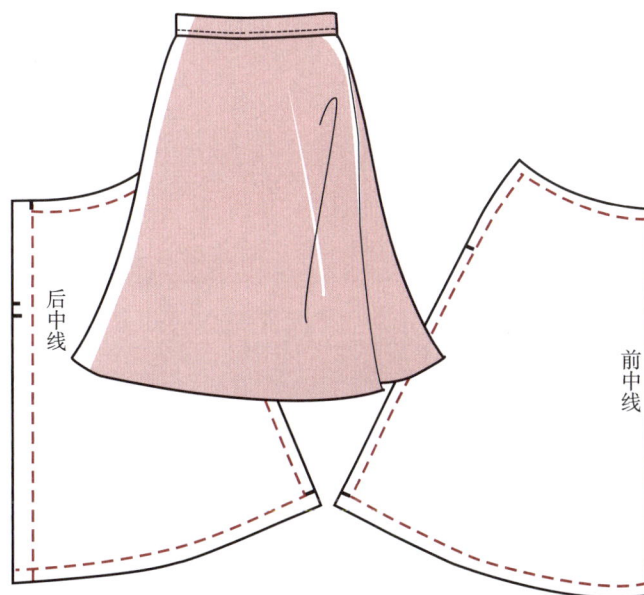

图4-4

合体短裙基本原型

人台准备

1 在人台上标记出臀围线。沿人台前中线从前腰点向下量取17.8cm（7英寸），标记该点为臀围位置。

2 过标记点用斜丝布带（或软尺）平行于地面绕人台臀围一周，标记出臀围线。然后用大头针（或者标记带）在臀围线上做出标记，取下斜丝布带（或软尺）。

面料准备

1 从人台腰围线向上5.1cm（2英寸）的位置开始，向下量到人台底边，再加10.2cm（4英寸），为前、后片用料的长度。在白坯布上沿经纱方向量取相同长度，打剪口并撕开面料。

2 沿臀围线分别从人台的前、后中线测量到侧缝的水平宽度，再加10.2cm（4英寸），为前、后片用料的宽度。在白坯布上沿纬纱方向量取相同的宽度，打剪口并撕开面料。

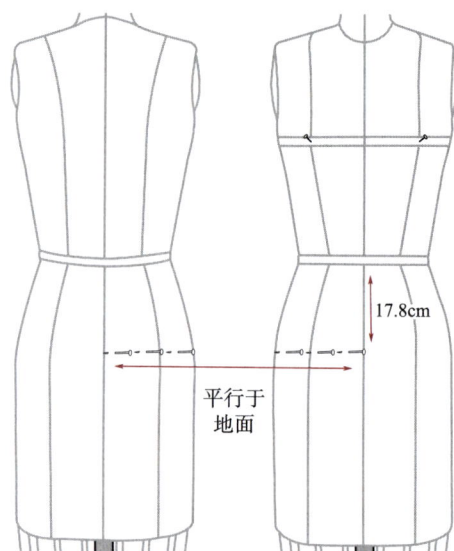

17.8cm

平行于
地面

图4-5

3 距离撕开的布边2.5cm（1英寸），沿经纱方向画出前、后中线，再将缝份折倒熨烫平整。

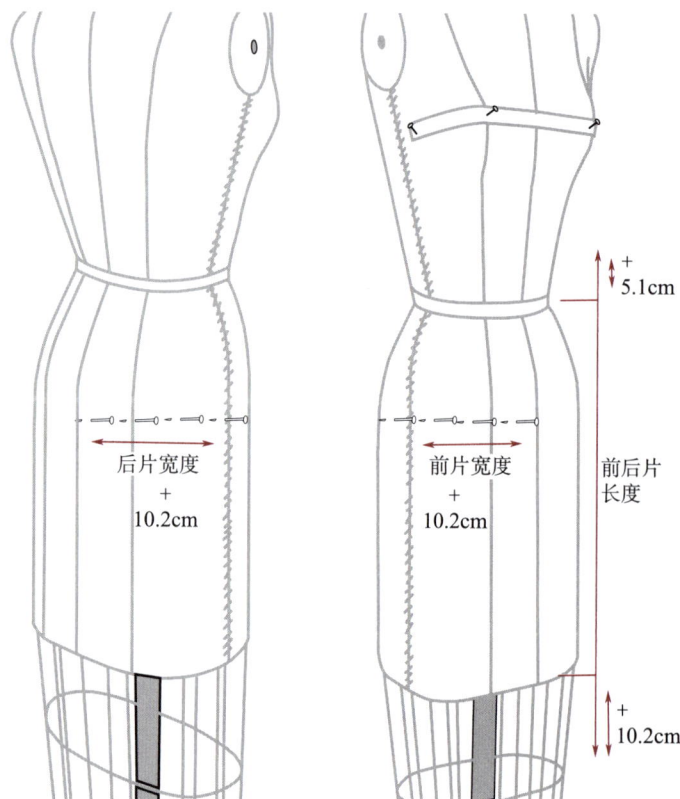

后片宽度
+
10.2cm

前片宽度
+
10.2cm

+
5.1cm

前后片
长度

+
10.2cm

图4-6

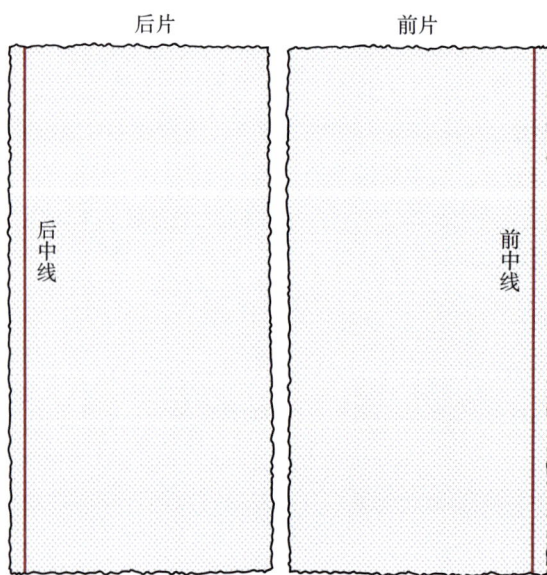

后片　　　　　前片

后中线　　　　　前中线

图4-7

国际服装立裁设计：美国经典立体裁剪技法（原书第5版）

④ 标记前腰点。沿前中双折线从上向下量取5.1cm（2英寸）为前中腰围线位置，用铅笔做标记。

⑤ 画出前、后片的臀围线。

    a. 沿前中线从前腰围标记点再向下量取17.8cm（7英寸），过此点用L型直角尺做一条垂直于前中线的水平线。

    b. 沿后中线从上向下量取22.9cm（9英寸），过此点用L型直角尺做一条垂直于后中线的水平线。

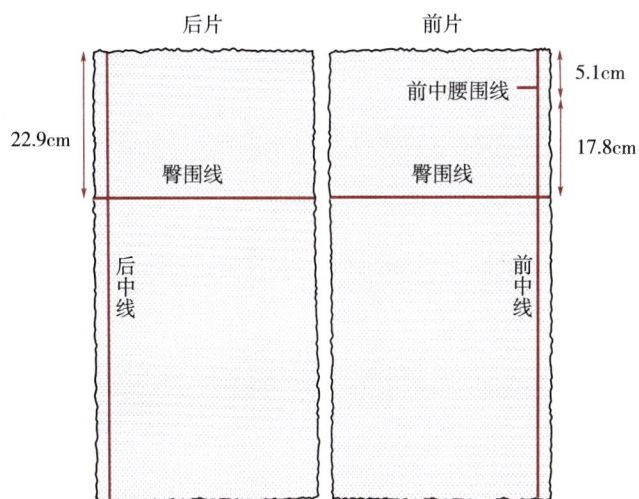

图4-8

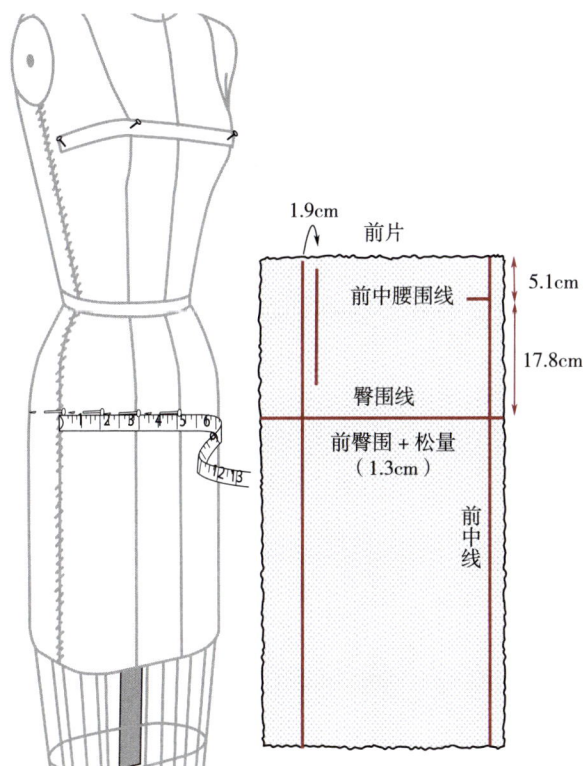

图4-9

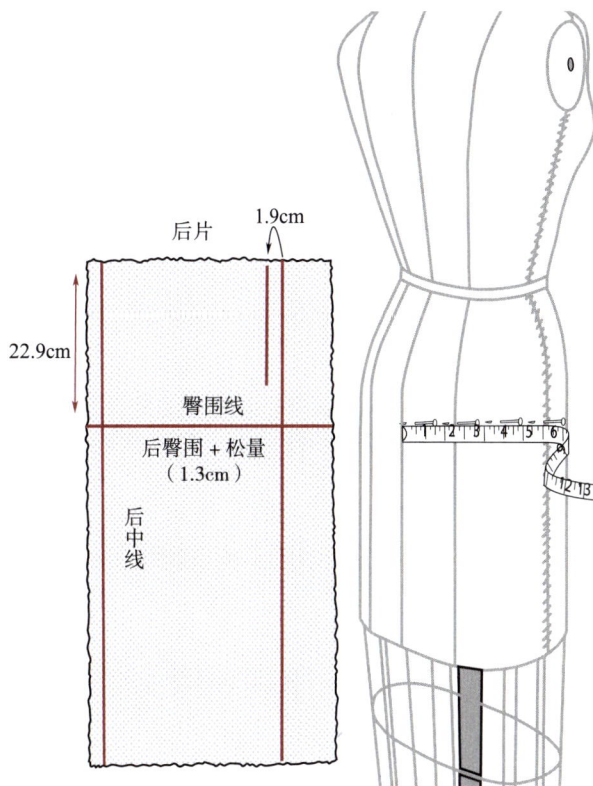

图4-10

⑥ 确定前侧缝。沿臀围线从人台前中测量到侧缝的宽度，再加1.3cm（1/2英寸）的松量。在面料的臀围线上也取相同宽度，过此点做前中线的平行线即为前侧缝线。

⑦ 确定后侧缝。沿臀围线从人台后中测量到侧缝的宽度，再加1.3cm（1/2英寸）的松量。在面料的臀围线上也取相同宽度，过此点做后中线的平行线即为后侧缝线。

⑧ 做出第二侧缝线。从上面步骤所画的前、后侧缝线，分别向前中、后中方向偏1.9cm（3/4英寸），再做侧缝的平行线为第二侧缝线，这条线将在立裁腰省时用作辅助线。

合体短裙基本原型：前片立裁步骤

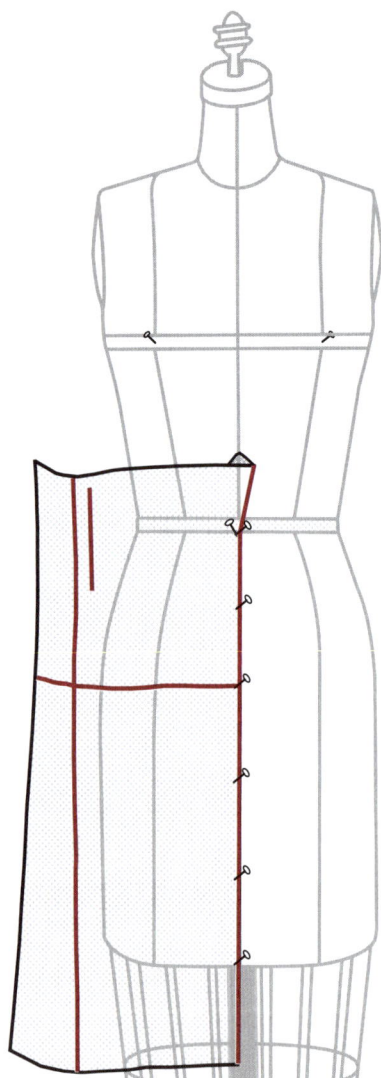

图4-11

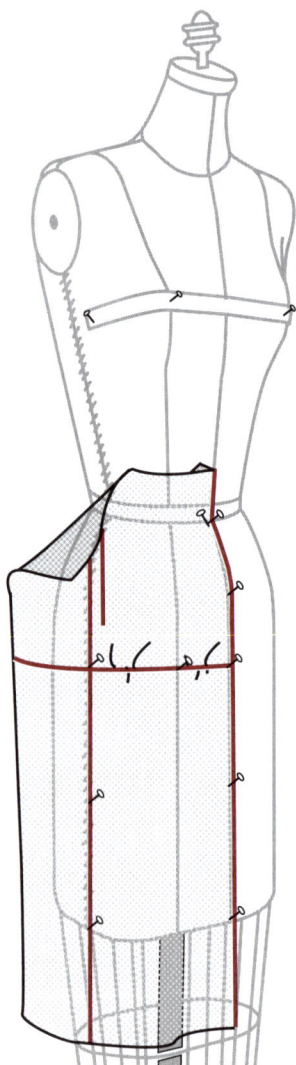

图4-12

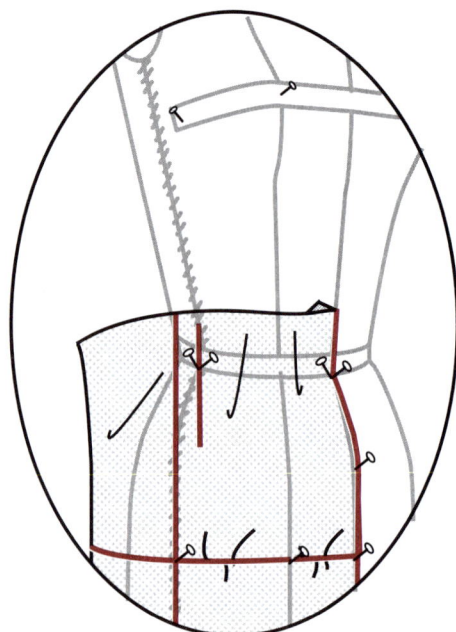

图4-13

④ 将前片所画的1.9cm（3/4英寸）第二侧缝线在侧腰处对齐人台侧缝线，别针固定。

> **注** 如果侧腰部位立裁准确，在臀围线以上的侧缝处就会自然产生少许松量。

① 面料的前中双折线与人台上的前中线对齐，面料上所画的臀围线与人台的臀围线对齐，别针固定。

② 轻轻沿纬纱方向抚平布料，将多余的面料平顺地推到侧缝外。操作过程中要严格保证纬纱平行于地面。此时，布料的侧缝要与人台的侧缝完全吻合。

③ 将臀围线以下的侧缝别针固定在人台上。

国际服装立裁设计：美国经典立体裁剪技法（原书第5版）

5 立裁前片的两个腰省。腰围线上前中与第二侧缝线之间多余的面料将形成前腰省。

   a. 在公主线处立裁第一个腰省（腰围总余量的一半）。

   » 标记腰围线的公主线位置。沿腰围线从前中到公主线轻轻捋平面料，在公主线、腰围线交点做标记，整理面料捏出省道。

   » 在公主线处别针固定省道。在标记处将省道别合，省量倒向前中，省尖向下朝向臀围线自然消失。

   b. 立裁第二个腰省（剩余部分省量）。

   » 沿腰围线从第一个省道向侧缝方向量取3.2cm（$1\frac{1}{4}$英寸），并做标记，为第二个省道省边。整理出第二个省道，再做标记，为省道的另一边。

   » 在两个标记点间别合第二个省道。在两个标记点间将剩余省量折叠别合，省量倒向前中，省尖朝向臀围线自然消失。

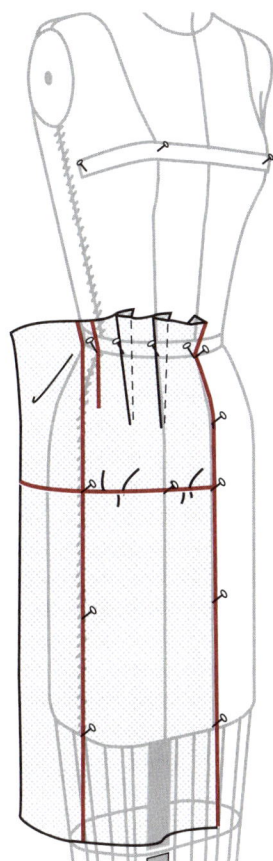

图4-14

合体短裙基本原型：后片立裁步骤

1 将前、后片面料在侧缝处的臀围线对齐，两者的侧缝线对齐固定，臀围线完全重合。

2 轻轻沿纬纱方向捋平后片面料，均匀分配臀围上的松量。

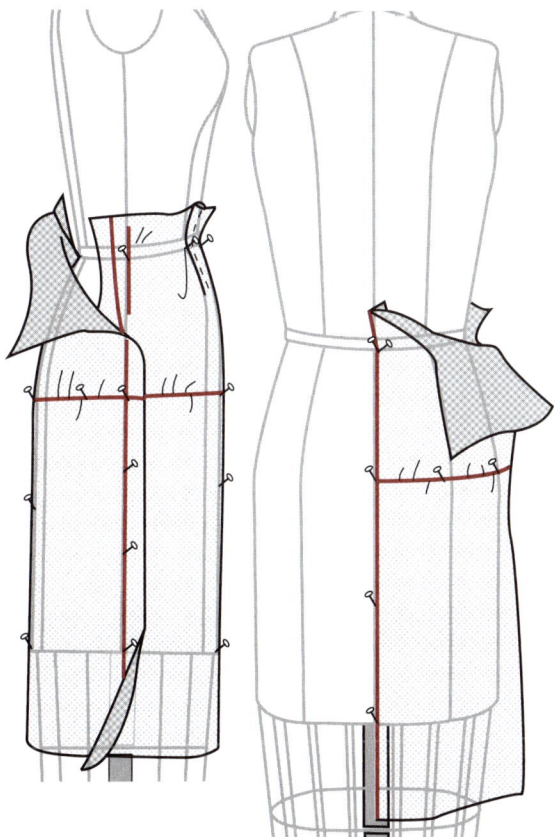

图4-15

3 将面料上的后中双折线与人台上的后中线对齐，别针固定。

4 将后片的1.9cm（3/4英寸）第二侧缝线在侧腰处与人台侧缝线对齐，别针固定。

注 如果侧腰部位立裁正确，在臀围线以上的侧缝处就会自然产生少许松量。

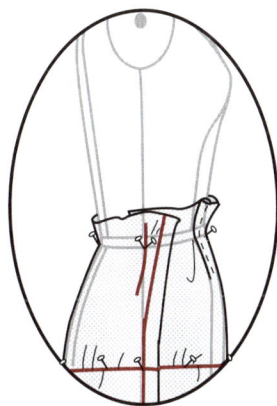

图4-16

5 立裁后片的两个腰省。腰围线上后中线与第二
侧缝间的多余面料将形成后腰省。

　　a. 在公主线处立裁第一个腰省（总余量的一半）。

　　» 在公主线、腰围线交点做标记。沿腰围线从
　　　后中向公主线轻轻抒平面料，在腰围线、公
　　　主线交点处做标记，整理面料捏出省道。

　　» 在公主线处别合省道。在标记处将省道量折
　　　叠别合，省量倒向后中，省尖朝向臀围线自
　　　然消失。

　　b. 立裁第二个腰省（剩余部分省量）。

　　» 沿腰围线从第一个省道向侧缝方向量取
　　　3.2cm（$1\frac{1}{4}$英寸），并做标记，为省道的一
　　　边，整理出第二个腰省，再做标记，为省道
　　　的另一边。

　　» 在两个标记点间别合第二个省道。在两个标
　　　记点间将省量折叠别合，省量倒向后中，省
　　　尖向下朝向臀围线自然消失。

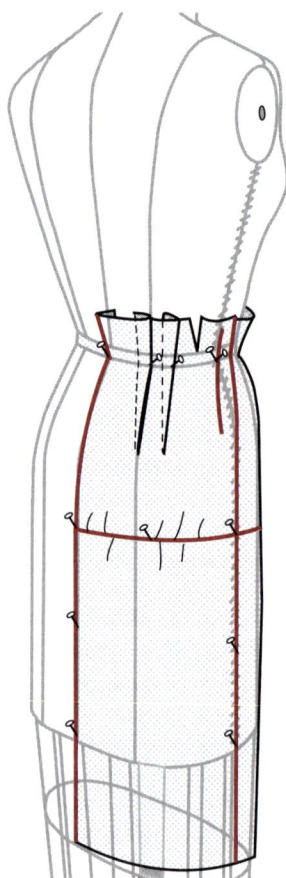

图4-17

6 在样片上用虚线标出与人台对应的关键点。
　　a. 前、后腰围线。
　　b. 前、后腰省。

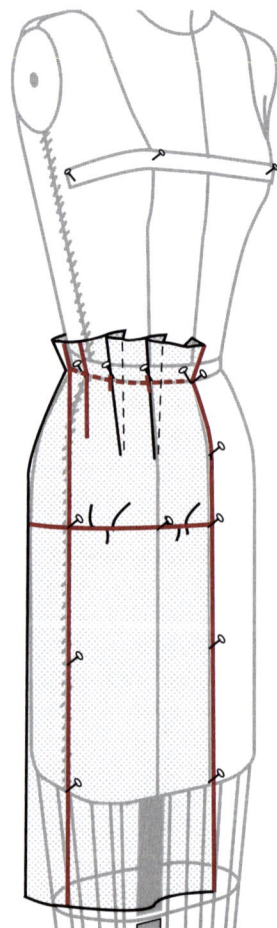

图4-18

国际服装立裁设计：美国经典立体裁剪技法（原书第5版）

短裙原型拓板

1 将立裁好的裙片从人台上取下，铺平在桌面上。如果打算将样板拓在纸上，操作方法如下。

 a. 准备两张打板纸（前、后片各一张），分别在打板纸上做两条相互垂直的直线，一条代表样片上的前、后中线，一条代表样片上的臀围线。

 b. 画出侧缝线。分别测量前、后臀围尺寸，再加1.3cm（1/2英寸）的松量，在打板纸上的对应位置画出与中线平行的侧缝线（分别在前、后片上画出）。

 c. 将裁片放在打板纸上，水平臀围线和前、后中线与打板纸上所画的直线对齐，此时两者的侧缝就自动对齐了。

 d. 将样片上的腰围线、省道、侧缝等关键点和线用滚轮拓印到打板纸上。

2 在以下位置做90°的垂直短线。

 a. 前腰点（1.3cm）。

 b. 后腰点（2.5cm）。

3 绘出前、后片腰省。

 a. 确定每个省道的省中点。

 b. 画出省中线。用直角尺过省中点做竖直线，前腰省长8.9cm（$3\frac{1}{2}$英寸）、后腰省长14cm（$5\frac{1}{2}$英寸），每条省中线的下端点为省尖点。

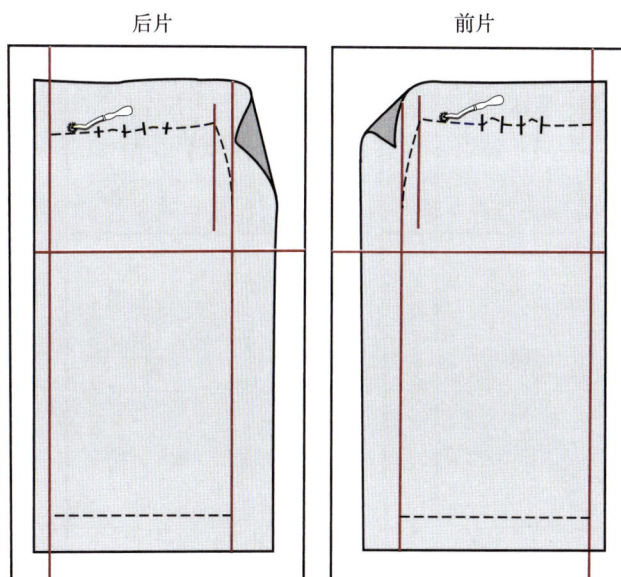

图4-19

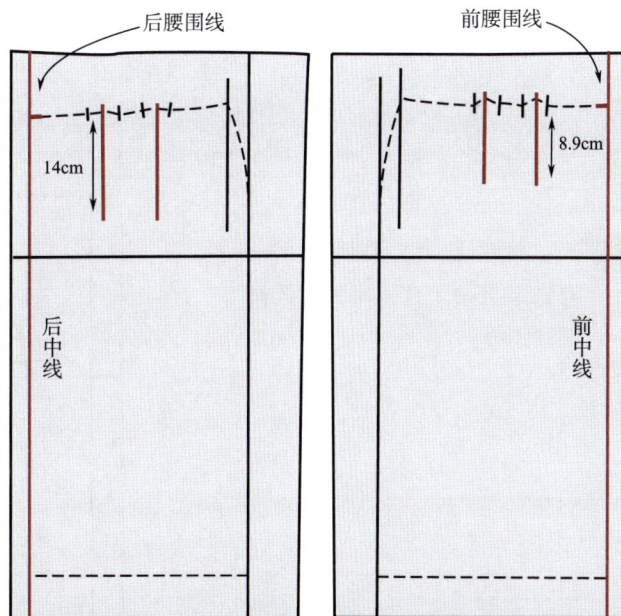

图4-20

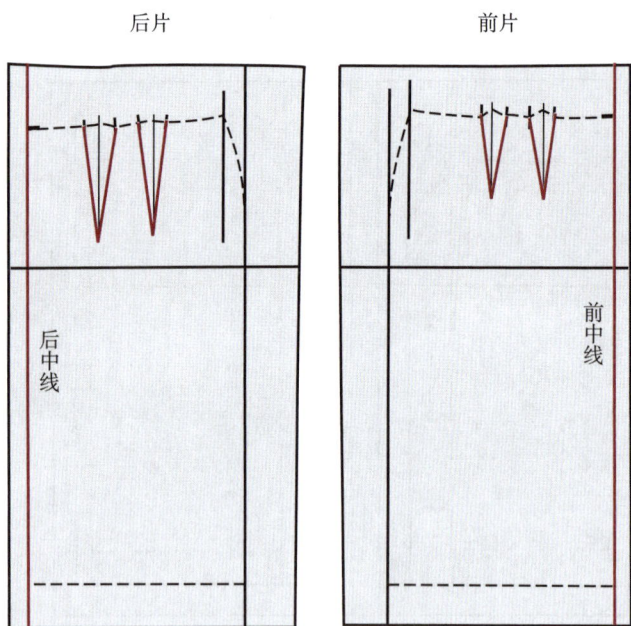

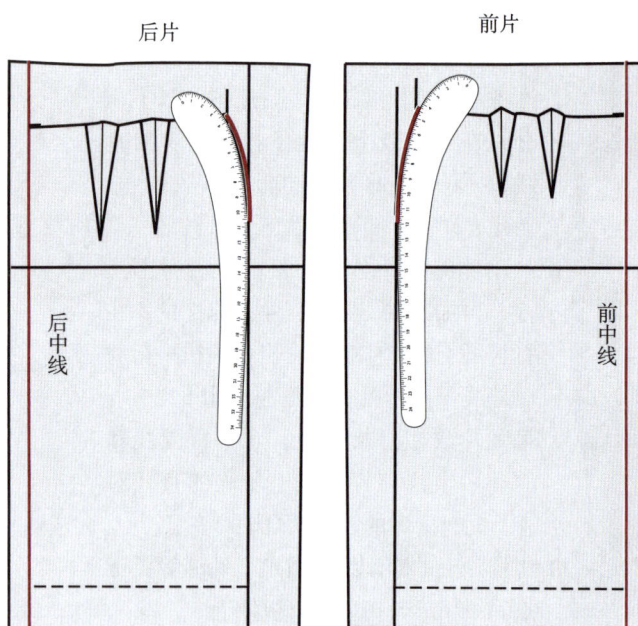

图4-21

图4-22

④ 画出省边线。用直尺从腰围线上的省道标记点到省尖点画出每个省道的省边线。

⑤ 画出侧缝。用长弧线尺画出侧缝线，如图所示，将尺子的直线端放在下端，曲线端放在上端。

⑥ 画出腰围线。将腰围线上的所有省道折叠闭合，用弧线尺画顺腰围线。

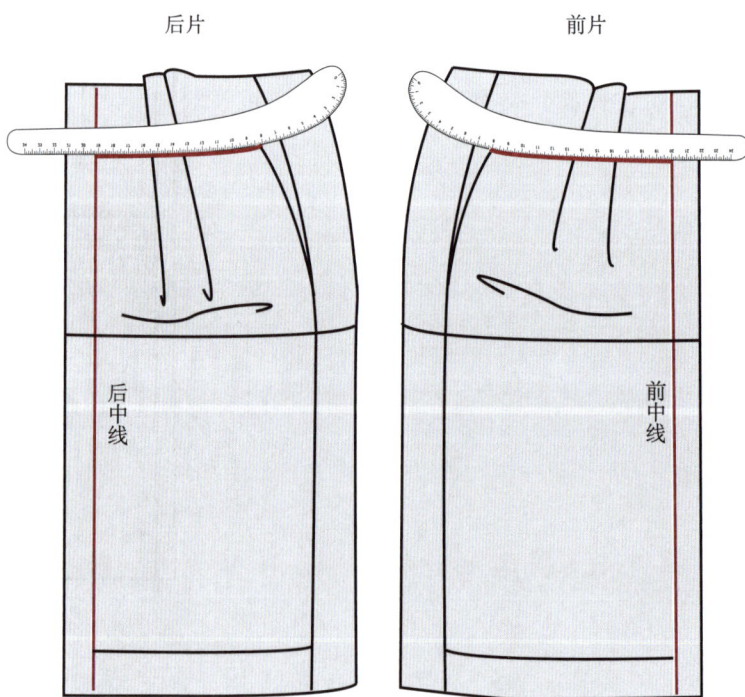

图4-23

7 校核侧缝。

　　a. 将前、后侧缝别合在一起。

　　b. 测量前、后侧缝从臀围线到腰围线间的长度，前、后片应该相同。否则，修正后片侧腰点使其与前片相同。

> 注　如果前、后片的差值超过1.6cm（5/8英寸），说明立裁操作不够准确。则需要重新校核立裁过程，以减少误差。

8 别合侧缝后绘出底边线。

　　a. 按照裙子的设计长度，从后腰点沿后中线向下确定底边位置，做记号。

　　b. 从底边标记点到前中做一条平行于臀围的水平线为底边线。

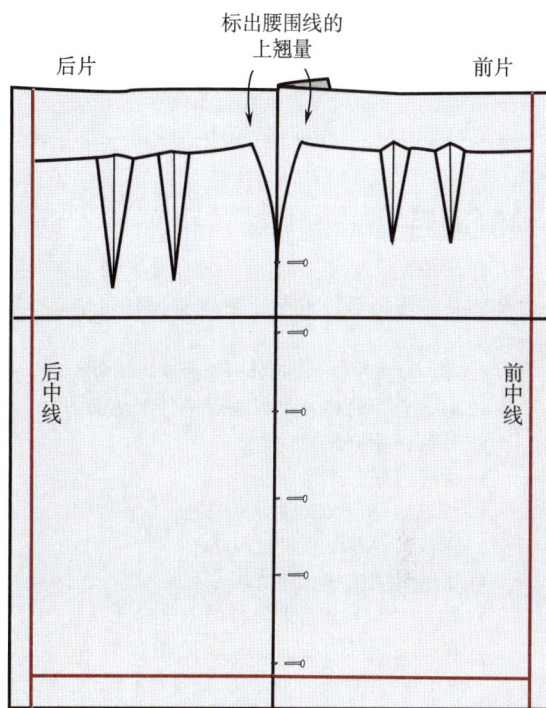

图4-24

9 给所有的接缝加放缝份，并修剪多余面料。参考第18页第1章的缝份加放相关内容。

10 校核腰围线。

　　a. 将前、后侧缝别合在一起，并折叠别合所有的腰省。

　　b. 检查腰围线的形状。此时腰围线应该是一条完整平滑的曲线。

　　c. 将第三章立裁的衣身原型与裙子原型的腰线别合在一起，对比两者腰围的大小。当所有的省道都闭合时两者的腰围大小应相同。

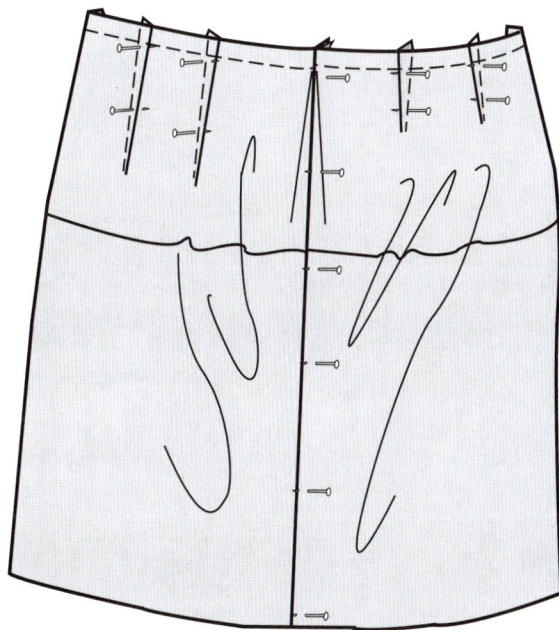

图4-25

组装及评价立裁效果

校核修正完所有样片后，需要将各样片组装起来。立裁时仅制作了半身，将其穿到人台的右侧。前片压后片，认真对齐别合前、后片侧缝。所有的大头针都垂直于接缝。

检测项目

仔细检测立裁最终造型，可以反映出服装的合体性恰当与否。此时可对造型做任何修正和改动。

» 前、后片的中线是否正好是竖直的经向线。
» 前、后片的纬纱是否恰好平行于地面。
» 臀围松量分配应均匀。
» 所有的线条光滑顺畅。
» 所有的缝份加放量合适正确。
» 立裁的整体造型构成整齐。
» 省道位置准确，消失在省尖点。
» 腰省的位置及省尖的指向都准确无误。
» 裙子的侧缝正好与人台的侧缝对齐。
前、后片稳定平衡，衣服各部位自然地各安其位，无偏斜扭曲现象。

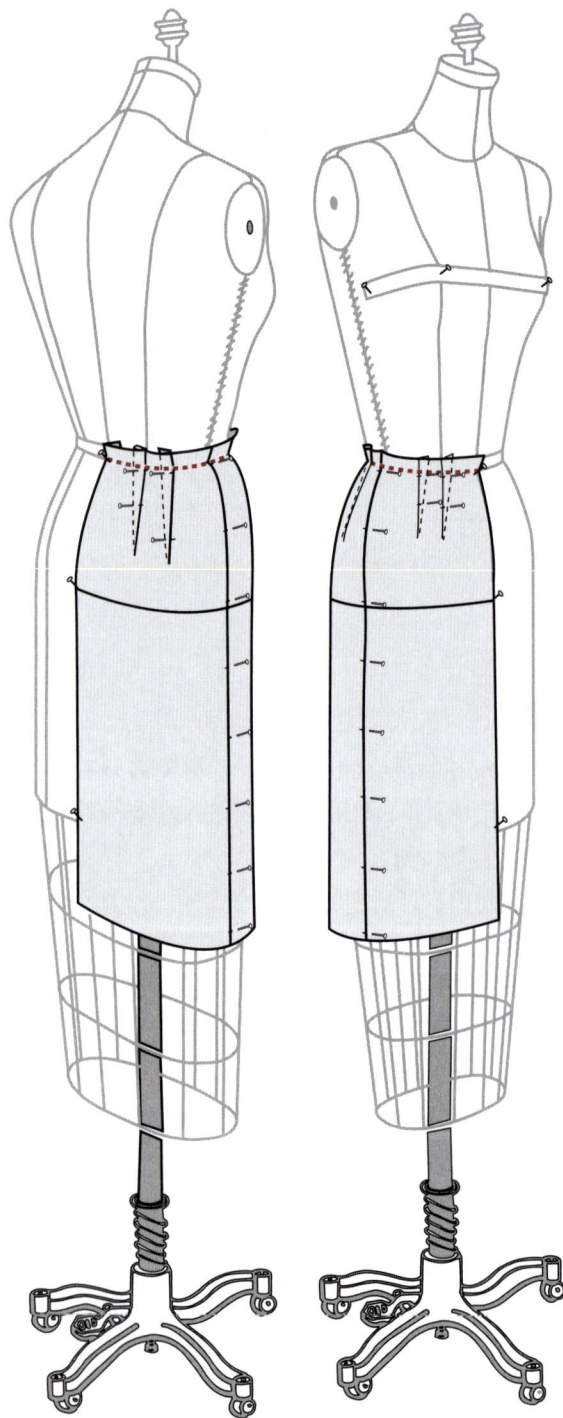

图4-26

短裙合体性

为了获得最佳效果，要通过模特试穿样衣来校核合体性。同时，款式设计也要达到预期的设计要求。这里介绍了短裙的合体性评测所涉及的各方面内容，包括放松量、腰围线形状、腰部合体性以及侧缝的平衡性等。

评测着装效果及腰线形状

检测：腰围线的形状决定着裙身的造型，运用这个思路来对腰部进行修正，以达到裙身顺直。在调整腰围线的同时，要保证下摆始终平行于地面。

取下腰带（如果模特系了腰带），将斜丝布带以适当松紧度系在模特的腰围线上。上下调整裙子的腰围线，使底摆和臀围线与地面平行。在模特身上重新修正腰部的合体性，在斜丝布带的位置重新定出新腰围线，修正时需要调节以下各项。

» 裙子若有上提或下掉的现象：如果有这种现象则需要重新修正腰围的大小，增加或减少腰围尺寸，在修正过程中要始终保持底边平行于地面。

» 裙子后腰处有余量或凸浮现象：需要减少一定的面料量以修正凸浮部位，使其更紧身贴体。

» 按设计要求调整裙长：调节裙子底边以修正裙长。如果在以上修正过程中改变了底摆的造型，则需要重新调整腰围线到底边之间的长度，重新别合侧缝。

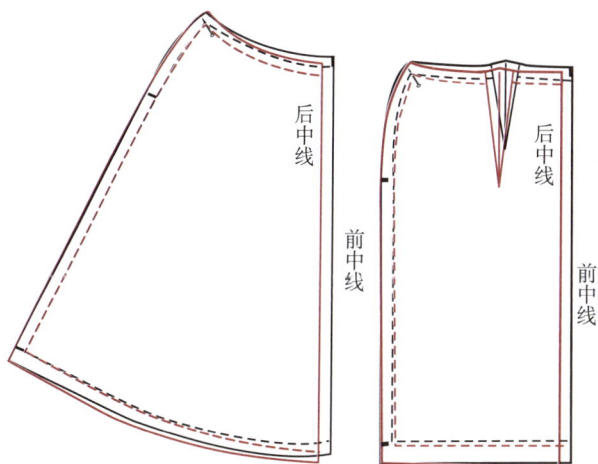

图4-27

检测样板的平衡性

检测：将前、后片重叠，在侧缝、腰围线交点别一针固定。以固定点为轴心，旋转后裙片直到后中

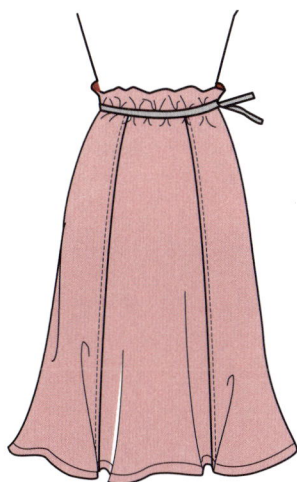

图4-28

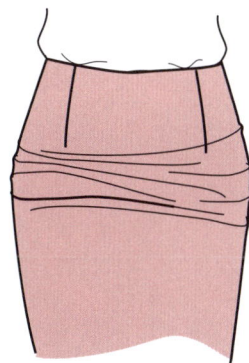

图4-29

线与前中线平行。此时，前、后片的侧缝长度和形状应相同。前裙片比后裙片宽1.3cm（1/2英寸）。

如果未达到要求，请参考第4章和第12章裙子设计的相关内容，针对不准确地方做相应的修改。

检测裙子的松量

检测：每一款服装都要有必要的松量，短裙也不例外。合适的松量使裙子的腰部、腹部以及臀部等各部位协调统一，整体造型完美舒服。

通过增加或减少一定的量来调节侧缝，以达到修正臀围或腰围松量的目的。前、后片的修正量和形状要一致，以保证样板的平衡性。

第5章
袖子原型

直筒袖原型

袖子是服装的一个局部，覆盖人体的手臂。袖子与衣身在人体的臂根处相连，服装专业术语称为装袖。袖子中线为经纱方向，顺着人体手臂的方向竖直垂下而略向前偏。

直筒袖适合传统型服装的袖窿。袖山弧线上有一定的吃势，吃缝后的袖山会形成与人体上臂相似的圆弧形。这种袖型有时也称为装袖或者封闭型袖子，因为在绱袖之前要提前缝好袖子，衣身的肩线和侧缝也要提前缝好。

本章介绍如何绘制直筒袖样板、如何装袖以及调节袖子的合体度等相关内容。袖子原型（有肘省和无肘省）可用于设计各类服装的袖型，如连衣裙、上衣、衬衫等。

图5-1

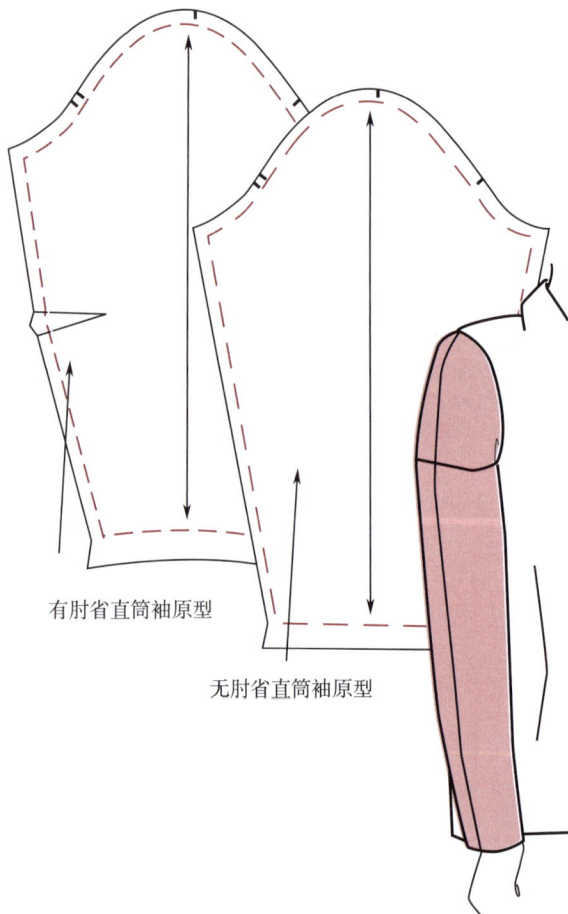

有肘省直筒袖原型

无肘省直筒袖原型

图5-2

目标

通过本章各个立裁步骤的学习，读者应具备以下技能。

» 能够基于袖型确定袖子的经纬纱向。
» 能够立裁出适合胳膊曲线的合体袖型。
» 能够立裁出具有合适的松量、吃缝量、合体度的袖子。
» 能够对袖山与袖窿进行匹配，确定袖山吃势和对位标记等。
» 检查袖子样板的立体效果，评价松量、吃势、悬垂效果、比例等相关问题。
» 当袖子样板有问题时，能够调节修正袖子和袖窿。
» 调节基本袖型使其具有更好的活动量。
» 调节基本袖原型使其适合更宽松的袖窿，以便应用于大衣等宽松服装上。

袖子基本类型

下面所列的衬衫袖、插肩袖、连身袖等几种袖型，可用于各种类型服装的不同袖窿中。衬衫袖是与无省衬衫衣身相结合而设计的，见第10章的无省设计。插肩袖和连身袖的立裁方法见第11章。这几款袖型可用于设计各种连衣裙、上衣、衬衫等服装的袖子。

图5-3

图5-4

衬衫袖

衬衫袖的袖窿宽松而下垂，袖山弧线曲度较小，绱袖时所需的吃缝量很小。衬衫袖山是与敞开的袖窿相缝合的，即袖下缝和侧缝还未缝合时，先将衬衫袖山与袖窿缝合，所以也称为开放式缝合法。

若要设计或立裁宽松式落肩无省衬衫，可采用衬衫袖，具体方法见第10章的无省上衣设计。

插肩袖

插肩袖是指袖子的上半部分借了衣身的肩部，而袖底仍保留原始的袖底弧线。插肩线一般从前、后腋点向上倾斜延伸到前、后领口。插肩袖的松量较大、穿着舒适。

对于有省和无省的衣身均可采用插肩袖。立裁方法和步骤见第11章。

连身袖

连身袖是指袖子和衣身连在一起，袖子的前、后片分别与衣身的前、后片连裁。袖子腋下点会有所变化，袖长也会随之变化。肩线依照人体的肩斜而确定，侧缝一般竖直且平行于前、后中线。连身袖多用于连衣裙和上衣等款式的服装。

连身袖通常与无省设计的上衣结合应用，立裁方法见第11章。

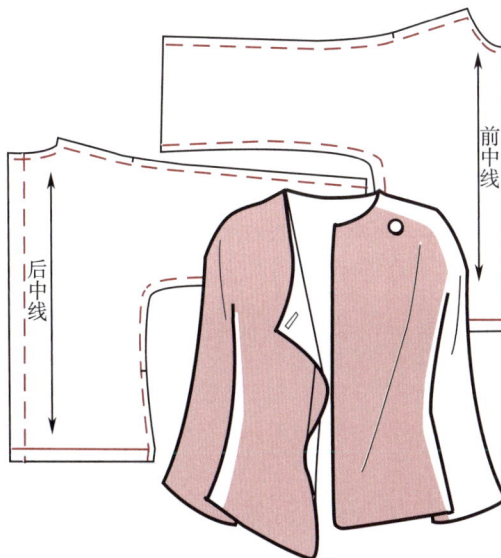

图5-5

准备布手臂

立裁袖子之前需要准备一个能够替代人体手臂的布手臂，以用于立裁袖子和试衣。如同第2章所述，市场上购买的可拆卸布手臂通常太硬，用起来不方便。

自己动手制作的手臂柔软灵活，可分为大、中、小三个不同的号型。手臂的纸样可从网站上购买。亲自动手裁剪、缝纫、填料、制作布手臂，将其安装于人台上，用于评价袖子的合体性。按照下述内容，准备手臂的立裁以及对袖子进行合体性评测。

面料准备

选择质地厚实的白坯布裁剪手臂样片，并打上对位点和省道标记。裁剪布料时要注意经纱方向的正确性。

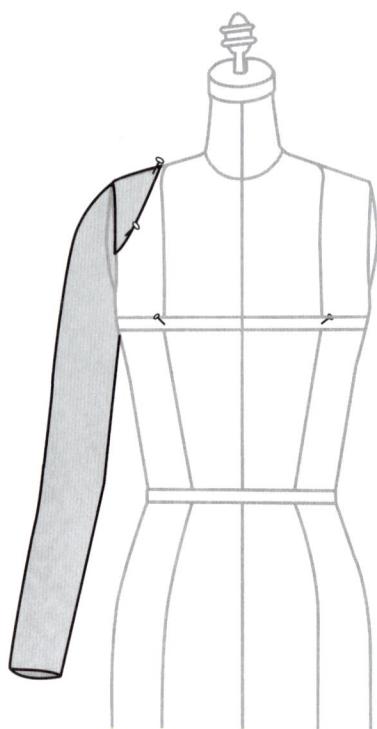

图5-6

a. 裁剪1片手臂样片。
b. 裁剪2片盖肩。
c. 裁剪1片臂根圆形挡片。
d. 裁剪1片袖口圆形挡片。

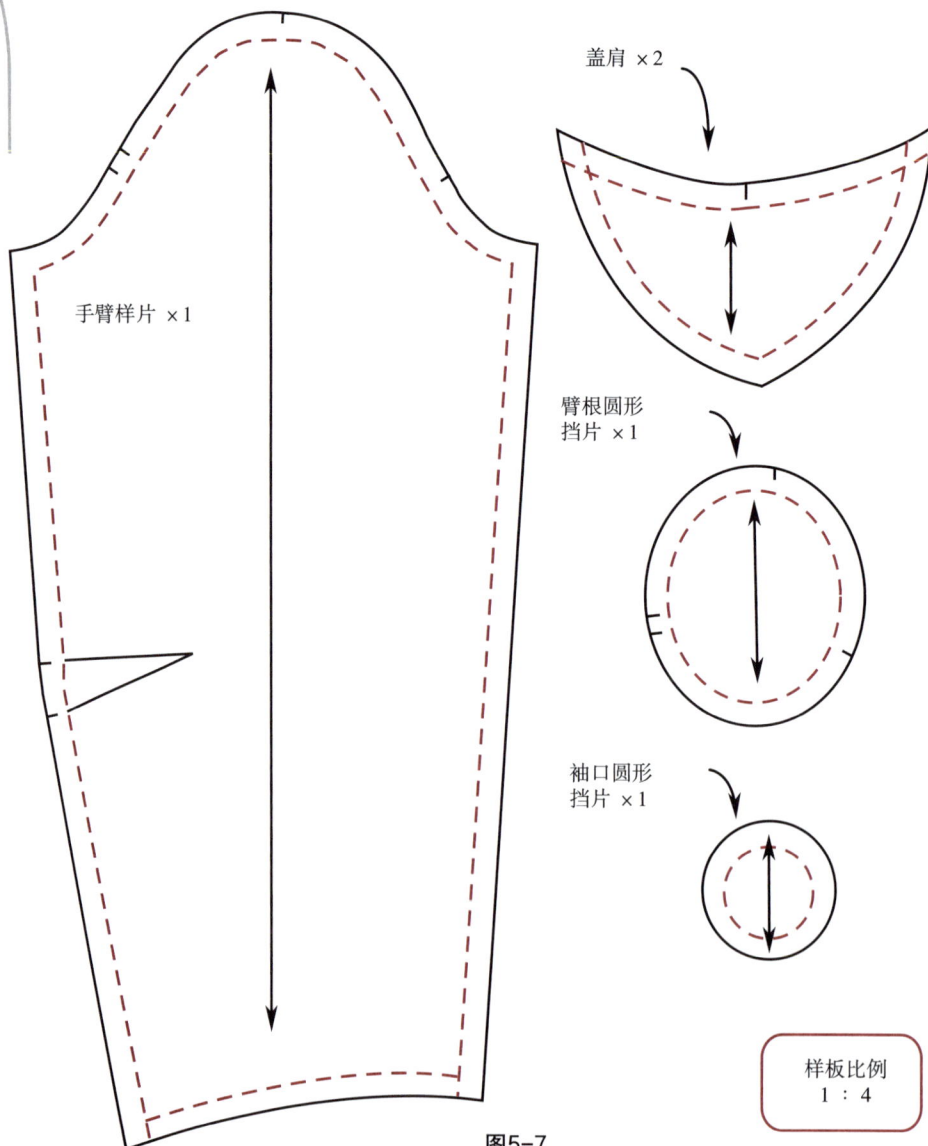

盖肩 ×2

手臂样片 ×1

臂根圆形
挡片 ×1

袖口圆形
挡片 ×1

样板比例
1：4

图5-7

布手臂制作

1. 缝合手臂样片。
   a. 缩缝袖山。
   b. 缝合肘省和袖下缝，布手臂制作完成后袖下缝对准人台的右侧侧缝。
2. 将手臂面料翻到正面。
3. 修剪袖口缝份，将缝份扣烫到反面。
4. 修剪袖口圆形挡片的（小圆）缝份，将缝份扣烫到反面。
5. 将袖口圆形挡片（小圆）手工缝到布手臂的袖口上。确保缝迹处的腕围为17.8cm（7英寸）。

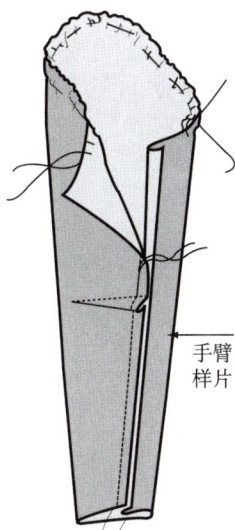

手臂样片

图5-8

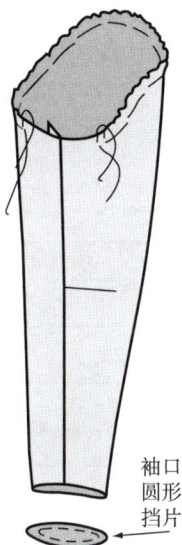

袖口圆形挡片

图5-9

6. 两片盖肩正面相对，缝合反面外圈缝份（尖边一侧），再翻到正面。

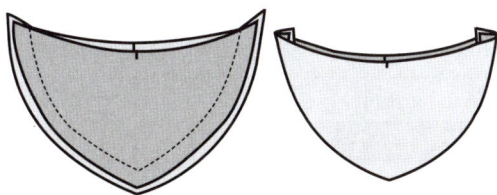

图5-10

7. 将盖肩与臂根圆形挡片（大圆）的肩线对齐相缝合。

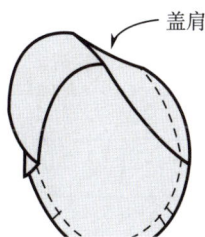

盖肩

图5-11

8. 将盖肩（连着臂根圆形挡片）放在布手臂袖山头（已缩缝）与臂根圆形挡片之间。
9. 将盖肩与布手臂袖山头缝合起来，从盖肩的一端缝到另一端。
10. 用棉花填充布手臂，注意不要填得过满，以防布手臂变形。

图5-12

11. 将臂根圆形挡片的下端（未缝合部分）与布手臂袖山的腋下部分（对位点）对齐，两者的缝份对齐，手工缝合。

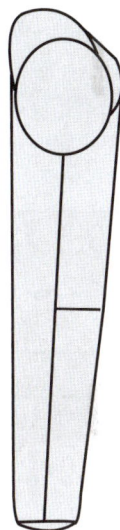

图5-13

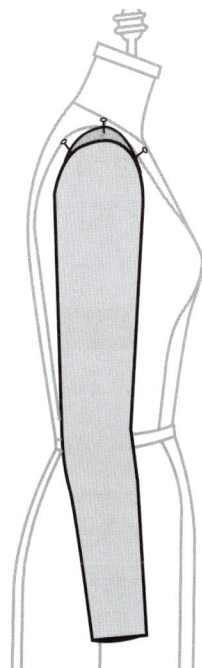

图5-14

12. 布手臂缝合完成后将其装到人台的右侧臂根处。

第5章　袖子原型

绘制袖子原型需测量部位及尺寸

在绘制袖子基本原型之前，需要测量以下五个关键部位及尺寸。

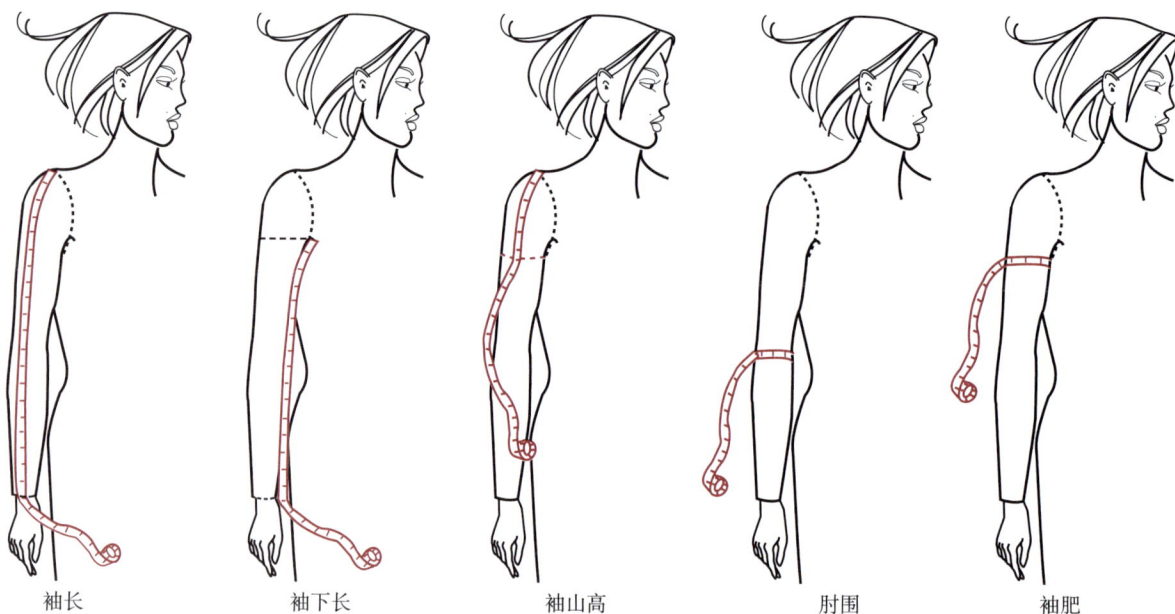

袖长　　　袖下长　　　袖山高　　　肘围　　　袖肥

图5-15

表5-1　袖子原型尺寸表

1. 袖长（从肩点到腕关节的长度）				
型号	6	8	10	12	14
袖长 / 英寸	$22\frac{3}{8}$	$22\frac{3}{4}$	$23\frac{1}{8}$	$23\frac{1}{2}$	$23\frac{7}{8}$
袖长 /cm	56.8	57.8	58.7	59.7	60.6
2. 袖下长（从腋下点到腕关节的长度）				
型号	6	8	10	12	14
袖下长 / 英寸	$16\frac{1}{4}$	$16\frac{1}{2}$	$16\frac{3}{4}$	17	$17\frac{1}{4}$
袖下长 /cm	41.3	41.9	42.5	43.2	43.8
3. 袖山高（从肩点到腋下点处的上臂外侧长度）				
型号	6	8	10	12	14
袖山高 / 英寸	$6\frac{1}{8}$	$6\frac{1}{4}$	$6\frac{3}{8}$	$6\frac{1}{2}$	$6\frac{5}{8}$
袖山高 /cm	15.6	15.9	16.2	16.5	16.8
4. 肘围（肘部围度再加松量2.5cm）				
型号	6	8	10	12	14
肘围 / 英寸	$9\frac{3}{4}$	$10\frac{1}{4}$	$10\frac{3}{4}$	$11\frac{1}{4}$	$11\frac{3}{4}$
肘围 /cm	24.8	26.0	27.3	28.6	29.8
5. 袖肥（臂根处的水平围度再加松量5.1cm）				
型号	6	8	10	12	14
袖肥 / 英寸	$11\frac{1}{2}$	12	$12\frac{1}{2}$	13	$13\frac{1}{2}$
袖肥 /cm	29.2	30.5	31.8	33.0	34.3

国际服装立裁设计：美国经典立体裁剪技法（原书第5版）

袖子原型：准备样板

1 裁一张长81cm（32英寸）、宽61cm（24英寸）的打版纸，沿长度方向在中间对折。

> **注** 作图时只绘制袖子一半的纸样，所以从中间对折。打开后再修正完成整个纸样，这样就能看出前、后袖山弧线之间的微细差异。

图5-16

2 画出袖山线。打板纸的双折线朝向体侧放置，距离右侧边5.1cm（2英寸）做双折线的垂直线，这是袖子的上端袖山所在位置。

3 画出袖口线。仍将双折线朝体侧放置，从袖山线向左量取袖长（对于8号人台取57.8cm，对于10号人台取58.7cm），过此点用L型直角尺做双折线的垂直线为袖口腕围位置。

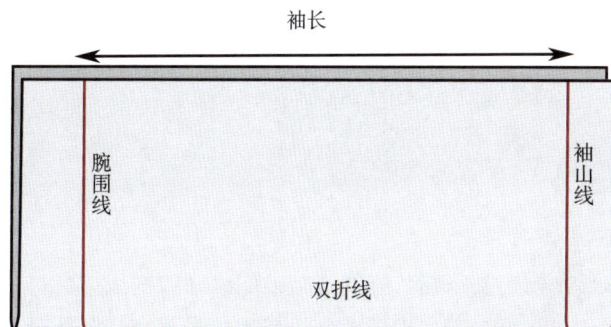

图5-17

4 画出袖肥线。仍将双折线朝体侧放置，从袖山线向左量取袖山高（对于8号人台取15.9cm，对于10号的人台取16.2cm），过此点用L型直角尺做双折线的垂直线为袖肥线。

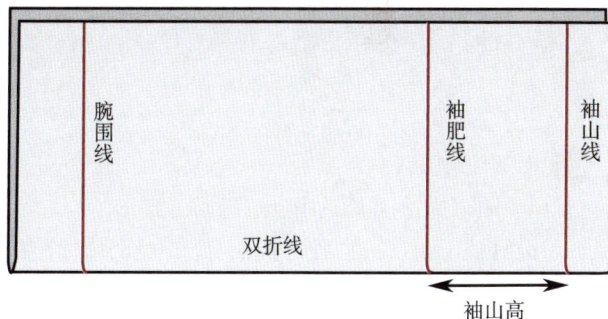

图5-18

5 画出袖肘线。仍将双折线朝体侧放置，将袖肥线与袖口之间的距离等分，等分点再向右偏1.3cm（1/2英寸），过此点做双折线的垂直线为袖肘线。

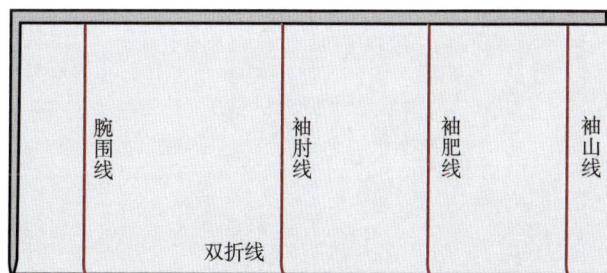

图5-19

⑥ 确定袖肥。

　　a. 根据上臂最大围确定袖肥的大小，并加放适
　　　当的松量，再计算出1/2袖肥（对于8号人台取
　　　15.2cm，对于10号人台取15.9cm）。

　　b. 在袖肥线上，从下向上量取1/2袖肥做标记。

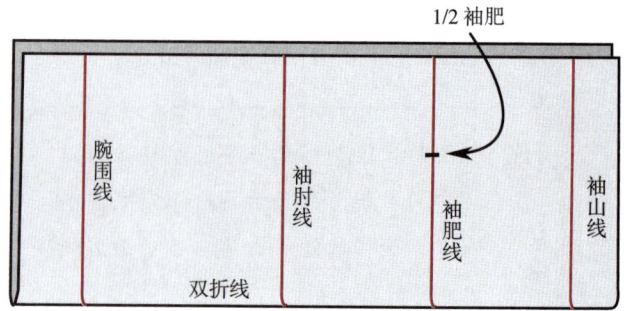

图5-20

⑦ 确定肘围。

　　a. 根据人体肘围尺寸，加放适当的松量，再计算
　　　出1/2肘围（对于8号人台取13cm，对于10号的
　　　人台取13.7cm）。

　　b. 在袖肘线上，从下向上量取1/2肘围做标记。

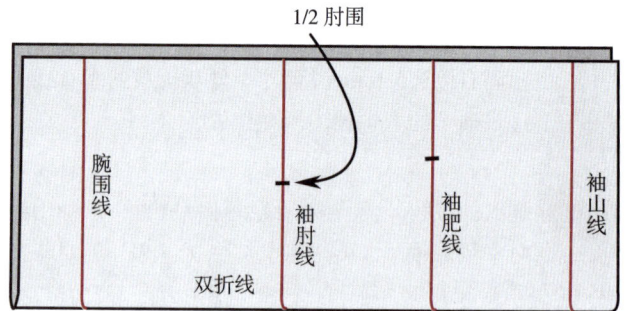

图5-21

⑧ 画出袖下缝。直线连接袖肥线和肘围线上的标
　　记点，并分别向上延长与袖山线相交，向下延
　　长与腕围线相交，这条线即为袖下缝。

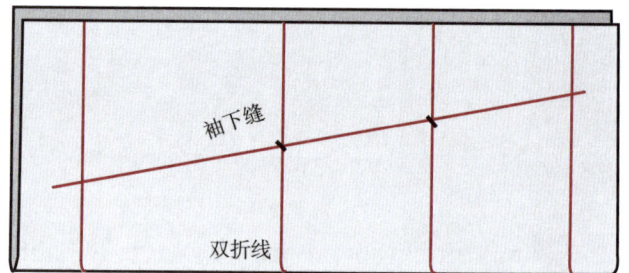

图5-22

⑨ 准备袖山弧线。

　　a. 沿袖山线到袖肥的中点对折袖山部分。

　　b. 沿袖子长度方向再对折袖身，即袖中双折线
　　　与袖下线对齐折叠。

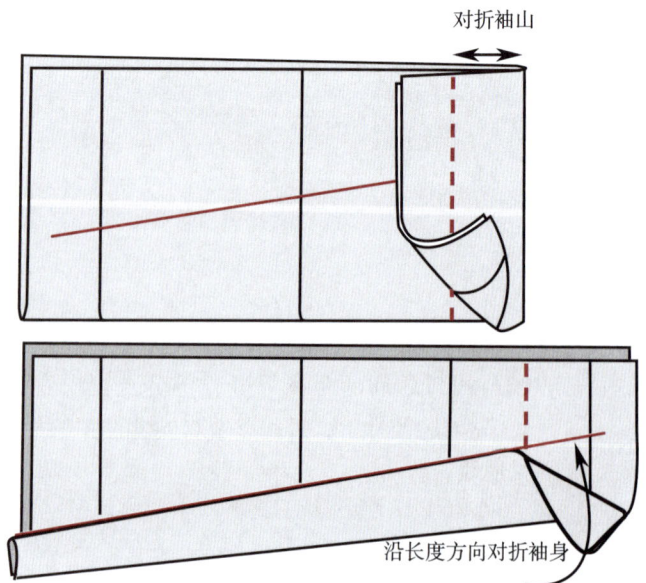

图5-23

⑩ 为袖山弧线做准备，绘制法式曲线辅助线。

  a. 沿袖肥线从腋下点向下取2.5cm（1英寸），做标记。

  b. 袖山对折线与袖身竖直对折线的交点，沿袖身竖直对折线向上取1.9cm（3/4英寸），做标记。

  c. 将两个标记点直线相连。

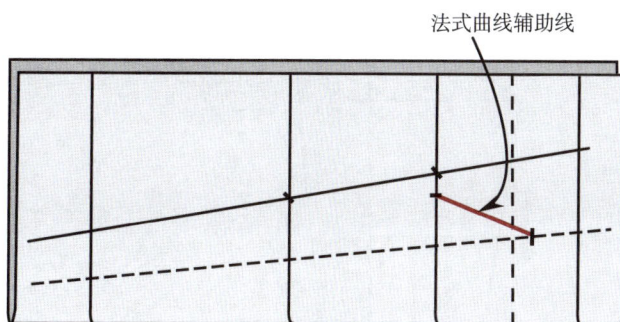

图5-24

⑪ 画出袖山的腋底弧线。用法式曲线尺，圆顺地连接以下三点：*A*（袖下缝、袖肥的交点）、*B*（法式曲线辅助线的中点）、*C*（袖身竖直方向对折线与袖山线的交点）。法式曲线尺经过以上三点绘制出腋底袖山弧线。

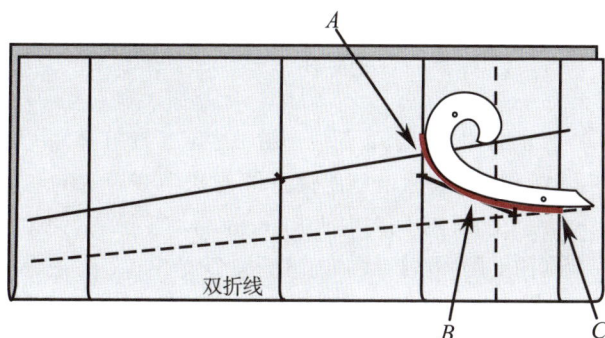

图5-25

⑫ 画出袖山上半部分的弧线。用法式曲线尺，圆顺地连接以下三点：*B*（法式曲线辅助线的中点）、*D*（袖身竖直对折线上的标记点）、*E*（袖中双折线与袖山线交点）。法式曲线尺经过以上三点绘制出袖山弧线的上半部分。

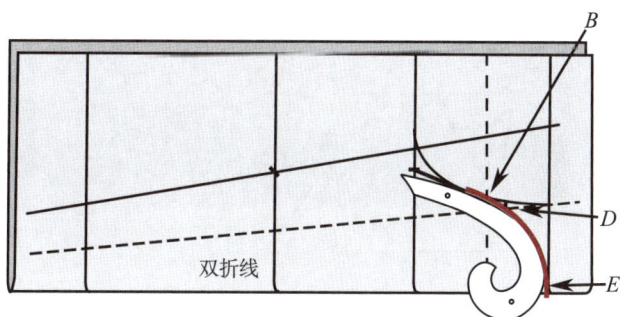

图5-26

⑬ 裁剪整个袖片。在袖中线仍处于双折的情况下，沿所画的袖山弧线、袖下缝和袖口线裁剪出样板。

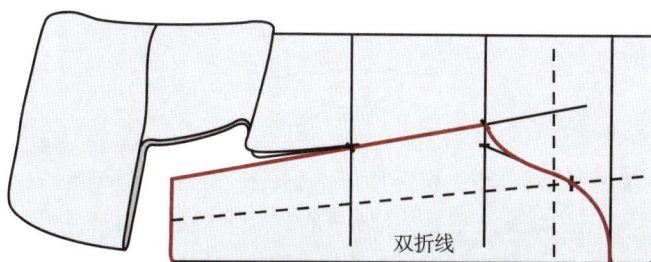

图5-27

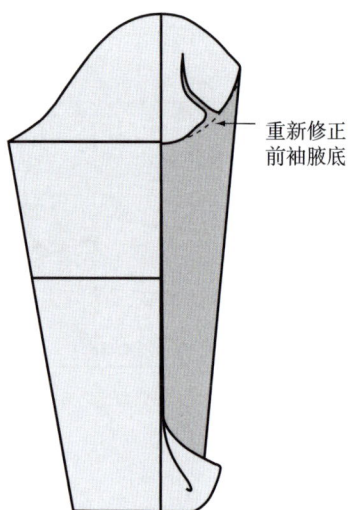

重新修正
前袖腋底

图5-28

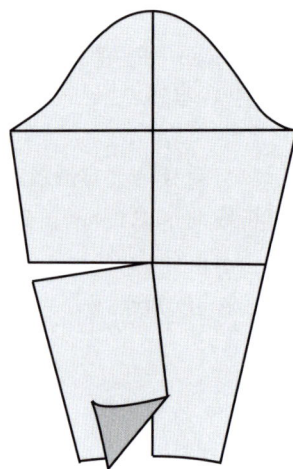

图5-29

⑭ 修正前片袖山腋底弧线。沿袖中双折线打开袖片，将未做标记侧的袖下缝与袖中线对齐对折。在袖底中间向内凹进0.6cm（1/4英寸），分别向上圆顺到折线，向下圆顺到腋下点。修正的这部分袖山弧线为前片的腋底部分。

⑮ 确定肘省和腕围线。沿后袖片的肘线剪开纸样，剪到袖中线为止。同样，沿袖中线从袖口向上到肘线剪开纸样，注意不要剪断。

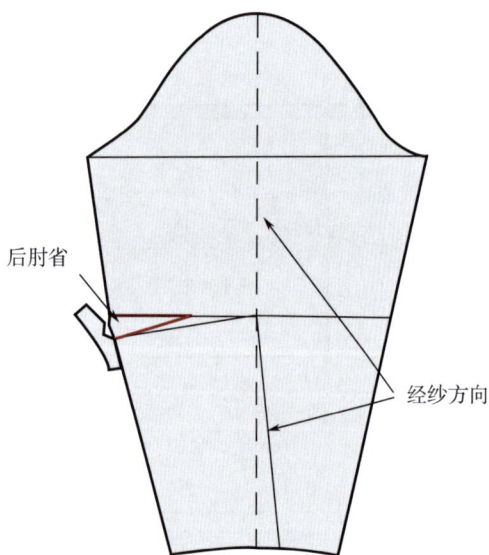

后肘省

经纱方向

图5-30

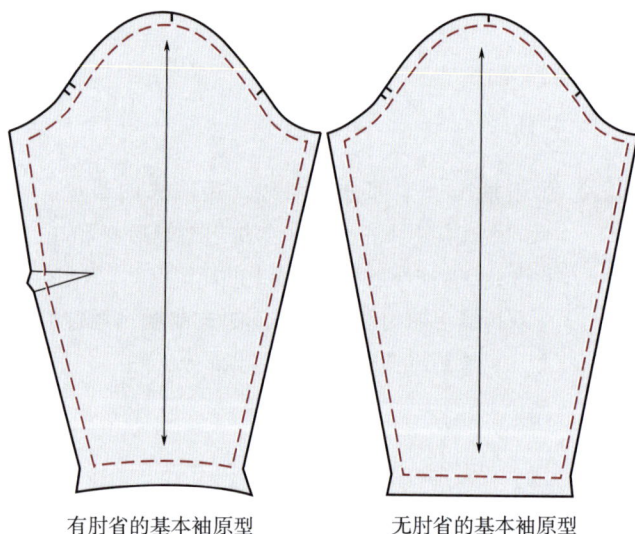

有肘省的基本袖原型

无肘省的基本袖原型

图5-31

⑯ 绘制后袖片和后肘省。旋转剪开部分纸样使袖中线交叉重叠一部分，此时袖肘线处会打开一定的量为肘省。重叠袖中线直到打开的省量为1.3~1.6cm（1/2~5/8英寸）。
取一小片纸贴在打开的肘省下面，画出肘省，省长8.9cm（$3\frac{1}{2}$英寸），省道大小即为打开的量。再将肘省闭合，修剪省道外侧多余的纸量。

⑰ 确定袖山对位点。将袖山的净缝线与袖窿净缝线对齐确定对位点。具体步骤可参考第99~100页袖山与袖窿匹配方法。

⑱ 给袖子样片加放缝份。参考第99~100页的方法，将袖山与袖窿进行匹配，确定袖山的吃缝量，吃缝量在装袖时要均匀地分配到前、后对位点之间，这样袖子才会稳定合体。

袖山与袖窿的匹配及确定袖山对位点

袖子的造型随着流行逐年变化，从简约短小的盖肩短袖到宽松膨大的多褶长袖，变化丰富多彩。有时肩部裁剪得自然合体，有时则用厚垫肩塑造成夸张的方形。不管怎样，袖子必须顺畅悬垂，具有一定的活动量。因此，对于任何一款新袖型，都要检测袖山吃势、对位点以及袖子的合体性。

为了确保正确的合体性，袖子必须与袖窿相匹配，两者的净缝线对齐逐步校核彼此的长短，这一方法称为"匹配袖子（走袖）"。将袖子净缝线与袖窿净缝线对应校核，来确定袖山弧线是否比袖窿弧线要长出所需要的量，从而确定吃缝量的大小以及对位点的位置。

1. 将袖山弧线的腋底部分放于衣身袖窿底弧线上，袖下线与侧缝线对齐。

> **注** 衣身袖窿上已经做了对位剪口。前、后袖窿的对位点分别打在了袖窿弧长从下向上的1/3处（约7.6cm），参见第50页。

2. 沿着袖窿弧线旋转对齐袖山弧线。从腋底侧缝处开始，将袖子的袖山弧线与袖窿的净缝线对齐。为了防止样片滑动，可用锥子或者铅笔压在净缝线上移动袖山。当走到袖窿对位点处，在袖山弧线的对应位置也打上对位点（前袖山用单对位标记，后袖山用双对位标记）。

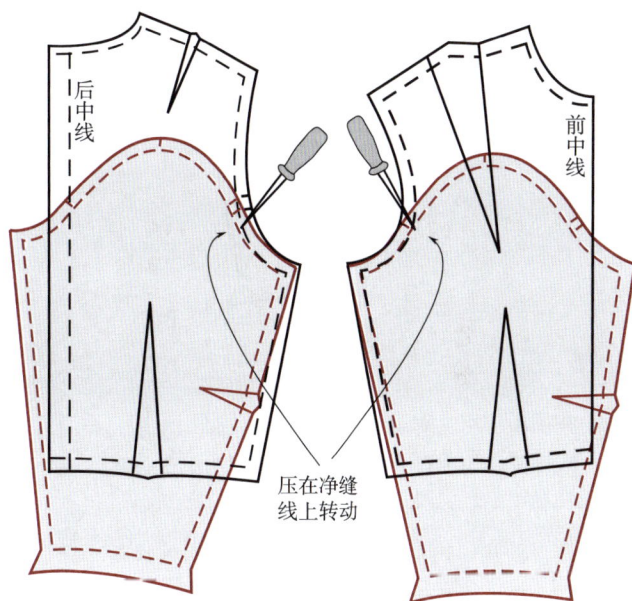

图5-32

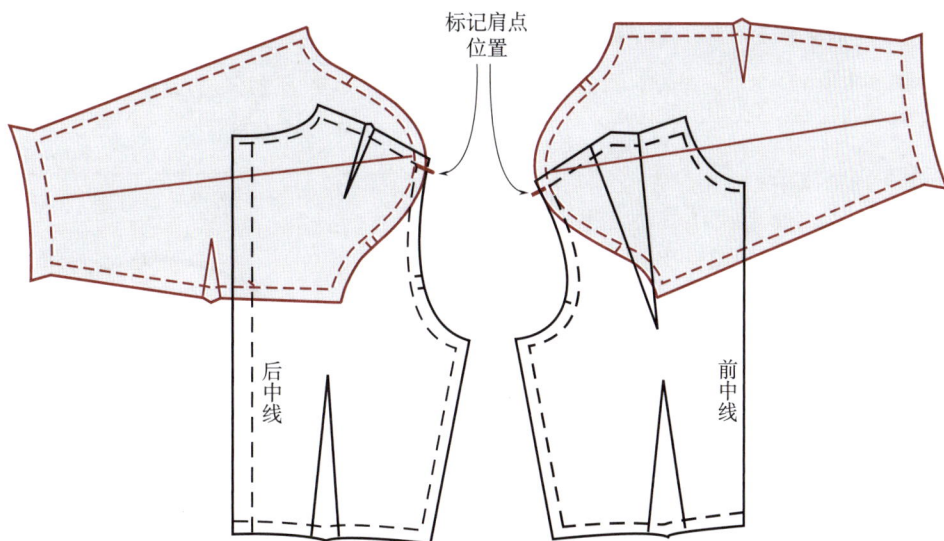

图5-33

3. 继续匹配袖山与袖窿的剩余部分。袖山与袖窿的净缝线对齐，用锥子压住，转动袖山少许长度与袖窿净缝线对齐；再用锥子压住，再将两者对齐，重复以上步骤，直到袖山弧线走完。

4. 标记肩缝位置。当袖山弧线移动到与衣身的肩线对齐时，分别在前、后袖山相应位置做肩线标记。

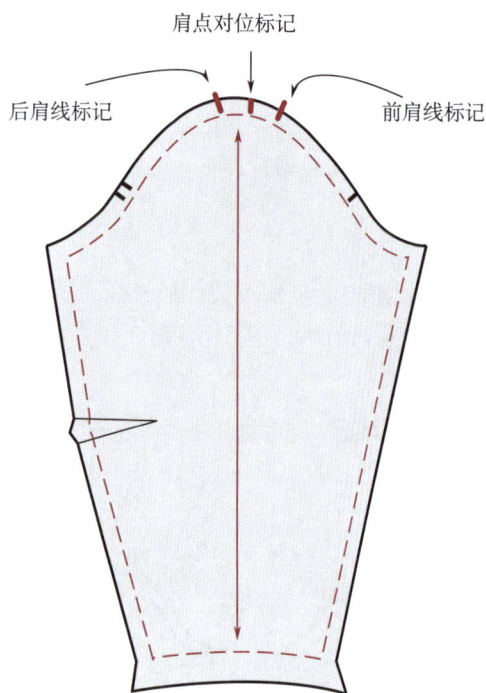

后肩线标记　　肩点对位标记　　前肩线标记

图5-34

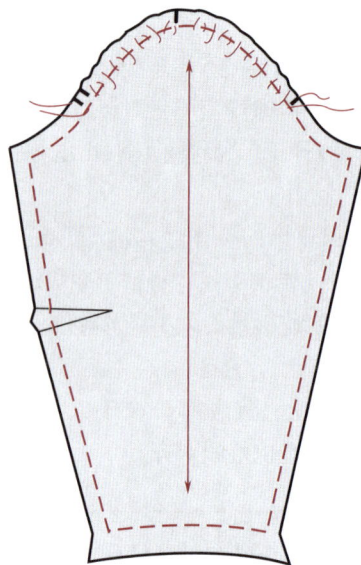

图5-35

⑤ 在袖山顶点上确定肩点对位标记。袖山上前、后肩线标记点的中点，即为袖山顶点上的肩点对位点。

> **注** 袖窿的造型正确，则袖山上肩点对位点应该落在中线偏前0.6cm（1/4英寸）的位置。如果不在此位置附近，说明衣身样片或者袖窿形状的立裁不准确（一般后袖窿比前袖窿长1.3cm）。

⑦ 检查肩对位点和袖窿平衡性。
如果肩对位点不正确，袖子装好后就会不平衡，有可能出现偏后或扭曲现象。因此，当袖山弧线上的对位点确定后，要再次复核肩对位点是否位于袖中线偏前0.6cm（1/4英寸）的位置。否则，说明袖窿与袖山匹配之前，袖窿是不正确或者不平衡的。具体内容请参考第3章的第51页内容。

> **注** 为了使袖子位置正确，前、后袖窿必须平衡。如果袖窿不平衡，可将袖窿中部弧线缩进或放出0.6cm（1/4英寸），再重新修顺袖窿中部与肩点和腋下点之间的弧线。具体做法参见第3章的第51页相关内容。

⑥ 确定袖山吃缝量。袖山上前、后肩线标记点之间的量即为袖山吃缝量。吃缝量要均匀分布在袖子前、后对位点之间。装袖时从前对位点到后对位点之间缩缝袖山。

> **注** 袖山吃缝量为 $2.5 \sim 3.8$ cm（ $1 \sim 1\frac{1}{2}$ 英寸）。否则可能是袖子样板出错，很有可能是衣身袖窿在立裁或拓板时不够准确。

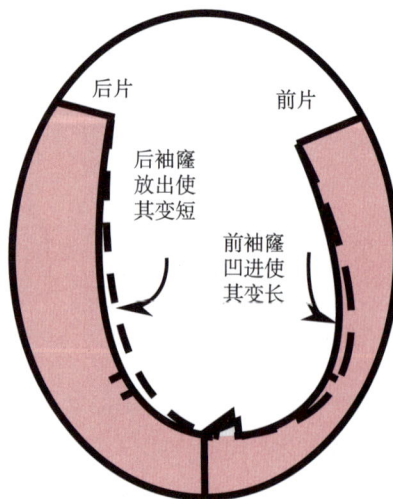

后片　　　　　前片

后袖窿
放出使
其变短

前袖窿
凹进使
其变长

图5-36

组装与检测袖子

　　当一款新袖型的样片裁剪完成后，一定要装到衣身上检测其合体性。设计师要了解袖子样片与袖子成型后的悬垂性、运动性、比例以及造型效果之间的关系。袖子应该与袖窿衔接圆顺，袖山吃缝量、袖肥、袖肘以及袖口尺寸等都要校核。考虑袖子合体性和舒适性的同时，也要检查袖子的活动性。按照下述步骤以保证所设计的袖子的合体性与舒适性。

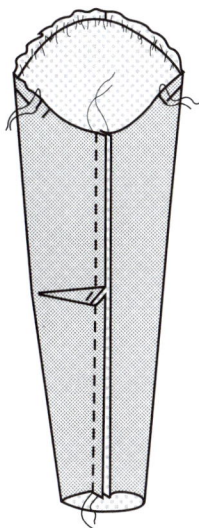

图5-37

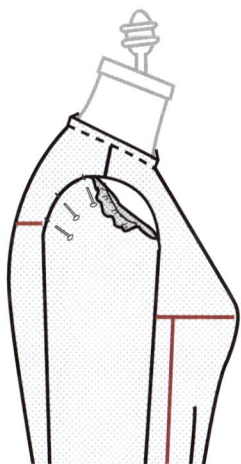

图5-38

① 在面料上裁剪出袖原型样片，缝合肘省和袖下缝，从前对位点到后对位点缩缝袖山的吃缝量。

② 将布手臂装到人台上。同时，也将衣身原型穿于人台上。
　　抬起布手臂，将腋下部分的袖山与袖窿相别合，大头针要平行于净缝线插针，分别向上别到前、后对位点。

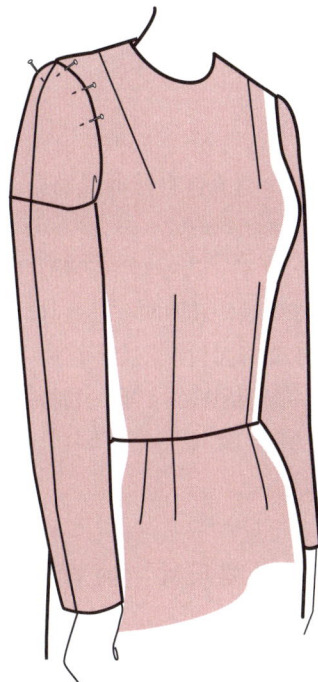

图5-39

③ 别合剩余部分的袖山与袖窿。操作时袖山上的肩点对位标记与衣身上的肩缝对准。

检测项目

　　仔细检测袖子的悬垂效果与合体性。如果下面所列各项稍微有偏差，则调节重装袖山，同时在纸样上也要进行相应的修正。

经向

✓ 袖中线应正好处于经纱方向。如果袖子出现偏前或偏后现象，则要检查袖窿形状和袖子样板是否正确。

悬垂效果

✓ 袖型应顺着胳膊竖直向下，在肘部以下略向前倾，与人体胳膊方向相同。

纬纱

✓ 袖肥处的纬纱应与经纱方向成90°，平行于地面。没有牵扯、拉拽现象。否则，需要检查袖窿的平衡性、形状和对位点。

吃缝量

✓ 袖山的吃缝量应在3.2~3.8cm $\left(1\frac{1}{4}\sim1\frac{1}{2}\text{英寸}\right)$。如果不在此范围内，则按照第106页的方法检查袖窿形状和袖山吃缝量。

其他问题

✓ 当袖窿、袖子经纱方向、纬纱方向、袖山对位点等均检查无误时，如果袖子还不正确，还出现拉拽变形、扭曲起皱的现象，则参见下面几页的内容做进一步校核。

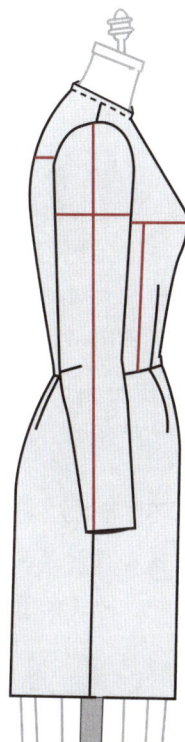

图5-40

袖子与袖窿的合体性

评测袖窿的合体性

检测：前、后袖窿应该圆顺地覆盖在人体臂根周围，与人体自然曲线吻合，没有牵拉、紧绷、突浮、堆积等现象。

修正：从袖窿中部腋点向上到肩缝，重新修正袖窿弧线使其圆顺，必要时拆开肩缝。修正肩部时注意不要将面料拉伸变形。修正后重新别合肩缝，标记新袖窿的净缝线。前、后肩线向上或向下的调节量常常不同，此时需要重新调节袖窿的平衡性，以保证装袖位置正确。

调节袖窿尺寸：袖子过紧或过松

检测：有时衣身合体，但袖窿对于某个客户来说出现过大或过小的现象，将过大或过小的不合体位置标记出来。这是因为人体胳膊的粗细因人而异，就会出现较小的袖窿（或较大）要去适应较粗（或较细）的胳膊的现象。不过请记住，肩缝和侧缝的作用是为了衣身的合体性而设置的。

修正：

a. 调小袖窿：将袖窿腋下的侧缝抬高1.3~2.5cm（1/2~1英寸）。用曲线尺重新修正前、后对位点之间的袖窿弧线。这样就能使袖窿变小，适合小一号到两号的袖子。

b. 调大袖窿：将袖窿腋下的侧缝降低1.3~2.5cm（1/2~1英寸）。用曲线尺重新修正前、后对位点之间的袖窿弧线。这样就能使袖窿变大，适合大一号到两号的袖子。

不推荐的方法：

有些设计师在袖窿中部腋点附近剪开样板，打开或重叠一定的量，来调节袖窿大小。本书不推荐这种方法。因为，这种方法在将袖窿变大或变小的同时，也改变了省尖、腰围线和衣长等其他因素。省尖、腰围线、长度这些因素应针对各自所对应体型特征而独立调节。

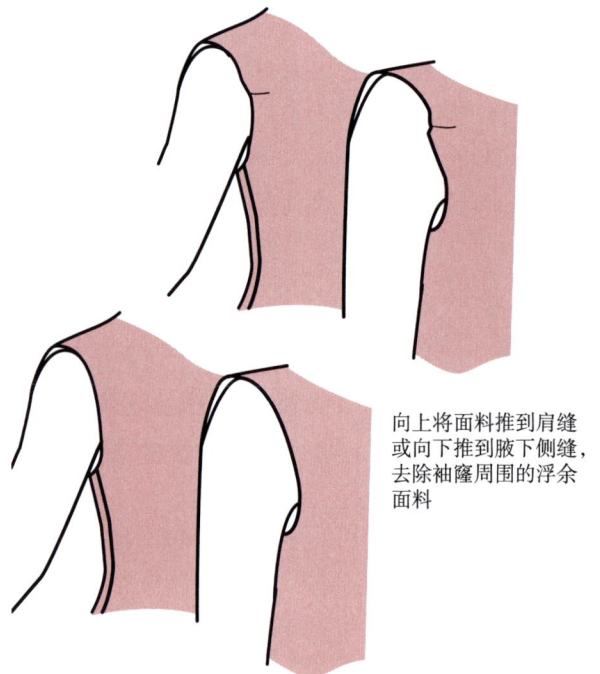

向上将面料推到肩缝或向下推到腋下侧缝，去除袖窿周围的浮余面料

图5-41

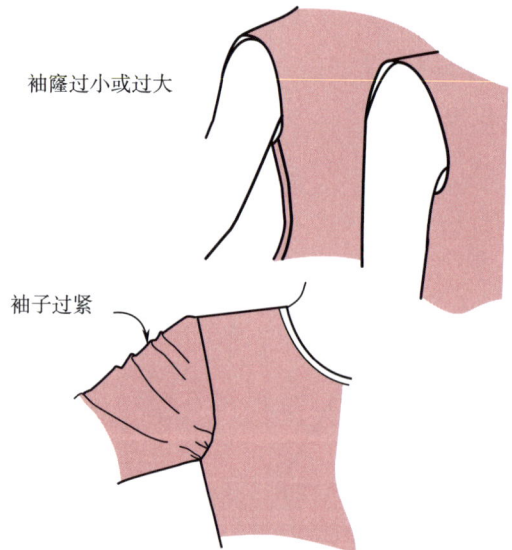

袖窿过小或过大

袖子过紧

图5-42

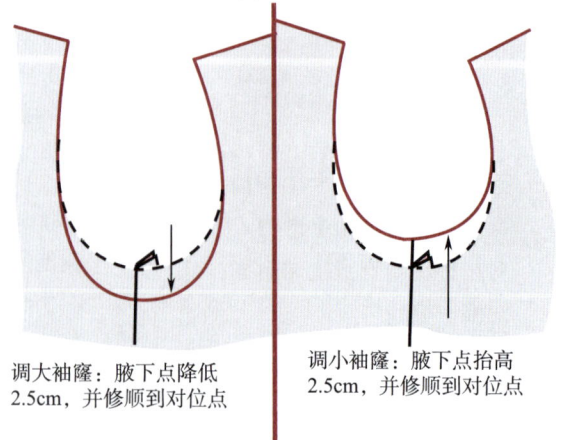

调大袖窿：腋下点降低2.5cm，并修顺到对位点

调小袖窿：腋下点抬高2.5cm，并修顺到对位点

图5-43

国际服装立裁设计：美国经典立体裁剪技法（原书第5版）

检测袖子是否扭曲变形

检测：袖子前或后袖下缝如果出现斜绺，表明前、后袖下缝不平衡。检查袖下缝制板是否正确，袖肥线的前、后端点是否在同一水平线。对于无省的直筒袖，当袖子对折时，从袖肥到袖口之间的前、后袖下缝的形状与长度都应该相同。

修正：修正（加量或减量）袖下缝的腋下和袖口，直到前、后袖下线相同。

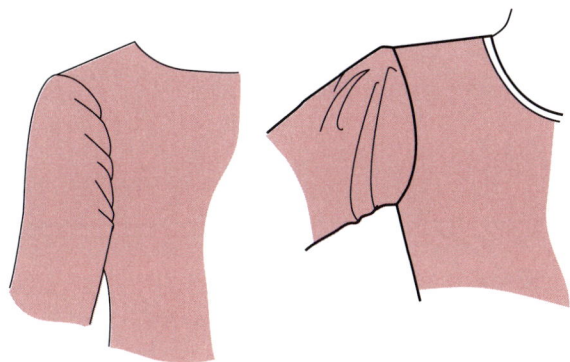

从袖山或袖下缝
出现牵拉斜绺

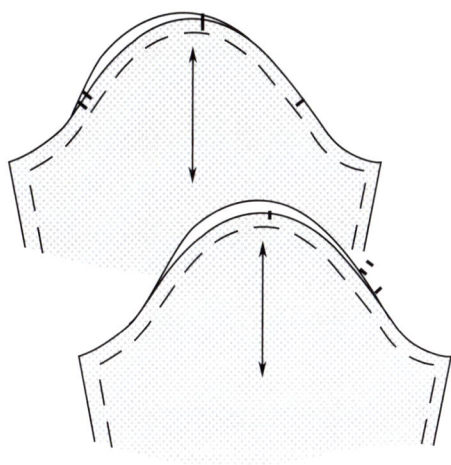

检测：当袖山顶到前袖缝之间出现不良斜绺时，说明后袖山的弧度量不够。

修正：将后袖山凸起1.3~2.5cm（1/2~1英寸），从后对位点到袖山顶点，再到前袖山，将增加的袖山弧线修正圆顺。

图5-44

检测袖山对位点

检测：袖山上的对位点要正确标记，才能保证袖子正确缝合。前、后袖山弧线上的对位点要与袖窿上的对应匹配。袖山上的肩缝对位点应在袖中线偏前0.6cm（1/4英寸）处，装袖时与衣身的肩缝对齐。

修正：如果没有标记对位点或者标记得不正确，袖子就会出现向前或向后扭曲的现象。另外，如果肩缝对位点没有偏前0.6cm（1/4英寸），要么是因为袖窿不平衡，要么是袖窿的形状不正确，或者是两个问题都存在（参见前一页或第51页的袖窿平衡相关内容）。

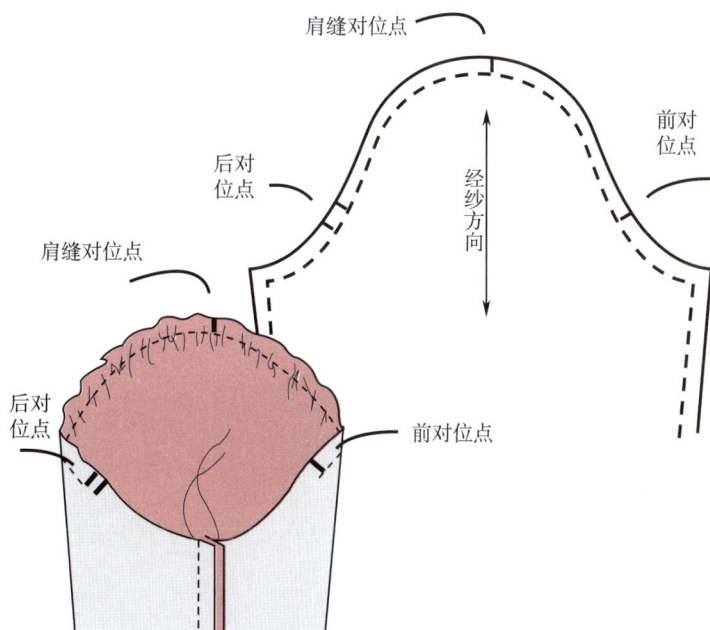

肩缝对位点

后对
位点

前对
位点

经纱方向

肩缝对位点

后对
位点

前对位点

图5-45

调节袖子的活动性

图5-46

为了使袖子能够上下活动自如，需要调节袖下缝的长度；为了使袖子有较好的前、后活动性，就要增大袖肥的松量。增强袖子的活动性，可依据以下方法重新调节样板。

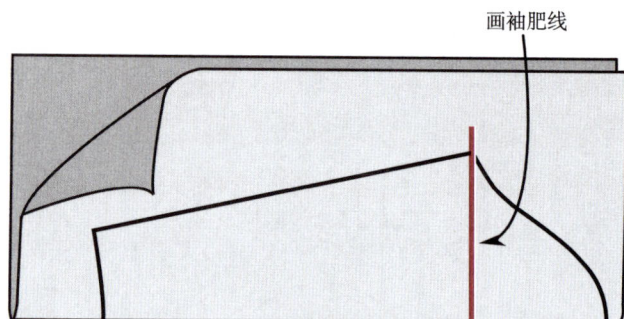

画袖肥线

双折线

图5-47

① 裁一张长81cm（32英寸）、宽76cm（30英寸）的打板纸，沿长度方向从中间对折。

② 将袖子原型样板（无肘省）放在打板纸上，袖中线（经纱方向）与双折线对齐。

③ 从袖山顶点（双折线）到袖口拓出整个袖子的轮廓线。

④ 移去袖子原型样板，在新拓的袖子纸样的袖底处画出袖肥线。

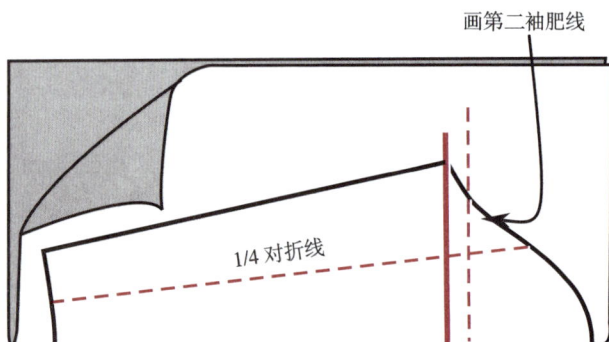

画第二袖肥线

1/4 对折线

双折线

图5-48

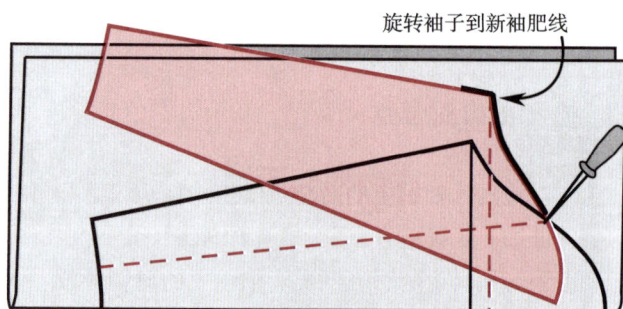

旋转袖子到新袖肥线

双折线

图5-49

⑤ 袖肥线偏右2.5cm（1英寸），做一条平行于袖肥线的直线，为第二袖肥线。

⑥ 过袖肥线和袖口线的中点做直线，向右与袖山弧线相交，这条线称为1/4双折线。

⑦ 再将袖子原型样板放到纸样上，袖肥线和袖中线与打板纸上的对齐。

⑧ 旋转袖子原型样板。锥子压在1/4双折线和袖山弧线的交点处，以此点为轴心，向上旋转袖子原型样板，直到原型袖子的腋下点与第二袖肥线相交。

⑨ 画出新袖山弧线。借助袖子原型样板，将旋转点以下的袖底部位的弧线拓下来。

10 画出新袖下线。用直线连接新腋下弧线与新袖肥的交点和原袖口点。

11 修正新袖山线。用弧形尺修顺新袖山弧线的腋下部分。

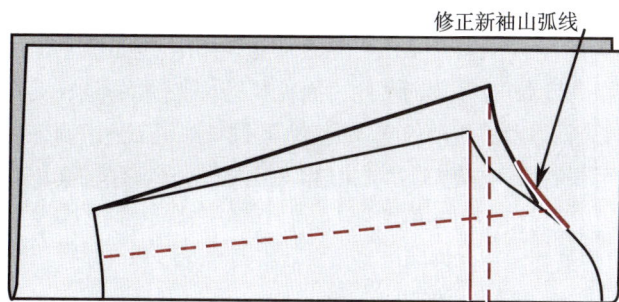

修正新袖山弧线

双折线

图5-50

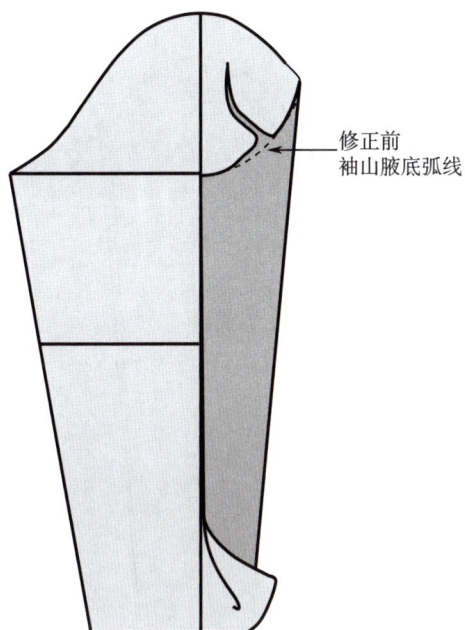

修正前袖山腋底弧线

图5-51

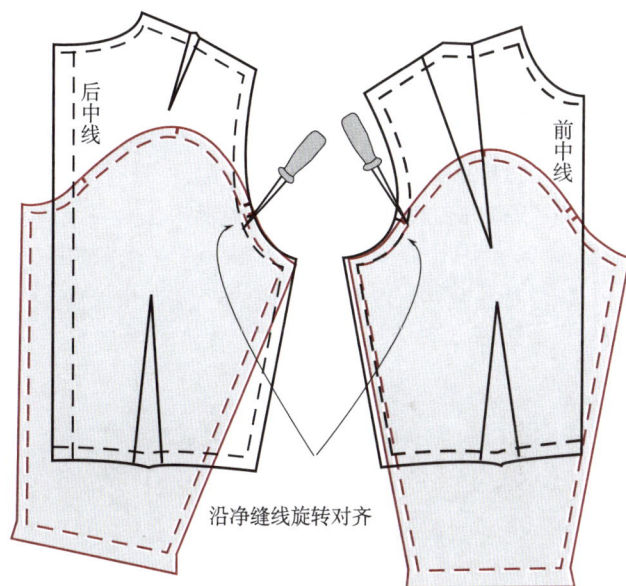

后中线

前中线

沿净缝线旋转对齐

图5-52

12 剪下样板并修正前袖山弧线。打开袖片样板，将没做标记一侧沿1/4对折线对折。在袖山底的中间向内凹进0.6cm（1/4英寸），分别向上画顺到1/4对折线，向下画顺到腋下点。修正的这部分为前袖山弧线的腋底部分。

13 给袖子加放缝份。是否有后肘省主要取决于袖子的设计。

14 袖山与袖窿的匹配。袖山弧线的长度经修正后会有所变化。因此，需要将袖山弧线与袖窿弧线的净缝线重新匹配，以确定是否具有足够的吃缝量。参见第99~100页袖山与袖窿的匹配方法，以及第106页的调整袖山吃缝量。

调节袖山吃势

按前一页的方法，当调节完袖山与袖窿的长度后，就要确定袖山吃势的大小。袖山吃势的大小随服装款式的不同而不同，如基本合体袖、衬衫袖、夹克袖以及大衣袖的吃缝量都各不同。采用下述原则来评价袖山吃势大小，在吃势范围内的袖子，绱袖会比较容易，不用提前缩缝。

基本合体袖

吃缝量一般在2.5~3.8cm（1~1$\frac{1}{2}$英寸）。吃缝量的变化取决于面料、服装款式和服装品牌。

衬衫袖

吃缝量一般在0~1.3cm（0~1/2英寸）。有些面料的吃缝量为0，如皮革、牛仔布等。

夹克和大衣袖

吃缝量一般在3.8~5.1cm（1$\frac{1}{2}$~2英寸）。吃缝量的变化取决于面料、服装款式和服装品牌。

如果袖子的吃缝量过大或者过小，可以通过以下方法进行调节。

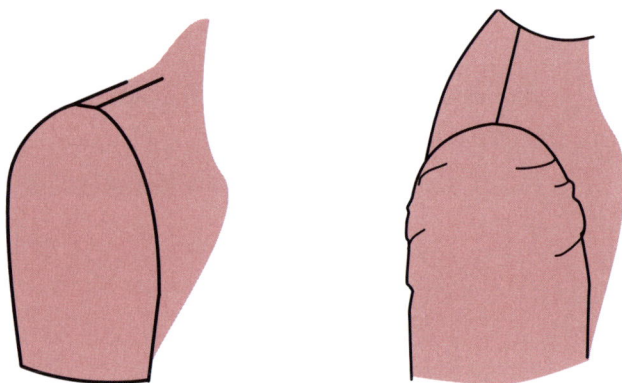

图5-53

切开合并袖子来减少吃缝量。
每一剪开处减少的量为0.3~1cm（1/8~3/8英寸）。

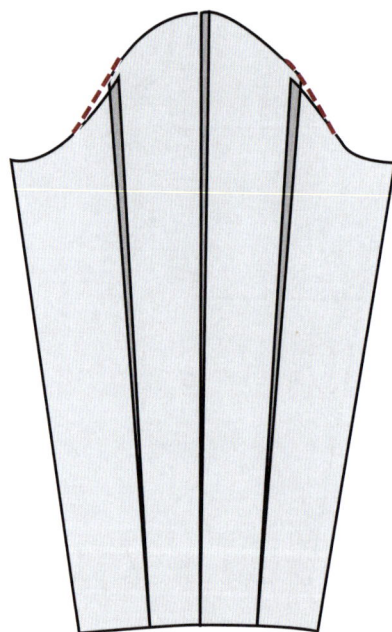

图5-55

切开展开袖子来增加吃缝量。
每一剪开处增加的量为0.3~1cm（1/8~3/8英寸）。

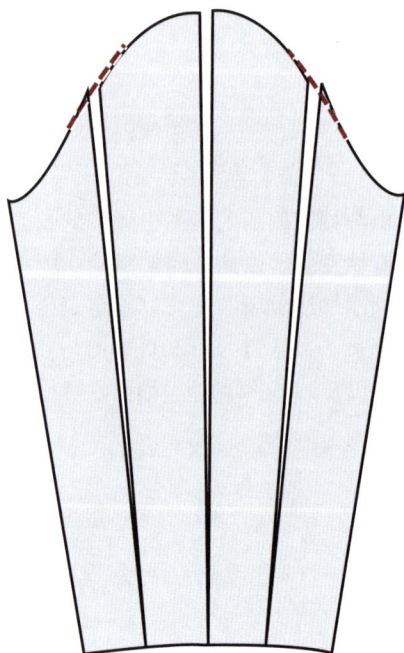

图5-54

1 吃缝量过小时：沿袖中线和1/4双折线从袖山向袖口方向剪开袖子纸样。打开一部分袖山以增加所需的吃缝量，再重新画顺袖山弧线。

2 吃缝量过大时：沿袖中线和1/4双折线从袖山向袖口方向剪开袖子纸样。合并一部分袖山以减小吃缝量，再重新画顺袖山弧线。

第6章
衣身原型及造型

» 全身式衣身原型及造型变化
» 半合体连衣裙基本造型
» 上衣和连衣裙造型种类
» 全身式衣身原型
» 评价原型衣的合体性

全身式衣身原型及造型变化

全身式衣身原型及廓型是指带有胸省的合体型衣身造型，但没有腰节线。腰部可以有一到两个菱形省而略呈合体型，也可以采用系腰带或松紧收腰的形式。侧缝线在体侧自然下垂，且平行于前中线。全身式衣身原型的应用很多，可以通过改变衣长而变化款式，也可改变其他设计元素，如口袋、门襟、育克、领口线、领子、袖子等，从而进行个性化的款式设计。

本章介绍了全身式衣身原型的立裁方法，该方法适用于半合体型连衣裙的立裁，也适用于在传统款的基础上变化款式设计，如紧身连衣裙、基本款连衣裙的造型变化等。通过全身式衣身原型立裁方法的学习，读者可以通过这款原型掌握其他富有创意的款式设计。

图6-1

半合体连衣裙基本造型

这款造型含有一个肩省，在设计中可以将其转成塔克褶、分割线、碎褶等，或者仍保留为省道的形式。在前、后腰围只设置了一个菱形省。侧缝的腰部略合体，体现出半合体的腰型。腰围上的菱形省也可转变成塔克褶的形式。

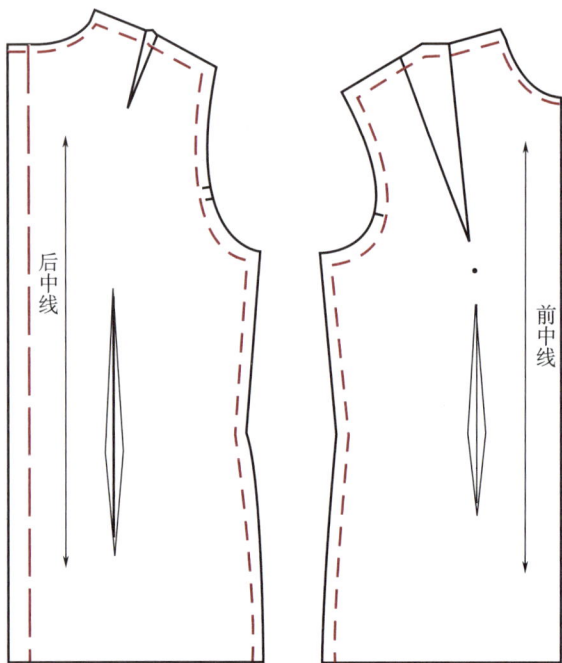

图6-2

目标

通过这部分立裁技法的学习，读者能够达到以下水平。

» 能够确定胸围线、背宽横线、省道的方向和位置，以及侧缝等相关的面料经纬纱向。

» 能够用平面的面料对衣身进行合体性的立体造型。

» 能够正确立裁出全身式衣身原型，并具有合适的松量和袖窿尺寸以及平衡的侧缝。

» 立裁出合适的侧缝造型，要保证前片从胸围线、后片从背宽横线以下的衣身顺直自然悬垂。

» 基于模特体型预测原型前、后样片的造型。

» 对立裁造型的松量、合体性、着装效果及比例等进行评测。

» 将全身式衣身原型的立裁样片拓到打板纸上，并修正样板。

国际服装立裁设计：美国经典立体裁剪技法（原书第5版）

上衣和连衣裙造型种类

除了上述的半合体衣身造型外，紧身衣身和直筒衣身是另外两种基本造型，在设计中也经常用到。这三种衣身基本型可以加长衣长成为连衣裙，也可以减短衣长成为夹克或短上衣。设计时可以将肩省转变为侧胸省、塔克褶、分割线、碎褶，或者仍保留为某个位置的省道。腰部的菱形省可以变换成其他形式或者去除。参考第18、第19章连衣裙的设计和第7章上衣设计的相关内容。

直筒造型连衣裙

这款造型腰部没有菱形省，也没有腰围分割线，侧缝略微收身，合体程度取决于设计所需要的宽松程度。设计主要体现在肩省，可以将其转变成塔克褶、分割线、碎褶，或者仍保留为某个部位的省道。

许多上衣的设计都借助这款基本型。

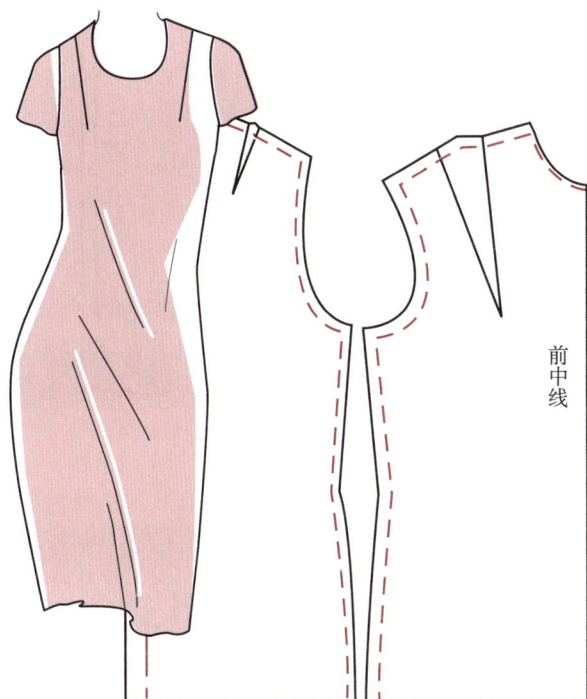

图6-3

紧身连衣裙造型

该基本型将肩省转成了侧胸省，也可以转变成塔克褶、活褶、分割线、碎褶，或者仍保留为某个部位的省道。在腰部常采用两个菱形褶。在应用此原型时，腰部可以转变成塔克褶、菱形褶、松紧等造型形式，也可以不做任何结构处理让其自然下垂。当上衣设计得较合体、且采用侧胸省的形式时，常常采用这款基本型。

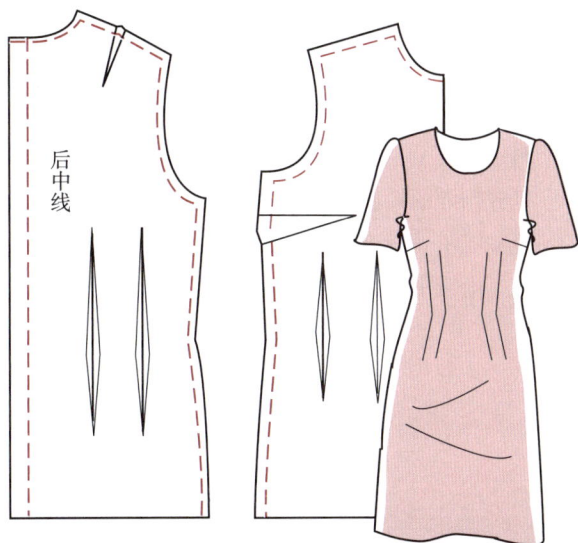

图6-4

全身式衣身原型

准备面料

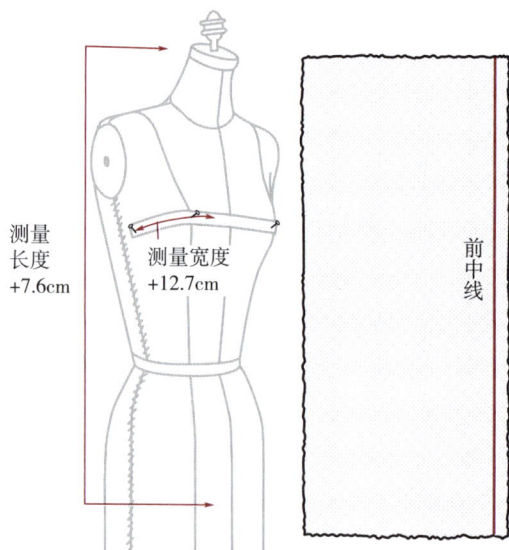

图6-5

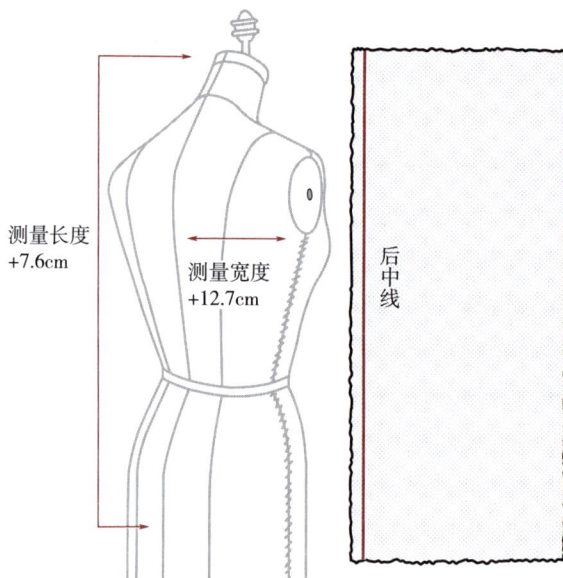

图6-6

1. 测量从人台前面颈口到所设计的衣长下摆处的竖直长度（沿经向），再加7.6cm（3英寸），为前片用料的长度。在白坯布上沿经纱方向量取相同的长度，打剪口并撕开面料。

2. 沿胸围线测量人台前中线到侧缝的宽度（沿纬向），再加12.7cm（5英寸），为前片用料的宽度。在白坯布上量取相同的宽度，打剪口并撕开面料。

3. 距离撕开的经纱布边2.5cm（1英寸）画出前中线，并沿前中线折倒缝份熨烫平整。

4. 测量从人台后面颈口到所设计的衣长下摆处的竖直长度（沿经向），再加7.6cm（3英寸），为后片用料的长度。在白坯布上沿经纱方向量取相同的长度，打剪口并撕开面料。

5. 沿胸围线测量人台后中线到侧缝的水平宽度（沿纬向），再加12.7cm（5英寸），为后片用料的宽度。在白坯布上量取相同的宽度，打剪口并撕开面料。

6. 距离撕开的经纱布边2.5cm（1英寸）画出后中线，沿后中线折倒缝份熨烫平整。

7 在前片上做两条水平线。

a. 从上向下量取33cm（13英寸），过此点做水平胸围线（纬向）。

b. 从胸围线向下量取35.6cm（14英寸），过此点做水平线臀围线（纬向）。

8 在后片上做两条水平线。

a. 将前、后片沿一个方向对齐铺平，后片依照前片在相同位置画出臀围线。

b. 画出背宽横线。在人台上测量从臀围线到背宽线的距离，在面料上也量取相同的长度，画出背宽横线。

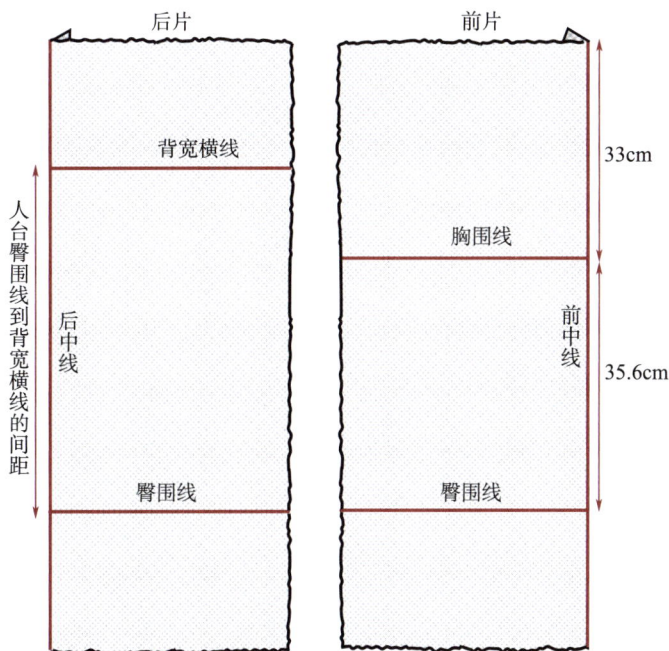

图6-7

9 画出前、后片的侧缝线。

a. 测量人台前、后的臀围尺寸。

» 沿臀围线测量人台前中线到侧缝之间的宽度，再加1.3cm（1/2英寸）的松量。在前片面料上也量取相同的宽度，并做记号。

» 沿臀围线测量人台后中线到侧缝之间的宽度，再加1.3cm（1/2英寸）的松量。在后片面料上也量取相同的宽度，并做记号。

b. 画出前、后侧缝线。过所做记号点，画出平行于经纱方向的侧缝线。

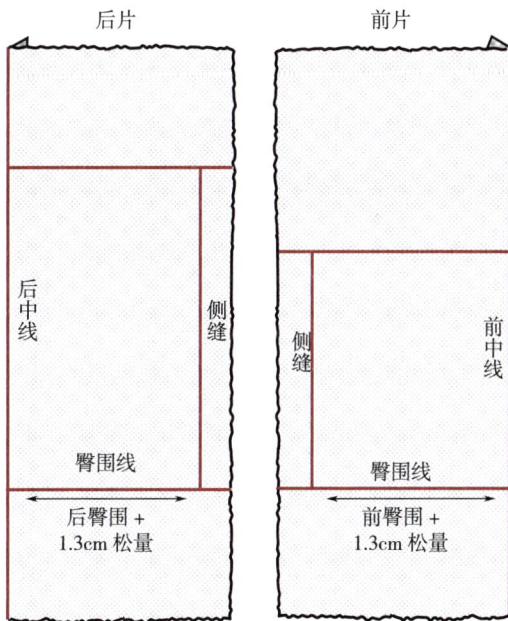

图6-8

全身式衣身原型：前片立裁步骤

1　面料上的前中折线与人台上的前中线对齐固定。

2　面料上的水平胸围线和臀围线与人台上的对齐，分别在前颈点、前臀围点别针固定。在胸带上再别一针固定。

3　沿水平线向侧缝将平前片面料，别针固定水平线。一定要确保面料的纬纱平行于地面，面料上的侧缝线与人台上的侧缝线重合。臀围线上的松量要均匀分布，别针固定。

> 注　人台上的标记线有时可能会歪斜，所以，常常通过面料的纬纱平行于地面来判断立裁样片的平衡性。

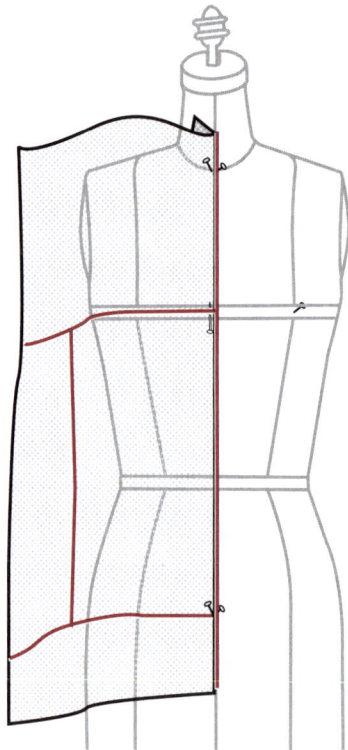

图6-9

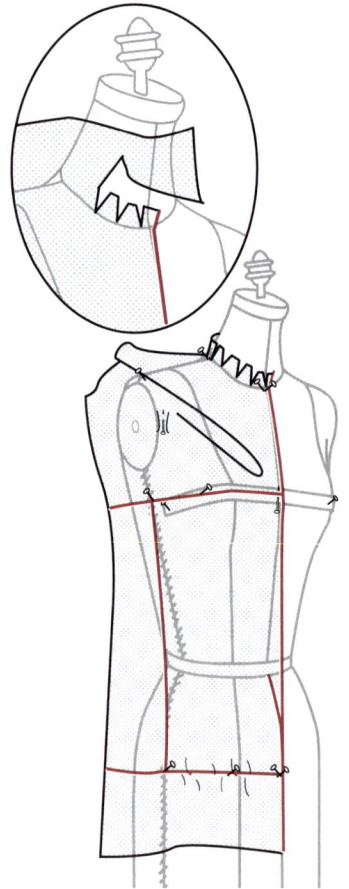

图6-11

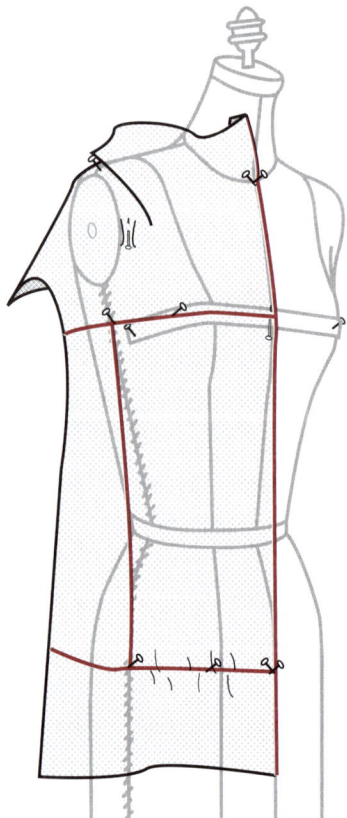

图6-10

4　将面料向上抒平到肩线。在袖窿中部留0.6cm（1/4英寸）的松量，以防袖窿过紧，并别针固定该松量。不要提前修剪袖窿周围的多余面料，因为常常可能会将袖窿立裁过紧。

5　立裁前领口，修剪颈部周围多余面料，在缝份上等间隔地打上剪口。从前中到肩部抒平颈部附近面料，别针固定。

国际服装立裁设计：美国经典立体裁剪技法（原书第5版）

6 继续将顺面料到侧颈点，再顺着肩线将平面料直到公主线位置，别针固定。在肩线的公主线处做标记。

7 整理前肩省。分别从领口、肩线和从袖窿、肩线将出的多余面料汇集到公主线处，捏成肩省（胸部越丰满肩省越大，胸部越平坦肩省越小）。

   a. 在肩线、公主线交点的标记处捏出肩省。

   b. 在公主线处别合多余的面料。将公主线记号点处的多余面料别成省道，省道倒向袖窿方向，省尖指向胸高点自然消失。

8 整理侧腰。侧缝、腰线交点沿腰围线收进1.3cm（1/2英寸），并做标记。对准腰线在侧缝缝份上打剪口，并在记号点处别针固定侧缝。

9 在前腰围线的公主线位置立裁菱形腰省。将腰围线上的多余面料捏成1.3cm（1/2英寸）的省道［展开时的总省量为2.5cm（1英寸）］。依照人台的公主线对省道造型，上省尖距胸高点5.1cm（2英寸），下省尖消失在腰围线下10.2cm（4英寸）。

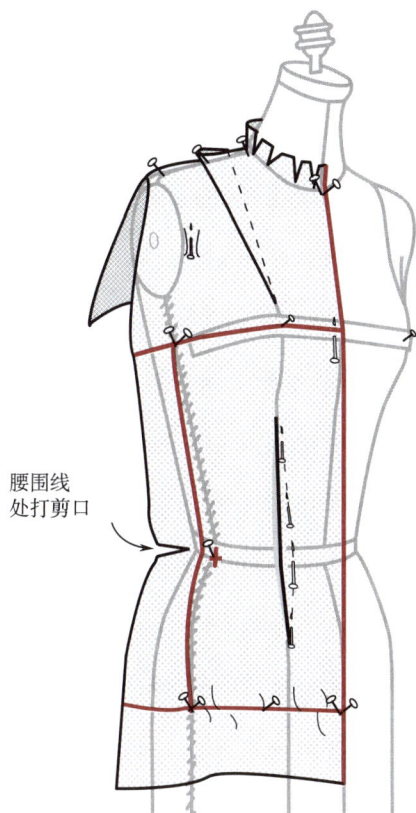

腰围线
处打剪口

图6-12

10 在样片上标记出与人台对应的关键点。

   a. 领口线：在前颈点、侧颈点做标记，其余领口线用虚线轻轻描出。

   b. 肩线和肩省：用虚线描出肩省线，肩省和肩点处做标记。

   c. 菱形腰省：用虚线轻轻描出菱形腰省。

   d. 袖窿：

   » 肩端点做标记。

   » 袖窿中部前腋点做标记。

   » 袖窿底与侧缝交点标记。

   e. 侧缝：用虚线轻轻描出。

   f. 底边线（设计长度）。

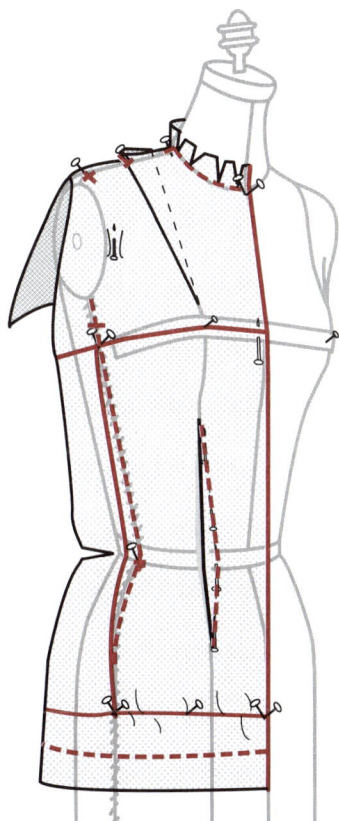

图6-13

全身式衣身原型：后片立裁步骤

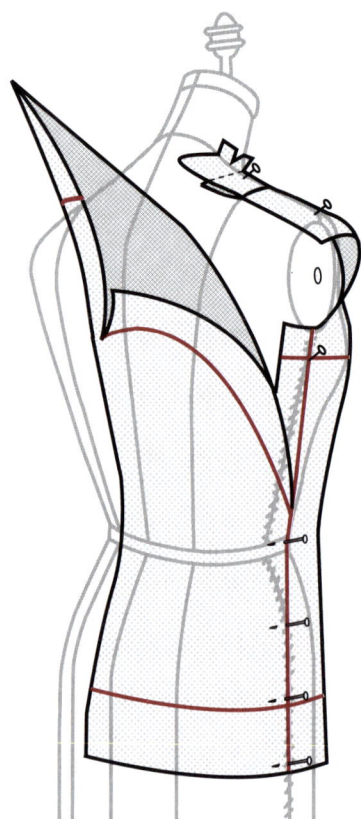

图6-14

① 后片臀围线对准人台上的臀围线，后片侧缝与前片侧缝对齐别针固定。

② 面料后中双折烫迹线与人台上的后中线对齐别针固定。

③ 整理后片的水平线。均匀分布背宽横线和臀围线上的松量，别针固定水平线，使这两条水平线都平行于地面。

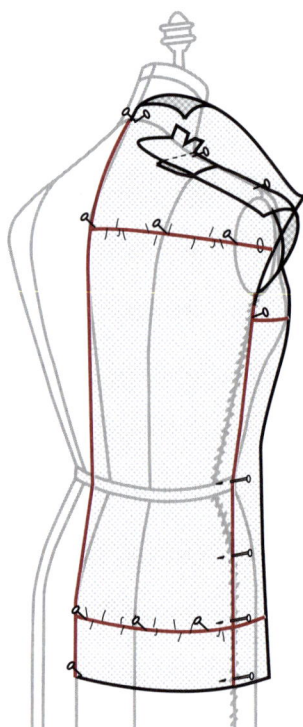

图6-15

注 如果立裁得准确，这两条水平线之间的面料应自然顺畅，不会出现歪曲现象。

④ 捋平、修剪、整理后领口。捋平颈部周围面料，将后领口线整理到位，别针固定。

⑤ 侧缝在腰围线收进1.3cm（1/2英寸），并做标记。同时，在侧缝的腰围线处打剪口。将后腰侧缝上的记号点与前腰侧缝上的记号点对齐别合。从腰围线分别向上到腋下点、向下到底边重新整顺侧缝，将前、后侧缝别合。

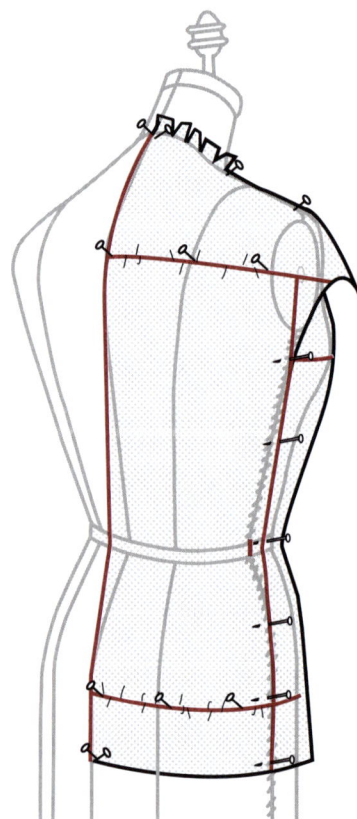

图6-16

国际服装立裁设计：美国经典立体裁剪技法（原书第5版）

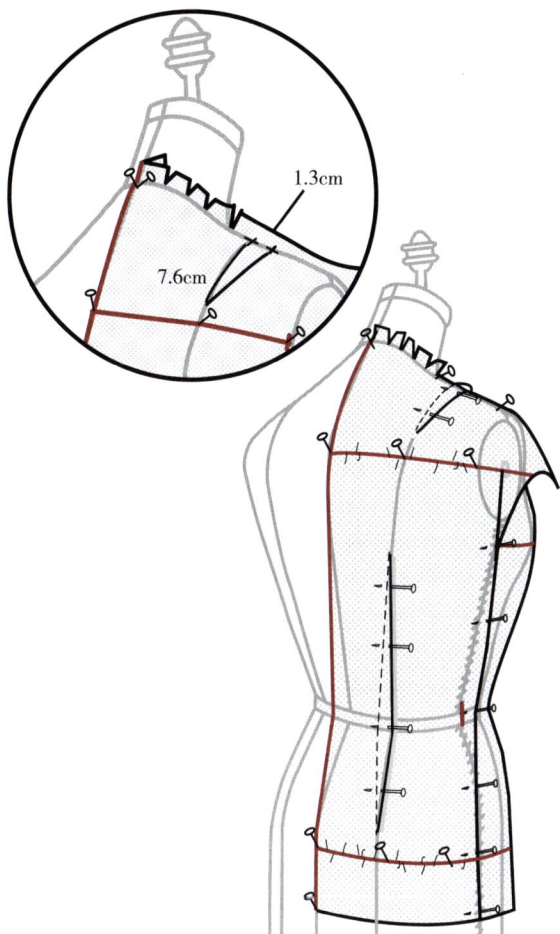

图6-17

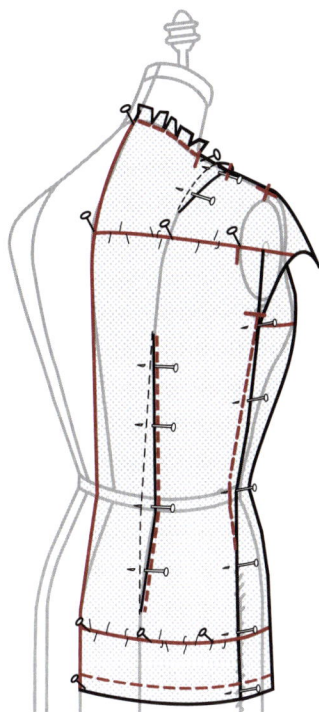

图6-18

⑥ 做出后肩省。省长7.6cm（3英寸）、省大1.3cm（1/2英寸），步骤如下。

　a. 沿肩线从颈侧点向公主线方向抻平面料，在公主线处做标记。

　b. 沿肩线从标记点向肩点方向量取省大1.3cm（1/2英寸），再做标记。

　c. 在公主线上从肩线向下量取7.6cm（3英寸）的省长，并做标记。

　d. 折叠别合肩省。将公主线两标记点之间的面料捏成1.3cm（1/2英寸）的肩省，省尖消失在7.6cm（3英寸）的标记点处。

⑦ 在后腰公主线位置立裁菱形腰省。将后腰围线上的多余面料捏成1.3cm（1/2英寸）的省道［展开后的总省量为2.5cm（1英寸）］。参照人台上的公主线对省道造型，上省尖消失在腰围线上17.8cm（7英寸），下省尖约在腰围线下10.2cm（4英寸）。

⑧ 在样片上标记出与人台对应的关键点。

　a. 后领口线：在后颈点和侧颈点做标记，其余领口线用虚线轻轻描出。

　b. 肩线和肩省：用虚线轻轻描出肩线，肩省和肩点做标记。

　c. 菱形腰省：用虚线轻轻描出菱形腰省。

　d. 袖窿：

　» 肩点做标记。

　» 袖窿中部后腋点做标记。

　» 袖窿底的腋下点做标记。

　e. 侧缝：用虚线轻轻描出侧缝线。

　f. 底边线（设计长度）。

全身式衣身原型：拓板

1. 从人台上取下立裁样片，画顺领口弧线、肩线、肩省，以及前、后袖窿弧线。
2. 给样片加放缝份，修剪多余面料。
3. 对样片修剪校核完成后，再别合组装。
   - a. 别合所有的省道、侧缝、肩线。对齐前、后片的肩缝和侧缝，大头针垂直接缝别合。
   - b. 组装完成后，再将样衣穿回到人台上，检查样衣的准确性、合体性和平衡性等。这款设计立裁时仅做了半身，将其穿在人台右半身进行评价。

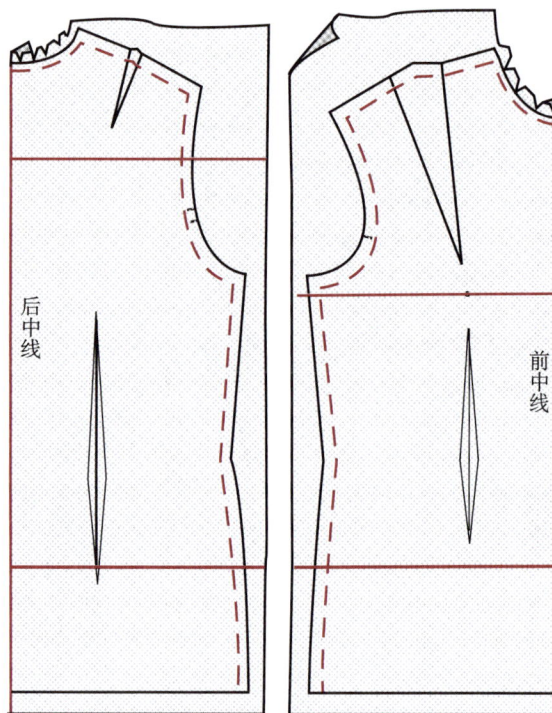

图6-19

评测项目

仔细检查立裁的最终造型可以起到以下作用。可以反映服装的合体性恰当与否。对造型的效果进行分析，保证下列各项都正确无误。若其中任何一项有问题，都说明这款全身式原型仍存在合体性问题，将会出现扭曲、牵拉、变形的现象。此时，要对样衣做必要的修正。

准备面料
- ✓ 预先准备面料的长度和宽度。
- ✓ 正确画出面料的经向、纬向以及其他相关线条。
- ✓ 前后中线正好是经纱方向。
- ✓ 前片胸围线正好是纬纱方向，胸围线以下的衣身自然悬垂。
- ✓ 后片背宽横线正好是纬纱方向，背宽横线以下的衣身自然悬垂。

正确拓板
- ✓ 所有的线条光滑顺畅，缝份量加放正确。
- ✓ 袖窿形状准确平衡。袖窿腋底按照设计需要降低一些，形似马蹄形。
- ✓ 袖窿长度要保持平衡，测量前、后袖窿的长度，后袖窿应比前袖窿长1.3cm（1/2英寸）。袖窿长度的平衡和形状的正确性都是袖子造型的基本保证。

接缝
- ✓ 前、后肩缝等长、肩省对齐。
- ✓ 前、后侧缝等长、对齐。
- ✓ 当前、后中线平行时，前、后侧缝倾斜角度要相同。

正确组装
- ✓ 大头针要垂直于接缝别合。
- ✓ 前片的省道要正确别合。
- ✓ 所有省道要倒向正确的方向（倒向中线）。

缝合白坯布样衣

建议将全身式衣身原型的立裁样片缝合起来。完整的样衣便于设计师检测服装的合体性、平衡性及穿着效果。

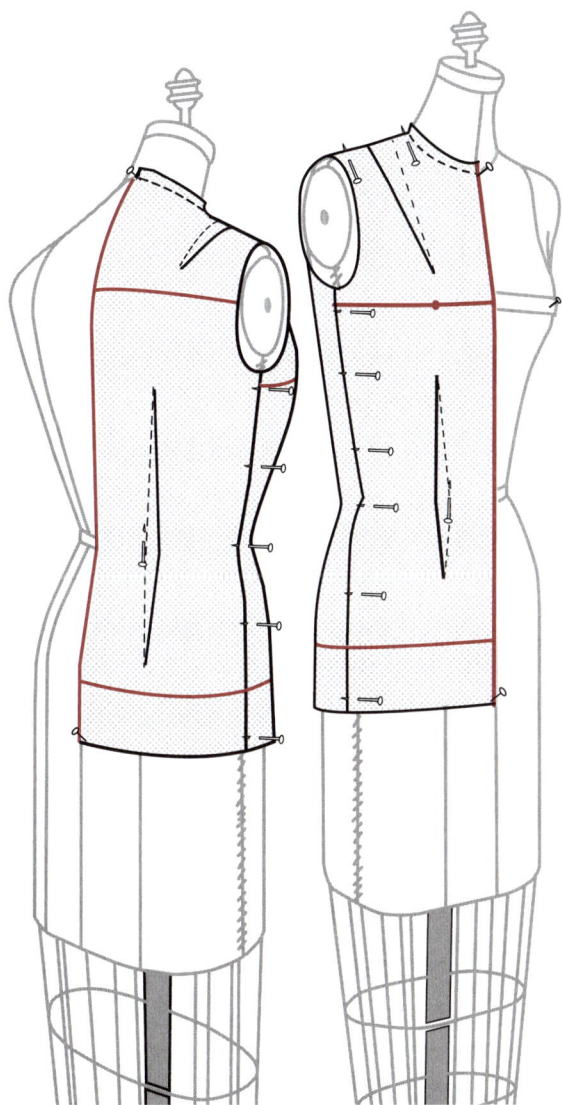

图6-20

> **注** 如果立裁样片组装后在人台上试衣时发现问题，就要将所有接缝拆开，重新修正前、后片。注意操作时要轻柔，不要用力拉扯面料，使面料发生变形。详细的合体性问题及解决方法参见第118~119页的相关内容。

样衣效果评价

悬垂性
- ✓ 前、后中线的经纱线竖直向下垂直地面。
- ✓ 前、后片的水平纬纱线平行于地面。
- ✓ 样衣自然悬垂，所有的接缝没有牵扯或扭曲现象。
- ✓ 缝合后的肩缝和侧缝平滑顺畅，没有牵扯或变形现象。
- ✓ 样衣的侧缝线与人台的侧缝线正好对齐。

松量准确
- ✓ 侧缝、袖窿交点处加放松量1.3cm（1/2英寸）。
- ✓ 后背宽加放松量0.3~0.6cm（1/8~1/4英寸），后袖窿没有牵拉紧绷现象。
- ✓ 前、后臀围加放松量1.3cm（1/2英寸）。

松量偏小的情况
- ✓ 胸部和肩胛部位有牵扯现象。
- ✓ 整个衣身紧绷身体。
- ✓ 侧缝牵拉变形，偏离人台侧缝线。

松量偏大的情况
- ✓ 肩缝偏长。
- ✓ 胸部出现褶皱或起浮现象。
- ✓ 领口出现褶皱或起浮现象。
- ✓ 袖窿出现褶皱或起浮现象。

整体外观
- ✓ 前、后腰围线上的菱形省的大小和形状处理得当，腰部造型合体美观。
- ✓ 前肩省的作用是收掉胸围线以上多余的面料，前肩省的大小控制着胸部的丰满程度和罩杯的大小。
- ✓ 整件衣服制作得完整、干净、平服。
- ✓ 衣服整体的松量大小得当。

评价原型衣的合体性

当样板检测无误后，要评测服装的以下各部位是否正确。从肩线开始，依次向下检查面料的纱向、省道以及设计线等。检测各部位的松量是否与款式设计相应——过大或过小。然后，检查各部位的款式和造型是否到位，如领口弧线、领子、公主线、育克线、袖子等。最后，检查扣子和扣眼、口袋以及装饰物等是否准确。

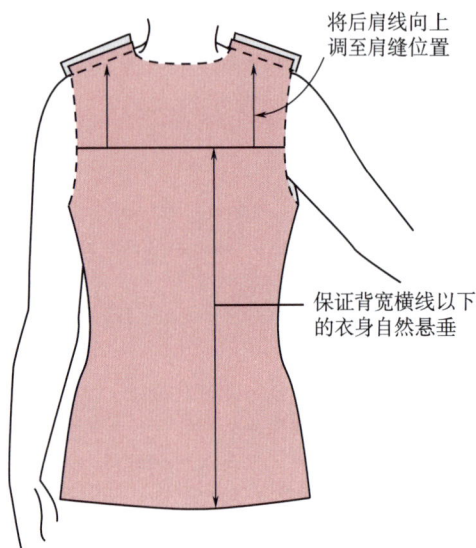

图6-21

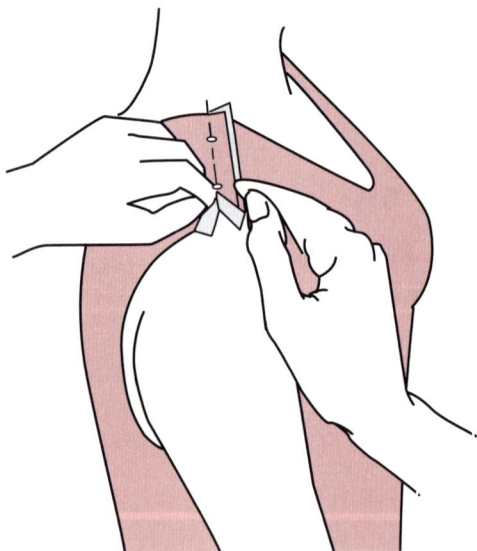

图6-22

评测前、后衣身的平衡性

检测：着装时前、后中线竖直向下。同时，前片胸围线正好是纬纱方向，后片背宽横线以下的衣身也自然下垂。

如果中线没有竖直向下悬垂，将肩缝拆开，通过升高或降低前、后肩线来重新调整前、后片的中线，直到其完全竖直。

观察调整过程中是否改变了前片或后片的肩缝，必要的话，在颈根部或者肩线处弥补一小块面料，将所做的改动标记出来，再将改动转换到样板上。

评测肩缝的合体性

检测：服装肩线的倾斜程度要与模特的肩斜相同。同时，肩线的长短也要与模特的肩宽相符。观察样衣的肩缝是否需要加长或减短？是否需要前移或者后移？

将前、后中线固定，轻轻向上将平面料直到肩缝，必要时拆开已缝合的肩缝，重新修正肩线及领口造型（增长或减短），注意操作时不要牵拉扯拽面料，以防变形。肩线的净缝线不准确是常见问题，要重新修正。

标记调整后的肩线和领口线，必要时用胶纸在肩颈部弥补一小片面料，再重新画出修正后的肩线和领口弧线。同时，标记出肩宽的设计点，要与模特的肩宽相符。将这些修正转移到样板上，重新完善样板。

评测衣身松量是否合适

检测：服装每处设计都必须要有合适的松量，来保证完成后的外观效果。松量过小时，衣身会紧绷人体，松量过大时，衣身前、后又会出现褶皱或空浮现象。

通过调整侧缝的松紧程度来调节服装的松量大小及合体性。依照人体的体型重新修正侧缝线。

评测前领口、前胸和后领口是否合体

检测：领口弧线应该自然平顺地与人体的颈部形态相吻合，不应有凸浮现象。观察前、后领口周围的面料是否出现紧绷、褶皱或凸浮现象，领口弧线是否过紧或过松？

如果领口过松，可以通过收省的方法将其调节合适，再将省道转移到样板上。在样板上绘制省道时，从领口到袖窿中部做一个略微弯曲的曲线形省道，剪开省边线，闭合领口省量，省尖逐渐消失到袖窿上。再重新修顺领口弧线。

评测侧缝是否扭曲变形

检测：如果侧缝出现牵拉扭曲现象，说明前、后侧缝不平衡，也可能是服装过紧或过松。当前、后中线平行时，前、后侧缝线与竖直方向所成角度应相同，并且前、后侧缝形状和长度都要相同。

按照第205页的方法调节侧缝的平衡性，并将修正量转移到样板上。

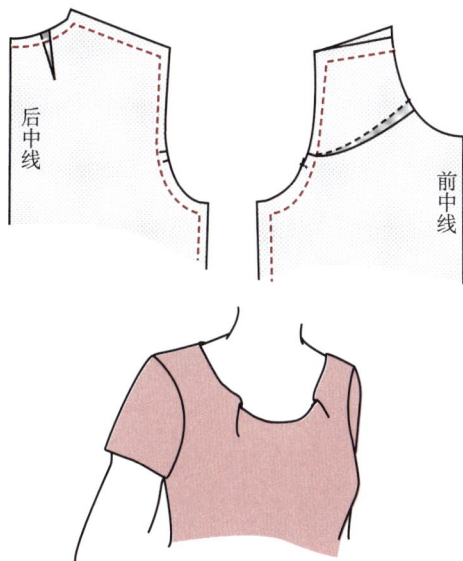

图6-23

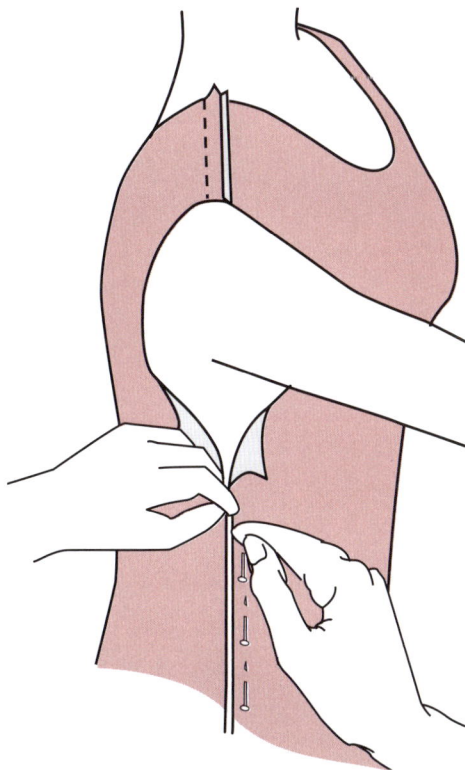

图6-24

第三部分

中级技术

通过第一和第二部分的学习，读者掌握了如何在人台上进行简单的造型和原型样板的立体裁剪。在第三部分中，将学习如何应用这些基本技术去创作各种常见款式，如紧身上衣、衬衫、圆形荷叶边和抽褶荷叶边、公主设计、无省设计、短裙、袖子等。

第三部分将会提高读者对各种面料的掌握能力。所选择的款式都是简洁自然的风格，重点学习应用面料立裁出服装放松量及合适的比例，而不会过度繁复操作。训练案例主要侧重于探索如何应用折叠、省道、褶裥以及松量等技术手法，对人体的胸、臀和腰等部位进行造型和款式设计。

在一些特殊位置设计分割线，通过切展方法加入一定的余量，会产生富有创意的设计灵感。通过案例说明这些原理的应用，也表明立裁技术其实就是一种设计创作手法。对每种立裁技法的深入理解和实践，将有助于提升设计能力。

第7章
上衣及衬衫设计

本章选择简洁自然的上衣和衬衫款式，重点学习立裁过程中各种款式的合理松量和比例。训练目的在于探索如何通过立体裁剪来掌控面料，从而实现各种款式的设计。每个款式的设计都通过对胸、腰、臀的造型来实现，重点应用折叠、省道、褶裥、宽松度、分割线以及吊带领等技术手法，而不会对面料做过度操作。

通过各款案例说明了如何应用立裁技术来改变胸部的宽松度，如省道、碎褶、多个褶裥以及帝国式分割线等多种形式，在以下内容中分别给予阐述。这些案例开拓了读者的思路，在处理衣身的面料余量时，读者有多种方案可以斟酌考虑。

图7-1

上衣款式变化

在立裁各种款式的上衣和衬衫时，肩省、腰省或者菱形省常会发生变化。可以从其原始位置变化到任何其他设计位置。胸省的形成是由于从胸高点辐射出的多余面料，这一余量可以收一个较大的省道，也可以分解成多个省道、褶或者几个塔克褶，还可以转变成其他部位的抽褶。各种形式的省道变换就形成了各种不同款式的上衣。

目标

通过这部分立裁技法的学习，读者应具备以下技能。

» 通过各种款式上衣的立裁技法学习，能够模拟并创作类似造型的上衣。

» 能够用平面的面料对人体上半身曲线进行立体造型。

» 能够对胸凸余量进行折叠、省道、褶裥以及宽松度等多种形式的立裁处理。

» 应用立裁技法改变胸部造型，将其转变成省道、抽褶、多褶以及帝国分割线等形式。

» 能够操作面料对人体上半身曲线进行造型，塑造出胸、腰部合体的不对称上衣或吊带领上衣。

» 能够对柔软面料进行斜裁造型，塑造出不对称吊带领或荡领上衣。

» 能够理解纬纱方向随省道位置变换而变化的规律。

» 基于模特体型对褶裥上衣的立裁造型进行校核和拓板，评价是否具有合适的松量、袖窿尺寸、腰部造型、尺寸大小、平衡性等。

» 对立裁的最终造型进行评测，如合体性、悬垂性、平衡性、比例以及拓板的准确性。

束腰上衣

帝国式束腰上衣的设计，与胸围线和腰围线之间有横向分割线的传统上衣设计类似。此款的束腰部分紧邻下胸围，塑造出紧身合体的腰型。束腰通常是平行于腰围线的水平线，也可以设计成尖角形或曲线形。

图7-2

面料准备

人台准备

在人台的前、后预设出束腰的位置，别针做标记。

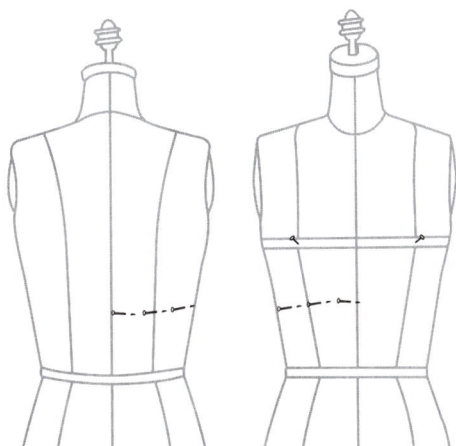

图7-3

面料准备——束腰

1. 测量前、后束腰上边线到腰围线的竖直长度（沿经向），再加15.2cm（6英寸），在白坯布上量取相同的长度，打剪口并撕开面料。

2. 测量从前、后中线到侧缝的水平宽度（沿纬向），再加7.6cm（3英寸），在白坯布上量取相同的宽度，打剪口并撕开面料。

3. 距离撕开的经纱布边2.5cm（1英寸），分别在前、后片上画出前、后中线，并折倒缝份熨烫平整。

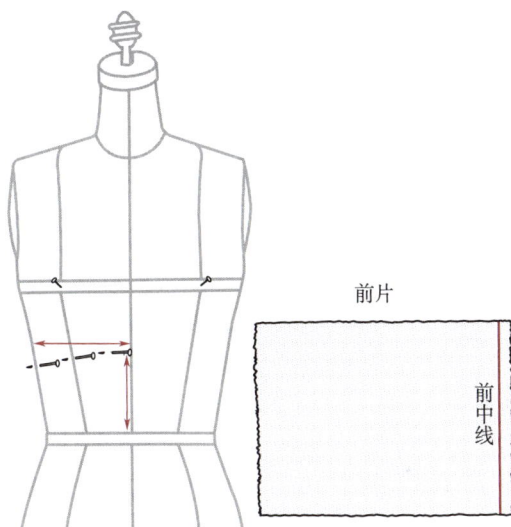

前片

前中线

图7-4

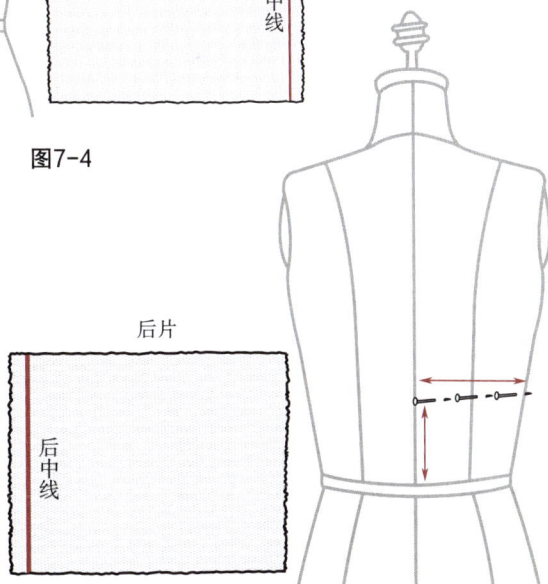

后片

后中线

图7-5

面料准备——衣身

① 量出前、后片所需面料的长度和宽度，再加7.6cm（3英寸），打剪口并撕出所需的面料。

② 距离撕开的经纱布边2.5cm（1英寸），分别在前、后片上画出前、后中线，并折倒缝份熨烫平整。

③ 在前片胸围线位置和后片背宽线位置分别做一条水平线。

具体细节可参见第38~39页的衣身原型部分。

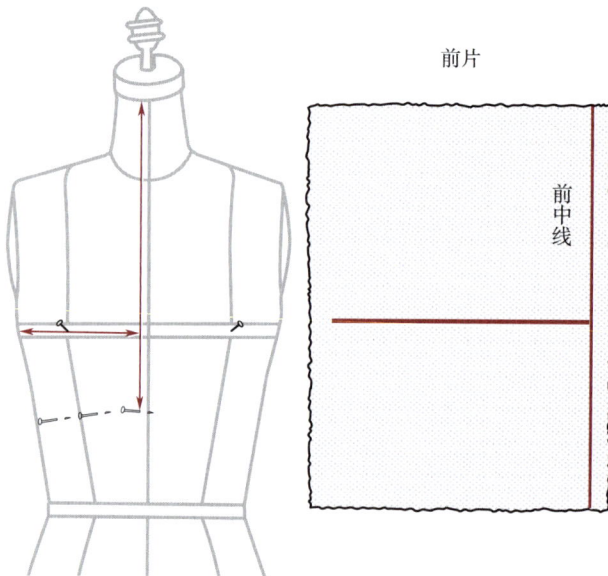

图7-6

前片

前中线

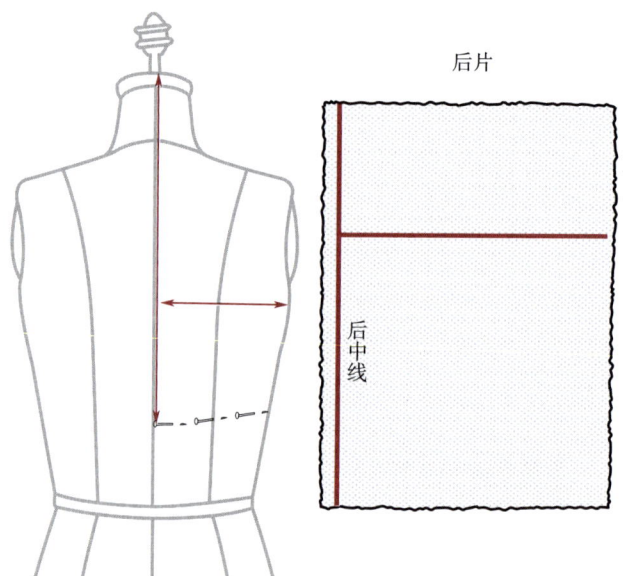

图7-7

后片

后中线

国际服装立裁设计：美国经典立体裁剪技法（原书第5版）

束腰上衣：束腰立裁步骤

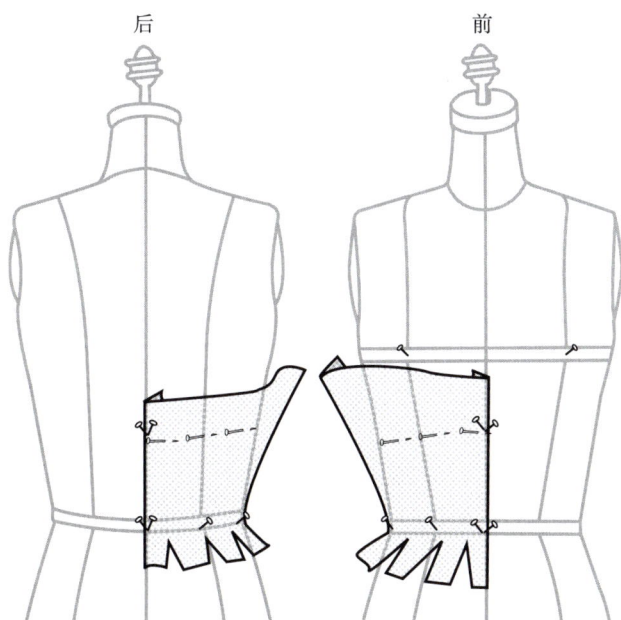

图7-8

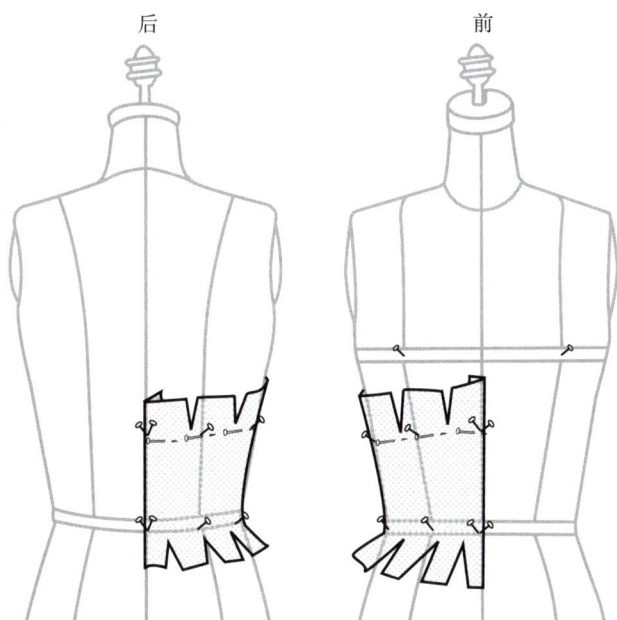

图7-9

1 束腰的前中线对准人台的前中线，调整面料上下位置，使面料上下都超出人台上所做的束腰标记，别针固定。

2 束腰的后中线对准人台的后中线，调整面料上下位置，使面料上下都超出人台上所做的束腰标记，别针固定。

3 整理前、后束腰的腰围线。在束腰前、后片腰围线以下打剪口，从前中到侧缝将平腰围线上的面料。

4 立裁前、后束腰的上边线。在束腰上边线以外的缝份上打剪口，从前中到侧缝将平束腰上边线面料。别针固定侧缝。

5 在束腰样片上标记出与人台对应的关键点。

a. 束腰上边线。

b. 侧缝。

c. 腰围线。

6 拓板。将前、后束腰裁片从人台上取下，画顺所有线条，并加放缝份，修剪多余面料。将前、后侧缝别合组装，重新别回到人台上检查效果。

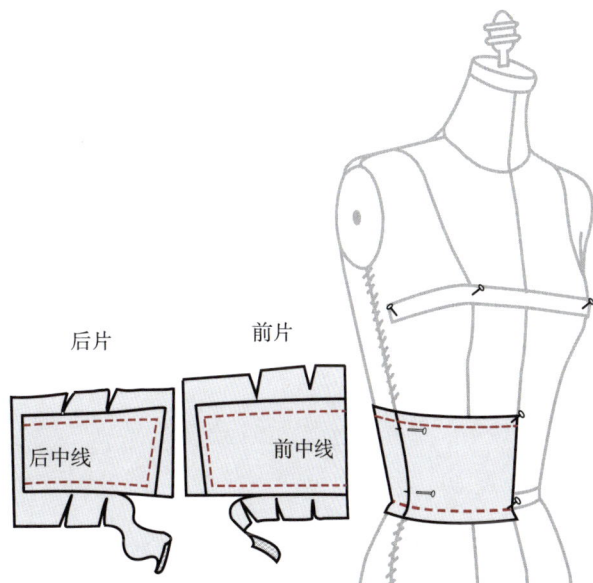

图7-10

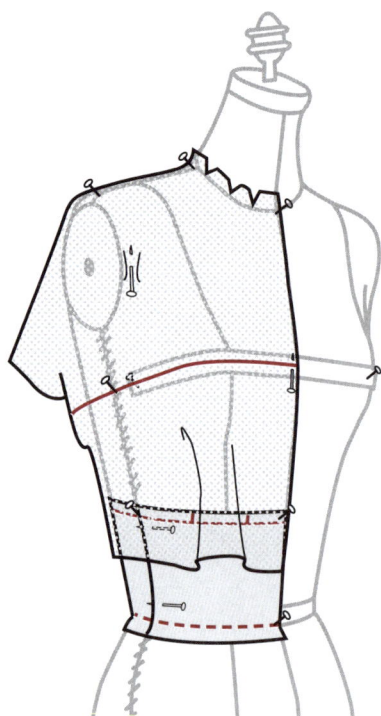

图7-11

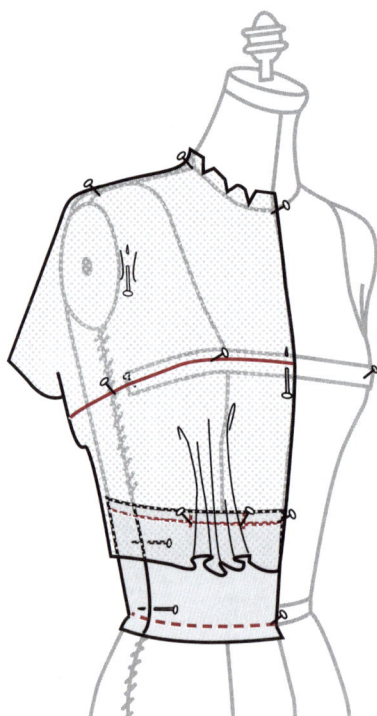

图7-12

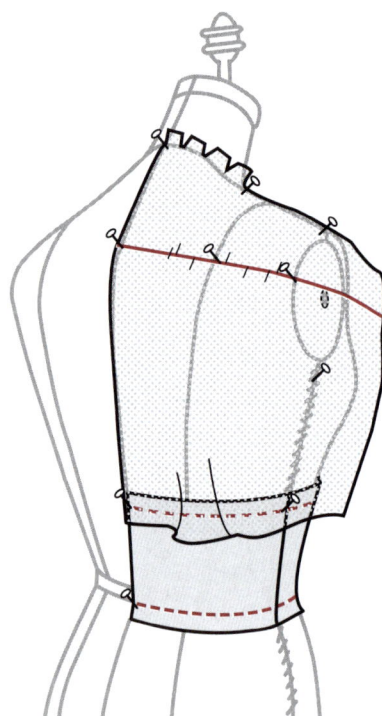

图7-13

① 面料的前中线对齐人台的前中线，面料上的水平线对齐人台上的胸围线，别针固定。

② 将平、修剪、别针固定前领口线。

③ 从肩线到侧缝将平面料并固定。逆时针方向从肩线到侧缝将平面料，将多余的面料全部整理到胸高点以下，别针固定肩线和侧缝。

④ 前片与束腰上边线别合。将胸高点以下多余的面料整理到束腰下面，均匀分布褶皱，别针固定。再将剩余部分也别针固定到束腰线下。

⑤ 将褶皱的分布位置在束腰和衣身上分别做出对位标记。

⑥ 立裁后片。面料的后中线对准人台的后中线固定。

⑦ 面料上的水平线对齐人台上的背宽横线，别针固定。

⑧ 将平、修剪、别针固定后领口线。

⑨ 将平肩线和侧缝面料并别针固定。多余的面料将整理到背宽横线以下的腰线中间，将其转变成碎褶与束腰别合。

⑩ 后片与束腰上边线别合。整理后片腰线上的多余面料，使褶皱均匀分布，并别针固定到束腰下面。再继续将剩余部分也别针固定在束腰下面。

⑪ 将后片褶皱位置在束腰和衣身上分别做出对位标记，后片用双对位标记。

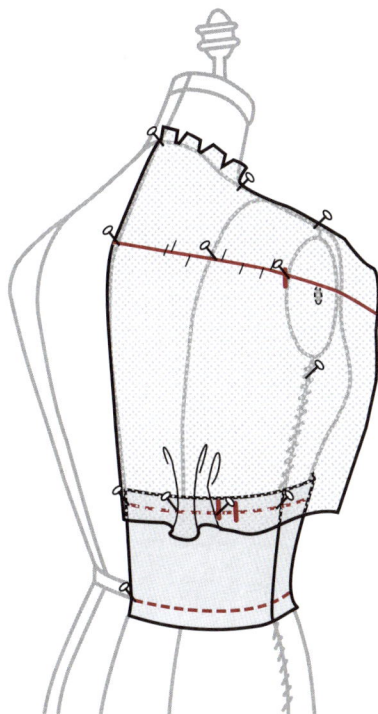

图7-14

⑫ 设计前、后领口及袖窿造型。画出领口及袖窿的设计线，加入所需的设计细节，修剪多余面料。

⑬ 在衣身前、后样片上标记出与人台对应的关键点。

  a. 前、后领口弧线。

  b. 肩线。

  c. 袖窿：

  » 肩端点。

  » 袖窿底与侧缝交点。

  d. 侧缝。

⑭ 拓板。将前、后样片（前、后衣身和束腰）从人台上取下，画顺所有线条，并加放缝份，修剪多余面料。

> **注** 前片腰线对位点之间的褶皱净缝线，需要向下放出0.6cm（1/4英寸），以使褶皱对应的衣身胸部显得更丰满。

⑮ 将前、后片衣身与束腰再别合组装起来，穿到人台上检测准确性、合体性、平衡性等，必要时做一定的修正。

可从第12章中选择合适的短裙与本款上衣搭配。

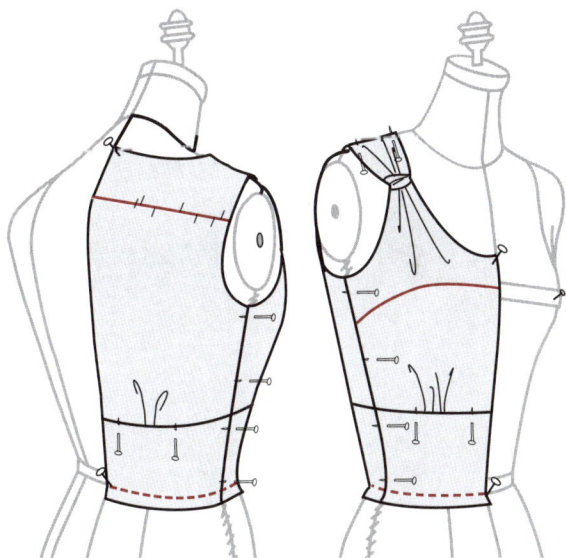

图7-15

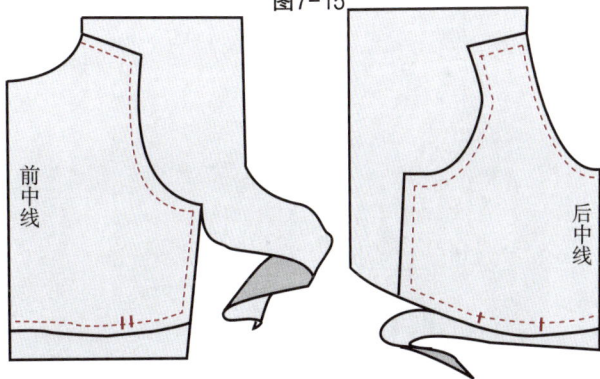

前中线

后中线

图7-16

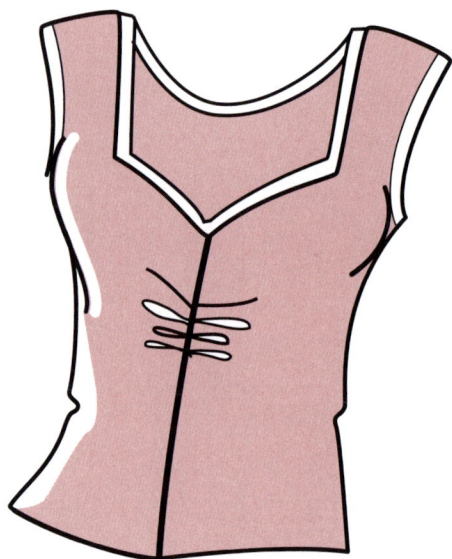

图7-17

胸部抽褶紧身上衣

这款上衣是在基本款的基础上延伸设计而来，褶皱从胸高点向前中方向辐射。除了胸凸余量的位置不同外，立裁方法与基本原型类似。胸凸余量处理成了前中胸围处的放射状褶皱。

面料准备

1. 分别测量人台前、后从颈口到腰围线的竖直长度，再加12.7cm（5英寸），在白坯布上沿经纱方向量取相同的长度，打剪口并撕开面料。

2. 分别测量人台从前中和后中到侧缝的水平宽度，再加12.7cm（5英寸），在白坯布上沿纬纱方向量取相同的宽度，打剪口并撕开面料。

3. 距离撕开的经纱布边2.5cm（1英寸），分别在前、后片上画出前、后中线，并折倒缝份熨烫平整。

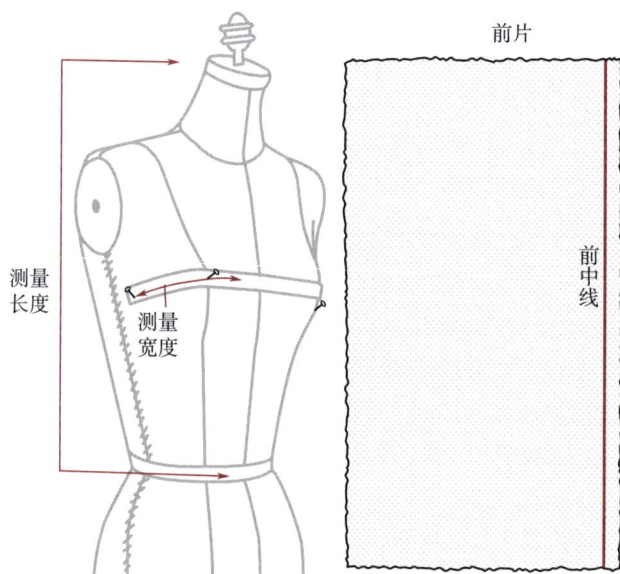

图7-18

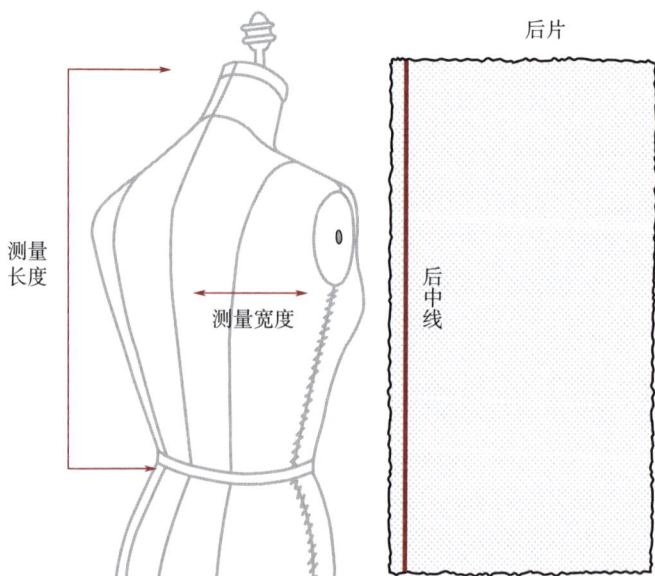

图7-19

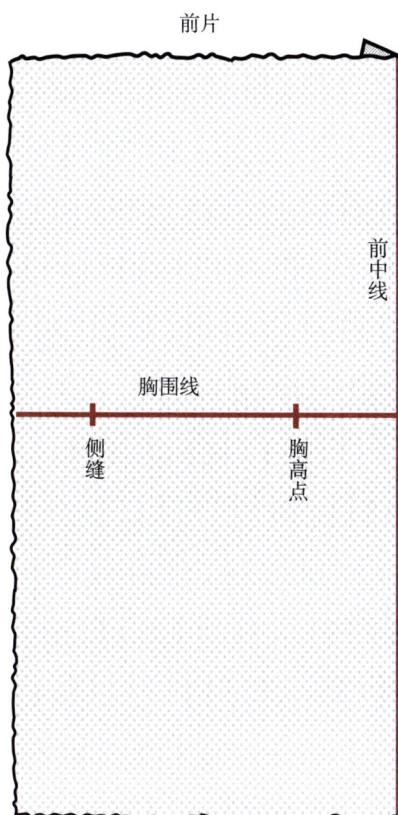

前片

前中线

胸围线

侧缝

胸高点

图7-20

后片

后中领口线

背宽横线

袖窿位置

后中线

图7-21

在前片上做出关键点与线。

④ 用L型直角尺，在面料的中间画一条与经纱垂直的水平线为胸围线。

⑤ 测量并标记胸高点。

a. 测量人台上前中到胸高点的水平距离。

b. 在面料的胸围线上量取相同距离，并标记出胸高点。

⑥ 测量并标记侧缝。

a. 测量人台胸围线上从胸高点到侧缝的水平距离，再加0.3cm（1/8英寸）的松量。

b. 在面料胸围线上的相应位置量取相同距离，画出侧缝线。

在后片上做出关键点与线。

⑦ 在后中线上，从上向下量取7.6cm（3英寸）做标记，为后中领口线的位置。

⑧ 从后中领口位置竖直向下再量取10.8cm（$4\frac{1}{4}$英寸）做标记，过标记点用L型直角尺画一条水平线为背宽横线。

注 这个数值适用于8~10号人台，相当于从后领口线到腰围线的1/4。对于其他型号的人台，直接取后领口到腰围线的1/4即可。

⑨ 标记背宽位置。

a. 沿人台背宽横线测量从后中到袖窿的水平距离，再加0.3cm（1/8英寸）的松量。

b. 在面料的背宽横线上量出相同数值，标出袖窿位置。

胸部抽褶紧身上衣：立裁步骤

① 前片面料上的胸高点标记与人台的胸高点对准固定。

② 面料前中折线对准人台的前中线，分别在前颈点和前腰点各别一针固定，然后在胸带上再别一针固定。

③ 立裁前领口，修剪颈部周围多余面料，在缝份上等间隔地打上剪口，将领口线整理到位。

④ 立裁肩线，将平胸围线以上及肩线周围多余面料，别针固定肩线。

⑤ 从肩线继续向下捋平袖窿周围面料，在袖窿中部前腋点附近留0.6cm（1/4英寸）的松量，别针固定该松量。这是为了防止袖窿立裁得过紧。

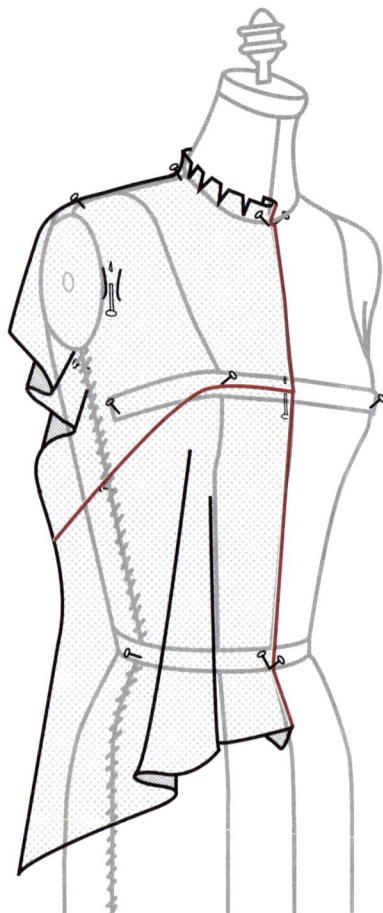

图7-22

⑥ 从袖窿向下继续捋平侧缝面料。此时面料的纬纱会向下倾斜。将多余的面料都捋到胸高点以下的前腰线上。

⑦ 沿腰围线，捋平、修剪、整理腰围面料（腰围的大小依设计而定）。将多余面料都整理到前中处胸围线周围。

⑧ 整理前中胸围线周围的面料余量，使褶量分布得均匀美观。

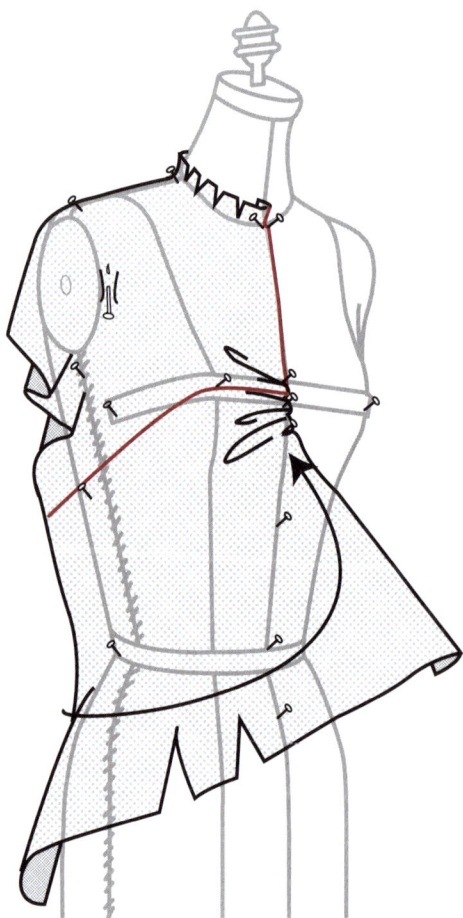

图7-23

国际服装立裁设计：美国经典立体裁剪技法（原书第5版）

9 设计出领口造型。这种前中抽褶的款式，领口一般稍低一些。

10 在衣身样片上标记出与人台对应的关键点。

   a. 前中线和前中抽褶：用虚线轻轻描出人台的前中线和前中胸围抽褶的位置。

   b. 领口弧线：按设计画出领口线。

   c. 肩线：用虚线轻轻描出肩线，肩点做标记。

   d. 袖隆：

   » 肩端点。

   » 袖隆前腋点。

   » 袖隆腋下点。

   e. 侧缝：用虚线轻轻描出。

   f. 底边：按设计的长度和造型用虚线轻轻描出。

11 立裁后片。按照第43~45页基本原型的后片立裁步骤操作。基于前片腰部的设计，后片腰位有可能要下降一些。后片没有肩省时，要确保前后肩对齐等长，并且处理好后领口的造型。后片侧缝要与前片的长度和形状均相同。

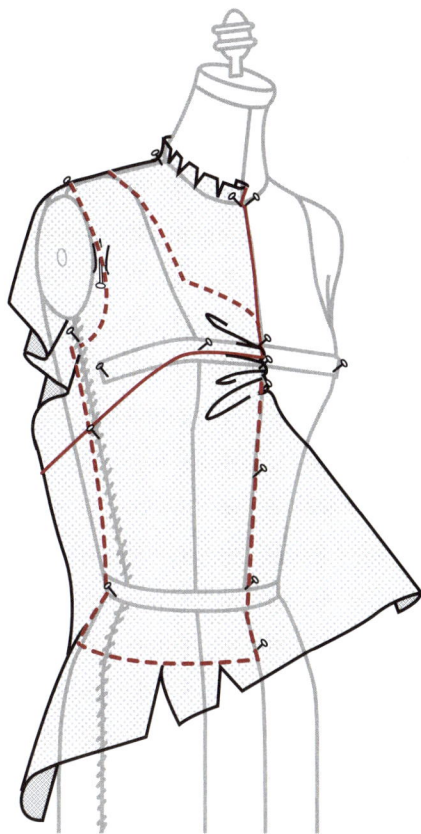

图7-24

胸部抽褶紧身上衣：拓板步骤

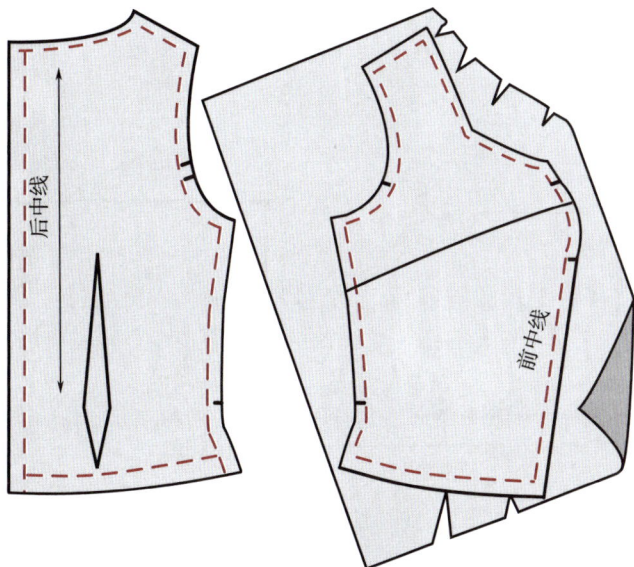

图7-25

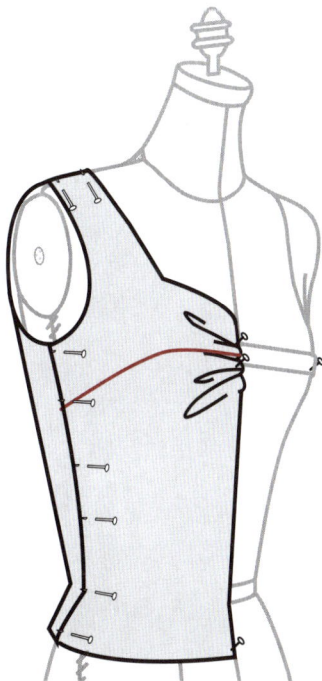

图7-26

1 从人台上取下立裁样片，画顺所有的线条，加放缝份，修剪多余面料。按照第46~53页的肩省、腰省原型拓板方法进行拓板。

2 将样片重新别合组装后，再别回到人台上，检查其准确性、合体性以及平衡性。参照第52页的检查项目和第53页的样衣效果评价。

肩部褶裥、抽褶衬衫

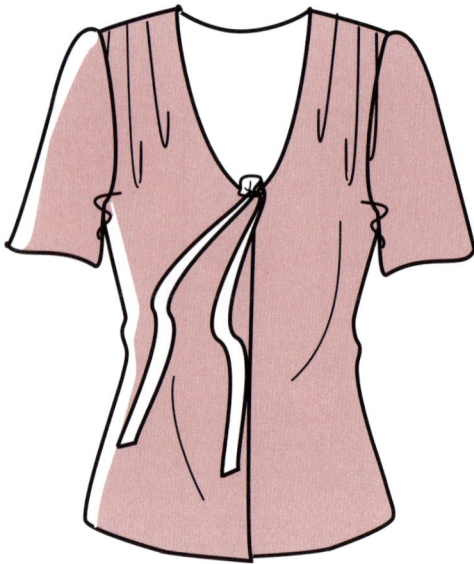

图7-27

面料准备

1. 分别测量人台从前、后颈口到腰围线的竖直长度，再加12.7cm（5英寸），在白坯布上沿经纱方向量取相同的长度，打剪口并撕开面料。

2. 分别测量人台从前、后中线到侧缝的水平宽度，再加12.7cm（5英寸），在白坯布上沿纬纱方向量取相同的宽度，打剪口并撕开面料。

3. 距离撕开的经纱布边2.5cm（1英寸），分别在前、后片上画出前、后中线，折倒缝份并熨烫平整。

这款前肩线设计有褶裥的衬衫，非常适合采用丝滑面料做立裁训练。前中开口设计，主要侧重对褶裥或抽褶造型的训练，而非省道。V型领口，有利于读者学习立裁出合体、平服的无领型领口。这款衬衫可以和紧身合体的香烟裤或牛仔裤搭配，也可以扎进铅笔形短裙中搭配穿着。

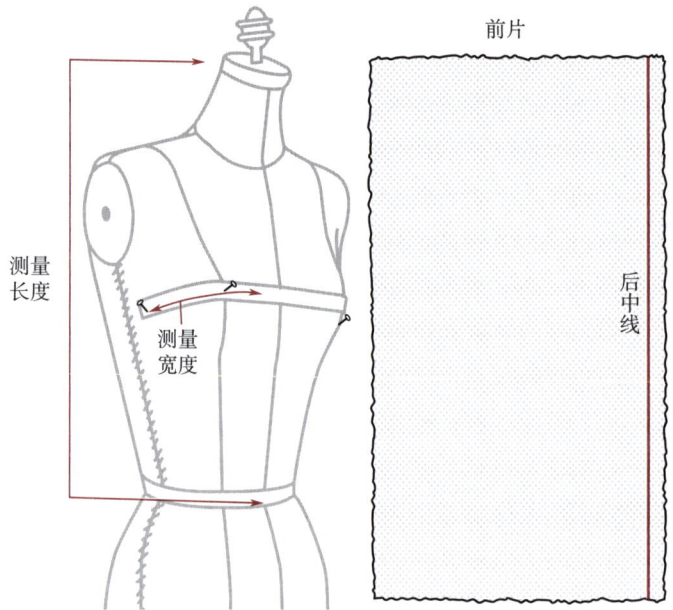

图7-28

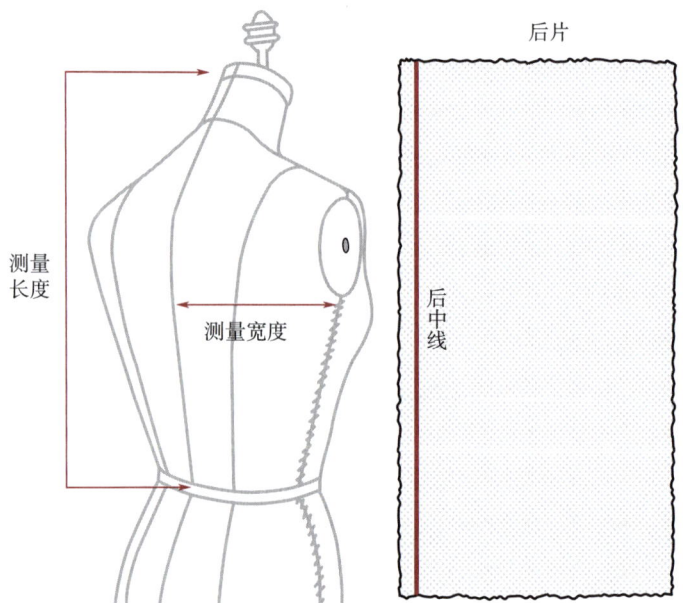

图7-29

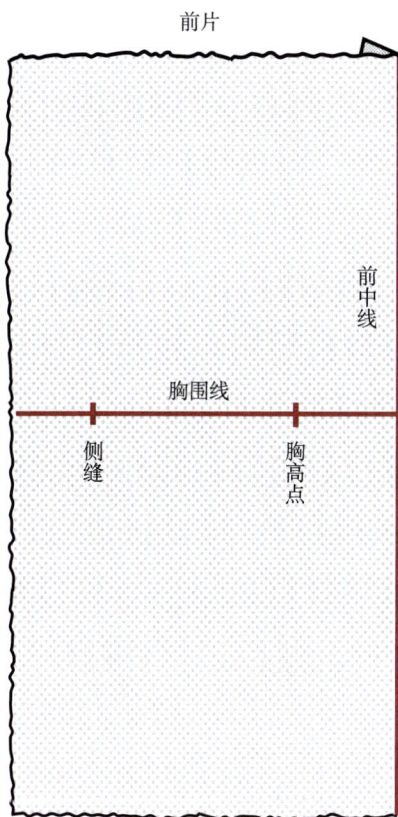

图7-30

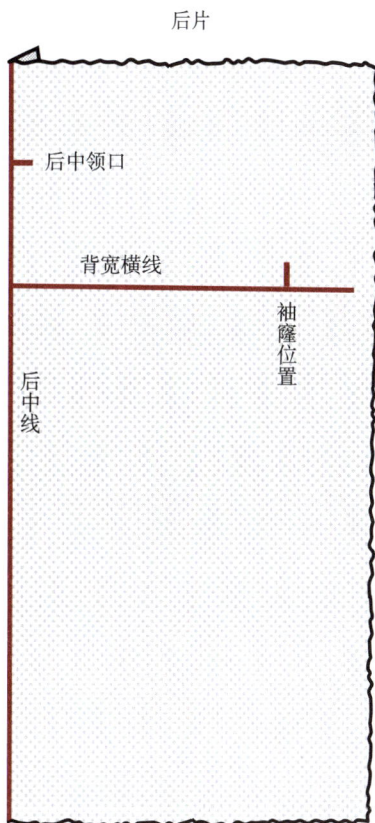

图7-31

在前片上做出关键点与线。

④ 用L型直角尺，在面料的中间画一条水平胸围线。

⑤ 测量并标记胸高点。

   a. 测量人台上前中到胸高点的水平距离。

   b. 在面料胸围线上测量相同距离，并标记出胸高点。

⑥ 测量并标记侧缝。

   a. 沿人台胸围线测量从胸高点到侧缝的水平距离，再加0.3cm（1/8英寸）的松量。

   b. 在面料胸围线上的相应位置量取相同长度，画出侧缝线。

在后片上做出关键点与线。

⑦ 在后中线上，从上向下量取7.6cm（3英寸）做一标记，为后中领口线。

⑧ 从后中领口线竖直向下再量取10.8cm（$4\frac{1}{4}$英寸）做标记，过标记点用L型直角尺做一条水平线为背宽横线。

> **注** 这个数值只适用于8~10号人台，相当于从后领口到腰围线的1/4。对于其他型号的人台，直接取从后领口到腰围线的1/4即可。

⑨ 测量背宽位置。

   a. 沿人台背宽横线测量从后中到袖窿的水平距离，再加0.3cm（1/8英寸）的松量。

   b. 在面料背宽横线上量出与上一步相同的数值，标出袖窿位置。

肩部褶裥、抽褶衬衫：立裁步骤

① 前片面料上的胸高点标记与人台上的胸高点对准固定。

② 面料前中折线对齐人台的前中线，分别在前颈点和前腰点各别一针固定，然后在胸带上再别一针固定。

③ 胸围线与地面平行，从前中向侧缝将平面料，别针固定侧缝。

注 胸围线以下，面料应该自然顺直悬垂。然后将平侧缝，贴体固定到人台上后，腰围上的公主线位置的多余面料可以整理成菱形省。通过调节菱形省的大小，来控制腰部的合体程度。

---

④ 从胸围线向上将平面料直到肩线。同时，将平袖窿周围面料，在袖窿中部前腋点留0.6cm（1/4英寸）的松量，以防袖窿立裁得过紧。胸围线和底边均平行于地面，胸凸产生的面料余量均整理到肩线上。

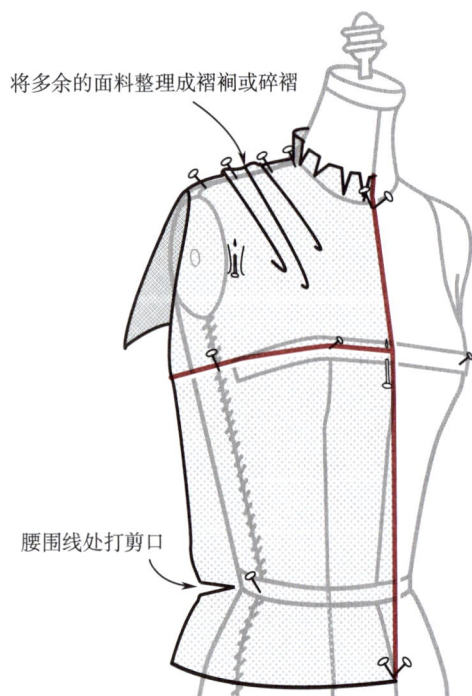

图7-32

⑤ 立裁前领口，修剪颈部周围多余面料，在缝份上等间隔打剪口。将领口线整理到位。

将多余的面料整理成褶裥或碎褶

腰围线处打剪口

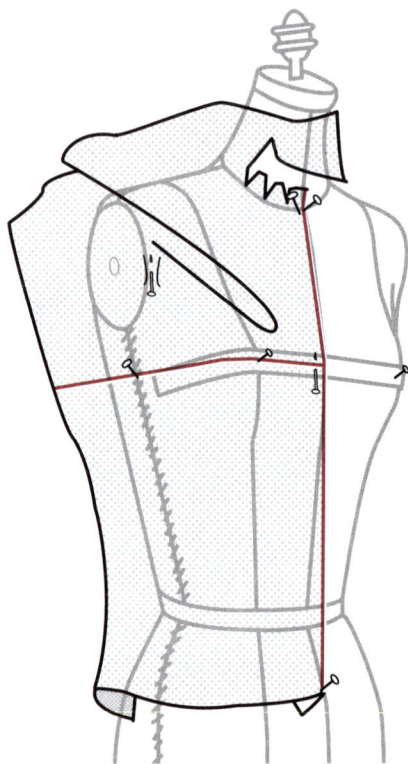

图7-33

⑥ 将肩线上的多余面料整理成碎褶或褶裥。
  a. 褶裥形式：将肩部多余面料整理成两个或三个规则的褶裥（按设计而定）。
  b. 碎褶形式：将肩部多余的面料整理成碎褶，均匀分布在肩线上。

⑦ 在侧缝的腰围线上打剪口，别针固定侧缝。

国际服装立裁设计：美国经典立体裁剪技法（原书第5版）

8 立裁后片。按照全身式衣身原型的后片立裁步骤进行操作，见第114、115页的步骤。基于前片腰部的设计，后片腰部可以设计成有菱形省的合体型，也可以设计成无省道的直身型。前、后片肩线要对齐等长，处理好后领口的造型。同时，前、后片侧缝的长度和形状均要相同。

9 设计出领口的造型。

10 在衣身样片上标记出与人台对应的关键点。

　　a. 领口弧线：用虚线画出所设计的领口线。

　　b. 肩线：在面料上用虚线轻轻描出肩线，褶裥和肩点做标记。

　　c. 袖窿：

　　　》肩端点。

　　　》袖窿前腋点。

　　　》袖窿腋下点。

　　d. 侧缝：用虚线轻轻描出。

　　e. 底边：按设计长度和造型画出。

肩部褶裥、抽褶衬衫：拓板

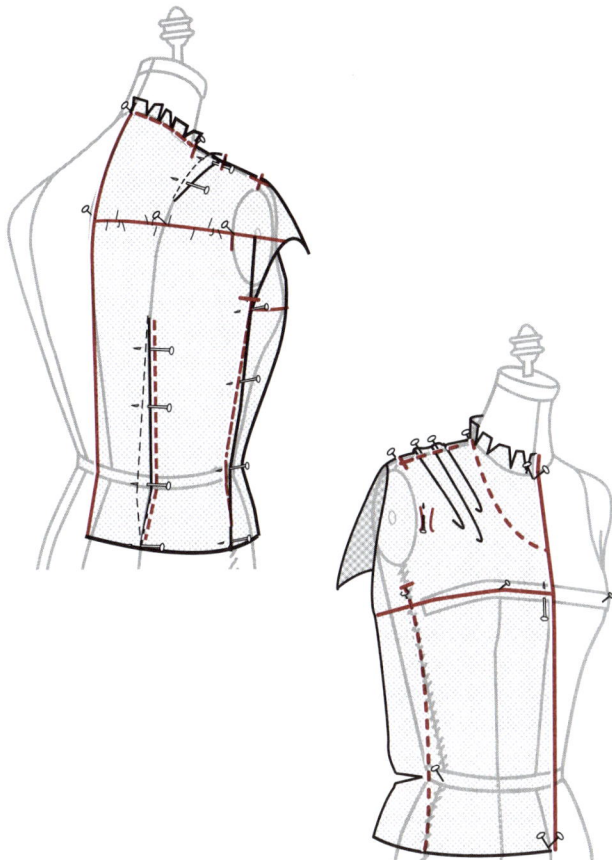

图7-34

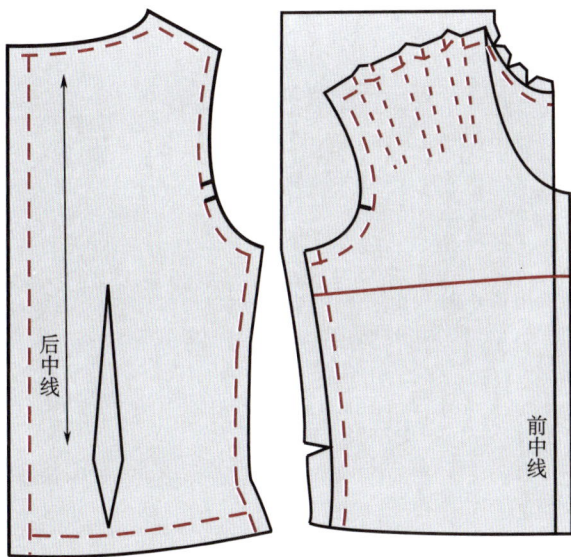

图7-35

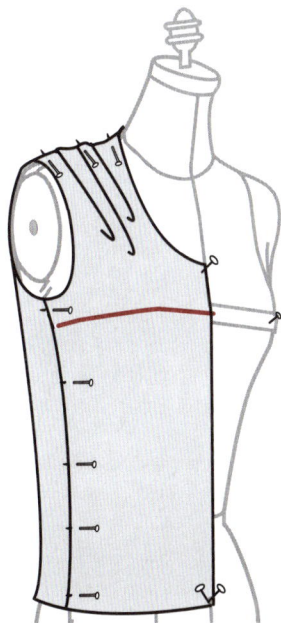

图7-36

1 从人台上取下立裁样片，画顺所有的线条，加放缝份，修剪多余面料。

2 将样片重新别合组装，再穿到人台上检查其准确性、合体性及平衡性。

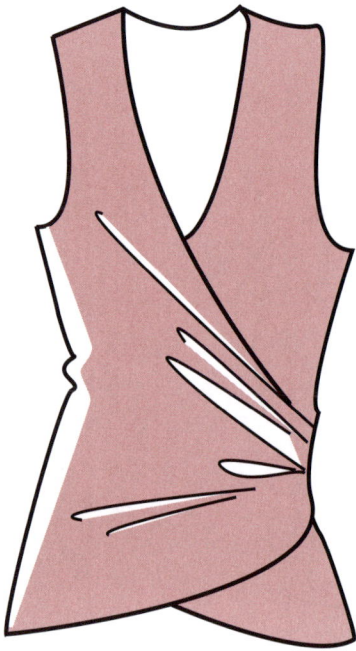

图7-37

不对称裹襟上衣

这款不对称上衣将衣身上的余量转到了一侧的腰部，形成褶裥、省道或碎褶等形式。右前衣身的领口为直丝，从右领口一直倾斜向下搭在左前片上，直到左前片的侧缝处。左前片的领口也是直丝，位于右片之下，从左向右立裁。许多这类款式都设计成一侧封闭，或者是单肩形式。

面料准备

人台准备

从人台上取下胸带，用大头针或者标记带设计标记出领口和袖窿造型。

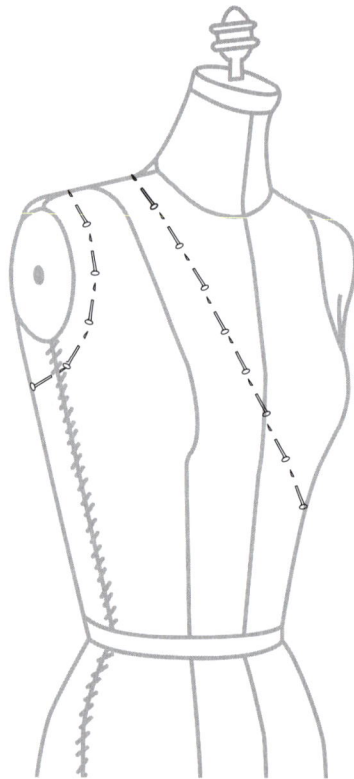

图7-38

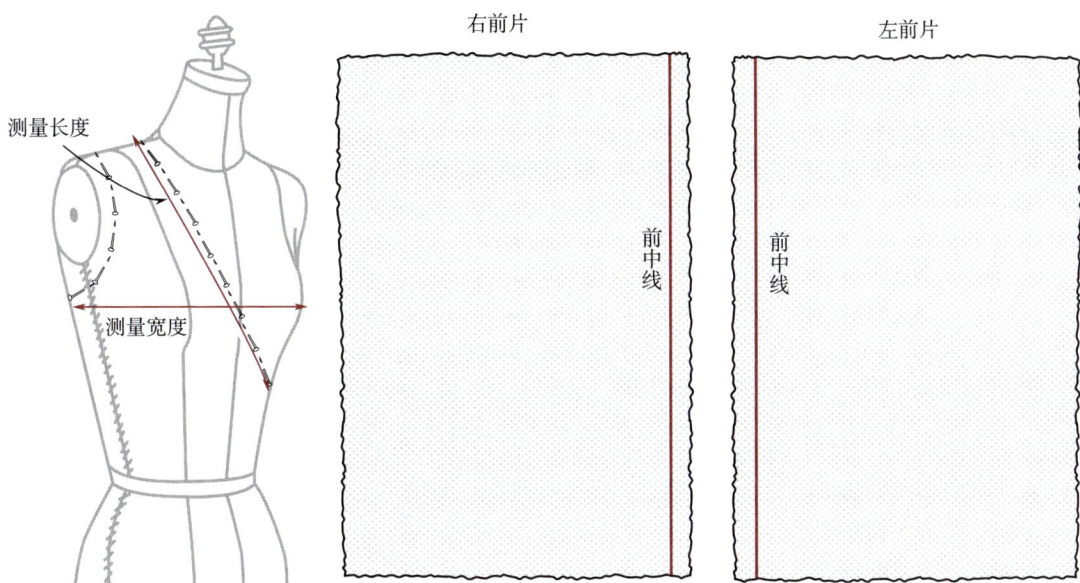

右前片　　　　　　　　　　　左前片

前中线　　　　　　前中线

测量长度

测量宽度

图7-39

① 准备左、右前片面料。

  a. 测量前片长度，从所设计的领口弧线侧颈点开始，沿领口线向下测量到衣长底边处，再加25.4cm（10英寸）。

  b. 右前片：在人台前面的胸围线上测量左、右侧缝间的距离，再加25.4cm（10英寸），沿纬纱方向量取相同的面料宽度，打剪口并撕开面料。

  c. 左前片：在人台前面的胸围线上测量左、右侧缝间的距离，再加25.4cm（10英寸），沿纬纱方向量取相同的面料宽度，打剪口并撕开面料。

② 距离撕开的经纱布边5.1cm（2英寸），画一条平行于经纱的竖直线，折倒缝份并熨烫平整，这条线为前片的领口线。

③ 准备后片面料的长度和宽度，与基本原型的方法相同。

  a. 在后中线上，从上向下量取7.6cm（3英寸）做一标记，为后中领口线。

  b. 从后中领口标记竖直向下再量取10.8cm（$4\frac{1}{4}$英寸）做标记，过标记点用L型直角尺画一条水平线为背宽横线。

> **注** 这个数值适用于8~10号人台，相当于从后领口线到腰围线的1/4。对于其他型号的人台，直接取从后领口线到腰围线的1/4即可。

  c. 测量背宽位置：沿人台的背宽横线测量从后中到袖窿的水平宽度，再加0.3cm（1/8英寸）的松量。在面料的背宽横线上量出相同数值做标记，为袖窿位置。

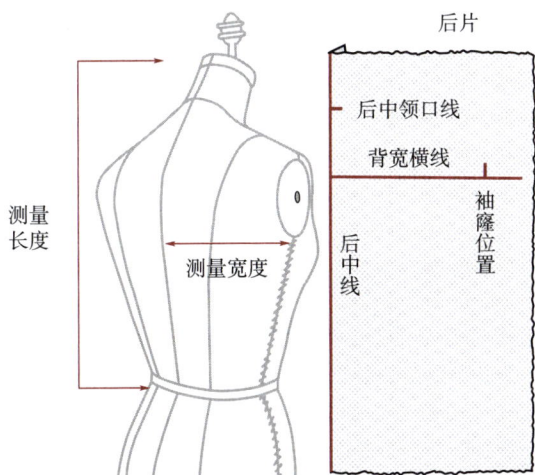

后片

后中领口线
背宽横线
袖窿位置
后中线

测量长度

测量宽度

图7-40

不对称裹襟上衣：右前片立裁步骤

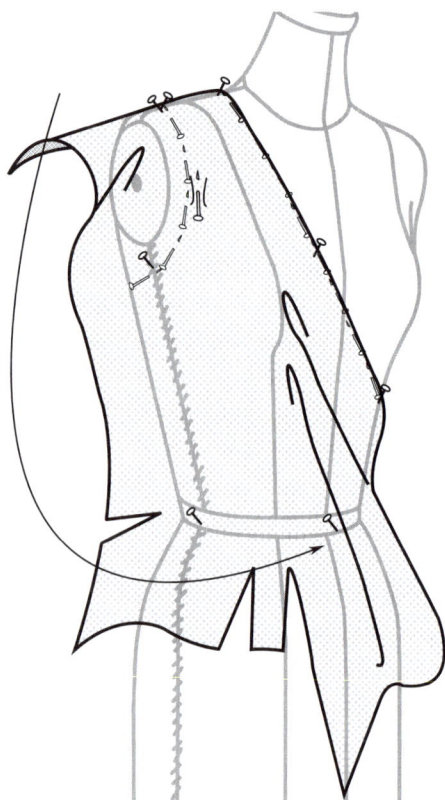

图7-41

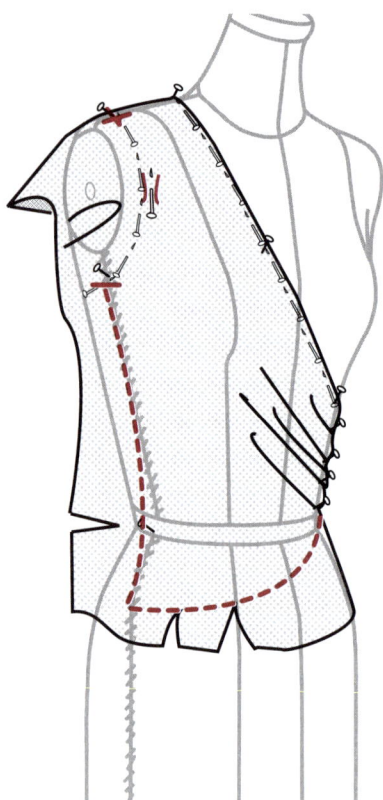

图7-42

1. 将右前片双折线对齐人台的领口设计线，上下调整面料，使肩线以上和衣长线以下各有一定的面料余量。在侧颈点和领口线最下端各别一针固定。

2. 立裁肩线，将平胸围线以上及肩线附近面料，别针固定肩线。

3. 从肩线继续向下捋平袖窿周围面料，在袖窿中部前腋点留0.6cm（1/4英寸）的松量，并别针固定这一松量。以防将袖窿立裁得过紧。

4. 从袖窿向下继续捋平侧缝面料。此时，多余的面料都被推到了胸高点以下的腰围线上。

5. 沿腰围线捋平、整理、修剪腰部面料。将所有多余面料都整理到预先设计的不对称结构的左侧处，别针固定多余面料。

6. 按照不对称设计的要求，将多余面料整理成塔克褶、褶裥或抽褶等形式，根据需要还可添加其他设计特征。

7. 在衣身右前片上标记出与人台对应的关键点与线。
   a. 标出不对称褶皱的开始和结束的位置，或者标出每个褶裥的位置（如果采用褶裥形式）。
   b. 肩线：在面料上用虚线轻轻描出肩线，肩点做标记。
   c. 袖窿：
   » 肩端点。
   » 袖窿前腋点。
   » 袖窿腋下点。
   d. 侧缝：用虚线轻轻描出。
   e. 底边：按设计长度和形状用虚线轻轻描出。

不对称裹襟上衣：左前片立裁步骤

注 这些立裁步骤仅适用于左、右前片为不对称的款式。

1 将左前片折线对齐人台上的左领口设计线，上下调整面料别针固定。将平整理肩线别针固定。

2 捋顺袖窿周围面料，在袖窿前腋点中部留0.6cm（1/4英寸）的松量，并别针固定松量。

3 捋平侧缝面料。此时，多余的面料都被推到了胸高点以下的腰围线上。

4 将胸高点以下腰围线上的多余面料整理成塔克褶、褶裥或者抽褶等形式，并用别针固定。

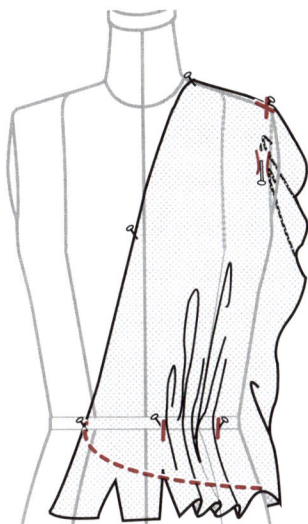

图7-43

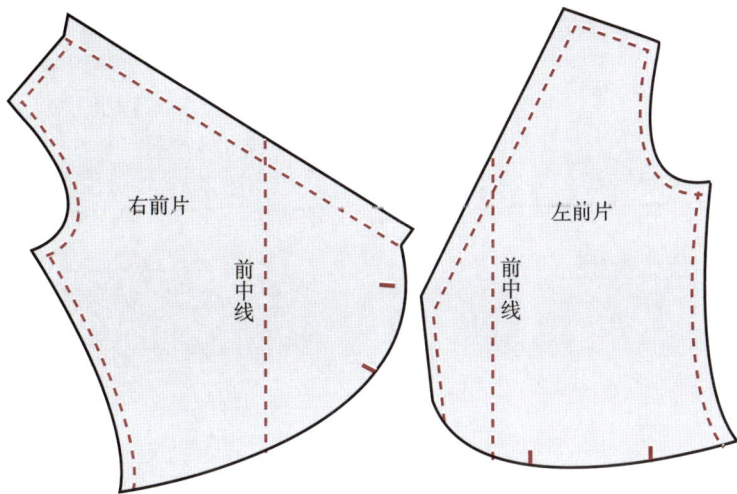

图7-44

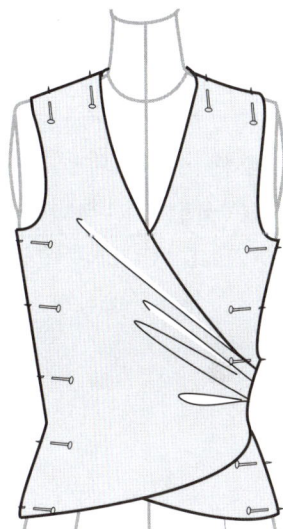

图7-45

5 在衣身左前片上标记出与人台对应的关键点与线。
- a. 标出褶皱开始和结束位置，或者是每个褶裥的位置（如果采用褶裥形式）。
- b. 肩线：在面料上用虚线轻轻描出肩线，肩点做标记。
- c. 袖窿：
  » 肩端点。
  » 袖窿中部前腋点。
  » 袖窿腋下点。
- d. 侧缝：用虚线轻轻描出。
- e. 底边：按设计长度和形状用虚线轻轻描出。

6 拓板。将样片从人台上取下，画顺所有线条，加放缝份，修剪多余面料。

7 立裁后片。按照全身式衣身原型的后片立裁步骤来操作，见第114、115页的步骤。基于前片腰部的设计，后片腰部可以设计成菱形省的合体形式，也可以设计成无省道的直身型。要确保前、后片肩线对齐等长，处理好后领口的造型。同时，前、后片侧缝长度和形状要相同。

8 将立裁好的前、后样片再别合组装起来，穿到人台上检测准确性、合体性、平衡性等。

斜裁吊带领上衣

这款斜裁吊带领上衣前身合体、无袖，从前衣身延伸出一条平直或卷曲的吊带围绕在颈部周围。通常，前片侧缝可以一直延伸到后背，在后腰打结系合，或者与束腰拼接，也可与短裙的腰缝合在一起。

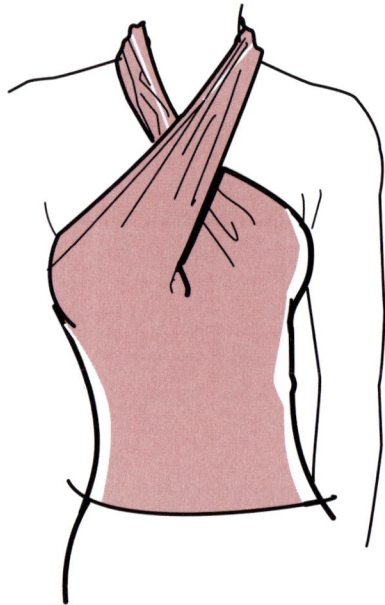

图7-46

面料准备

① 裁一块长宽为86.4cm（34英寸）的方形面料，面料要足够整个前片。

② 做出长方形面料的一条对角线，即为正斜丝方向，此对角线将作为衣身的前中线。

③ 再做出长方形面料的另一条对角线，这条斜线为前片胸围线。

④ 按照后片的设计，测量出长度和宽度，再加7.6cm（3英寸），打剪口并撕出所需的面料量。

⑤ 距离撕开的经纱布边2.5cm（1英寸），画出后中线，折倒缝份并熨烫平整。

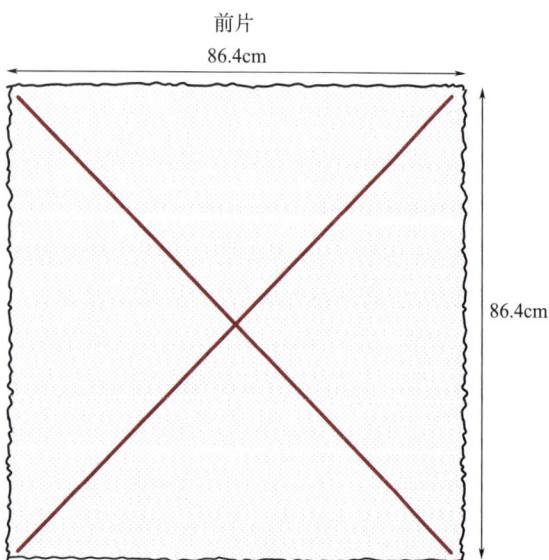

前片
86.4cm

86.4cm

图7-47

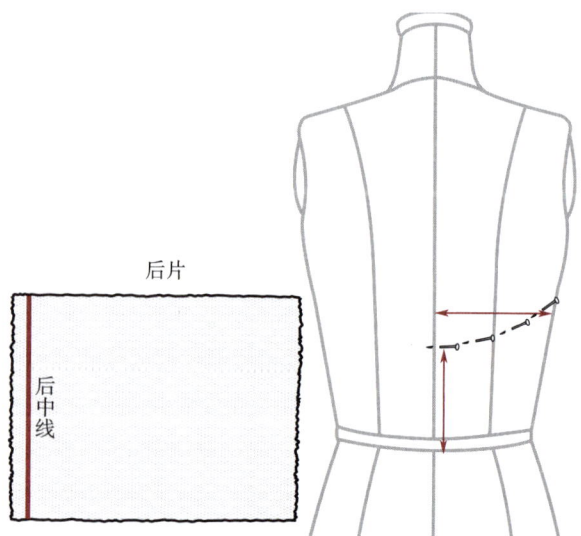

后片

后中线

图7-48

国际服装立裁设计：美国经典立体裁剪技法（原书第5版）

斜裁吊带领上衣：立裁步骤

人台准备

取下人台上的胸带，用针别出或者用标记带贴出领型和袖窿造型。

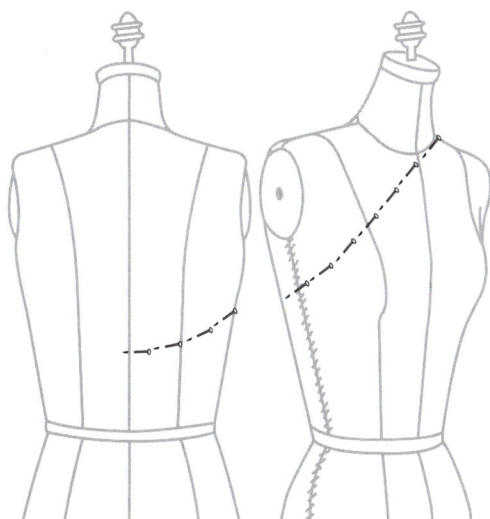

图7-49

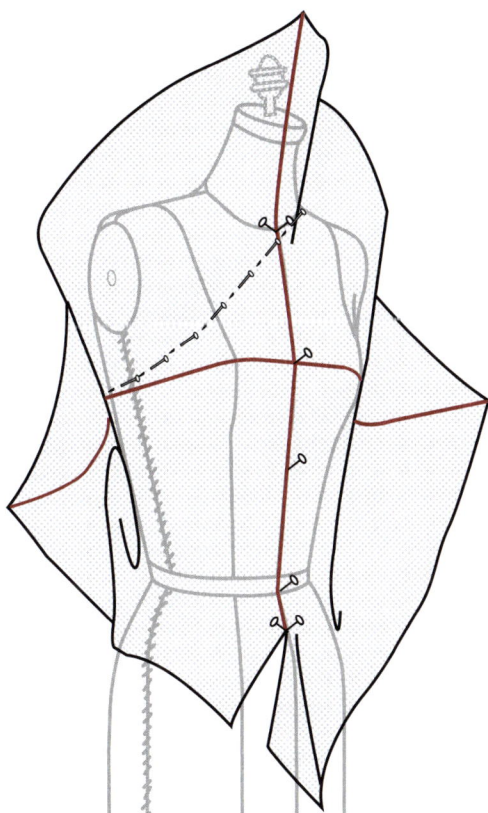

图7-50

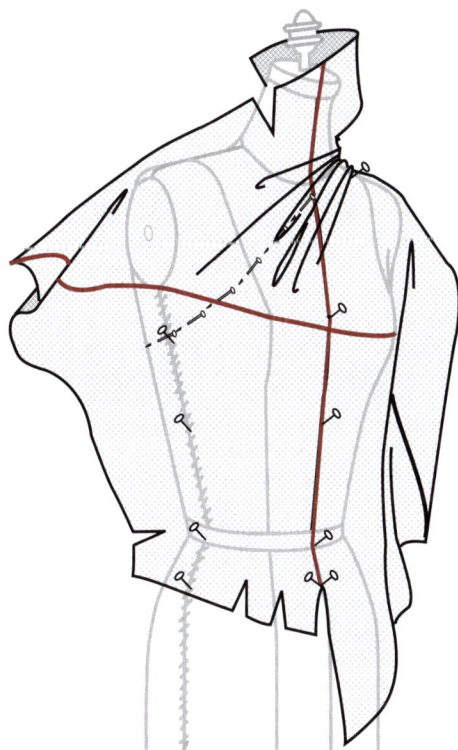

图7-51

1. 面料上的斜丝前中线对准人台上的前中线别针固定。

2. 面料上的斜丝胸围线对准人台上的胸围线。

3. 捋平、整理右侧腰围线，修剪底边线下面的多余面料，并打剪口。

4. 从侧缝向上捋平整理面料，将多余面料都推到胸围线以上领口线周围。

注 此时面料上的胸围线会向上倾斜。

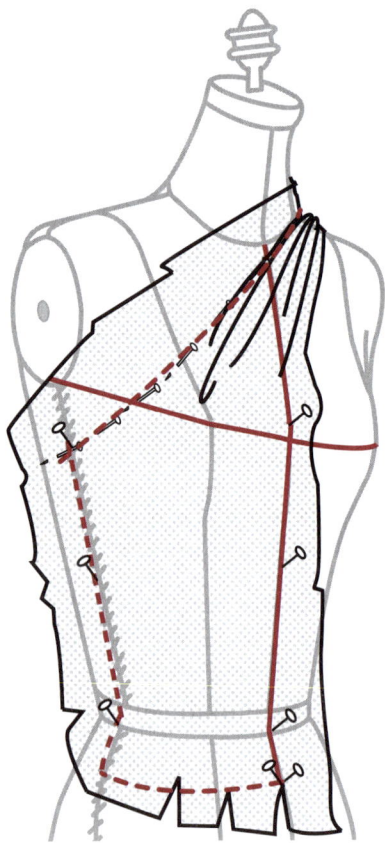

图7-52

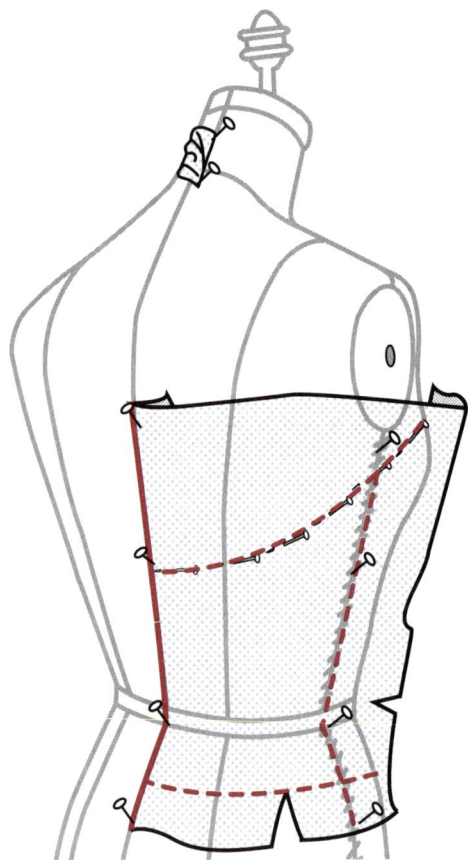

图7-53

5 修剪侧缝外多余面料，在袖窿和领口的设计线处预留缝份量5.1cm（2英寸）。

6 整理、捋顺修剪过的袖窿周围面料。

7 将领口周围多余面料整理折叠成均匀的褶裥或抽褶，绕到后颈点结束。

8 后片面料上的后中线与人台的后中对齐固定。面料上下要超过设计线至少5.1cm（2英寸）。

9 在后片底边设计线以下打剪口，沿腰围线从后中到侧缝捋平面料。

10 整理、捋顺侧缝面料，修剪多余缝份，后片侧缝与前片侧缝对齐别合。

11 在衣身样片上标记出与人台对应的关键点与线。

　a. 袖窿、领口设计线：依照人台上的设计线画出前、后领口线。

　b. 侧缝：用虚线轻轻描出。

　c. 底边线：用虚线轻轻描出底边设计线。

⑫ 拓板：从人台上取下立裁样片，画顺所有的线条，加放缝份，修剪多余面料。并将前、后片重新别合组装。

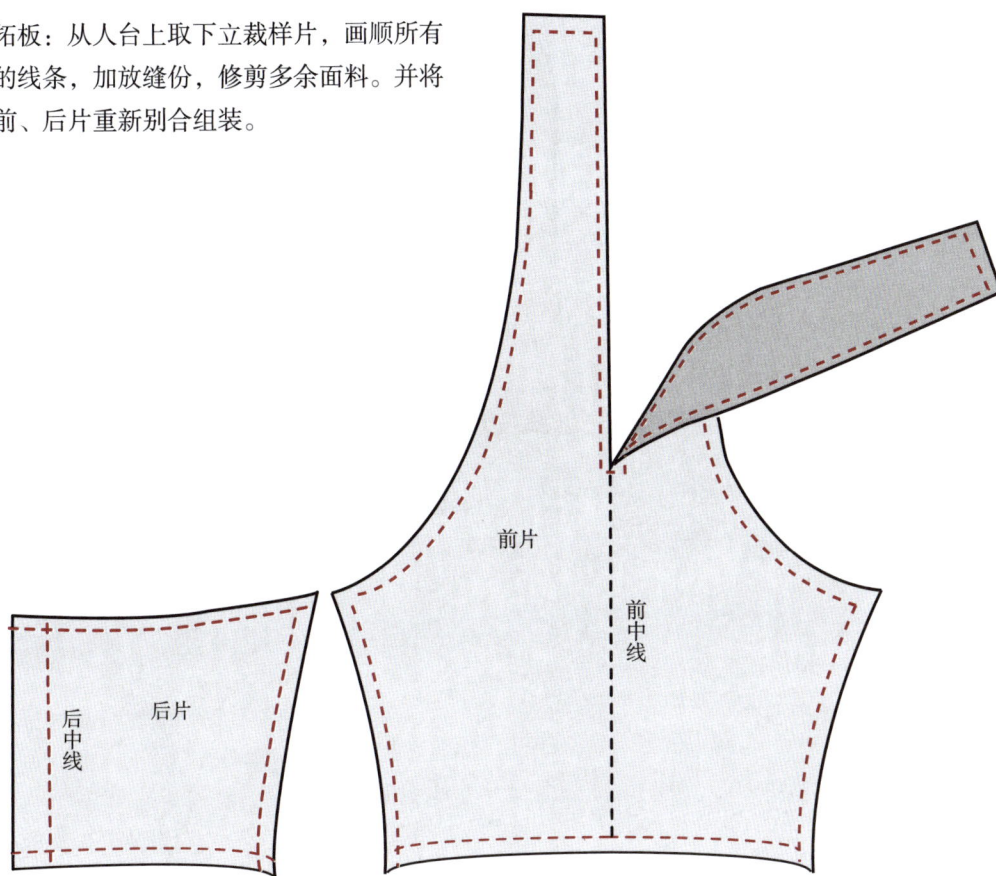

前片

前中线

后片

后中线

图7-54

⑬ 将组装好的立裁样衣穿到人台上，检查其准确性、合体性以及平衡性。

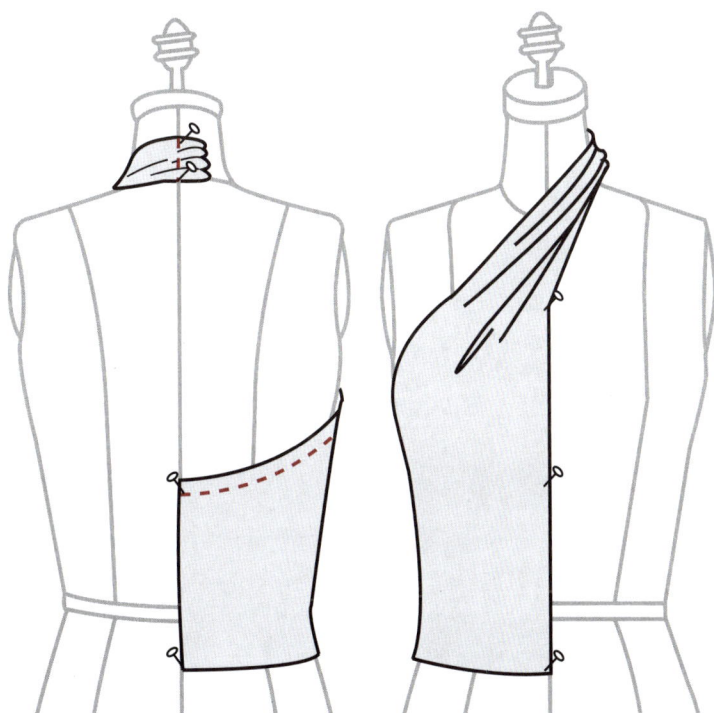

图7-55

帝国式高腰衬衫

通过这款合体衬衫，介绍帝国式高腰分割线的设计方法，以及将胸省量转移成分割线上碎褶的立裁方法。同时，衣身的侧缝立裁成现代流行的合体造型。

图7-56

人台准备

在人台前、后预设计出高腰帝国式款式的设计线，并用别针做标记。

图7-57

国际服装立裁设计：美国经典立体裁剪技法（原书第5版）

面料准备：上片和下片

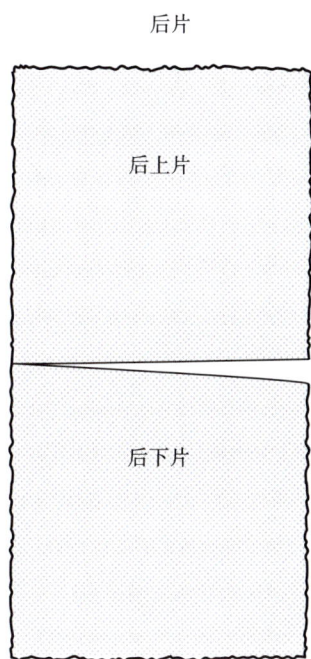

图7-58

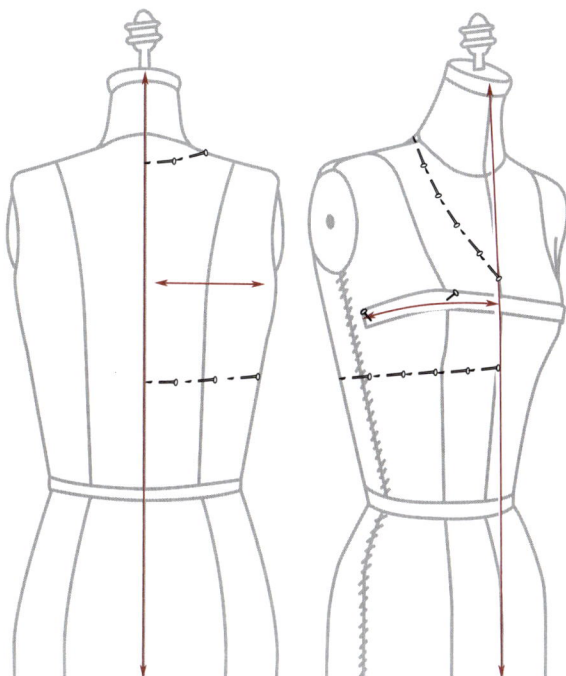

图7-59

1. 测量人台前、后从颈口到衣身设计长度之间的距离，再加15.2cm（6英寸），在白坯布上沿经向量取相同的长度，打剪口并撕开面料。

2. 测量前片的宽度，沿胸围线测量从前中线到人台侧缝的宽度，再加12.7cm（5英寸），在白坯布上量取相同的宽度，打剪口并撕开面料。

3. 测量后片的宽度，沿胸围线测量从后中线到人台侧缝的宽度，再加12.7cm（5英寸），在白坯布上量取相同的宽度，打剪口并撕开面料。

4. 将前、后片面料分成上下两部分。在人台上测量从颈口到高腰分割线间的竖直距离，再加7.6cm（3英寸）。

5. 从上向下量取相同长度，将面料在此处撕开成上、下两部分。

6 分别在前片面料的上、下片上，距离
撕开的经纱布边2.5cm（1英寸），画出
前中线，折倒缝份并熨烫平整。

7 分别在后片面料的上、下片上，距离
撕开的经纱布边2.5cm（1英寸），画出
后中线，折倒缝份并熨烫平整。

8 分别在前、后上片面料上画出水平线。

   a. 前片：在人台上测量从颈口到胸围
      水平线间的竖直距离，在面料上从
      上向下量取相同长度，过此点做水
      平胸围线。

   b. 后片：从上向下在面料上量取20.3cm
      （8英寸），过此点做水平线为背宽
      横线。

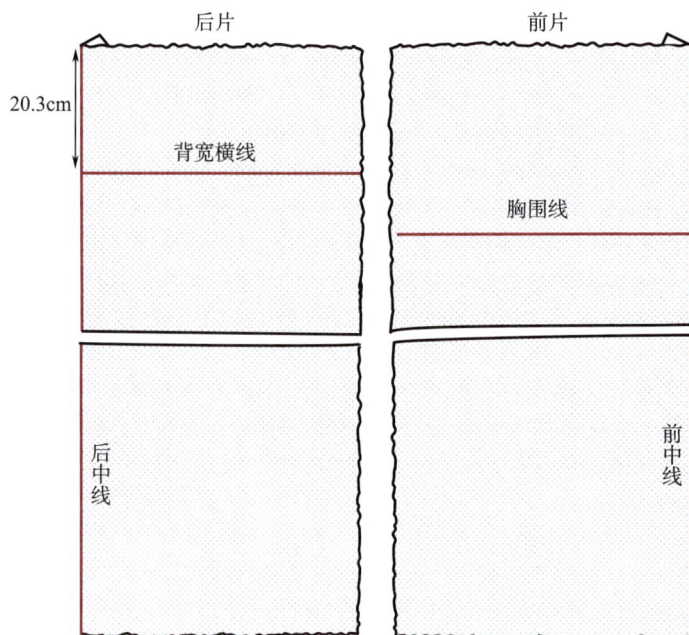

图7-60

帝国式高腰衬衫：衣身上半部分立裁步骤

1 面料上的前中线和胸围线分别对准人台上的前
中线和胸围线，用别针固定。

2 整理、捋平、修剪前领口，用别针固定。

3 捋平固定前肩线，将多余的面料推到胸围线以
下。再捋顺袖窿周围面料，以防袖窿立裁得过
紧，在袖窿中部前腋点附近留0.6cm（1/4英寸）
的松量，并别针固定该松量。

4 逆时针方向继续向下捋平侧缝面料，将多余的
面料全部汇集到胸高点以下的高腰分割线上。

5 将胸高点以下多余面料整理成均匀的碎褶，确
定其在高腰分割线上分布范围。

6 标记高腰分割线上褶皱位置。并将人台上的所
有关键点均在衣片上做出标记。

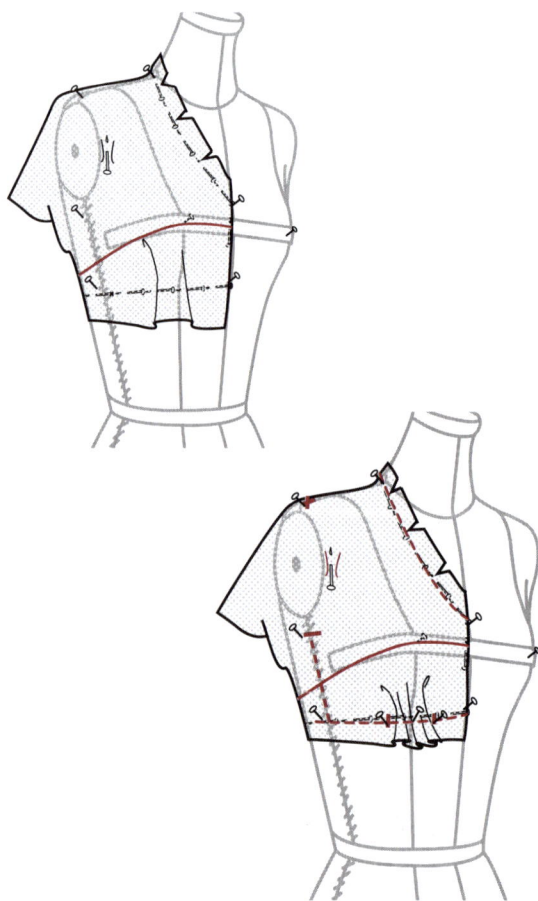

图7-61

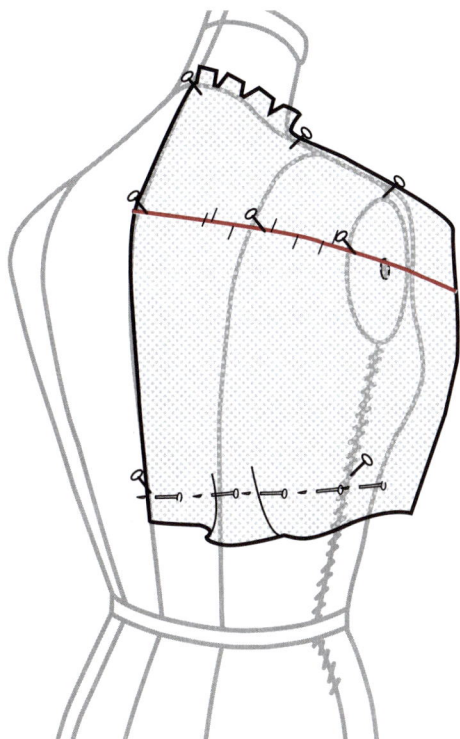

图7-62

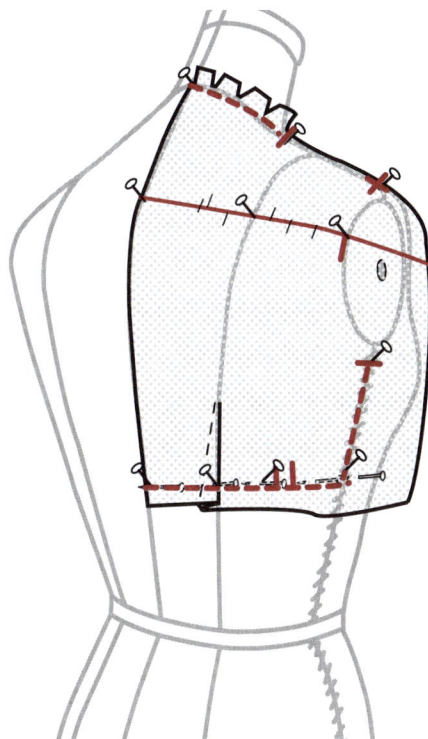

图7-63

⑦ 立裁后片。面料上的后中线对准人台的后中线，用别针固定。

⑧ 面料上的水平线对齐人台上的背宽横线，用别针固定。

⑨ 捋顺、修剪后领口周围多余面料，用别针固定。

⑩ 将平肩线和侧缝，并用别针固定。一些多余的面料会整理到后背下方高腰分割线的中间位置。

⑪ 将后背下方多余的面料整理成褶裥或者省道。

⑫ 在衣身后片上标记出与人台对应的关键点。

　a. 在分割线上的省道与侧缝之间的中点处做双对位记号。

　b. 领口弧线。

　c. 肩线。

　d. 袖窿：

　» 肩端点。

　» 袖窿中部后腋点。

　» 袖窿腋下点。

　e. 侧缝。

帝国式高腰衬衫：衣身下半部分立裁步骤

1. 将前下片面料的前中线对准人台的前中线，面料上端超过高腰设计线5.1cm（2英寸），在前中设计线处用别针固定，在前中面料底端再别一针固定。

2. 将后下片面料的后中线对准人台的后中线，面料上端超过高腰设计线5.1cm（2英寸），在后中设计线处别针固定，在后中面料底端再别一针固定。

3. 整理前、后高腰设计线。分别从前、后中线到侧缝将平设计线上的面料。

4. 整理捋顺前、后腰围，在侧缝的腰围线处打剪口，按照所设计的合体程度将前、后侧缝别合固定。

5. 如果要求腰围合体紧身些，可在公主线的位置收一个菱形省道。将腰部多余面料收到省道中，前片省长约在腰围线下7.6cm（3英寸），后片省长约在腰围线下12.7cm（5英寸）。

6. 按照所设计的底边造型修剪出底边多余面料。

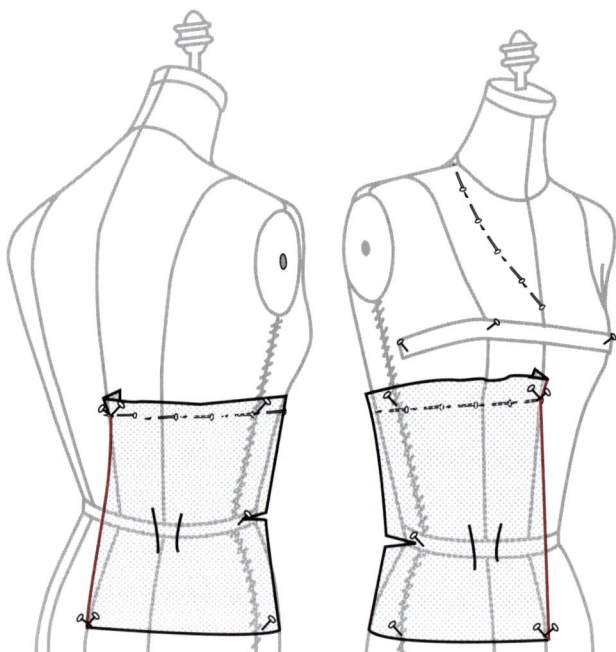

图7-64

注 薄面料比厚面料更容易造型。

腰部设计方式

腰部可以用一个菱形省来造型，也可选用塔克褶的形式，或是用几个省道、几个塔克褶的形式。省量大小取决于腰围所需要的合体程度。

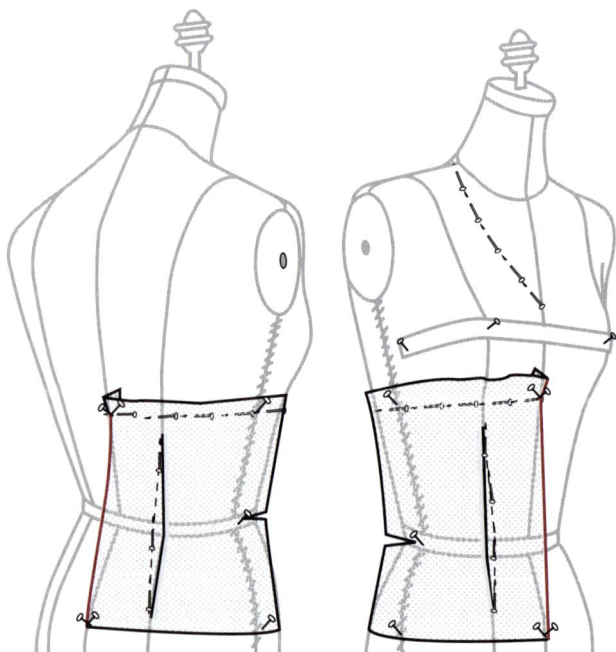

图7-65

注 腰部省量的大小取决于所设计腰部的合体程度。

国际服装立裁设计：美国经典立体裁剪技法（原书第5版）

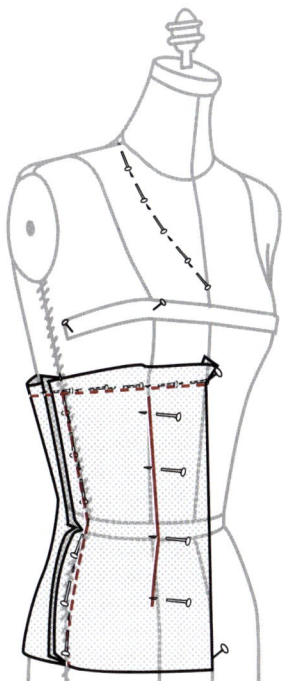

图7-66

⑦ 别合前、后片侧缝。从下摆向上修剪侧缝外多余面料，将侧缝在正面抓别起来，这样更容易操作。检查别合后的衣身下半部分是否有拉扯扭曲现象，必要时做相应修正。

⑧ 在下半部分衣身样片上标记出与人台对应的关键点。
　　a. 高腰设计线。
　　b. 侧缝。
　　c. 底边线。

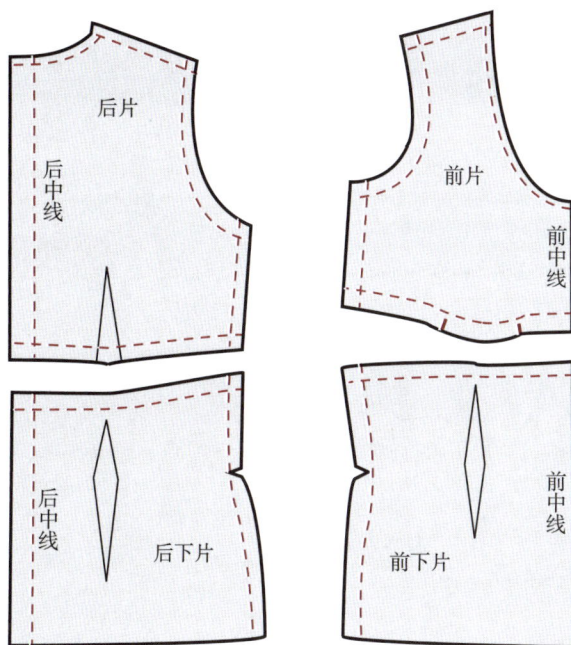

图7-67

⑨ 拓板：将衣身上、下样片都从人台上取下，画顺所有线条，加放缝份，修剪多余面料。前片压后片侧缝再别合组装起来。

注　前片的高腰分割线的褶裥部分，要向下降0.6cm（1/4英寸）。这使得褶裥更显蓬松丰满，使胸部看越来更丰满。

⑩ 将组装好的衣片重新穿到人台上检查是否正确。

⑪ 必要时做相应修改。

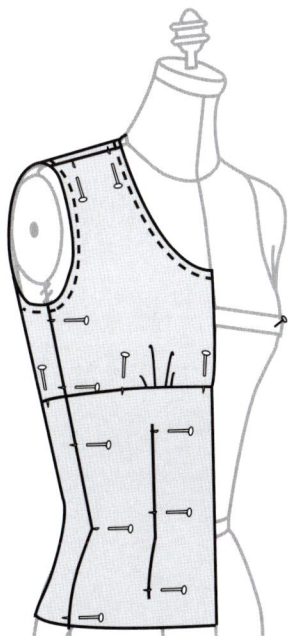

图7-68

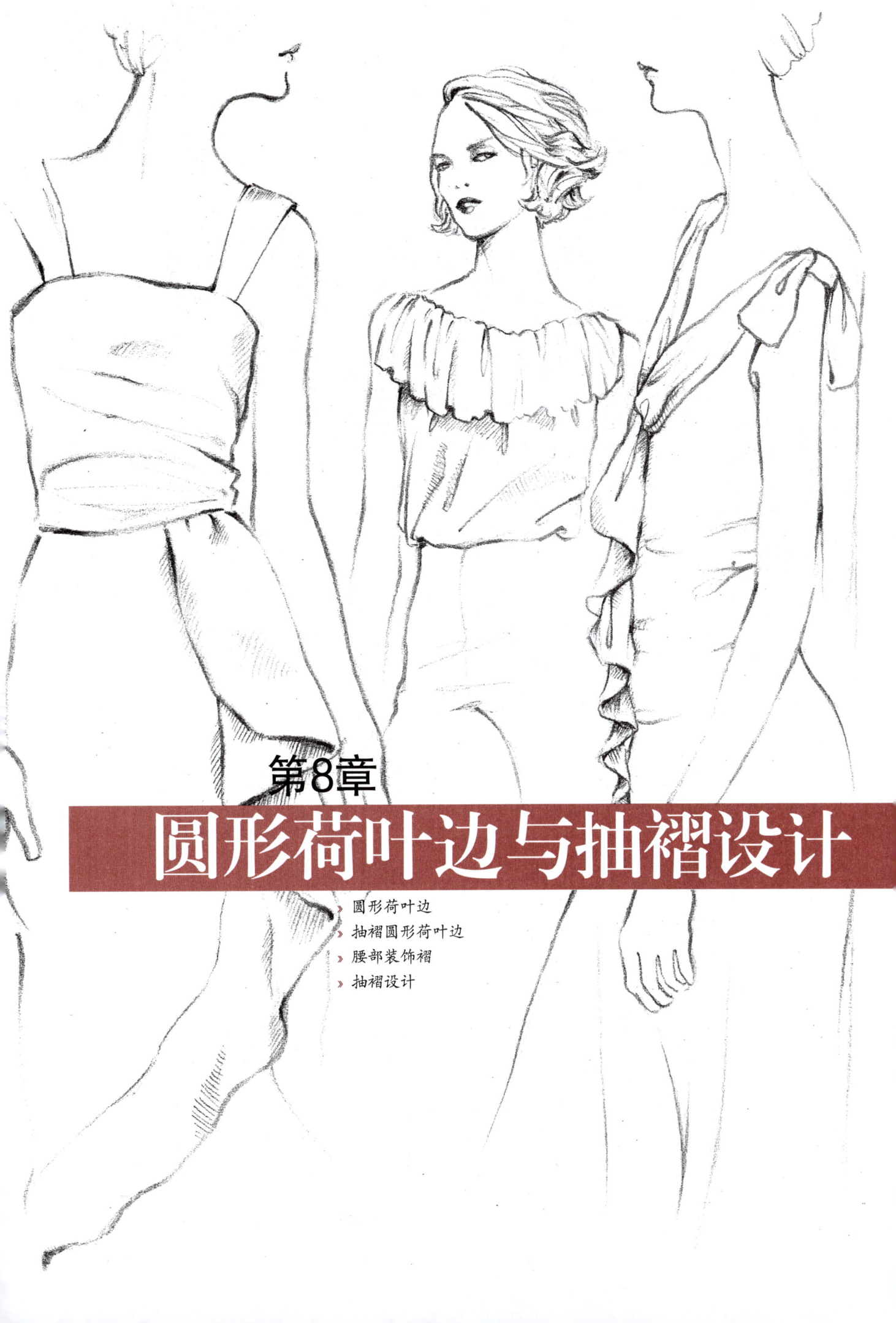

第8章
圆形荷叶边与抽褶设计

» 圆形荷叶边
» 抽褶圆形荷叶边
» 腰部装饰褶
» 抽褶设计

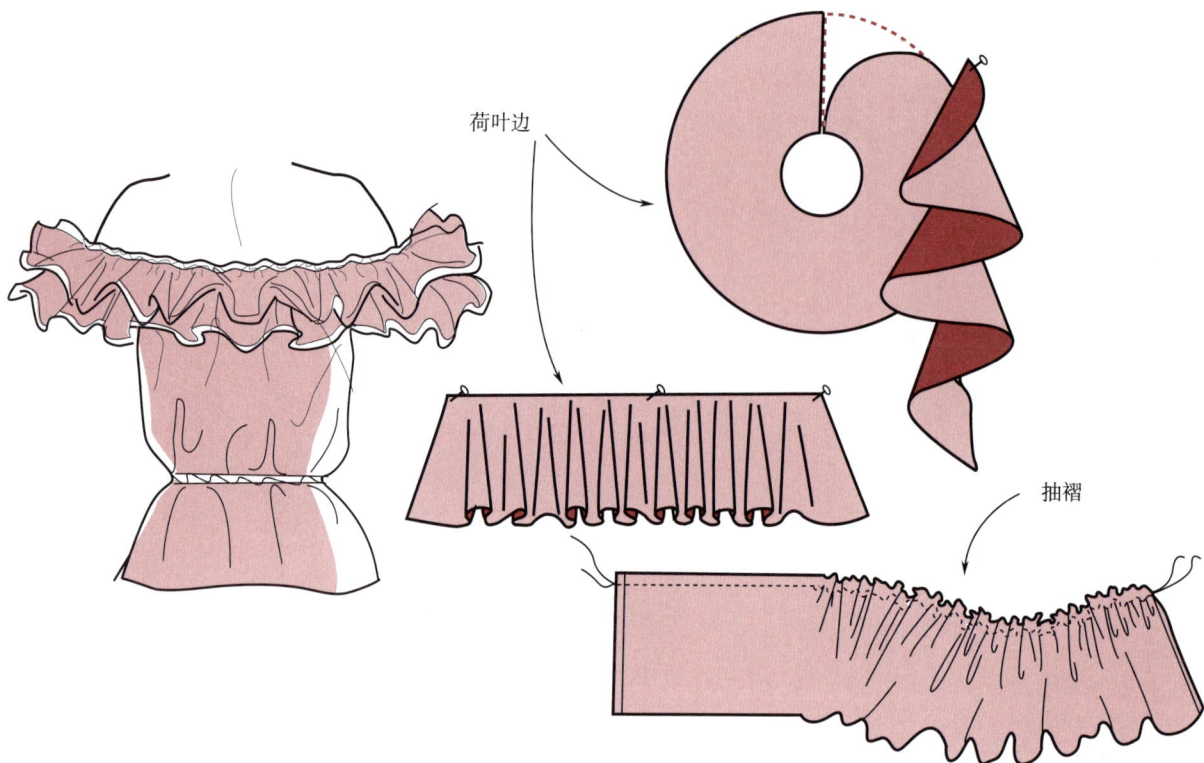

荷叶边

抽褶

图8-1

圆形荷叶边设计给人浪漫的感觉，具有优雅、飘逸、妩媚的风格。

圆形荷叶边的形成方法是将面料裁剪成圆形样板，缝合时将圆形弧线拉直，与直线分割线相缝合，从直线边向外逐渐形成丰满的波浪褶皱。这种设计经常应用在领口、袖口或者其他造型上。圆形荷叶边的接缝处平整干净，没有褶皱，从直线边到外边缘褶皱逐渐增加，外边缘褶皱的大小和密度取决定于圆形样板的曲度和深度。圆形荷叶边可以由一个圆构成，也可由多个圆构成，可以设计成单层或多层重叠。

抽褶荷叶边的形成是将面料裁剪成两倍于抽褶边长度的布条，对一边进行缩缝。抽褶荷叶边可窄可宽，可以是单层或多层重叠。抽褶边的造型灵活多变，可与直线缝合，也可与曲线缝合，或者与一定角度的设计线缝合。

目标

通过这部分立裁技法的学习，读者应具备以下能力。

» 根据所学技法能够绘制荷叶边样板。
» 能够设计制作各种领型、袖窿和分割线上的荷叶边，以及多层荷叶边。
» 能够绘制圆形荷叶边的样板，并与另一直线边拼接做出荷叶边造型。
» 能够按设计要求对圆形荷叶边或抽褶边的外边缘进行修剪造型。
» 基于所要缝合的接缝，能够计算出抽褶荷叶边所需的面料长度。
» 能够将直线的抽褶边缝合于任何形状的设计线上，如领口弧线、袖窿弧线及其他形式的设计线，形成抽褶荷叶边。
» 在需要改变荷叶边丰满度和密度的地方，能够合理地加入所需的褶皱量。
» 能够基于不同部位的设计需求制作各种长度和宽度的抽褶边。

圆形荷叶边

通过这款衬衫阐述如何在领口设计荷叶边。荷叶边是用圆形的布条与直线分割线缝合后，从接缝向外逐渐形成的波浪褶边。这种褶饰技法多应于衣身各种边缘的设计，如领口、袖窿或设计线。一款圆形荷叶边可以由一个或几个圆来实现，可以设计成单层或多层重叠的形式。

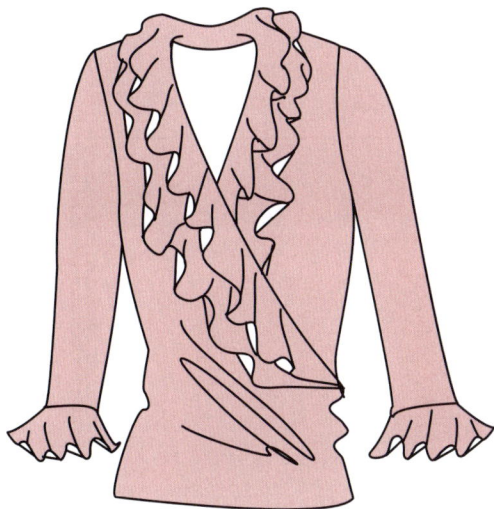

图8-2

面料准备

图8-3

① 测量服装上需要设计荷叶边的分割线长度。

　a. 袖窿荷叶边［如整圈袖窿周长为61cm（24英寸）］。

　b. 领口荷叶边［如从领后中线到前中线的领口线长度为45.7cm（18英寸）］。

　c. 公主缝荷叶边［如从肩到腰的公主线长度为43.2cm（17英寸）］。

② 确定圆形样板的尺寸。用第一步测量所得数据，减去2.5cm（1英寸），再除以6。计算出数据以备下步使用。

　a. 袖窿荷叶边：（61cm−2.5cm）/6=9.75（cm）。

　b. 领口荷叶边：（45.7cm−2.5cm）/6=7.2（cm）。

　c. 公主缝荷叶边：（43.2cm−2.5cm）/6=6.8（cm）。

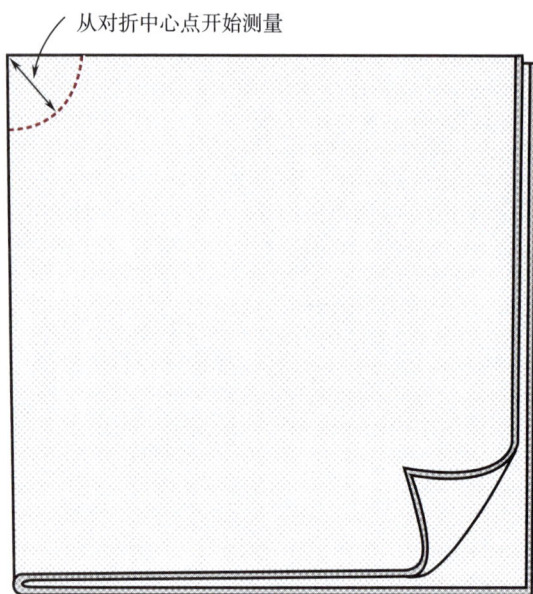

从对折中心点开始测量

图8-4

3 将白坯布对折后，沿另一方向再对折。

4 从对折中心点开始，用直尺或者皮尺，量出第二步计算出的数据，并做标记。以此值为半径、以对折中心点为圆心，做1/4圆。

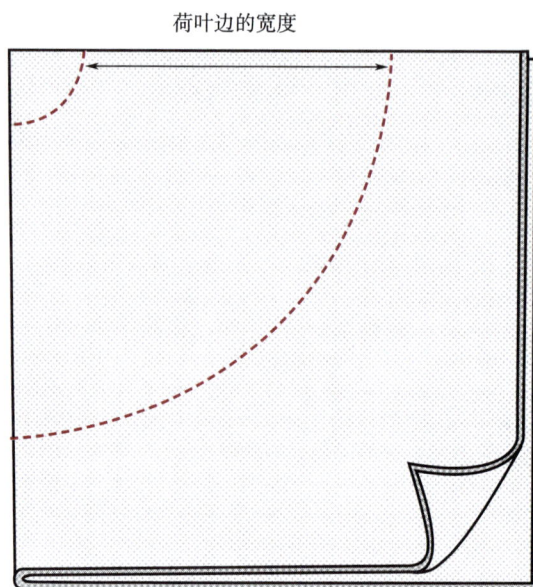

荷叶边的宽度

图8-5

5 确定所需要荷叶边的宽度，再加5.1cm（2英寸），用此值为半径，做上一步的同心圆。

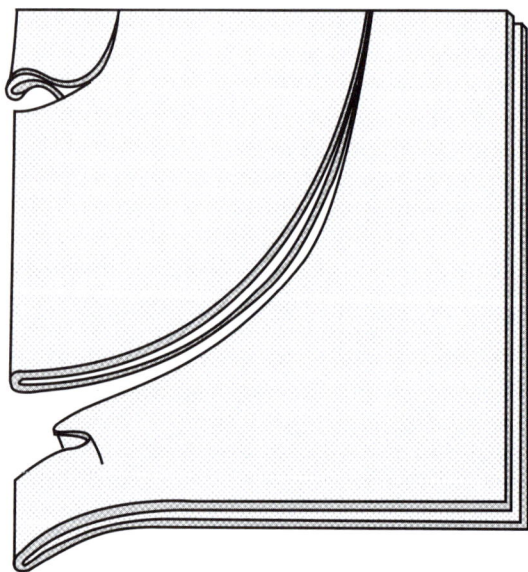

图8-6

6 沿两个圆周线裁剪面料。

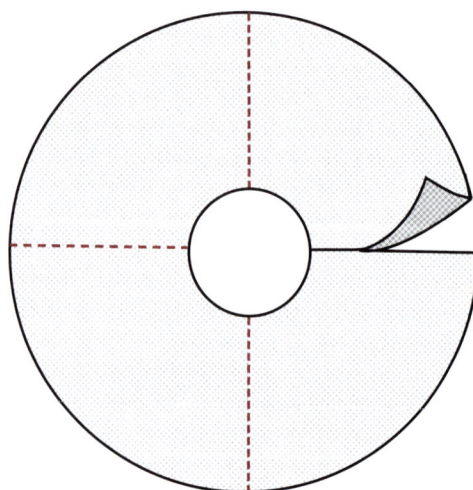

图8-7

7 展开面料成为一个整圆，沿其中一条折线剪开半径。

圆形荷叶边：立裁步骤

① 将圆形面料样片与人台上的设计线对齐别针固定，每2.5cm（1英寸）别一针。

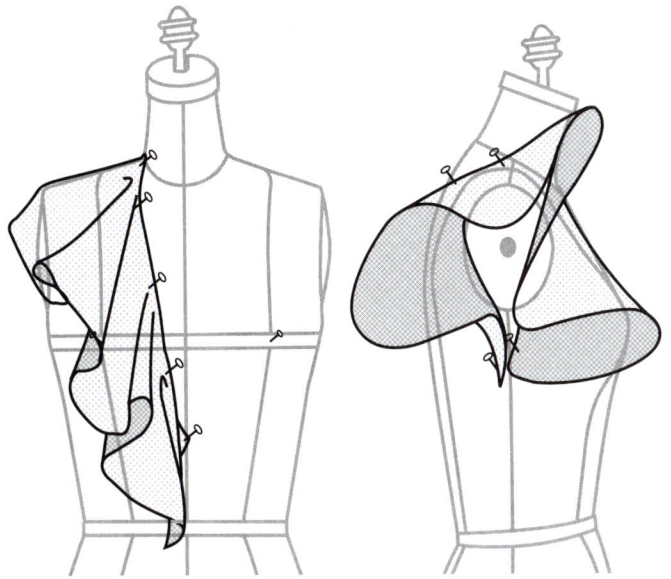

图8-8

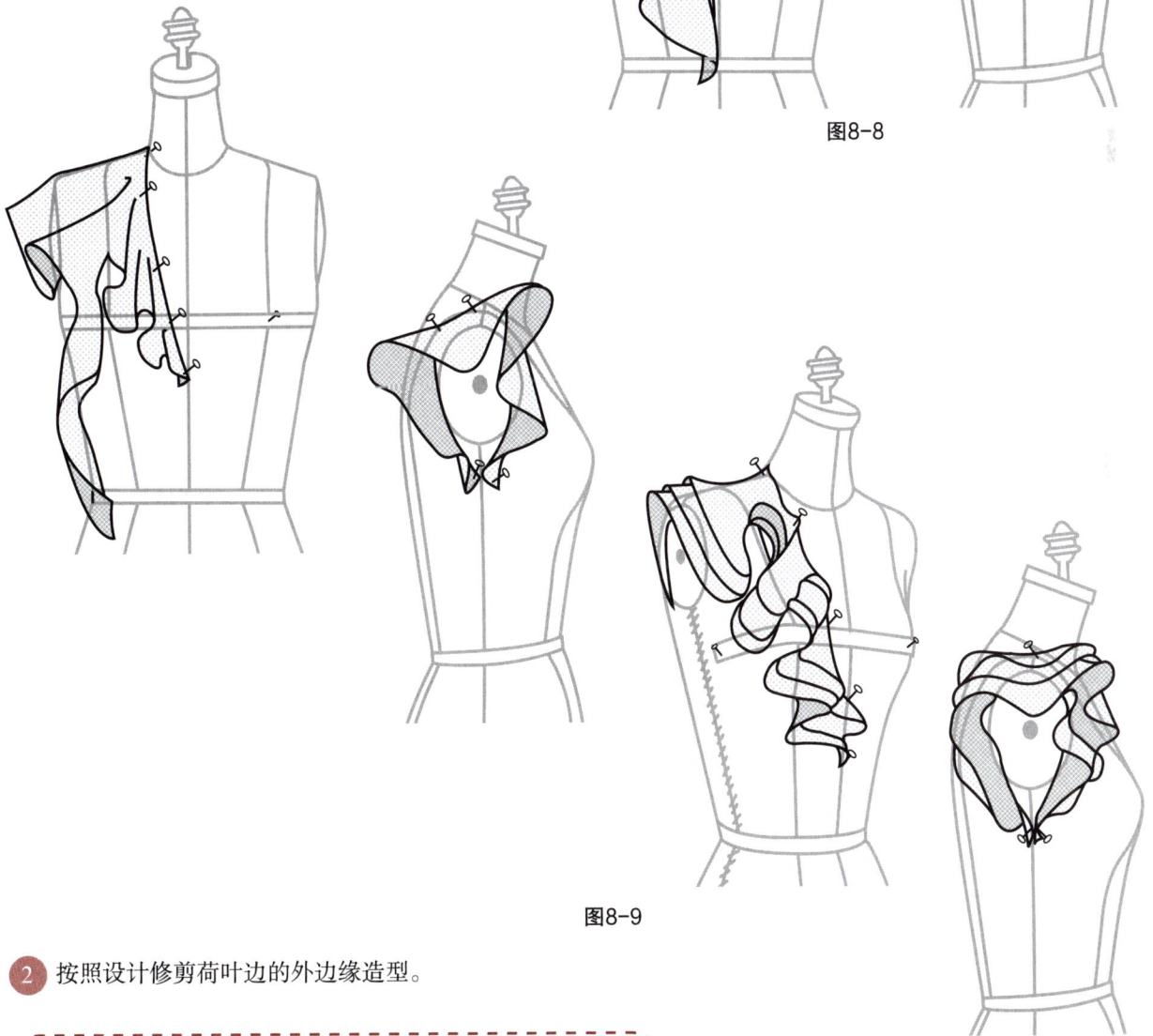

图8-9

② 按照设计修剪荷叶边的外边缘造型。

注 如果是多层荷叶边设计，要对每一层分别进行修剪，每层的宽度往往不一样。

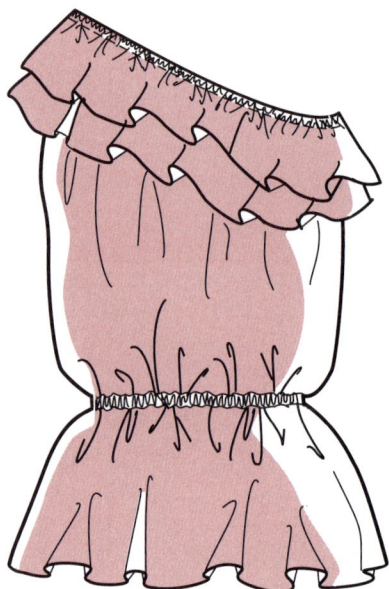

图8-10

抽褶圆形荷叶边

有时需要将荷叶边的褶皱设计得更丰满、体量更大一些。为了获得这样的效果，可以按下述方法进行样板的变换，将荷叶边的缝合边加长两倍，抽缩后再缝合到设计线上。由于荷叶边一般都与直线型设计线相缝合，缝合后就会产生层叠丰满的褶皱效果。

面料准备

1. 折叠面料，确定圆形样板的尺寸，裁剪出样板。见上一节圆形荷叶边的设计方法。
2. 根据需要的丰满度进行切展加量。将圆形样片铺平，从内环向外环切展加量。（通常内环弧线的加长量为原长的0.5~1倍）。
3. 修剪新样板，并裁剪面料。
4. 缩缝面料的内圈弧线，使其与要缝合的设计线等长。

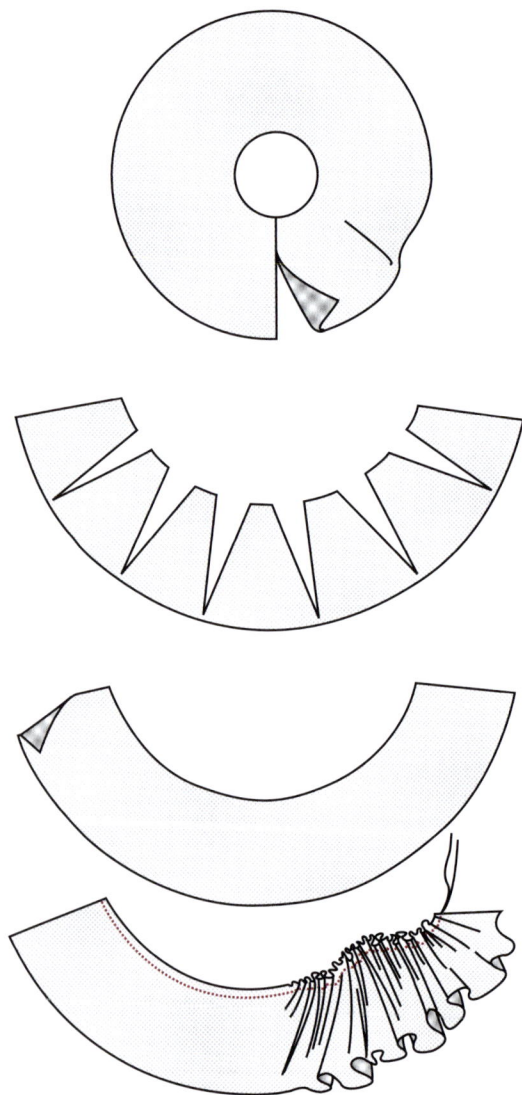

图8-11

抽褶圆形荷叶边：立裁步骤

① 将抽缩后的荷叶边面料与人台上的设计线对齐
　别针固定，每2.5cm（1英寸）别一针。

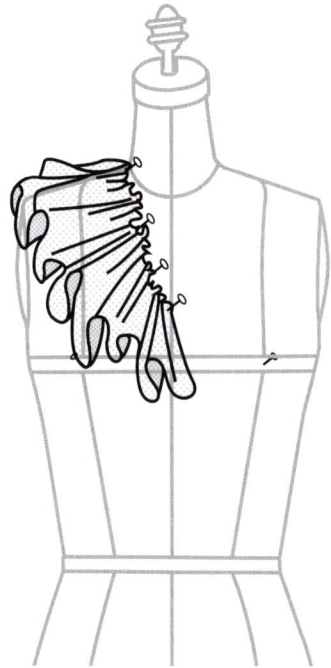

② 按照设计要求修剪荷叶边的外边缘造型。

图8-12

注　依据设计需求，如果是多层荷叶边时，要对每一
　　层分别进行修剪，每层的宽度往往不同。

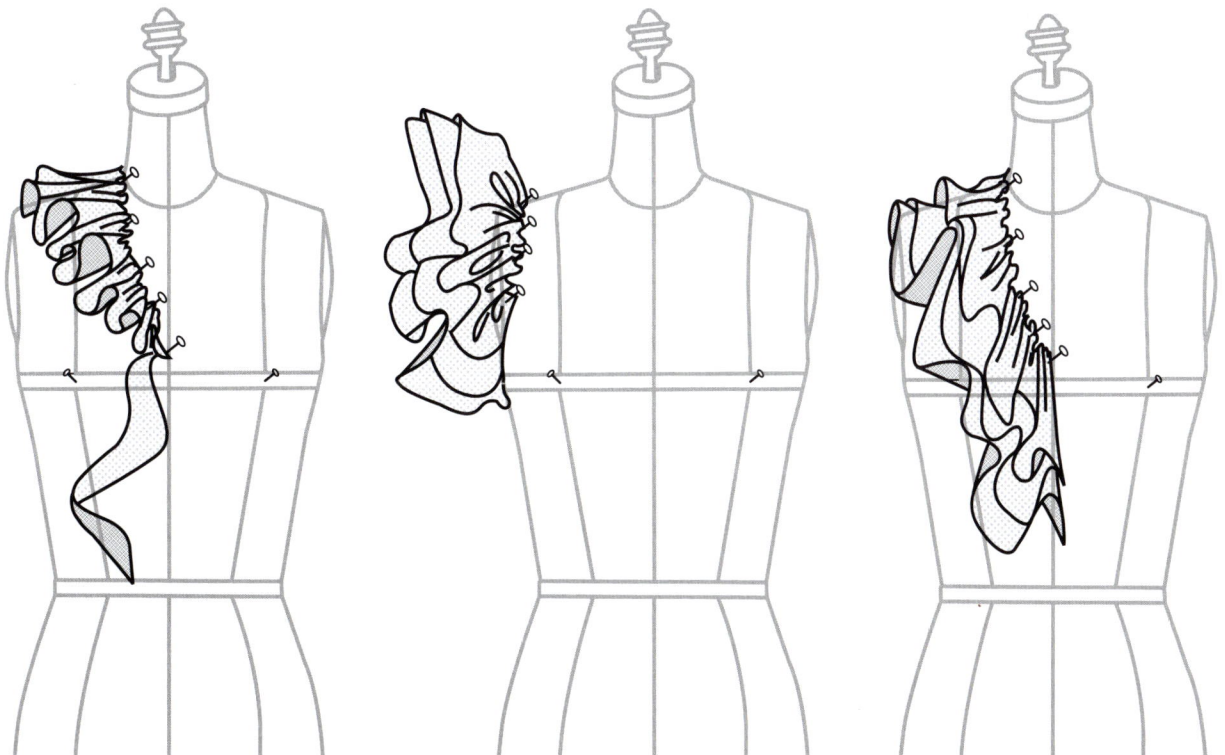

图8-13

图8-14

腰部装饰褶

　　腰部装饰褶是指在上衣的腰围线或者夹克的下摆处，接缝一块面料形成喇叭的造型。腰部装饰褶的面料样板一般是圆形的，装到衣身上后形成立体的喇叭状。腰部装饰褶的设计给传统的服装增加了活力。随着设计师周期性的对这种造型的青睐，腰部装饰褶设计也在时尚的舞台上时隐时现。

1 与上面圆形荷叶边的立裁方法相同，测量服装上要缝合装饰褶的设计线长度。腰部装饰褶常常用于连衣裙、上衣或者衬衫的腰围附近。

2 确定内圆的尺寸，用上一步所测数据减2.5cm（1英寸），再除以6。例如：（68.6cm-2.5cm）/6=11（cm）。

3 按照前面所述方法，用装饰边的宽度和上一步计算所得数值绘制圆形样板。

4 将装饰边安装到衣身的设计线上，并修剪外边缘造型。

　　a. 如果需要更多更丰满的褶量，可从圆形样板的外圆向内圆做切展加入褶量。

　　b. 如果需要更少更简约的褶量，可从圆形样板的外圆向内圆剪开后合并一定的量。

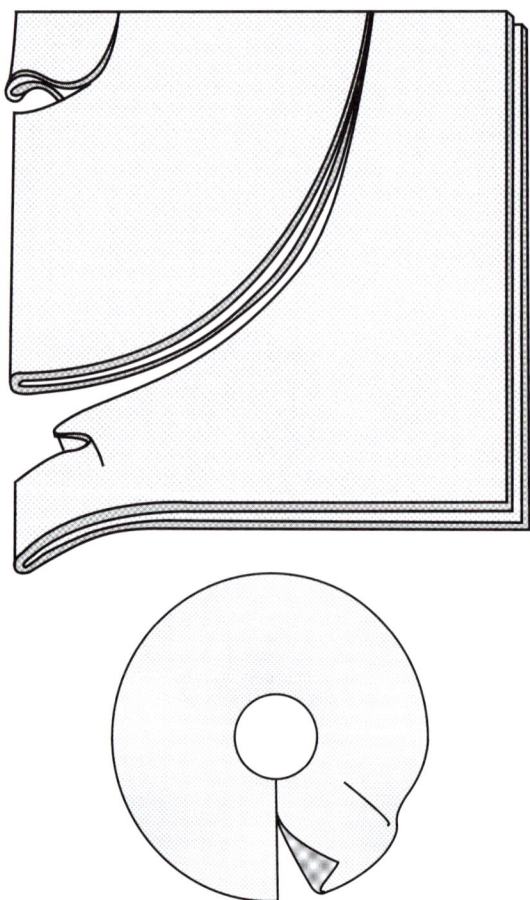

图8-15

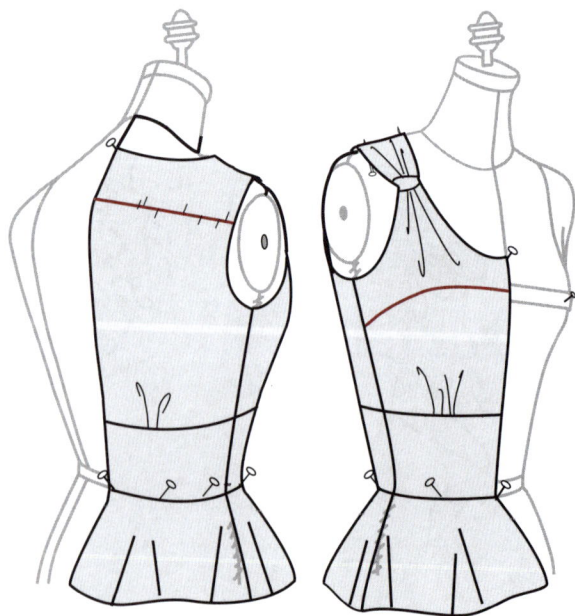

图8-16

⑤ 将装饰边从人台上取下，修剪侧缝边。

⑥ 准备前片（从前中到侧缝）腰部装饰边样板。

⑦ 准备后片（从后中到侧缝）腰部装饰边样板。通常后中线处是双折边、不破缝，而前片是破缝线。

⑧ 将装饰边组装后别到人台上。别合前、后侧缝，并将装饰边与衣身组装别合。检查装饰褶的长度及活动性。

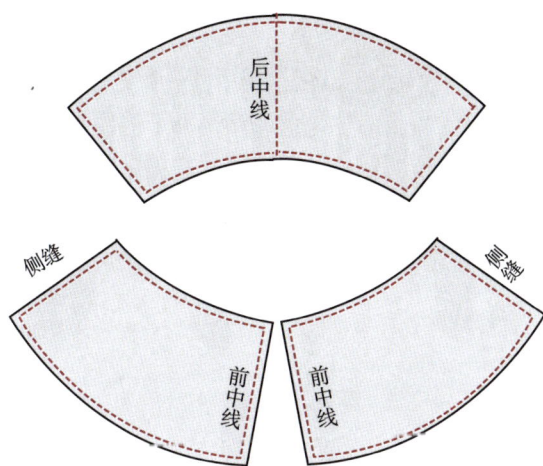

图8-18

图8-17

抽褶设计

抽褶造型给人一种轻柔、浪漫、妩媚的感觉。多用于领口、领子、短裙、袖口等处。缩褶灵活易变换，可以和直线、曲线以及有角度的各种线条缝合。

抽褶造型的形成是将直条型面料缩缝后再与设计线缝合。基于面料种类和服装款式的不同，抽褶的宽窄、长短及层数均可变化。一般抽褶面料所需长度是与之缝合的接缝长度的1.5~2倍。

这款连衣裙讲述了如何在领口和裙身上做抽褶设计。

图8-19

立裁步骤

① 测量服装上要缝合抽褶的设计线长度。

② 设计抽褶量。
  a. 若取第一步所测量长度的两倍，即为最大抽褶量（2∶1）。
  b. 若取第一步所测量长度的1.5倍，即为最小抽褶量（1.5∶1）。

③ 确定装饰边的宽度，依据服装的比例而设计。

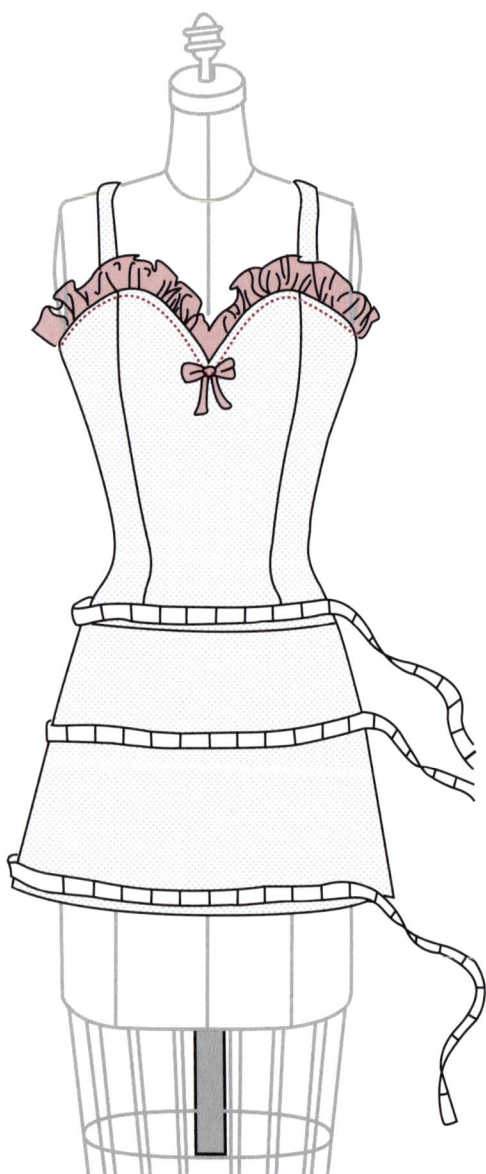

图8-20

国际服装立裁设计：美国经典立体裁剪技法（原书第5版）

4 将所设计的抽褶用料长度和宽度在面料上裁剪出，抽褶边的宽度是面料的经纱方向，即在纬纱方向上抽褶，这样会使褶皱更加干净均匀。

5 抽缩面料，直到与接缝等长。并将褶皱装饰边别针固定到服装的相应位置。

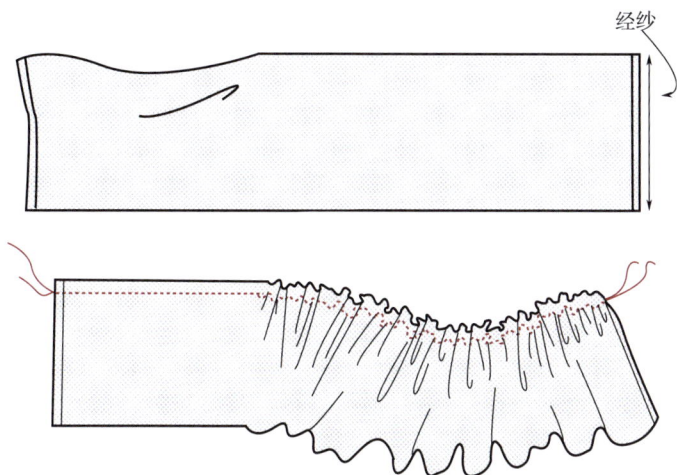

图8-21

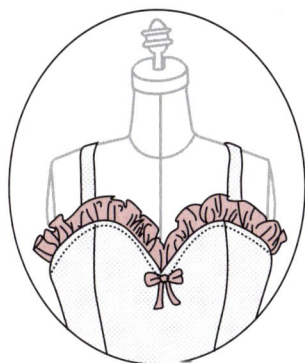

注　如果抽褶布条的长度超过了面料的幅宽，则需要裁剪成几条进行拼接。

抽褶造型种类

» 有的抽褶像婴儿服装的下摆卷边一样，多位于服装的外边缘上。

» 有的抽褶采用双倍宽度的面料，将其对折，将两个毛边一起抽缩后与设计线缝合，省去了包边处理。

» 有的采用双重抽褶技术。

图8-22

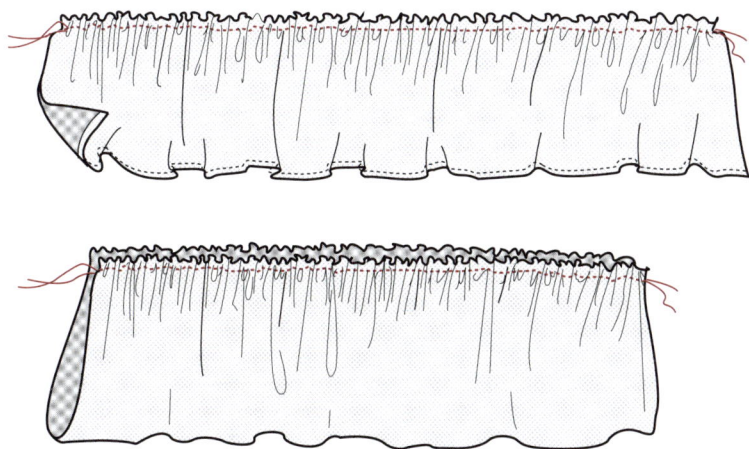

图8-23

第9章
公主线款式服装设计

» 公主线服装衣身基本款
» 公主线上衣、衬衫
» 无袖公主线连衣裙
» 落肩公主线上衣
» 公主缝的合体性

有公主线款式的服装是指衣身上有竖直方向的设计线，将衣身分成几个独立的样片。当各样片缝合到一起时，就会形成类似于紧身胸衣的造型，成衣上有纵向的接缝。典型的公主线结构是从肩线或袖窿到腰线的一条纵向分割线，衣身收腰合体。这条分割线一般都过胸高点，可以取代省道的作用。后衣身公主线的造型一般依照前衣身的设计而定。

　　有公主线结构的款式变化丰富。本章列举的几款有典型的公主线结构款式服装，如收腰紧身衣、肩线公主线衬衫、无袖公主线连衣裙、落肩公主线上衣等。通过这些精彩的案例，将引导设计师挑战更复杂的有公主线款式，如紧身胸衣、廓型连衣裙等。

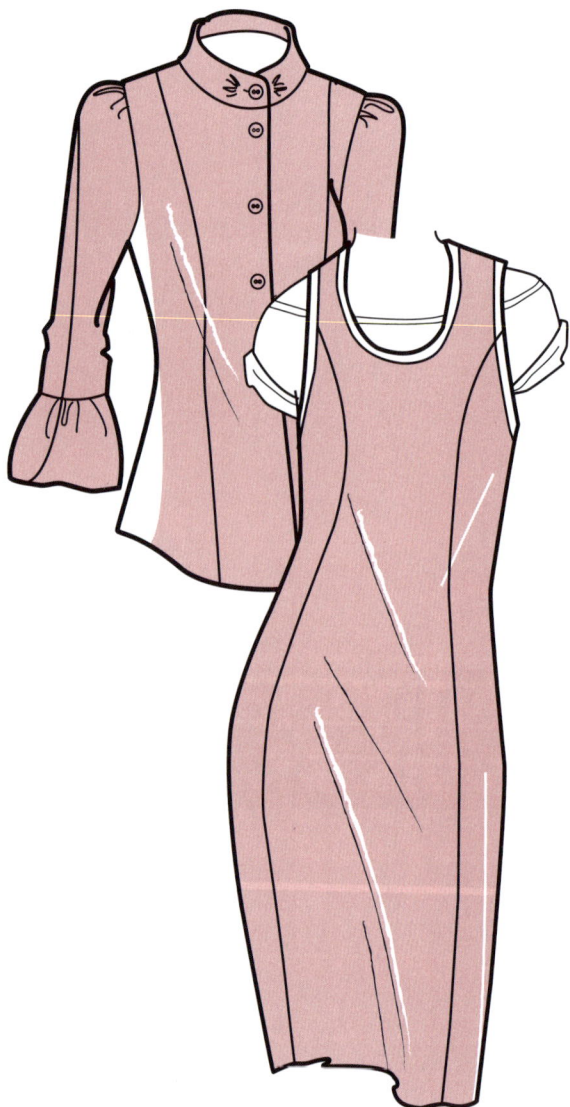

图9-1

目标

　　通过本章内容，读者将学会公主线结构的立裁、造型、拓板等相关内容和技法。各款式的案例为读者提供了理解公主线造型的机会以及相关立裁技法的训练。同时，也能激发读者对其他公主线造型的创作力。

　　通过这部分立裁技法的学习，读者应具备以下能力。

» 根据人体体型特征设计前、后衣身的公主线结构。

» 基于合体性、悬垂性、平衡性及比例等因素去深入理解公主线结构。培养各种公主线造型的模仿力和创作力。

» 能够基于公主线结构的前胸围线、后背宽线、侧缝线来确定面料的经纬纱向。

» 能够分别对腰部合体型和非合体型的公主线结构进行立体裁剪与造型。

» 在公主片上做喇叭型设计。

» 对前、后公主片进行拓板，正确处理松量、袖窿尺寸、腰部造型、尺寸和平衡性等问题。

» 检查公主线造型的立裁效果，校核合体性、悬垂性、平衡性、比例及拓板等相关问题。

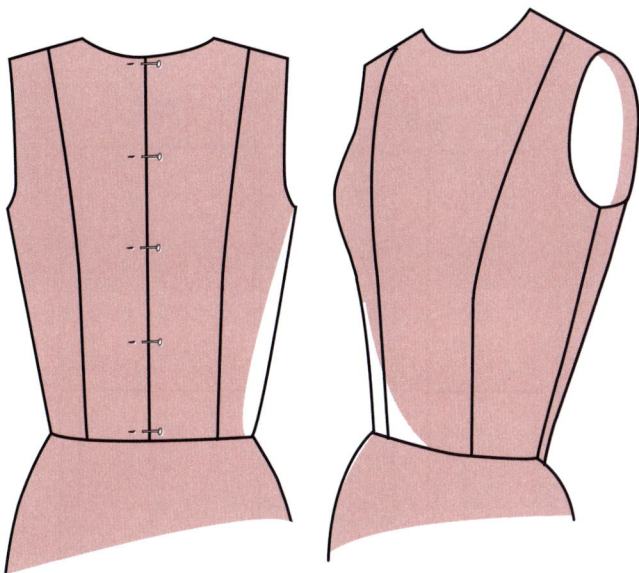

图9-2

公主线服装衣身基本款

不用省道，而是通过衣身上的竖直分割线塑造的合体型衣身结构，称为有公主线衣身。公主缝形成的原理是将衣身的肩省和腰省都在公主缝中收去。竖直公主线将衣身分成几片，当各样片缝合起来时，其造型与原型衣类似，仅是衣身上有一条竖直接缝而已。

面料准备

① 测量人台前中线和后中线（沿经向）从颈口到腰围线的竖直长度，再加12.7cm（5英寸），在面料上沿经纱方向量取相同的长度，打剪口并撕开面料。

② 平分面料。将面料的布边对齐双折，沿经向平分撕成两半。

一块用于前片，另一块为后片。

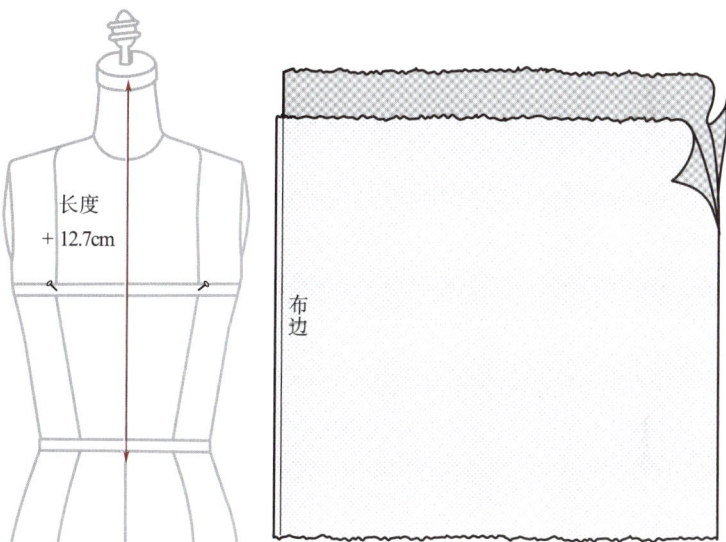

图9-3

③ 取第①、②步所得面料的其中一块，确定前中片的宽度。

沿人台胸围线测量从前中线到公主线之间的宽度（沿纬向），再加10.2cm（4英寸），在面料上量取相同宽度并撕开。

剩余面料为前侧片。

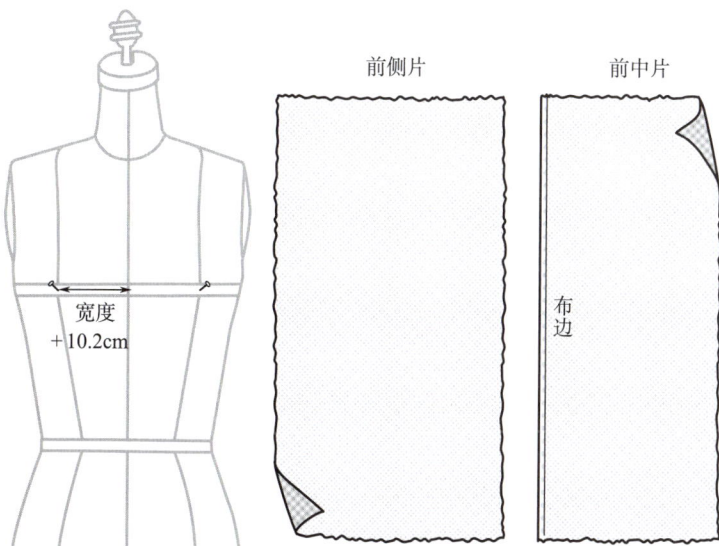

图9-4

第9章　公主线款式服装设计

167

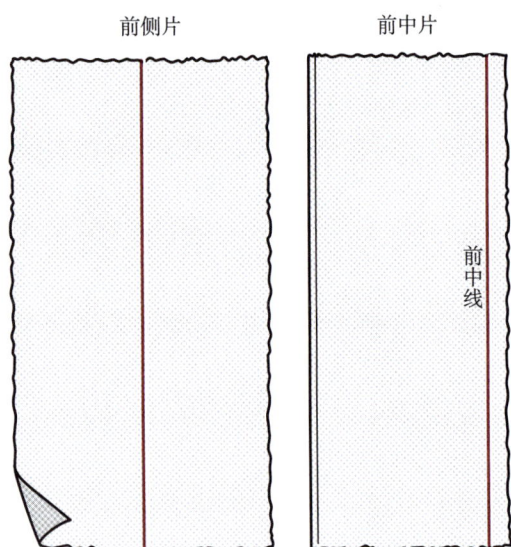

前侧片　　　前中片

前中线

图9-5

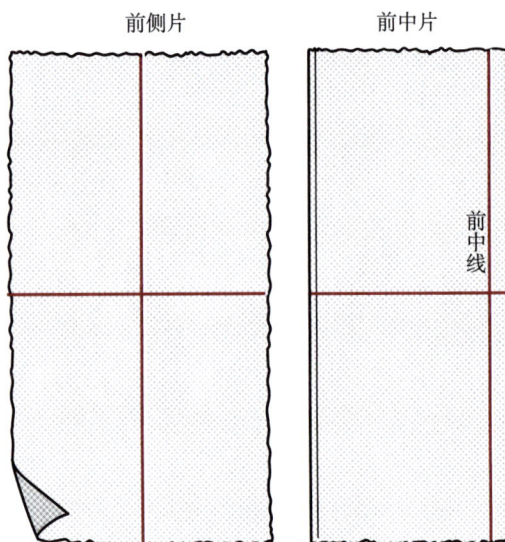

前侧片　　　前中片

前中线

图9-6

4 在前中片上画出经向线。

　a. 距离撕开的布边2.5cm（1英寸）沿经纱方向做一条竖直线为前中线，折倒缝份并熨烫平整。

　b. 在前侧片的中间沿经纱方向画一条竖直线。

5 在前中片和前侧片的中间沿纬纱方向画一条水平线（纬向）。

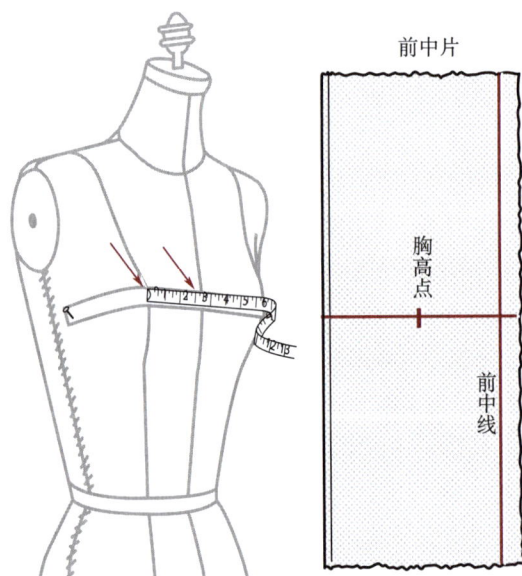

前中片

胸高点

前中线

图9-7

6 标记胸高点。

　a. 测量人台从前中线到胸高点的水平距离。

　b. 在前中片的水平线上测量相同距离，标记胸高点位置。

7 取第①、②步所得的另一块面料为后片，确定后中片的宽度。

沿人台背宽线测量从后中线到公主线之间的宽度，再加10.2cm（4英寸），在面料上量取相同宽度并撕开。

剩余部分面料为后侧片。

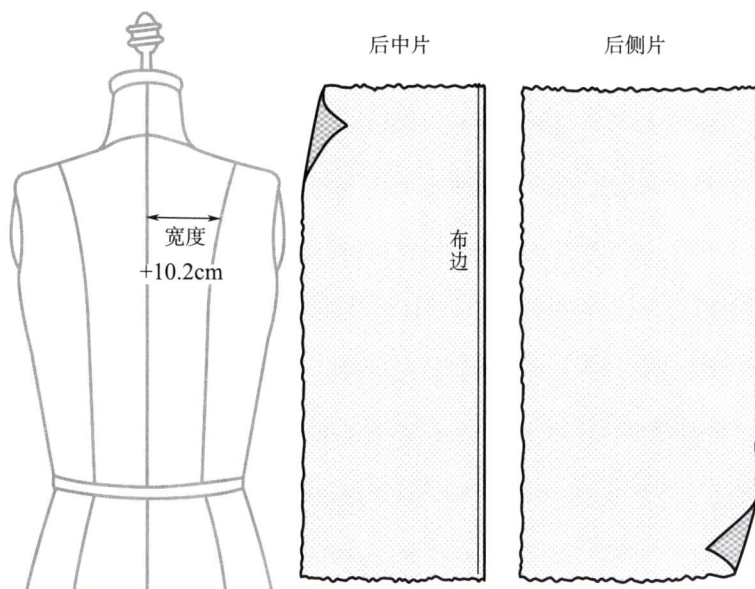

图9-8

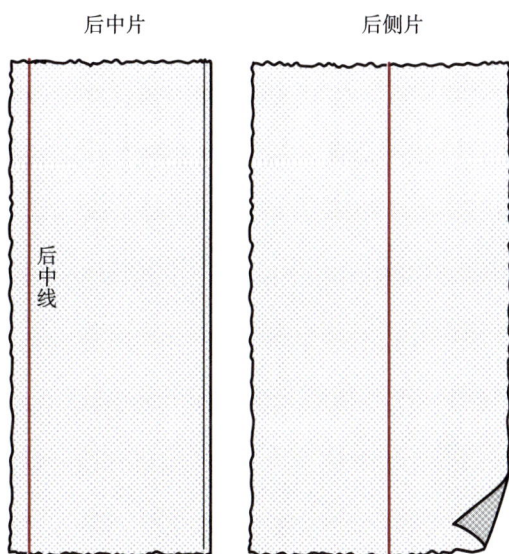

图9-9

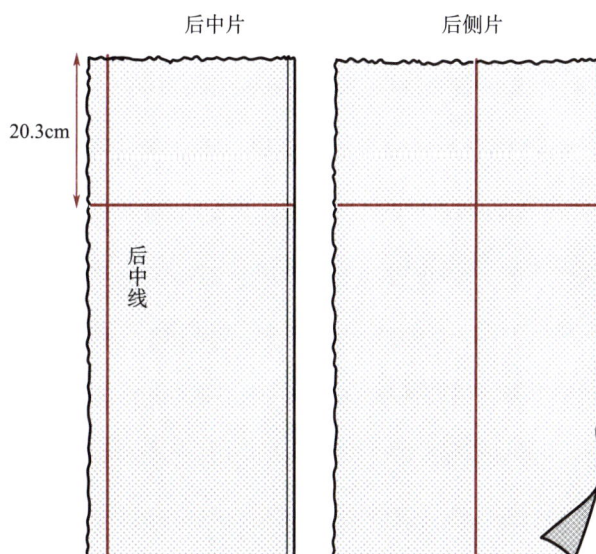

图9-10

8 在后中片上画出经向线。

a. 距离撕开的布边2.5cm（1英寸）沿经纱方向画一条竖直线为后中线，折倒缝份并熨烫平整。

b. 在后侧片的中间沿经纱方向画一条竖直线（经向）。

9 在后中片和后侧片上，从上向下量取20.3cm（8英寸）画一条水平线。

公主线衣身基本款：前中片立裁步骤

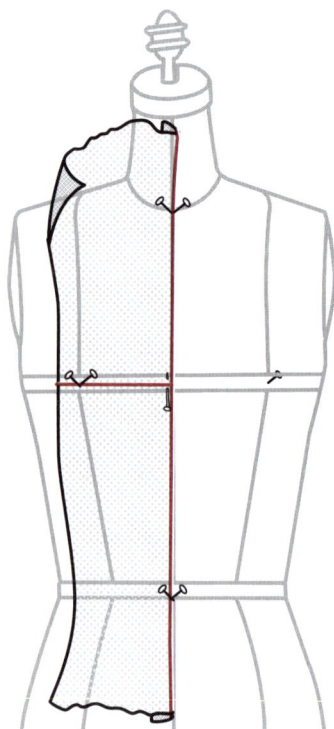

图9-11

1. 面料上的胸高点标记与人台上的胸高点对准用别针固定。

2. 面料上的前中折线对准人台上的前中线，别针固定。分别在前颈点和前腰点用别针固定，在胸带上再别一针固定。

3. 立裁前领口，修剪颈部多余面料，在缝份上等间隔地打上剪口。将领口弧线整理到正确的位置。

4. 从侧颈点向公主线抚平肩线，别针固定。

5. 沿腰围线从前中线向体侧方向抚平面料，一直抚过公主线，别针固定。

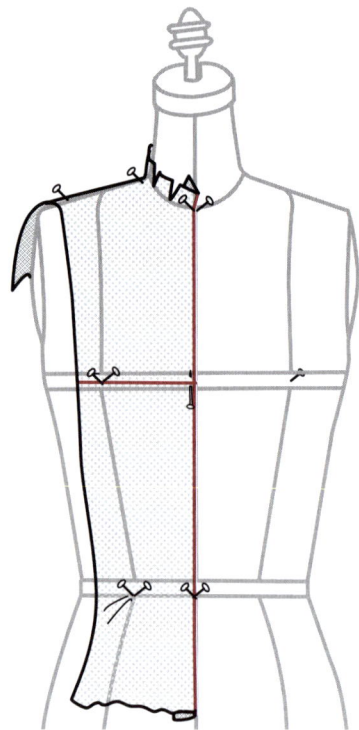

图9-12

前中片

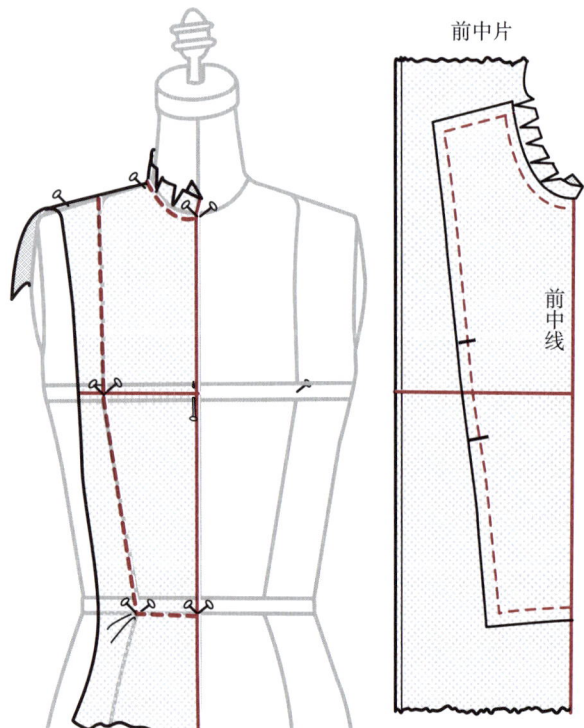

图9-13

6. 在前中片上标记出与人台对应的关键点。

   a. 领口线：用虚线轻轻描出。

   b. 肩线：用虚线轻轻描出。

   c. 腰围线：用虚线轻轻描出。

   d. 公主线和对位点：在公主线的胸高点上下各5.1cm（2英寸）做标记。

7. 前中片拓板。加放缝份，修剪多余面料。再将修剪好的样片别回人台。

公主线衣身基本款：前侧片立裁步骤

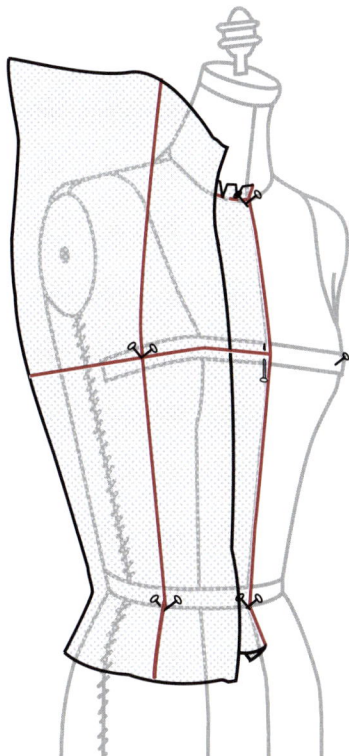

图9-14

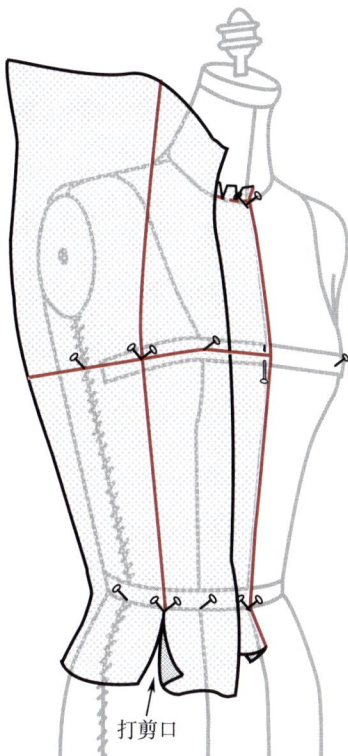

打剪口

图9-15

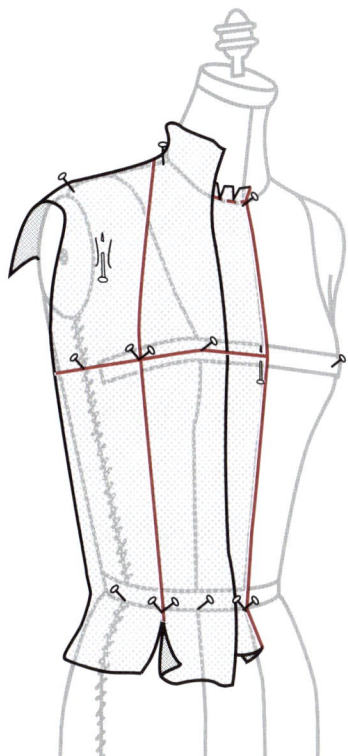

图9-16

① 前侧片面料中间的经纱线与人台上的公主面中线对齐固定。

② 前侧片面料上的水平线与前中片的胸围线对齐，在胸围线上别针固定；前侧片中线与腰围的交点再别针固定。

③ 在腰围线的公主面中线处从下向上打剪口，一直打到腰带处。

④ 整理固定腰线。从前侧片中线开始沿腰围线分别向侧缝和公主线捋平面料，别针固定腰围线。

⑤ 整理固定侧缝。从前侧片中线向侧缝捋平面料，操作过程中不要使中线偏离位置。别针固定侧缝线。

⑥ 继续向上捋平整个袖窿周围面料，在袖窿中部前腋点附近留0.6cm（1/4英寸）的松量，并别针固定这一松量。

⑦ 从胸围线向上捋平衣身面料，一直捋过肩线。

注 胸围线以上，前侧片中线将向颈部倾斜。

8 整理固定公主线。从前侧片中线向公主线捋平面料，将平公主线上两对位点之间的面料。

注 水平胸围线上会有少许面料余量，将其处理成公主缝上两标记点间的吃缝量。

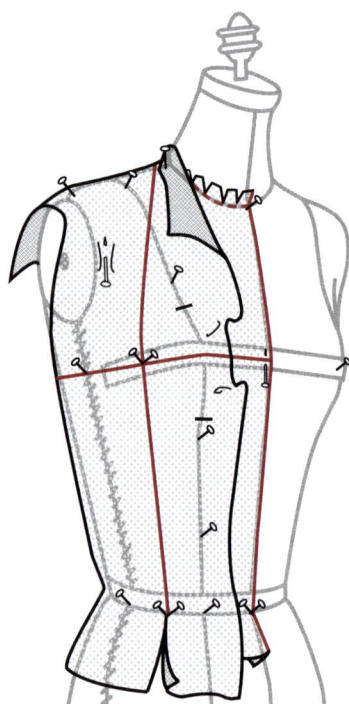

图9-17

9 在前侧片上标记出与人台对应的所有关键点。
   a. 公主线和对位点：与前中片对应的对位标记。
   b. 袖窿：
   » 肩端点。
   » 袖窿前腋点0.6cm（1/4英寸）的松量处。
   » 袖窿腋下点。
   c. 肩线。
   d. 侧缝。
   e. 腰围线。

10 拓板。从人台上取下前侧片，画顺所有线条。加放缝份，做出前袖窿对位点，修剪多余面料。再将修剪好的前侧片与前中片别合，穿回到人台上，检查所有的接缝、对位点、合体性以及平衡性等是否到位。

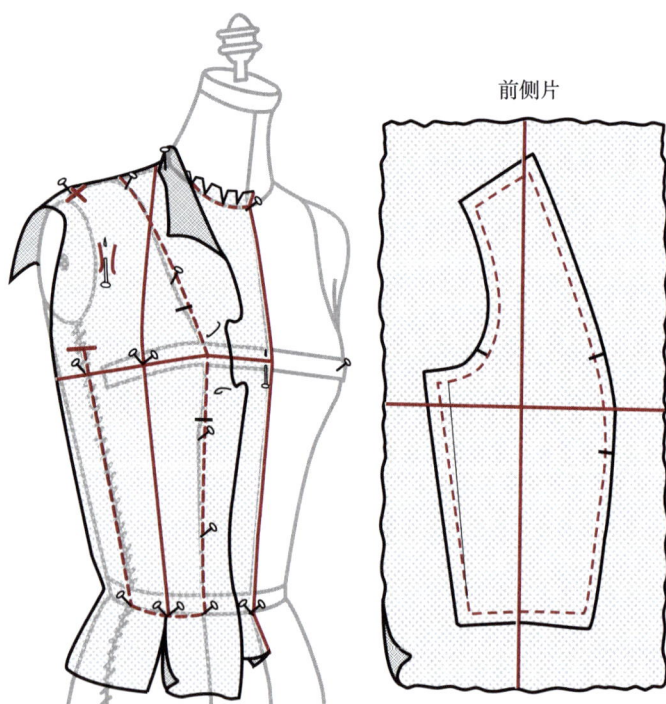

前侧片

图9-18

公主线衣身基本款：后中片立裁步骤

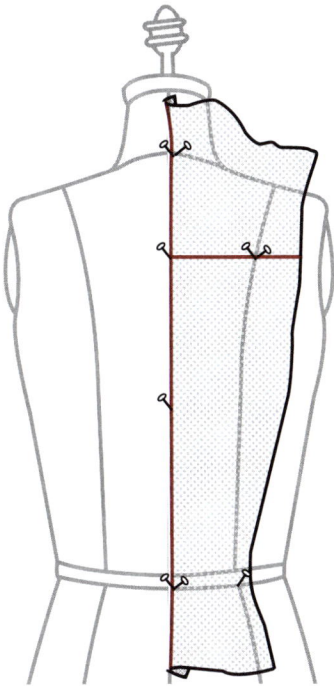

图9-19

① 面料上后中折线对准人台上的后中线，别针固定。

② 面料上的水平线对齐人台上的背宽横线，别针固定。

③ 从后中线向公主线捋平腰部面料，别针固定腰围线。

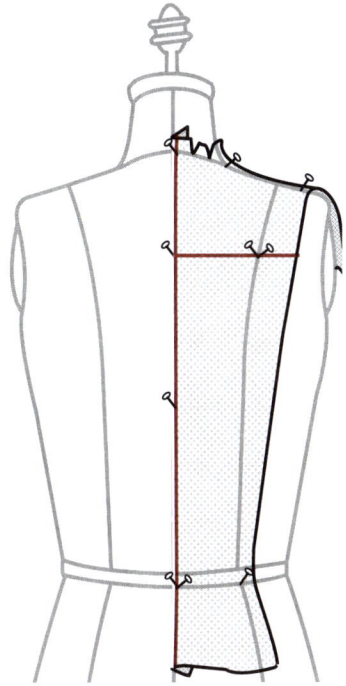

图9-20

④ 整理立裁后领口。捋平后领口，修剪后颈部多余面料，在缝份上等间隔地打上剪口。

⑤ 捋平后肩线上面料，别针固定肩线。

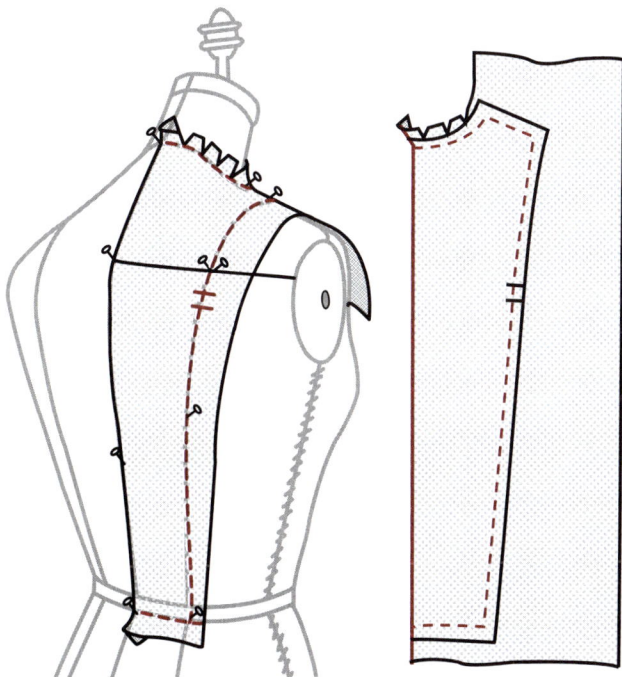

图9-21

⑥ 在后中片上标记出与人台对应的所有关键点。

　a. 领口线。

　b. 腰围线。

　c. 肩线。

　d. 后公主线和对位点：在后背处做双对位标记。

⑦ 拓板。从人台上取下后中片，画顺所有线条，加放缝份，修剪多余面料。再将修剪好的后中片别回到人台上。

公主线衣身基本款：后侧片立裁步骤

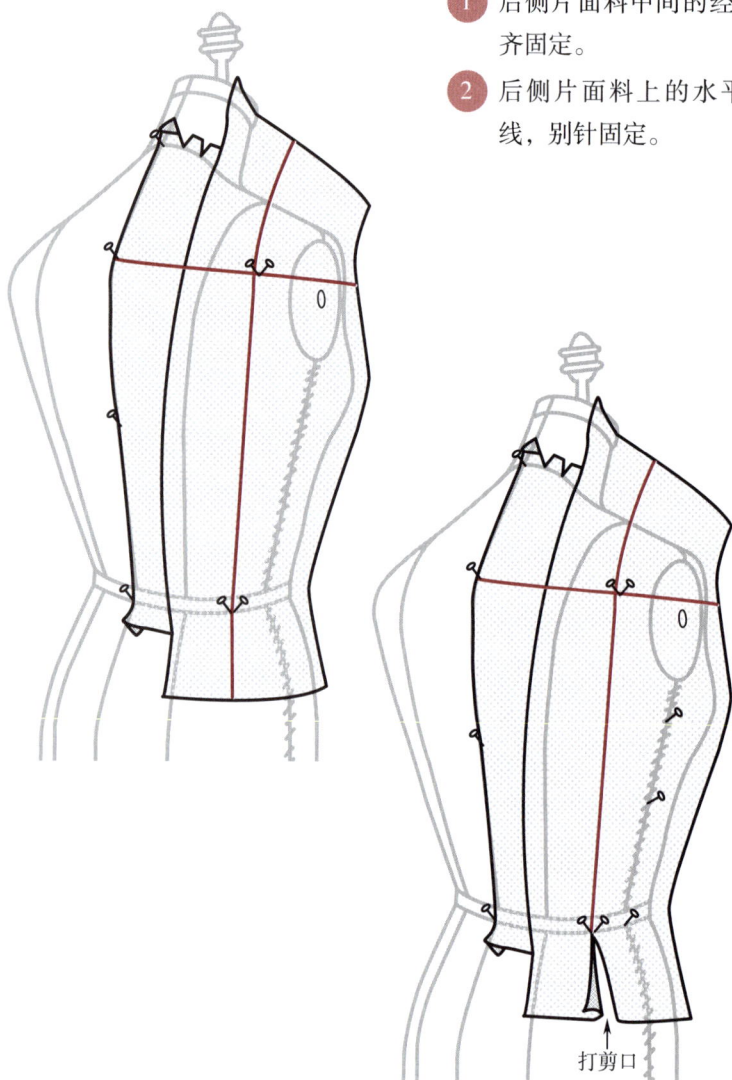

1. 后侧片面料中间的经纱线与人台公主面中线对齐固定。
2. 后侧片面料上的水平线对齐人台上的背宽横线，别针固定。

3. 在腰围线下的后侧片中线处自下向上打剪口，一直打到腰带位置。
4. 整理立裁腰围线。沿腰围从后侧片中线分别向侧缝和公主线捋平面料，别针固定腰围线。

打剪口

图9-22

5. 从背宽横线向上捋平衣身面料，一直捋过肩线，整理固定肩线。
6. 整理固定侧缝。从后侧片中线向侧缝方向捋平面料，别针固定侧缝。操作过程中不要使中线偏离位置。
7. 整理固定公主线。从后侧片中线向公主线捋平面料，操作过程中不要使中线偏离位置，别针固定公主线。

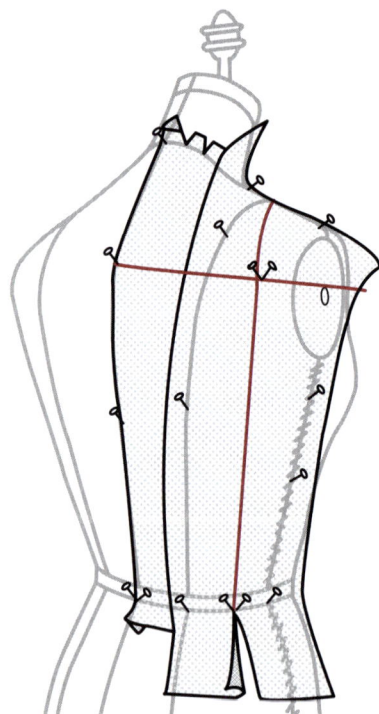

图9-23

注 后侧片中间的经纱线将向颈部倾斜（背宽横向以上）。

国际服装立裁设计：美国经典立体裁剪技法（原书第5版）

⑧ 在后侧片上标记出与人台对应的所有关键点。

   a. 公主线和对位点：做出与后中片对应的双对位标记。

   b. 袖窿：

    » 肩端点。

    » 袖窿后腋点。

    » 袖窿腋下点。

   c. 肩线。

   d. 侧缝。

   e. 腰围线。

⑨ 拓板。从人台上取下立裁样片，画顺所有线条。加放缝份，做出后袖窿的对位点，修剪多余面料。

后侧片

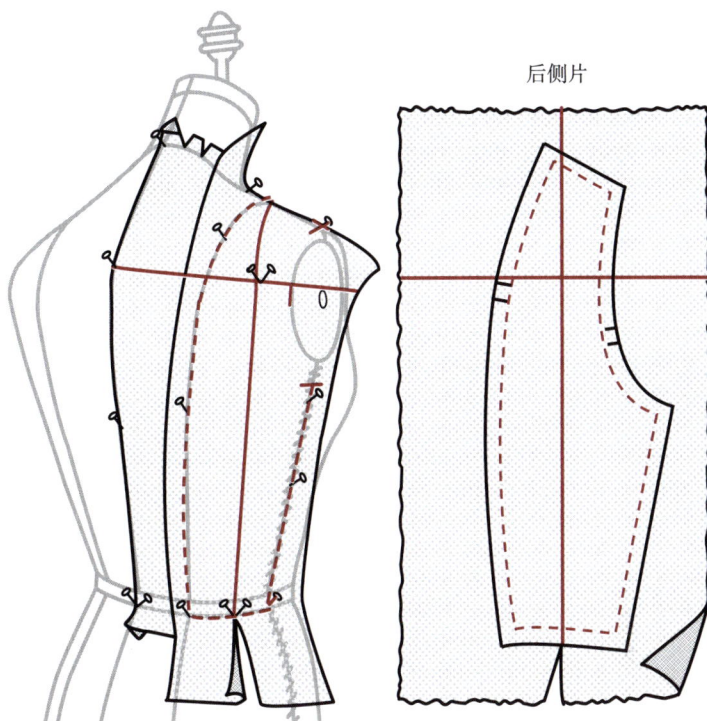

图9-24

⑩ 将所有样片别合组装到一起，再穿回到人台上，检查立裁造型的正确性、合体性及悬垂效果等。

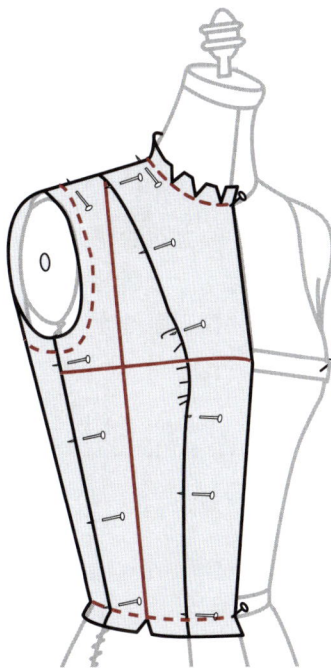

图9-25

公主线上衣、衬衫

有公主线上衣、衬衫的衣身上没有省道，而是通过纵向分割线将衣身的前、后片各分成两片。腰部也没有横向分割线，整个衣身线条修长。当所有衣片缝合起来时，其造型与全身式衣身原型类似，仅是带有竖直接缝而已。

有公主线上衣、衬衫是非常重要的经典款式，其造型干练、修长、苗条，掌握公主线上衣、衬衫的立裁技法有助于向其他类似款式拓展延伸。许多时尚的服装都常常采用这种结构，如西装、连衣裙、运动装单品等。许多设计师基于这款经典样板，创造出各种修身合体的流行款式。

图9-26

面料准备

1. 测量人台前中线和后中线（沿经向）从颈口到臀围线的竖直长度，再加12.7cm（5英寸），沿面料经纱方向量取相同的长度，打剪口并撕开面料。

2. 平分面料。将面料的布边对齐双折，沿经向平分撕成两半。其中一块为前片，另一块为后片。

3. 取第①、②步所得面料的其中一块，确定前中片的宽度。

   沿人台胸围线测量从前中线到公主线之间的宽度（沿纬向），再加10.2cm（4英寸），沿面料纬纱方向量取相同宽度，打剪口并撕开面料为前中片。

   剩余面料为前侧片。

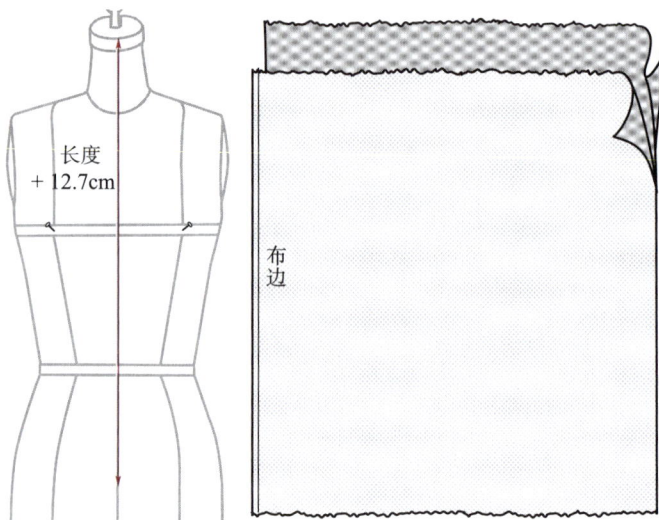

图9-27

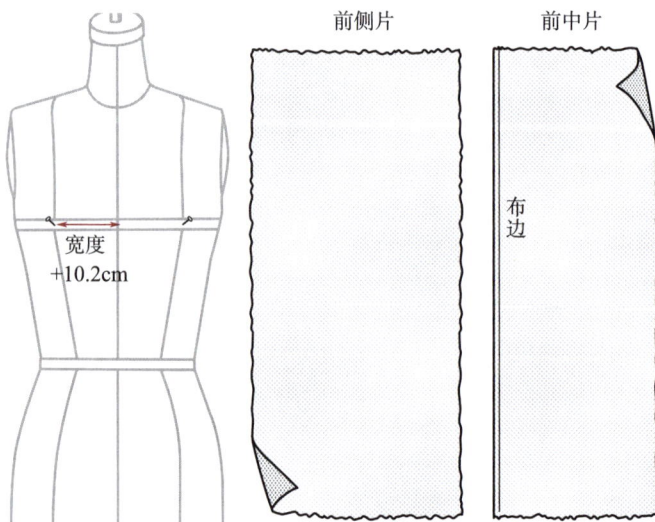

图9-28

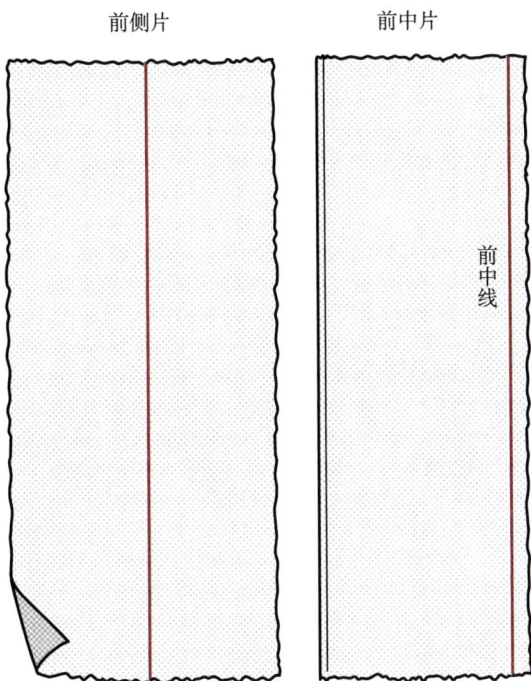

前侧片　　　　　前中片

前中线

图9-29

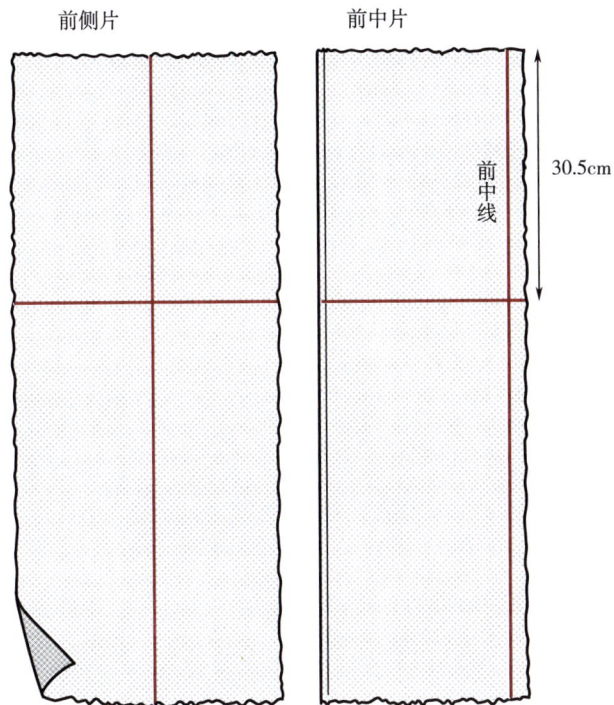

前侧片　　　　　前中片

前中线

30.5cm

图9-30

④ 在前中片上距离撕开的布边2.5cm（1英寸），沿经纱方向画一条竖直线为前中线。

⑤ 在前侧片的中间沿经纱方向画一条竖直线。

⑥ 在前中和前侧片上，从上向下量取30.5cm（12英寸），过此点沿纬纱方向画一条水平线。

⑦ 标记胸高点。

　a. 测量人台上从前中线到胸高点的水平宽度。

　b. 在前中片面料的水平线上测量相同宽度，标出胸高点。

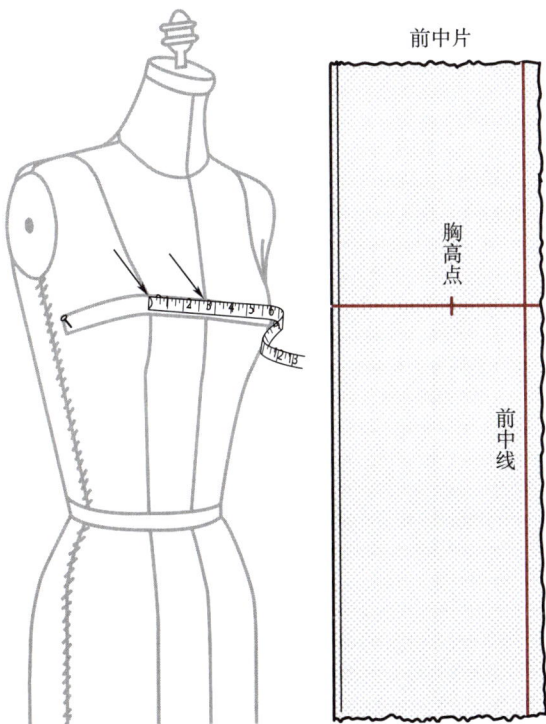

前中片

胸高点

前中线

图9-31

⑧ 取第①、②步所得面料的剩余一块，确定后中片的宽度。沿人台背宽横线测量从后中线到公主线之间的宽度，再加10.2cm（4英寸），沿面料纬向量取相同宽度，打剪口并撕开面料为后中片。
剩余部分为后侧片。

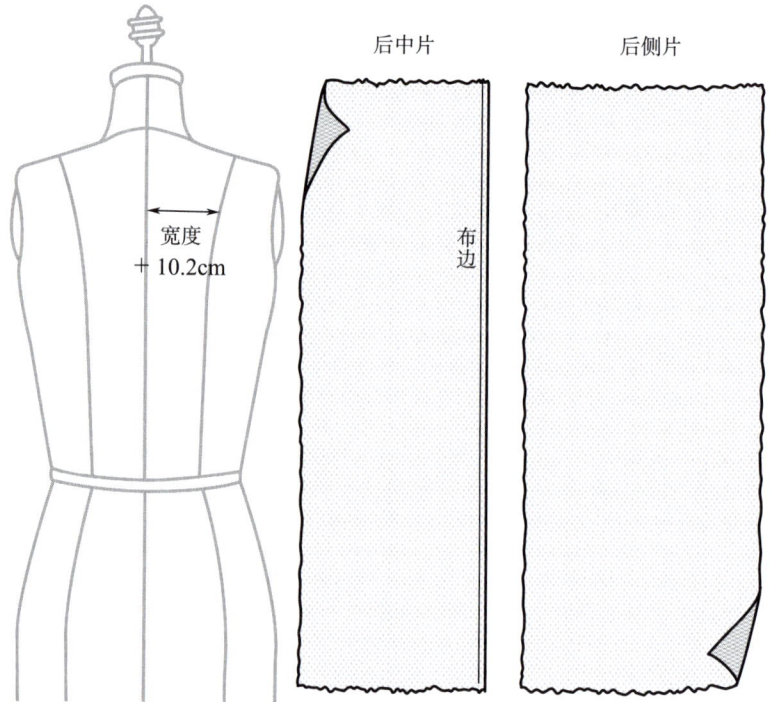

图9-32

⑨ 在后中片上距离撕开的布边2.5cm（1英寸），沿经纱方向画一条竖直线为后中线，折倒缝份并熨烫平整。

⑩ 在后侧片的中间沿经纱方向画一条竖直线。

⑪ 在后中片和后侧片上，从上向下量取20.3cm（8英寸），过此点做一条水平线。

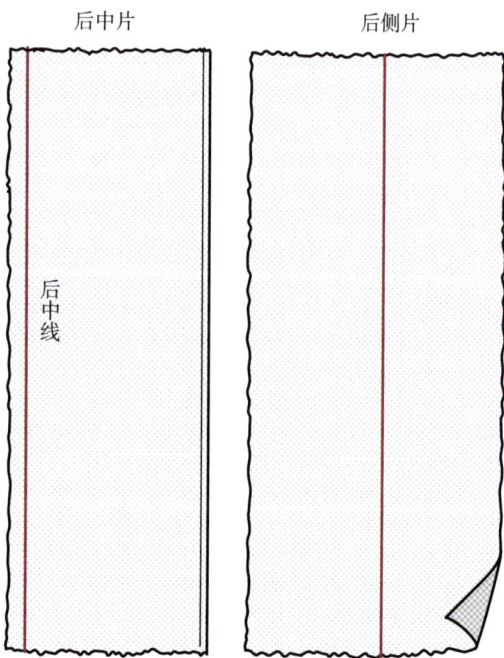

图9-33

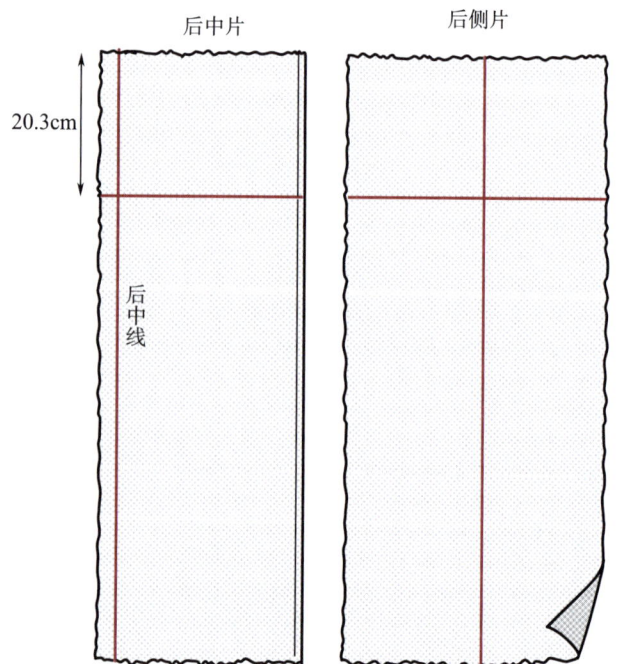

图9-34

国际服装立裁设计：美国经典立体裁剪技法（原书第5版）

公主线上衣、衬衫：前中片立裁步骤

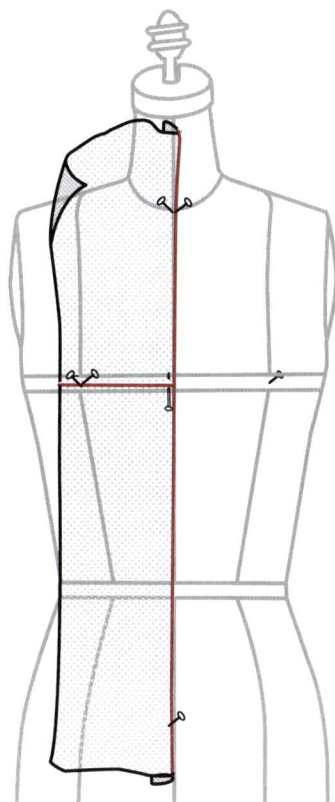

图9-35

1. 面料上的胸高点标记与人台上的胸高点对准别针固定。

2. 面料上前中折线对准人台上的前中线别针固定。分别在前颈点和前臀围中点各别一针固定，然后在胸带上再别一针固定。

3. 立裁前领口，修剪颈部多余面料，在缝份上等间隔地打上剪口。将领口弧线整理到位。

4. 从侧颈点到公主线方向整理肩线，别针固定。

5. 在公主线缝份的腰围处打剪口。

6. 整理固定公主线。从前中向公主线捋顺面料，别针固定。

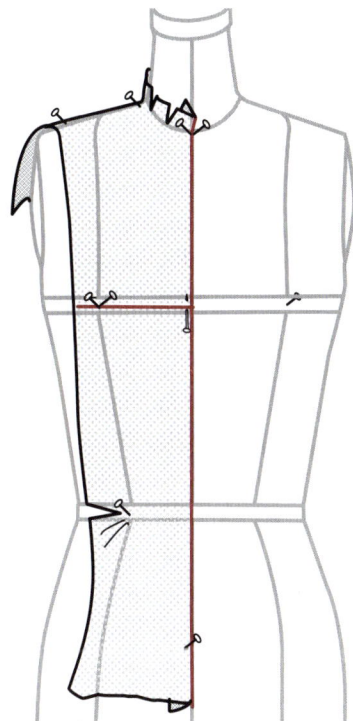

图9-36

> **注** 腰围处面料平服顺畅，但不紧绷。

7. 在前中片上标记出与人台对应的关键点。
   a. 领口线。
   b. 肩线。
   c. 公主线。
   d. 公主线对位点：在胸高点上下各5.1cm（2英寸）做标记。
   e. 底边线。

8. 前中片拓板。加放缝份，修剪多余布料。再将修剪好的前中片别回到人台上。

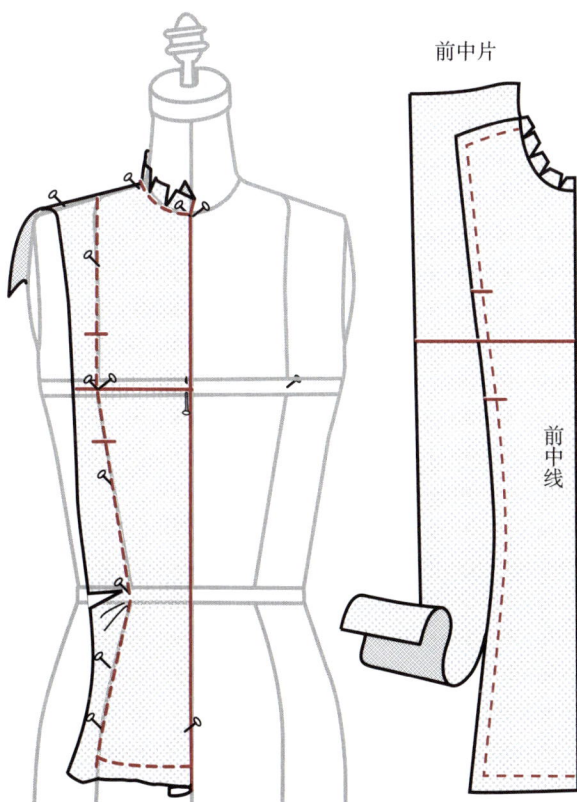

前中片

前中线

图9-37

公主线上衣、衬衫：前侧片立裁步骤

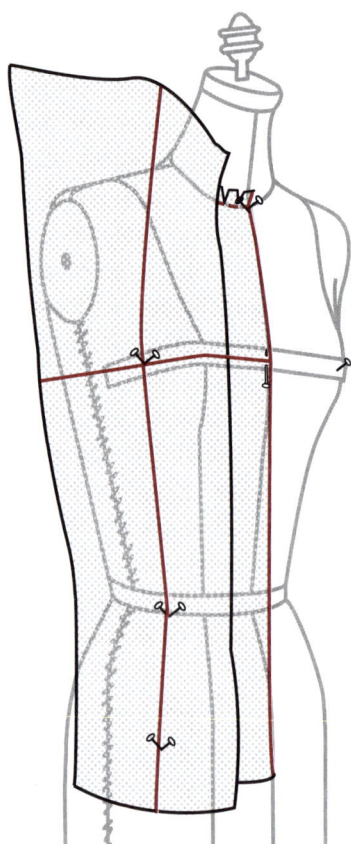
图9-38

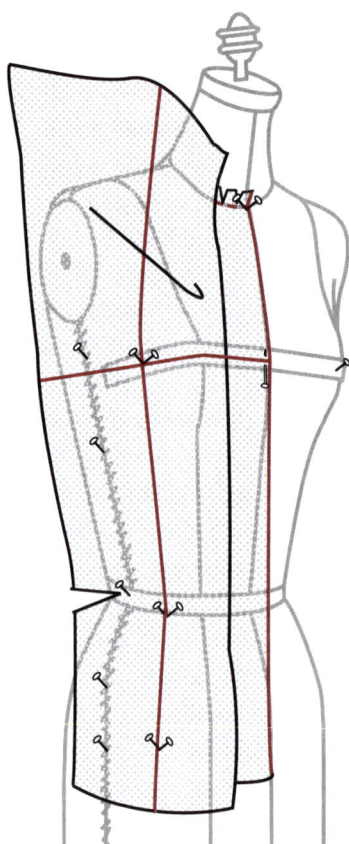
图9-39

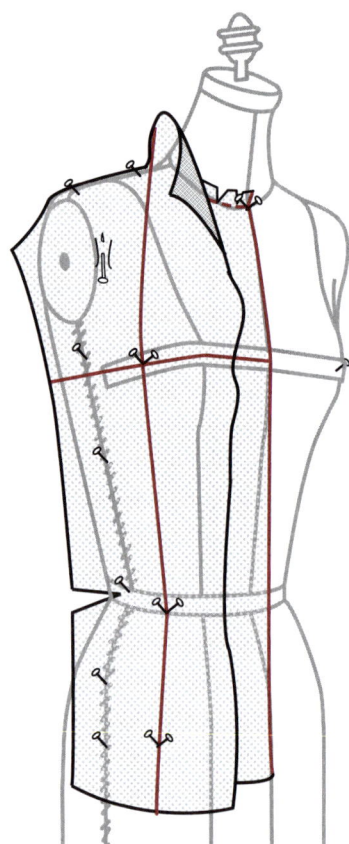
图9-40

① 前侧片面料上所画竖直中线与人台上的公主面中线对齐，别针固定。

② 前侧片面料上的水平线对齐前中片的胸围线，别针固定胸围线；前侧片竖直中线与腰围线和臀围线交点再各别一针固定。

③ 在侧缝缝份的腰围线上打剪口。

④ 整理固定侧缝。从前侧片中线向侧缝方向捋顺抚平面料，一直捋过侧缝线。依照人台的侧缝线别针固定。

⑤ 继续向上捋顺整个袖窿周围面料，在袖窿前腋点附近留0.6cm（1/4英寸）的松量，并别针固定此松量。

⑥ 整理捋顺肩线，从胸围线向上捋顺面料，一直捋过人台的肩线。

注 在胸围线以上，前侧片竖直中线将向颈部倾斜。

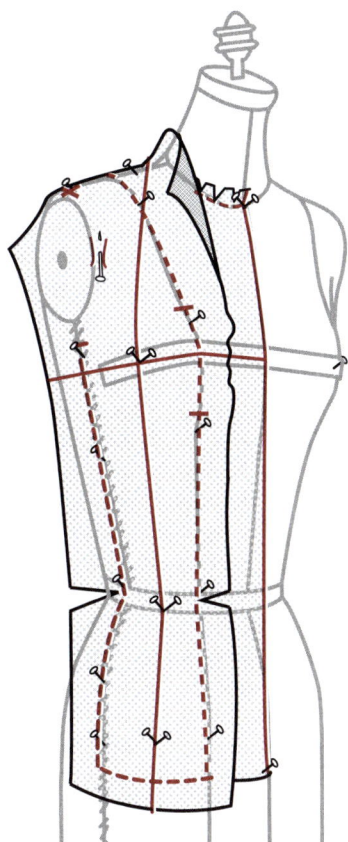

图9-41

7 在公主线缝份的腰围线处打剪口。

8 整理固定公主线。从前侧片竖直中线向公主线
　捋顺面料，并别针固定。

注 胸围线上有少许面料松量，将其处理
成公主缝上两标记点之间的吃缝量。

9 在前侧片上标记出与人台对应的关键点。

a. 公主线。

b. 公主线对位点：与前中片对应的对位标记。

c. 袖窿：

» 肩端点。

» 袖窿前腋点0.6cm（1/4英寸）的松量位置。

» 袖窿腋下点。

d. 肩线。

e. 侧缝。

f. 底边线。

10 拓板。从人台上取下样片，画顺所有线条，加
　放缝份。

　修剪多余面料。再将修剪好的前侧片与前中片
　别合，重新固定到人台上，检查所有的接缝、
　对位点、合体性及平衡性等是否到位。

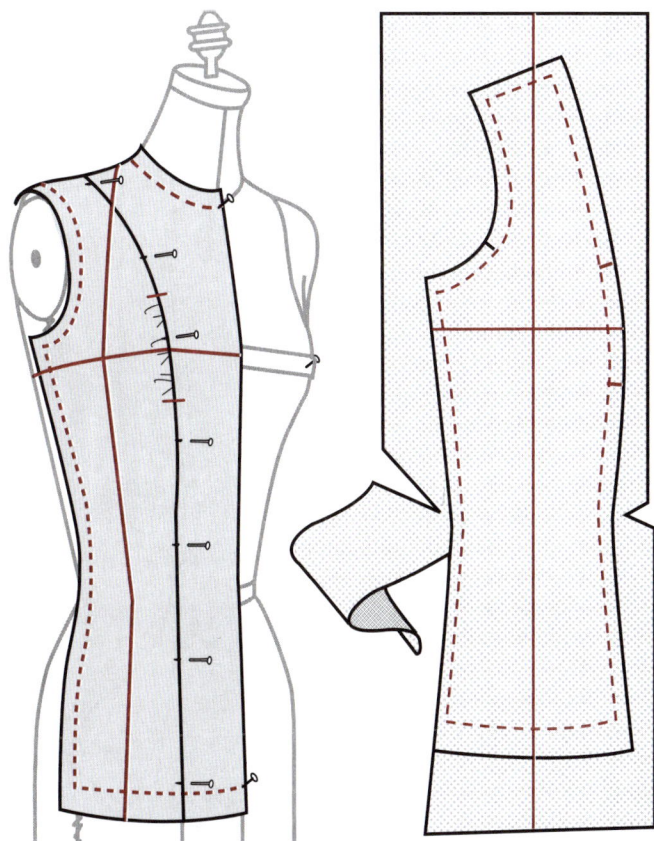

图9-42

公主线上衣、衬衫：后中片立裁步骤

1 面料上的后中折线对准人台上的后中线，别针固定。

2 面料上的水平线对齐人台上的背宽横线，别针固定。

3 整理捋顺后领口周围面料，修剪多余面料，在缝份上等间隔地打上剪口。

4 继续整理捋顺后肩线周围面料，别针固定。

5 在公主线缝份的腰围线处打剪口。

6 整理捋顺公主线。从后中线向公主线捋平面料，别针固定。

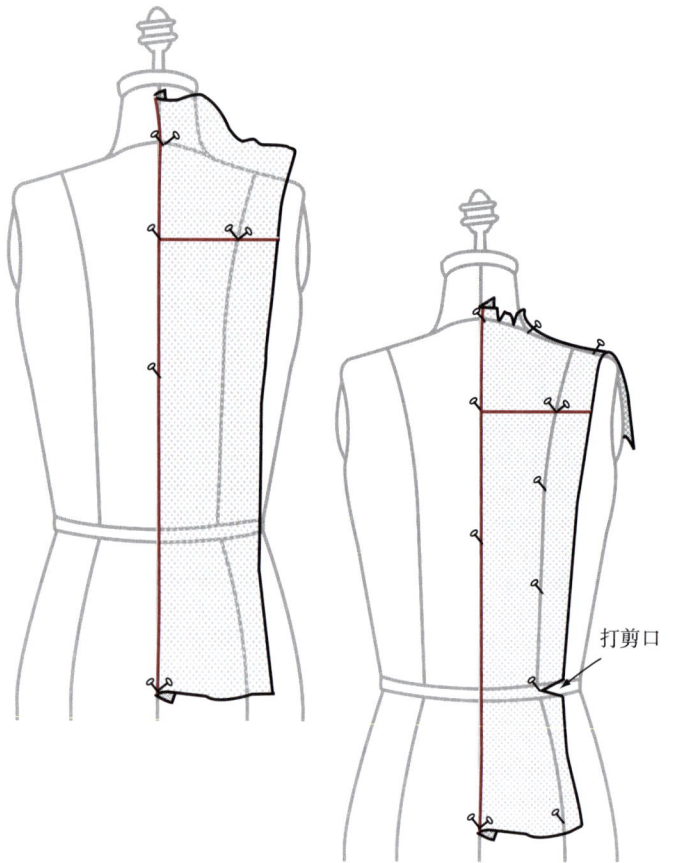

打剪口

图9-43

> **注** 腰围处立裁得平服顺畅，但不紧绷。

7 在后中片上标记出与人台对应的关键点。
  a. 领口线。
  b. 肩线。
  c. 后公主线。
  d. 公主线对位点：在后片上做双对位标记。
  e. 底边线。

8 拓板。从人台上取下后中片，画顺所有线条。加放缝份，修剪多余面料。再将修剪好的后中片别回到人台上。

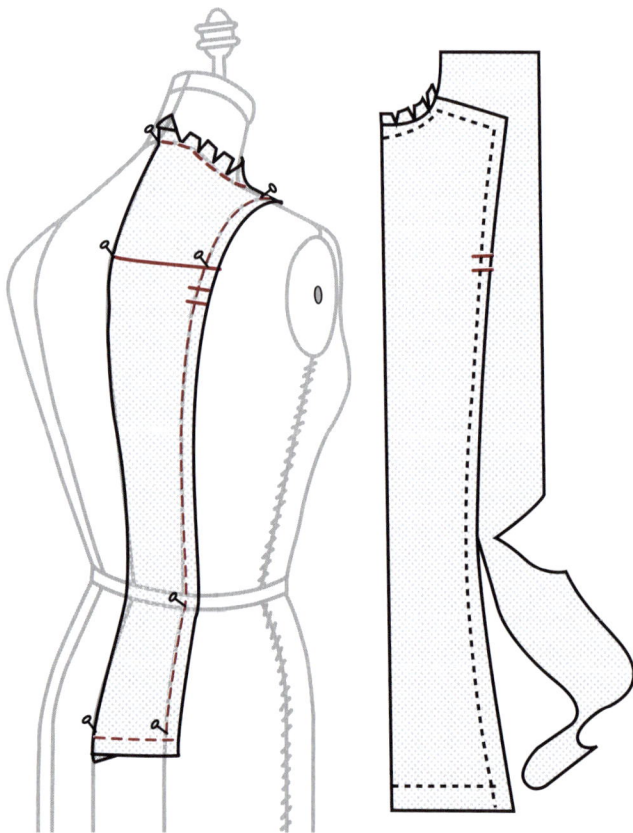

图9-44

国际服装立裁设计：美国经典立体裁剪技法（原书第5版）

公主线上衣、衬衫：后侧片立裁步骤

① 后侧片面料上的竖直中线与人台上的公主面中线对齐，别针固定。

② 后侧片面料上的水平线对齐人台上的背宽横线，别针固定。

③ 在侧缝缝份的腰围线处打剪口。

④ 整理固定侧缝。从后侧片中线向侧缝方向将平面料，别针固定侧缝。

⑤ 将平背宽横线以上衣身面料，一直将过肩线。

> **注** 后侧片竖直中线向颈部方向倾斜（背宽横向以上）。

⑥ 在公主线缝份的腰围线处打剪口。

⑦ 整理固定公主线。从后侧片中线向公主线将平面料，操作过程中不要使中线偏离位置。

⑧ 在后侧片上标记出与人台对应的关键点。

  a. 公主线和公主线对位标记：与后中片对应，打上双对位标记。

  b. 袖窿：

  » 肩端点。

  » 袖窿后腋点。

  » 袖窿腋下点。

  c. 肩线。

  d. 侧缝。

  e. 底边线。

⑨ 拓板。从人台上取下立裁样片，画顺所有线条。加放缝份，修剪多余面料。

  将前、后所有样片别合组装到一起，再别回到人台上。检查立裁结果的正确性、合体性以及悬垂性等。

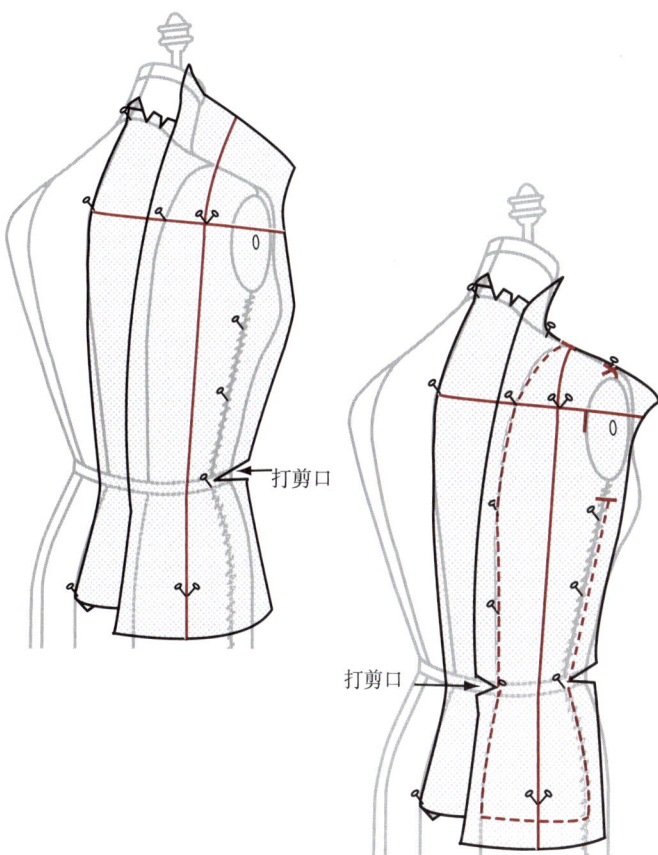

图9-45

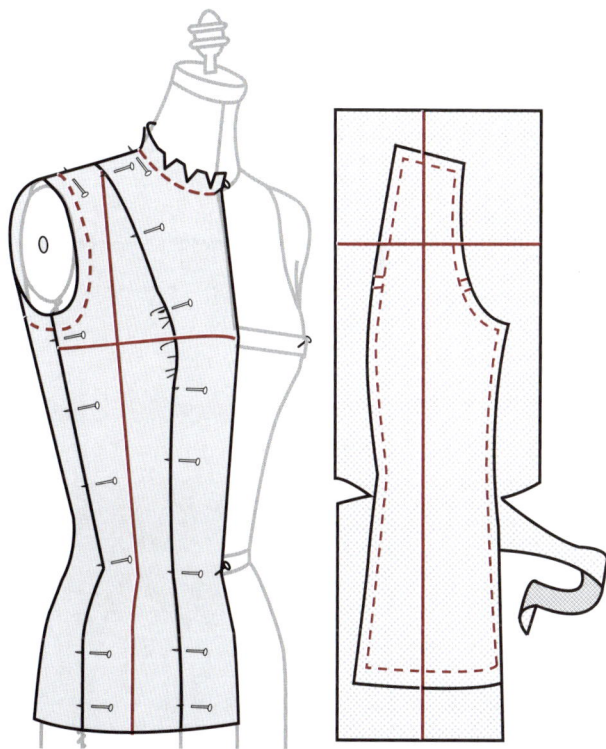

图9-46

无袖公主线连衣裙

　　无袖公主线连衣裙的公主线是从袖窿中部腋点附近开始，过胸高点后顺直向下到底摆。通过这款连衣裙的立裁技法学习，读者将掌握将胸部和腰部多余的省量以最简单的方式转移到分割线中的处理方法。

　　许多流行的衬衫、西装、连衣裙、运动装单品等，都常常采用这款传统结构进行再设计。

面料准备

1　人台准备：从前袖窿腋点到胸高点用针别出公主线造型。
2　测量人台前中线和后中线（沿经向）从颈口到所设计的底边位置的竖直长度，在面料上沿经纱方向量取相同的长度，打剪口并撕开面料。
3　平分面料。将面料的布边对齐双折，沿经向平分撕成两半。
　　其中一块为前片，另一块为后片。

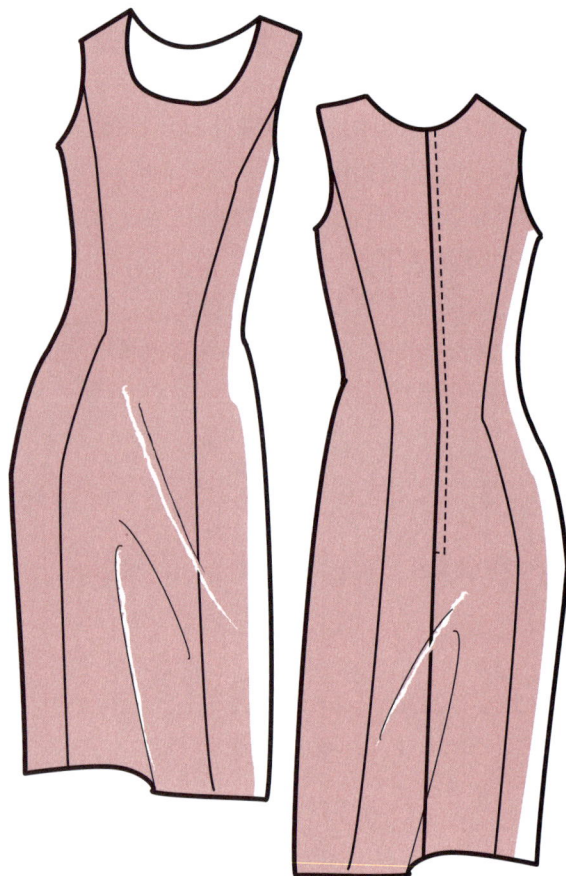

图9-47

4　取第①、②步所得的其中一块面料，确定前中片的宽度。
　　沿人台胸围线测量从前中线到袖窿之间的宽度（沿纬向），再加10.2cm（4英寸），在面料上量取相同宽度，打剪口并撕开面料为前中片。剩余面料为前侧片。

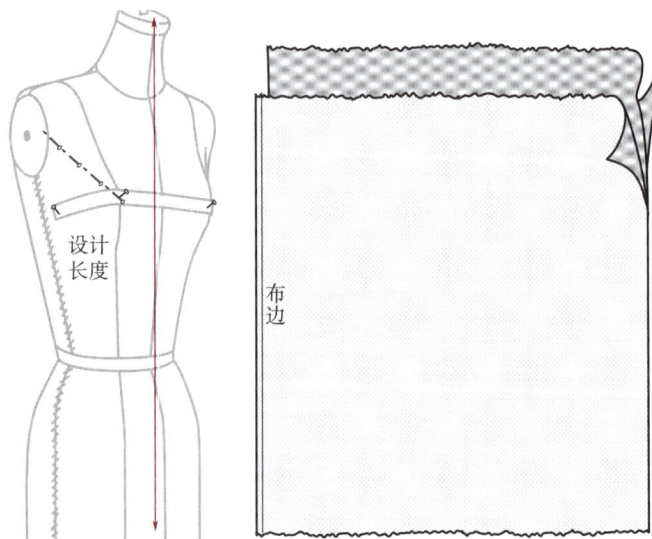

图9-48

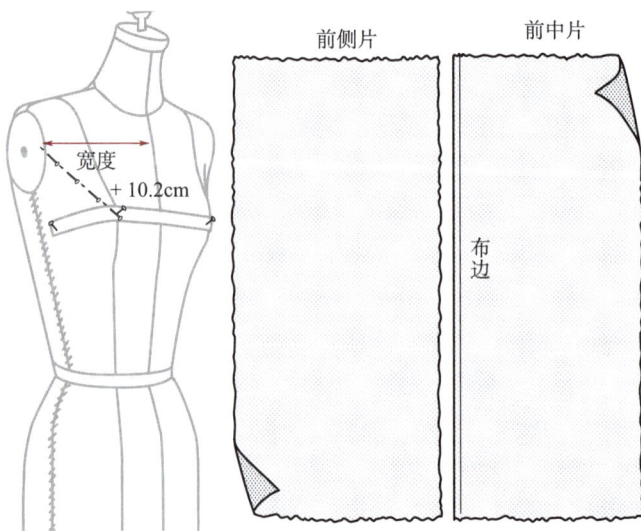

图9-49

国际服装立裁设计：美国经典立体裁剪技法（原书第5版）

⑤ 在前中片上画出经向线，距离撕开的布边2.5cm（1英寸），沿经纱方向画一条竖直线为前中线，折倒缝份并熨烫平整。

⑥ 在前侧片的中间沿经纱方向画一条竖直线。

⑦ 在前中片和前侧片上，从上向下量取30.5cm（12英寸），过此点沿纬纱方向画一条水平线。

⑧ 标记胸高点。
  a. 测量人台上从前中线到胸高点的水平宽度。
  b. 在面料前中线的水平线上测量相同宽度，标出胸高点。

⑨ 人台准备：从后袖窿中部腋点附近开始到人台的后胸围线，用针别出公主线的造型。

⑩ 取第①、②步所得另一块面料，确定后中片的宽度。
  沿人台背宽横线，测量从后中线到后袖窿之间的宽度，再加10.2cm（4英寸），在后片面料上量取相同宽度，打剪口并撕开面料为后中片。
  剩余部分为后侧片。

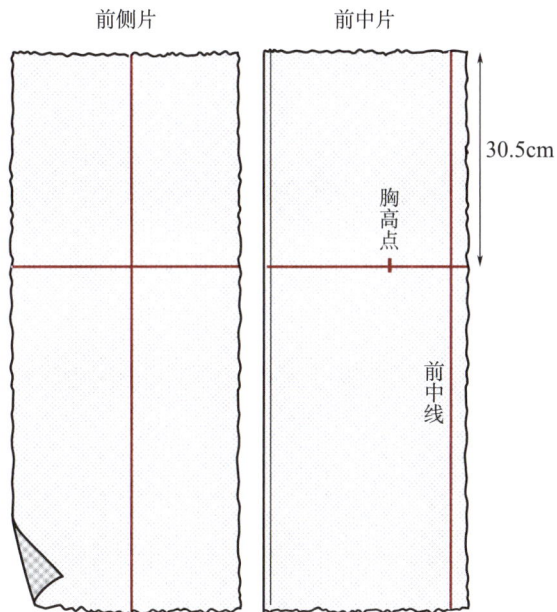

图9-50

⑪ 在后中片上画出经向线，距离撕开的布边2.5cm（1英寸），沿经纱方向画一条竖直线为后中线，折倒缝份并熨烫平整。

⑫ 在后侧片的中间沿经纱方向画一条竖直线。

⑬ 在后中片和后侧片上，从上向下量取20.3cm（8英寸），过此点画一条水平线。

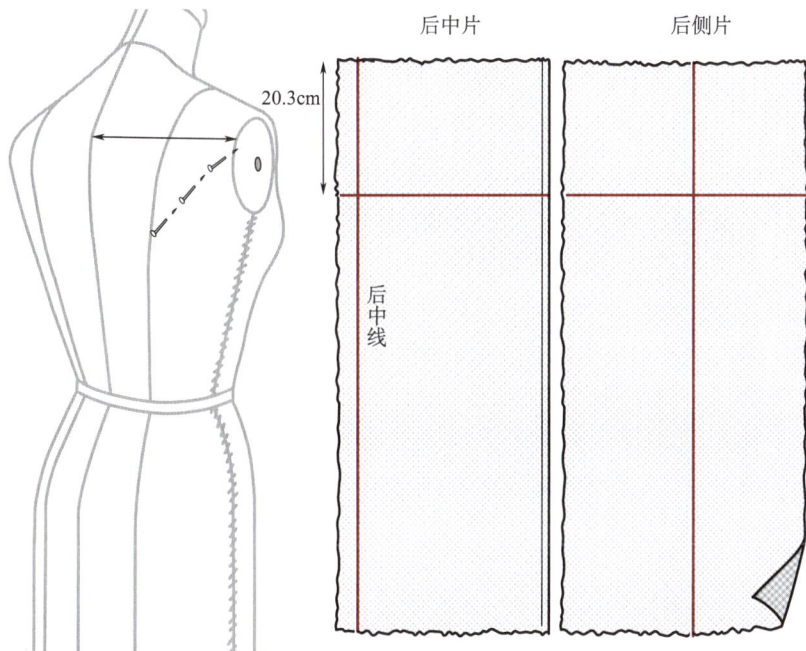

图9-51

无袖公主线连衣裙：前中片立裁步骤

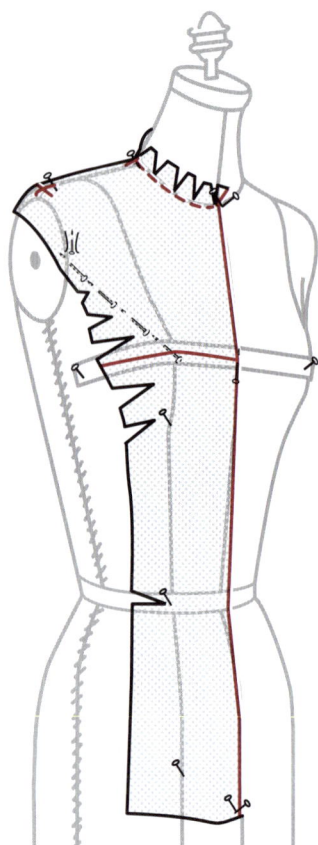

图9-52

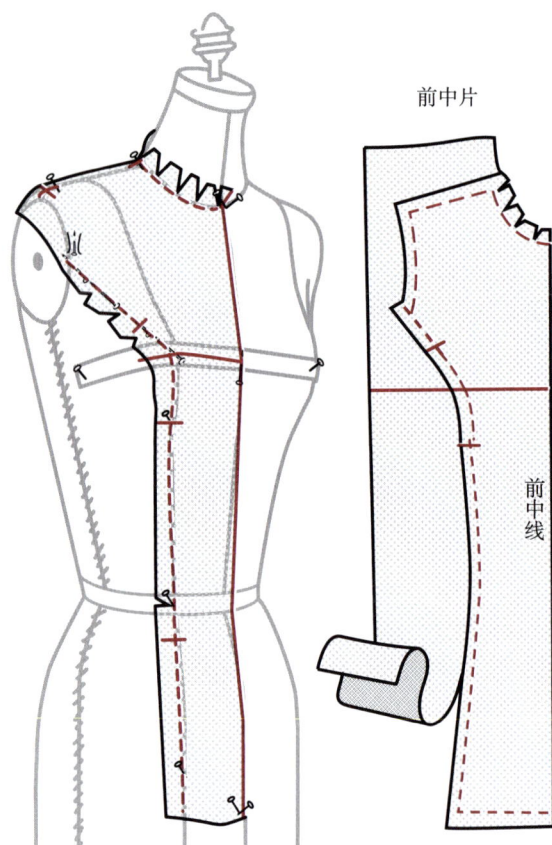

前中片

前中线

图9-53

① 面料上的胸高点标记与人台上的胸高点对准别针固定。

② 面料上的前中折线对准人台上的前中线别针固定。分别在前颈点和前臀点各别一针固定，然后在胸带上再别一针固定。

③ 立裁前领口，修剪颈部多余面料，在缝份上等间隔地打上剪口。将领口弧线整理到位。

④ 从侧颈点向外整理捋顺肩线，再向下捋顺到袖窿中部的公主线处，别针固定肩线。

⑤ 继续捋顺袖窿周围面料，在袖窿中部腋点附近留0.6cm（1/4英寸）的松量，别针固定该松量，此松量的位置正好在公主线起始处偏上一点。

⑥ 在公主线缝份的胸围线附近打剪口，腰围处也打一剪口。

⑦ 整理固定公主线。从前中线向公主线捋顺面料，别针固定。

> **注** 腰围处立裁得平服顺畅，但不紧绷。

⑧ 在前中片上标记出与人台对应的关键点。
  a. 领口线。
  b. 肩线。
  c. 公主线。
  d. 袖窿上的公主线位置。
  e. 公主线对位点：在胸高点上下各5.1cm（2英寸）做对位标记。
  f. 底边线。

⑨ 前中片拓板。加放缝份，修剪多余布料。再将修剪好的前中片别回到人台上。

无袖公主线连衣裙：前侧片立裁步骤

① 前侧片面料上所画竖直中线与人台上的公主面中线对齐。

② 前侧片面料上的水平线与人台上的胸围线对齐，别针固定胸围线。前侧片竖直中线与腰围线和臀围线的交点再各别一针固定。

③ 在侧缝缝份的腰围线处打剪口。

④ 整理固定侧缝。从前侧片中线向侧缝方向捋顺抚平面料，一直捋过侧缝线，别针固定。操作时不要使前侧片中线偏离位置。

⑤ 在公主线缝份的腰围线处打剪口。

⑥ 整理固定公主线。从前侧片竖直中线向公主线捋顺面料，别针固定，操作时不要使侧片中线偏离位置。

> **注** 胸围线上有少许面料松量，这将作为公主线上两标记点之间的吃缝量。

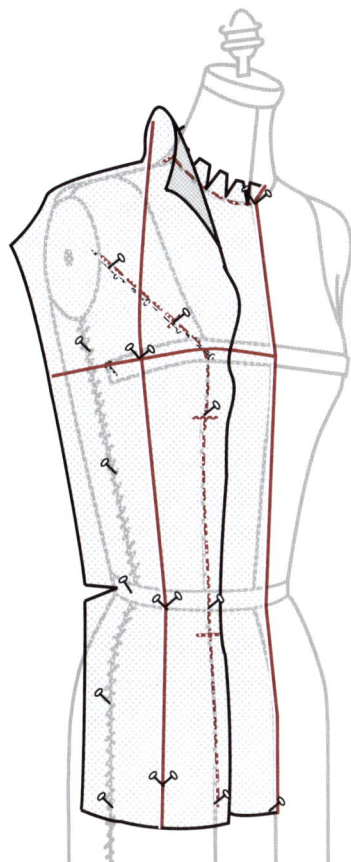

图9-54

⑦ 在前侧片上标记出与人台对应的关键点。
　　a. 公主线。
　　b. 公主线对位点：与前中片对应的对位标记。
　　c. 袖窿上的公主线位置。
　　d. 侧缝。
　　e. 底边线。

⑧ 拓板。从人台上取下前侧片，画顺所有线条，加放缝份。
　　修剪多余面料。再将修剪好的前侧片与前中片别合，再别回到人台上，检查所有的接缝、对位点、合体性及平衡性等。

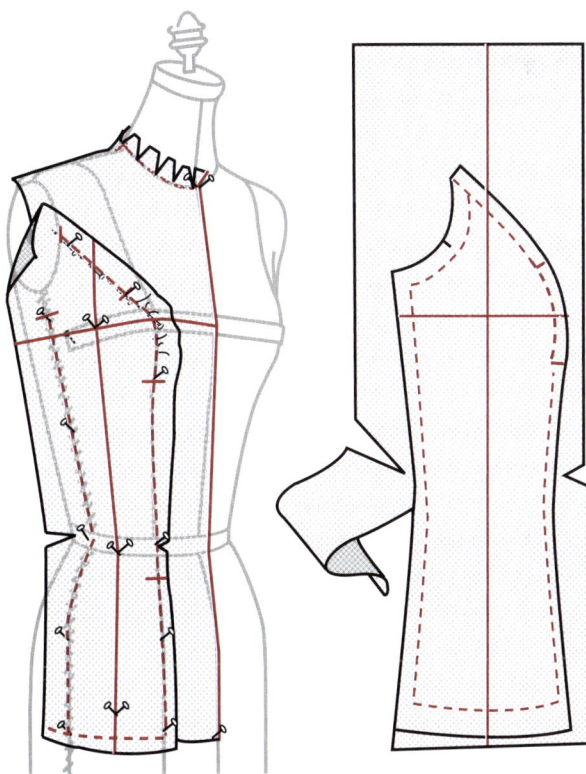

图9-55

无袖公主线连衣裙：后中片立裁步骤

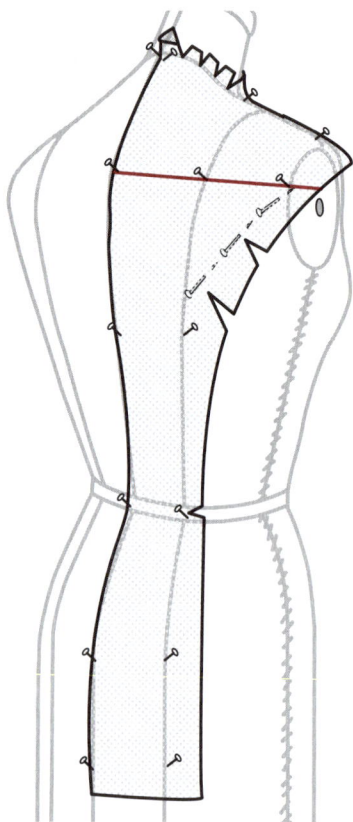
图9-56

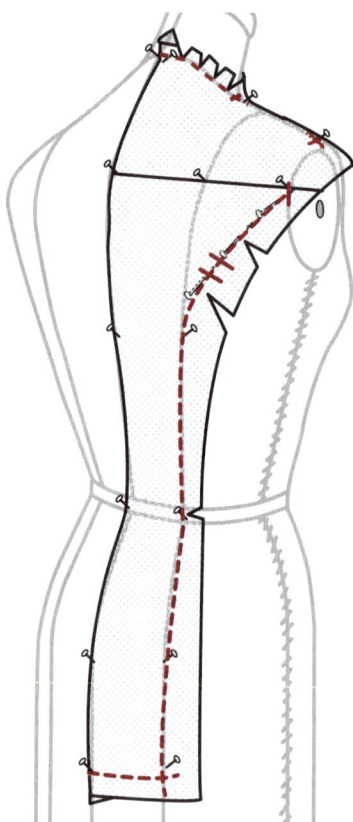
图9-57

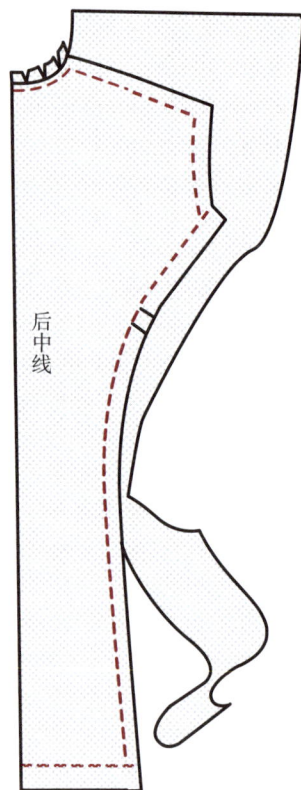

① 面料上的后中折线对准人台上的后中线，别针固定。

② 面料上的水平线对齐人台上的背宽横线，别针固定。

③ 整理捋顺后领口周围面料，修剪多余面料，在缝份上等间隔地打上剪口。

④ 继续整理捋顺整个后肩线上的面料，别针固定。

⑤ 在公主线缝份的腰围线上打剪口。

⑥ 整理捋顺公主线。从后中线向公主线方向捋平面料，一直捋过公主线，别针固定。

┌ ─ ─ ─ ─ ─ ─ ─ ─ ─ ─ ─ ─ ─ ─ ┐

 注 腰围要立裁得光滑平顺，但不紧绷。

└ ─ ─ ─ ─ ─ ─ ─ ─ ─ ─ ─ ─ ─ ─ ┘

⑦ 在后中片上标记出与人台对应的关键点。

　a. 领口线。

　b. 肩线。

　c. 后公主线。

　d. 袖窿上的公主线位置。

　e. 公主线对位点：在后片上要做双对位标记。

　f. 底边线。

⑧ 拓板。从人台上取下后中片，画顺所有线条，加放缝份，修剪多余面料。再将修剪好的后中片别回到人台上。

无袖公主线连衣裙：后侧片立裁步骤

① 后侧片面料上所画的竖直中线与人台上的公主
面中线对齐。面料上的水平线对齐背宽横线，
别针固定。

② 在侧缝缝份的腰围线上打剪口。

③ 整理固定侧缝。从后侧片中线向侧缝方向捋平
面料，别针固定侧缝，注意操作时不要使侧片
中线偏离位置。

④ 在后侧片公主线缝份的腰围线上打剪口。

⑤ 整理固定公主线。从后侧片中线向公主线方向
捋平面料，一直捋过公主线。操作过程中不要
使中线偏离位置。

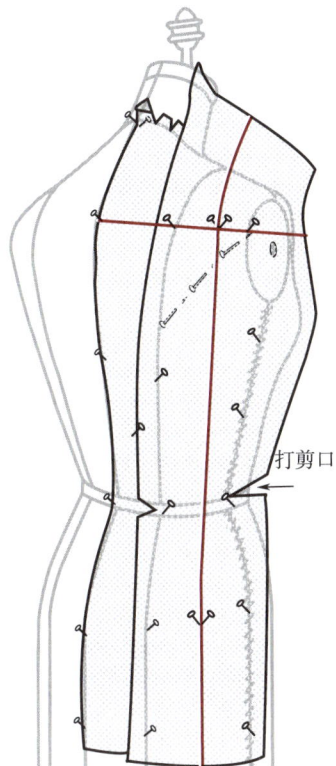

打剪口

图9-58

⑥ 在后侧片上标记出与人台
对应的关键点。

　a. 公主线和公主线对位
标记。

　b. 与后中片的对位点相
应，打上双对位标记。

　c. 袖窿上的公主线位置。

　d. 袖窿腋下点。

　e. 侧缝。

　f. 底边线。

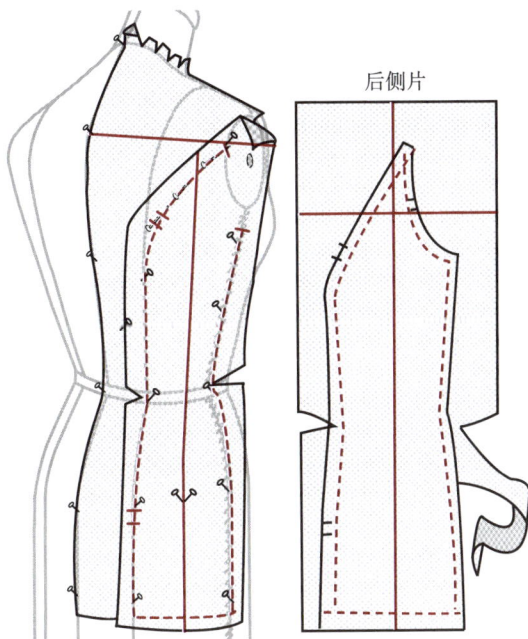

后侧片

图9-59

⑦ 拓板。从人台上取下立裁样片，画顺所有线
条，加放缝份，修剪多余面料。

⑧ 将所有前、后片再重新别合组装到一起，别回
到人台上，检查立裁造型的正确性、合体性以
及悬垂性等相关问题。

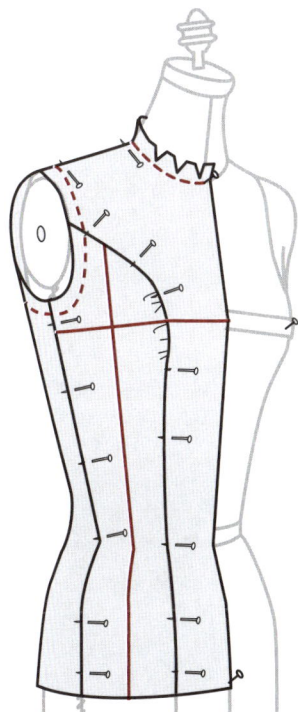

图9-60

落肩公主线上衣

这款公主线上衣的最大特点是落肩设计，颈部和上臂暴露较多，性感妩媚。具有露肩款式的正式感，同时造型简洁清爽。

通常，这款落肩上衣可与腰部合体的晚装长裙搭配，将下摆塞进裙腰中穿着。领口可以设计成各种造型，衣身也可再向下延长，成为连衣裙款式。

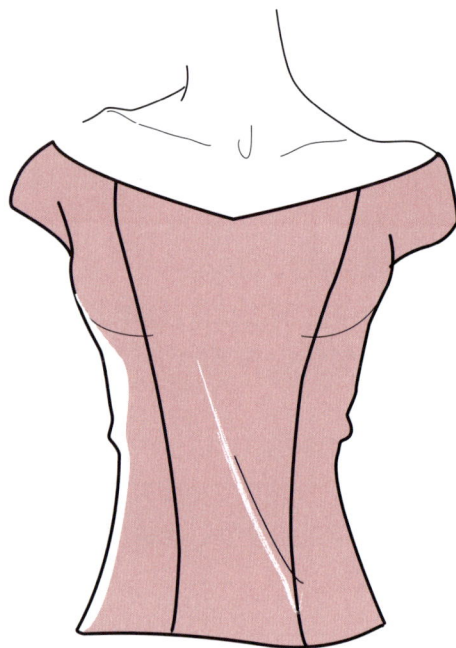

图9-61

人台准备

» 将人台上的胸带取下。

» 在前、后人台上用大头针别出领口造型线。

» 需要准备好布手臂，用于落肩造型的立裁设计。

（参考第92~93页袖子具体内容）

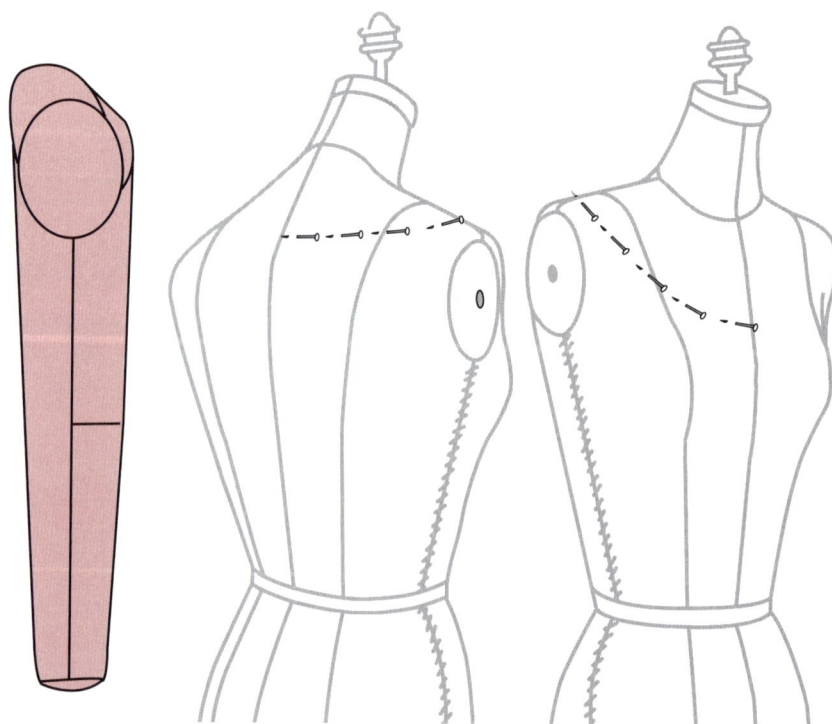

图9-62

落肩公主线上衣：面料准备

1. 测量人台前中线和后中线（沿经向）从颈口到臀围线的竖直长度，再加12.7cm（5英寸），在面料上沿经纱方向量取相同长度，打剪口并撕开面料。

2. 平分面料。将面料的布边对齐双折，沿经向平分撕成两半。

   其中一块为前片，另一块为后片。

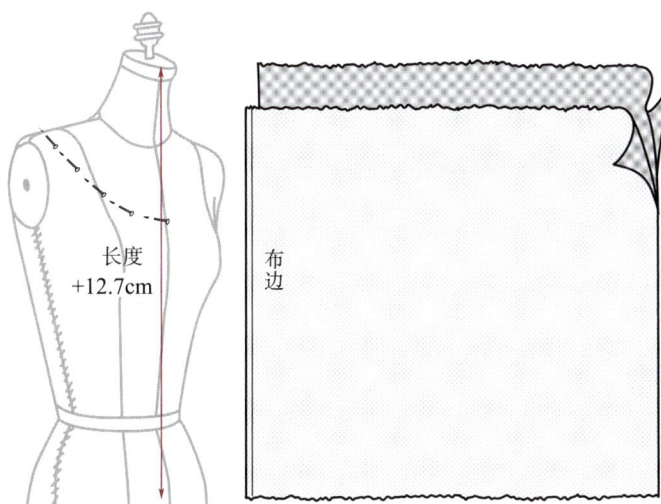

图9-63

3. 取第①、②步所得面料的其中一块，确定前中片的宽度。

   沿人台胸围线测量从前中线到公主线间的宽度（沿纬向），再加10.2cm（4英寸），在面料上量取相同宽度，打剪口撕开面料为前中片。剩余面料为前侧片。

4. 在前中片距离撕开的布边2.5cm（1英寸），沿经纱方向画一条竖直线为前中线，折倒缝份并熨烫平整。

5. 在前侧片的中间沿经纱方向画一条竖直线。

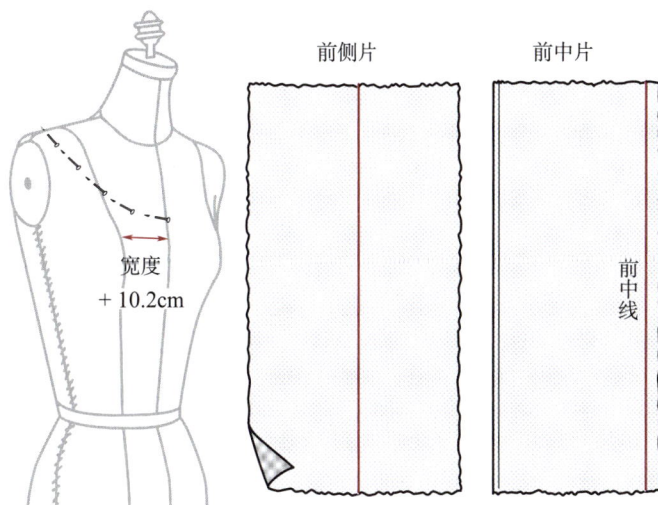

图9-64

6. 取第①、②步所得另一块面料，确定后中片的宽度。

   沿人台背宽横线，测量从后中线到后公主线间的宽度，再加10.2cm（4英寸），在面料上量取相同宽度，打剪口并撕开面料为后中片。剩余部分为后侧片。

7. 在后中片距离撕开的布边2.5cm（1英寸），沿经纱方向画一条竖直线为后中线，折倒缝份并熨烫平整。

8. 在后侧片的中间沿经纱方向画一条竖直线。

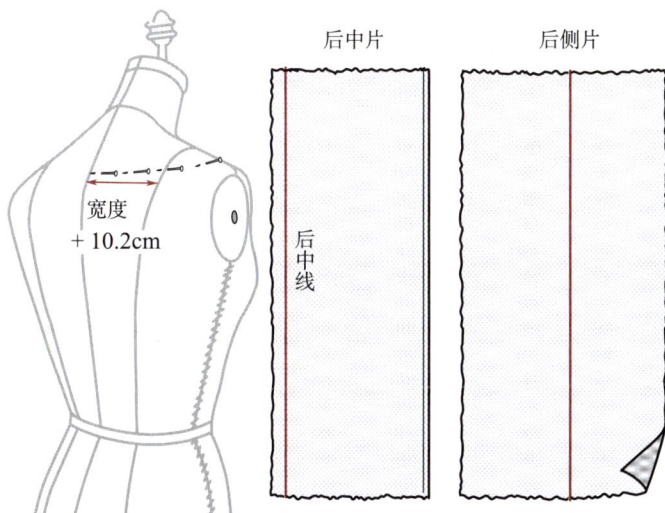

图9-65

落肩公主线上衣：前中片立裁步骤

1. 面料上的前中折线对准人台的前中线别针固定。布料上端应超过领口设计线至少7.6cm（3英寸），分别在前颈点和前臀点各别针固定。

2. 在公主线缝份的腰围线上打剪口。

3. 整理固定公主线。从前中向公主线方向捋顺面料，一直捋过公主线，别针固定。

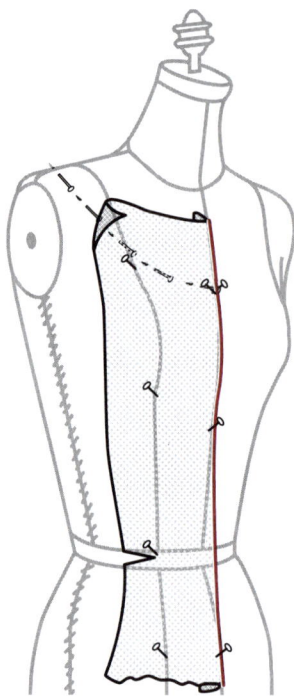

图9-66

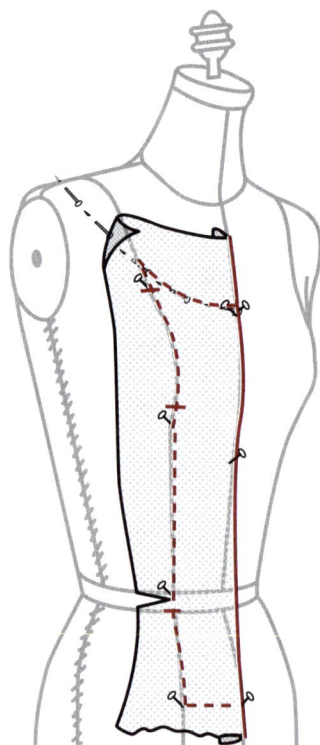

图9-67

4. 在前中片上标记出与人台对应的关键点。
   a. 领口造型线。
   b. 公主线。
   c. 公主线对位点：在胸高点上下各5.1cm（2英寸）做对位标记以及腰线对位点。
   d. 底边线：参照人台底边或者环形支架标出底边线。

5. 前中片拓板。加放缝份，修剪多余面料。再将修剪好的前中片别回人台。

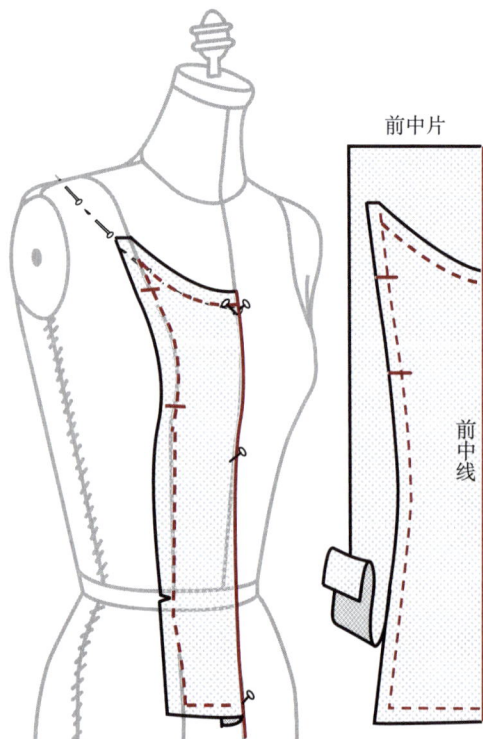

前中片

前中线

图9-68

国际服装立裁设计：美国经典立体裁剪技法（原书第5版）

落肩公主线上衣：前侧片立裁步骤

1. 前侧片面料上的竖直中线与人台上的公主面中线对齐，别针固定中线。面料上端超过肩线至少7.6cm（3英寸）。
在侧缝缝份的腰围线上打一剪口。

2. 整理固定侧缝。从前侧片中线向侧缝捋顺拂平面料，一直捋过人台的侧缝线，别针固定。

3. 继续向上捋顺面料直到肩线，在肩线的延长线上至少预留10.2cm（4英寸）。

4. 在人台的袖窿中部腋点附近别一针固定面料，对准固定针，从面料外侧向固定针打剪口。

5. 从侧缝上端的腋底开始向袖窿中部的固定点处逐渐修剪多余面料。预留缝份2.5cm（1英寸），作为合体度和拓板的调节量。
在公主线缝份上的腰线处打一剪口。

6. 整理固定公主线。从前侧片竖直中线向公主线捋顺面料，别针固定。

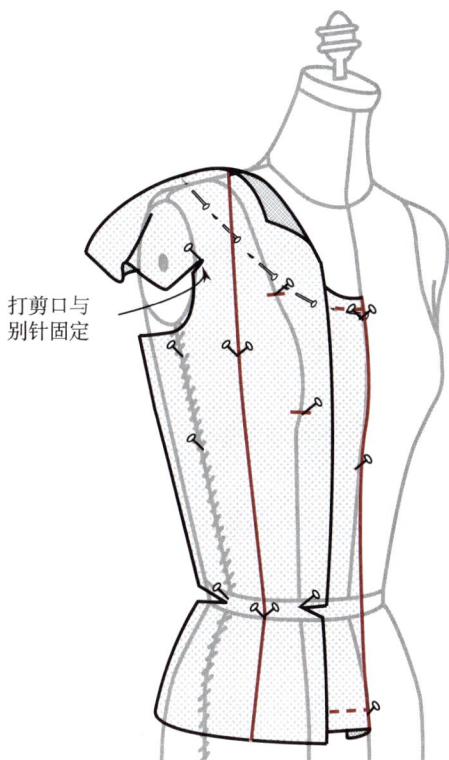

打剪口与别针固定

图9-69

> **注** 在胸围线上会有少许面料松量，将作为公主缝上的两标记点之间的吃缝量。

7. 在前侧片上标记出与人台对应的关键点。
   a. 肩线及肩点以外10.2cm（4英寸）的落肩位置。
   b. 领口设计线。
   c. 公主线。
   d. 公主线对位点：与前中片对应的对位标记。
   e. 侧缝。
   f. 底边线。

8. 拓板。从人台上取下前侧片，画顺所有线条。从落肩点到袖窿中部的固定点画出袖口造型。

9. 加放缝份，修剪多余面料。再将修剪好的前侧片与前中片别合后，再别回到人台上，检查所有的接缝、对位点、合体性等相关问题。

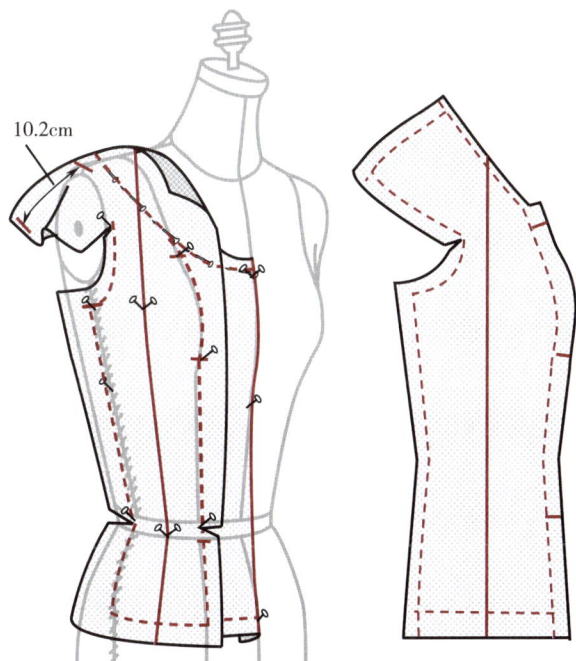

10.2cm

图9-70

落肩公主线上衣：后中片立裁步骤

① 面料上的后中折线对准人台上的后中线，面料上端超过领口设计线至少7.6cm（3英寸），别针固定。

② 整理捋顺后领口周围面料。

③ 在公主线缝份的腰围线处打剪口。从后中线向公主线捋平抚平面料，一直捋过公主线，别针固定公主线。

> **注** 腰围要立裁得光滑平顺，但不紧绷。

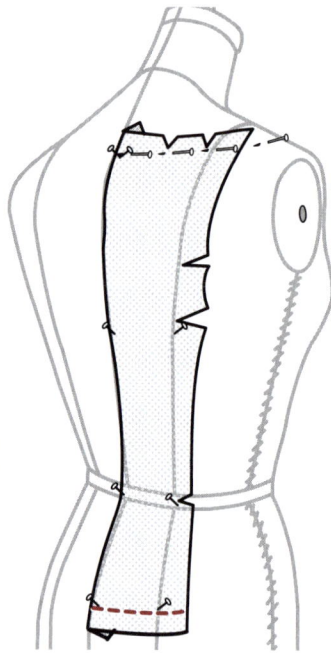

图9-71

④ 在后中片上标记出与人台对应的关键点。
  a. 领口线。
  b. 后公主线。
  c. 公主线对位点：在后片上要做双对位标记。
  d. 底边线。

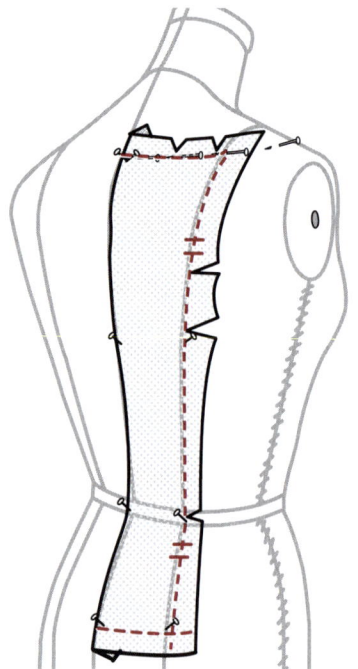

图9-72

⑤ 拓板。从人台上取下后中片，画顺所有线条，加放出底摆所需的喇叭造型量，加入的量从底摆到腰线逐渐消失。

⑥ 加放缝份，修剪多余面料。再将修剪好的后中片别回到人台上。

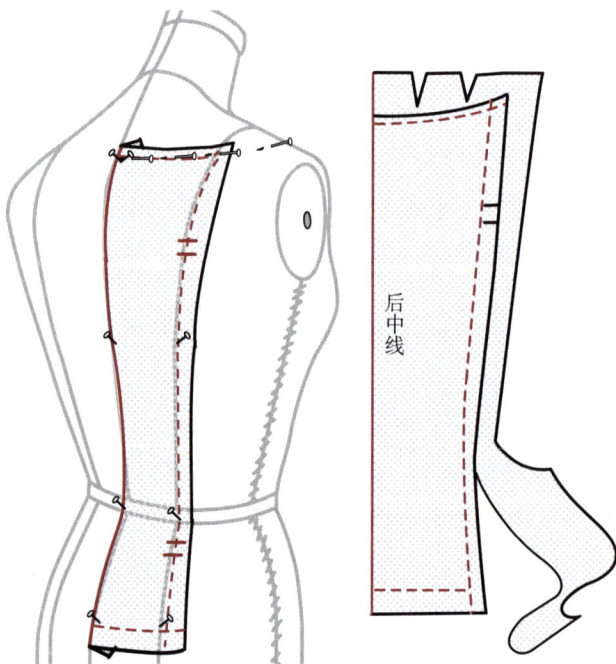

后中线

图9-73

国际服装立裁设计：美国经典立体裁剪技法（原书第5版）

落肩公主线上衣：后侧片立裁步骤

① 后侧片面料上的竖直中线与人台上的公主面中线对齐，别针固定。在侧缝缝份的腰围线处打剪口。

② 整理固定侧缝。从后侧片中线向侧缝方向捋平面料，一直捋过人台上的侧缝线，别针固定侧缝。

③ 继续向上捋顺面料直到肩线，在肩线的延长线上至少预留落肩量10.2cm（4英寸）。

④ 在人台的袖窿中部后腋点附近别一针固定面料，对准固定针，从面料外侧对固定点打剪口。

⑤ 从侧缝上端的腋底开始，向袖窿中部的固定点处逐渐修剪袖窿底部多余面料。预留2.5cm（1英寸）的缝份，作为合体度和拓板的调节量。
在公主线缝份的腰围线处打一剪口。

⑥ 整理固定后片公主线。从后侧片中线向公主线方向捋平面料，一直捋过公主线。操作时不要使中线偏离位置。

⑦ 在后侧片上标记出与人台对应的关键点。
　a. 肩线及肩点以外10.2cm（4英寸）的落肩位置。
　b. 领口设计线。
　c. 公主线。
　d. 公主线对位点：与后中片对应的对位标记。
　e. 侧缝。
　f. 底边线。

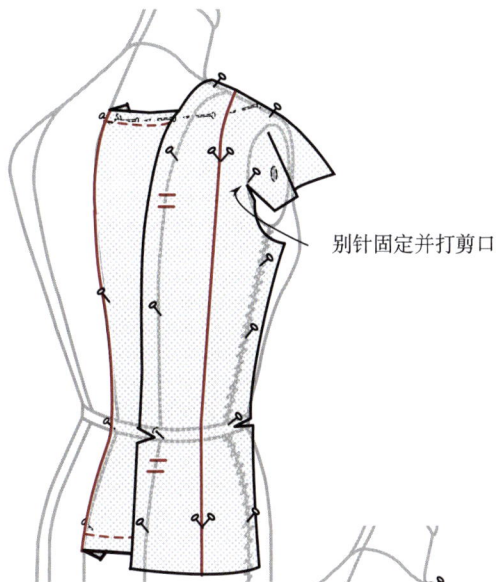

别针固定并打剪口

图9-74

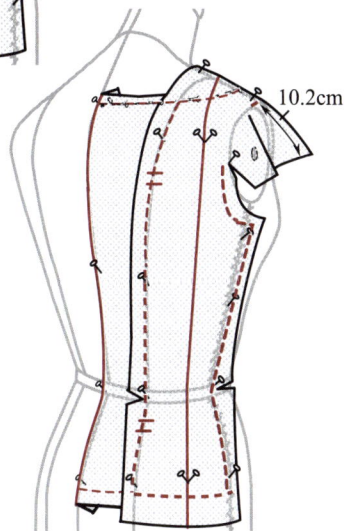

10.2cm

图9-75

后侧片

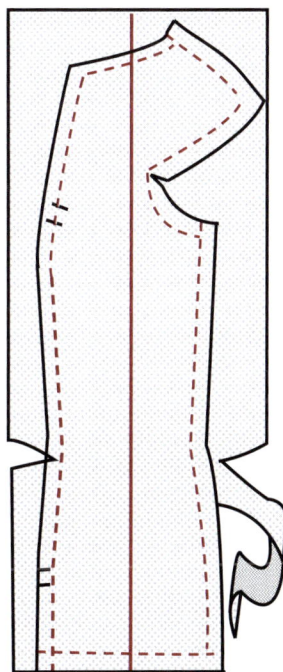

图9-76

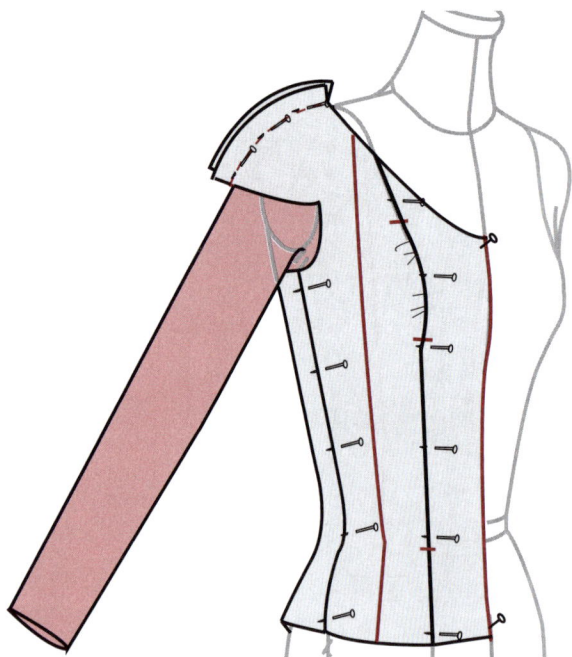

图9-77

8 拓板。从人台上取下立裁样片，画顺所有线条。从落肩点到袖窿中部的固定点做出袖口造型。加放缝份，修剪多余面料。

9 将布手臂安装到人台上。将所有前、后样片重新别合组装到一起，再别回到人台上，检查肩线、领口以及公主缝等各部位的合体性。

公主缝的合体性

检查：对于任何合体款式的设计，公主线结构（肩线或袖窿）是最适合的造型形式。因为在人台或模特上进行公主线设计的同时，其实也就是在对罩杯的大小、腰围的合体度、侧缝和臀部的合体度等方面进行设计与造型。

校核：在人台或模特上，对前、后公主线、侧缝进行造型，使腰部、罩杯和臀部等部位都达到所设计的造型。

» 重新调节胸部罩杯的合体性。将罩杯附近的公主缝打开，胸高点上下至少拆开5.1cm（2英寸）。依据模特的胸型，重新别合公主线。增加一定的量将使罩杯增大，或者减少一定的量将罩杯减小。

» 重新调节腰围的合体性。观察模特前、后腰部的造型和形状，通过增加或者减少腰围附近公主线的缝份量来调节腰部的合体性。标记出修正后的新净缝线。

» 重新调节臀围的合体性。观察模特前、后臀部的造型和形状，通过增加或者减少臀部附近公主线的缝份量来调节臀部的合体性。标记出修正后的新净缝线。

图9-78

第10章
无省上衣设计

本章列举的服装案例均不需要采用胸省进行合体性的造型，这类服装宽松简洁、永不过时，常见于衬衫、背心、连衣裙等服装的设计中。这类造型既可以设计成短款，也可以设计成任意长度的长款。各种款式可以在细节设计上进行变化，如领口线、领型、育克、分割线、塔克褶、松量及袖型等。

本章还列举了休闲衬衫和上衣的立裁造型方法。

图10-1

目标

通过这部分立裁技法的学习，读者应具备以下能力。

» 塑造得体的无省造型，保证前片在胸围线以下、后片在背宽横线以下的衣身均竖直向下、自然悬垂。
» 能够基于无省造型的前片胸围线、后片背宽横线以及侧缝线确定面料经纬纱向。
» 能够模仿并创作出各种款式的无省设计。
» 能够立裁侧缝为直线或任何其他造型的无省款式，并具有合适的松量、袖窿尺寸及平衡的侧缝。
» 基于模特体型审视评价前、后片的无省设计。
» 对无省设计立裁样片进行拓板，正确处理松量、袖窿尺寸、腰部造型、尺寸和平衡性等问题。
» 检查无省造型的立裁效果，评价其合体性、悬垂性、平衡性、比例及拓板等相关问题。

一款裁剪得体的无省服装，穿着起来会很舒适，衣身与人体自然协调，有较大的松量，与当今的流行趋势和服装风格相吻合。无省原型、廓型可应用于同类造型的新款设计，如上衣、连衣裙及背心等不需要胸省的款式。这类无省服装要么是略微合体型，要么是宽松型。

» 略合体型：这类造型在腰部采用较小的菱形省，使腰部略微合体。
» 宽松造型：这类造型腰部不采用任何省道或分割线，造型宽松，侧缝竖直，离开人体与前、后中线平行。腰部也可以设计成腰带或松紧的形式。

无省上衣和衬衫造型

无省上衣原型、廓型

无省上衣原型、廓型可以作为基本型，用于其他无省款式的设计，如上衣、背心或连衣裙等。这类款式基本都没有胸省，但袖窿的造型是传统的合体型。无省上衣原型的衣长到臀围线，腰围没有分割线，衣服自然悬垂在人体表面。然而，也可以根据需要在腰部采用菱形省或塔克活褶的形式进行收腰。无省上衣原型的袖子可以通过将传统合体袖子的袖肥线抬高一定的量变化而来。如果需要设计其他分割线或者体量更大的造型，可以通过切展的方法来实现。

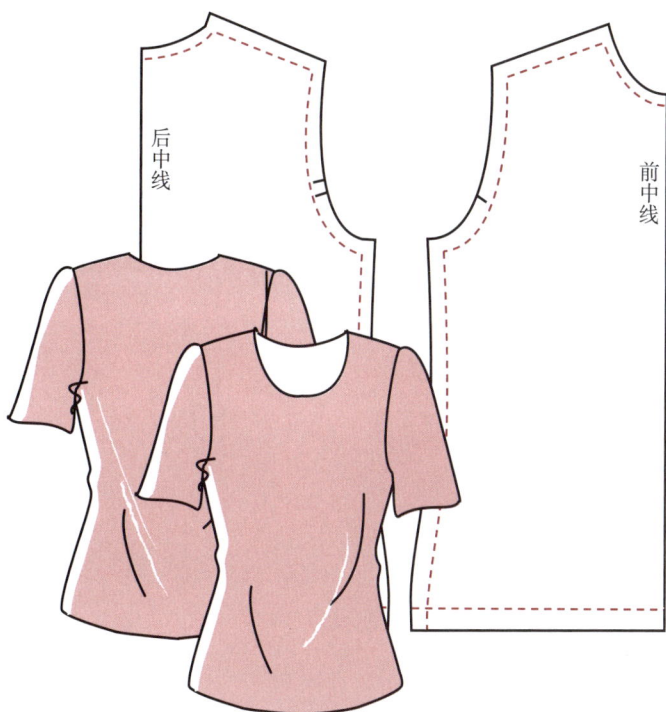

图10-2

男式或女式无省衬衫原型、廓型

无省衬衫原型、廓型可以用于无胸省衬衫或连衣裙的设计，这类款式一般肩部下落，袖窿降低，以满足衬衫袖的需要。腰部没有合体造型常见的横向分割线，衣服自然飘荡在人体表面。当然，也可以根据需要在腰围上加入菱形省。许多品牌都倾向于采用衬衫袖，而非和服袖，因为衬衫袖的活动性更好一些。

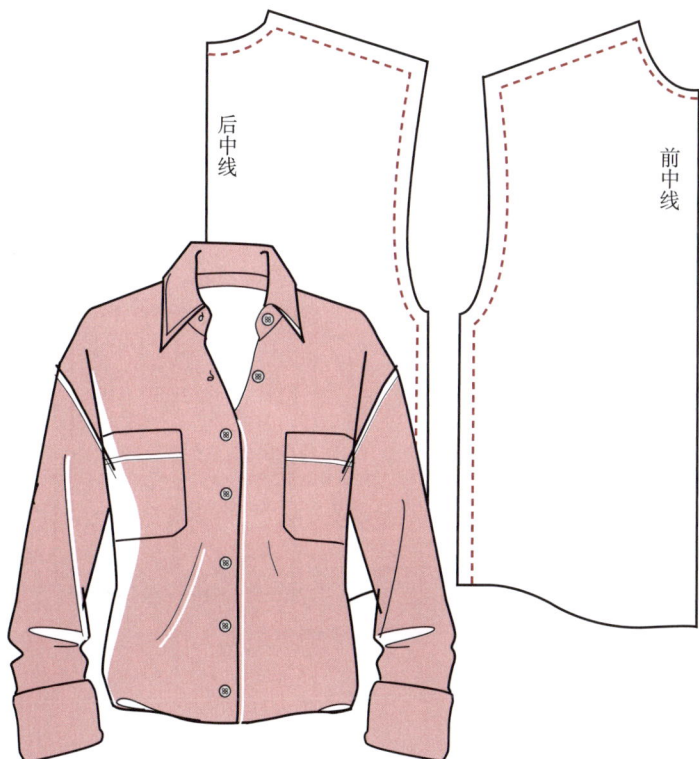

图10-3

无省上衣

这是一款略微合体的休闲上衣，腰部可以采用较小的菱形省或者塔克活褶来实现略合体性。袖窿比基本原型的稍微降低一些，肩宽略加大。然而，袖窿仍满足传统袖窿的平衡性要求，袖子也类似于传统合体的袖子，只是袖肥线向上抬高了一些。

图10-4

准备面料

① 分别测量人台前、后从颈口到臀围线的竖直长度（沿经向），再加12.7cm（5英寸）。在面料上量取相同的长度，打剪口并撕开面料。

② 分别测量人台前、后从中线到侧缝的水平宽度（沿纬向），再加10.2cm（4英寸）。在面料上量取相同的宽度，打剪口并撕开面料。

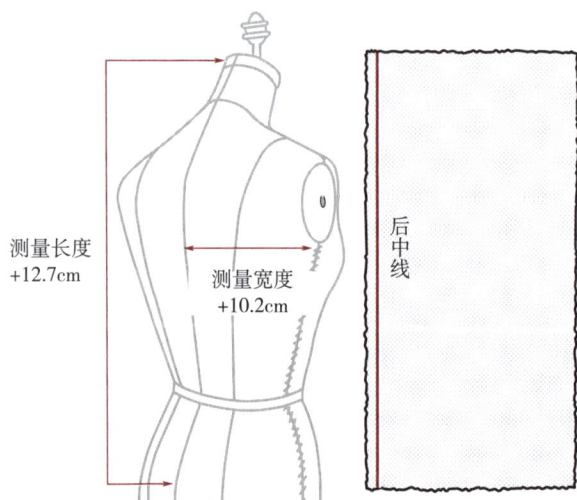

测量长度
+12.7cm

测量宽度
+10.2cm

后中线

图10-5

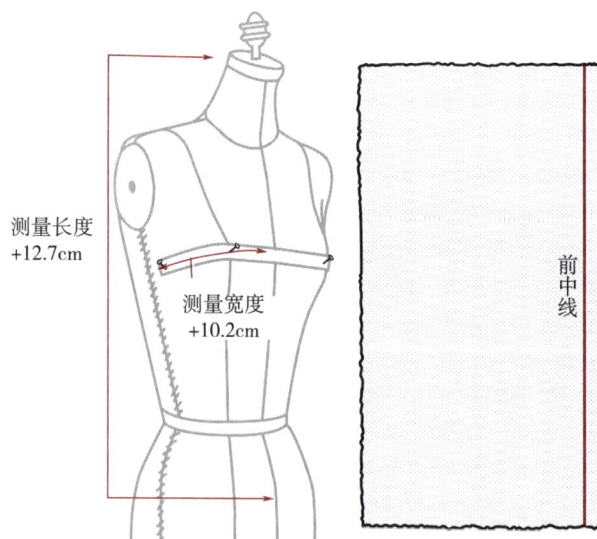

测量长度
+12.7cm

测量宽度
+10.2cm

前中线

图10-6

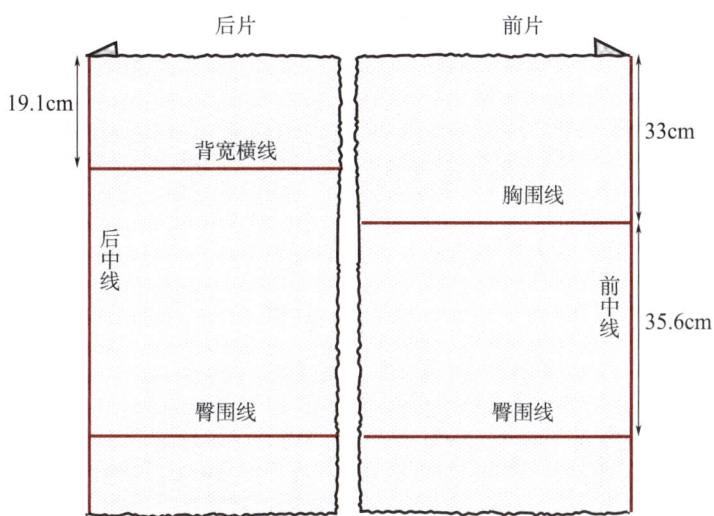

图10-7

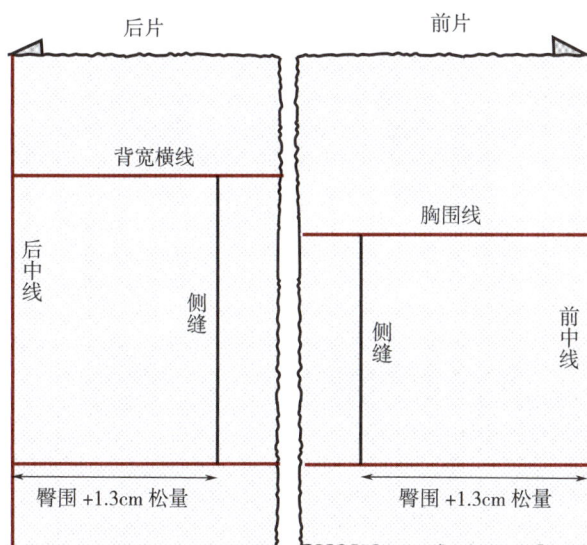

图10-8

③ 距离撕开的经纱布边2.5cm（1英寸），分别在前、后片上画出前、后中线，折倒缝份并熨烫平整。

④ 在前片上做两条水平线。

a. 胸围线：从上向下量取33cm（13英寸），过此点沿面料纬向做水平线。

b. 臀围线：从胸围线向下量取35.6cm（14英寸），过此点沿面料纬向做第二条水平线为臀围线。在某些人台上这个数据可能略有不同。

⑤ 在后片上做两条水平线。

a. 背宽横线：从上向下量取19.1cm $\left(7\frac{1}{2}\text{英寸}\right)$，过此点沿面料纬向做第一条水平线。

b. 臀围线：将前、后片同方向铺平对齐，依照前片臀围线在后片相同位置画出水平臀围线。

⑥ 做出前、后片的侧缝线。

a. 测量人台前中线到侧缝之间的宽度，再加1.3cm（1/2英寸）的松量。在前片面料上也量取相同的宽度并做标记。

b. 测量人台后中线到侧缝之间的宽度，再加1.3cm（1/2英寸）的松量。在后片面料上也量取相同的宽度并做标记。

c. 画出前、后侧缝线。过标记点做平行于中线的侧缝线。

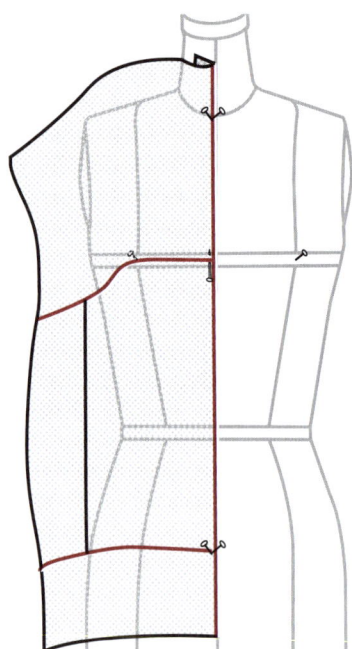

图10-9

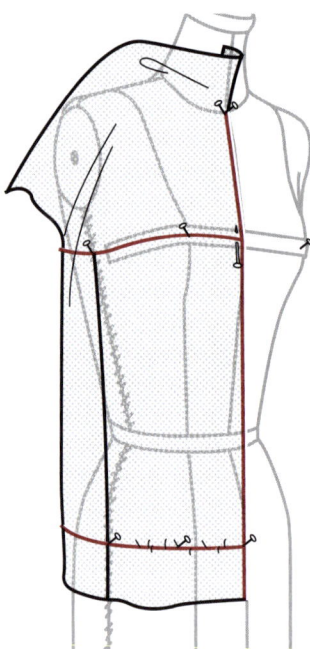

图10-10

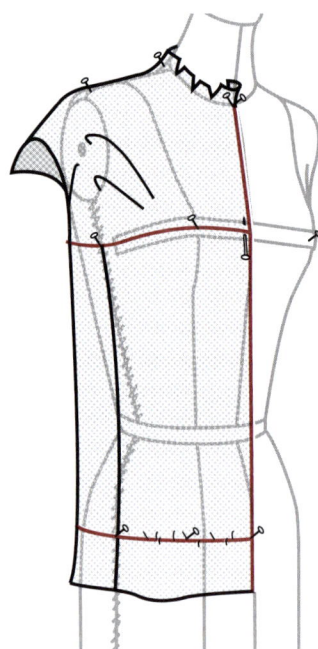

图10-11

1 面料上的前中折线与人台上的前中线对齐，水平胸围线也与人台上的对齐，别针固定。

2 从前中到侧缝整理抚顺水平线上的面料，要均匀分布臀围上的1.3cm（1/2英寸）松量，别针固定水平线。

3 面料上的侧缝线与人台的侧缝对齐，别针固定。一定要确保纬纱平行于地面。

4 整理固定肩线、领口。抚顺领口周围面料，一直抚过侧颈点，修剪颈部多余面料，别针固定。

5 整理固定肩线和袖窿。抚顺肩线和袖窿周围面料，此时将面料余量全部放在袖窿中，别针固定。

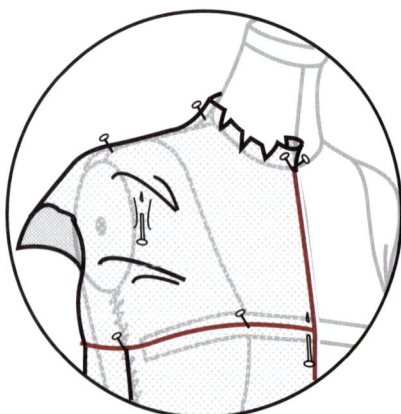

图10-12

6 调整袖窿中的面料余量，使其均匀分布。
  a. 在袖窿中部前腋点将面料余量平分为上下两部分。
  b. 在袖窿前腋点处轻轻朝衣身方向推进少许面料作为松量。
  c. 别针固定袖窿前腋点，使面料余量均匀分布在袖窿上下。

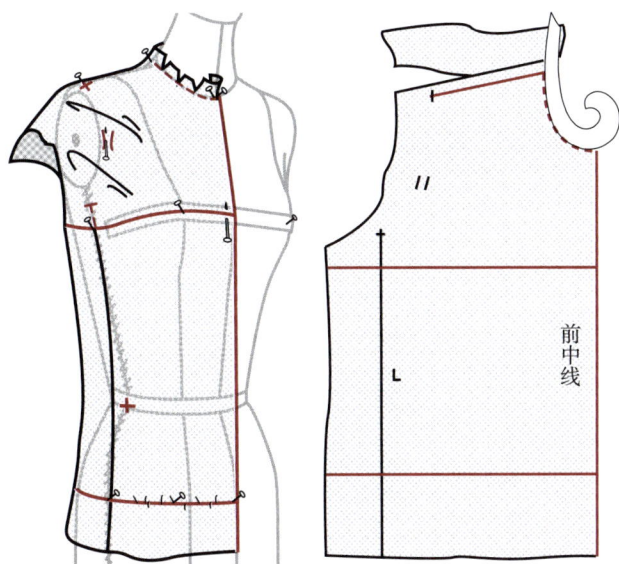

图10-13

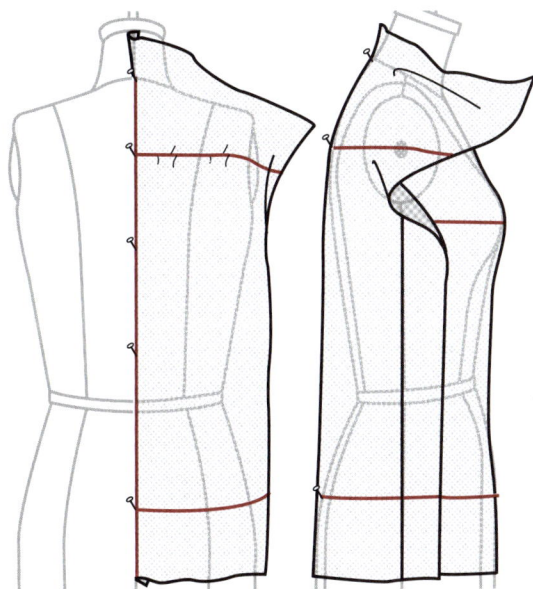

图10-14

⑦ 在样片上标记出与人台对应的关键点。

a. 领口线：用虚线轻轻描出。

b. 肩线：用虚线轻轻描出。

c. 袖窿：

» 肩端点做标记。

» 袖窿前腋点做标记。

» 袖窿腋下点做标记。

d. 侧缝：腰围线处做标记。

⑧ 拓板，重新画顺领口弧线和肩线，并加放缝份。修剪袖窿处多余面料，预留2.5cm（1英寸）的缝份，作为后续的调节量。

⑨ 将修剪过的前片重新别回到人台上。

⑩ 后片面料的后中折线与人台上的后中线对齐别针固定。

⑪ 后片面料的臀围线与前片臀围线在侧缝处对齐固定。

⑫ 后片面料的水平线与人台上的对齐，别针固定。平衡分配臀围上的1.3cm（1/2英寸）松量。

⑬ 后片侧缝与前片侧缝对齐，别针固定侧缝。前、后片的臀围线要始终对齐，注意不要使面料扭曲变形，前、后衣身都要自然平顺地竖直悬垂。

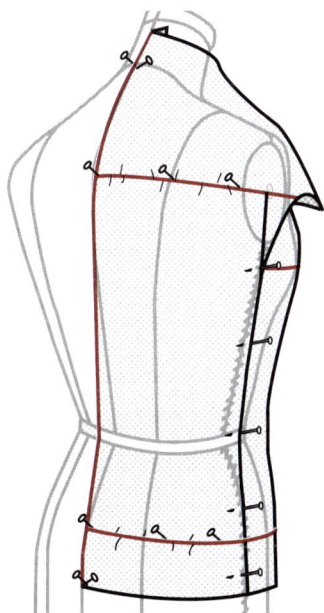

图10-15

14 修剪颈部和袖窿周围多余面料。捋顺后肩和后颈部多余面料，别针固定肩线及领口。

> **注** 从立裁效果可以看出，从肩点到背宽横线之间的后袖窿上有一点面料余量，这些量就以松量的形式留在后袖窿中了。

15 在后片上标记出与人台对应的所有关键点。
  a. 领口线。
  b. 肩线。
  c. 袖窿：
  » 肩点。
  » 袖窿后腋点。
  » 袖窿腋下点。
  d. 侧缝：在腰围线处做标记。

16 将后片从人台上取下拓板，重新画顺后领口弧线和肩线。

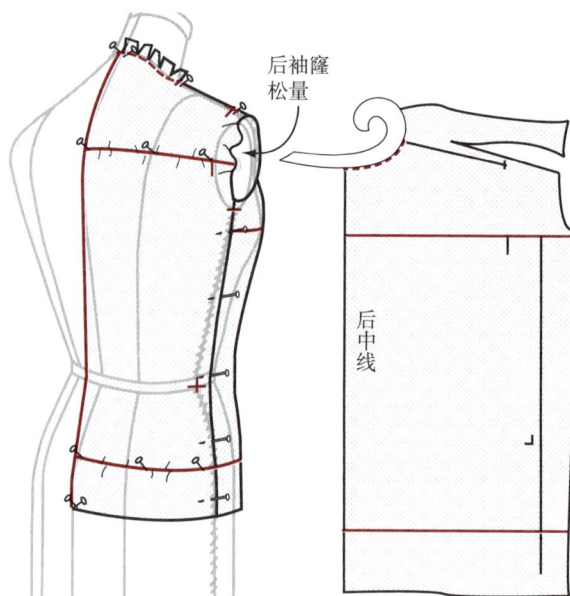

图10-16

17 重新修顺前、后侧缝线和袖窿弧线。
  a. 将袖窿、侧缝交点沿侧缝线向下降5.1cm（2英寸），并做标记。
  b. 给侧缝追加1.6cm（5/8英寸）的松量，做标记。用长弧线尺过标记点重新画出新侧缝线。
  c. 用法式曲线尺画出新袖窿弧线。

> **注** 当前后侧缝别合在一起时，袖窿呈马蹄形。

18 检查前、后袖窿的平衡性。
  a. 测量前、后袖窿弧长。后袖窿应比前袖窿长1.3cm（1/2英寸）（这是正确袖窿的平衡性要求）。
  b. 如果测量结果表明前、后袖窿不平衡，通过将后袖窿中部向内凹进一定的量［0.6cm（1/4英寸）］，或者将前袖窿中部向外凸出一定的量［0.6cm（1/4英寸）］，重新调节平衡。

19 加放缝份，修剪多余面料。

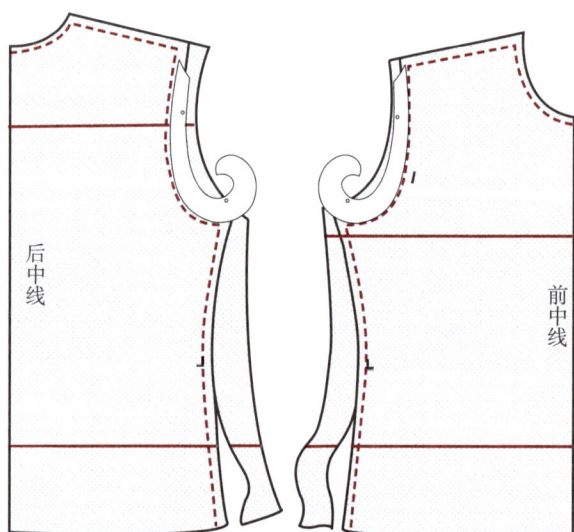

图10-17

20 将修剪好的前、后片重新别合，再穿到人台上检查衣身的平衡性和合体性，必要时做一定的修正。

注 前袖窿会有褶皱或空浮现象（一般无省设计都会有此现象）。

检查造型的合体性

✓ 铅垂线：前、后中线要始终保持与地面垂直。其他经纱线与之平行，否则衣身将扭曲变形。

✓ 胸围线：前片胸围线要平行于地面，胸围线以下的面料要自然顺畅地竖直向下悬垂。

✓ 背宽横线：后片背宽横线要平行于地面，背宽横线以下的面料要自然顺畅地竖直向下悬垂。

✓ 侧缝平衡：前、后侧缝形状和长度相同。合体的胸衣、上衣、衬衫、连衣裙或夹克等，前、后片侧缝应与竖直经纱方向成相同的角度。由于胸凸的缘故，前片样板应比后片宽1.3cm（1/2英寸）。如果前、后片等大，或者前片小于后片，胸部就会出现紧绷牵扯现象。

✓ 袖窿平衡：后袖窿应比前袖窿长1.3cm（1/2英寸），因为从后袖窿中点到肩点的距离长于前袖窿中点到肩点的距离（如果前、后袖窿等长，会导致前片被牵拉，肩缝偏后）。平衡的袖窿保证袖子能够随着人体胳膊的曲势自然悬垂，详见第51页袖窿平衡的相关内容。

袖子要点

采用修正过的基本袖原型，具体见第104、105页。

袖山与袖窿的匹配。通过将袖山与袖窿的长度进行对比，决定袖山是否具有合适的吃缝量，以及是否满足所需的吃缝量。袖山与袖窿的匹配方法见第99、100页，以及第106页的袖山吃缝量的调节方法。

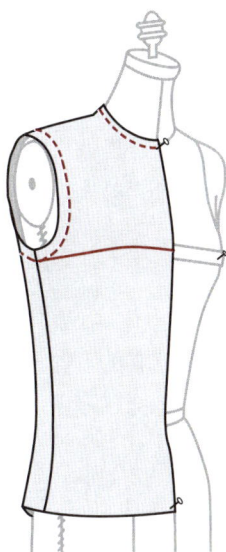

图10-18

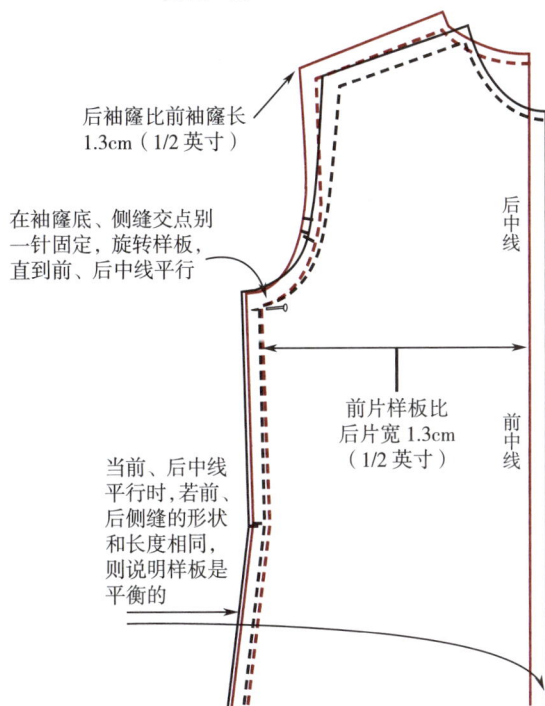

后袖窿比前袖窿长1.3cm（1/2英寸）

在袖窿底、侧缝交点别一针固定，旋转样板，直到前、后中线平行

后中线

前中线

前片样板比后片宽1.3cm（1/2英寸）

当前、后中线平行时，若前、后侧缝的形状和长度相同，则说明样板是平衡的

图10-19

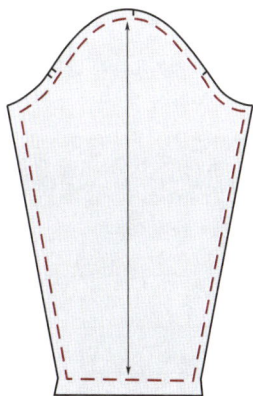

图10-20

无省衬衫或连衣裙

无省衬衫造型可用于设计无胸省、肩部下落、袖窿降低款式的衬衫或连衣裙。这类款式腰围没有合体造型的横向分割线，衣身宽松离开人体。设计师也可根据款式需要采用菱形省道。

设计师有时想要设计男士休闲风格的女士衬衫，此节内容介绍了如何利用已有的无省上衣样板，通过修正肩线和侧缝，同时降低袖窿等一系列变化，变换出休闲衬衫款式。

为了适应加深的袖窿造型，袖子样板需要调节，本节以图示说明了袖子的调节方法。衬衫袖是一种重要的袖型，应该列到袖子必备原型目录中。因为当袖窿降低后，采用衬衫袖型会具有良好的活动性。

设计这款衬衫的衣长可做长短变化，各部位细节上的设计使款式变化丰富多彩，如领口造型、领子、育克、分割线、塔克褶、宽松量以及袖型的变化等。

图10-21

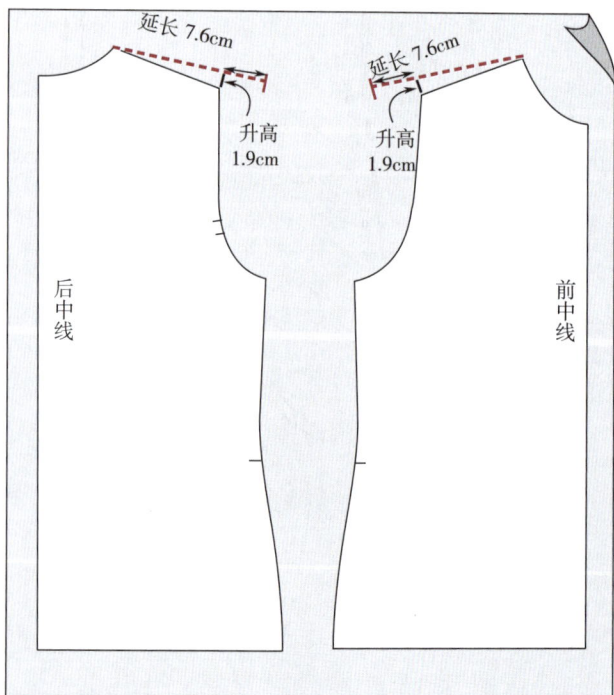

图10-22

准备衬衫样板

① 在打板纸上拓下上一节的无省上衣原型样板。

② 在原肩点的基础上将肩点升高1.9cm（3/4英寸）。

③ 直线连接侧颈点和升高后的肩点为新肩线。

④ 将新肩线向外延长7.6cm（3英寸），重新画顺。

5 修正袖窿、侧缝和底边。

    a. 从原袖窿与侧缝交点处降低10.2cm（4英寸）。

    b. 侧缝增加松量1.3cm（1/2英寸）。

    c. 重新画顺袖窿弧线。用弧线尺连接新肩点和腋下点，画出加深加大后的新袖窿弧线。

    d. 根据设计画出弧形衬衫下摆。

> **注** 加深后的袖窿造型不再是马蹄形。

6 按照下述方法，给加深的袖窿配上衬衫袖。

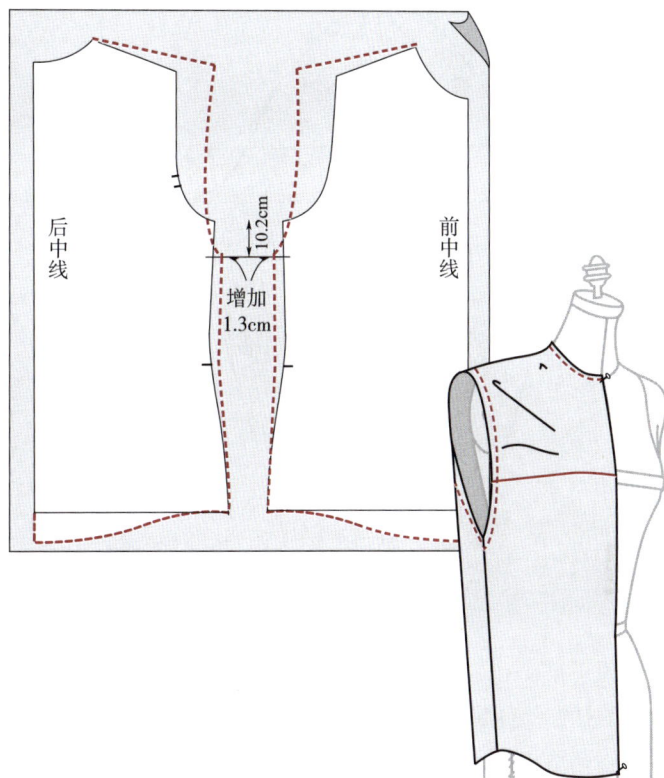

图10-23

无省衬衫或连衣裙：衬衫袖

    衬衫袖的长度到手腕，袖山要与下落的肩线衔接平顺，吃缝量很小。为了与落肩结构相适应，衬衫袖与基础原型袖相比，袖山高降低，袖肥加大。宽松的袖肥使袖子具有较好的运动性，同时穿着也舒适。

图10-24

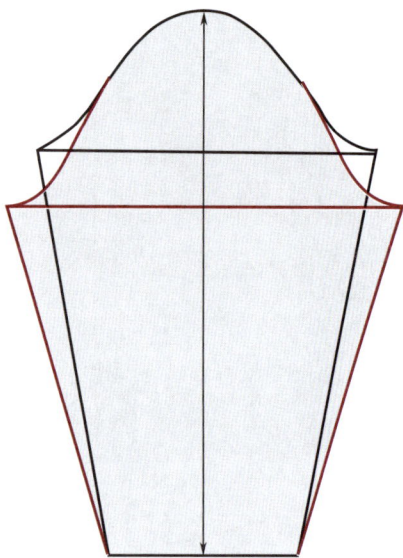

图10-25

① 准备袖山弧线、袖中线和袖肥线。

  a. 采用袖原型或者调节后的袖原型来绘制袖山弧
     线。向外向下调整袖山,增加袖山弧线的长
     度,以适应加深加大的袖窿尺寸。

  b. 在袖子中间画一条竖直经向线。

  c. 在新腋底处画一条水平线为新袖肥线。

② 裁一张长81cm(32英寸)、宽76cm(30英寸)
   的打板纸。沿长度方向从中间对折。

③ 将调整后的袖原型样板放在打板纸上,袖中线
   (经向线)对齐打板纸的双折线。

④ 从袖山顶点(打板纸的双折线处)到袖口,拓
   出袖子原型样板的轮廓。

⑤ 移走袖原型样板。

⑥ 过袖山腋下点,从双折线向上画出袖肥线。

⑦ 在新拓的袖子纸样上再画一条新袖肥线。从袖
   山顶点竖直向下取8.9cm($3\frac{1}{2}$英寸),过此点做
   新袖肥线。

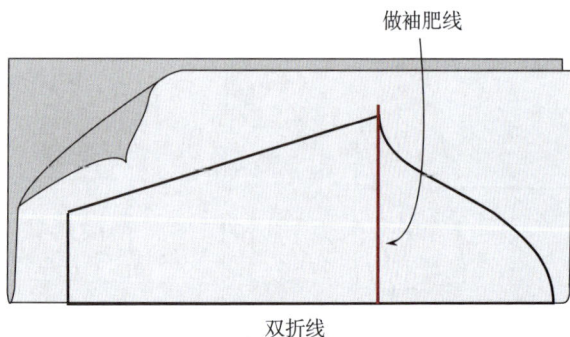

新袖肥线

双折线

8.9cm

图10-27

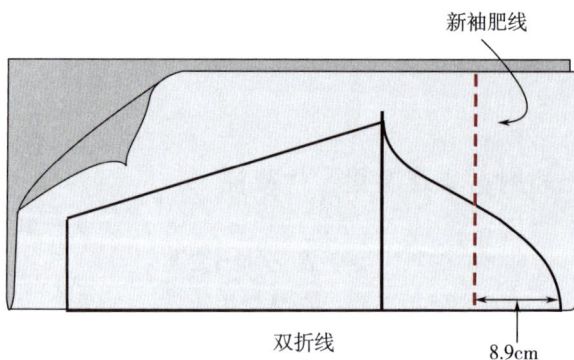

做袖肥线

双折线

图10-26

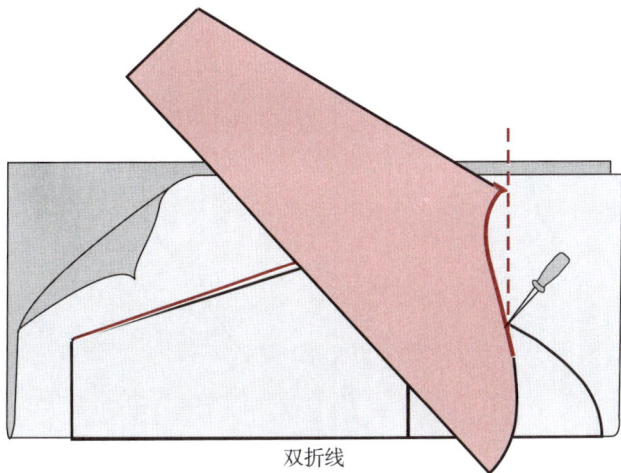
图10-28

新袖口线　　　　　　　　　　　重新修顺袖山

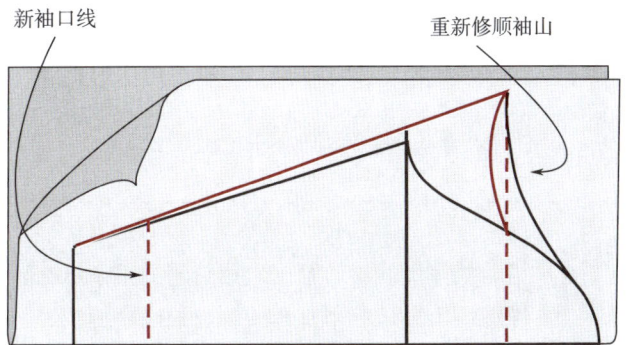
双折线
图10-29

8 将袖子原型板放回到打板纸上，袖中线与打板纸的折线对齐，袖子轮廓线与之前所拓轮廓线重合。

9 向上旋转袖子原型样板到新袖肥位置。用锥子压在1/4双折线与袖山线的交点处，以此点为轴心，向上旋转袖子原型样板，直到袖子原型样板的腋下点与第二袖肥线相交之止。

10 画出新袖山线。借助袖子原型板，将旋转点到腋下点之间的袖底弧线描出。

11 做出新袖下线。直线连接新腋下点与新袖肥的交点与原袖口点。

12 修正新袖山线。用曲线尺修顺新袖山弧线，新袖山弧线应平滑、曲度较小。

13 沿对折线从原袖口线向袖山方向取7.6cm（3英寸），做出新袖口线。这是衣身肩线的卜落量，在袖长上要减去。

14 剪下修正好的袖子样板。

注

» 由于修正改变了袖山弧线的总长度。因此，要对袖山和袖窿的长度重新匹配，以检验袖山弧线是否过长或过短，吃缝量是否合适。第15步给出了增大或减少袖山弧线的方法。

» 一般衬衫袖山吃缝量仅为1.3cm（1/2英寸）。

⑮ 袖山与袖窿的匹配（参见第99、100页的袖山与袖窿匹配方法）。

  a. 袖子袖山腋底与袖窿腋底对齐，对准两者的净缝线。

> **注** 衣身袖窿上的对位标记已经做好。

  b. 沿着袖窿弧线旋转袖山。用铅笔或锥子压在净缝线上，从腋下点开始顺着袖窿净缝线，一点一点地转动袖山弧线，使袖山与袖窿净缝线对齐，直到走完整个袖窿。

  c. 在旋转袖山时，在袖山上做出与前、后袖窿记号点相应的对位标记（前片为单记号，后片为双记号）。

  d. 继续匹配袖山与剩余部分袖窿。每对齐一小段两者的净缝线，就用锥子压住以防相互滑移。不断重复以上步骤，直到袖子边缘和衣身边缘再次相遇。

  e. 重复以上步骤，直到袖山弧线与袖窿上的肩线相遇。

  f. 标记肩线位置。旋转袖山弧线时，在袖山弧线与前、后袖窿肩线相遇的位置做标记。

⑯ 如果袖山的吃缝量与所需要的相比过大或者过小，可以通过以下方法增大或减小袖山吃缝量。

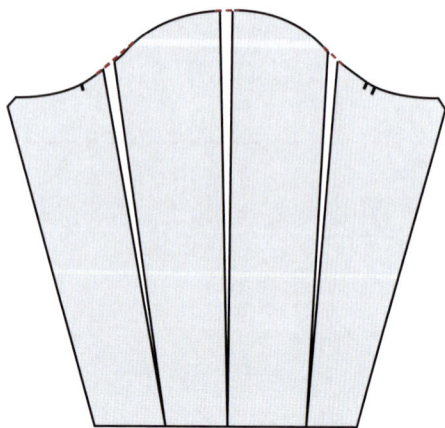

前中线

图10-30

> **注** 衬衫的吃缝量通常为1.3cm（1/2英寸），然而合体衬衫的吃缝量可达3.8cm（$1\frac{1}{2}$英寸）。面料、款式、品牌等因素都决定吃缝量的大小。

吃缝量过小时：从袖山向袖口方向，沿袖中线和1/4对折线将袖子纸样剪开。打开部分袖山以增加吃缝量，重新画顺袖山弧线。

吃缝量过大时：从袖山向袖口方向，沿袖中线和1/4对折线将袖子纸样剪开。合并部分袖山以减小吃缝量，重新画顺袖山弧线。

切开展开袖山以增加吃缝量。
每个切开处的增加量为0.3~1cm
（1/8~3/8英寸）。

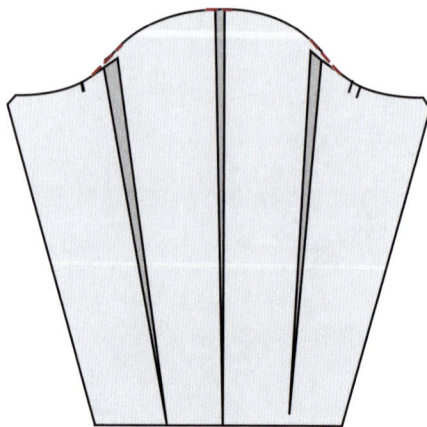

图10-31

切开合并袖山以减少吃缝量。
每个切开处的减少量为0.3~1cm
（1/8~3/8英寸）。

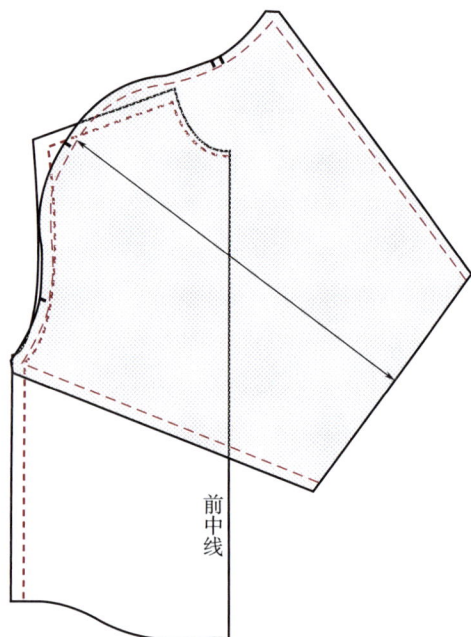

图10-32

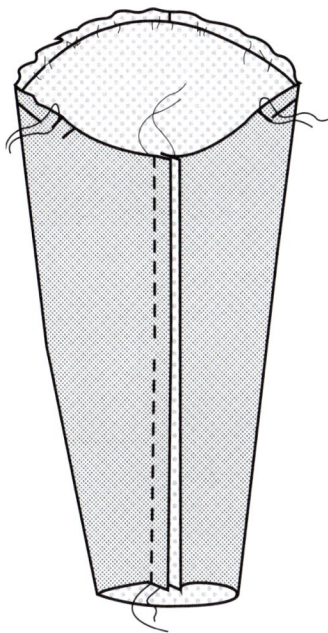

图10-33

17 制作袖子以检查合体性。在面料上裁剪出袖片，缝合袖下缝，缩缝前对位点到后对位点之间的袖山线。

18 将袖子装到人台手臂上。同时，也将衬衫的衣身穿到人台上。

抬起布手臂，露出袖窿腋底部分，将袖山的腋下部分与袖窿腋底对齐相别合，大头针要顺着净缝线插针，从前对位点别到后对位点。

19 别合袖山与袖窿的剩余部分。袖山顶点对准衣身的肩缝，袖山与袖窿净缝线对齐别合。

20 检查袖子的合体性和悬垂性。袖子的组装及检验见第101页。袖子和袖窿的合体性评价见第102页。对袖子的合体性进行评测，必要时做一定的修正。

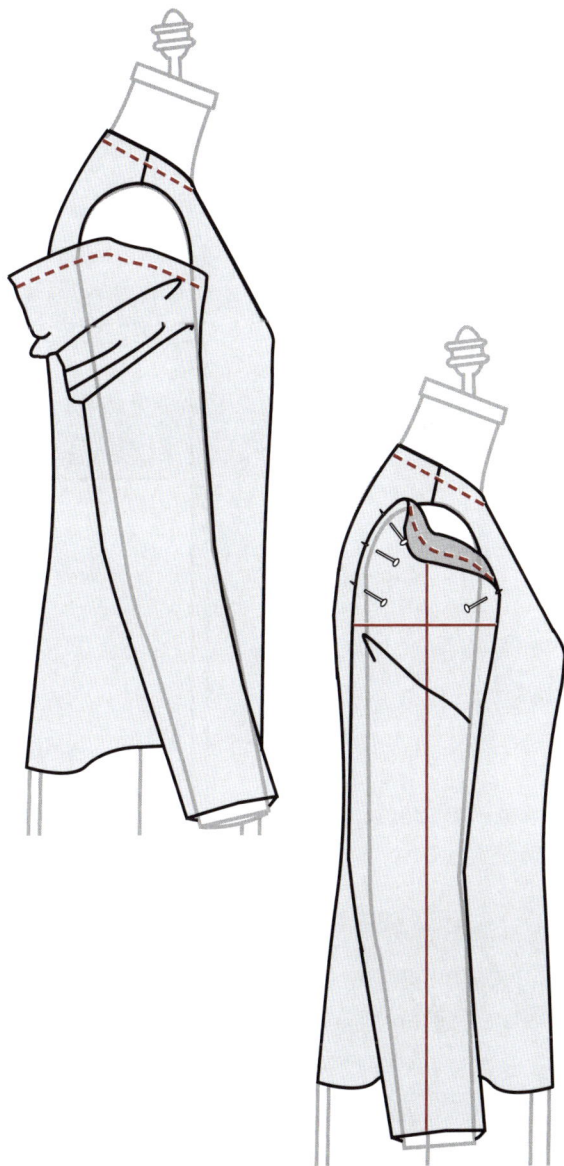

图10-34

经典整片育克衬衫

经典整片育克衬衫是指有一整片育克覆盖在肩部，在背宽横线附近与后片相接，在肩线偏前5.1cm（1~2英寸）处与前片相接。衣身上有褶裥或者缩褶，配衬衫袖。这类衬衫的款式一般都有领子、袖克夫、门襟和口袋等设计元素。

本节列举的是传统整片育克衬衫，与育克拼接的衣片上有放射状的褶裥。这种育克设计方法也可用于休闲衬衫。

与本款类似，但衣身上没有褶裥的育克衬衫，立裁方法请参见本章之前所述的"无省上衣、衬衫"。

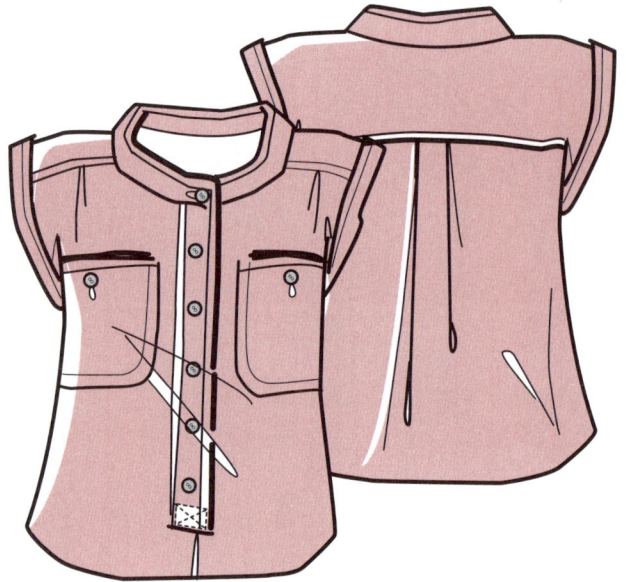

图10-35

准备衣身面料

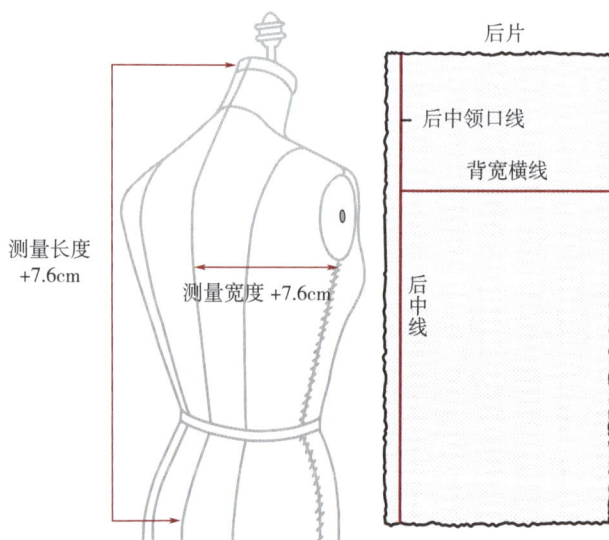

图10-36

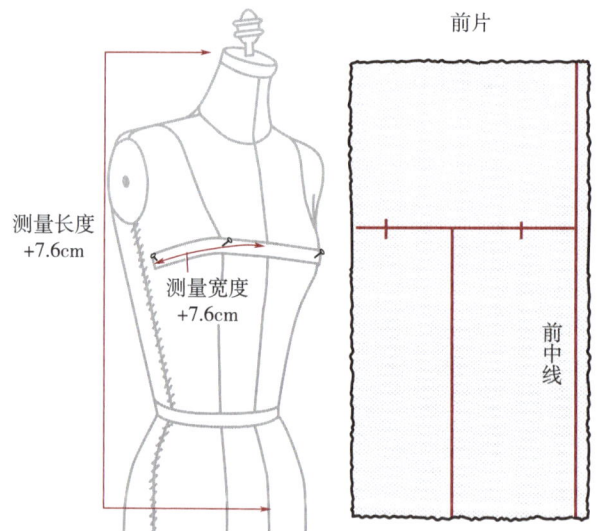

图10-37

1 分别测量前、后片所需的长度和宽度，再加7.6cm（3英寸）。在面料上量取相同的长度和宽度，打剪口并撕开面料。

2 距离撕开的经纱布边2.5cm（1英寸），分别在前、后片上画出前、后中线。

3 在前片上画出水平线胸围线，在后片上画出水平线背宽横线。

4 做出胸高点和侧缝。在前片面料上画出公主面中线。具体做法可参考第38、39页基本原型的面料准备。

经典整片育克衬衫：准备育克面料

① 测量所需育克的长度和宽度，裁一块边长为35.6cm（14英寸）的正方形面料。

② 距离撕开的经纱布边2.5cm（1英寸），画出与经纱平行的后中线。

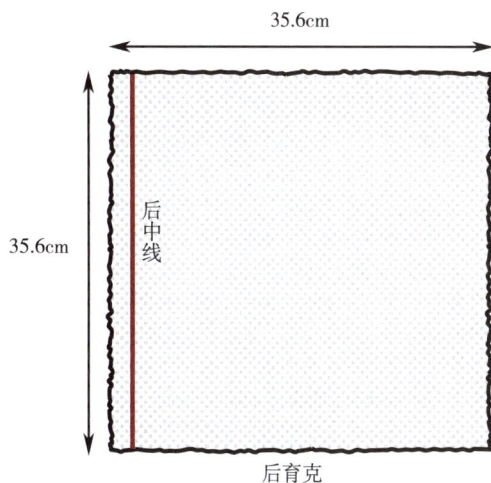

图10-38

③ 后领口的立裁准备。

  a. 过后中线的中点做长为3.8cm（$1\frac{1}{2}$英寸）的水平线。

  b. 过水平线的端点向上做后中线的平行线，为第二竖直线。

  c. 沿所做水平线和第二竖直线剪开面料，去除剪下来的小长方形。

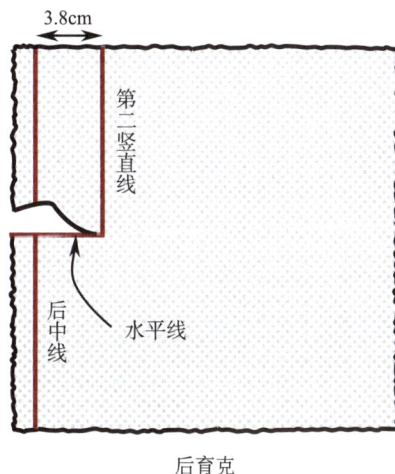

图10-39

④ 在3.8cm（$1\frac{1}{2}$英寸）的水平剪开线下面再做一条较短的水平线，代表后领口位置。

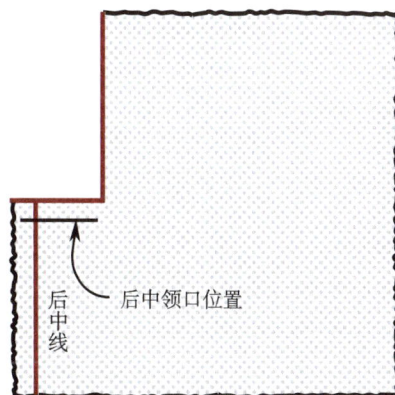

图10-40

经典整片育克衬衫：立裁步骤

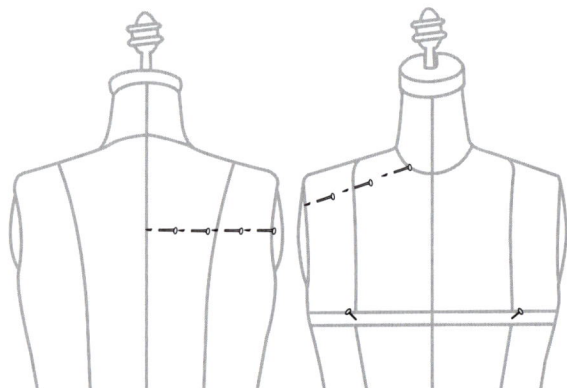

图10-41

① 准备人台。在人台上用大头针标记出育克造型线。

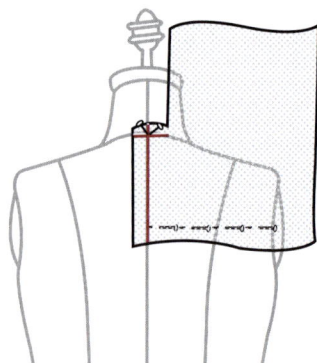

图10-42

② 育克面料的后中线对齐人台上的后中线，别针固定。

③ 面料上的后中领口标记对准人台的后中领口位置。

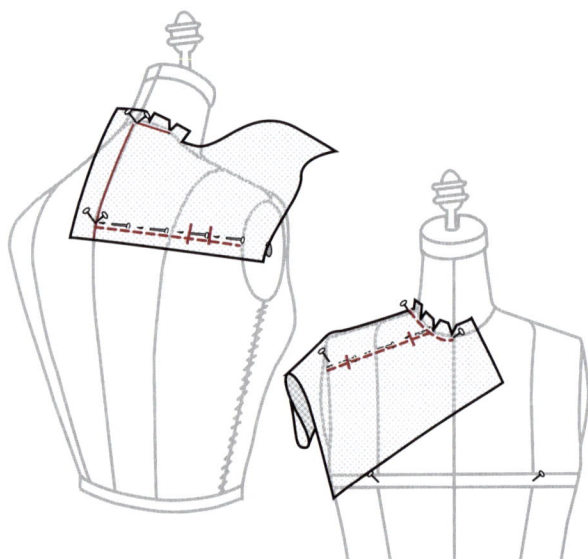

图10-43

④ 整理、修剪、固定后领口线，育克面料要平顺地覆盖在人台的肩部。继续向前领口整理、捋平、修剪面料，一直到育克设计线，别针固定前领口线。

⑤ 在样片上标记出与人台对应的关键点。

　a. 描出育克设计线及对位点：前片为单记号，后片为双记号。

　b. 肩点和侧颈点做标记。

　c. 虚线描出领口弧线。

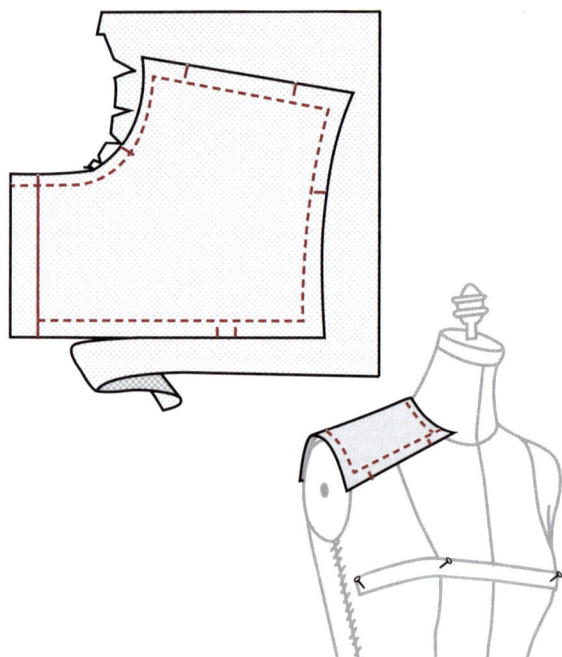

图10-44

⑥ 拓板。将育克从人台上取下，重新画顺所有线条，加放缝份，修剪多余面料。再将修剪后的育克别回到人台上，检查正确性与合体性。

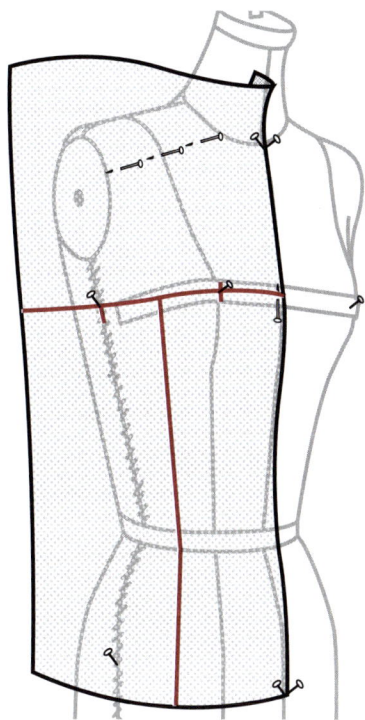

图10-45

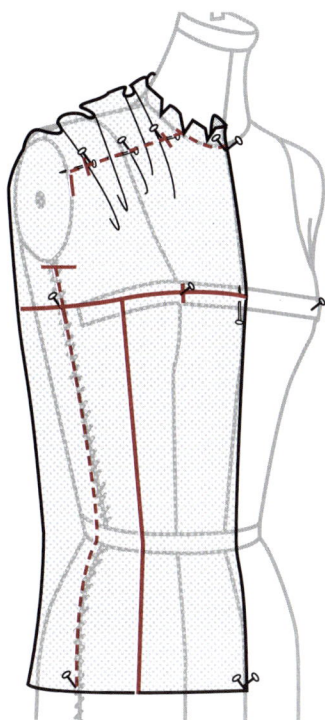

图10-46

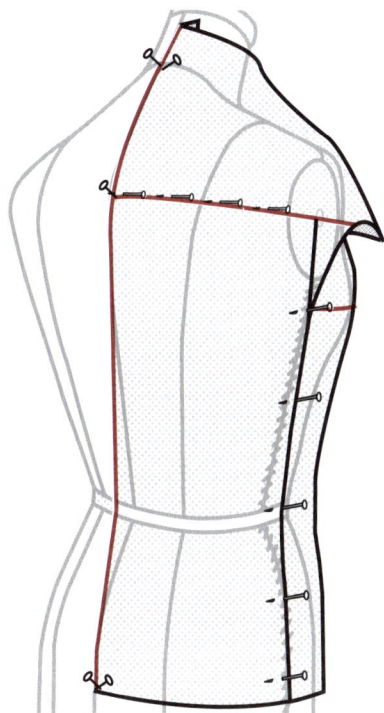

⑦ 立裁前片，面料上的前中折线
与人台上的前中线对齐固定。

⑧ 面料上的水平胸围线、胸高点、
侧缝，以及公主面中线分别与人
台上的相应位置对齐固定。

⑨ 整理、捋顺胸围线以下面
料，将胸凸产生的面料余量
均匀分布到育克设计线上。
捋平领口周围面料，修剪多
余缝份并打上剪口。

⑩ 在前片上标记出与人台对
应的关键点。

　a. 领口线：用虚线轻轻
　　描出。

　b. 育克设计线。

　c. 对位点：与育克对应的
　　对位标记。

　d. 袖窿：

　» 袖窿前腋点做标记。

　» 袖窿腋下点做标记。

　e. 侧缝：标记并修剪侧缝
　　多余面料，要预留足够
　　的缝份以备后续拓板和
　　加放缝份。

⑪ 后片面料上的后中折线与人台
上的后中线对齐别针固定。

⑫ 后片面料上的水平线与人台
上的背宽横线对齐，别针固
定。背宽横线以下的面料应
平顺自然地悬垂而下。做出侧
缝标记。

⑬ 前片压后片别合侧缝。

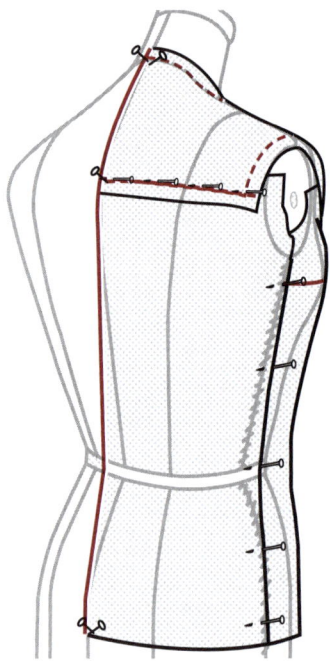

图10-48

14 将后片衣身面料整理到后育克下面，育克压在后片面料上别针固定。

15 在后片上标记出与人台对应的所有关键点。
　a. 后育克设计线。
　b. 对位点：与育克对应的对位标记。
　c. 袖窿底、侧缝交点。
　d. 侧缝。

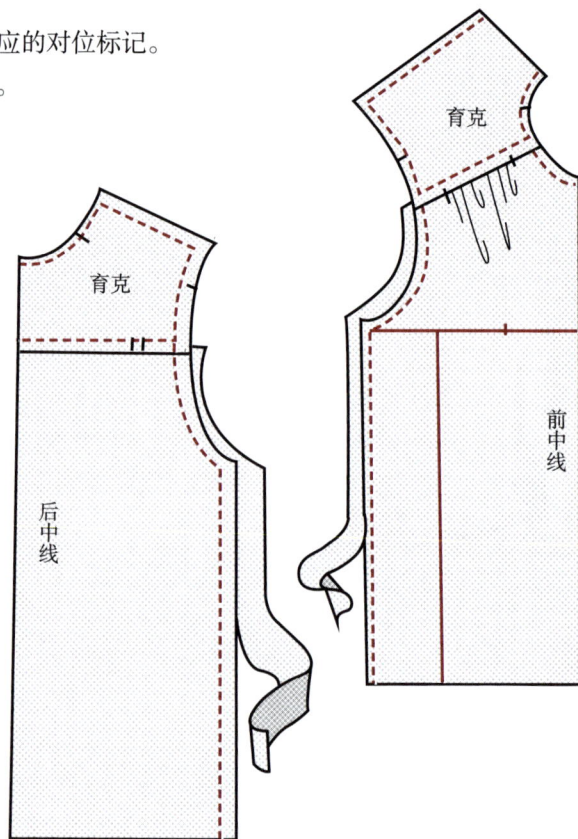

育克

育克

后中线

前中线

图10-49

16 拓板。将所有样片（前片、后片、育克）从人台上取下，重新画顺所有线条，加放缝份，修剪多余面料。
　a. 修剪前袖窿：在育克设计线将前衣身与育克别合后，再画顺、修剪前袖窿弧线。
　b. 修剪后袖窿：在育克设计线将后衣身与育克别合后，再画顺、修剪后袖窿弧线。

17 将修剪后的样片组装后再别回到人台上，检查其正确性、合体性和平衡性。

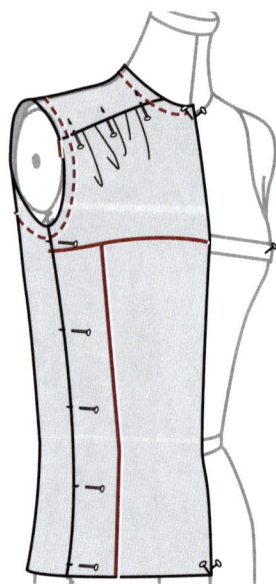

图10-50

男式育克衬衫设计

男式经典衬衫在肩部也是一整片育克，属于传统款式的衬衫。育克在后背宽线处与后片衣身拼接，在肩线偏前2.5~5.1cm（1~2英寸）处与前片衣身拼接。衣身后背有褶裥，配衬衫袖。大多数男式衬衫都有细节部位设计，如领子、袖克夫、门襟和口袋等。

这里以图示说明传统整片育克以及育克后背处有放射形褶裥的立裁方法。育克的设计也可用于休闲衬衫。

与此款育克设计类似，但后背没有褶裥的衬衫，立裁方法可参考第212~216页所述的"经典整片育克衬衫"。

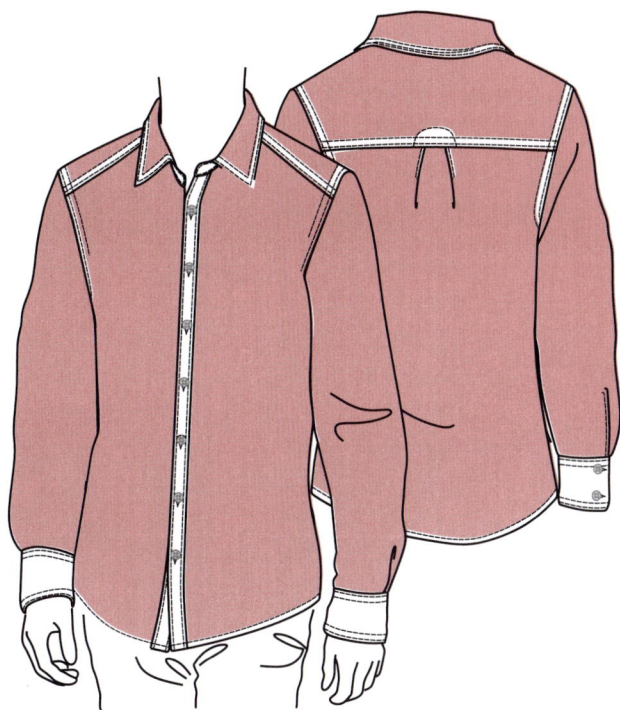

图10-51

准备男式衬衫样板

1 采用男子人台，按照第213、214页所述方法立裁整片育克。再按照第202~205页所述步骤立裁无省衬衫。

2 按照第204、205页所述方法，绘制出男式衬衫袖窿。

3 按照第208~210页所述方法，绘制男式衬衫袖子。

4 参照第15章的领子和领口造型设计，给男式衬衫设计合适的领型。同时，设计立裁出门襟和袖克夫。

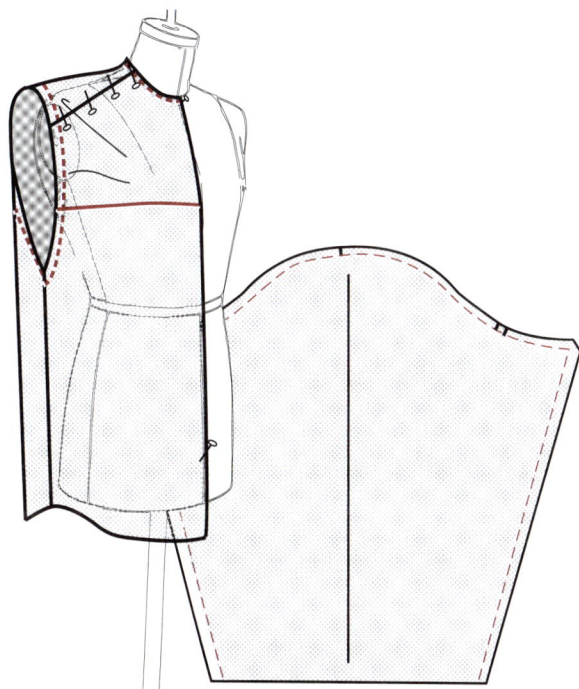

图10-52

前育克造型设计

上衣育克是指衣身肩部较合体的一部分，起到支撑服装下半部分的作用，可以设计成各种大小和形状。育克的不同造型设计能够增加服装的款式特点或风格。

这里列举了三种育克造型，其立裁方法与前几节的相同。任何上衣、衬衫、连衣裙均可设计成各种育克的造型形式。

图10-53

前育克造型设计：准备人台

准备人台。参考设计图，在人台上用针别出育克造型线。

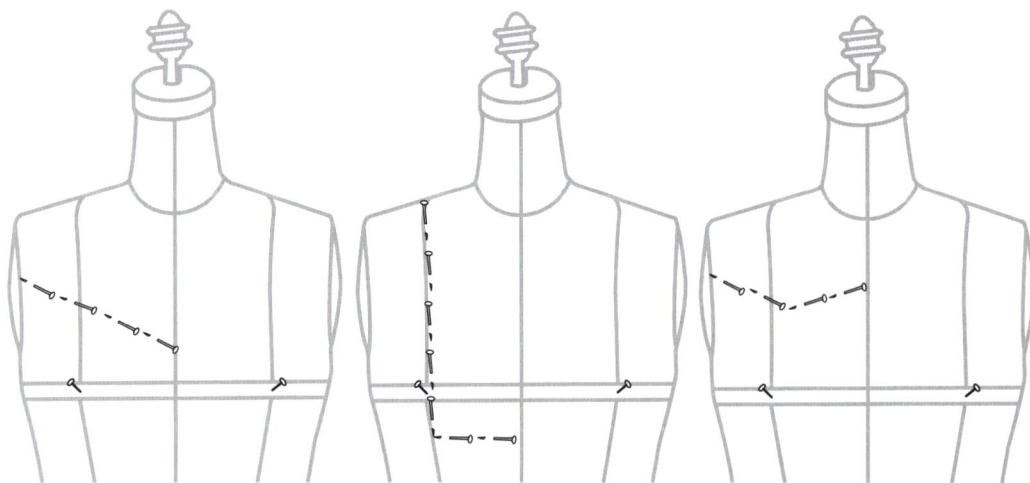

图10-54

前育克造型设计：准备面料

1. 从人台颈口到育克设计线，测量育克所需的面料长度（沿经向），再加7.6cm（3英寸），在面料上量取相同长度，打剪口并撕开面料。

2. 从人台前中到袖窿，测量育克所需面料的宽度（沿纬向），再加7.6cm（3英寸），在面料上量取相同宽度，打剪口并撕下面料。

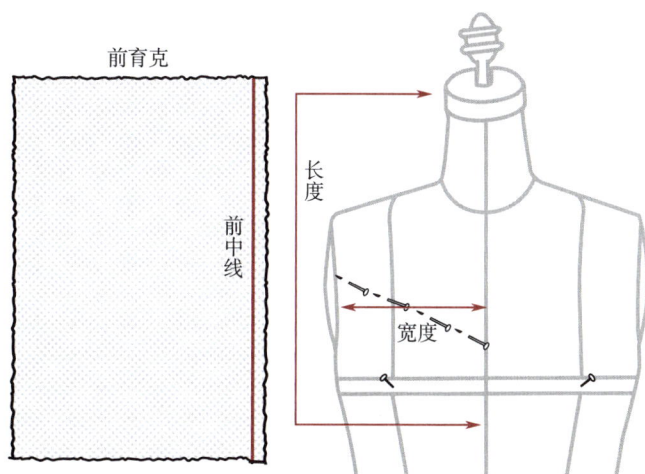

图10-55

3. 距离撕开的经纱布边2.5cm（1英寸），画出与经纱平行的前中线，折倒缝份并熨烫平整。

4. 沿育克面料的前中线从上向下量取10.2cm（4英寸），做标记为前中领口点。

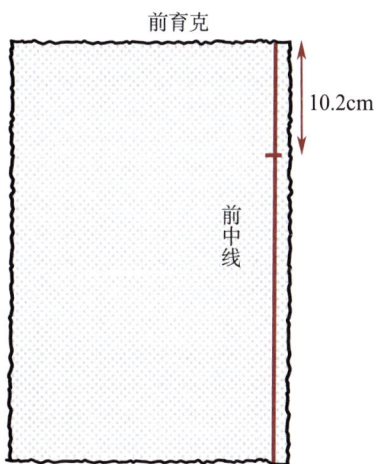

图10-56

立裁步骤

1. 育克面料上的前中折线与人台上的前中线对齐，前中领口标记点与人台的前颈点对准，别针固定。

2. 整理、捋顺、修剪、固定领口周围面料。

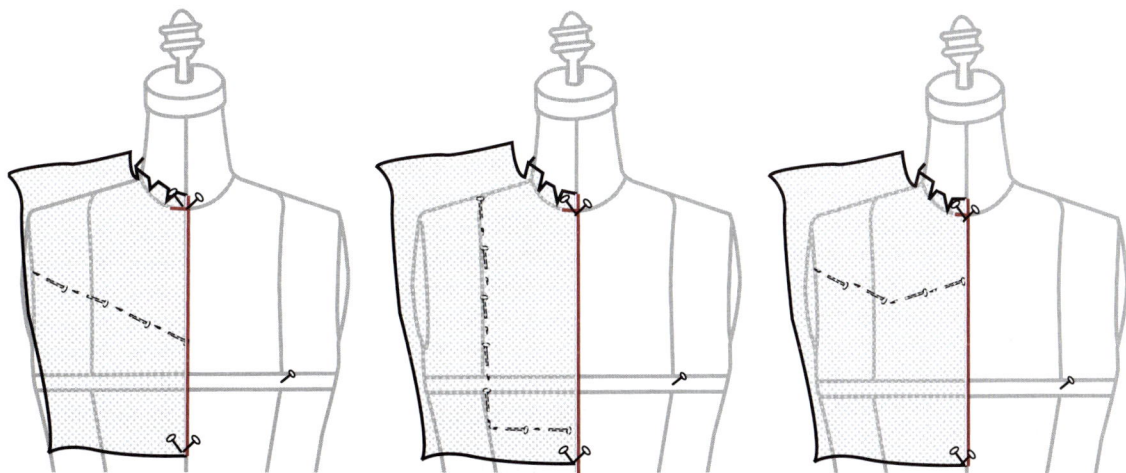

图10-57

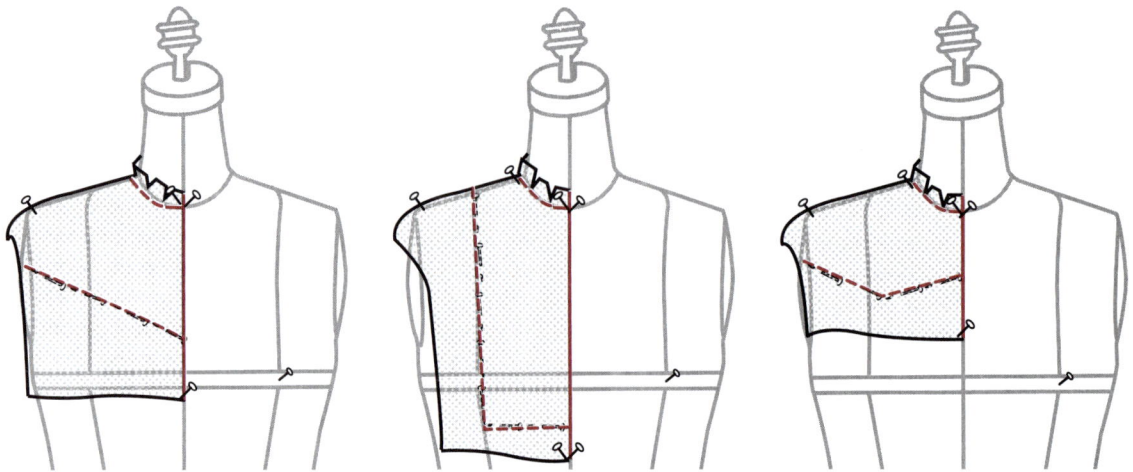

图10-58

③ 将顺肩线周围的面料，整理固定肩线。

④ 向下捋顺面料，一直捋过育克设计线，别针
固定。

⑤ 在育克面料上标记出与人台对应的关键点。

a. 领口线。

b. 肩线和肩点。

c. 育克设计线。

d. 育克设计线上的对位点。

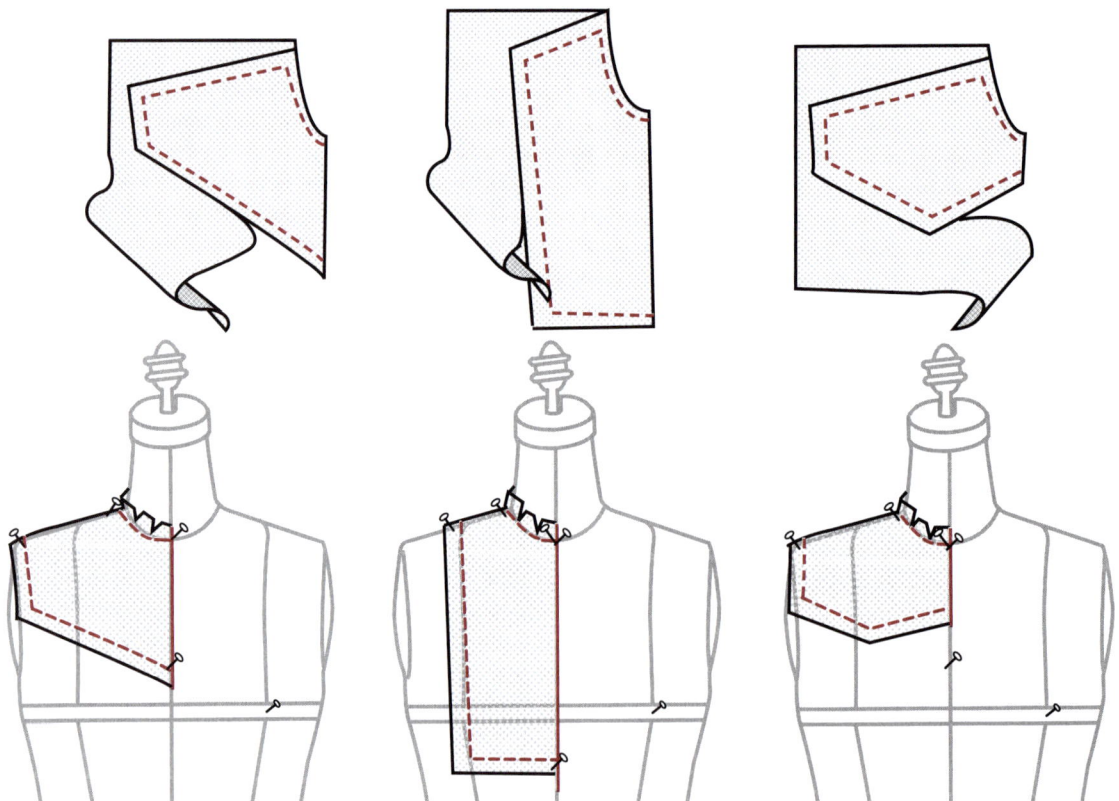

图10-59

⑥ 拓板。将育克从人台上取下，重新画顺所有线
条，加放缝份，修剪面料。再将修剪后的育克
别回人台上，检查其正确性、合体性和平衡性。

⑦ 与育克相配的衣身立裁方法，与前面讲过的"经
典整片育克衬衫"的立裁步骤相同。

国际服装立裁设计：美国经典立体裁剪技法（原书第5版）

第11章
连身袖和插肩袖设计

》 连身袖衬衫
》 插肩袖上衣、衬衫

本章讨论的插肩袖和连身袖，可与各种不同衣身袖窿搭配进行变化设计。连身袖一般与无省衣身一起立裁，插肩袖则与部分衣身相连裁剪。这两种袖型可用于各种连衣裙、上衣、衬衫等服装的袖子设计。

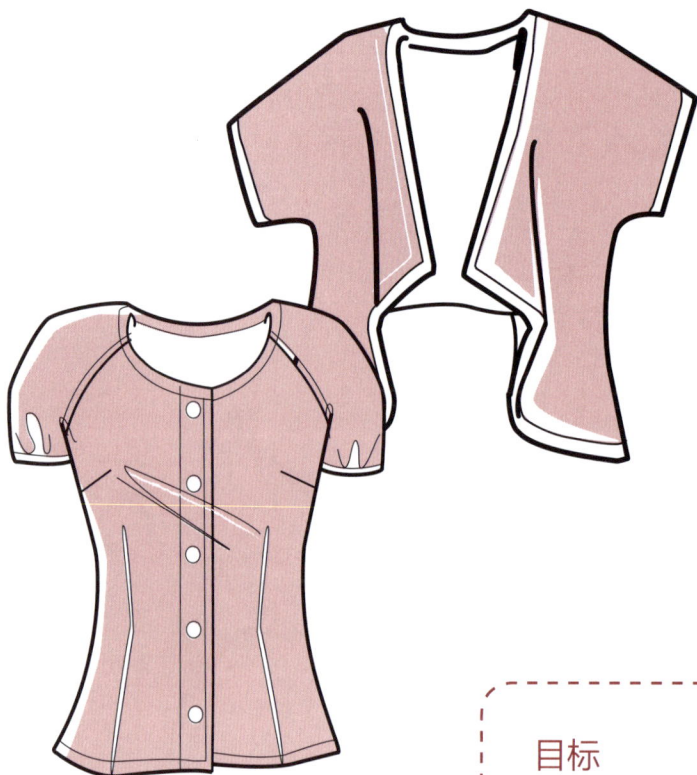

图11-1

目标

通过学习本章的立裁技法，读者应具备以下能力。

» 塑造连身袖的无省造型，使前片胸围线以下、后片背宽横线以下，均竖直向下自然悬垂，全身不采用省道。

» 仅使用一个侧胸省塑造前插肩袖造型，其他部位均无省道，衣身前片胸围线以下以及后片背宽横线以下都竖直向下自然悬垂到底摆。

» 能够基于无省造型的衣身前片胸围线、后片背宽横线以及侧缝线来确定面料的经向和纬向。

» 能够立裁出竖直侧缝或各种形状侧缝的连身袖和插肩袖，保证具有合适的松量和平衡的侧缝。

» 基于模特体型，审视评价衣身前、后的连身袖和插肩袖造型。

» 能够模仿并创作出各种款式的连身袖和插肩袖。

» 检查无省造型的立裁效果，评价其合体性、悬垂性、平衡性、比例以及拓板等。

连身袖衬衫

这款连身袖衬衫是无省设计，袖子和衣身连成一体，没有腰围分割线。这样的袖子不需要匹配传统的合体型袖窿，而是与前、后衣身一起连裁。连身袖的袖窿深常常会发生变化，同时，袖长也随之变化。肩线造型与人体肩斜相吻合，侧缝一般平行于前中线。

连身袖衬衫可以作为一款基本样板，应用于连衣裙和上衣的各种款式设计。可以通过样板切展法，在任何部位设计分割线或褶裥。腰部可以采用菱形省或塔克褶的形式来改变衣身的合体度，或者采用腰带形式。

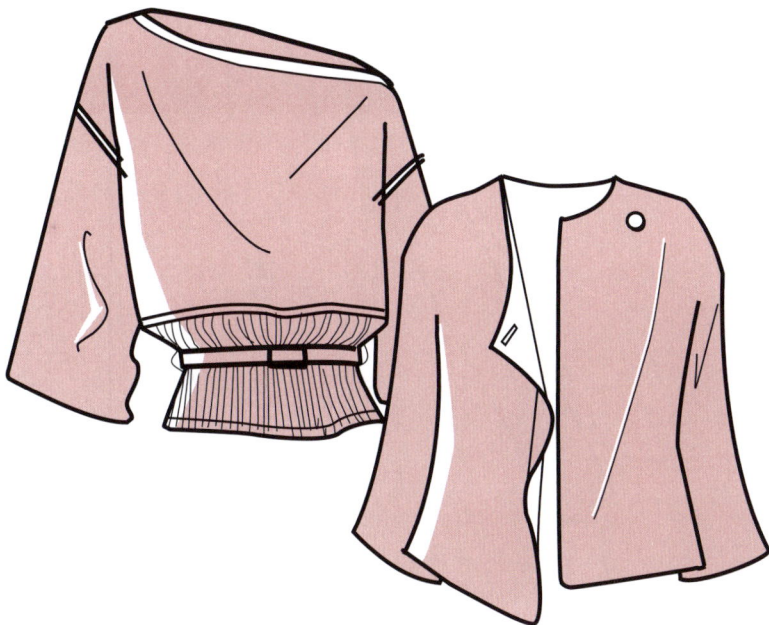

图11-2

准备人台手臂

为了使连身袖衬衫的测量、立裁的合体度更准确，给人台装上布手臂，具体做法参考第92、93页。

图11-3

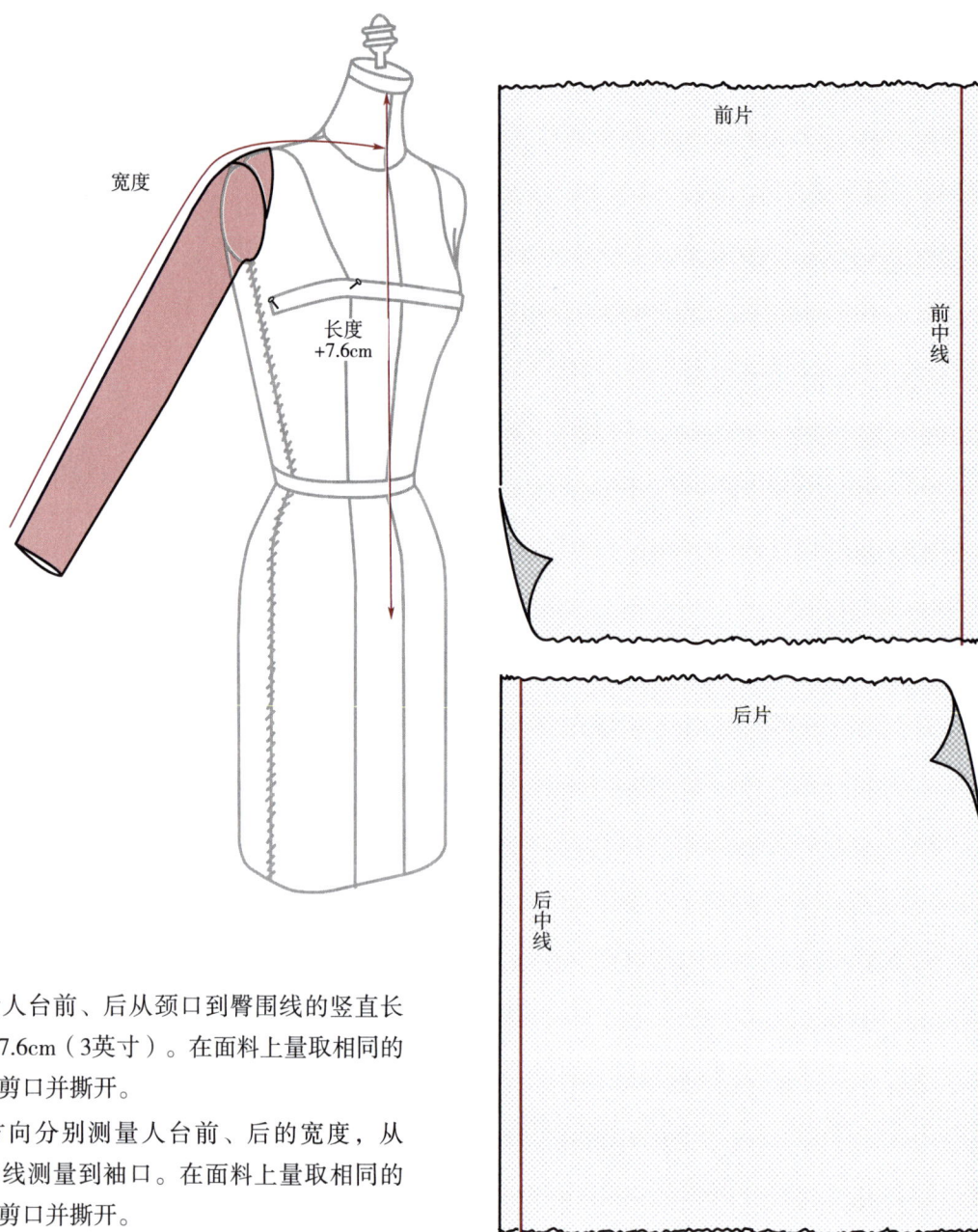

图11-4

1 分别测量人台前、后从颈口到臀围线的竖直长度，再加7.6cm（3英寸）。在面料上量取相同的长度，打剪口并撕开。

2 沿水平方向分别测量人台前、后的宽度，从前、后中线测量到袖口。在面料上量取相同的宽度，打剪口并撕开。

3 距离撕开的经纱布边2.5cm（1英寸），分别在前、后片上画出前、后中线，折倒缝份并熨烫平整。

4 在前、后片上做两条水平线。

　　a. 做出水平胸围线：从上向下在面料上量取27.9cm（11英寸），过此点做第一条水平线。

　　b. 做出水平臀围线：从第一条水平线竖直向下再量取35.6cm（14英寸），过此点做第二条水平线。

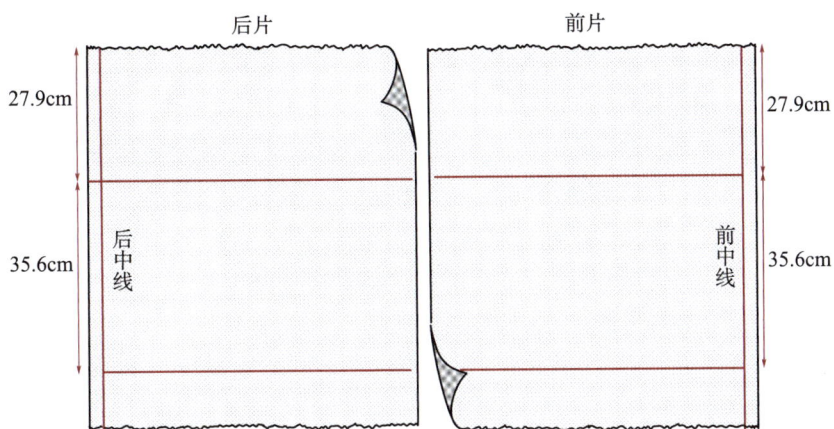

图11-5

5 做出后片侧缝线。

　　a. 沿人台臀围线测量从后中线到侧缝之间的宽度，再加1.3cm（1/2英寸）的松量。

　　b. 在后片面料上量取相同的宽度并做侧缝标记。

　　c. 画出后侧缝线。过侧缝标记点，做平行于后中线的侧缝线。

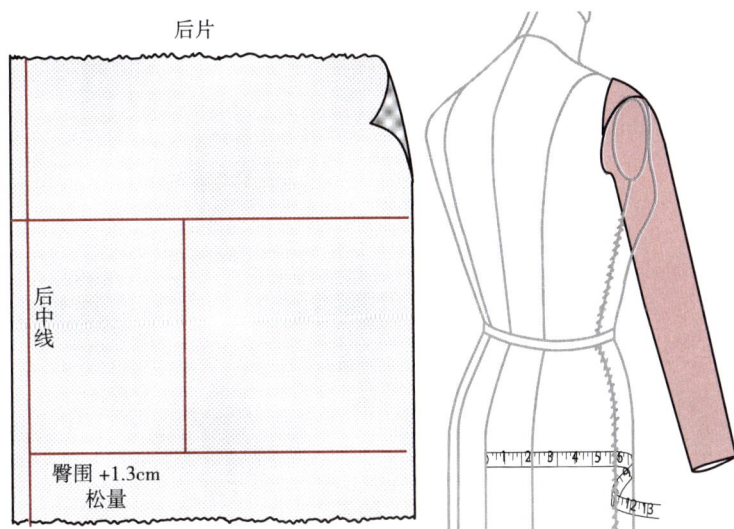

图11-6

6 画出前片侧缝线。

　　a. 沿人台臀围线测量从前中线到侧缝之间的宽度，再加1.3cm（1/2英寸）的松量。

　　b. 在前片面料上量取相同的宽度并做侧缝标记。

　　c. 画出前侧缝线。过侧缝标记点，做平行于前中线的侧缝线。

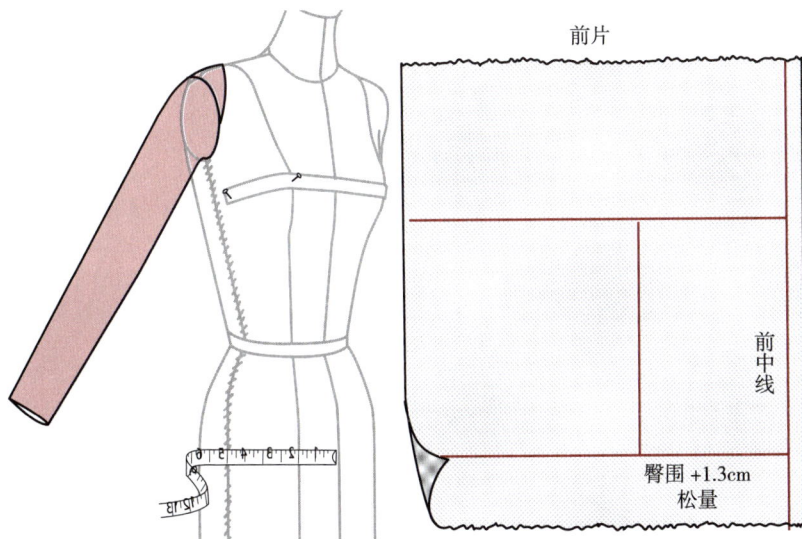

图11-7

连身袖衬衫：立裁步骤

1. 面料上的前中折线与人台上的前中线对齐，面料上的水平胸围线与人台上的对齐。
分别在前颈点、前臀围点别针固定。然后在胸带上再别一针固定。

2. 从前中线向侧缝方向整理捋顺面料，均匀分布臀围上的松量1.3cm（1/2英寸）。

3. 面料上的侧缝线与人台上的侧缝对齐别针固定，要保证面料的纬纱平行于地面。

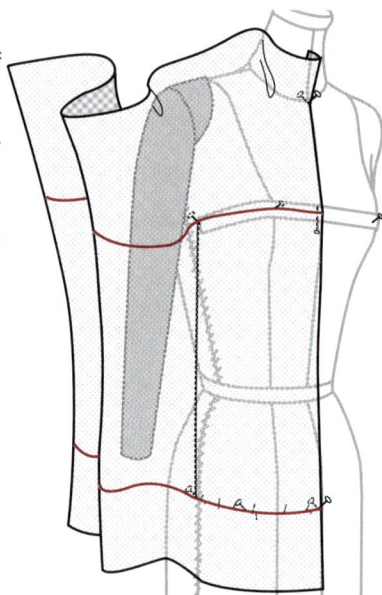

图11-8

4. 整理固定肩线、领口。捋顺领口周围面料直到侧颈点，修剪多余面料并打剪口，别针固定。

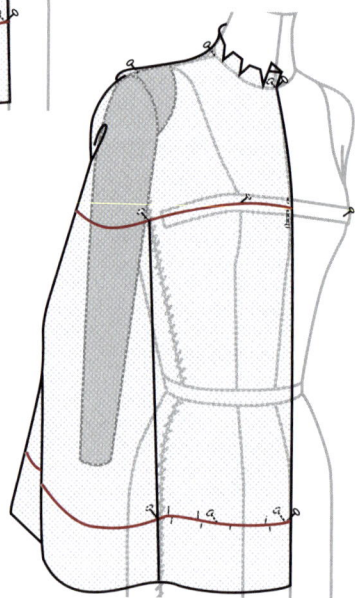

图11-9

5. 在立裁样片上标记出与人台对应的所有关键点。
   a. 领口线：用虚线轻轻描出。
   b. 侧颈点：做标记。
   c. 肩缝及肩点：用虚线轻轻描出。
   d. 侧缝：人台臂根腋下点向下降5.1cm（2英寸）做标记。
   e. 腰围线：在侧缝做标记。
   f. 从人台上取下所有样片。

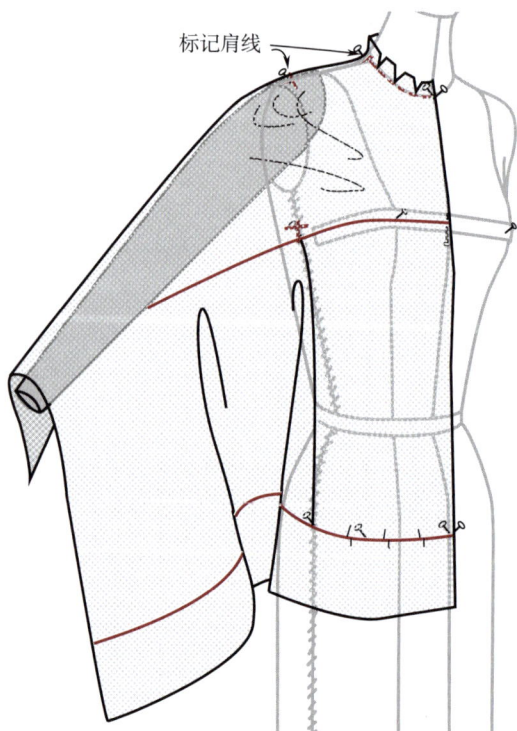

标记肩线

图11-10

国际服装立裁设计：美国经典立体裁剪技法（原书第5版）

6 重新画顺领口弧线和侧缝线，再画出连身袖。

a. 在肩端点抬高肩线1.3cm（1/2英寸）。

b. 从抬高的肩点向外延长肩线58cm（23英寸），为袖中线。抬高肩线增大了袖子角度。

c. 用L型直角尺，垂直于袖中线向下画出袖口20.3cm（8英寸）。

d. 用L型直角尺，垂直于上一步所画袖口，向侧缝方向画出袖下缝。

e. 在侧缝、腰围交点向前中方向收进1.3cm（1/2英寸），做标记。

f. 按照设计从袖肘到侧缝标记点画出连身袖腋底弧线。

g. 做出侧缝臀围造型。从腰围线向内偏进的1.3cm（1/2英寸）标记点，向下与臀围线上的原侧缝标记画顺整个侧缝线。

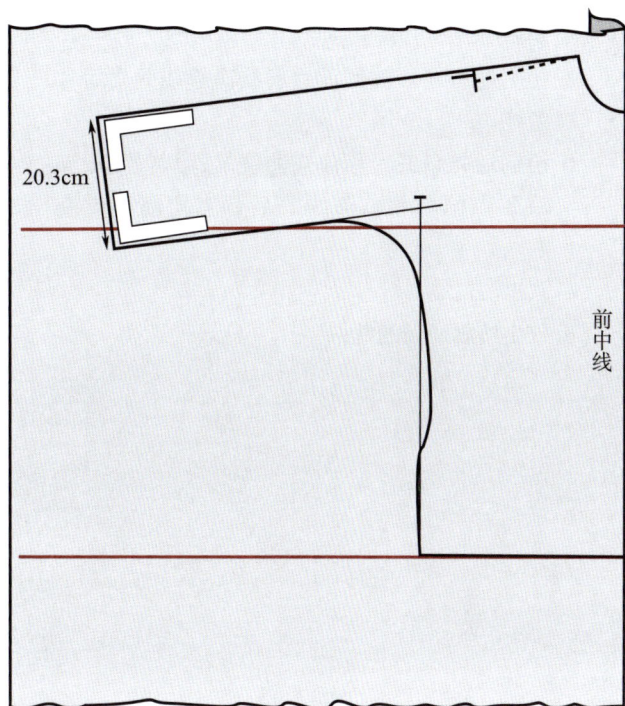

图11-11

7 给前片加放缝份，并裁剪出前片。

8 绘制后片。

a. 将修剪好的前片放于后片面料上，前、后片水平线对齐。

b. 后中双折线较前中双折线向外偏出1.3cm（1/2英寸），保证前、后中线平行。

c. 别针固定前、后片，按照前片的轮廓线绘制后片样板。

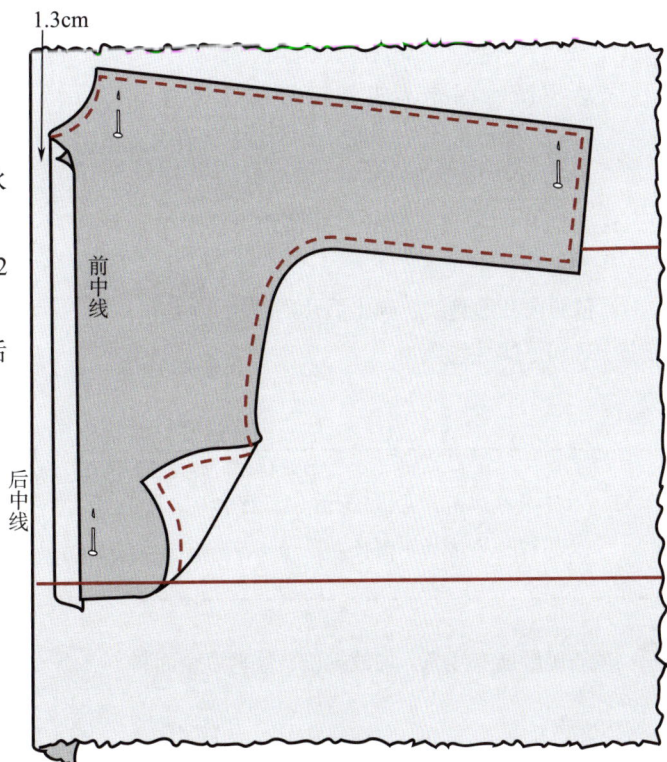

图11-12

9 绘制后肩线和后领口。

    a. 绘制后肩线。按照前片肩线净缝线画出后片肩线。

    b. 绘制后领口线。用法式曲线尺，从侧颈点到后颈点画顺领口弧线。后颈点比前颈点高 4.4cm（$1\frac{3}{4}$英寸）。

    c. 画出袖口线。

    d. 放出所画线条的缝份。

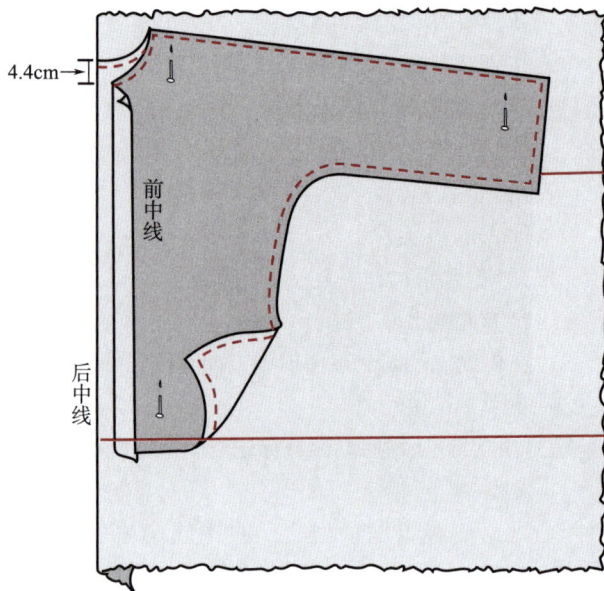

图11-13

10 完成后片样板的其他线条。

    a. 拿掉所有固定大头针，将前片竖直下降 1.3cm（1/2英寸）。同时保持后中比前中宽出 1.3cm（1/2英寸）。

    b. 在前片的腋底、侧缝、袖口和下摆等处别针固定，修正线条。

    c. 依照前片净缝线，画出后片的腋底、侧缝、袖口和下摆等线条。

> **注** 后片肩线比前片宽出1.3cm（1/2英寸），是为了保证衣身的平衡性。

11 重新画顺所有线条，加放缝份，修剪多余面料。

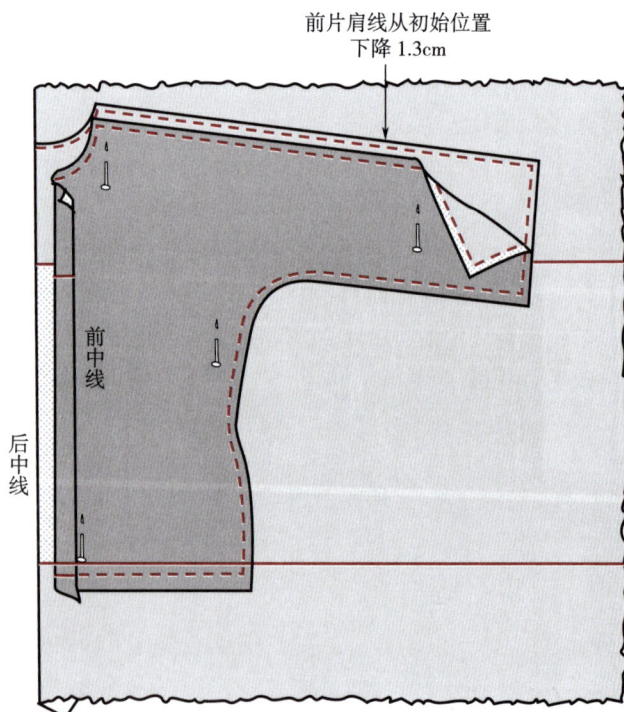

图11-14

12 检查连身袖立裁的合体性。

　a. 将前、后片别合组装到一起，再穿回到人
　　台上。在前、后中线上别针固定，检查合体
　　性，必要时做相应调整，并修正样板。

　b. 检查样衣的悬垂性。

　» 前、后片竖直向下悬垂（没有歪斜）。

　» 衣服侧缝与人台侧缝对齐。

　» 衣服肩缝与人台肩缝对齐。

　» 前片胸围线完全水平，胸围线以下衣身竖直向
　　下自然悬垂。

　» 后片背宽横线完全水平，背宽横线以下衣身竖
　　直向下自然悬垂。

> **注** 如果衣身穿着后悬垂效果不好，通常是肩线
> 和后领口需要修正。可能需要将后袖肥略微
> 增大一些。

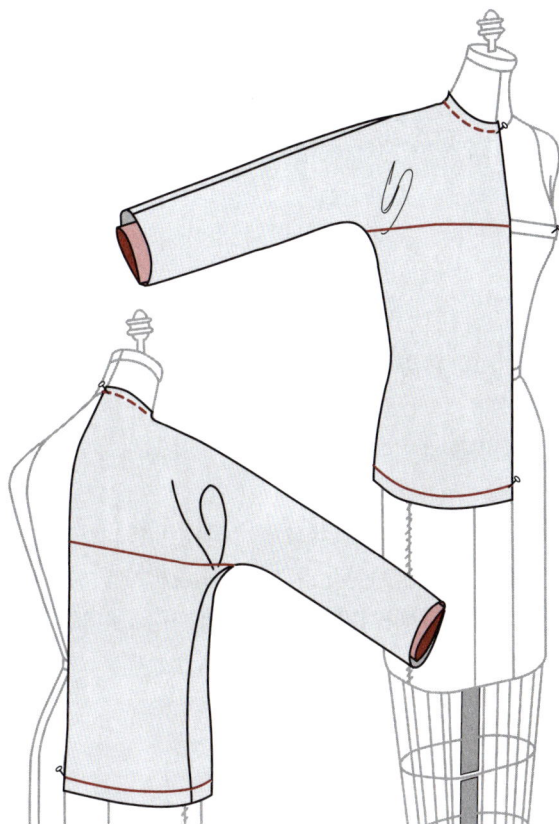

图11-15

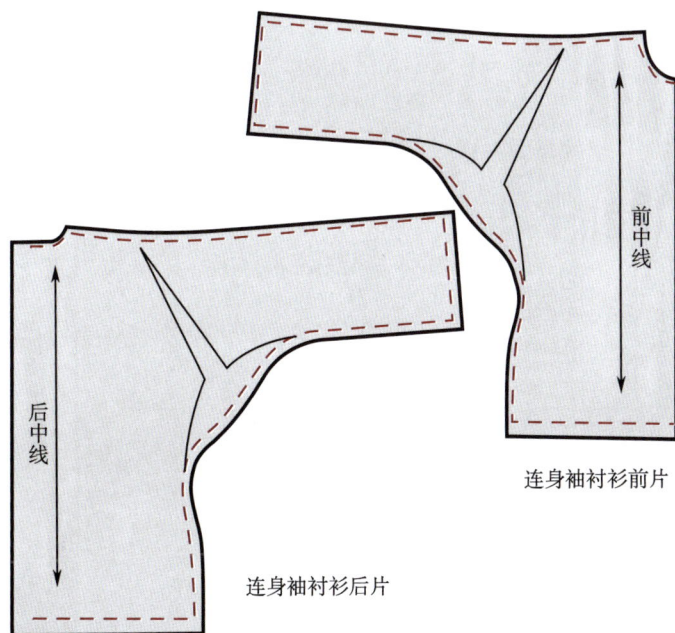

连身袖衬衫前片

连身袖衬衫后片

图11-16

增加连身袖的活动性

　　从腋下点向肩点方向切开袖子，向上
旋转袖子增加腋下量，再重新画顺肩线和
袖下缝。

插肩袖上衣、衬衫

插肩袖的上半部分借了衣身的肩部育克部分，下半部分仍保留初始的袖窿和袖山形状。插肩袖的造型线从袖窿中部前、后腋点附近开始，向上倾斜到前、后领口线上。袖窿深与一般装袖的深度相同，袖窿深的调节方法也与一般装袖的类似。插肩袖通常沿肩线分成前、后两个袖片。无论是有省道上衣，还是无省道上衣，都可以设计成插肩袖形式。

插肩袖款式穿着轻松舒适，最初是由拉格兰（Raglan）勋爵设计的，他在克里米亚战争中失去了一只胳膊，自己设计的外套采用了插肩袖的形式。因此，插肩袖也称为"拉格兰袖"（Raglan sleeve）。

设计师可以将基本款插肩袖作为基础样板，进行各种款式服装的变化设计，如连衣裙、上衣、夹克等。可以通过纸样切展法进行造型变化。腰部可以采用菱形省或塔克褶的形式进行合体性处理。

图11-17

准备人台

按照插肩袖的设计造型在人台前、后肩部用大头针别出插肩线。插肩线应从袖窿腋点偏下一点开始，结束在侧颈点偏下2.5cm（1英寸）的领口弧线上。

立裁插肩袖时还要用到布手臂，提前将布手臂装于人台上（参见第92、93页）。

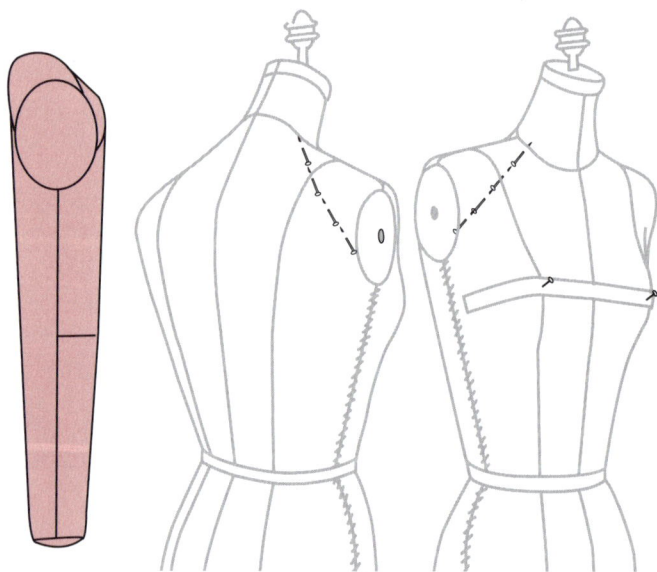

图11-18

插肩袖：准备袖子面料

图11-19

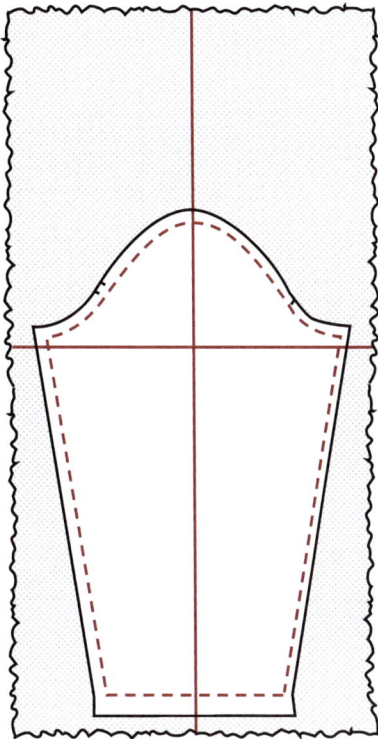

图11-20

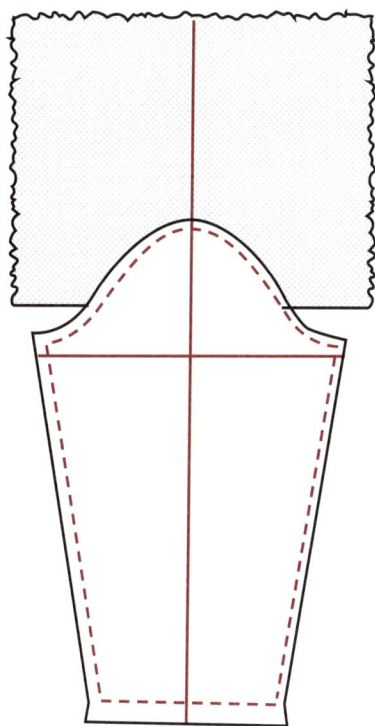

图11-21

1. 测量已调整过活动量的袖子长度，具体调节方法见第104、105页的相关内容。

2. 裁一块长86cm（34英寸）、宽76cm（30英寸）的白坯布。
   a. 在白坯布中间画一条竖直经向线。
   b. 从上向下量取41cm（16英寸），过此点做一条水平线（袖肥线）。

3. 将已调整过活动量的无肘省袖子样板放于白坯布上，袖子样板上的袖中线（竖直线）与面料上的竖直线对齐，样板上的袖肥线与面料上的水平线对齐。

4. 轻轻在白坯布上描出袖子样板。

5. 去除袖子样板。

6. 给拓下的袖子样片加放缝份。

7. 从袖口开始裁剪袖子样片，一直剪到袖肥线上7.6cm（3英寸）处，剩余部分不裁剪，白坯布与袖山连在一起。

插肩袖：准备上衣、衬衫面料

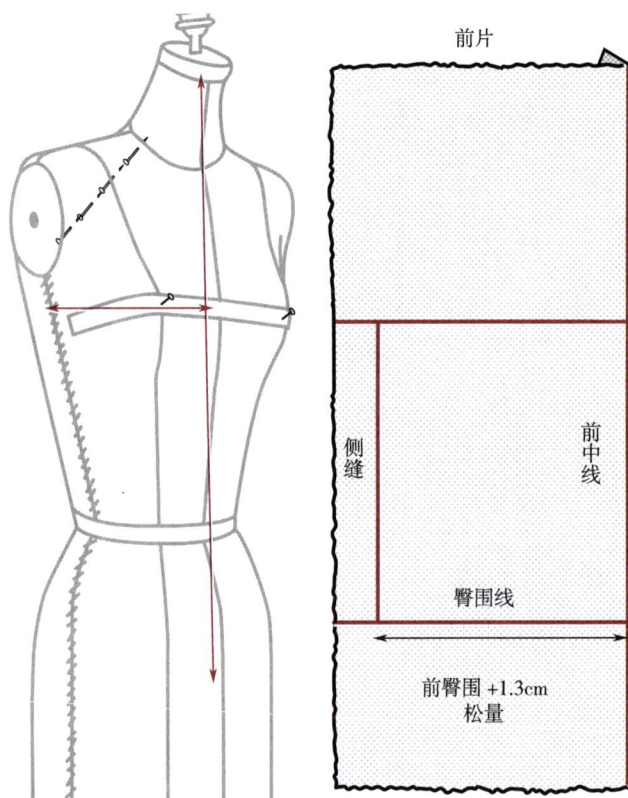

图11-22

前片

前中线

侧缝

臀围线

前臀围 +1.3cm
松量

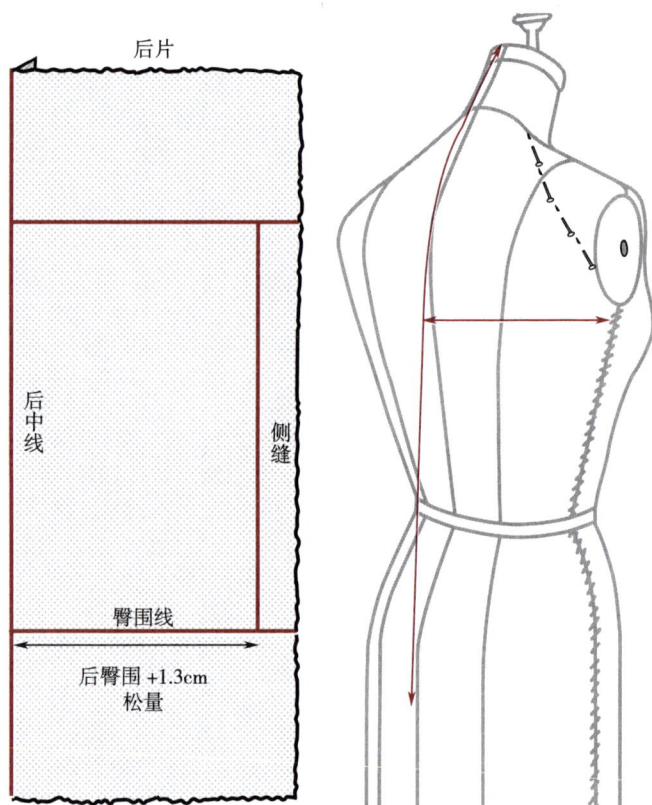

图11-23

后片

后中线

侧缝

臀围线

后臀围 +1.3cm
松量

1 分别测量人台前、后颈口到臀围线的竖直长度（沿经向），再加12.7cm（5英寸）。撕取相同长度的面料。

2 分别测量人台前、后中线到侧缝的水平宽度（沿纬向），再加10.2cm（4英寸）。撕取相同宽度的面料。

3 距离撕开的经纱布边2.5cm（1英寸），分别在前、后片上画出前、后中线，折倒缝份并熨烫平整。

4 在前、后片上画出水平线。

5 在前、后片上画出侧缝线（具体参考全身式衣身原型的画法，见第110~115页相关内容）。

插肩袖：上衣、衬衫立裁步骤

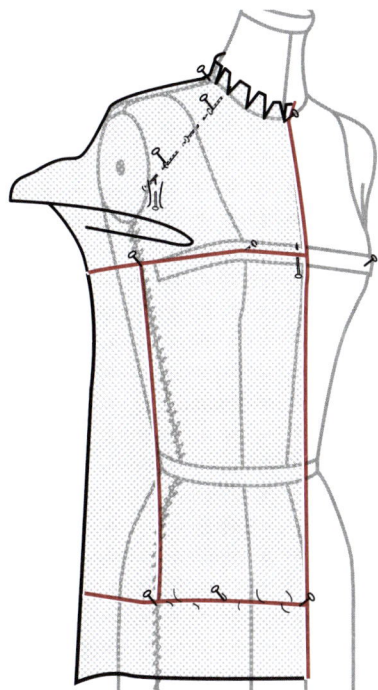

图11-24

① 别针固定前片面料的以下各部位。
　a. 前中线。
　b. 水平线。
　c. 面料上的侧缝与人台的侧缝对齐固定。
　d. 肩线和颈部。

② 整理、捋顺前片面料，一直捋过插肩设计线。在袖窿上的插肩设计线下方留出0.6cm（1/4英寸）的松量，别针固定松量。此时，将胸凸产生的面料余量均整理到侧缝的胸围线上。

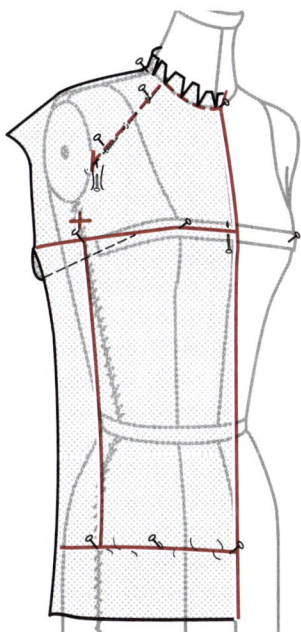

③ 整理立裁侧胸省，将胸围线上的固定针取下，整理侧胸省。在胸围水平线上别出侧胸省，要使侧胸省及胸围线以下的衣身面料自然向下悬垂到臀围。

④ 在样片上标记出与人台对应的关键点。
　a. 领口线：用虚线轻轻描出。
　b. 前插肩设计线：用虚线轻轻描出。
　c. 侧缝上的腰围线位置。
　d. 袖窿上插肩线的位置。
　e. 袖窿底与侧缝交点。

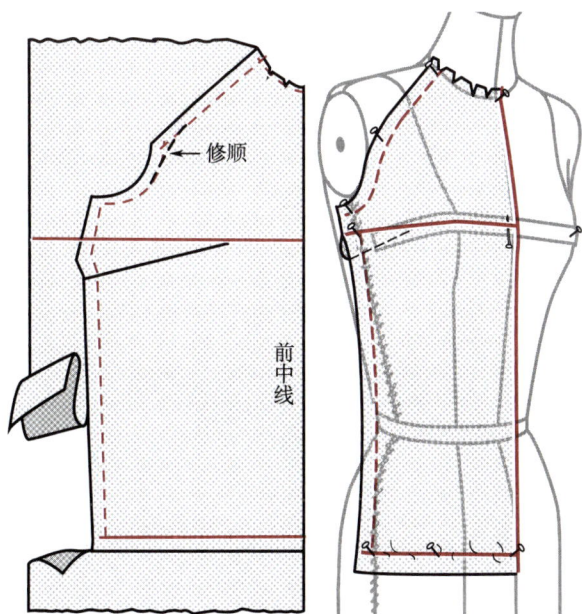

图11-25

⑤ 前片拓板。修顺插肩线与袖窿衔接处的弧线。加放缝份，修剪面料后再将前片别回人台上。

图11-26

6 将后片侧缝的缝份折倒捋平，与前片侧缝对齐别合。此时，前片的缝份朝向后片。

7 后片面料上的臀围线与前片的臀围线在侧缝处对齐。

8 后片面料的后中折线与人台上的后中线对齐别针固定。确保前、后臀围线始终对齐、水平，没有扭曲变形。前、后片衣身面料均竖直向下。

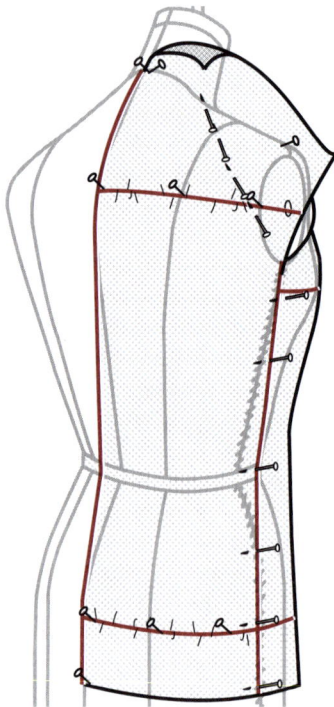

9 捋顺、整理、固定后片领口周围面料。

10 向上整理捋顺后片衣身面料，一直捋过插肩设计线，别针固定。

11 在样片上标记出与人台对应的关键点。
　a. 领口线：用虚线轻轻描出。
　b. 后插肩设计线：用虚线轻轻描出。
　c. 侧缝上的腰围线位置。
　d. 袖窿上的插肩线位置。
　e. 袖窿底与侧缝交点。

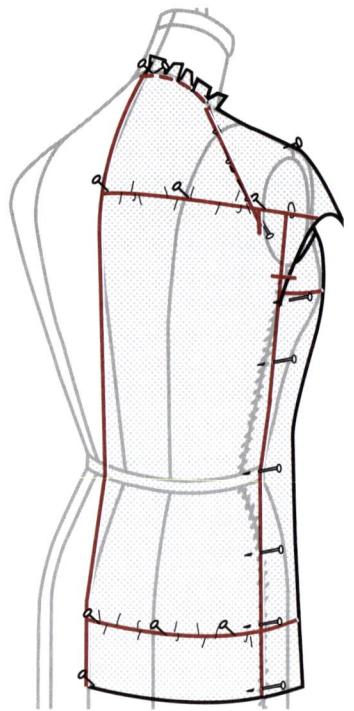

图11-27

图11-28

12 将样片从人台上取下拓板，加放缝份，后领口缝份为0.6cm（1/4英寸），其他部位均为1.3cm（1/2英寸）。

13 将修剪好的样片重新别回到人台上，检查其正确性、合体性和平衡性。样衣在领口周围应该平服顺畅，没有凸浮或紧绷现象。同样，衣身其他部位都要正确、合体。

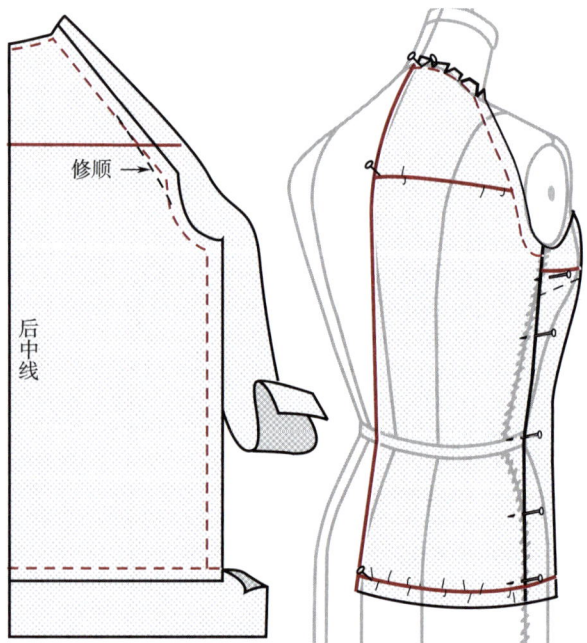

修顺→

后中线

图11-29

插肩袖：袖子立裁步骤

① 将布手臂装到人台上。

② 别合袖下缝。

③ 将袖子穿到布手臂上，袖中线对齐人台的肩线。

④ 将布手臂向外侧伸开，别合袖底和袖窿腋底部分。

⑤ 整理袖子，使其与衣身上的前、后插肩线相匹配。

  a. 从前腋点到颈部将平前袖山上预留的面料，沿着插肩设计线固定袖子面料。

  b. 从后腋点到颈部将平后袖山上预留的面料，沿着插肩设计线固定袖子面料。

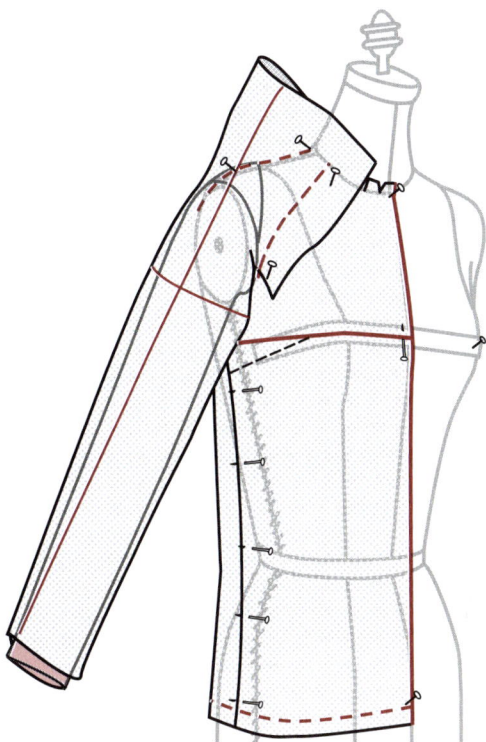

图11-30

⑥ 修剪袖子插肩部分在颈根部的多余面料。

⑦ 从插肩设计线向人台的肩线将平面料，多余面料都推到肩缝上。

⑧ 整理将顺前、后肩线，别合肩缝。

> 注　将布手臂装到人台上时，会将肩宽增大 1cm（3/8英寸）。

⑨ 在袖片上标记出与人台对应的关键点。

  a. 领口线：用虚线轻轻描出。

  b. 前插肩设计线：用虚线轻轻描出。

  c. 后插肩设计线：用虚线轻轻描出。

  d. 肩线及肩点。

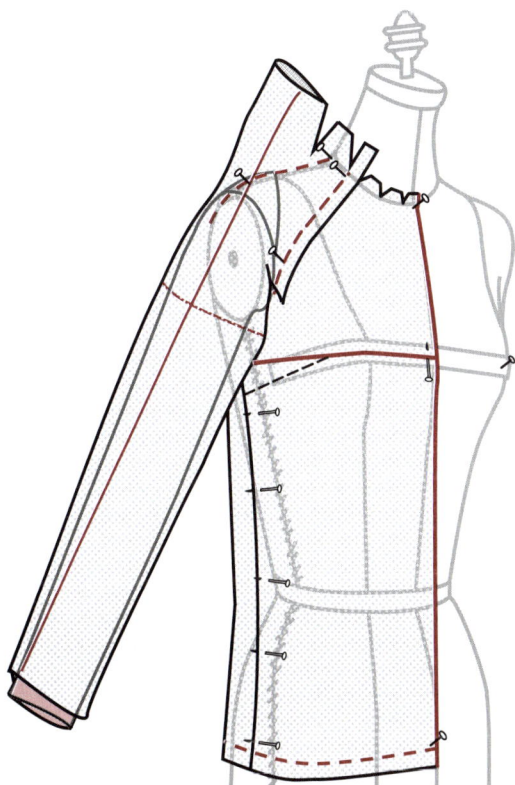

图11-31

10 拓板。将插肩袖和前、后衣片都从人台上取下，修顺所有线条。

    a. 将袖子分成前、后两部分。沿袖中线剪开袖子，肩线与袖中线连到一起画顺，成为一条完整的分割线，将袖子分成前、后两部分。

    b. 加放缝份。在前、后领口加放缝份0.6cm（1/4英寸），其他部位加放1.3cm（1/2英寸）。

    c. 袖口加放缝份2.5cm（1英寸）。

> **注** 为了使插肩袖造型顺畅，要将插肩线修正圆顺。

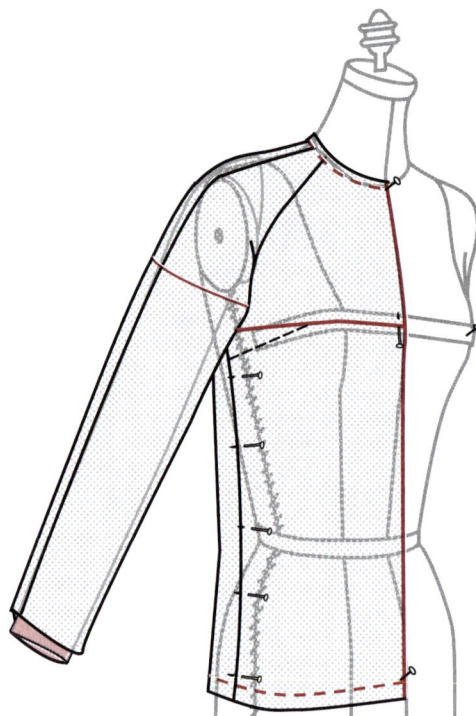

图11-32

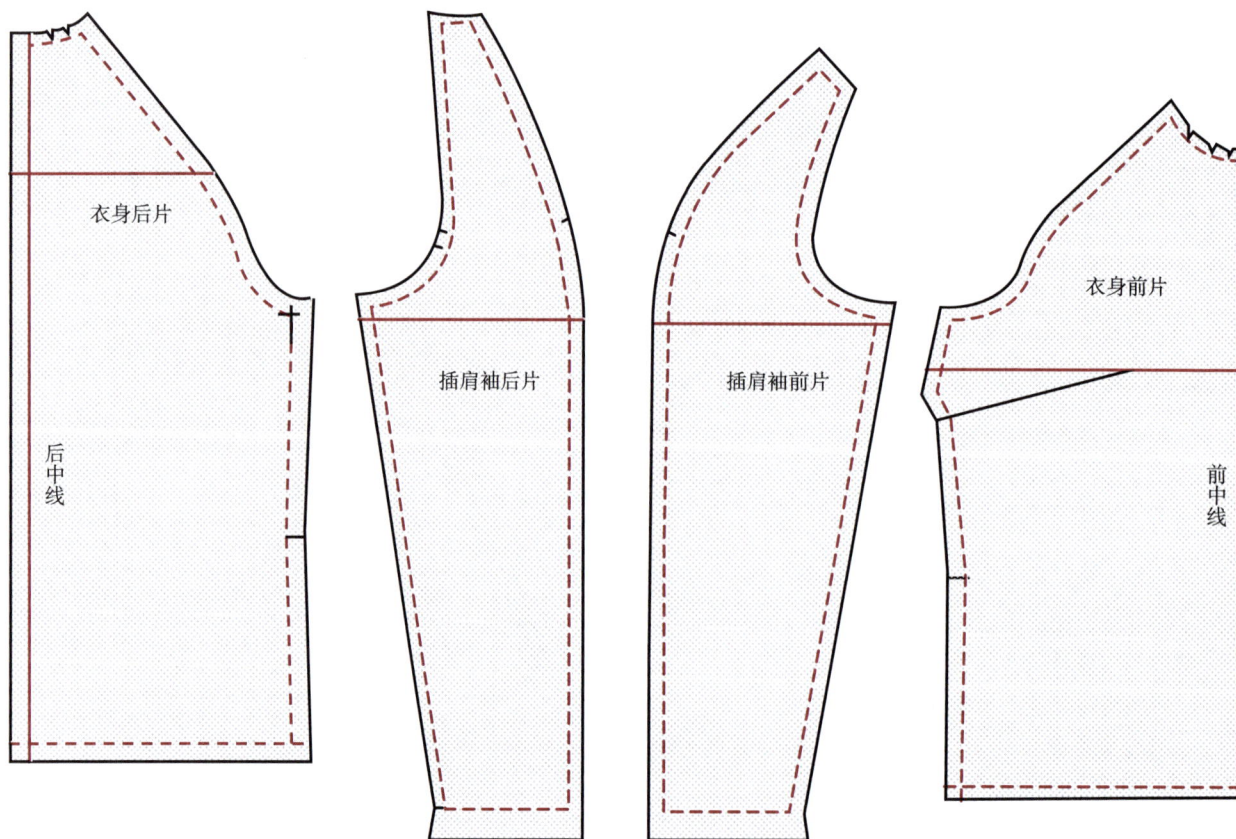

衣身后片

后中线

插肩袖后片

插肩袖前片

衣身前片

前中线

图11-33

第12章
短裙设计

短裙是在人体的自然腰围与上半身分开的独立下装。短裙从裁剪合体的基本款到夸张的造型，款式变化非常丰富。设计师在塑造短裙造型时，既可以将其立裁成包裹人体的合体型，也可以利用各种造型技法，如抽褶、喇叭、褶裥、插片、拼接等，塑造成各种蓬松丰满的造型。裙摆的大小（底摆的幅度）和造型取决于设计、客户需求以及穿着季节。

本章详细讲解各种短裙的立裁方法，如喇叭型、直筒型、陀螺型等。以图示逐步说明如何将一块平面的布料转变成各种裙子样板，包括有省或无省的不同腰围形状。本章也介绍了从臀围线向下塑造喇叭型的方法；通过褶裥和抽褶等技法处理腰围的方法；从腰围或臀围到下摆塑造多个喇叭型的方法等。

图12-1

目标

通过这部分立裁技法的学习，读者应能够达到以下水平。

» 基于前、后臀围线确定面料的经纬纱向。

» 设计和立裁各种造型的短裙，如喇叭型、直筒型、陀螺型等。

» 能够立裁无省设计的腰部合体型斜裙，裙身从臀围线向下展开呈小喇叭型。

» 通过褶裥和抽褶等技法处理腰围面料余量。

» 从无省造型的合体腰围线向底摆方向塑造出多个喇叭型。

» 了解不同面料与裙子悬垂性和蓬松性之间的关系，以及选择与成衣效果相同的面料进行立裁的重要性。

» 校核各种款式裙子前、后侧缝的平衡性。

» 基于实际客户的体型，评价及检核裙子前、后片的平衡性。

» 对裙子的最终立裁造型进行评价，做必要的修正。

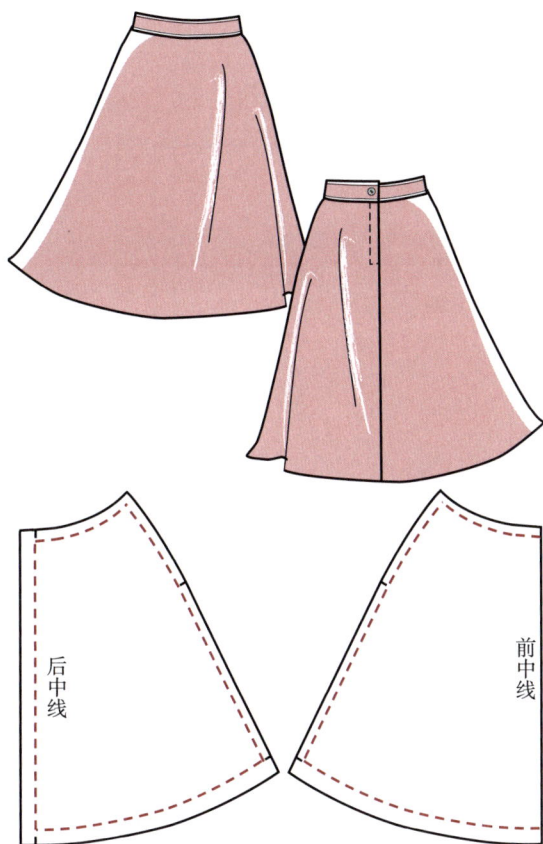

图12-2

斜裙（A型）

斜裙（A型）在腰臀部合体，从臀围到下摆斜形展开呈A型。裙片的腰围线呈半圆形，当圆弧形的腰围线与直线的腰头缝合后，裙身就会均匀向下悬垂。传统的斜裙一般不设置前中线，但侧缝和后中线一般均有。

工厂里常将A型斜裙作为基本样板或原型。在此基础上变化设计其他款式的A型裙或圆裙。分割线、腰带、口袋以及裙长等元素，可以相互结合在一起进行设计。短裙的长度一般随季节而变化，当然也和穿着的场合和用途有关。

斜裙：面料准备

1 测量人台前中和后中（沿经向）从腰围线上12.7cm（5英寸）到所设计的底边之间的竖直长度，量取相同的面料长度，打剪口并撕开。

2 平分面料。将面料的布边对齐双折，沿经向平分撕成两半。
其中一块为前片，另一块为后片。

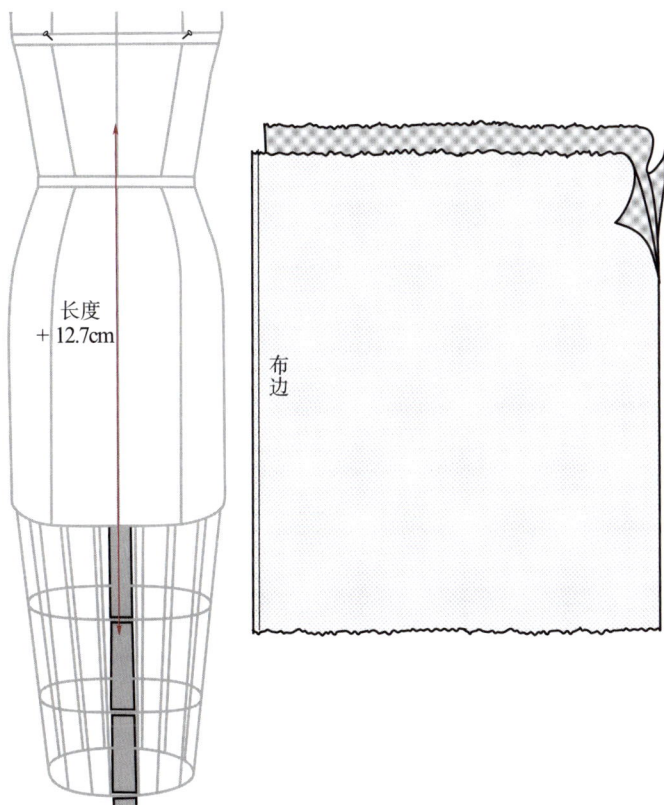

图12-3

第12章 短裙设计

239

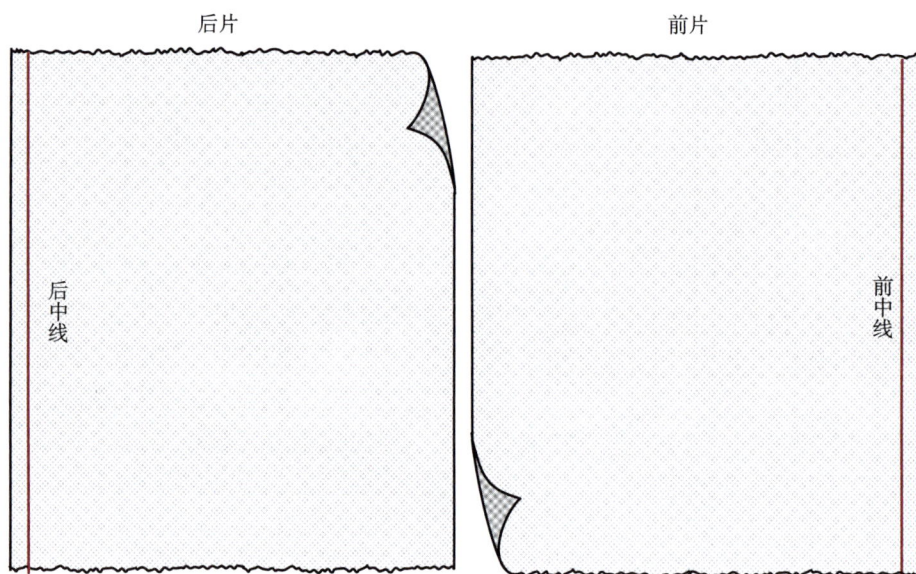

图12-4

③ 取第①、②步所得面料的其中一块，距离撕开的经纱布边2.5cm（1英寸），在面料上画出竖直后中线，折倒缝份并熨烫平整。

④ 取第①、②步所得的另一块片面料，距离撕开的经纱布边2.5cm（1英寸），在面料上画出竖直前中线，折倒缝份并熨烫平整。

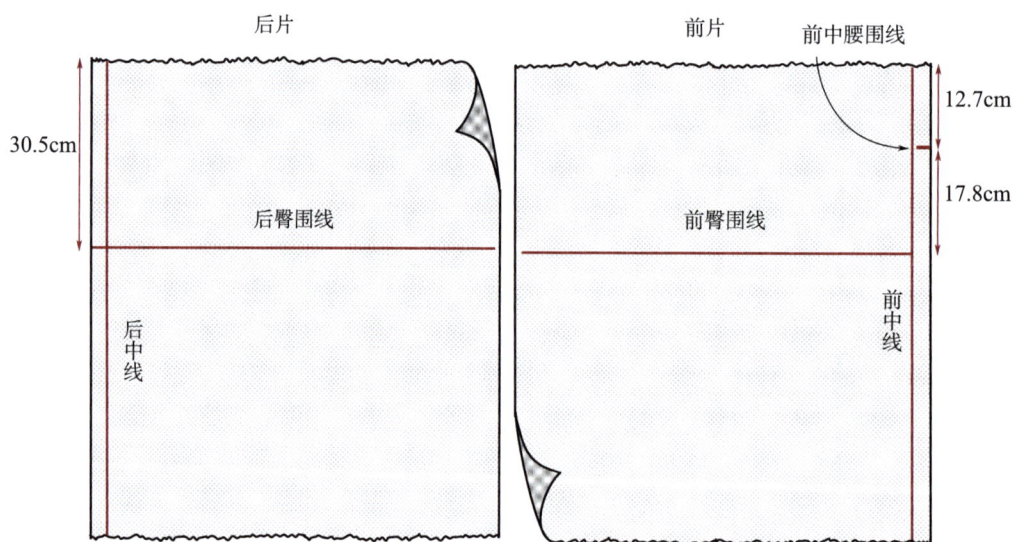

图12-5

⑤ 标记腰围线位置：前片面料从上向下量取12.7cm（5英寸），过此点做标记，为前中腰围线。

⑥ 分别在前、后片上画出水平臀围线。

a. 前片从腰围线标记点向下量取17.8cm（7英寸），过此点做水平线。

b. 后片沿后中线从上向下量取30.5cm（12英寸），过此点做水平线。

国际服装立裁设计：美国经典立体裁剪技法（原书第5版）

斜裙：立裁步骤

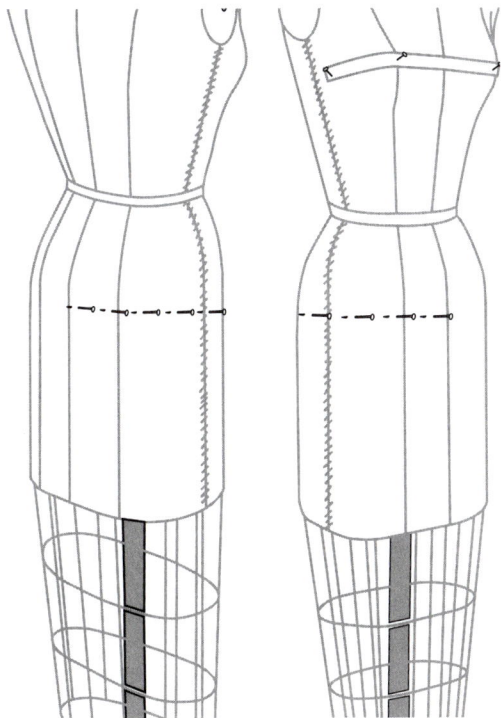

图12-6

1. 准备人台。用大头针或标记带在人台上标记出前、后臀围线。

2. 面料上的前中折线与人台上的前中线对齐固定。

3. 再将面料上的水平臀围线与人台上的对齐，沿臀围线捋平面料，别针固定臀围线与侧缝交点。

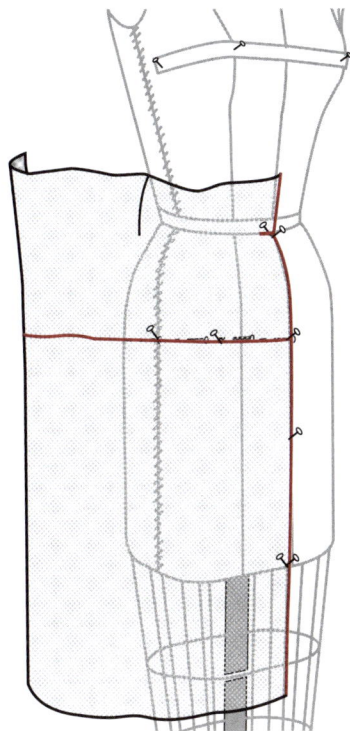

图12-7

4. 整理立裁前腰围线。腰围线以上缝份上打剪口，并修剪多余面料。从前中线到侧缝捋平腰围线上面料，在侧缝与腰围交点别针固定。

5. 取下臀围线、侧缝的固定针，使面料自然下垂，臀围线到下摆的面料就会形成两个波浪褶。

6. 标出所有关键点。
   a. 前腰点。
   b. 侧缝。
   c. 底边线：参照人台底边或者环形支架标记底边线。

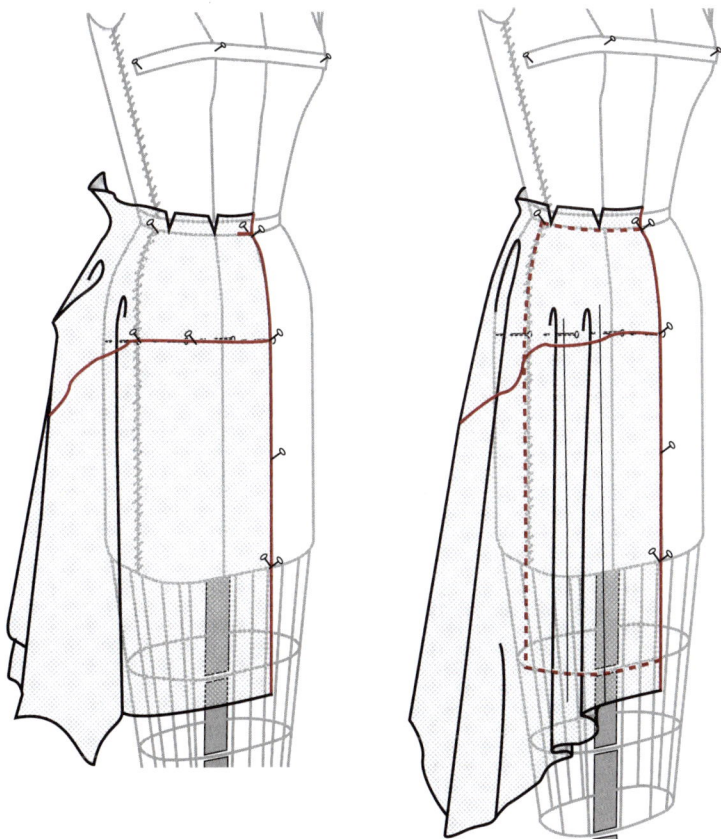

图12-8

7 前片拓板。将前片样片从人台上取下，画顺所有线条，加放缝份，修剪多余面料。

8 立裁后片。

a. 将修剪好的前片铺平在后片面料上，两者的水平线对齐。

b. 前中折线较后中折线向外偏出1.3cm（1/2英寸），前、后中线平行。偏出量是由人台前、后腰围差值决定的（平衡性）。

c. 用大头针将前、后片重叠别在一起。

d. 画出后片的净缝线。依照前片的轮廓线画出后片所有线条（侧缝、底边、临时腰围线）。

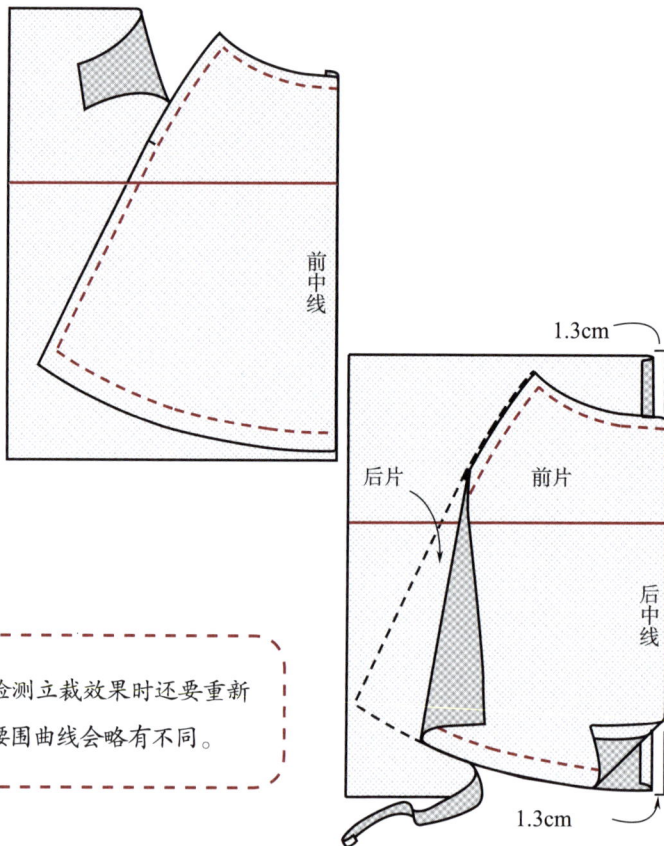

前中线

1.3cm

后片　前片

后中线

1.3cm

注　后腰围线在人台上检测立裁效果时还要重新修正，因为前、后腰围曲线会略有不同。

图12-9

重新调整后腰围线

图12-10

9 将前、后裙片在侧缝别合。

10 将别合好的前、后裙片再别回到人台上，修正后片。

a. 前片在前中的前腰点和底摆别针固定。

b. 后片的后中线与人台的后中线对齐（此时，前、后片侧缝是别合在一起的，前、后水平线对齐）。

c. 沿人台后中上下调节后片的位置，使后片裙身自然悬垂，没有牵拉变形现象。

d. 检查裙子的侧缝是否与人台的侧缝对齐。

e. 在修正后的新后腰线上做出标记，完成样板。

六片喇叭裙

纵向分割裙是指从腰围到底边有一条或几条纵向分割线，将原型裙或斜裙分成几片，通过分割线来塑造腰部造型，而不需要采用腰省。

六片喇叭裙通过纵向分割线（公主线）将整个裙身分成六片。设计师可以在分割线上加入喇叭形状加放量、褶裥或装饰明线等设计元素。本案例利用分割线将底摆塑造成了喇叭形。也可以采用活褶、褶裥或插角等形式改变分割线上的设计，见本节结尾的图示案例。

这款经典六片喇叭裙可以采用各种面料制作，也可加入不同的口袋、腰带或者明线等局部设计。裙长的变化也很重要，直接影响着最终的造型效果。

图12-11

面料准备

1 沿人台前中和后中（经向）从腰围线上12.7cm（5英寸）测量到所设计的底边之间的长度，量取相同长度的面料，打剪口撕开。

2 平分面料。将面料的布边对齐双折，沿经向平分撕成两半。

其中一块为裙子前片，另一块为裙子后片。

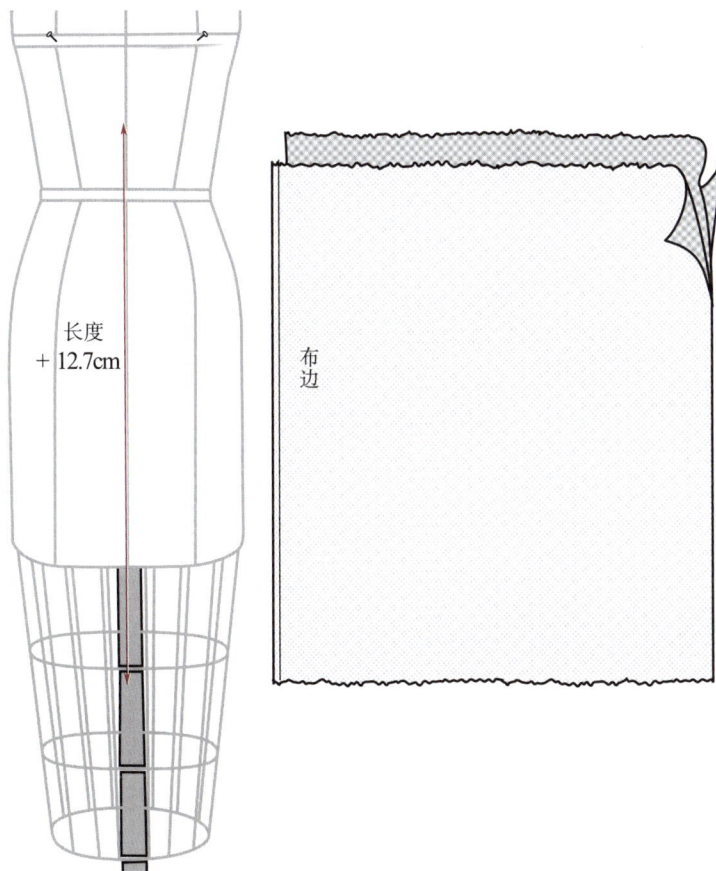

长度
+12.7cm

布边

图12-12

③ 取第①、②步的其中一块面料，确定前中片的宽度。测量人台上前中线到公主线之间的最大宽度（沿纬向），再加10.2cm（4英寸）。量取并撕开相同宽度的面料为前中片。剩余面料为前侧片。

④ 在前片上画线。

   a. 距离撕开的布边2.5cm（1英寸），沿经纱方向画一条竖直线为前中线，折倒缝份并熨烫平整。

   b. 在前侧片的中间沿经纱方向画一条竖直线。

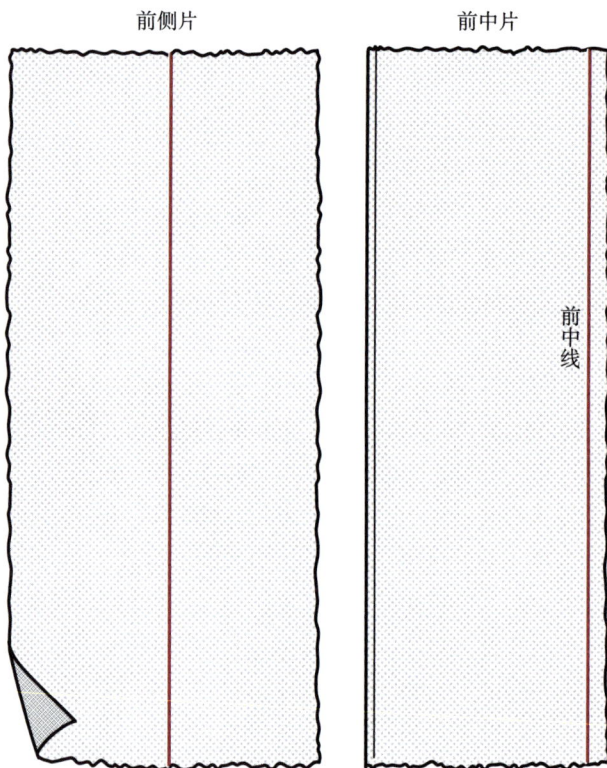

图12-13

⑤ 标记腰围线位置。沿前中线从上向下量取5.1cm（2英寸），过此点做水平短线，为前腰围线标记。

   a. 从前腰围标记点再向下量取17.8cm（7英寸），过此点做水平臀围线。

   b. 前侧片从面料上端向下量取22.9cm（9英寸），过此点做水平臀围线。

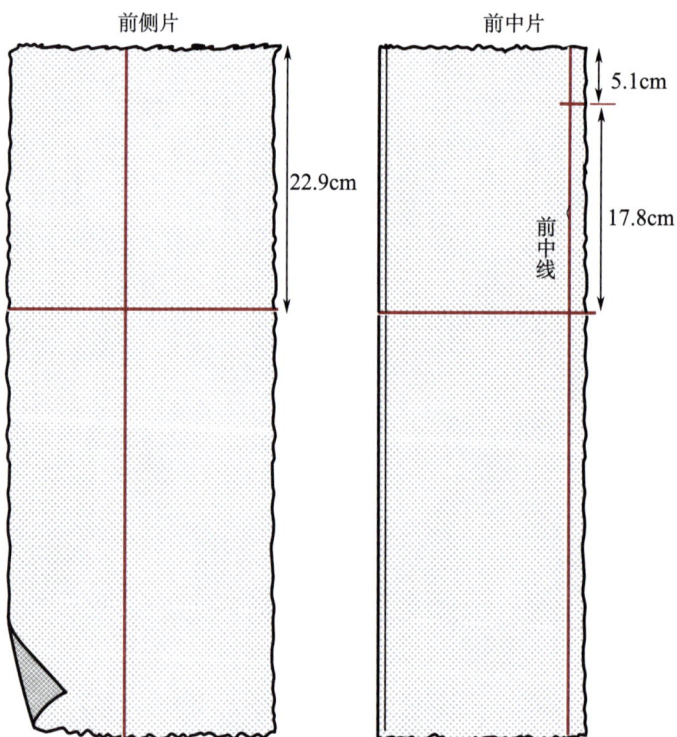

图12-14

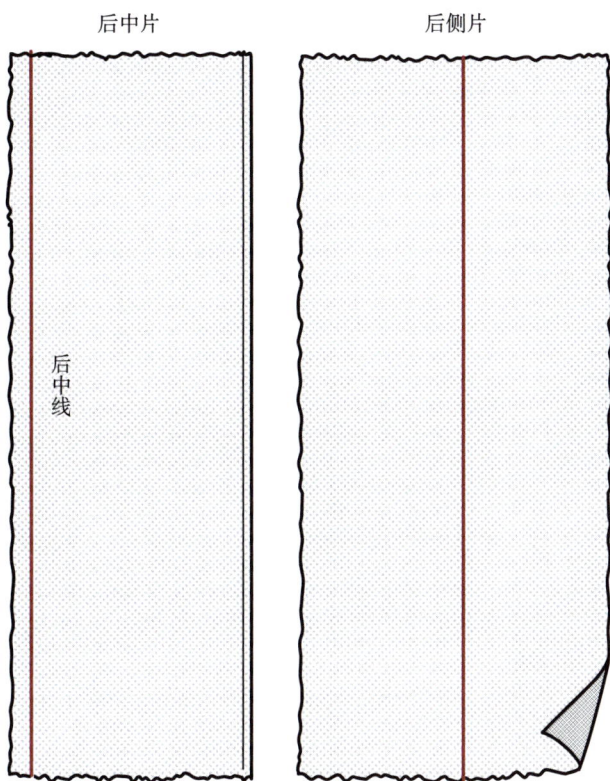

后中片　　　　　　后侧片

后中线

图12-15

⑥ 取第①、②步的另一块面料，确定后中片的宽度。测量人台后中线到公主线之间的最大宽度（沿纬向），再加10.2cm（4英寸）。量取相同宽度的面料撕开为后中片，剩余部分为后侧片。

⑦ 距离撕开的布边2.5cm（1英寸），沿经纱方向画一条竖直线为后中线，折倒缝份并熨烫平整。

⑧ 在后侧片的中间沿经纱方向画一条竖直线。

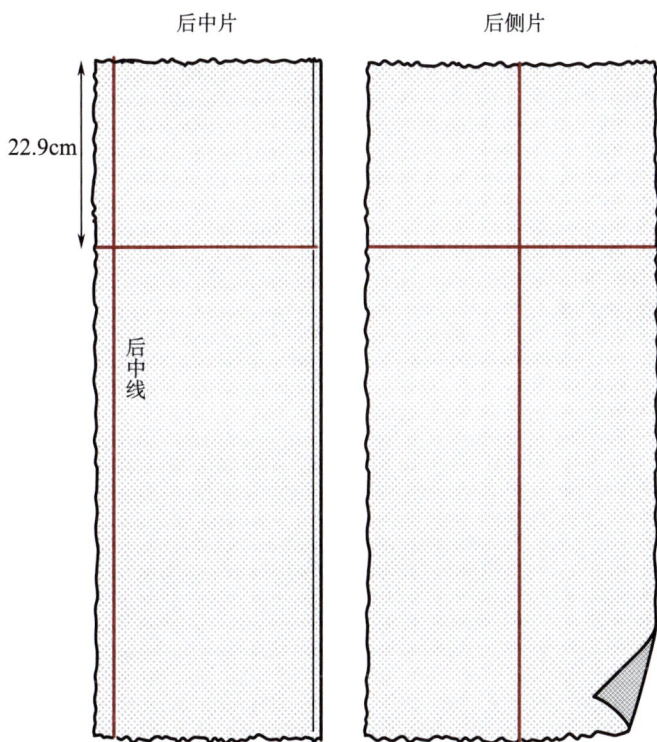

后中片　　　　　　后侧片

22.9cm

后中线

图12-16

⑨ 从面料上端向下量取22.9cm（9英寸），过此点做水平臀围线。

六片喇叭裙：立裁步骤

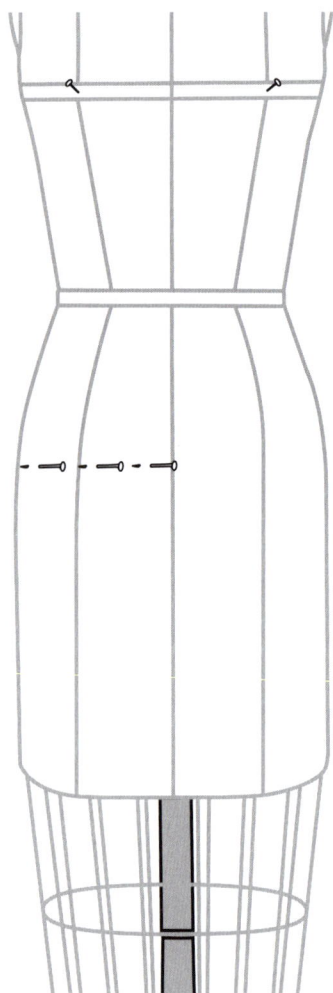

图12-17

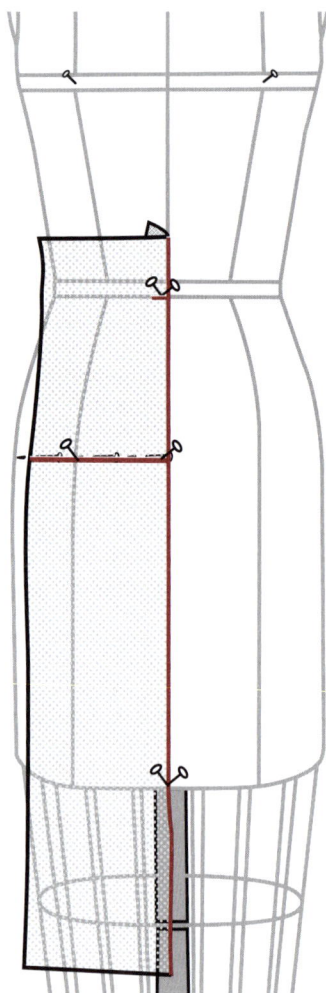

图12-18

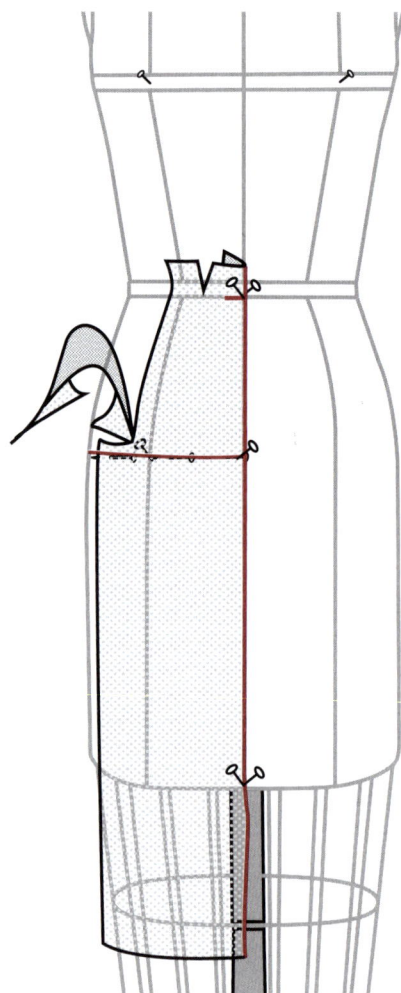

图12-19

① 准备人台。用大头针或者标记带在人台上标记前、后臀围线。

② 面料上的前中折线与人台上的前中线对齐别针固定。

③ 面料上的水平臀围线与人台上的对齐，在前中线和水平臀围线上别针固定。

④ 整理前中片的腰围线和公主线。

a. 从上向下在腰围线上面的缝份上打剪口，并修剪多余面料，从前中线到公主线将平腰围面料别针固定。

b. 整理裁剪公主线。从腰围线向下直到底端，将顺公主线上的面料，修剪腰围线与臀围线之间的公主线外侧多余面料。

国际服装立裁设计：美国经典立体裁剪技法（原书第5版）

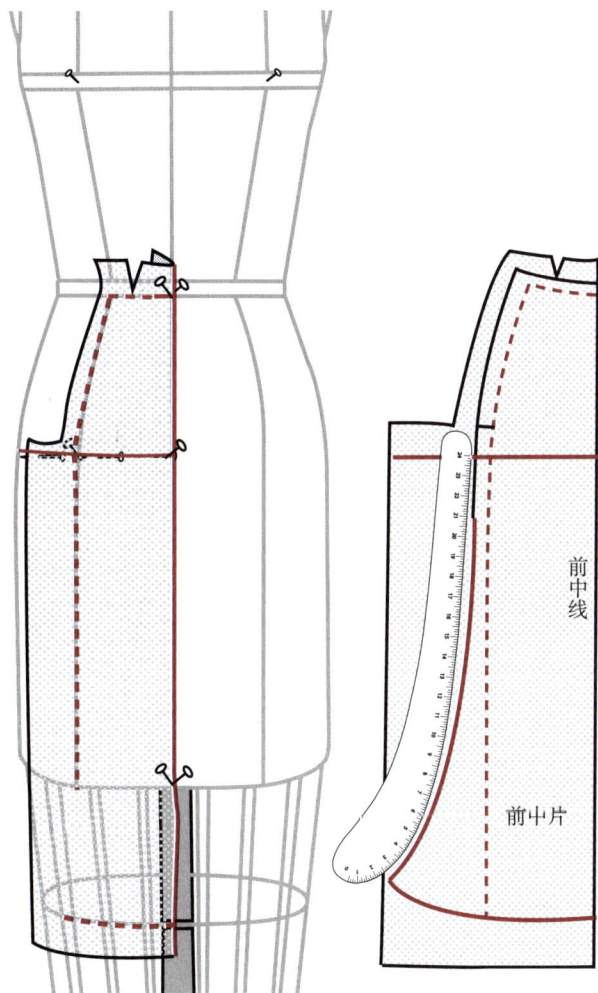

图12-20

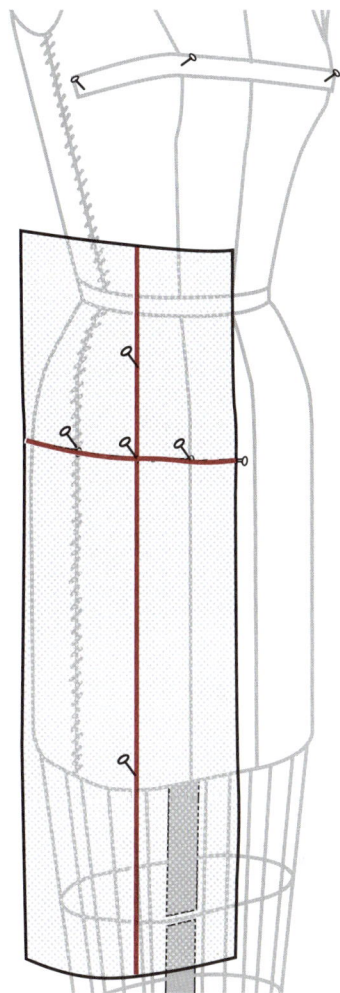

图12-21

5 在前中片上标出与人台对应的关键点。

　　a. 腰围线：从前中线到公主线用虚线轻轻描出腰
　　　围线。

　　b. 公主线：从腰围线到底边用虚线轻轻描出。

　　c. 公主线对位点：在臀围线偏上一点做对位
　　　标记。

　　d. 底边线。

6 拓板及修正线条。

　　a. 将前中片从人台上取下，重新画顺所有线条。

　　b. 用长弧线尺在公主线下摆处加入喇叭形状加
　　　放量，喇叭形状加放量要从水平臀围线画
　　　起，一直到底摆处。喇叭造型的角度、形
　　　状、摆量、长度等均取决于设计。

　　c. 给所有接缝加放缝份，修剪多余面料。

7 前侧片面料中线对齐人台的公主面中线，别针
　固定。

8 前侧片面料上的水平臀围线对齐人台上的臀围
　线，在臀围线上别针固定。

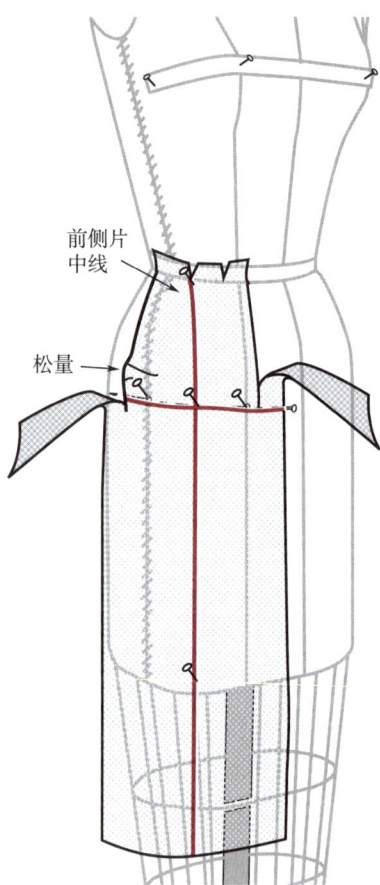

前侧片
中线

松量

图12-22

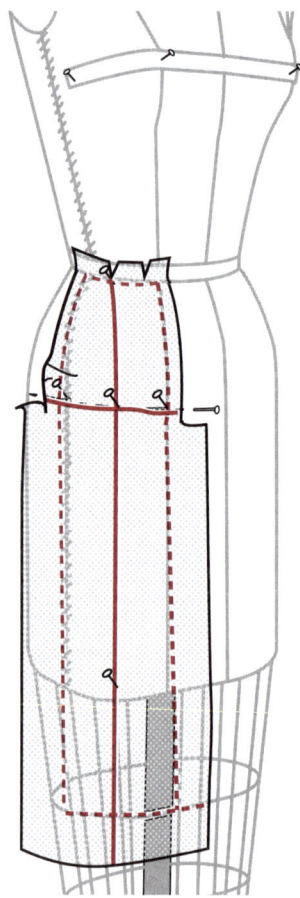

图12-23

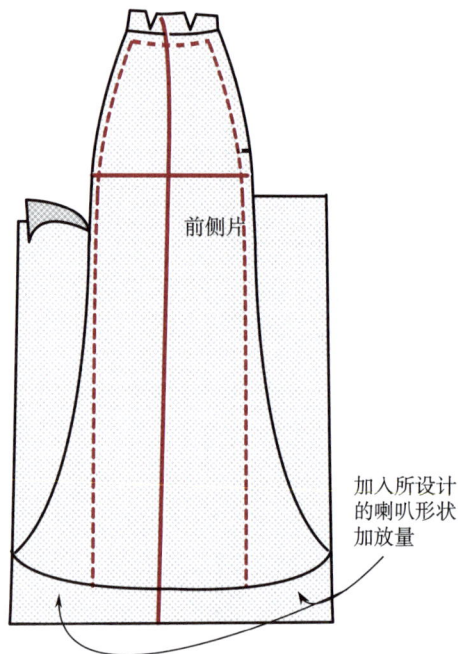

前侧片

加入所设计
的喇叭形状
加放量

图12-24

⑨ 整理立裁前侧片的腰围线、公主线以及侧缝。

　a. 在腰围线上面的多余面料上打剪口，从前侧片
　　中线向侧缝将平腰部面料。

　b. 整理立裁公主线，从前侧片中线到公主线将
　　平面料，从腰围线一直整理到底边。修剪腰
　　围线与臀围线之间的公主线外侧多余面料。

　c. 沿臀围线从前侧片中线向侧缝将平面料，修剪
　　腰围线与臀围线之间的侧缝外侧多余面料。

> **注** 前侧片中线在腰围附近向侧缝方向偏1.3cm
> （1/2英寸）。这样会使前侧片与前中片在
> 公主线处拼接更平顺，同时又可在侧缝处
> 产生少许的松量。

⑩ 在前侧片上标出与人台对应的关键点。

　a. 腰围线：用虚线轻轻描出公主线与侧缝之间的
　　腰围线。

　b. 公主线：从腰围线到底边线用虚线轻轻描出。

　c. 公主线对位点：在臀围线上方做与前中片对应
　　的对位标记。

　d. 底边线。

⑪ 拓板及修正线条。

　a. 将前侧片从人台上取下，重新画顺所有线条。

　b. 用长弧线尺，在前侧片两边的公主线和侧缝
　　上加入喇叭形状加放量。喇叭形状加放量从
　　水平臀围线画到底边。喇叭造型的角度、形
　　状、摆量、长度等均取决于设计。

　c. 给所有接缝加放缝份，修剪多余面料。

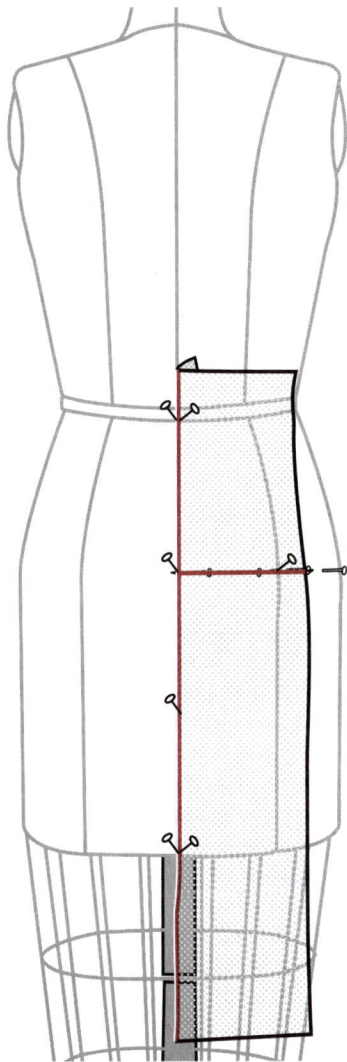
图12-25

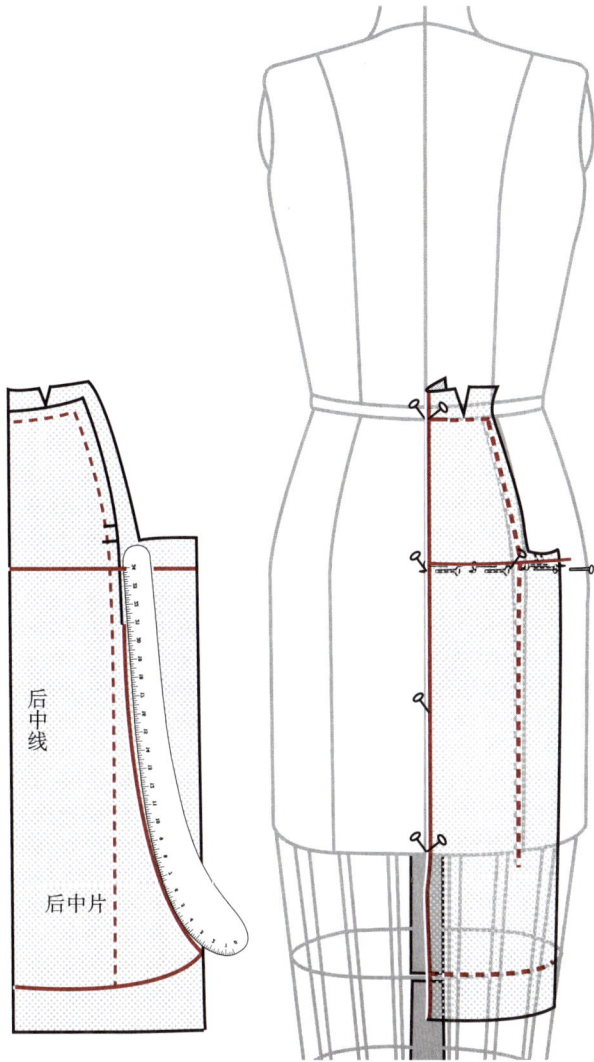
图12-26

后中线

后中片

⑫ 面料的后中折线与人台的后中线对齐，别针固定。

⑬ 面料的水平臀围线与人台上的对齐，在后中线和臀围线上别针固定。

⑭ 整理后中片腰围线。修剪腰围线上面的多余面料并打剪口，从后中线到公主线将平腰围面料，别针固定腰围线。

⑮ 整理裁剪后中片公主线。从腰围向下直到底摆，将顺公主线上的面料。修剪腰围线到臀围线之间的公主线外侧多余面料。

⑯ 在后中片上标出与人台对应的关键点。

　a. 腰围线：用虚线轻轻描出后中线与公主线之间的腰围线。

　b. 公主线：从腰围线到底边用虚线轻轻描出。

　c. 公主线对位点：在水平臀围线偏向上的位置做双对位记号。

　d. 底边线。

⑰ 拓板并修正线条。

　a. 将后中片从人台上取下，重新画顺所有线条。

　b. 用长弧线尺，在公主线下摆处加入喇叭造型。喇叭形状加放量从水平臀围线开始画起直到底边。喇叭造型的角度、形状、摆量、长度等均取决于设计。

　c. 给所有的接缝加放缝份，修剪多余面料。

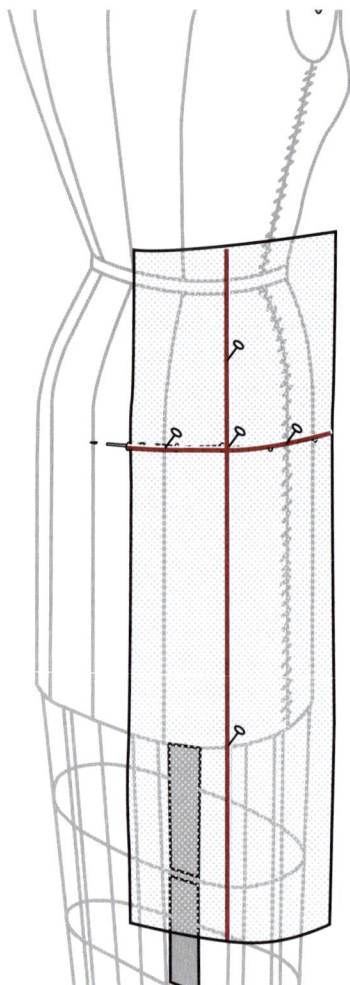

图12-27

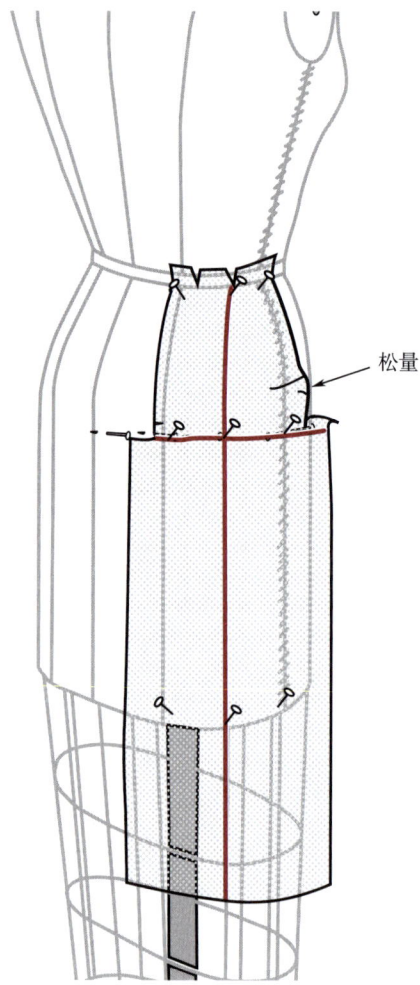

图12-28

松量

⑱ 面料后侧片中线对齐人台上的公主面中线,别针固定面料。

⑲ 面料后侧片水平臀围线对齐人台上的臀围线,并在臀围线上别针固定。

⑳ 整理立裁后侧片腰围线。修剪腰围线上面的多余缝份并打剪口。从后侧片中线到侧缝捋平腰围线上的面料。

㉑ 整理立裁公主线。从后侧片中线到公主线捋平面料,从腰围线一直整理到底摆。修剪腰围线到臀围线之间的公主线外侧多余面料。

㉒ 整理立裁侧缝。从后侧片中线向侧缝捋平臀围线以上的面料,修剪腰围线到臀围线之间的侧缝外侧多余缝份。

注 后侧片中线在腰围附近有必要向侧缝方向倾斜1.3cm(1/2英寸)。这会使后侧片与后中片在公主线处拼接更加平顺,同时又可在侧缝处产生少许的松量。

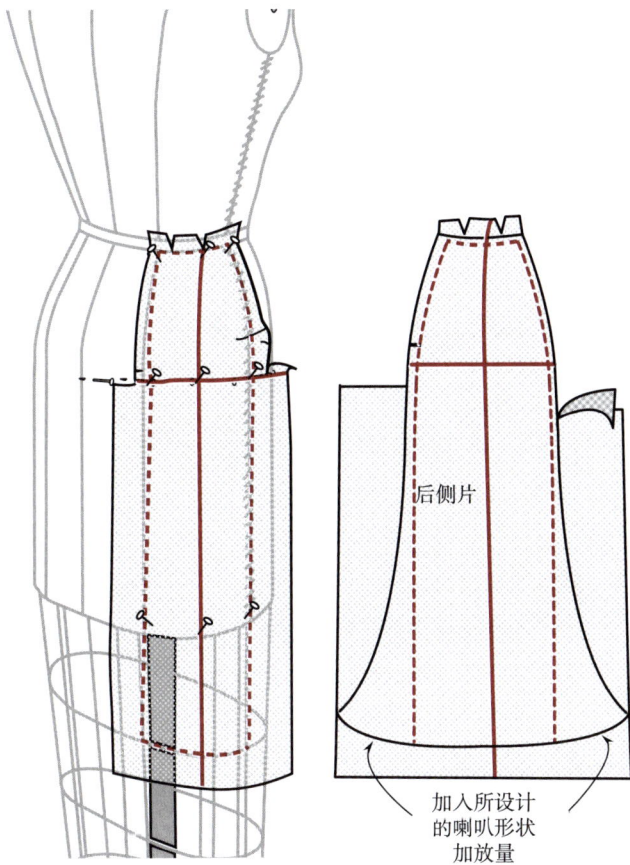

图12-29

23 在后侧片上标出与人台对应的关键点。

a. 腰围线：用虚线轻轻描出公主线与侧缝之间的腰围线。

b. 公主线：从腰围线到底边用虚线轻轻描出。

c. 侧缝：用虚线轻轻描出整个侧缝。

d. 公主线对位点：在水平臀围线上方做与后中片对应的双对位记号。

e. 底边线。

24 拓板并画顺线条。

a. 将后侧片从人台上取下，重新画顺所有线条。

b. 用长弧线尺在公主线和侧缝两边加入喇叭造型。喇叭形状加放量从水平臀围线开始画起，直到底边。喇叭造型的角度、形状、摆量、长度等均取决于设计。

c. 给所有接缝加放缝份，修剪多余面料。

25 将前、后所有裙片都别合组装起来，再穿别回到人台上，检查立裁效果。

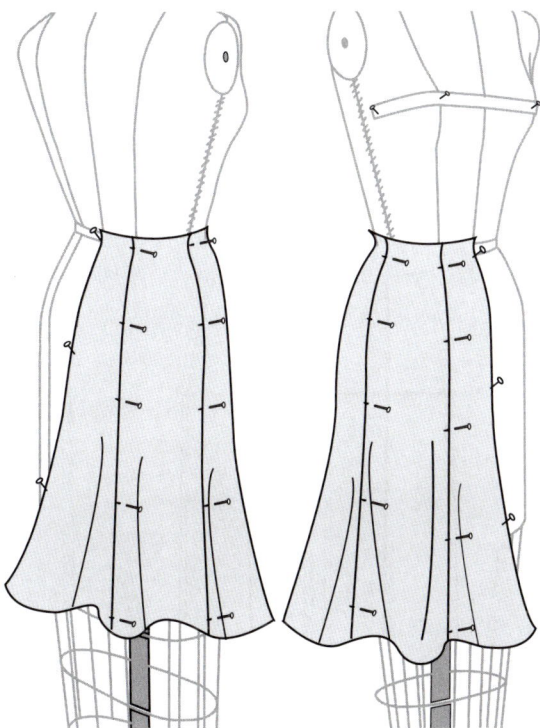

图12-30

六片插角裙

通过这款插角裙的学习，可以帮助读者了解插片的用法。插片的应用也给传统的纵向分割裙增添了活力。带插角的六片裙是在竖直线（公主线）的下摆处加入三角形的插片，插片的两边与底摆处的公主线相缝合。插片的大小取决于底摆的造型设计。

这款经典的短裙可以采用各种面料制作，再与口袋的设计、腰带、明线等元素相结合，款式变化丰富。裙子长度变化直接影响着最终造型和外观。

图12-31

立裁步骤

六片插角裙与六片喇叭裙的竖直分割线设计相同。然而，插角裙在分割线下摆处不再直接加入喇叭形状加放量，取而代之的是一块三角形面料，即为插角，插角两边在分割线的下摆与之缝合。

① 与六片喇叭裙的立裁步骤相同，但是在拓板时不要加放下摆的喇叭形状加放量。

② 裁剪出三角形插片，长度和宽度取决于设计，并在一周加放缝份。

③ 将所有样片别合在一起，检查其合体性和比例。在前、后公主线下摆处加入插角，从下摆边向上将插角分别与公主线两边别合。再从面料正面腰围线向下摆捋顺面料，将各个竖直接缝别合起来。

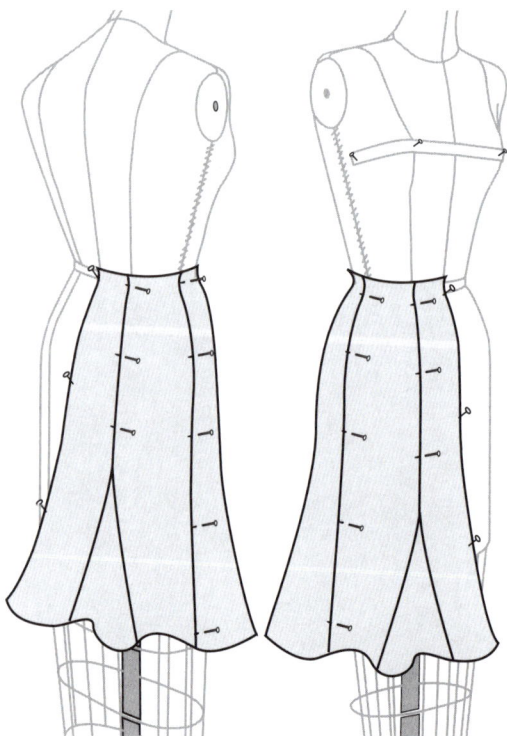

图12-32

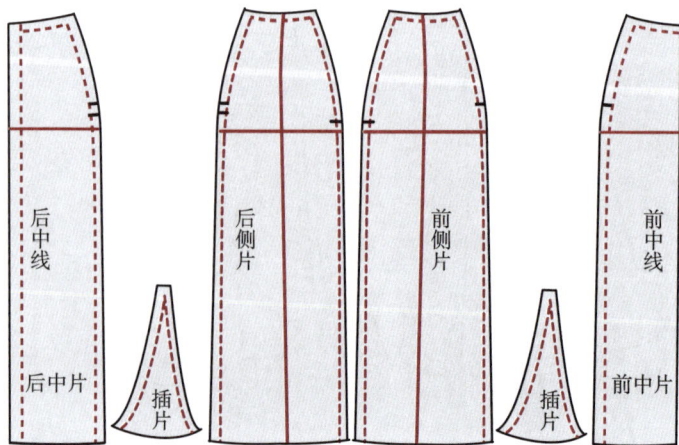

图12-33

六片暗褶裙

六片暗褶裙是在竖直分割线（公主线）的下摆处增加一个褶裥，两边侧缝一般不加褶裥。所加的褶裥一般是直线型的，上窄下宽，宽度和长度取决于设计。

这款经典的短裙可采用各种面料制作，与口袋、腰带、明线等设计元素相结合，可以进行各种款式的变化。裙长的变化直接影响最终造型和外观风格。

暗褶裙的款式变化

可以打破传统的经典方式，对多片纵向分割裙进行设计。分割线仅设置在前片的一侧，下摆处增加了暗褶。这种款式通常后片不设褶裥，而是采用基本原型裙的样板。

立裁步骤

① 与六片喇叭裙的步骤相同，进行立裁。

② 在下摆公主线处向外绘制出梯形的延伸量，取

图12-34

代喇叭形状加放量，梯形延伸量的上、下宽度及长度都取决于设计。

③ 加放缝份。

④ 别合所有样片，检查其合体性和比例。将样片的正面相对放置，从腰围线经褶裥的上端、再到下摆，将所有接缝别合起来。裙子组装完成后，要将褶裥向一个方向熨倒，褶裥以上部分的纵向分割线可以缉装饰明线，有助于褶裥定位。

图12-35

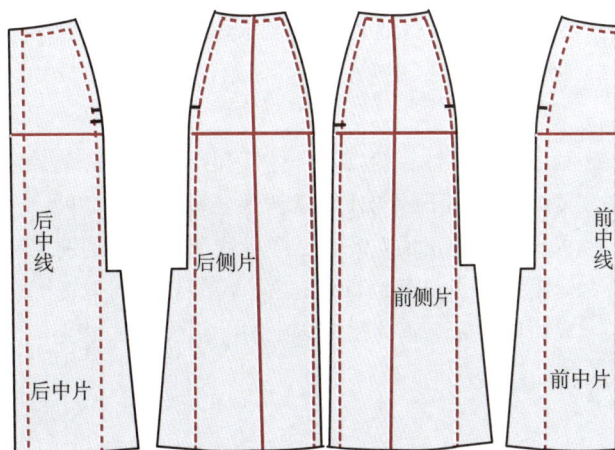

后中线

后侧片

前侧片

前中线

后中片

前中片

图12-36

八片箱型暗褶裙

八片箱型暗褶裙是在竖直分割线上加入箱型暗褶增加裙子的丰满度和时尚性，如啦啦队短裙，就是在分割线中加入了不同颜色或面料的褶裥。这款裙子竖直分割线的设计与六片纵向分割的喇叭裙和暗褶裙类似，只是在所有分割线上均要加入褶量，包括前中和侧缝。褶裥从臀围到下摆逐渐展开。每条缝上另外增加的褶裥下片与分割线上延伸出来的褶裥面料相缝合。

图12-37

立裁步骤

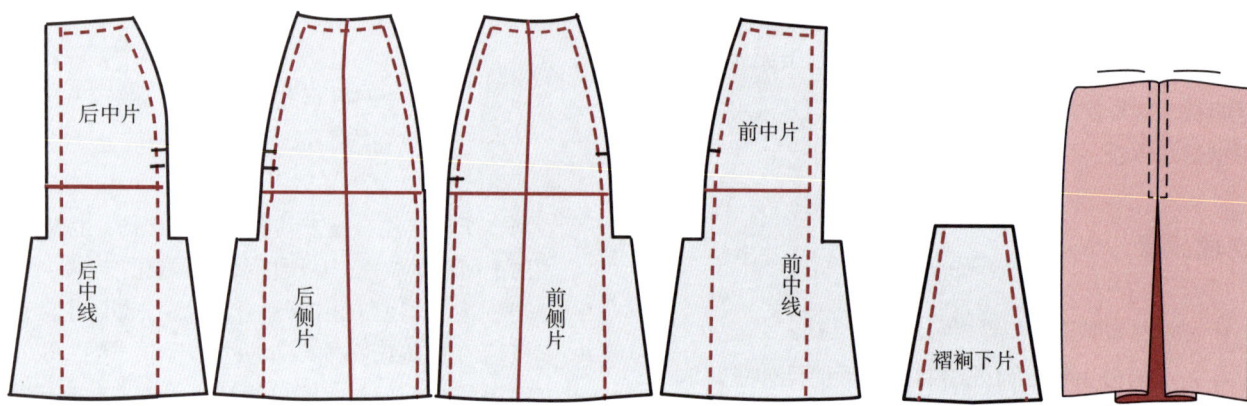

图12-38

①按照六片喇叭裙的立裁步骤进行立裁造型。

②在每条分割线上向外绘制出梯形的延伸量，取代喇叭形状加放量，包括公主线、前中、后中、侧缝。梯形延伸量的宽度和长度取决于设计。给所有接缝加放缝份。

③绘制褶裥下片。这片的长度与分割线外梯形延伸量相同，宽度是其两倍。绘制完成后加放缝份。

④别合所有样片，检查其合体性和比例。将每个接缝的褶裥下片与梯形延伸量之间相别合。再将所有样片正面对齐，从腰围线到褶裥上端别合组装。当裙子组装完成后，需要将褶裥熨烫成相向的箱型褶，褶裥以上的分割线可以缉装饰明线，有助于褶裥定位。

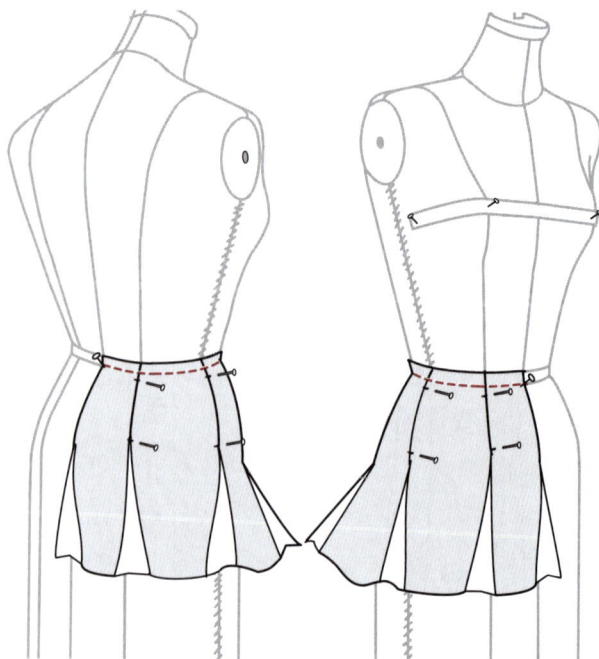

图12-39

抽褶裙

  抽褶裙（碎褶裙）是用一块长方形面料，经过抽褶，再与合体的腰头或者育克拼接。抽褶量的大小取决于面料，也与设计的体量大小相关。抽褶裙给人以清闲自在的感觉，结合不同的面料、口袋、荷叶边以及其他装饰，可以增强丰富设计。这款裙子的学习对于理解裙子的丰满度和面料纱向很有帮助。

图12-40

面料准备

1. 测量人台前中线和后中线（沿经向），从腰围线上12.7cm（5英寸）到所设计的裙子底边之间的长度。
   量取相同长度的面料，打剪口撕开。
2. 平分面料。将面料的布边对齐双折，沿经向平分撕成两半。
   其中一块为前片，另一块为后片。

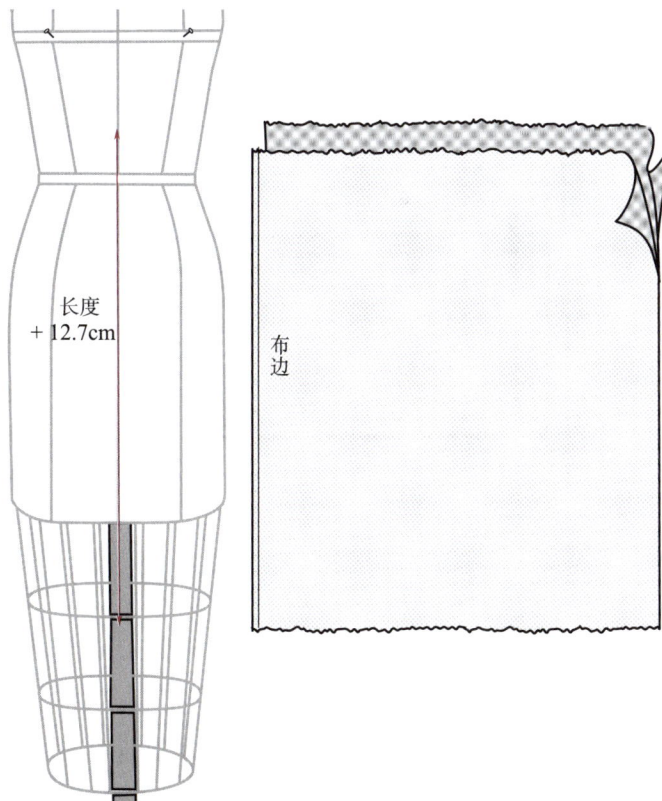

长度
+ 12.7cm

布边

图12-41

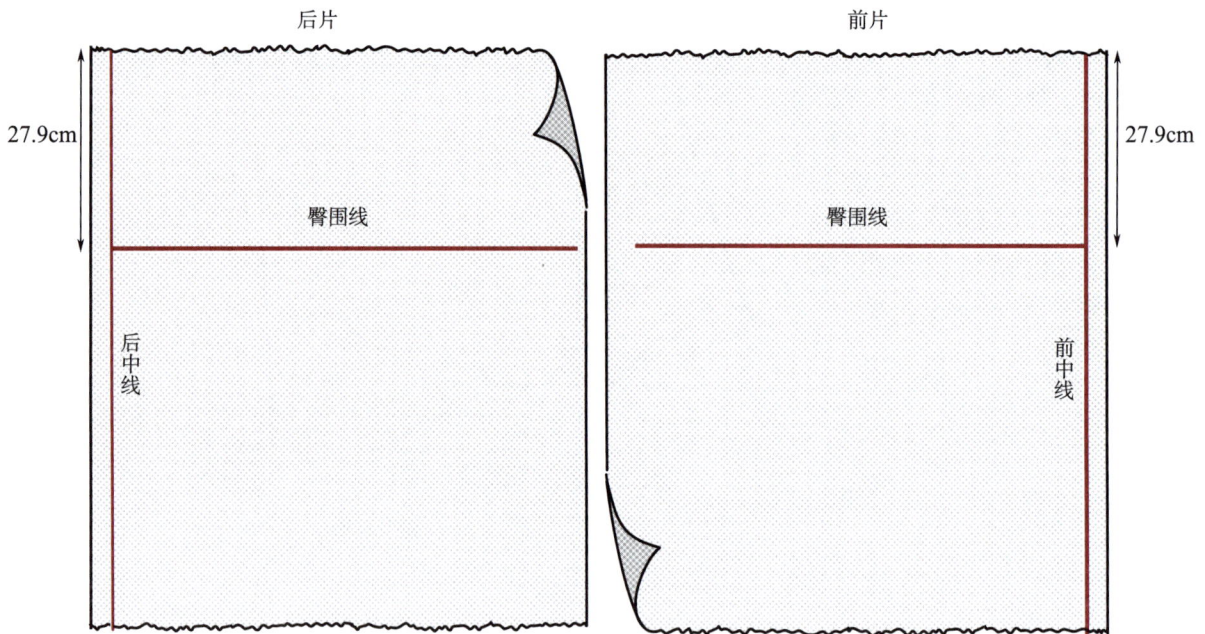

后片   前片

27.9cm   27.9cm

臀围线   臀围线

后中线   前中线

图12-42

③ 取第①、②步所得面料，距离撕开的经纱布边
2.5cm（1英寸），在面料上分别画出前、后中
线，折倒缝份并熨烫平整。

④ 画出前、后臀围线。
a. 从上向下量取27.9cm（11英寸）做标记。
b. 过此点做水平臀围线。

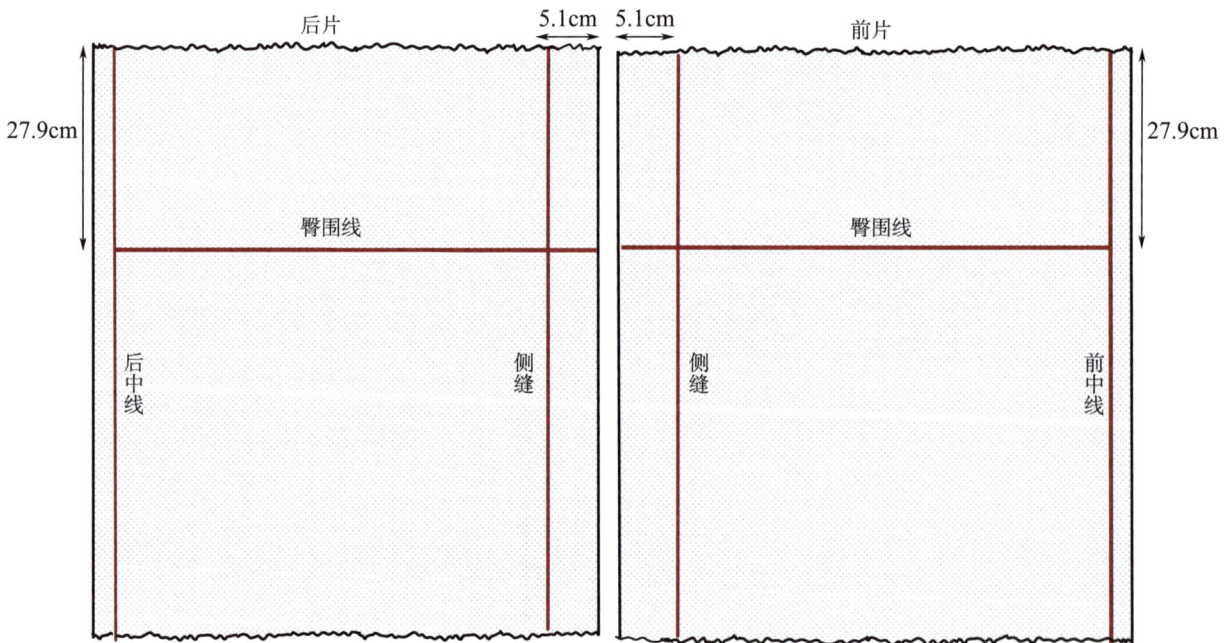

后片   5.1cm   5.1cm   前片

27.9cm   27.9cm

臀围线   臀围线

后中线   侧缝   侧缝   前中线

图12-43

⑤ 距离布边5.1cm（2英寸）平行于前、后中线，分别画出前、后片的侧缝线。

抽褶裙：立裁步骤

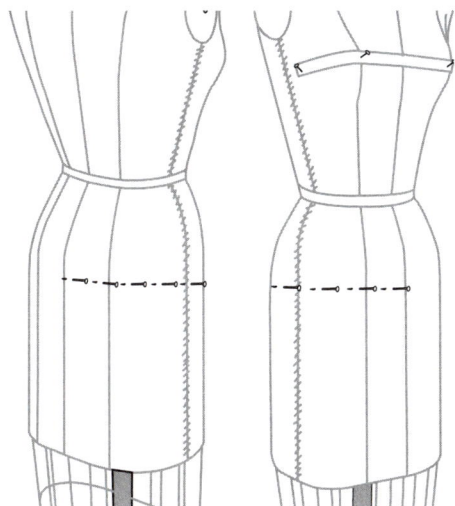

图12-44

① 准备人台。沿人台前中线从腰围线向下量取
17.8cm（7英寸）为臀围线位置，过此点从前中线
到后中线在人台上别一条平行于地面的带子。用
大头针在带子边缘别出臀围标记线，取下带子。

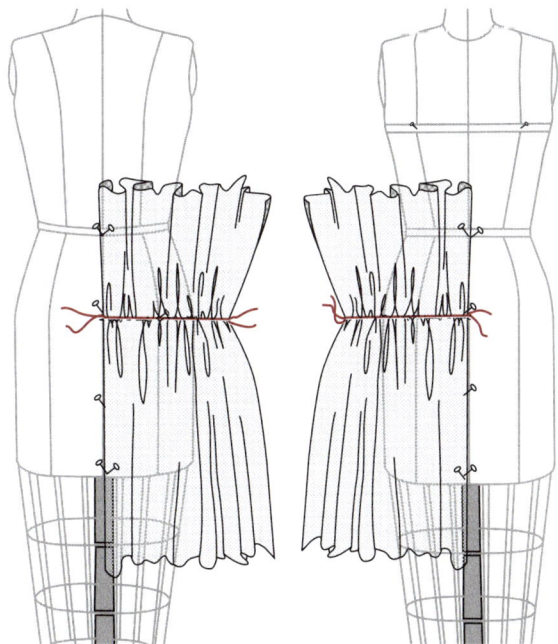

图12-45

② 在前、后片面料上沿水平臀围线进行抽褶，将
多余面料抽缩到与臀围等大。

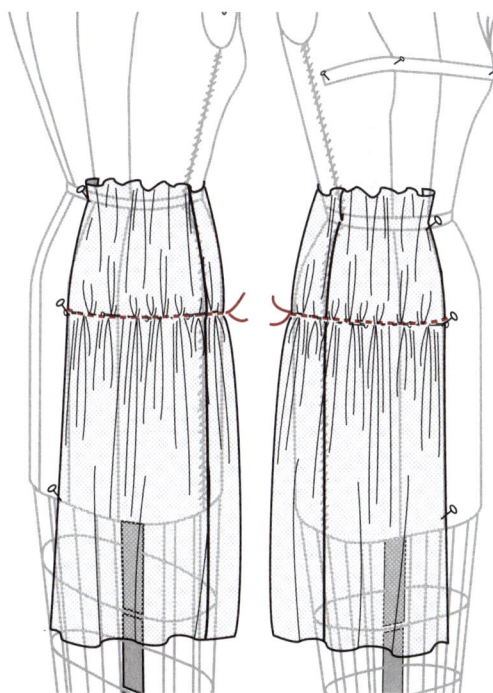

图12-46

③ 面料上的前、后中折线与人台上的前、后中线
对齐，别针固定。
面料上的水平线对齐人台上的臀围标记线。

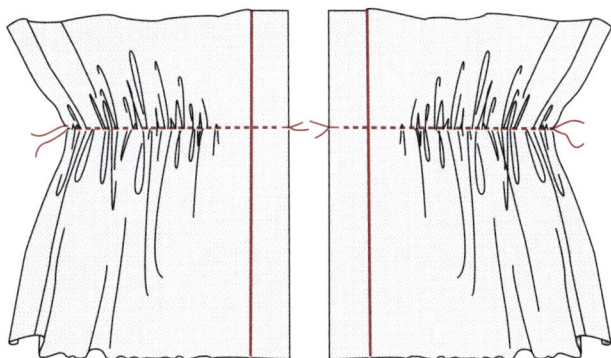

图12-47

④ 面料上的水平线别针固定到人台的臀围线上。
均匀分布臀围线上的抽褶量。确保水平线平行
于地面。前、后片侧缝对齐。

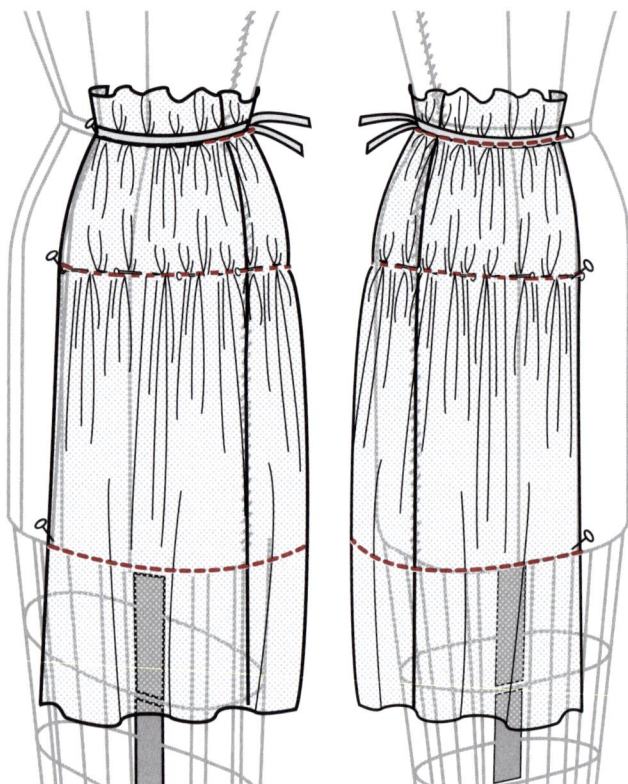

图12-48

5 抽缩腰围线上多余面料。用一条斜丝牵条系在腰围上，整理腰围面料使褶皱均匀分布。

6 在样片上标出与人台对应的关键点。
a. 腰围线。
b. 下摆：参照人台底端或者环形支架标记下摆，下摆要平行于地面。

7 拓板。将样片从人台上取下，画顺所有线条，加放缝份。

8 将前、后裙片别合组装到一起，再别回到人台上，检查立裁样衣的正确性，并做适当的修正。

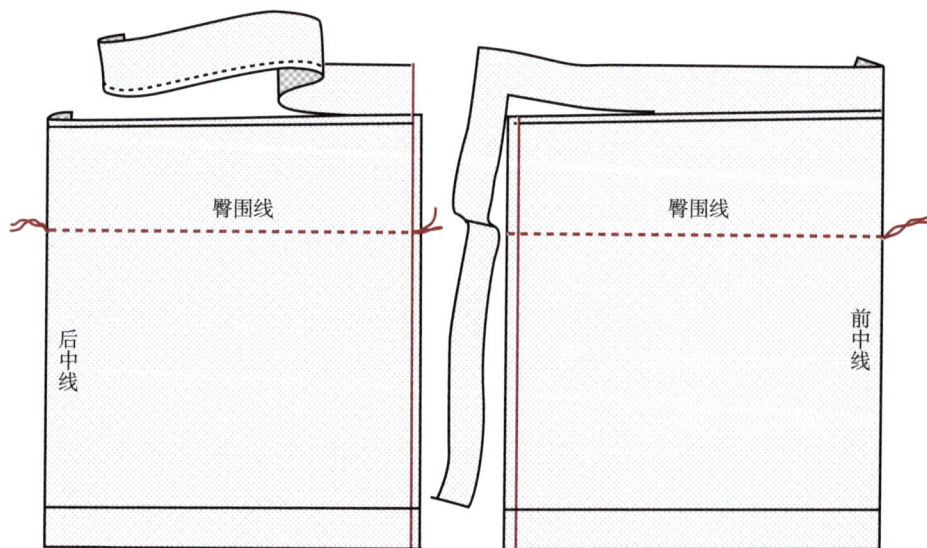

臀围线

后中线

图12-49

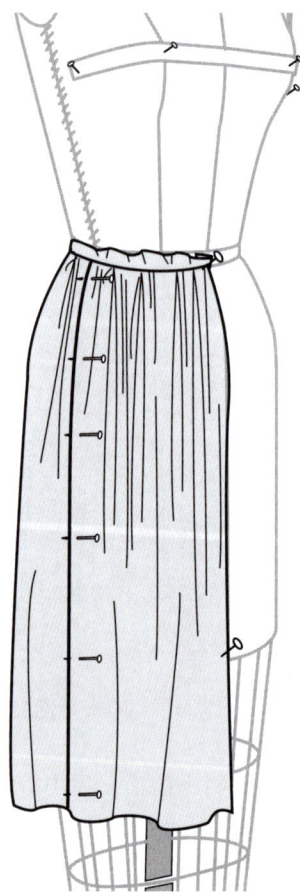

臀围线

前中线

图12-50

国际服装立裁设计：美国经典立体裁剪技法（原书第5版）

荷叶边抽褶裙（多层裙）

在传统抽褶裙的基础上加上一层或多层抽褶荷叶边为多层抽褶裙，这样的款式优雅柔和、浪漫富有创意。抽褶边的宽度和长度取决于面料种类和裙子的设计。

制作抽褶荷叶边的方法是将直条形面料抽缩后再与裙子上层的面料缝合。每层荷叶边的面料长度一般是缝合接缝长度的1.5~2倍。参考第8章的圆形荷叶边和抽褶荷叶边，以及第154~155页抽褶边在连衣裙和领口上的应用方法。

图12-51

立裁步骤

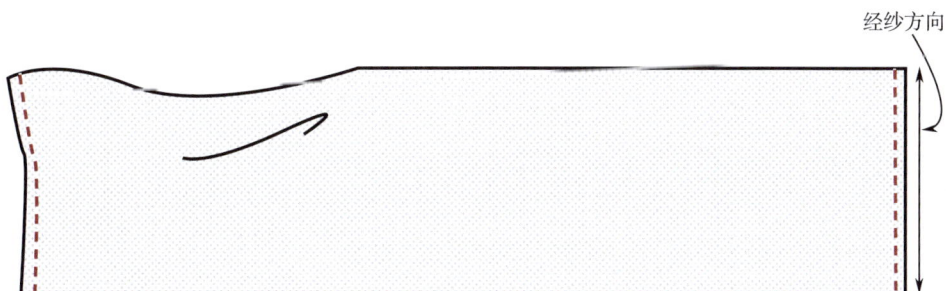

经纱方向

图12-52

1. 与抽褶裙的立裁步骤相同，裁剪所需要的裙长面料。
2. 测量需要设计抽褶荷叶边的底摆围度。
3. 决定抽褶荷叶边的长度，画一个长方形，长度是所测量底摆长度的1.5倍。
   例如：
   111.8cm（44英寸）+55.9cm（22英寸）=167.6cm（66英寸）。

4. 抽褶荷叶边的宽度由设计而定。在面料上画出所需面料的长度和宽度。宽度要对齐面料的经纱方向裁剪，也就是在纬纱方向抽褶，这会使褶皱干净均匀。

注 如果测量所需要的面料长度大于布幅宽度，则需要裁剪几块面料拼接起来。

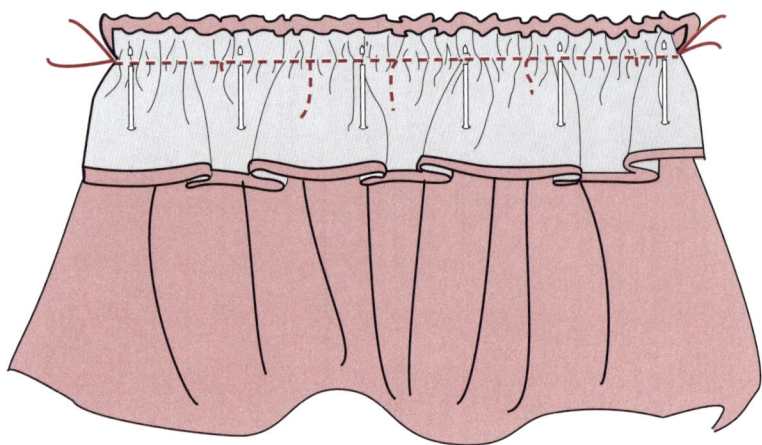

图12-53

⑤ 使用抽褶压脚对面料抽缩，直到与要缝合的接缝等长。

⑥ 将抽褶荷叶边与抽褶裙的下摆别合或缝合。

图12-54

抽褶边的造型种类

① 抽褶边可以设计得像婴儿服装的下摆卷边一样，装饰于服装的外边缘上。

② 抽褶边也可以采用双倍宽度的面料，将其对折，两个毛边一起抽缩后再与设计线缝合，省去了包边处理。

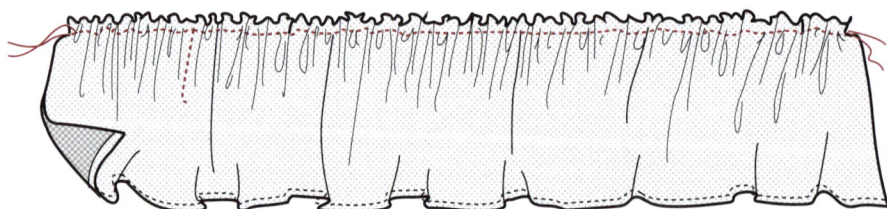

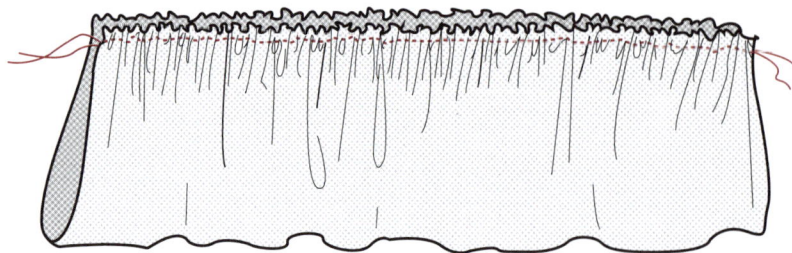

图12-55

圆裙

圆裙的腰围合体，腰围线几乎弯曲成圆形。当圆弧形的腰围线与直线的腰头缝合后，下摆多余的布料就会悬垂形成多个波浪喇叭形状褶皱。根据设计需要，下摆摆量的大小取决于腰围线的弯曲程度。裙长也随设计而改变。例如：花样滑冰或芭蕾舞裙设计得很短，而晚礼服则是长款，适合采用柔和面料。

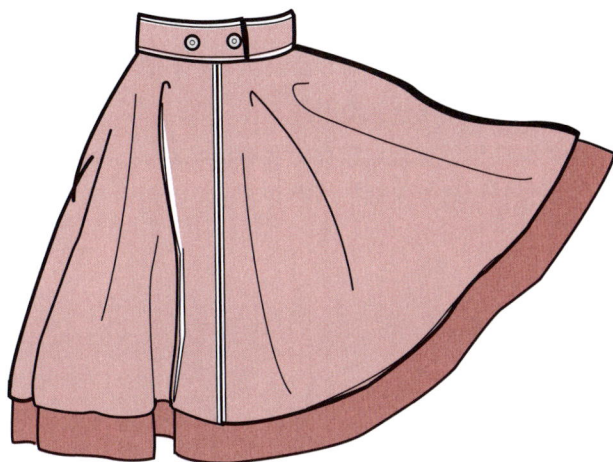

图12-56

面料准备

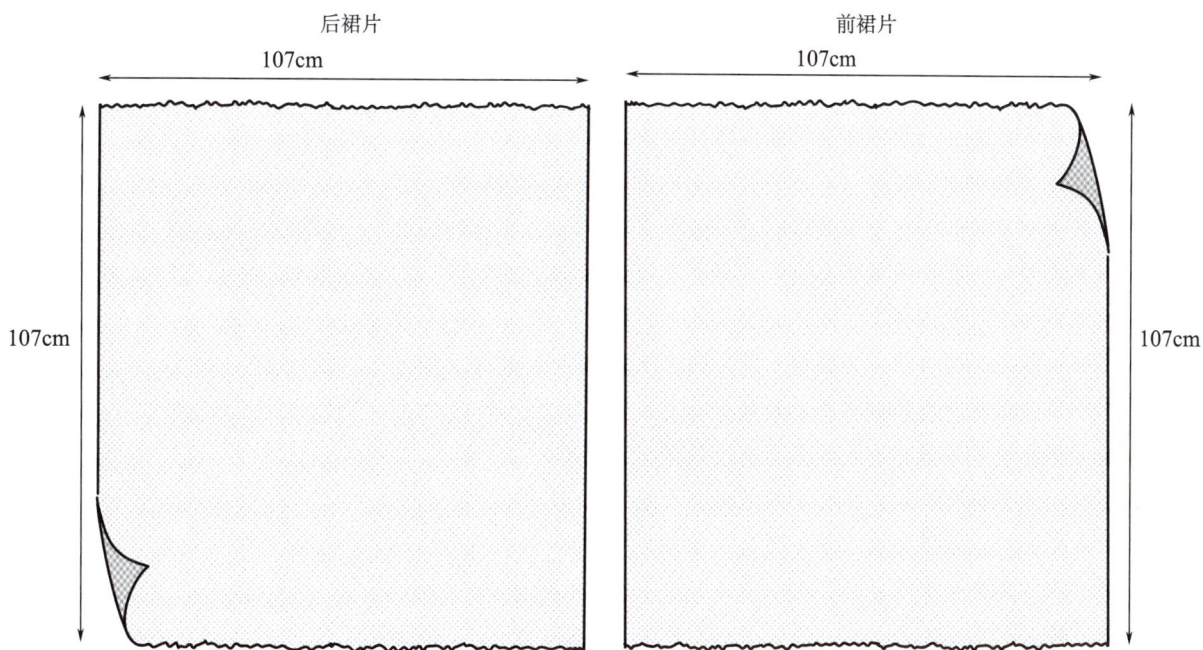

图12-57

1 前、后裙片长度均取107cm（42英寸），沿经纱方向量取面料，打剪口撕开。

2 前、后裙片宽度均取107cm（42英寸），沿纬纱方向量取面料，打剪口撕出正方形面料。

③ 距离撕开的经纱布边2.5cm（1英寸），分别在前、后片面料上画出前、后中线，折倒缝份并熨烫平整。

④ 标记前中腰围线位置。前片面料从上向下量取12.7cm（5英寸），过此点做腰围线标记。

⑤ 在前、后片上画出水平臀围线。

　　a. 前片从腰围线标记点竖直向下量取17.8cm（7英寸），过此点做水平臀围线。

　　b. 后片沿后中线从上向下量取30.5cm（12英寸），过此点做水平臀围线。

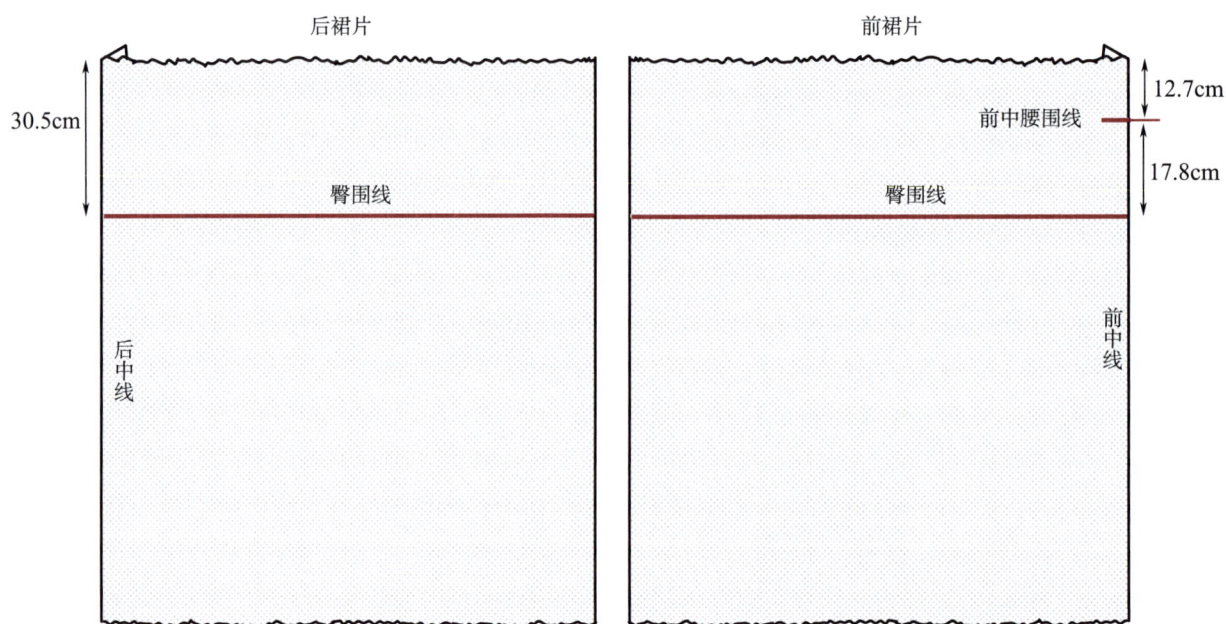

图12-58

圆裙：立裁步骤

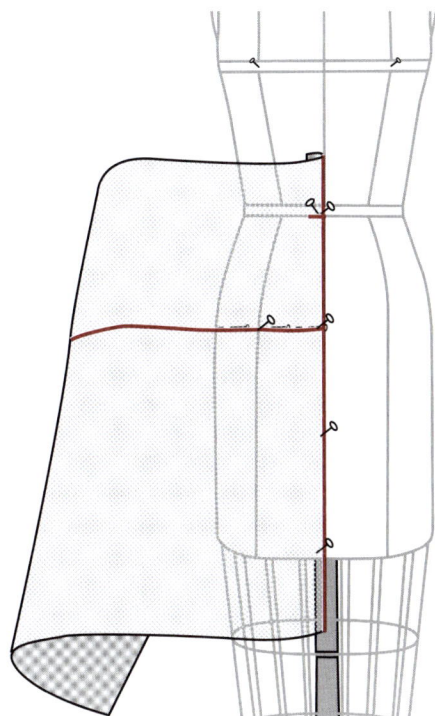

图12-59

1. 面料上的前中折线与人台上的前中线对齐固定。
2. 面料上的前中腰围线标记对齐人台的前中腰围线。
3. 水平向公主线方向捋顺面料。从前中线沿人台的水平臀围线向公主线捋顺面料，在公主线与臀围线交点别针固定。

4. 从前中线到公主线整理立裁前腰围。
   a. 从面料上端向腰围线与公主线交点打剪口。
   b. 从前中线到公主线捋平腰围面料。
   c. 在公主线与腰围交点别针固定。

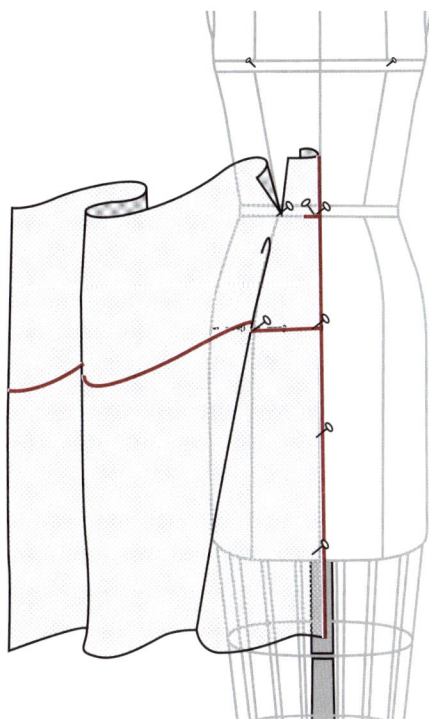

图12-60

5. 整理立裁出第一个喇叭褶。以公主线与腰围交点为支点，向下旋转面料，在下摆形成一个圆顺的喇叭形褶。

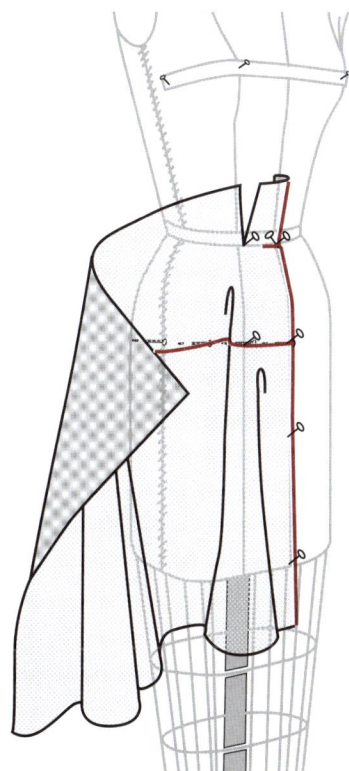

图12-61

6 在腰围线上距离第一个喇叭褶
支点约2.5cm（1英寸），再打
剪口、固定、旋转出第二喇叭
褶，从上向下捋顺面料。

7 继续打剪口、旋转、整理、
固定腰线，直到所有喇叭褶
全部做完。

8 在样板上标记出关键点。
a. 腰围线。
b. 侧缝。
c. 底边线：参照人台环形支
架修齐下摆底边。

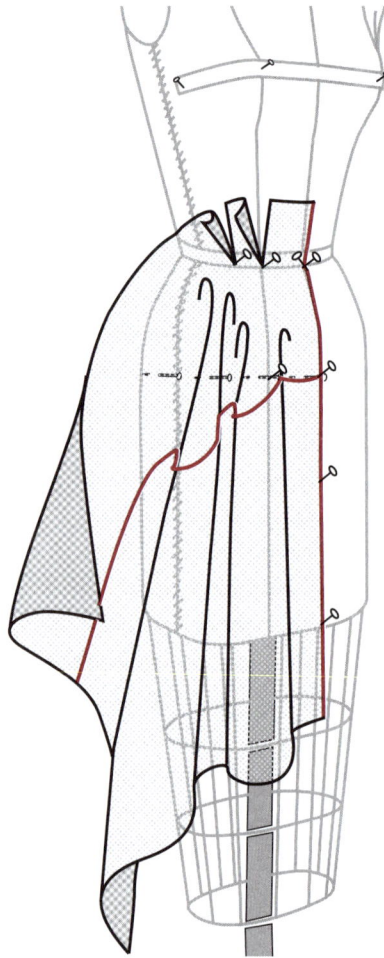
图12-62

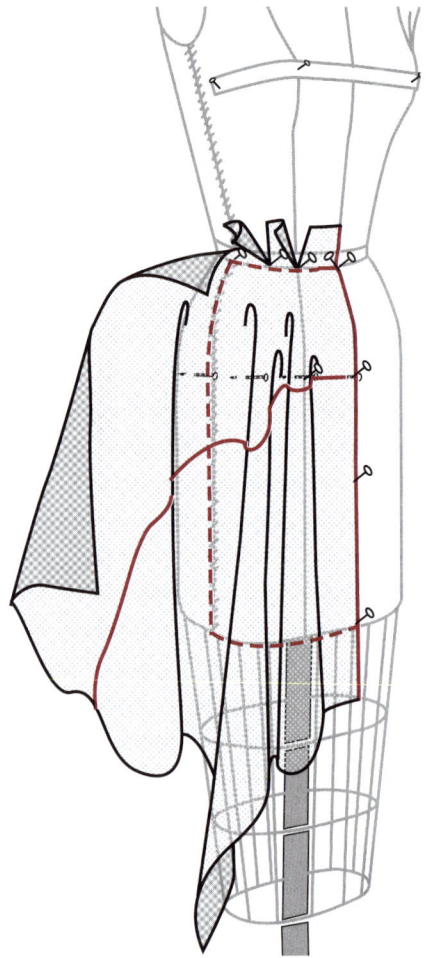
图12-63

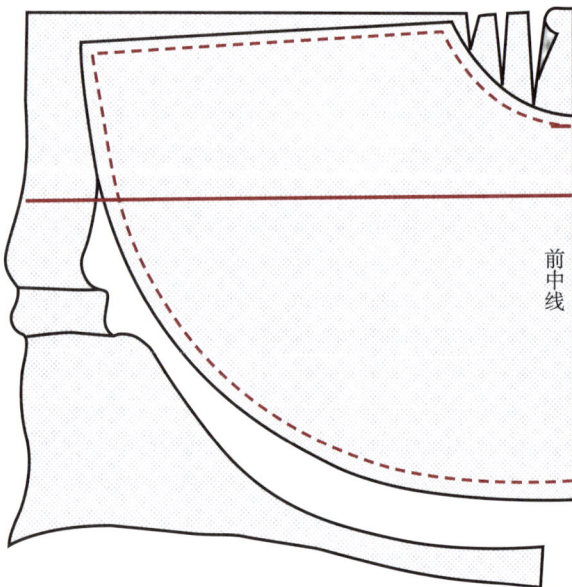
图12-64

前中线

9 前片拓板。将前片样片从人台上取下，画顺所
有线条，加放缝份，修剪多余面料。

国际服装立裁设计：美国经典立体裁剪技法（原书第5版）

⑩ 将修剪好的前片样片铺平于之前准备好的
后片面料上。

   a. 前、后片的水平线对齐，同时前、后中线
     平行，前中线偏出后中1.3cm（1/2英寸），
     保证经纱平行。这一偏出的量是由人台
     前、后腰围差量决定的。

   b. 绘制裙子后片。画出与前片相同的后片净
     缝线（临时腰围线、侧缝和底边线）。

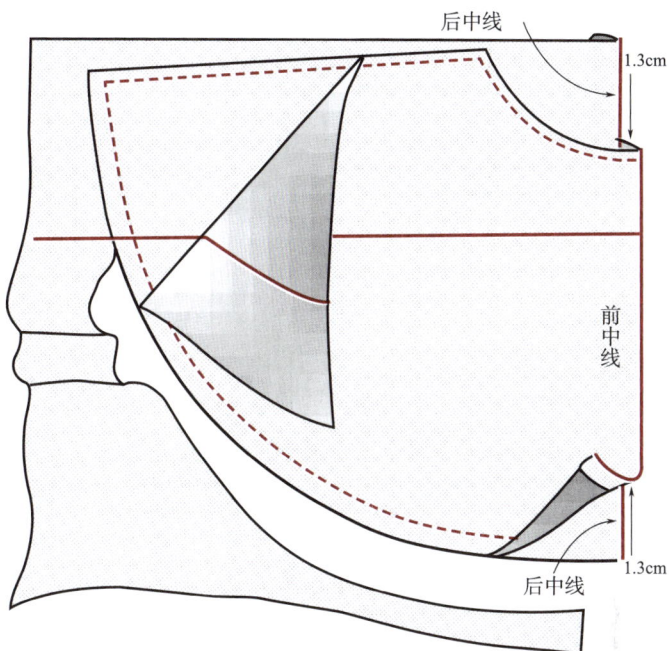

后中线

1.3cm

前中线

后中线

1.3cm

图12-65

注　当检查立裁的最终效果时，还要
    重新修正后腰围线。因为前、后
    腰围线的曲度会略有不同。

重新修正
后腰线

⑪ 检查圆裙的合体性和平
衡性。将前、后裙片在侧
缝处别合，再别回到人台
上，修正后片腰围线，直
到裙子悬垂正确，裙子侧
缝与人台侧缝对齐，别针
固定前、后腰围。

图12-66

斜裁圆裙

斜裁技法是由玛德琳·维奥内特
（Madeleine Vionnet）首创，是一种独特
的服装裁剪技术。

圆裙斜裁的巧妙之处在于经纱和
纬纱的放置方向不同，立裁时前中和后
中正好是斜丝方向，使裙子具有较好的
悬垂效果，且不需要设置前、后中缝。
斜裁方法使得臀围线以下的波浪褶均匀
顺畅。更神奇的是，当裙子缝合完成悬
挂一段时间后，下摆仍然平行于地面。
裙子的开口设置在侧缝。

在立裁制作这款圆裙时，裙摆的
波浪大小由设计而定。腰线的形状控
制着裙摆的大小，前、后腰线形状会
略有不同。

图12-67

斜裁圆裙的特点

当用斜裁方法制作圆裙时，因为斜丝方向具有显著的伸缩性，要使斜裁圆裙满足以下要求。

» 前、后裙片上每个喇叭褶量的大小要均匀。喇叭褶量的大小是由裙子腰围线的形状决定的，前、后腰
　围线会略微有所不同。后腰围线会更低、曲度更大一些，因为后腰围比前腰围小2.5cm（1英寸）。

» 裙子前、后平衡、自然悬垂，侧缝线对齐，前、后中线处正好是正斜丝。前、后中线不需要设置分割
　线，经纱和纬纱的方向对这款圆裙的最终效果至关重要。

» 当样衣缝合完成悬挂一段时间后，下摆仍能平行于地面。

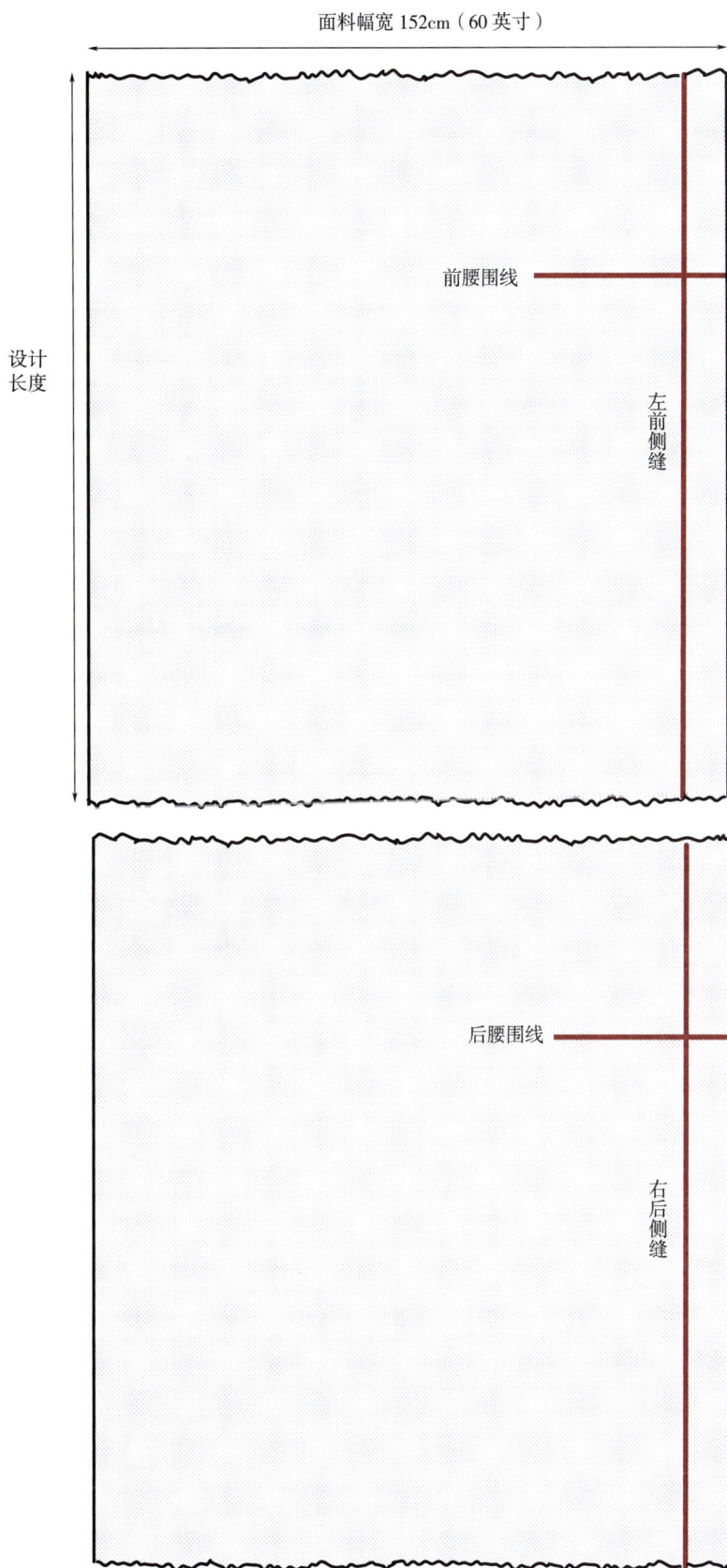

斜裁圆裙：面料准备

1. 量取前、后裙片的面料长度。测量从腰围线到所设计的裙长之间的距离，再加30.5cm（12英寸）。量取相同长度的面料，打剪口撕开。

2. 用面料的幅宽作为前、后片的宽度。

3. 距离布边2.5cm（1英寸），在前、后片面料上各画一条经向线。

4. 从上向下在前、后裙片上量取25.4cm（10英寸），过该点做水平线，只需画到面料宽度的一半即可。

面料幅宽152cm（60英寸）

设计长度

前腰围线

左前侧缝

后腰围线

右后侧缝

图12-68

斜裁圆裙：前片立裁步骤

1 将面料上所画的竖直经向线对齐人台上的左侧缝线固定。

2 面料上的水平线对齐人台左侧腰围线，在侧缝上别针固定。

3 将顺整理面料，使面料顺畅地悬垂在人台前面。

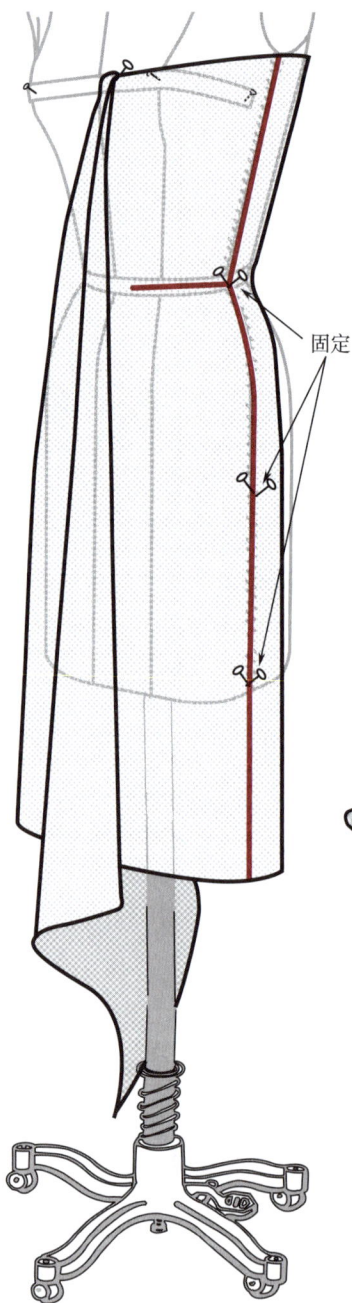

固定

4 修剪、捋顺、固定腰围线，做出第一个喇叭褶。

   a. 从侧缝向前约5.1cm（2英寸），修剪侧缝与该点之间腰围线上的多余面料。

   b. 捋平侧缝与5.1cm（2英寸）点之间的腰围线，别针固定该点。

   c. 从上向下对准该点在腰围缝份上打剪口。

5 整理出第一个喇叭褶。以腰围线上的固定针为轴，向下旋转面料，形成一个喇叭褶。在喇叭褶的底部别针固定住该褶的位置。

图12-69

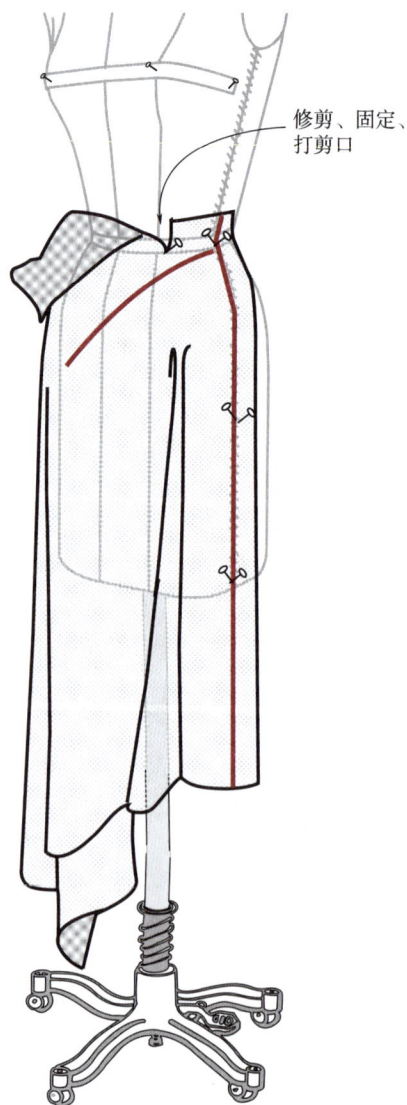

修剪、固定、打剪口

> **注** 每一个喇叭褶的大小都要基本相同，以保证下摆的平衡性。

图12-70

国际服装立裁设计：美国经典立体裁剪技法（原书第5版）

6 在腰围线上修剪、捋顺、固定、打
剪口，做出第二个喇叭褶。

a. 从第一个喇叭褶的腰围固定点再
向前约3.8cm（$1\frac{1}{2}$英寸），将平这
部分腰围面料，别针固定该点。

b. 修剪新固定的腰围线以上多余
面料，捋顺固定，对准该点打
剪口。

c. 从腰围线上第二个固定针处向下
旋转面料，形成第二个喇叭褶，
喇叭量要与第一个相同。

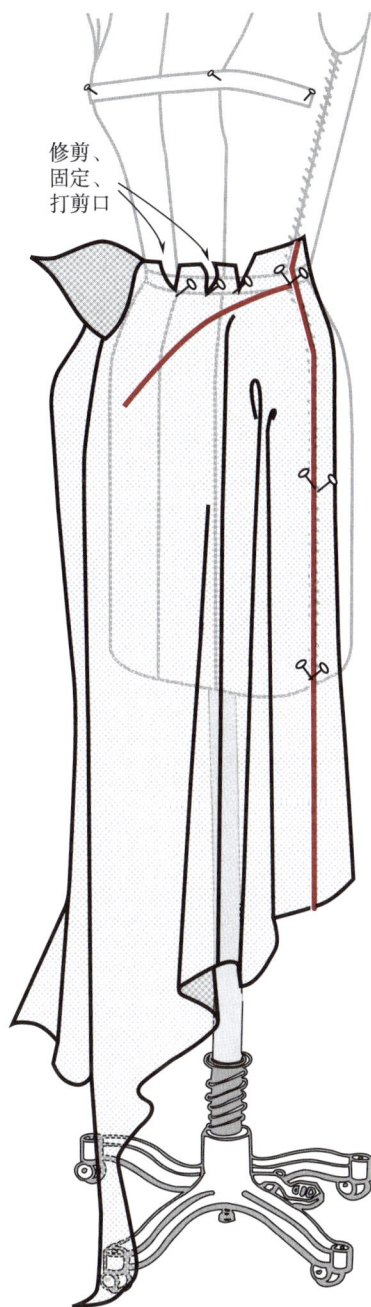

修剪、
固定、
打剪口

图12-71

修剪、
固定、
打剪口

7 再继续向前捋顺面料、修剪多余面料，固定及打剪口，旋
转做出其他喇叭褶，直到完成整个前片。

8 在样片上标出与人台对应的关键点。

a. 腰围线。

b. 侧缝。

c. 底边线：参照人台底端修齐下摆。

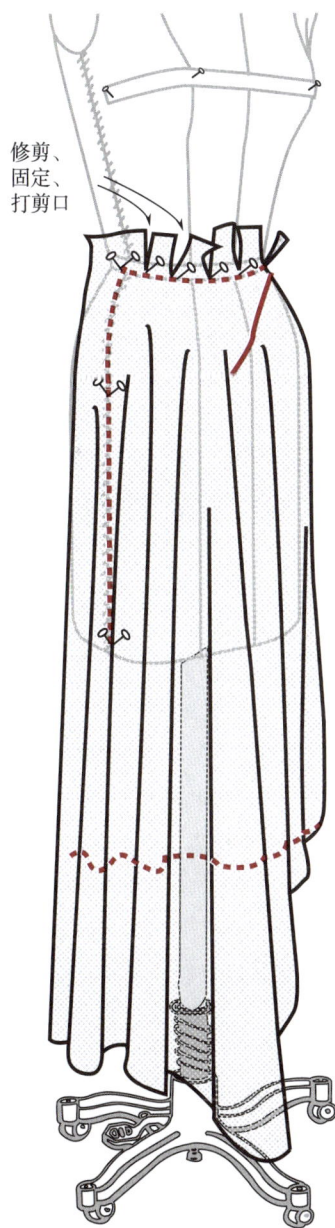

图12-72

斜裁圆裙：后片立裁步骤

① 将后片面料上所画的经向线对齐人台右后侧缝线，别针固定。

② 面料上的水平线对齐人台右后侧的腰围线，在侧缝上别针固定。

③ 捋顺整理面料，使面料顺畅地悬垂在人台后面。

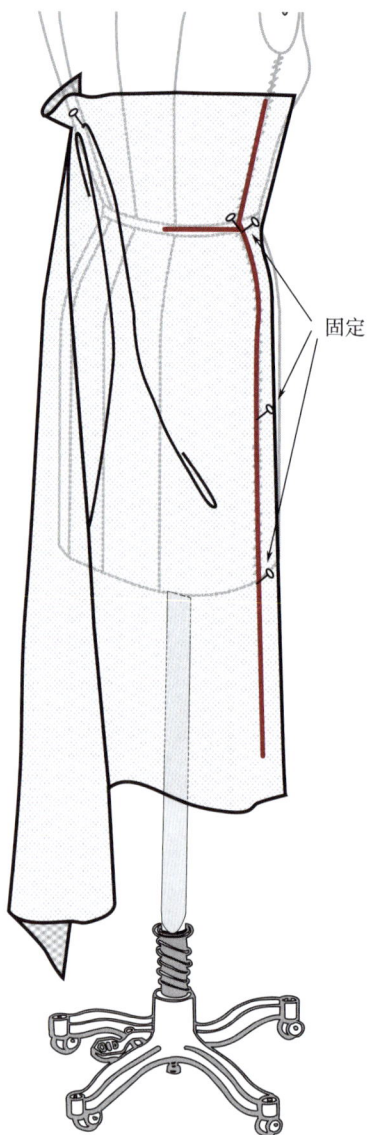

固定

图12-73

④ 修剪、捋顺、固定腰围线，并打剪口。

   a. 从侧缝向后中线约5.1cm（2英寸），修剪这部分腰围线以上多余面料。

   b. 沿腰围线从侧缝向后中线5.1cm（2英寸），将平这部分腰围面料，别针固定该点。

   c. 从上向下对准固定点在缝份上打剪口。

⑤ 整理出第一个喇叭褶。从腰围固定针处向下旋转面料，形成一个流畅的喇叭褶。在喇叭褶的下摆处再别一针，固定住褶的位置。

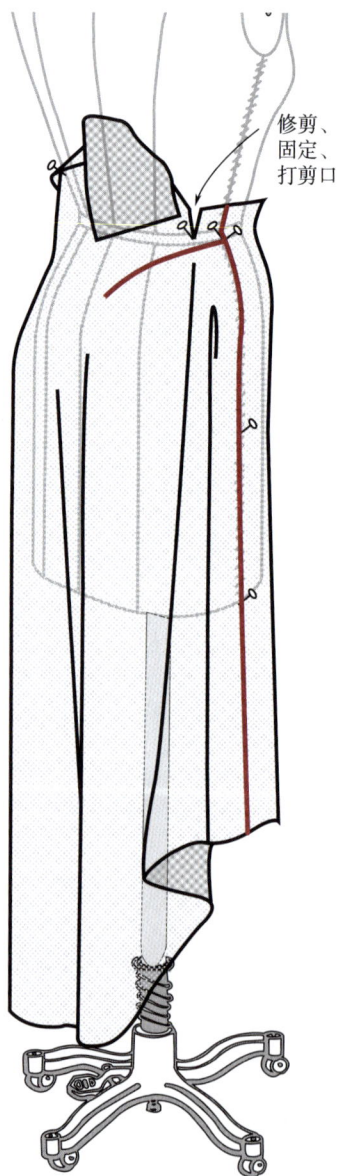

修剪、固定、打剪口

图12-74

注　每一个喇叭褶量的大小都要基本相同，以保证下摆的平衡性。

国际服装立裁设计：美国经典立体裁剪技法（原书第5版）

6 在腰围线上修剪、捋顺、固定、打剪口，做出第二个喇叭褶。

　　a. 沿腰围线从第一个褶固定点向后2.5cm（1英寸），将平腰围面料，别针固定该点。

　　b. 修剪新固定的这部分腰围线以上多余面料，并打剪口。

　　c. 从第二个固定针处向下旋转面料，形成第二个喇叭褶。

　　d. 第二个喇叭量要与第一个的大小相同。

修剪、固定、打剪口

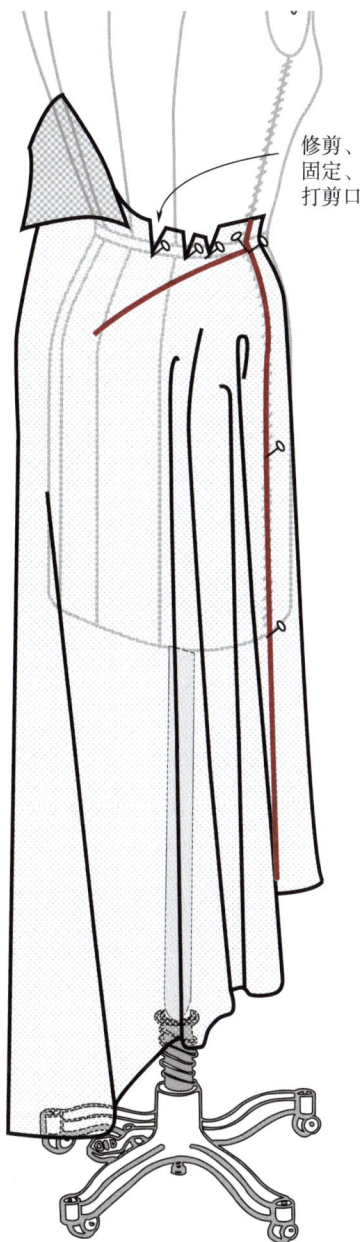

图12-75

7 再继续捋顺腰围线、修剪多余面料、固定、打剪口，旋转做出其他喇叭褶，直到完成整个后片。

8 标出与人台对应的关键点。

　　a. 腰围线。

　　b. 侧缝。

　　c. 底边线：参照人台底端修齐下摆。

修剪、固定、打剪口

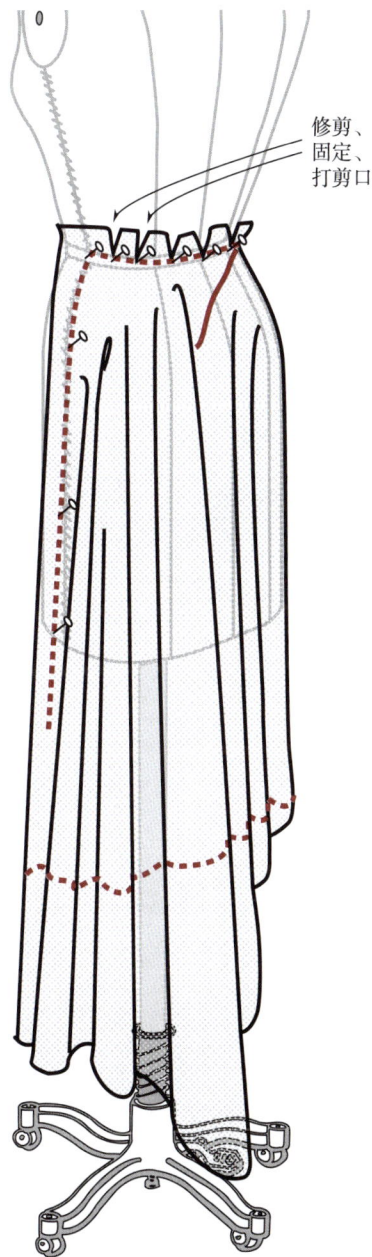

图12-76

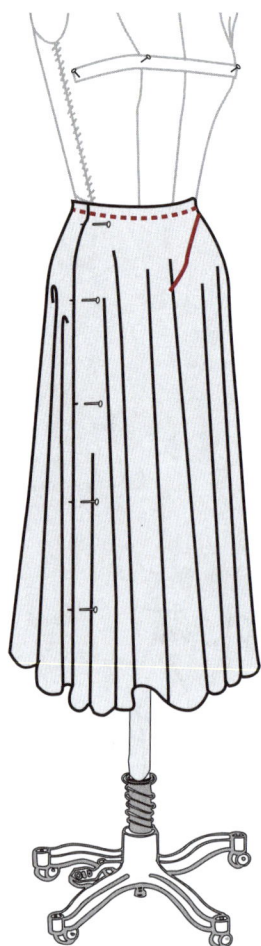

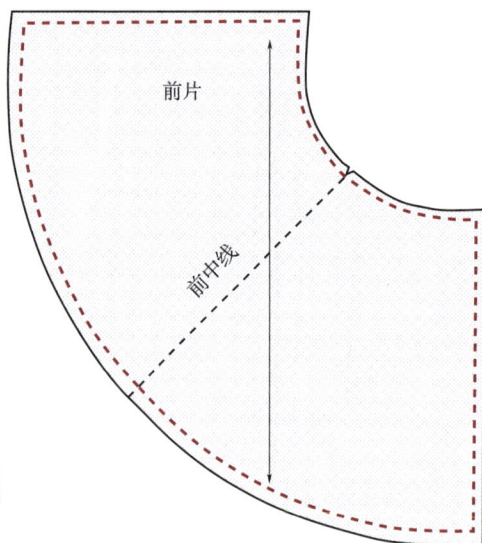

9 前、后样片拓板。将前、后样片从人台上取下，画顺所有线条，加放缝份，修剪多余面料。

检查裙子的合体性和平衡性。必要时做相应的修改。

前片

前中线

图12-77

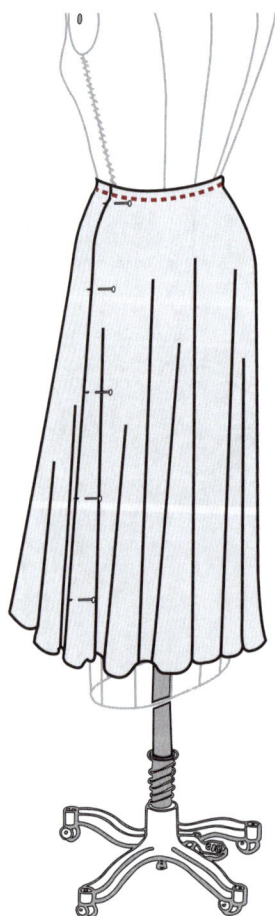

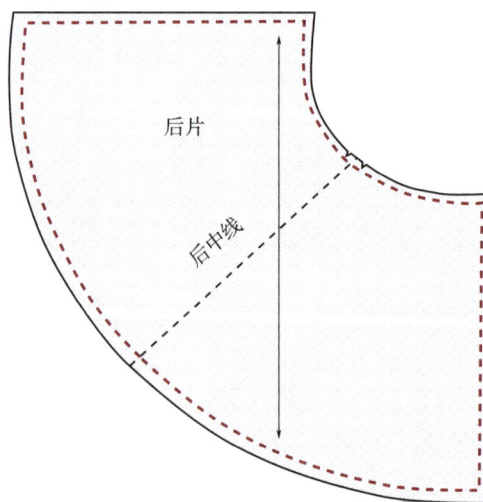

后片

后中线

图12-78

育克裙

育克裙的腰部合体，育克对裙身起支撑作用，下面的裙身可以是抽褶裙、直筒裙或是圆裙等造型。结合不同的口袋、腰带以及裙长等元素，可使育克裙的设计丰富多彩。

育克裙是指不采用省道，而是通过育克使裙子的腰臀部位合体的结构形式。育克线一般是位于臀围附近的水平分割线，将裙子分成上下两部分。育克分割线可以设计成平行于腰围线的水平线，也可以设计成尖角形或者弧线形。育克的宽度可依设计而定，但一般都不低于臀围线。既可以装腰带，也可以是连腰形式。

裙子部分——育克线以下的裙子部分可以设计成各种款式，如圆裙、一层或多层抽褶裙，或者褶裥裙、直筒裙等。

本节案例是育克圆裙和育克抽褶裙，这些都是常见的与育克相结合的裙子款式设计。

图12-79

臀育克圆裙

育克设计线是位于臀围线附近的一条水平分割线，将裙子分成上、下两部分。育克线可以设计成平行于腰围线的水平线，或者是尖角形或弧线形。育克线以下的裙子部分是具有多个波浪褶的圆摆裙，裙长依设计可以是任何长度。例如，花样滑冰服或芭蕾舞服为超短圆裙，而修长、柔和的长款设计则适合于晚礼服。

当充分掌握了立裁技术时，读者就能够处理好侧缝、前中线和后中线等经向线条，这些线条关系到服装的合体性。不同的口袋、腰带、裙长或者明线等元素，能增强育克裙的设计感。这款裙子的立裁方法向读者展示了如何在预先设计好的育克上裁出褶皱丰满的裙子。

图12-80

臀育克圆裙：准备育克面料

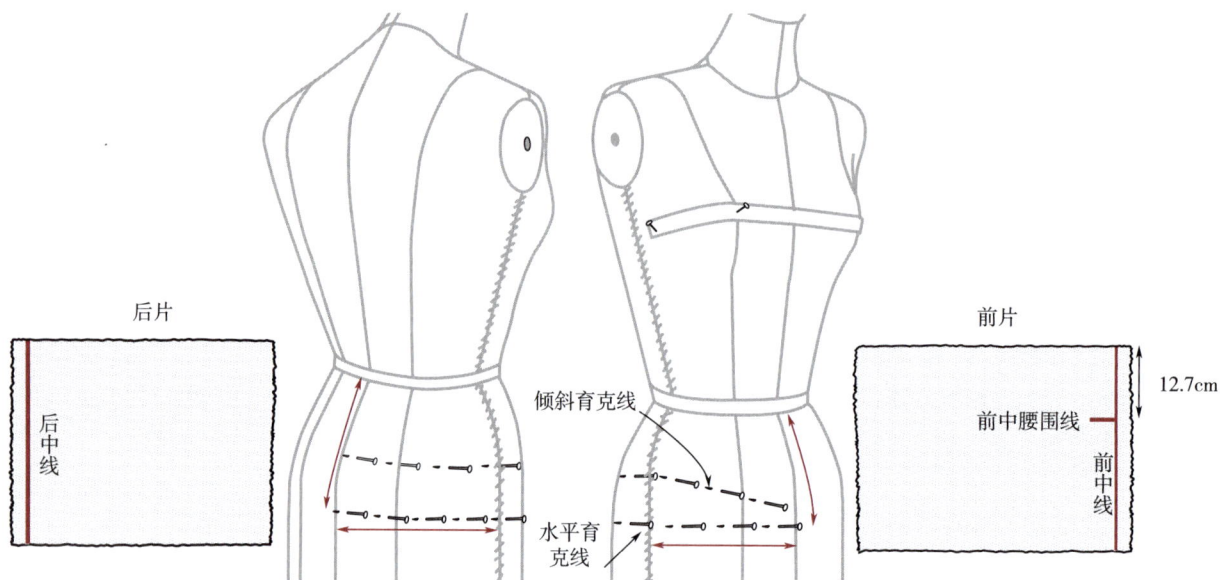

图12-81

1. 准备人台。在人台上用大头针或者用标记带做出育克设计线的造型。

2. 测量人台前中线、后中线育克的长度（沿经向），再加12.7cm（5英寸），撕取相同长度的前、后片育克面料。

3. 测量人台前、后育克最宽的部分（臀围），再加12.7cm（5英寸），撕取相同宽度的前、后片育克面料。

4. 距离撕开的经纱布边2.5cm（1英寸），分别在前、后片育克上画出前、后中线，折倒缝份并熨烫平整。

5. 标记腰围线位置。在前片育克面料从上向下量取12.7cm（5英寸）（沿前中线），过此点做标记，为前中腰围线位置。

臀育克圆裙：育克立裁步骤

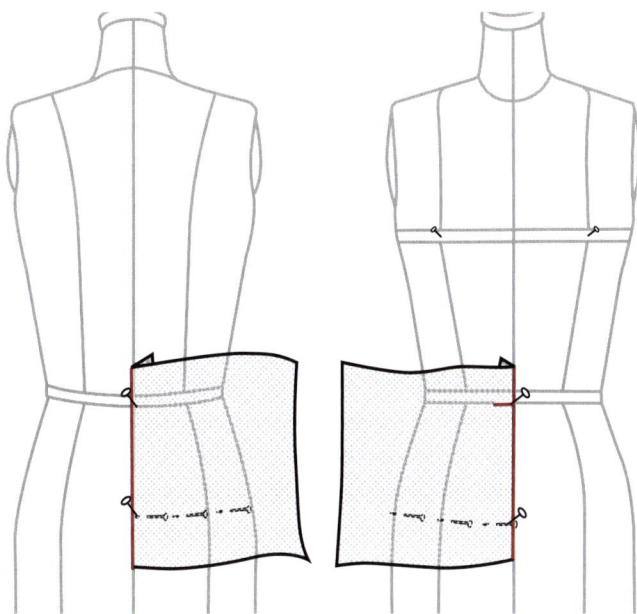

图12-82

图12-83

① 固定育克的前中线、后中线。

  a. 育克面料的前中线对准人台的前中线，上下调整位置使面料伸出腰围线以上5.1cm（2英寸），别针固定。

  b. 育克面料的后中线对准人台的后中线，上下调整位置使面料伸出腰围线以上5.1cm（2英寸），别针固定。

② 立裁育克的前、后腰围线。从上向下修剪腰围线以上多余面料，并打剪口（注意剪口不要打过腰围线）。从中线向侧缝推平腰围面料，在侧缝与腰围交点别针固定。

③ 在育克样片上标记出与人台对应的关键点。

  a. 前、后腰围线。

  b. 前、后侧缝。

  c. 前、后育克设计线。

  d. 育克设计线对位点：前片为单对位点，后片为双对位点。

④ 拓板。将前、后育克样片从人台上取下，画顺所有线条，加放缝份，修剪多余面料。将修剪好的前、后片侧缝别合，重新别到人台上以便立裁裙子。

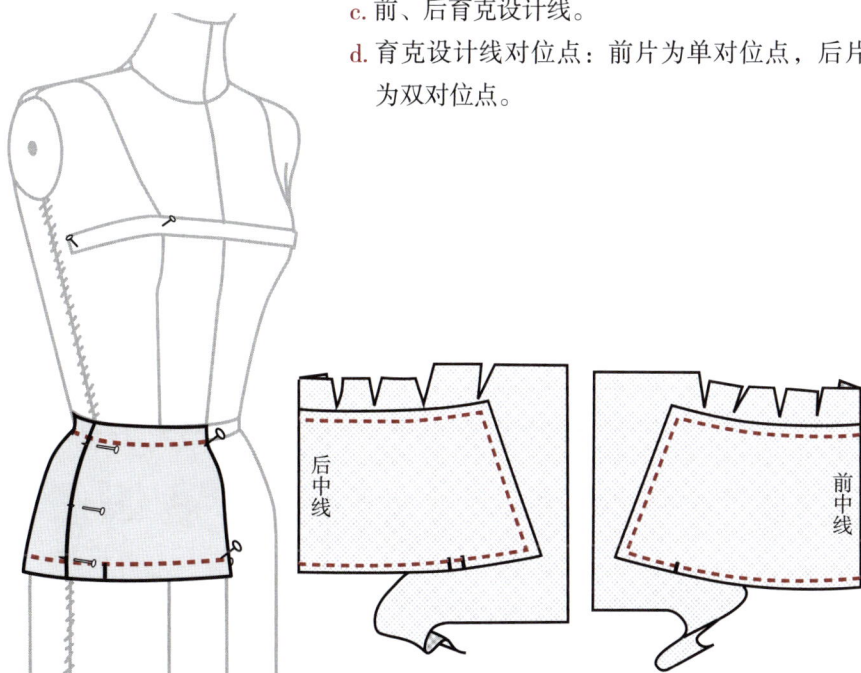

图12-84

臀育克圆裙：准备裙子面料

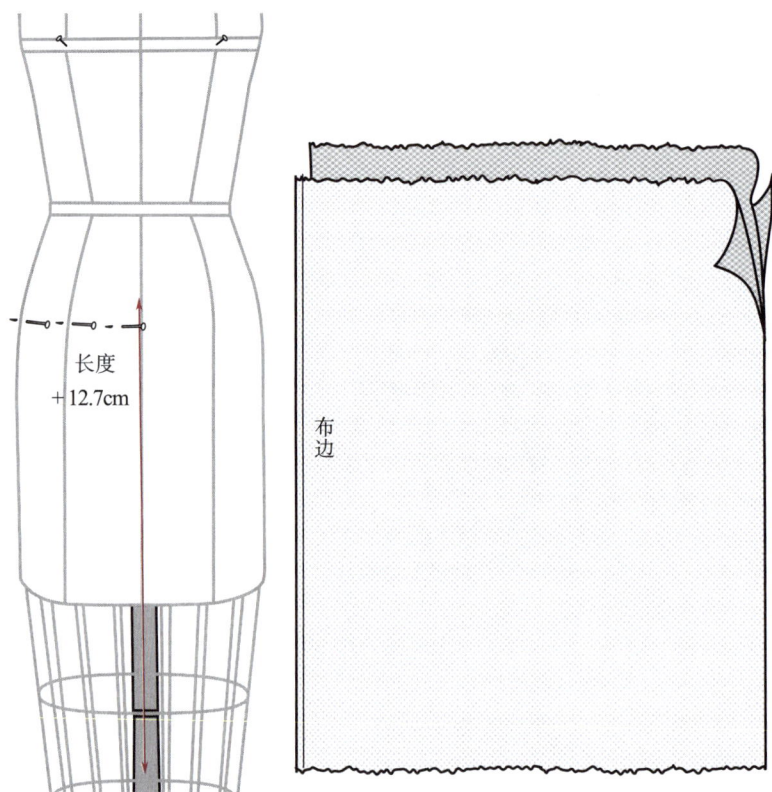

图12-85

① 从育克设计线以上12.7cm（5英寸）到所设计的裙长位置，测量前、后裙片的长度（沿经向）。

② 将面料布边对齐双折，沿经向将面料平均撕成两半。其中一片为前片，另一片为后片。

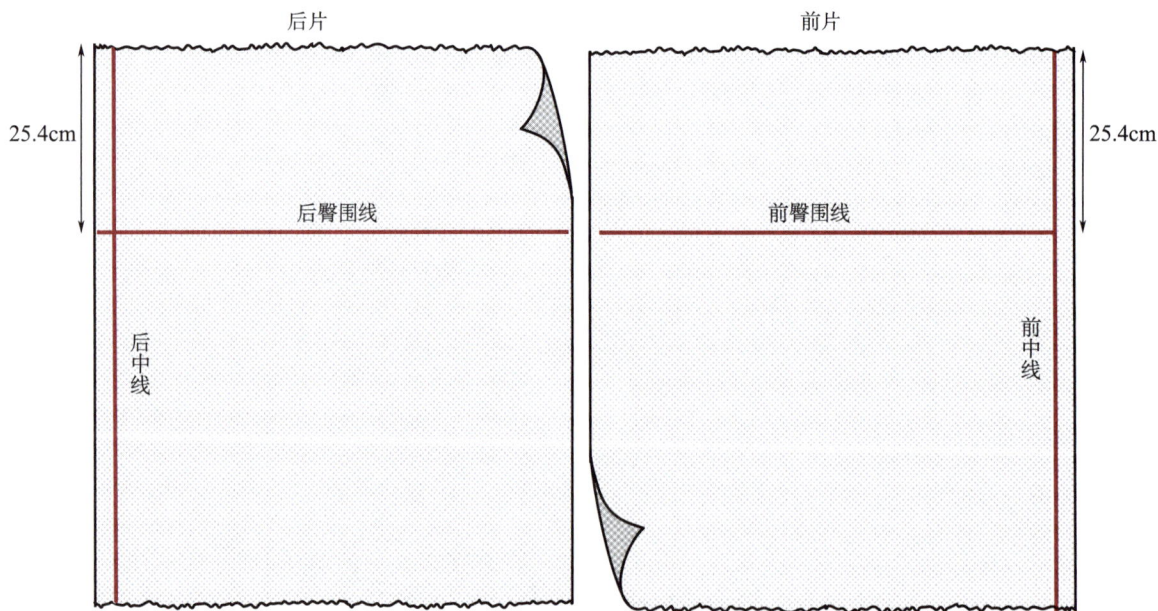

图12-86

③ 取第①、②中的其中一块面料，距离撕开的经纱布边2.5cm（1英寸），在面料上画出前中线，折倒缝份熨烫平整。

④ 取第①、②中的另一块面料，距离撕开的经纱布边2.5cm（1英寸），在面料上画出后中线，折倒缝份熨烫平整。

⑤ 前、后片面料沿中线从上向下竖直量取25.4cm（10英寸），过此点做水平臀围线。

国际服装立裁设计：美国经典立体裁剪技法（原书第5版）

臀育克圆裙：裙子立裁步骤

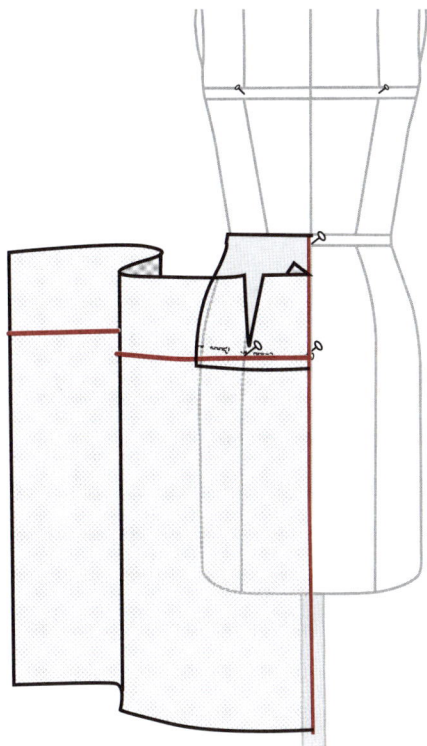

图12-87

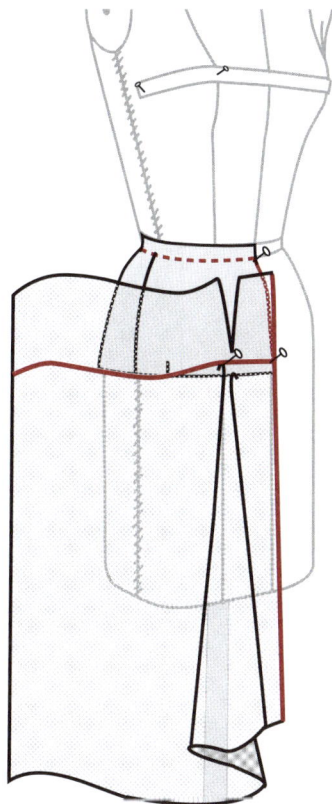

图12-88

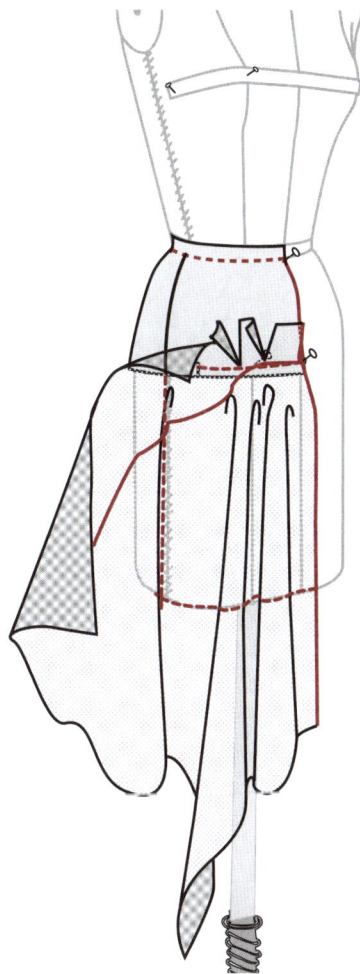

图12-89

① 面料上的前中折线与人台上的前中线对齐固定。

② 面料上的水平臀围线与人台上的臀围线对齐别针固定，注意不是对齐育克设计线，在此案例中，育克线和臀围线相重合。

③ 从前中向侧缝方向7.6cm（3英寸），整理、将平、修剪这部分裙片的育克线，别针固定该点，对准该点打剪口。注意是将裙片固定到育克上，而非固定到人台上。

④ 以固定点为支点，向下旋转面料，形成一个流畅的喇叭形褶。

⑤ 在育克设计线上再别一针以固定住喇叭褶的位置。仍是固定到育克上，而非人台上。

⑥ 继续向体侧将平面料，距离第一个喇叭褶约2.5cm（1英寸），再将平、打剪口、固定、旋转、做出第二喇叭褶。

⑦ 继续将平面料、固定、打剪口、旋转，直到做完前片的所有喇叭褶。

⑧ 在样片上标出与人台对应的关键点。

　a. 裙子设计线以及与育克设计线的对位点。

　b. 侧缝。

　c. 底边线：参照人台环形支架修齐下摆。

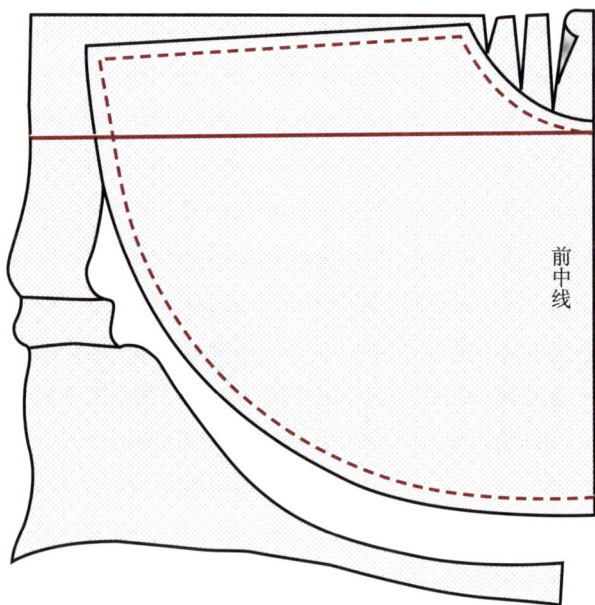

图12-90

图12-91

9 前片拓板。将裙子前片从人台上取下,画顺所有线条,并加放缝份,修剪多余面料。

10 复制后片样板。

a. 将修剪好的前片样片铺平于之前准备好的后片面料上,前、后片的水平线对齐。

b. 保证前、后中线平行的同时,前中偏出后中1.3cm(1/2英寸),这一偏出量是由前、后裙片设计线的差量决定的。

c. 绘制后片样板。按照前片样板的净缝线画出后片样板(设计线、侧缝和底边线)。

11 将育克和前、后裙片别合在一起,再别回到人台上,检查合体性和平衡性。必要时进行一定的修正。

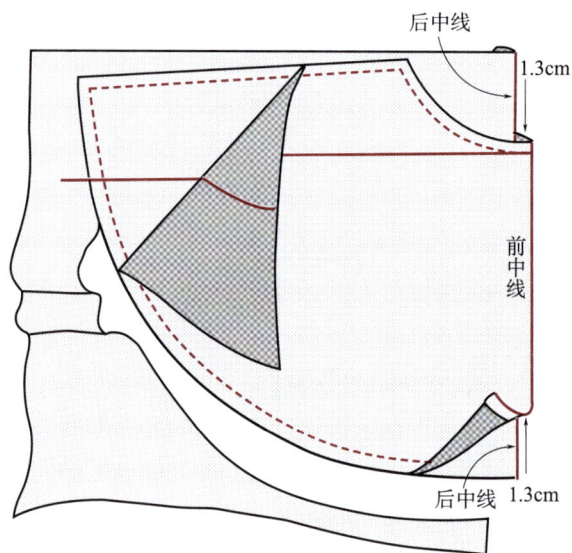

图12-92

国际服装立裁设计:美国经典立体裁剪技法(原书第5版)

臀育克抽褶裙

这款裙子的育克设计线位于水平臀围线以上，将裙子分成上、下两部分。育克线既可以设计成平行于腰围线的水平线，也可以设计成任何形状的尖角形或弧线形。育克线以下的裙子部分是抽褶裙，从育克设计线向下自然悬垂（铅垂）。同时，设计师可以根据特定款式需求控制裙子褶量的大小。

当掌握一定的立裁技术时，读者就可以利用布料边缘的印花做出独特效果的抽褶裙。通过不同宽窄、长短，以及多层抽褶等设计，做出千变万化的抽褶裙。

这款育克抽褶裙是常见的经典款式。可以结合不同的口袋、腰带、裙长或者明线等，来增强育克裙的设计感。这款裙子的立裁技法向读者展示了如何在预先设计好的育克上裁剪出丰满褶皱的裙子。

图12-93

面料准备

请参照第274~275页的方法准备人台和育克面料。

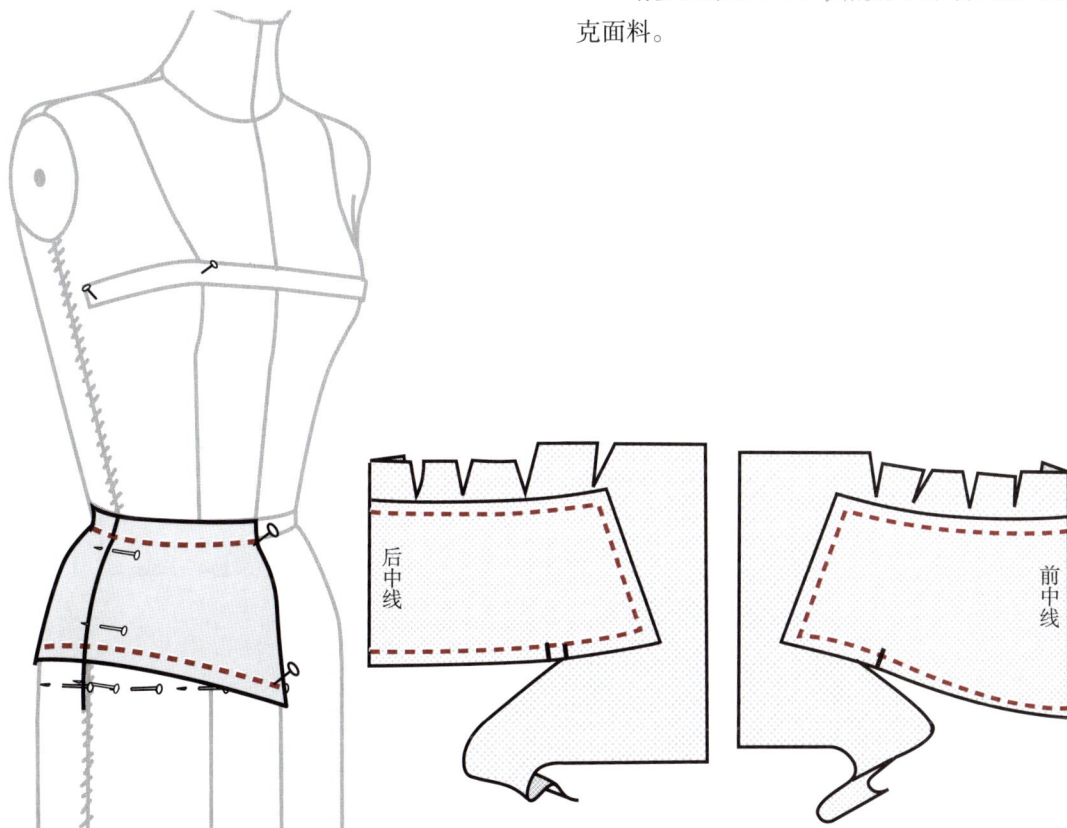

图12-94

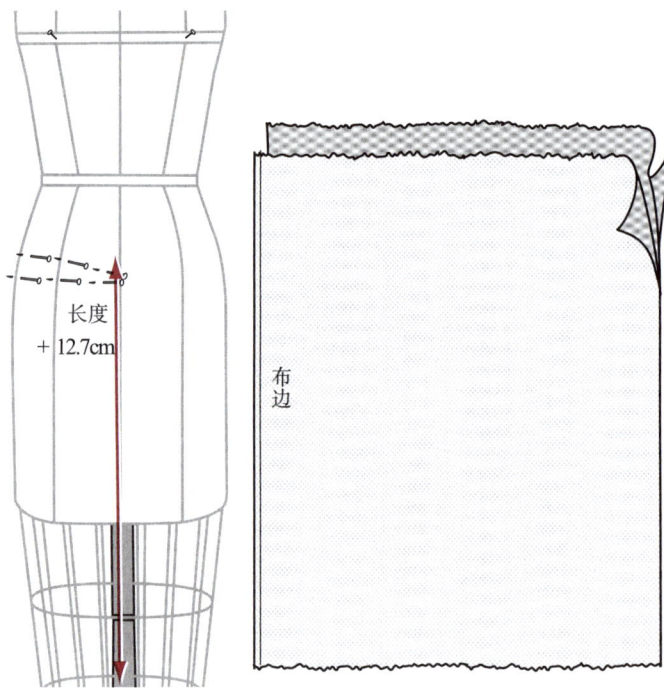

图12-95

① 从育克造型线以上12.7cm（5英寸）到所设计的裙长位置，测量前、后裙片所需的面料长度（沿经向）。

② 将面料的布边对齐双折，沿经向平分撕成两半。

③ 其中一块为前裙片，另一块为后裙片。

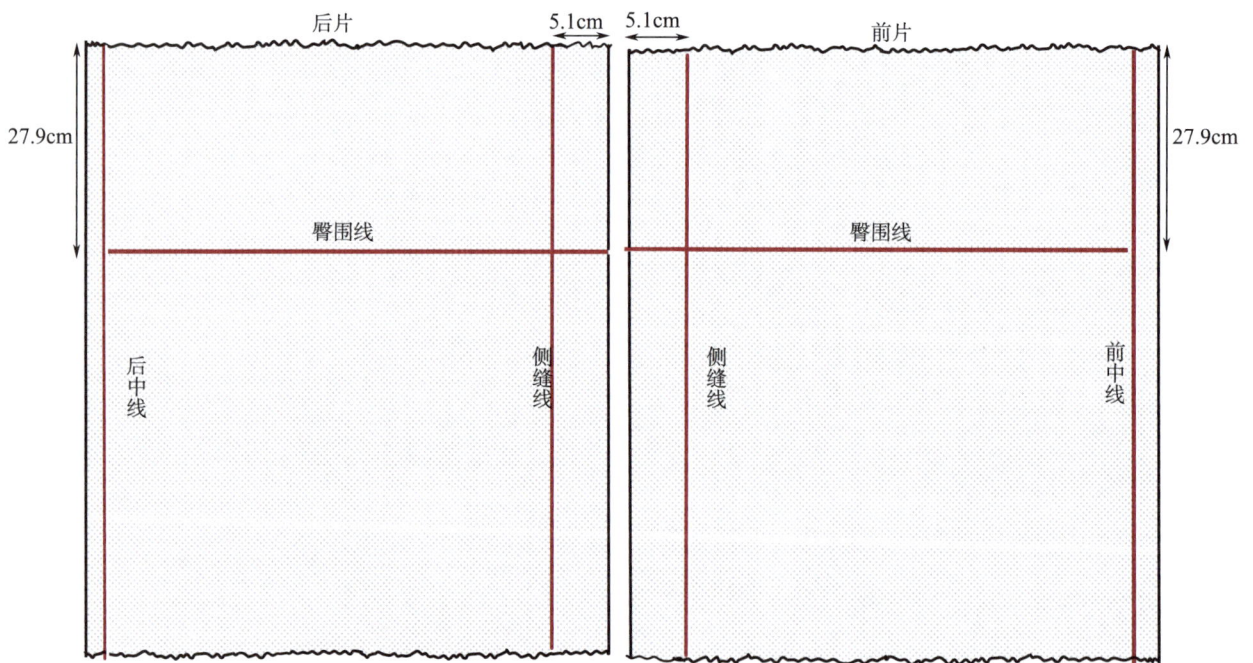

图12-96

④ 取第①、②所得面料，距离撕开的经纱布边2.5cm（1英寸），在面料上分别画出前中线和后中线，折倒缝份熨烫平整。

⑤ 画出前、后片的臀围线。

a. 面料从上向下竖直量取27.9cm（11英寸），做标记。

b. 过标记点做水平臀围线。

⑥ 距离布边5.1cm（2英寸），做平行于前、后中线的侧缝线。

臀育克抽褶裙：裙子立裁步骤

① 分别沿前、后片的水平臀围线对
   裙片进行抽褶。
   别合前、后片侧缝。

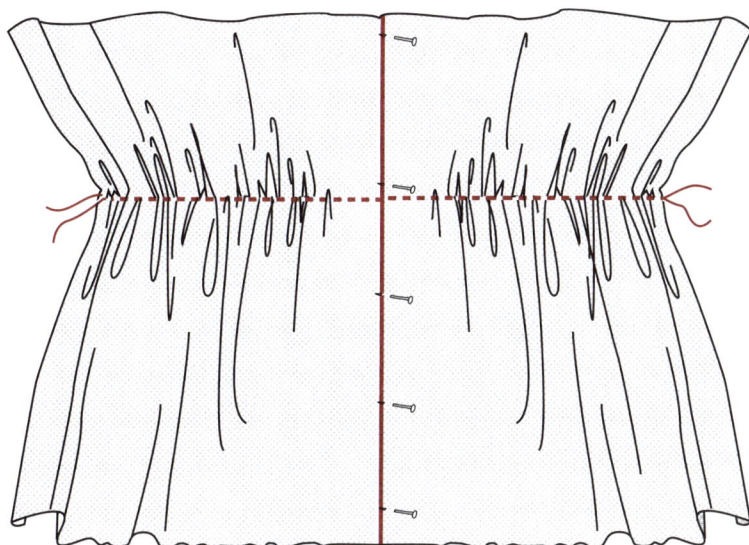

图12-97

② 面料上的前、后中折线与人台上
   的前、后中线对齐，别针固定。

③ 前、后裙片的水平线对齐人台的
   臀围线，别针固定水平线。

注 别针固定时确保将针固定在水平
   臀围线上，而非育克设计线上。

图12-98

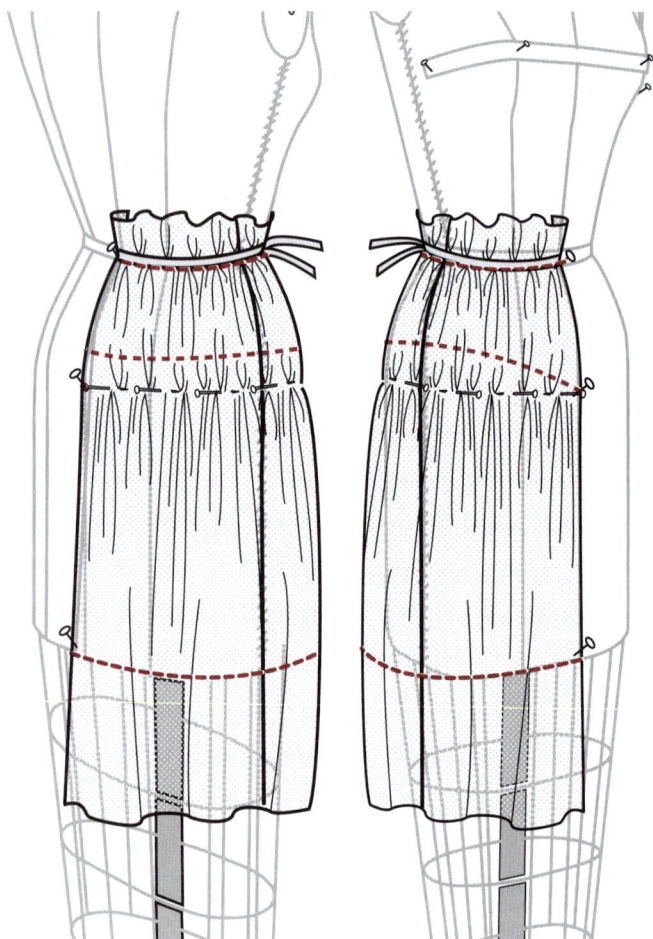

图12-99

4 用一条斜丝牵条系在腰围面料上，整理腰围上的抽褶量，使其均匀分布。

> **注** 裙子是在预设计好的育克上进行立裁。

5 标出关键点。
  a. 育克设计线：在抽褶的裙身上标出育克设计线。
  b. 育克设计线对位点。

6 拓板。将样片从人台上取下，画顺所有线条，加放缝份，修剪多余面料。

7 将修剪好的抽褶裙片与育克别合在一起，再别回到人台上，检查立裁的正确性，并做必要的修正。

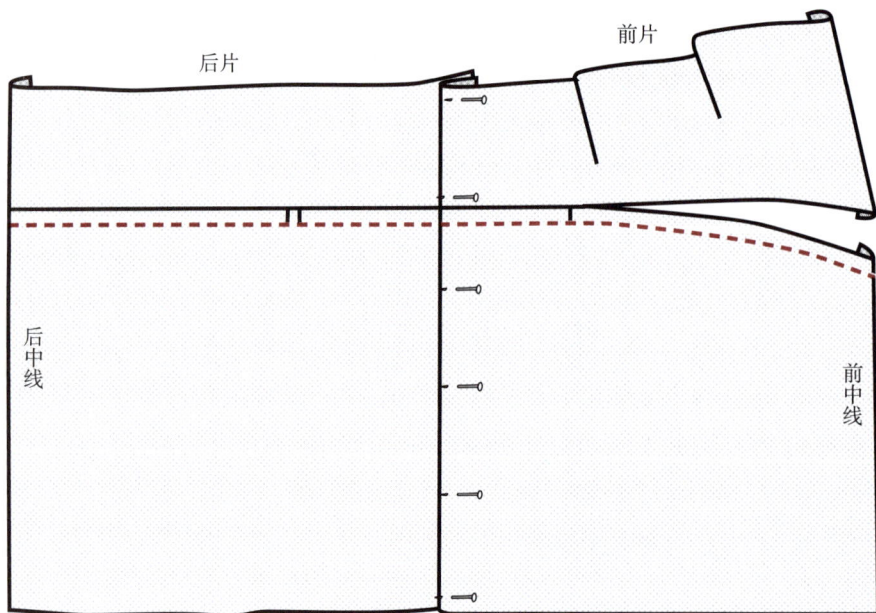

图12-100

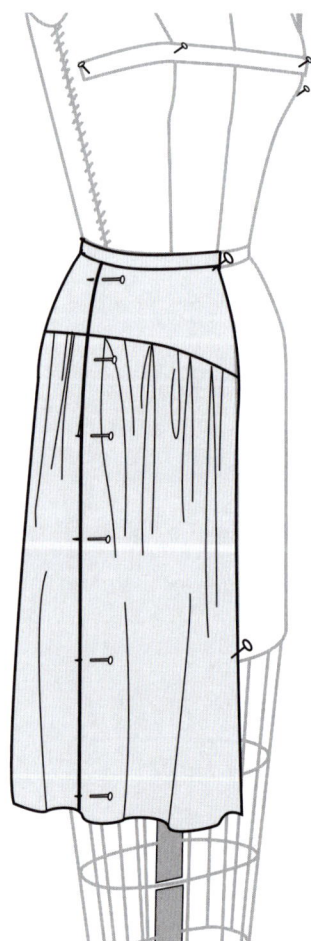

图12-101

图12-102

不对称裹裙

　　裹裙的特点是右前片压在左前片上，看上去像裹在身上一样。裹裙的裙片一般超过前中线，向对侧再延伸出一部分宽度〔一般为7.6cm（3英寸）〕。因为上片（右前片）压在下片上（左前片），所以两个前片要分别裁剪。上片的右前片可以设计成各种造型，如斜角形、褶裥形或抽褶等。下片的左前片一般保持基本款裙子的造型。

　　上裙片在腰部一般用纽扣、系带或暗扣等形式固定。裹裙前中的延伸部分一般不缝合，而是从腰到下摆自然悬垂。后片可采用常见的裙子设计方式。但是，如果后片采取喇叭褶的形式，则后片的喇叭造型要与前片的相同。

　　裹裙既可以设计成任何长度，也可以增加各种设计细节，如口袋、腰带、流苏、装饰扣或明线等，从而丰富设计特征。

面料准备

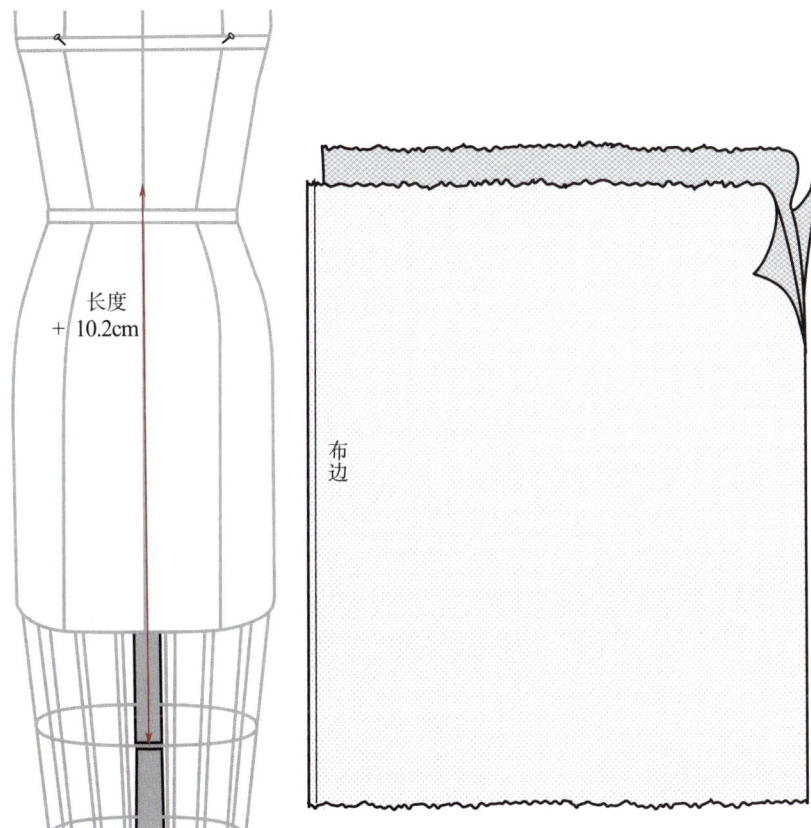

长度
+ 10.2cm

布边

① 左、右前片面料。

a. 从人台腰围线以上5.1cm（2英寸）开始，向下测量到裙子的设计长度（沿经向），再加10.2cm（4英寸），量取并撕出相同长度的面料。

b. 平分面料。将面料的布边对齐双折，沿经向平分撕成两半。

c. 一块为右前片，另一块为左前片。

图12-103

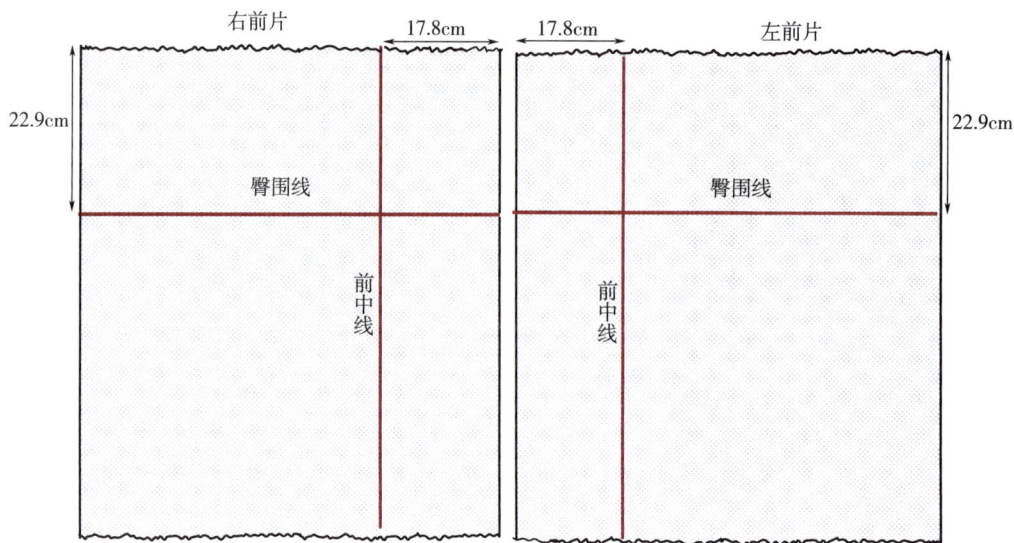

右前片　　17.8cm　17.8cm　　左前片

22.9cm

臀围线　　　　　　　臀围线

前中线　　　　　　　前中线

22.9cm

图12-104

② 画出左、右前片的前中线。距离撕开的布边 17.8cm（7英寸），沿经纱方向在左、右前片上画出前中线。

③ 画出左、右前片的水平线。从上向下量取22.9cm（9英寸），过此点用L型直角尺，在左、右前片上分别做垂直于前中线的水平线，即为臀围线。

④ 画出左、右前片的侧缝线。沿臀围线测量人台前中到侧缝的宽度，再加1.3cm（1/2英寸）的松量。在面料的臀围线上取相同宽度，过此点做平行于前中的侧缝线。

⑤ 后片经向线、纬向线以及侧缝线的画法与基本原型裙相同。

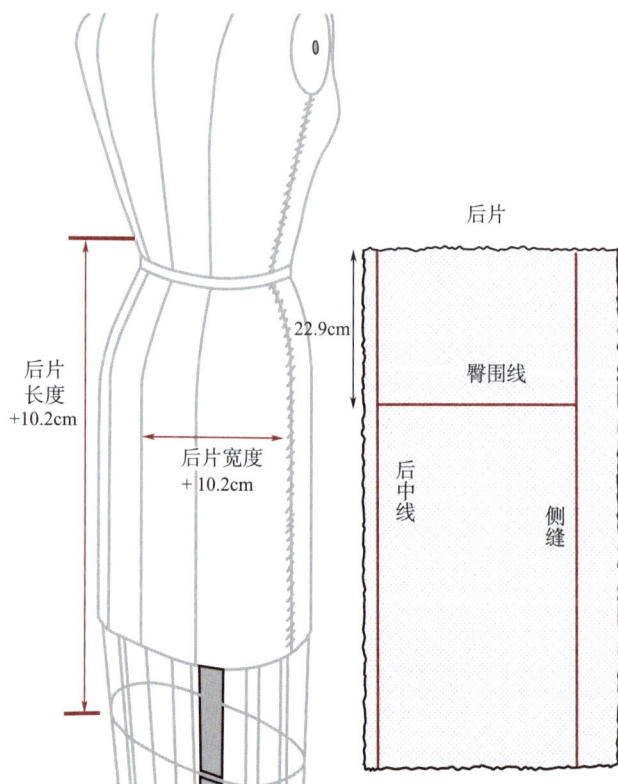

后片长度+10.2cm

后片宽度+10.2cm

22.9cm

后片

臀围线

后中线　　　　侧缝

图12-105

⑥ 后片。

a. 从人台腰围线以上5.1cm（2英寸）开始，向下量到裙子的设计长度（沿经向），再加10.2cm（4英寸），打剪口撕出相同长度的面料。

b. 测量后片面料的宽度（沿纬向），沿臀围线测量从人台后中线到侧缝的水平宽度，再加10.2cm（4英寸），打剪口撕出相同宽度的面料。

c. 距离撕开的布边2.5cm（1英寸），沿经纱方向画出后中线。

d. 从上向下量取22.9cm（9英寸），过此点用L形直角尺，在后片上做垂直于后中线的水平线，即为臀围线。

e. 人台的后臀围再加松量1.3cm（1/2英寸），在后片面料上画出平行于后中线的侧缝线。

不对称裹裙：右前片立裁步骤

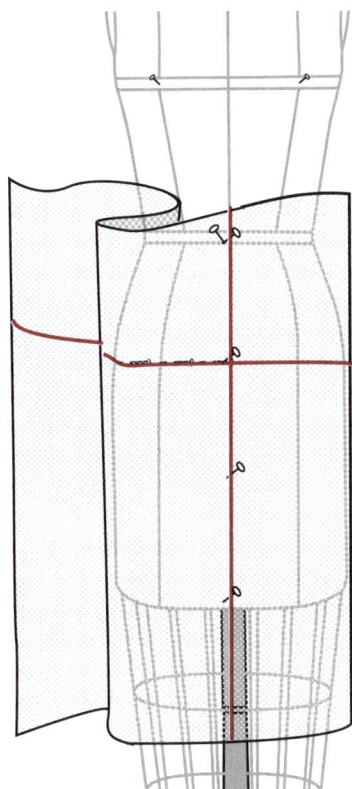

图12-106

1. 右前片面料上的前中线与人台的前中线对齐，水平线与人台的臀围线对齐，别针固定。

2. 从前中线到侧缝沿臀围线轻轻将平布料（均匀分布臀围上的松量）。

3. 面料上所画侧缝与人台侧缝对齐，别针固定臀围线以下侧缝。

4. 对齐前裙片放射形褶皱的最低一个褶皱的末尾，从面料外边缘向侧缝打剪口，并在此点别针固定。

打剪口

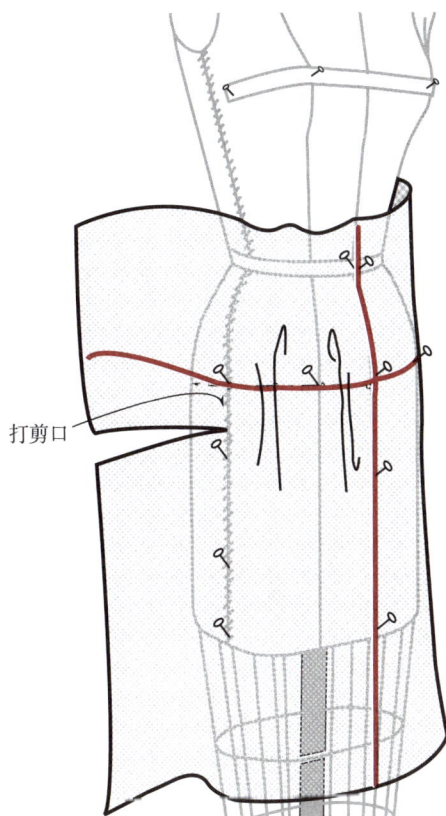

图12-107

打剪口

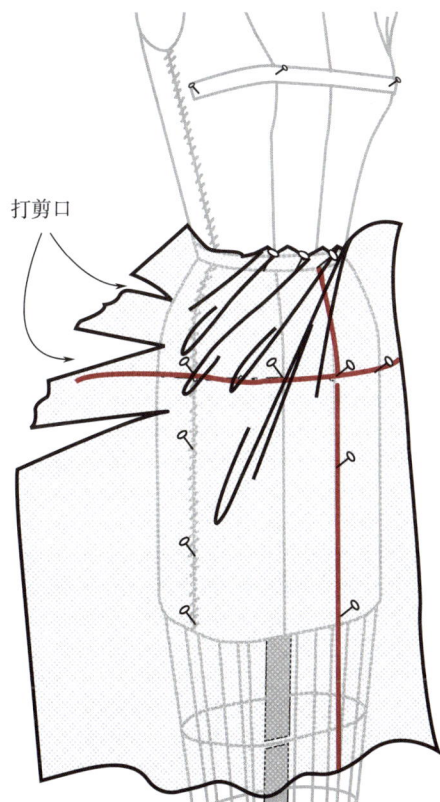

图12-108

5. 在腰围线上叠出第一个褶裥。第一褶裥应起始于前中线与左侧公主线之间腰围线上，结束于侧缝打剪口的固定针处。

6. 继续沿侧缝向上打剪口、固定、折叠、立裁出腰围上其他褶裥。

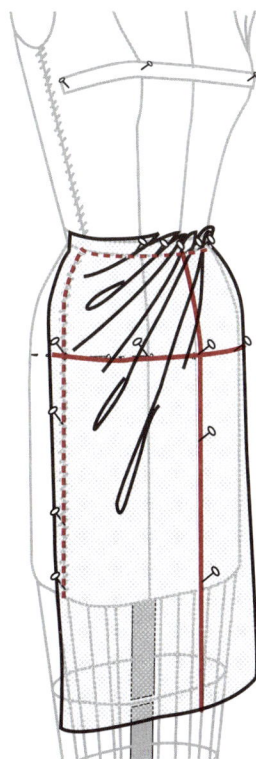

图12-109

不对称裹裙：左前片立裁步骤

1. 左前片面料的前中线与人台的前中线对齐，水平线与人台的臀围线对齐，别针固定。

2. 从前中线到侧缝沿臀围线轻轻捋平布料（均匀分布臀围上的松量）。

3. 面料上所画侧缝线与人台的侧缝对齐，别针固定臀围线以下侧缝。

4. 在左前片腰围线上捏出一个或者两个腰省，剩余的省量在侧缝中消除。沿腰线从前中线到公主线轻轻捋平面料，在腰围线与公主线交点处做标记，立裁出一个或两个腰省。

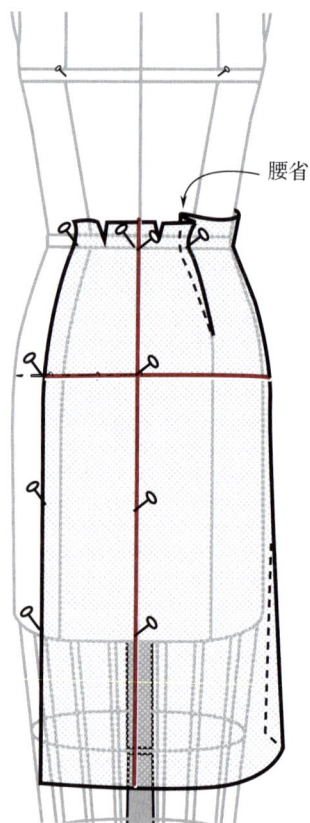

腰省

图12-110

图12-111

5. 后片的立裁方法与基本原型裙相同。立裁时要保证侧缝和水平线都要与前片对齐。

6. 标记出所有的关键点。
   a. 腰围线：前、后片。
   b. 腰省：左前和后片。
   c. 褶裥：右前片。

7. 拓板。将样片从人台上取下，画顺所有线条，加放缝份，修剪多余面料。
   再将修剪好的样片别回到人台上，检查立裁的准确性、合体性和平衡性。

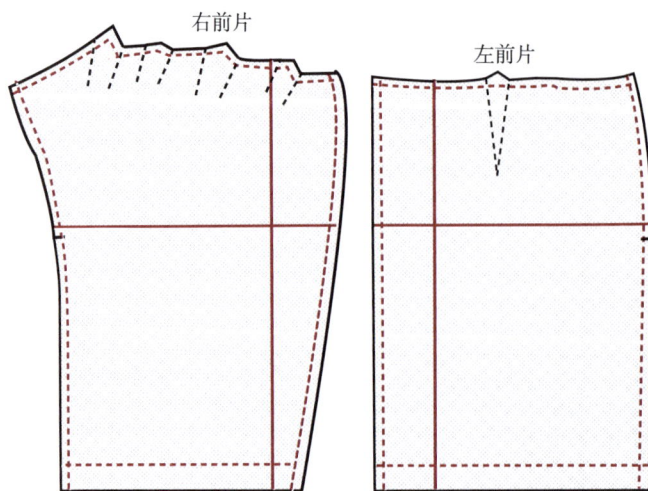

右前片　　　　左前片

图12-112

国际服装立裁设计：美国经典立体裁剪技法（原书第5版）

陀螺裙

　　陀螺裙的造型很容易辨识，在臀围线以上有较大的空间量。这些空间量可以通过在腰围上打较大较深的褶裥或抽褶而形成。同时，陀螺裙的下摆向内收，下摆的宽松量刚好满足人体自由行走所需量。这种裙子通常不设侧缝，但前中缝是必需的，也可以延伸出裹裙形式的前片。这类裙子造型妩媚，富有女人味，通常采用柔韧的面料制作，也称为窄摆裙（霍步裙）。

图12-113

面料准备

1 沿经向测量所需要的裙长，再加15.2cm（6英寸），撕取相同长度的面料。

2 沿人台臀围线测量水平宽度，决定面料的宽度，至少91.4cm（36英寸），撕取相同宽度的面料。

3 在面料的左边距离撕开的毛边2.5cm（1英寸）（沿经纱方向），画出后中线，折倒缝份熨烫平整。

4 沿后中线从上向下量取7.6cm（3英寸），过此点做后中腰围线标记。

5 沿后中线从后中腰围线标记点向下量取17.8cm（7英寸），过此点做垂直于后中线的水平线为臀围线。

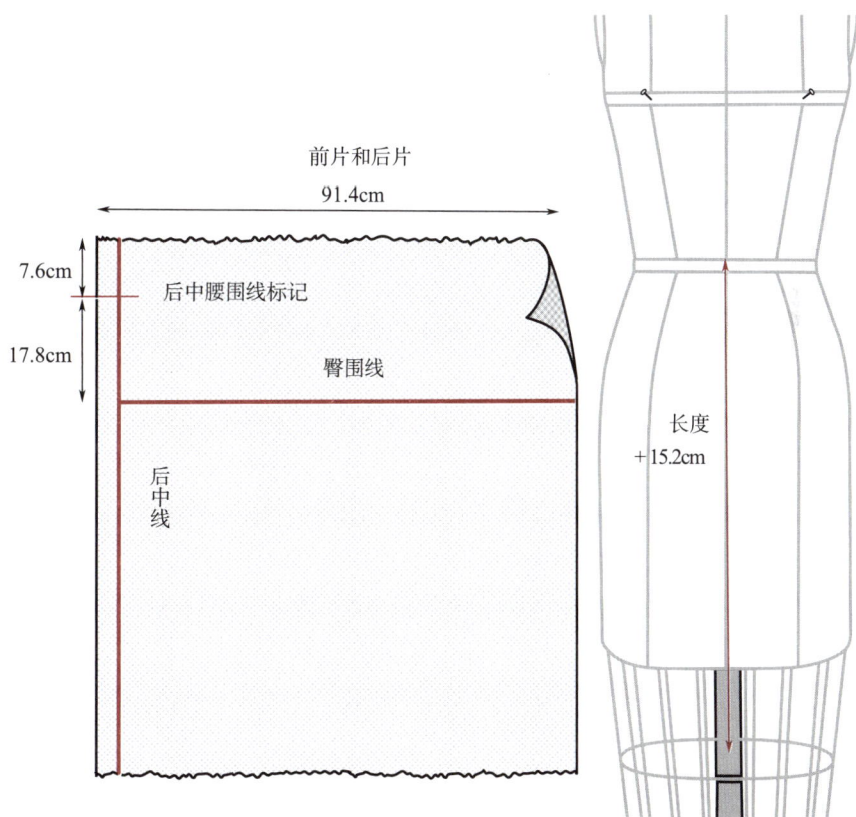

图12-114

注　当裙子立裁完成后，前中线和后中线分别有一条接缝，但没有侧缝线。

陀螺裙：立裁步骤

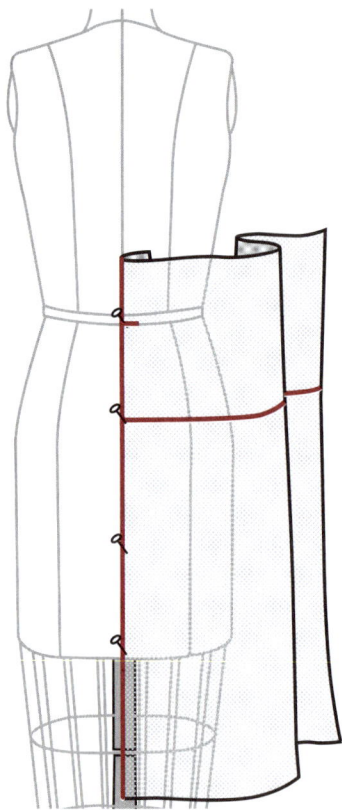

图12-115

① 将面料上的后中线与人台上的后中线对齐别针固定。

② 立裁后腰围和后腰省。从后中线到公主线沿腰围线将平面料，捏一个2.5cm（1英寸）的后腰省。

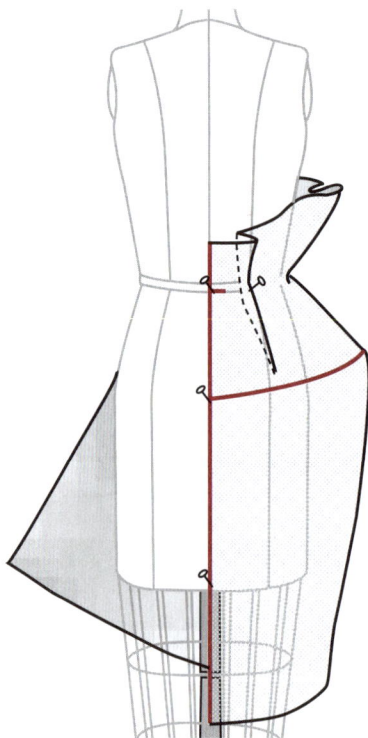

图12-116

③ 将水平线整理到前中线。以面料上所画的水平臀围线为参考，提起面料向前中方向整理面料，将臀围线提起到前中与腰围交点处，并在此点别针固定。人台前中的面料变成了斜丝方向。

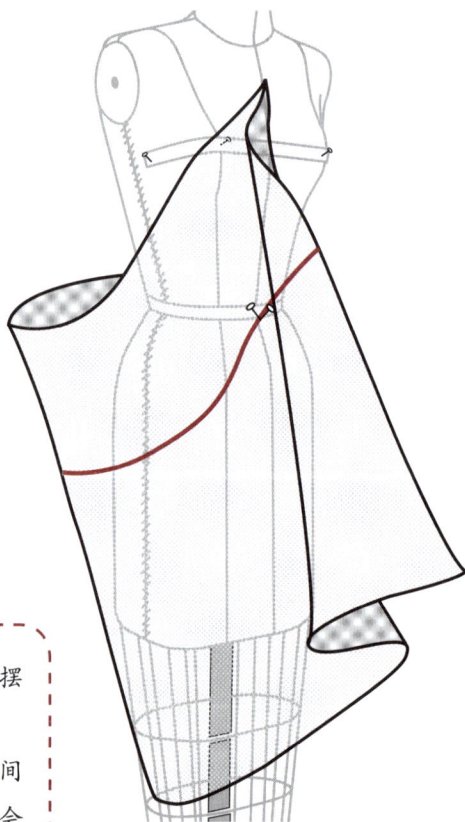

图12-117

注　这个提起面料的操作手法，会给腰部留出很大空间量，且减小了下摆围度。然而，下摆要保证人体的正常行走，还是要有必要的松量。如果提升面料使前中正好成了正斜丝，就能获得最大的腰部空间量。如果前中面料仅有一点倾斜角度，腰围处产生的空间量就会小一些。立裁时两种处理手法均可行。

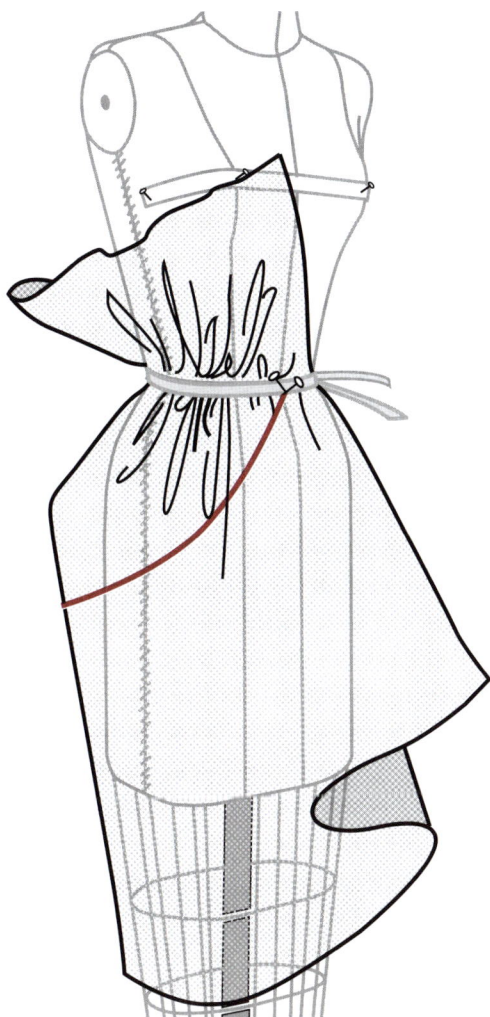
图12-118

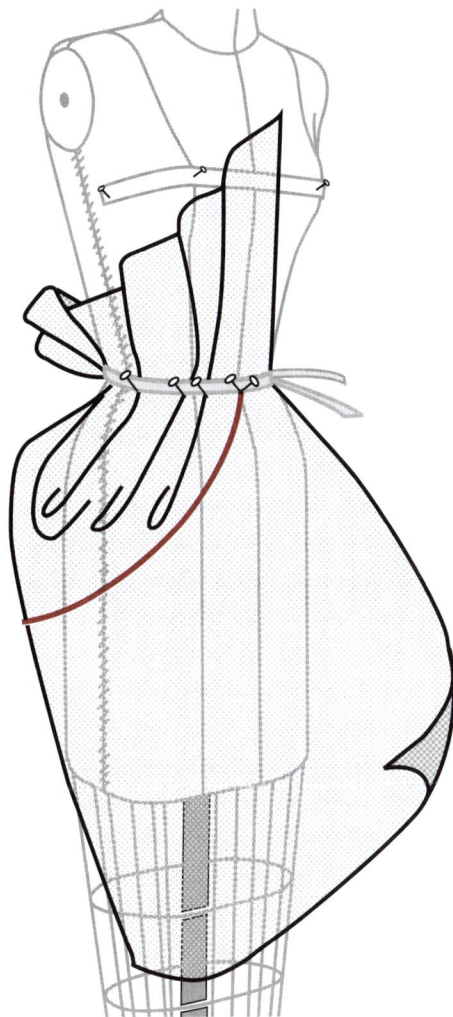
图12-119

4 抽缩腰围线上的面料。用斜丝牵条系在腰围面料上，整理面料使褶皱分布均匀。

5 将腰部的面料余量捏成所设计的褶裥形式。整理褶裥时，将每个褶裥轻轻向下推一点，有助于使腰臀部位的面料隆起，形成更大的空间。同时，轻轻向上提一下腰围前中线。

> 注 如果是抽褶的形式，将碎褶轻轻向下推一定的量，会使陀螺裙的款式特征更明显。褶裥量或者省道的数量以及腰部的丰满程度都取决于设计师的设计风格。

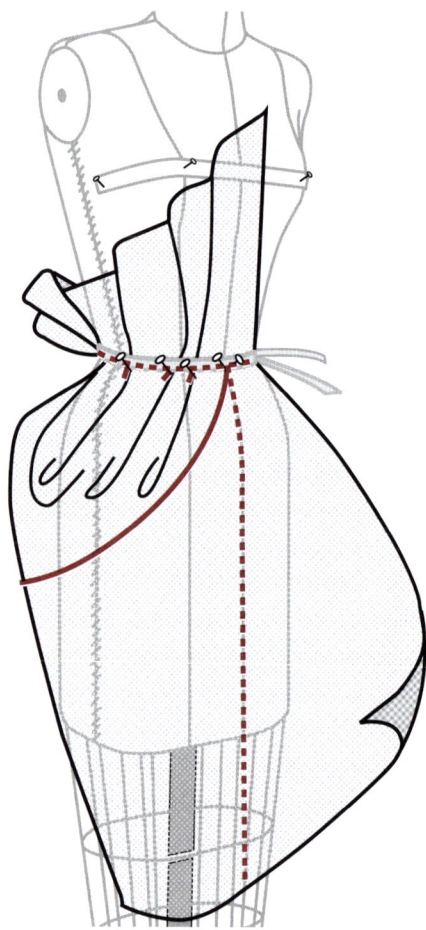

图12-120

⑥ 将所有的褶裥固定到位，取下斜丝牵条。

⑦ 标出所有关键点。

    a. 腰围线。

    b. 褶裥。

    c. 底边线。

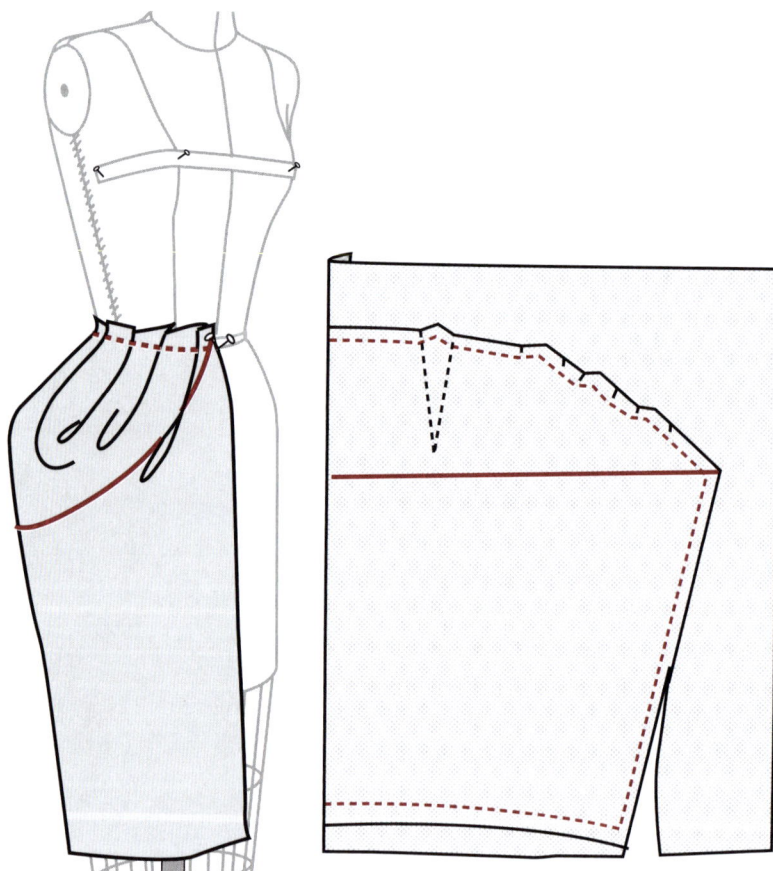

图12-121

⑧ 拓板。将样片从人台上取下，画顺所有线条，加放缝份，修剪多余面料。再按设计别好褶裥，将样片重新别回到人台上，检查立裁的准确性，并做必要的修正。

第四部分

高级技术

掌握了立体裁剪的基本原理和技术之后，读者就可以利用这些技法设计创作更复杂、更有创意的服装造型。在这部分的高级技术中，读者将学到一些富有挑战性的复杂设计，对复杂款式的成功立裁必须要具备基础的立裁技术和缝纫技能方面的相关经验。

第四部分首先介绍裤子、针织服装、领子、夹克、垂荡褶、休闲和正装连衣裙等各类款式服装的设计与立裁，还包括斜裁连衣裙和"刻纹褶皱"连衣裙等复杂技法；其次，探索不同质地、不同厚薄的面料对设计的影响；最后，讨论提高合体性的各种方法。

通过案例展示如何以造型中的微妙视错觉来强调优化人体的体型。因此，读者将学会在立裁操作时，当关注某个局部细节的同时，也能以整体性的眼光实时审视设计。尽管书中逐步讲解了各个案例的立裁步骤，但是，要想成功完成这些复杂款式，则需要大量的立裁训练与技术积累。

第13章
裤子设计

本章给出了常见裤子款式的制板方法，代替了裤子的立体裁剪。该制板方法是工业标准，是合体裤子最简单的制板方法，也可以作为其他裤型的设计指导。基本裤型一般是用机织面料制作，有两个省道的西裤或牛仔裤。在基本裤型的基础上，通过改变裤腿造型以及将腰省转变成褶裥、塔克褶、抽褶或育克设计等形式，又可以创作出各种款式的其他裤型。

裤子可以定义为：能够满足人体腿部合体性及着装需求的有一定长度和宽度的下半身服装。也有人把裤子称为便裤（slacks）。在20世纪30年代，裤子由凯瑟琳·赫本（Katharine Hepburn）和玛琳·黛德丽（Marlene Dietrich）率先穿着，裤子才在女性中普及。在19世纪早期被称为裤子（trousers）。到19世纪晚期，男式紧身裤（pantaloons）一词被缩短为裤子（pants）。裤子一词最初是形容男人和男孩衣服的口语化词语，但现在该词却包罗万象，适用于所有类型的裤子、短裤、牛仔裤等。

裤子或短裤可以设计成任何形状和尺寸。裤子设计时最重要的因素是造型和裤腿的长度与宽度。裤子的款式变化也体现在一些设计细节上，如裤腿、腰头、育克、口袋、褶裥或塔克褶等。

独特的裤腰可以给基本裤型增添时尚感和情趣。经典的传统裤腰是有裤襻、前门襟开口的形式。松紧弹性裤腰增强了穿着的舒适性和服装的活动性，也可以只在后腰或侧腰安装松紧以提高裤腰的合体性。

不同的面料也直接影响着裤子的造型。例如，一条大脚口的长裤若选择厚实的面料会呈现喇叭造型，而若选择丝绸类柔软的面料，则表现出飘逸的流动感。

裤子上端的腰头可以采用腰带、松紧带、拉绳或者贴边的形式。腰头既可以是合体平整的，也可以是带有褶裥的，或者是蓬松造型。采用绱腰或贴边的形式较为常见，前中是暗门襟拉链开口或是纽扣形式。裤子永远是时尚舞台中的重要一部分，在现今的潮流中，裤子已经成为商务、休闲和晚装等众多场合中的必备品。

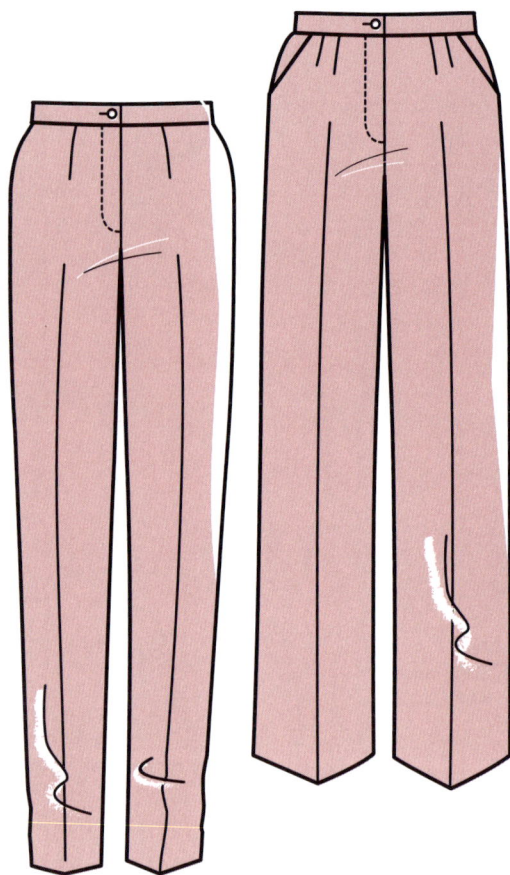

图13-1

目标

通过这部分技法的学习，读者应具备以下技能。

» 学会设计和绘制两个省道基本裤型的样板。

» 绘制基本裤型样板，要求具有合适的松量、腰围线斜度和立裆深。

» 基于裤子的臀围线和立裆线确定面料的经纬纱向。

» 检查分析裤子样板的合体性、悬垂性、平衡性和比例等。

» 能够设计制作不同宽松度裤腿造型的各种款式的裤子。

» 检查分析裤子前、后侧缝和内侧缝的平衡性。

裤子术语及尺寸

以下是基于人台测量裤子尺寸的方法。要绘制一条合体裤子的样板，正确量体很重要。绘制样板时要遵循这些测量尺寸才能保证裤子的合体性。不准确地测量数据会导致样板的不平衡、裤型扭曲、悬垂不顺。下面列出裤子量体时的一些关键术语。

裤子的腰围线

对于某个特定客户的裤子，需要在客户的腰围线上系一根斜丝带子。将带子调整到人体穿裤子时习惯腰位上；要么是在自然腰围线上；要么是在感觉舒服的位置上。带子所在的位置为测量的腰围参考。

腰线斜度

腰线斜度是指从地面到腰围线的前中点、侧缝和后中点三者的距离不同。要合理控制腰线斜度和裤子长度——尤其是男裤以及大于18码的定制女裤。

» 测量前中腰围线到地面的长度，再减2.5cm（1英寸），即为到脚踝的长度。

» 测量侧缝腰围线到地面的长度，再减2.5cm（1英寸），即为到脚踝的长度。

» 测量后中腰围线到地面的长度，再减2.5cm（1英寸），即为到脚踝的长度。

臀围

» 臀部最丰满处的围度，或者腰围线以下17.8~22.9cm（7~9英寸）的臀围围度，再加3.8cm（$1\frac{1}{2}$英寸）的松量。

臀围的1/4

» 前臀围尺寸：1/4臀围，加0.6cm（1/4英寸）。

» 后臀围尺寸：1/4臀围，减0.6cm（1/4英寸）。

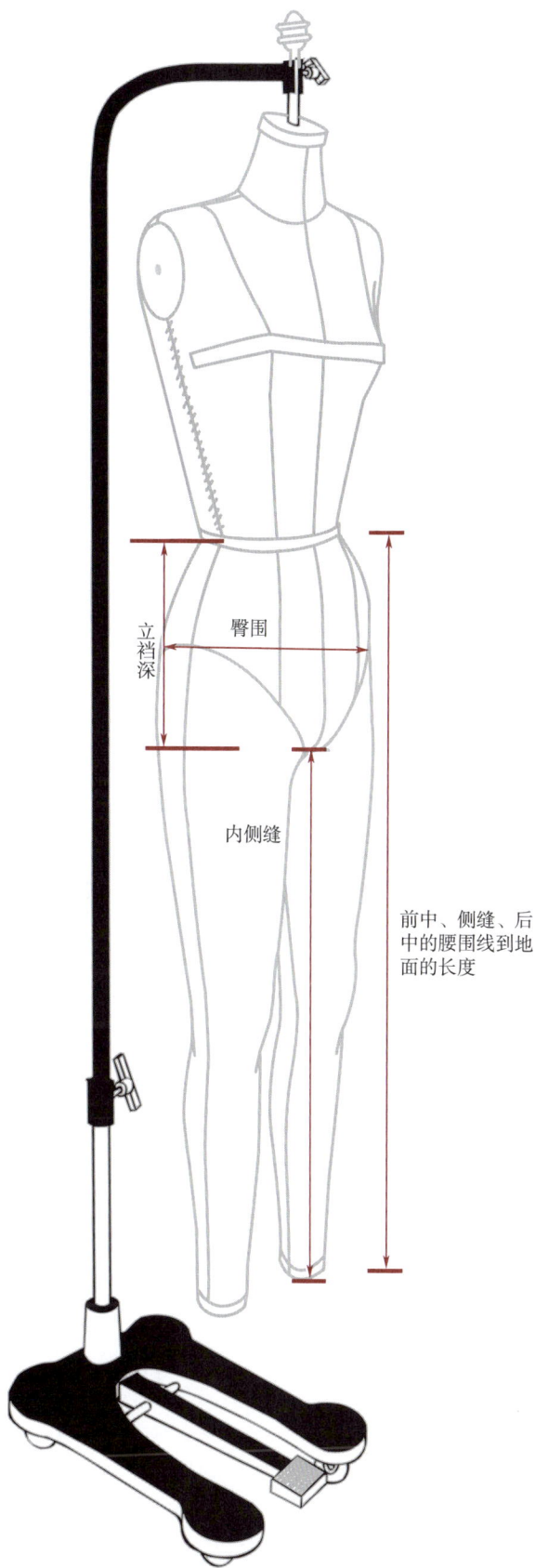

图13-2

腰围尺寸

» 腰围，加2.5cm（1英寸）松量。

腰围的1/4

» 前腰围尺寸：1/4腰围，加0.6cm（1/4英寸）。
» 后腰围尺寸：1/4腰围，减0.6cm（1/4英寸）。

立裆深

» 沿侧缝测量，从腰围线到裆底的竖直长度，再加1.9cm（3/4英寸）松量。
» 为了方便测量，常常让客户坐在板凳上，在人体侧面，测量从腰围线到凳子表面的距离。

总裆长

» 总裆长是指从腰围线前中点经大腿中间的裆底，再到腰围线后中点的长度。这一尺寸在检测样板前、后裆长的合体性时非常必要。

内侧缝

» 内侧缝是指大腿内侧从裆底到脚底之间的长度。
» 对于定制裤子，常常用皮尺在两腿之间，测量从地面到裆底的长度。

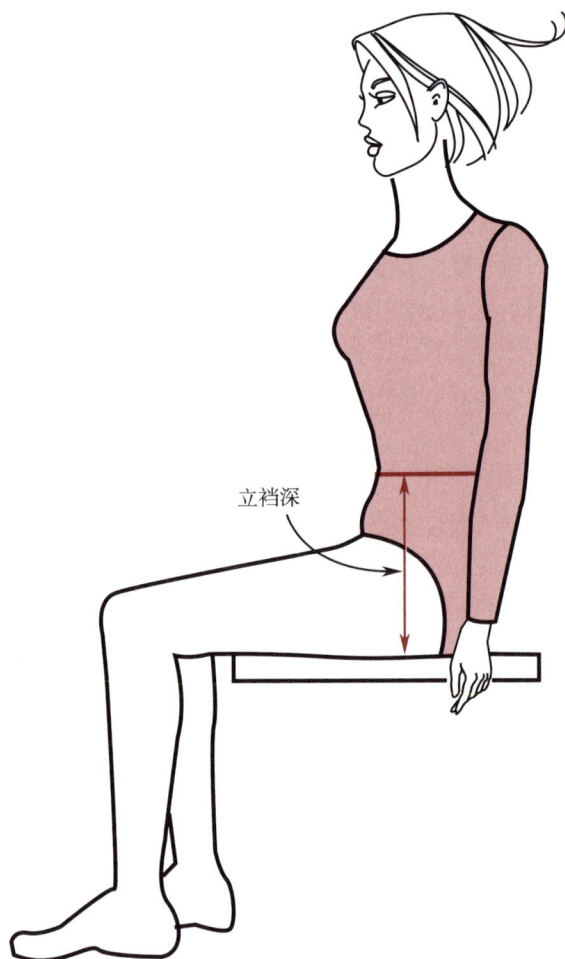

立裆深

图13-3

双省道裤子基本样板

　　该款裤子的基本样板在服装厂中多用于小码及中码的裤子。其特点是通过平衡裤子的侧缝和内侧缝，确保穿着时接缝和裤腿的平衡性，不会产生歪斜现象。裤子基本样板必须经过样衣的合体性修正合格后，才能作为基本样板用于其他款式的设计，如各种裤腿造型设计、腰线褶裥、塔克褶、抽褶以及育克设计等款式的变化。

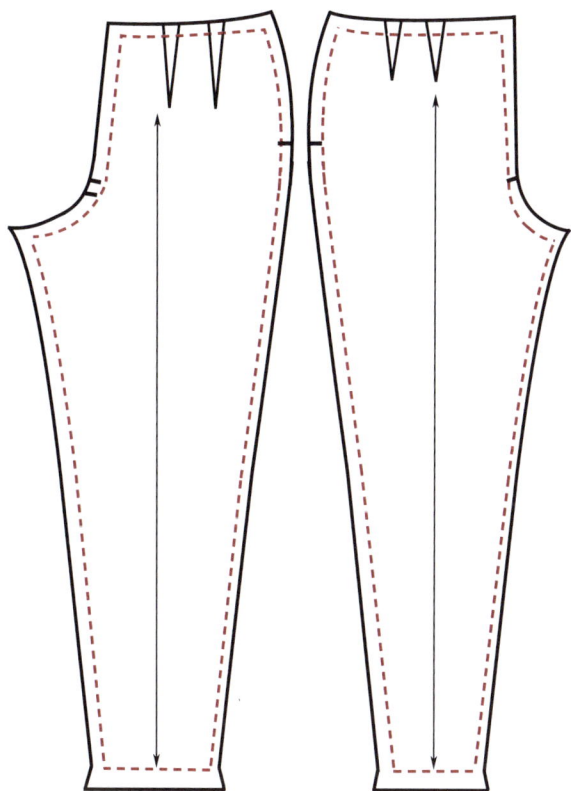

图13-4

图13-5

裤子基本样板制作

1. 裁一张菱格打板纸，长127cm（50英寸），宽76cm（30英寸）。

2. 距离打板纸右边12.7cm（5英寸），画一条竖直线为前中线，长度为前中腰围线到地面的距离减2.5cm（1英寸），在直线的两端做标记。

3. 过前中线底端做垂直线为脚口线。

4. 从前中与腰围线标记点竖直向下量取17.8cm（7英寸），过此点做水平臀围线。

5. 沿臀围线从前中线量取前臀围尺寸，并做标记为侧缝与臀围交点。

6. 侧缝与臀围交点继续沿臀围线量取后臀围尺寸，并做标记为后中与臀围交点。

7. 过侧缝与臀围交点做垂直于臀围线的侧缝线，从脚口线向腰头方向画直线，长度为侧缝腰围线到地面的长度减2.5cm（1英寸）。

8. 过后中与臀围交点做垂直于臀围线的后中线，从脚口线向腰头方向画直线，长度为后中腰围线到地面的长度减2.5cm（1英寸）。

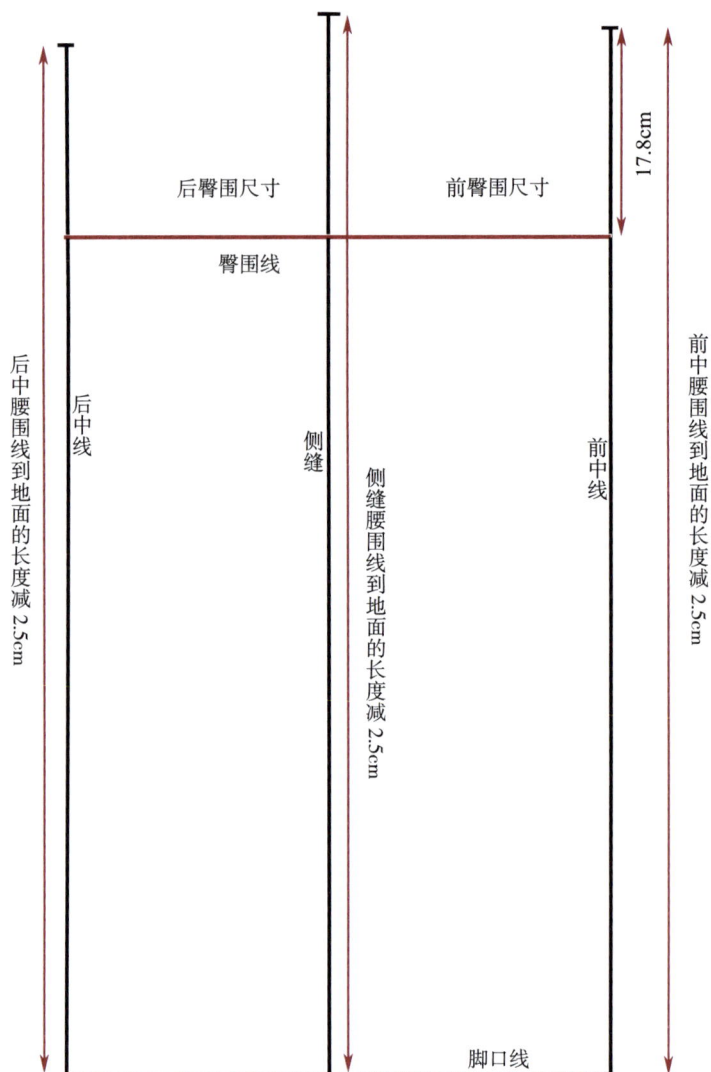

图13-6

9　分别直接连接前中线、侧缝线和后中线的上端点，画出腰围线。

10　在腰围侧缝处，沿腰围线分别向前、向后取1.3cm（1/2英寸），过此点用弧线尺分别画顺到臀围线的原侧缝处，为腰围与臀围之间的新前、后侧缝线。

11　在腰围后中线，竖直向上取1.3cm（1/2英寸），再水平向内偏进1.3cm（1/2英寸），过此点与臀围的后中线直线相连，画顺腰围与臀围之间的新后中线。

12　画出横裆线，从侧缝上端点竖直向下量取立裆深，过此点做水平线分别与前、后中线相交后，再向外延长几厘米。

13　画出中裆线，量出脚口到横裆线的中点，过此点做水平线即为膝盖所在的中裆线。

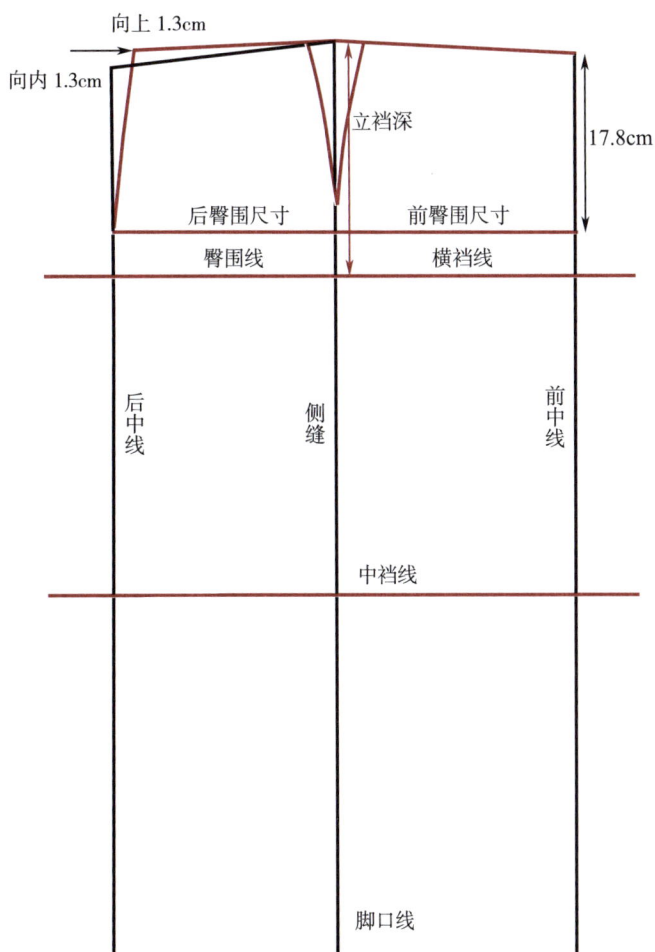

图13-7

14 绘制前裆弧线。

　　a. 在横裆线上，测量侧缝到前中线的距离，将其四等分，取其1/4将横裆线从前中线向外延长。

　　b. 在前中线与横裆线的交角处做角平分线，长度为3.2cm（$1\frac{1}{4}$英寸），在端点做标记。

　　c. 用法式曲线尺连接角平分线的端点和前横裆延长线的端点，画出前裆弧线，向上与臀围处的前中线圆顺衔接。

15 绘制后裆弧线。

　　a. 在横裆线上，测量侧缝到后中线的距离，将其两等分，取其1/2将横裆线从后中线向外延长。

　　b. 在后中线与横裆线的交角处做角平分线，长度为4.4cm（$1\frac{3}{4}$英寸）[对于臀部扁平的取3.2cm（$1\frac{1}{4}$英寸）]，在端点做标记。

　　c. 用法式曲线尺连接角平分线的端点和后横裆延长线的端点，画出后裆弧线，向上与臀围处的后中线圆顺衔接。

16 检查裆缝总长度：分别测量前、后裆弧线的长度，将两者相加。这个数值应该等于测量表中的总裆长。如果两者的差量大于3.8cm（$1\frac{1}{2}$英寸），则重新检查样板或重新测量尺寸。

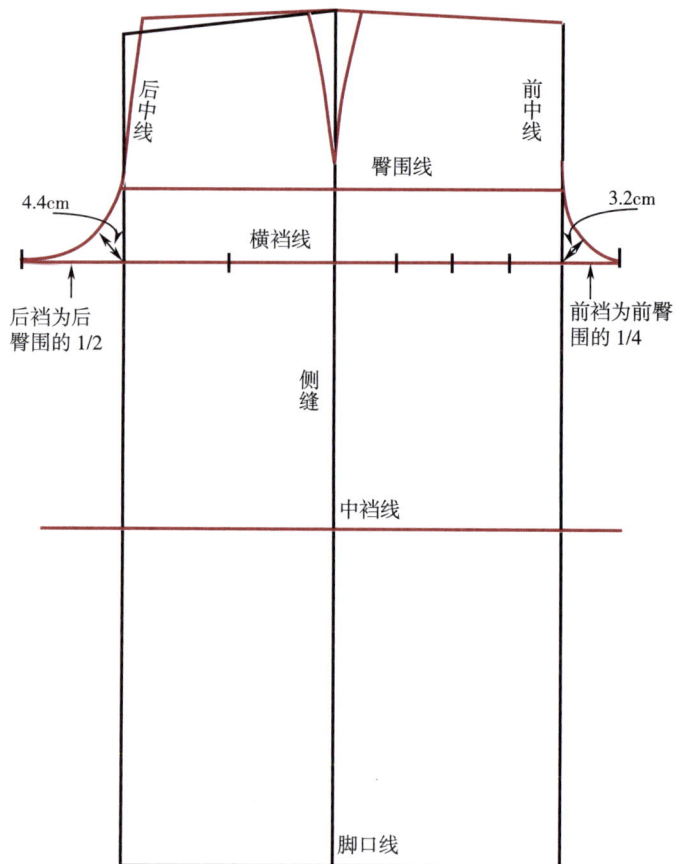

图13-8

17 绘制前片挺缝线：在横裆线上将侧缝到前裆端点之间的距离两等分，过等分点做竖直线（从腰围线一直画到脚口线）。

18 绘制后片挺缝线：用上一步前片的等分值，再加1.3cm（1/2英寸），在后横裆线上从侧缝向后中线方向量取相同的数值，过此点做竖直线（从腰围线画到脚口线）。

19 确定前片省道的大小。
   a. 沿腰围线从前中向侧缝方向量取人体实际测量的前腰围尺寸，做标记。
   b. 从标记点到侧缝之间的长度即为前片的总省量（两个省量等大，各取1/2）。

20 画出前片腰省。
   a. 第一个腰省设计在前片挺缝线上，在挺缝线两边各取1/2省量，画出省道。
   b. 第二个腰省距离第一个3.8cm（$1\frac{1}{2}$英寸）〔对于腰围尺寸偏小的体型可取3.2cm（$1\frac{1}{4}$英寸）〕，标记出省道的位置和大小。
   c. 竖直向下画出每个省的省中线，省长10.2cm（4英寸），再画出省边线。

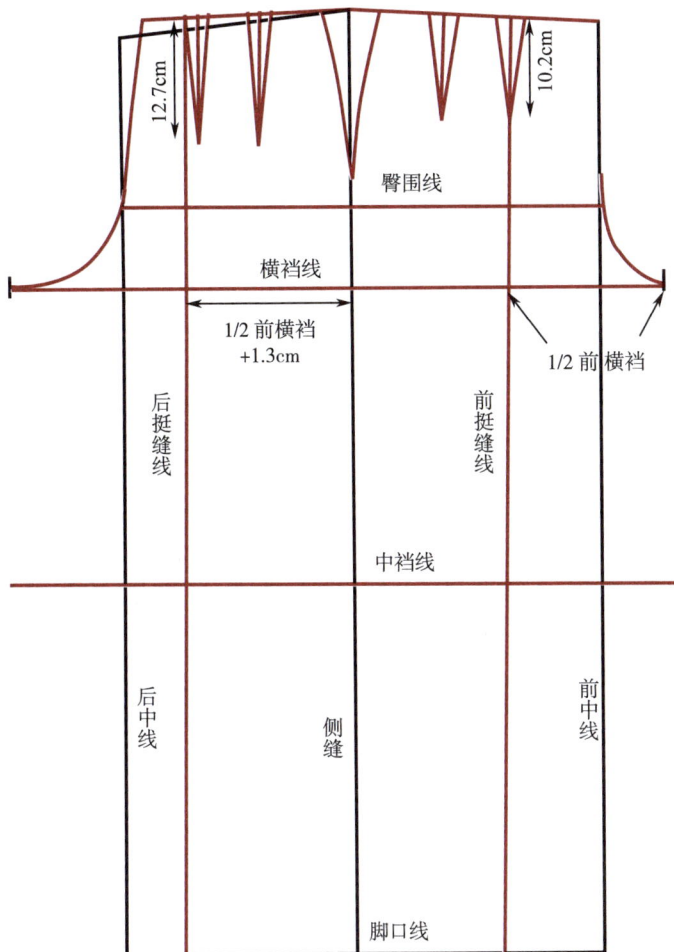

图13-9

注 前腰省的长度取决于设计，但不宜长于12.7cm（5英寸）。

21 确定后片省道的大小。沿后腰围线从后中向侧缝方向量取人体实际测量的后腰围尺寸，做标记。从侧缝线到标记点之间的长度即为后片的总省量（两个省量等大，各取1/2）。

22 画出后片腰省。
   a. 第一个设在后片经向线偏向侧边0.6cm（1/4英寸）处，标记出省道的位置和大小。
   b. 第二个省道距离第一个省道3.8cm（$1\frac{1}{2}$英寸）〔对于腰围尺寸偏小的体型可取3.2cm（$1\frac{1}{4}$英寸）〕，标记出省道的位置和大小。
   c. 竖直向下画出每个省的省中线，省长为12.7cm（5英寸），再画出省边线。

注 后腰省的长度取决于设计，但始终应比前腰省长2.5cm（1英寸），后腰省不宜超过15.2cm（6英寸）。

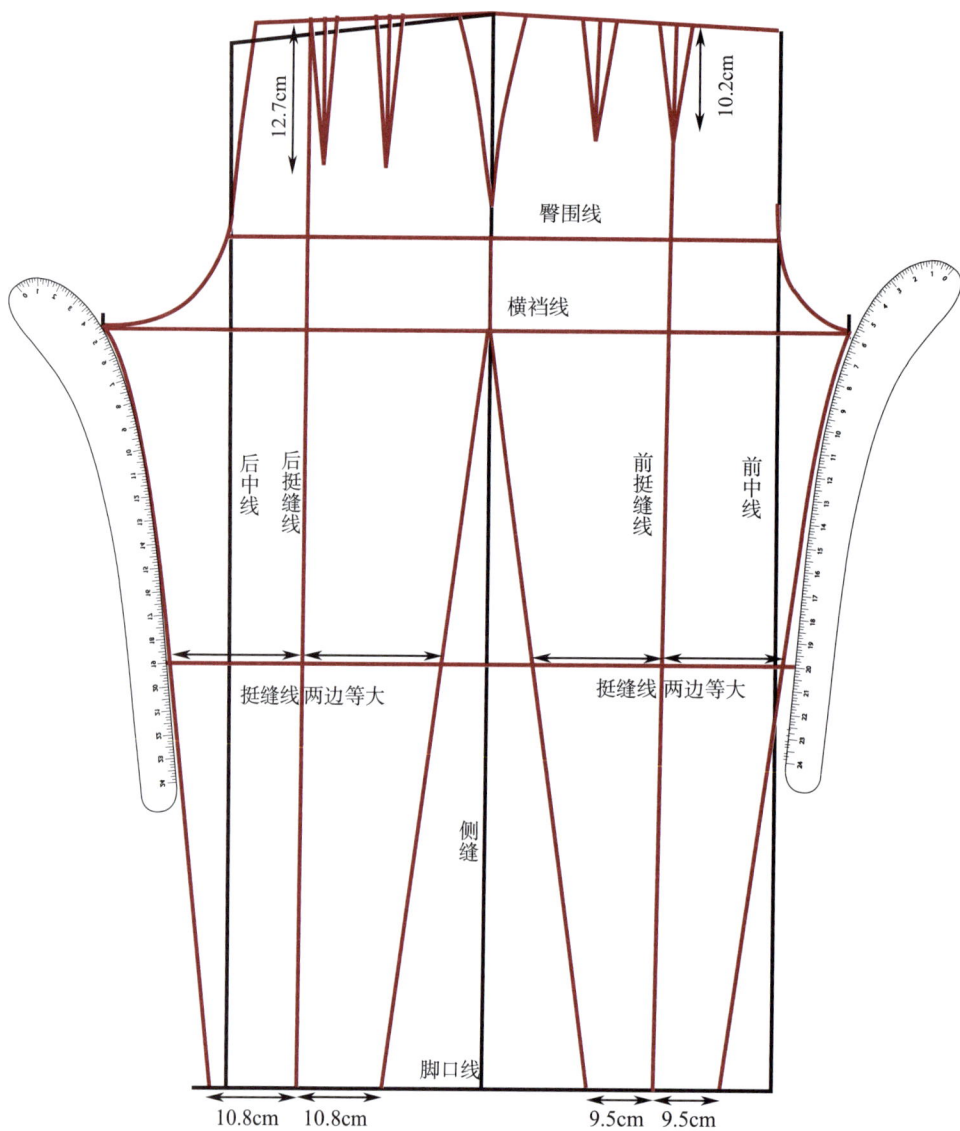

图13-10

23 确定脚口尺寸。

a. 依照脚口的测量围度，取1/2脚口作为前、后脚口的基准值，后脚口取：1/2脚口+1.3cm（1/2英寸），前脚口取：1/2脚口−1.3cm（1/2英寸）。（前脚口应该比后脚口小2.5cm）。

b. 在前、后脚口线的挺缝线两边分别取前、后脚口的1/2，并做标记。

c. 例如：脚口围度为41cm（16英寸）［前脚口取：19.1cm（$7\frac{1}{2}$英寸），后脚口取：21.6cm（$8\frac{1}{2}$英寸）］，做标记。

» 前脚口在挺缝线两边分别取9.5cm（$3\frac{3}{4}$英寸）。

» 后脚口在挺缝线两边分别取10.8cm（$4\frac{1}{4}$英寸）。

24 画出前、后侧缝线：连接脚口与侧缝、横裆的交点（为新侧缝）。

25 画出前、后内侧缝线。

a. 在中裆线上，测量侧缝到挺缝线的距离，在挺缝线的对侧也取相同的值，做标记。

b. 直线连接脚口和中裆标记点。

c. 用长弧线尺画顺前、后裆到中裆的内侧缝线。

国际服装立裁设计：美国经典立体裁剪技法（原书第5版）

26 检查前、后内侧缝的平衡性。

　　a. 将前、后片的内侧缝在中裆和脚口处对
　　齐别合（当两处别合后，如果样板发生扭
　　曲，说明制板过程有错误，或者样板的线
　　条歪曲）。

　　b. 当内侧缝固定时，分别在内侧缝上标记
　　前、后裆底的位置。如果这两点没有重
　　合，则找出两标记间的中点，此为内侧缝
　　的新端点，将此点与中裆连接，重新画顺
　　内侧缝。经过修正后，前、后内侧缝的形
　　状和长度均相同。

注 如果内侧缝上前、后裆点间的差距大
于1cm（3/8英寸），说明要么测量有问
题，要么制图过程有误差。

---

27 裁剪样板并加放缝份。

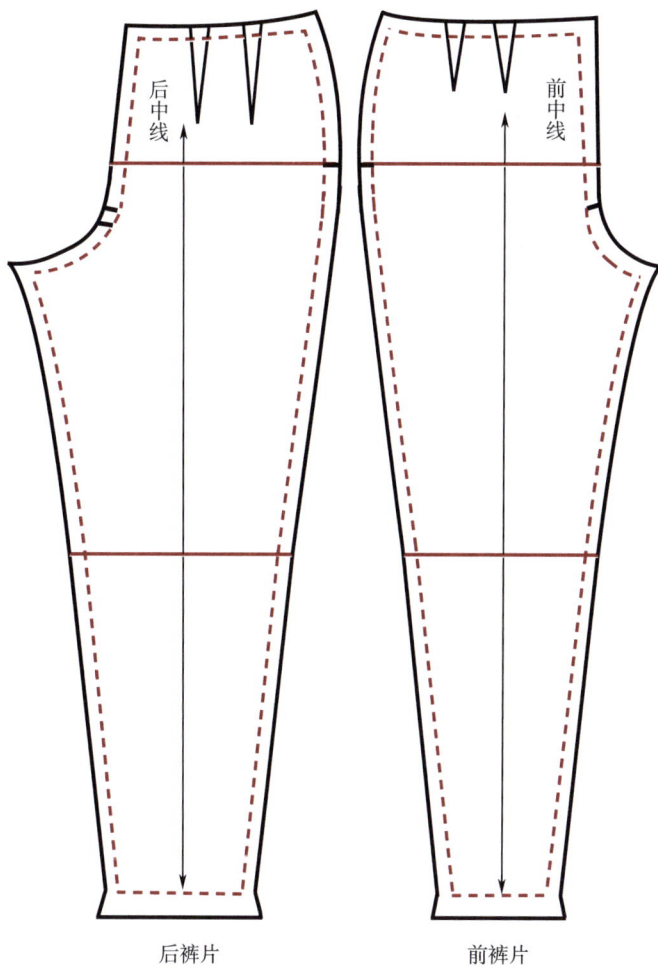

后中线　　　前中线

后裤片　　　前裤片

图13-11

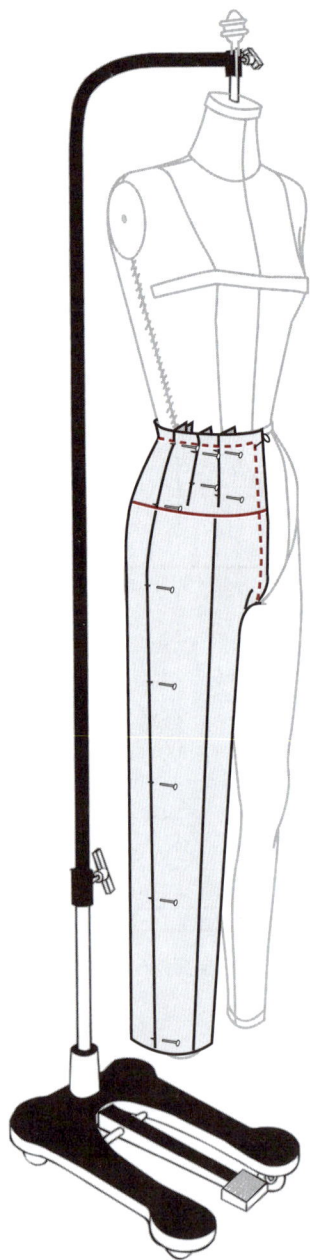

图13-12

28 检验裤子的合体性。

a. 样板绘制完成后，检验前、后内侧缝和侧缝的形状和长度是否相同。当前、后片侧缝对齐重叠固定在一起时，内侧缝应该相互平行，同时，前、后挺缝线相平行。在所有接缝上做出缝纫对位标记。

b. 将前、后片的侧缝和内侧缝别合组装在一起，将裤子穿到人台上，检查准确性。

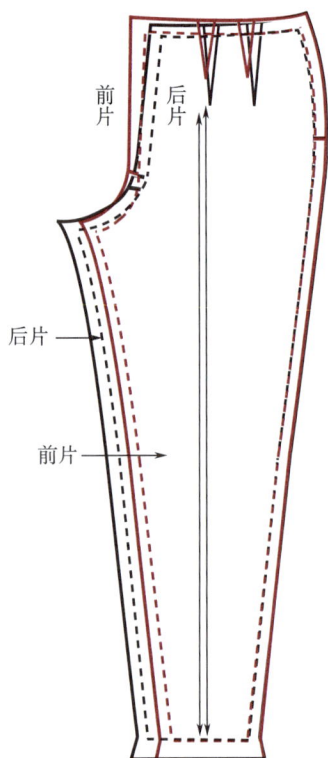

图13-13

检查裤子的平衡性

检查：裤片后脚口比前脚口至少大2.5cm（1英寸）。这2.5cm（1英寸）的差异用于平衡后横裆与前横裆之间的差量。否则，裤腿就会牵扯和扭曲。

修正：将前、后裤片侧缝别合在一起。侧缝的形状和长度应相同，内侧缝的形状和长度也应相同。后片样板在横裆线向下稍宽一些。两者的内侧缝和挺缝线都是相平行的。如果以上各项有不准确的，请参阅第297~303页的步骤重新绘制裤子样板。

裤腿扭曲问题

如果前、后侧缝、内侧缝或挺缝线没有完全平衡，裤腿就会歪曲。需要重新检查裤子样板。

裤子的合体性

人体无论是站立、坐着，还是走路、运动等，裤子都应该穿着合体舒适。

为了获得最佳的合体性，裤子必须因人而异基于体型试穿检测。同时，还要达到设计要求。本节内容阐述了如何获得最佳合体度的裤子，包括：裤腰造型、裤腰的合体性、立裆深、内侧缝和侧缝的平衡性等相关问题。

客户的合体性

在试衣模特或客户身上检查裤子的合体性时，必须要将裤子缝制完成。为了方便检测，在裤腰上面加长2.5cm（1英寸）。然后检查裤腰与模特体型的匹配程度；检查款式是否达到了设计要求（省道、褶裥、育克等）。

要分别检查左右腰围线的合体性，以及腰围线的形状、裤子松量、立裆深、横裆的合体性、裤腿造型、裤长、内外侧缝的平衡性等。

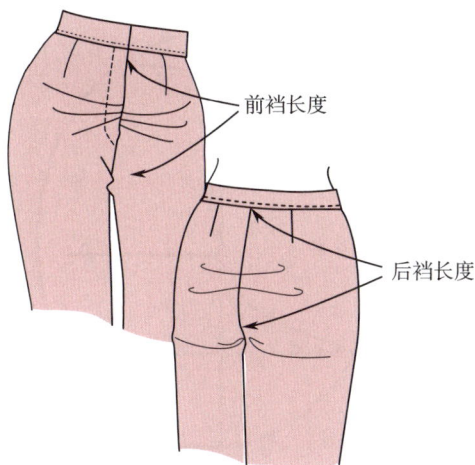

前裆长度

后裆长度

图13-14

不推荐的做法

一些设计师采取在裤裆中部切展的方法来调节立裆的深浅。如果裤裆偏短则在切开处放出一定量，如果裤裆偏长就在切开处合并一定量。本书不建议这样做，因为这种方法在使裤裆变短或变长的同时，也使裤裆弧线的形状发生了变化，从而裤裆的合体性变差。按照上文介绍的方法调整立裆深浅，并微调裆弯弧线造型和腰围线形状，是与人体体型相匹配的做法。

评测前、后裆长（立裆深）

立裆的深浅因人而异，身高不同的人立裆深也不同。按照下述方法修正，能够确保裆弯弧线不变的情况下，改变前、后裆弧线的长短，从而满足客户对立裆深和腰围形状的需求。

调整裆底到腰围线之间的裆弯弧线长度来调节立裆深浅，修正时需要拆下腰头（如果已经绱腰），腰线以上加长一部分面料［约5.1cm（2英寸）］。

用一条斜丝布带系在模特腰围上。从裆底到腰围线捋顺裤子前、后中缝上面料。

» 如果从裤裆与腰线之间有多余面料，则将多余的面料向上推到腰围线以上。

» 如果从裤裆与腰线之间的长度太短，则需要在该部位增加一定的面料，将腰线以上的面料量向下调节一些，再重新修正裤裆深度和腰线形状，以适合模特的体型。

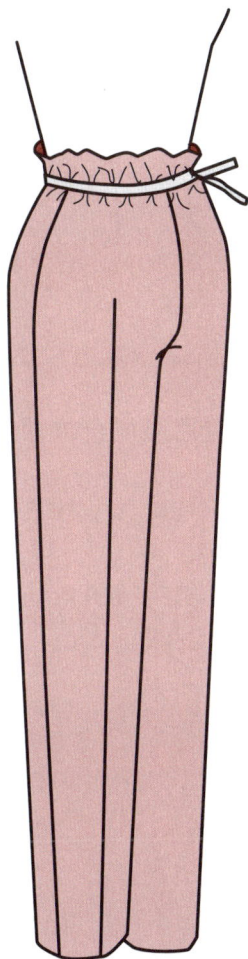

图13-15

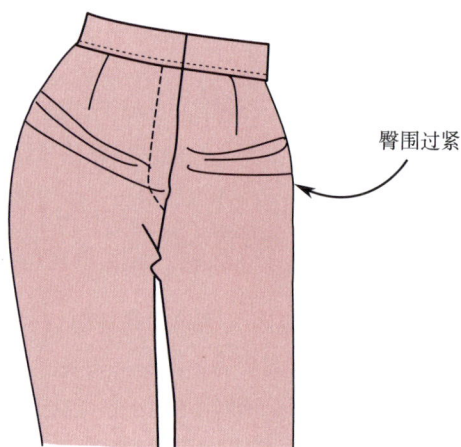

臀围过紧

图13-16

评测裤子松量

评测：每款裤子在设计时都要在臀部、腹部、腰部等处留有必要的放松量。

修正：一般通过修正侧缝来调节臀腰部的松量大小，为了保证样板的平衡性，前、后侧缝的修正量要相同。

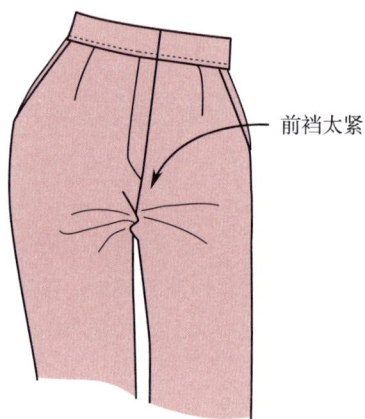

图13-18

评测后腰的合体性

评测：检查裤子后中腰部是否出现紧绷或者空浮现象。

修正：拆开后中缝，重新修正裤子后中缝，使其满足客户的体型。

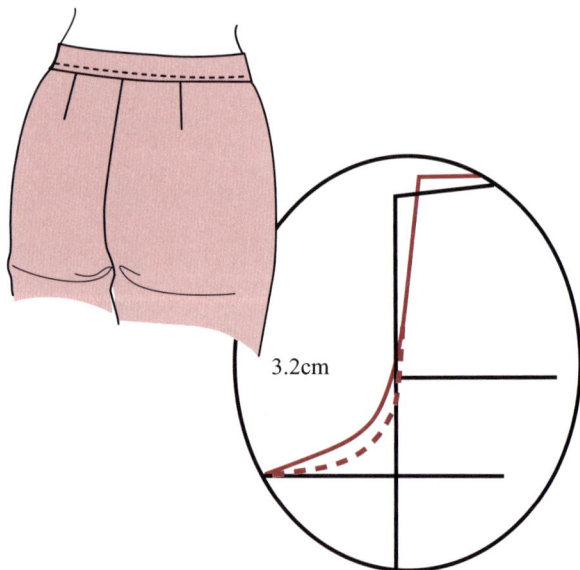

前裆太紧

图13-17

评测前裆的合体性

评测：检查裤子前裆是否出现如图所示的紧绷现象。

修正：如果有此现象，需要将样板向外放出0.6~1.3cm（1/4~1/2英寸）。拆开前裆缝，一直拆到紧绷现象消失为止。依照人体体型捋顺前裆缝，确定需要增加的量。重新修顺前中线到裆底之间的弧线。

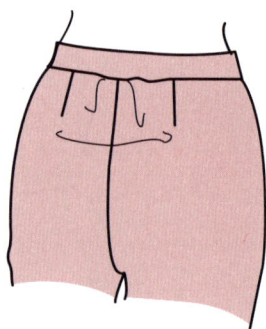

3.2cm

图13-19

评测后裆的合体性

评测：检查裤子后裆造型是否符合人体臀部的自然曲线，在臀底是否出现多余空隙？当客户是扁平臀型时，后臀底往往会出现过多余量。

修正：要去除臀底多余的面料余量，需要将后裆弧线挖进一定的量。

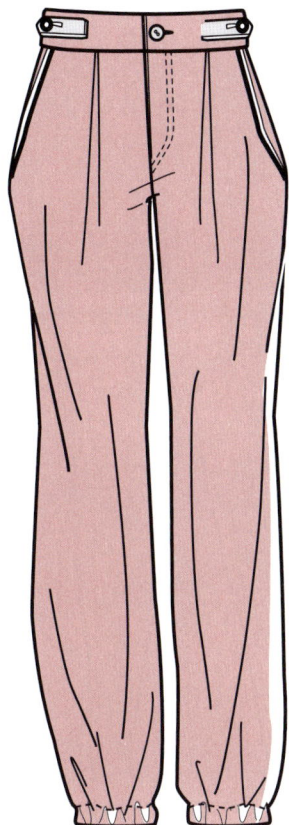

图13-20

裤子造型变化

下面介绍的立裁原则，说明如何在裤子基本样板的基础上进行各种裤型的变化设计。掌握了这些造型方法，再结合各种面料和色彩的应用，将使读者拥有无限的创作潜力。裤腿的宽窄、大小、长短等因素都可以随着时尚的变化而改变。然而，下述内容是最基本的款式变化方法，在大多数裤子设计中都经常用到。

面料种类、腰围线设计细节、腰头造型、口袋、拉链、裤长，以及裤腿宽窄等，这些造型元素均可以变化，以突出和增强裤子的设计。

腰围线设计细节

腰围上两个省道转换成一个省道的设计

在腰围上只设计一个省道。从臀围线到腰围线将平面料，修正侧缝，从侧缝中去除更多的面料余量以适合一个腰省的造型。

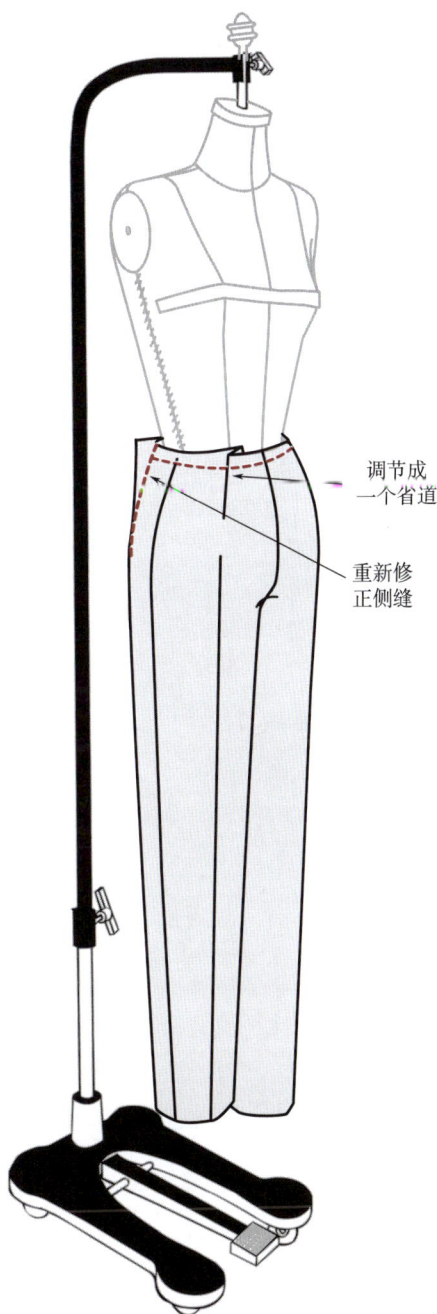

调节成一个省道

重新修正侧缝

图13-21

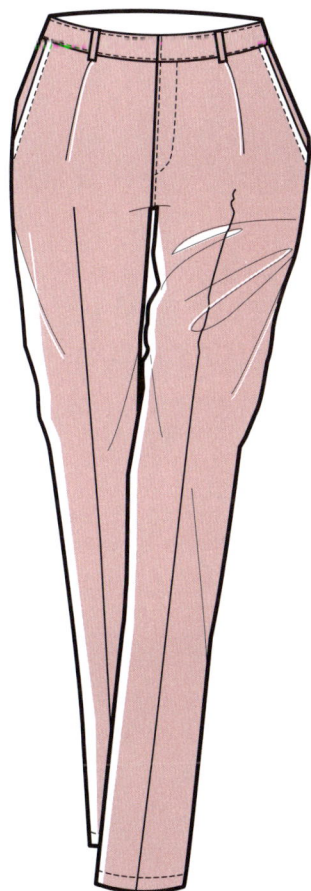

图13-22

两个省道转变成其他形式的设计

如果需要突出强调腰围造型，可采用抽褶、褶裥的形式，增大腰臀部位的空间量。按照设计需求，通过一定的立裁技法来突显腰部造型（省道、褶、塔克褶、抽褶等）。

从裤子裆底向上到腰围线，捋顺前、后中缝周围的面料，别针固定。依据所需的腰部造型进行调节。将所有更改转移到样板上，加放缝份，完成样板的修正。

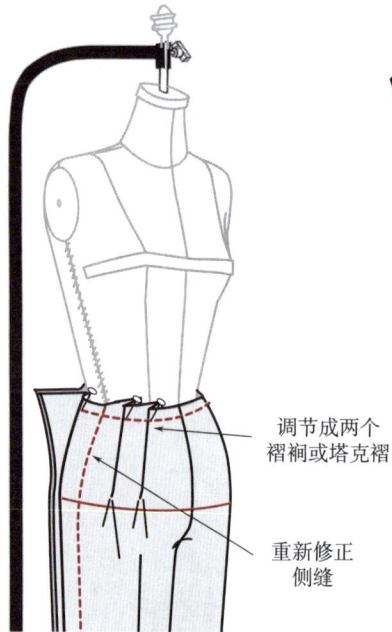

调节成两个褶裥或塔克褶

重新修正侧缝

图13-23

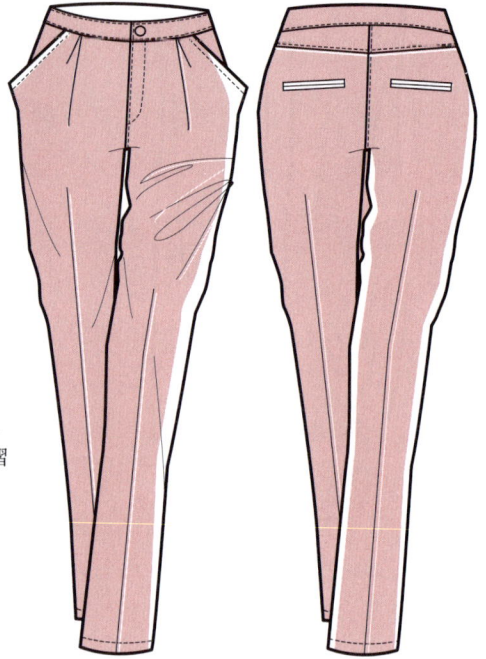

图13-24

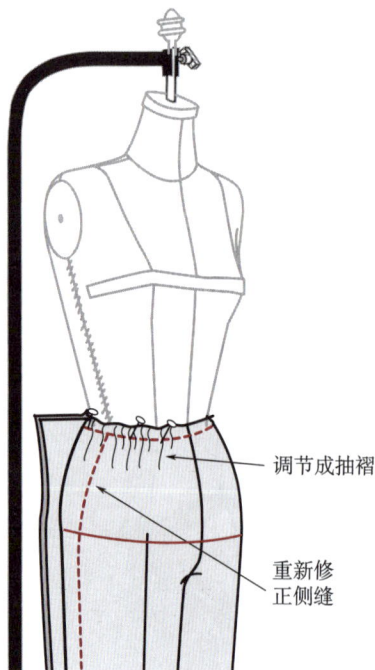

调节成抽褶

重新修正侧缝

图13-25

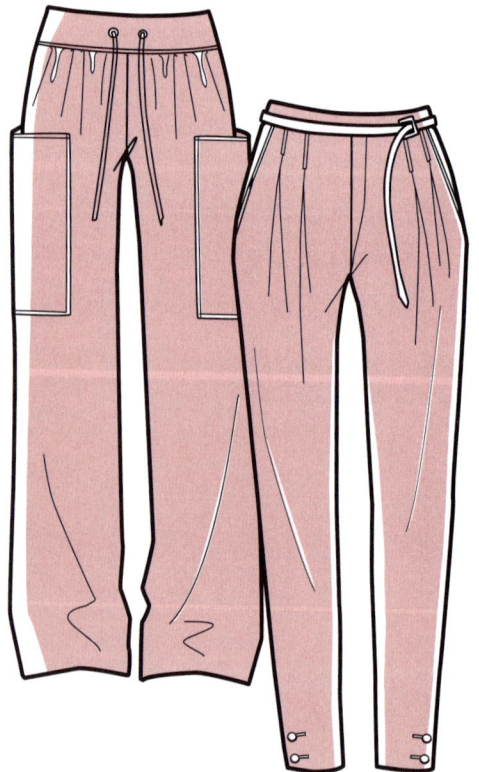

图13-26

裤腿造型变化

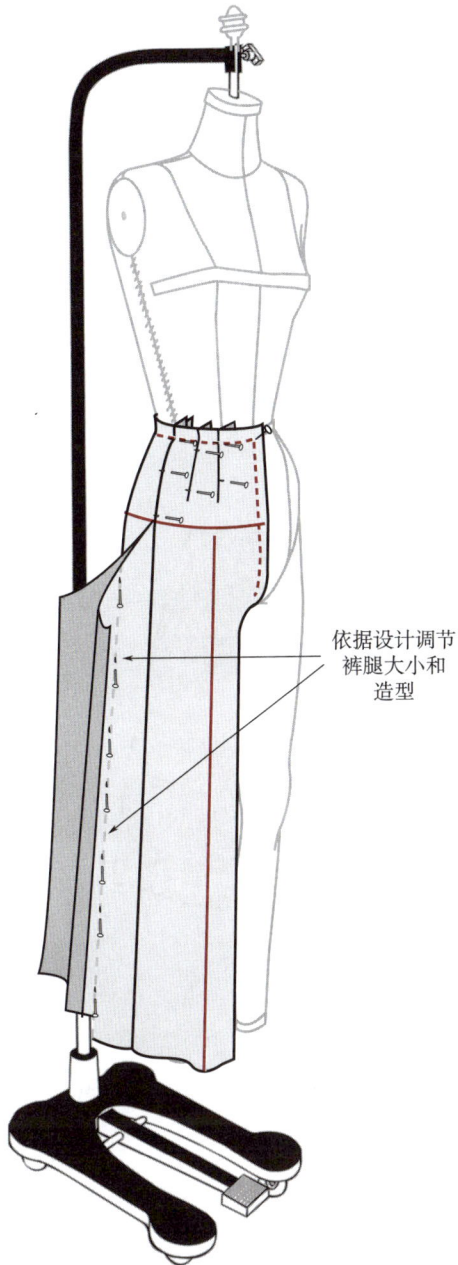

依据设计调节
裤腿大小和
造型

图13-27

改变裤腿的造型和宽窄

裤腿的长短和宽窄可以按照设计做任何改变。

» 将前、后侧缝在臀围处别合。

» 从臀围线向下，依据裤腿的造型对侧缝进行立
裁修正。

» 从裤裆向下，依据裤腿的造型对内侧缝进行立
裁修正。

» 将所有更改转移到样板上，加放缝份，完成样
板的修正。

图13-28

裤长造型变化

改变裤子的长度会使造型发生显著变化。许多长度都有传统的名称，下图所示是一些常见款式的长度和造型。

» 选择或设计裤子的长度。

» 依照前面讲述的方法，重新修正裤腿宽窄。

» 将所有更改转移到样板上，加放缝份，完成样板。

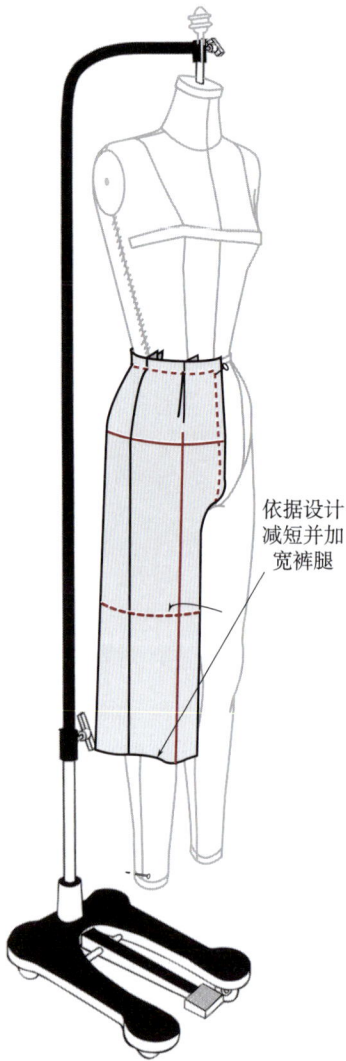

依据设计减短并加宽裤腿

图13-29

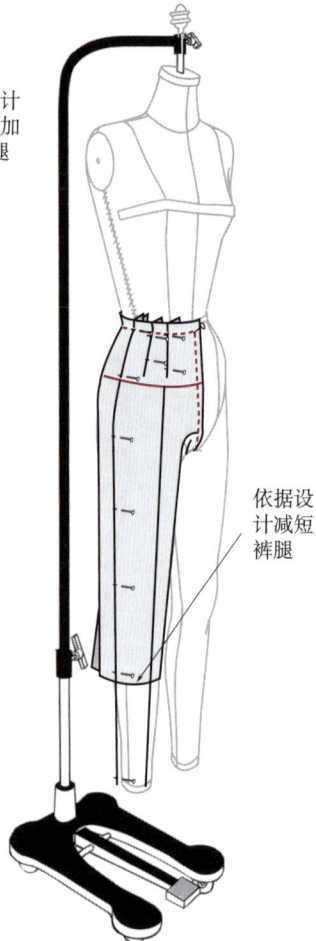

依据设计减短裤腿

图13-30

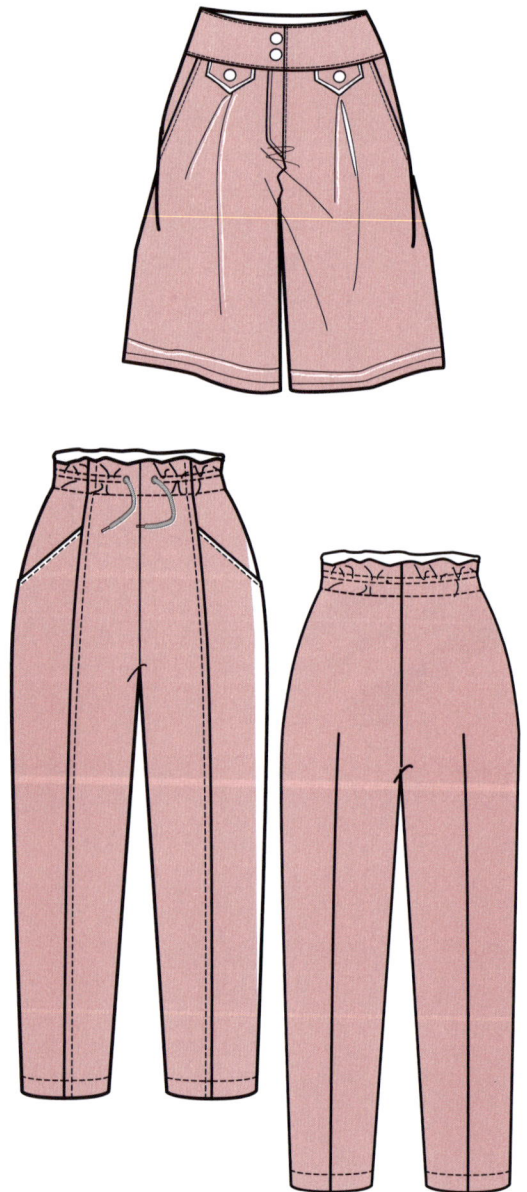

图13-31

第14章
针织服装设计

针织服装蕴含着一种向往自由的精神，它体现了休闲运动装与现代复杂社会的轻松融合。时尚的针织面料使设计师创造出很多奇妙的设计，有的富有女性味；有的充满奇思妙想；有的含有怀旧情调，而有的则是青春活力的运动风格。

T恤虽然简单，但却是时尚前卫的代名词，每个设计师都应该掌握如何诠释它。针织服装可以设计成合体型、半合体型和宽松型。各种廓型、领形，以及袖型都可以用于针织服装的设计。

新型双面针织面料可以制作成合体的西服、连衣裙、休闲衬衫和运动服装等，也可以应用于晚装中，添加闪光迷人的效果。根据设计需要，肩部可以通过垫肩设计得很夸张，也可以仅做略微的修饰。基于着装场合、环境及人体特征的不同，针织服装可以编织、染色、造型成任何形式。

针织面料可以制作成各种服装，但必须经过合理地设计。选择针织面料时要考虑针织物的关键属性，包括：弹性、种类以及服装款式等。有关针织面料的介绍，请参阅第13~14页的内容。

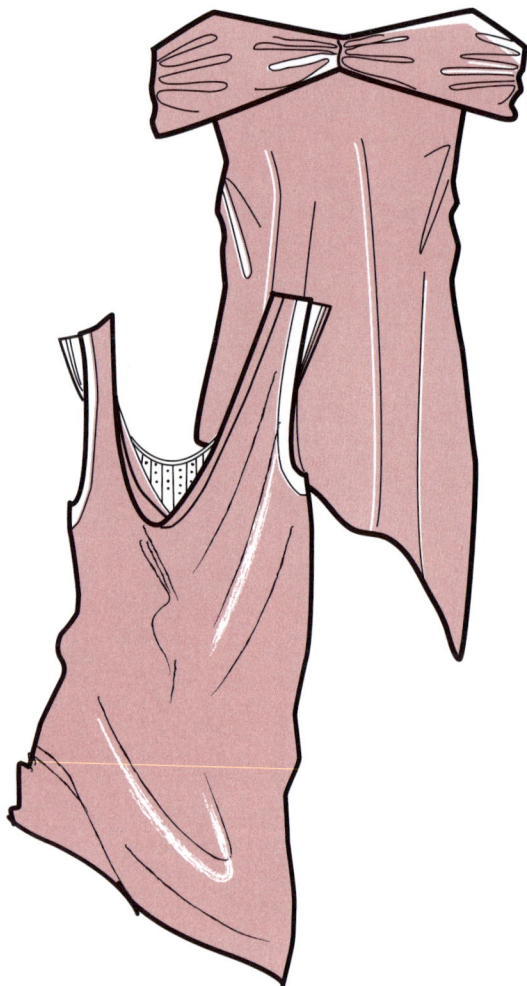

图14-1

目标

通过这部分立裁技法的学习，读者应具备以下技能。

» 理解不同面料的弹性特点，以便立裁无省针织服装。
» 基于各种不同弹性的针织面料，探索样板的合体性和造型方法。
» 在人台上对针织面料进行立裁和造型。
» 不采用省道或者复杂的缝纫工艺，用针织面料进行贴体款式的立裁造型。
» 在不过度处理面料的情况下，保持针织面料纹理，创造出自然顺畅的立裁设计。
» 理解最终样板的合体性和造型。
» 基于人体合体性的要求立裁各种款式的针织服装，如连体衣、连体裤、紧身裤等。
» 基于模特的体型，用柔和针织面料塑造出最适合人体的迷人造型。
» 拓板并校核立体裁剪的最终效果，分析造型的合体性、悬垂性、平衡性和比例等。

弹性及回复率

结构设计合理的针织服装会具有较好的弹性和回复力，也称为保型性，即保持其原有的造型形状。在结构及纸样设计时，应针对针织面料的不同种类进行性能分析，以确定样板放松量的大小。针织物种类很多，弹性各异。因此，设计师在设计和立裁之前一定要了解针织面料的弹性性能。

针织面料的线圈横列（称为横向或纬向）或线圈纵列（类似机织物的经向或编织线圈的纵向）方向均具有一定的弹性。弹性的大小和方向取决于所采用的编织工艺、规格（线迹大小）和旦尼尔数（纱线的粗细）等因素。拉伸率是指织物的宽度或者长度被拉伸到最大程度时，每英寸的拉伸变形量。针织物的拉伸率从18%~100%不等。回复率是指针织物拉伸后恢复到原状的程度。具有良好回复力的针织物当外力释放后，能够恢复到原始宽度和长度，这意味着在穿用后针织物仍能保持其原有的造型。

确定织物的拉伸率

已知织物的拉伸率后，在绘制样板时就能够决定放松量的大小（长度和宽度）。通常，样板宽度方向的放松量比长度方向的要更大一些。测量织物拉伸率的方法是：沿宽度方向折叠织物（横向）。在折线中间量出20.3cm（8英寸）的长度，两端各别一根大头针做记号。两手分别在两端的大头针上握住织物，轻轻地拉伸织物，直到将织物拉伸到最大程度，但未损伤破坏织物时，测量宽度方向的拉伸变形量。用同样方法再测量长度方向。

测定织物的回复率

回复率是指针织物拉伸后恢复到原状的程度。具有良好回复力的针织物在释放后能够恢复到原来的宽度和长度。这意味着衣物被穿用后仍能保持其原始造型。将织物放松后，再次拉伸，再测量一次，就能得出宽度方向的回复率。同样方法再测量长度回复率。

表14-1　针织面料的弹性分类

针织面料种类	拉伸前	拉伸后
稳定、低弹针织面料 » 弹性有限，拉伸率约18%或更小 » 通常用于休闲装、裙子和裤子 » 双面针织物属于稳定、紧密类型		
中等弹力针织面料 » 兼具无弹织物和弹力织物的特点，拉伸率约25% » 穿着舒适，能够塑造得非常贴体，如合体上衣 » 常用于休闲运动服和户外服		
较高弹力针织面料 » 弹性较高，如乳胶和氨纶纤维的针织面料，拉伸率约50% » 重量轻 » 适用于紧身塑型类服装，如泳衣、贴身内衣、连体紧身衣和其他紧身衣等		
超高弹性针织面料 » 具有100%拉伸率 » 常见的织物有罗纹针织物和100%氨纶织物 » 用于活动量较大的运动服、泳装和舞蹈服等		

基本款针织上衣、连衣裙

　　基本款针织上衣、连衣裙的特点是紧身合体、清爽干净，贴体且无省道，也没有其他复杂的分割线。衣长到臀围线，可以选择合适的针织面料立裁成合体造型。各种领型、袖长、分割线和底边造型等，都可用于此款基本型的再设计中。这种合体的基本款针织上衣与机织上衣相对比，其领口、袖口和袖子的尺寸都会比较小，以适应弹性面料的特性。

　　针织面料种类繁多，弹性大小各不相同。因此，设计师在设计和立裁之前，必须要了解面料的弹性大小。新型双面针织面料可用于制作合体西服和连衣裙、休闲衬衫和运动服等，也可用于晚装以增加迷人的闪光效果。根据设计要求的不同，肩部可以通过垫肩设计得很夸张，也可以仅做微妙细小的修饰。基于着装场合、环境及人物特征，针织服装可以编织、染色、造型成任何形式。

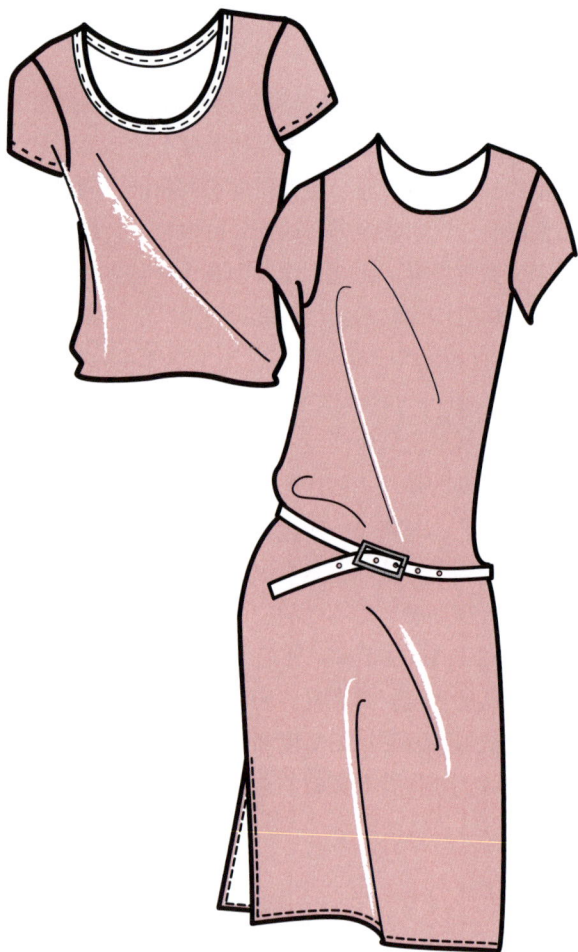

图14-2

基本款针织上衣、连衣裙：面料准备

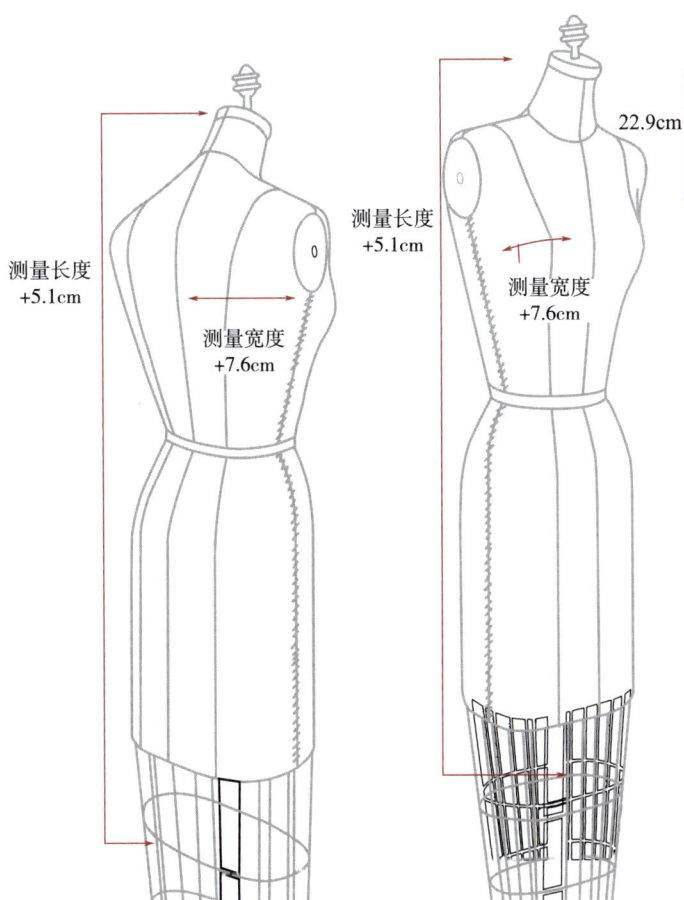

图14-3

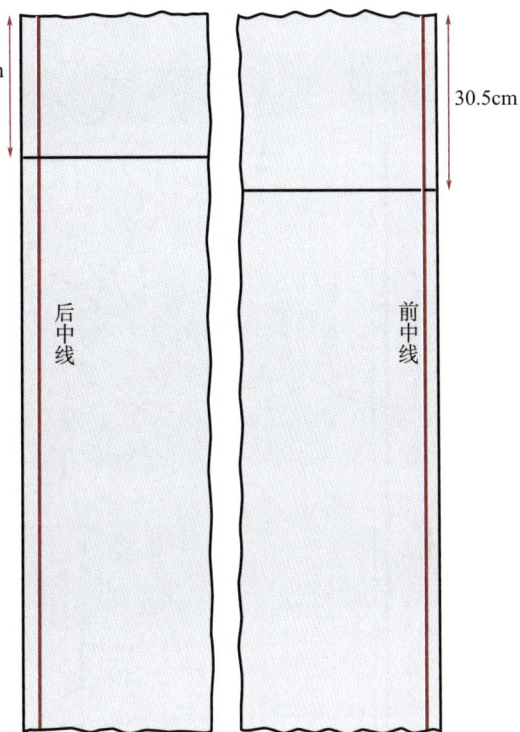

图14-4

因为用针织面料塑造胸部紧身合体的造型时不需要胸带，将胸带从人台上取下。

1. 从人台颈口到所设计的上衣下摆处，测量前、后竖直长度，再加5.1cm（2英寸），裁剪同样长度的面料。

2. 沿胸围线测量人台前、后中线到侧缝的水平宽度，再加7.6cm（3英寸），裁剪同样宽度的面料。

> **注** 样衣面料的弹性应与成品服装面料的弹性相同。

3. 距离布边2.5cm（1英寸），分别在前、后片上画出前、后中线，保持面料平整。

4. 在前片上从上向下量取30.5cm（12英寸），过此点做水平线。

5. 在后片上从上向下量取22.9cm（9英寸），过此点做水平线。

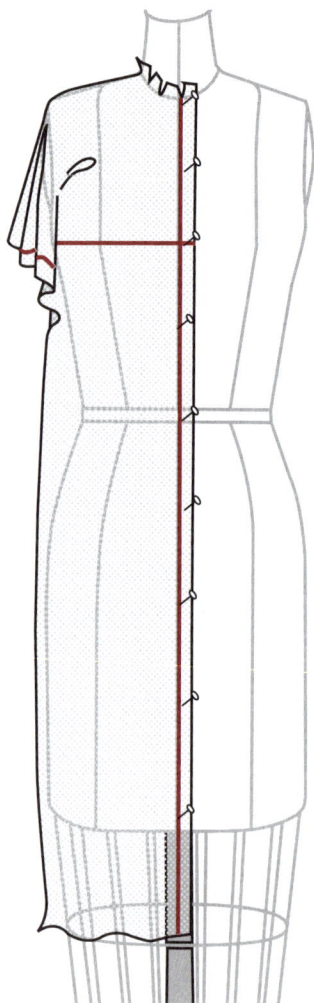

图14-5

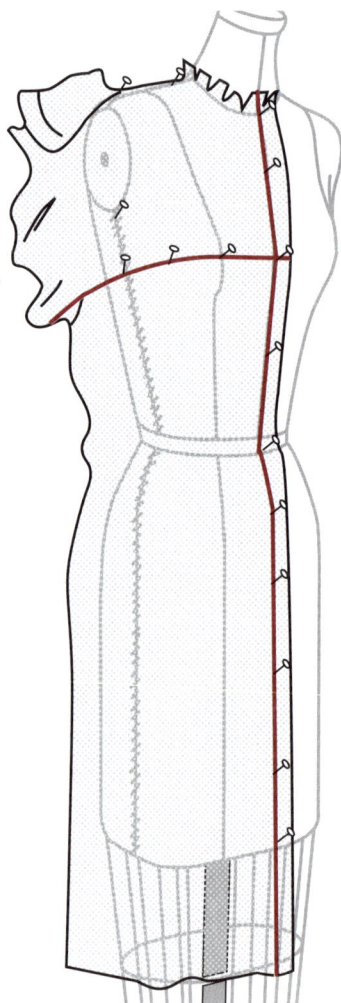

图14-6

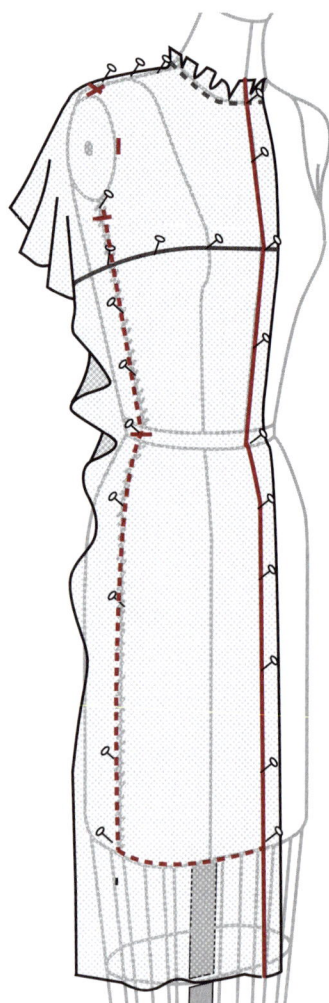

图14-7

① 面料上的前中线与人台的前中线对齐别针固定。

② 面料上的水平线与人台的胸围线对齐，间隔每5.1cm（2英寸）别针固定。

③ 整理立裁前领口。沿前领口弧线捋顺面料直到肩线，修剪颈部多余面料，别针固定。

④ 整理立裁前肩线和前袖窿。

　a. 从胸围线向上捋平面料，一直捋过肩线。

　b. 捋平袖窿周围多余面料，向上捋过肩点，向外捋过人台的臂根面板。

注　要将所有多余布料都抚平捋顺。

⑤ 立裁前侧缝。沿胸围线向侧缝捋平面料，捋平腋下多余布料。按照设计理顺侧缝线。

⑥ 在样片上标记出与人台对应的关键点。

　a. 前领口弧线。

　b. 袖窿：

　　》肩端点做标记。

　　》袖窿前腋点做标记。

　　》袖窿腋下点做标记。

　c. 前侧缝。

　d. 底边线。

国际服装立裁设计：美国经典立体裁剪技法（原书第5版）

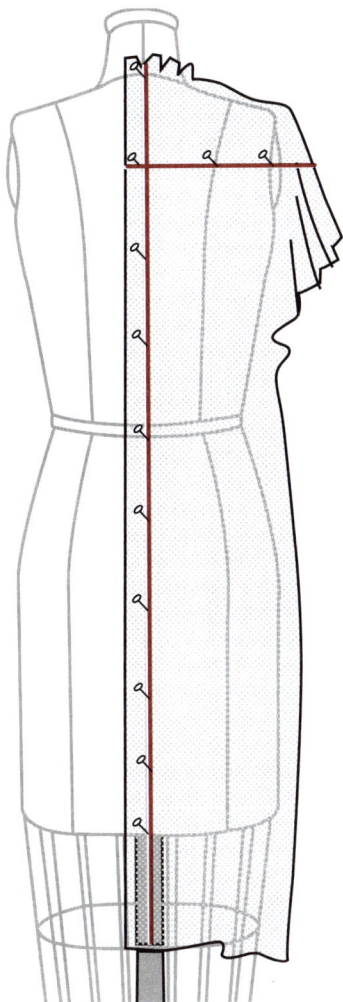

图14-8

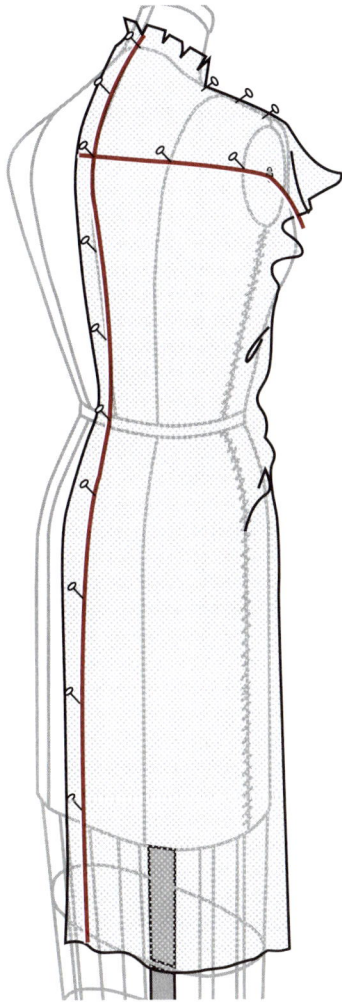

图14-9

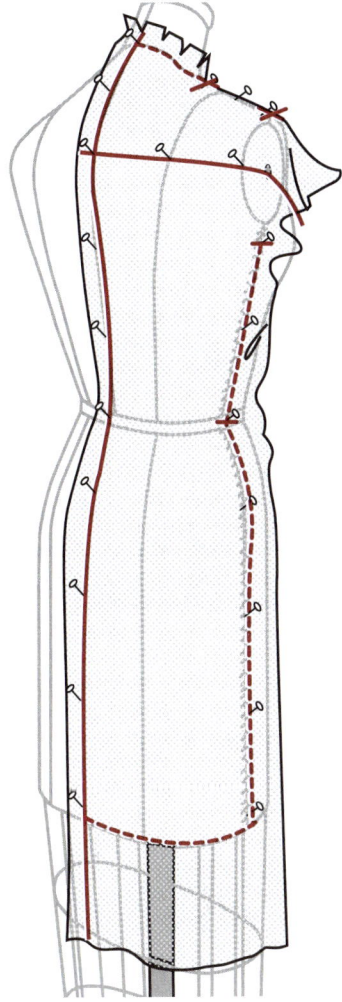

⑦ 面料上的后中线与人台上的后中线对齐,别针固定。

⑧ 面料上的水平线与人台上的背宽横线对齐,每间隔5.1cm(2英寸)别针固定。

⑨ 整理立裁后领口。沿后领口弧线捋顺面料,一直捋过肩线,修剪颈部多余面料,别针固定。

⑩ 整理立裁后肩线和后袖窿。从背宽横线向上捋平面料,一直捋过肩线。沿水平线向侧缝捋顺多余面料,捋平袖窿周围。

⑪ 立裁后侧缝。按照设计捋顺侧缝线,后侧缝与前侧缝对齐,前侧缝压在后侧缝上别针固定。

⑫ 在样片上标记出与人台对应的关键点。

a. 后领口弧线。

b. 肩线。

c. 袖窿:

» 肩端点做标记。

» 袖窿后腋点做标记。

» 袖窿腋下点做标记。

d. 后侧缝。

e. 底边线。

13 将所有立裁样片从人台上取下，重新画顺线条。

　　a. 修正袖窿，将腋下点向下降2.5cm（1英寸），在降低后的腋下点处将侧缝消去0.6cm（1/4英寸）。

　　b. 加放缝份，修剪多余面料。

> **注** 在腋下侧缝去除0.6cm（1/4英寸），是为了保证袖窿腋下的平服，不会出现空浮褶皱现象。

> **注** 为了保证前、后袖窿的平衡，需要对袖窿尺寸进行测量。后袖窿要比前袖窿略长一些，理想情况下长1.3cm（1/2英寸）。

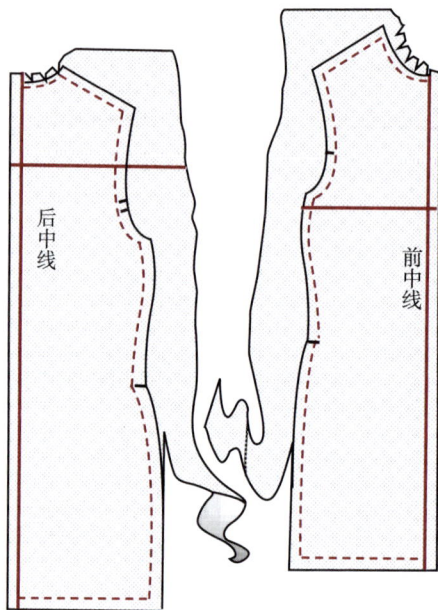

图14-11

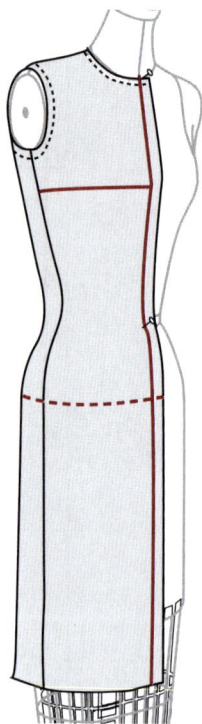

图14-12

14 将前、后片的肩线缝合在一起。缝合时在肩缝垫一根斜丝带子，用圆头针进行缝合。

15 将前、后片的侧缝缝合在一起。用圆头针采用"拉伸缝合"方法进行缝合。

16 将缝合后的针织上衣重新穿回到人台上，检查准确性、合体性和平衡性。

> **注** 对于这款针织上衣，设计合适的长度并修剪底边。

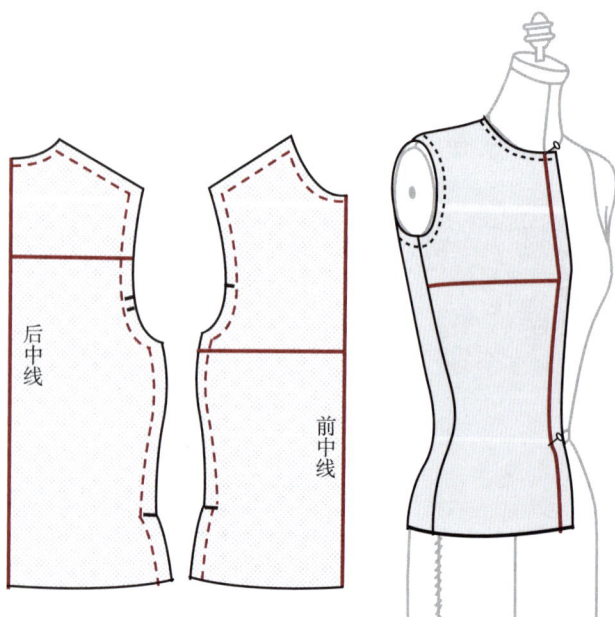

图14-13

国际服装立裁设计：美国经典立体裁剪技法（原书第5版）

针织服装合体性

针织面料以其弹性和回复力为主要特点，穿着舒适方便，适合休闲服、晚装、运动装等类服装。针织面料的特性直接影响到成衣的外观风格和服用性能。针织服装的制作方法主要有两种——裁剪缝纫和手工编织。本文主要介绍用裁剪缝纫的方法制作合体性的针织服装。裁剪缝纫的方法是用针织织布机生产出成匹的面料，然后进行裁剪制作。大多数公司是直接在人台上立裁出针织服装样板，这种方法保证了整身的合体性，使服装不需要松量或省道就能轻松满足人体的体型。

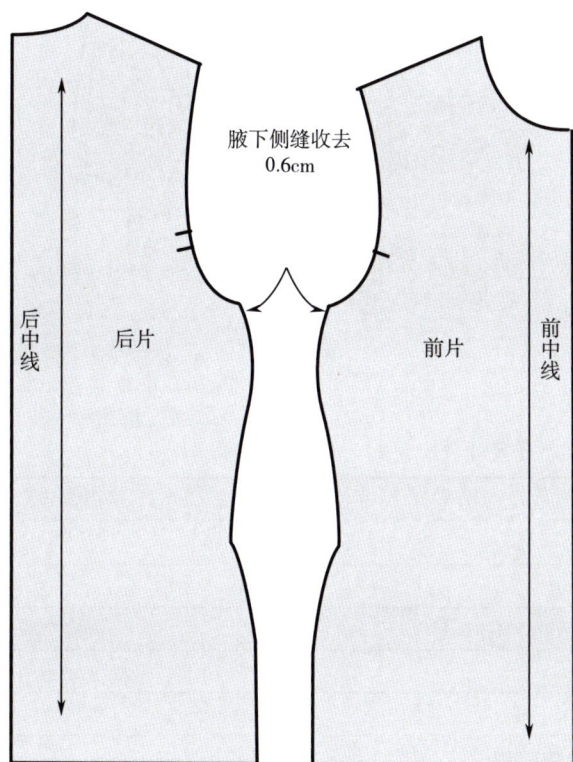

图14-14

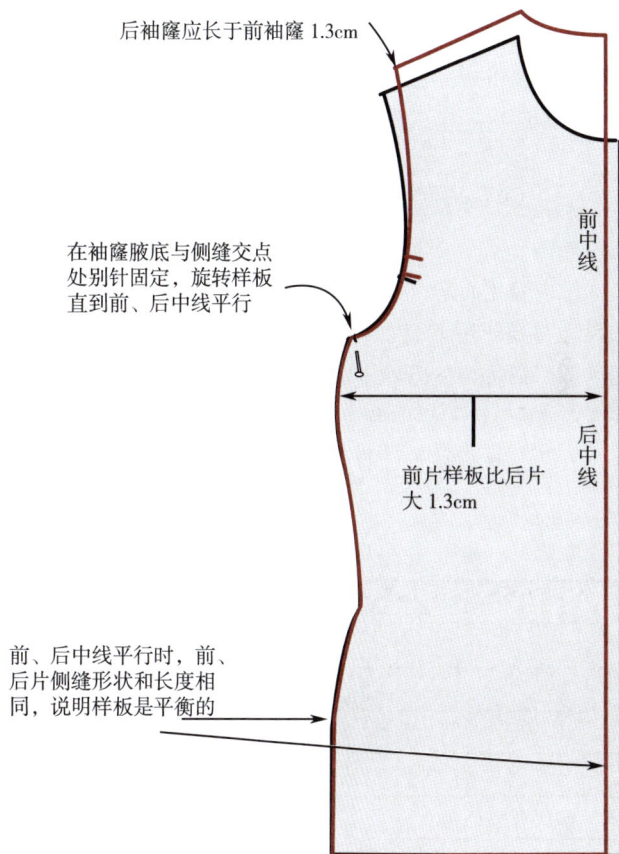

后袖窿应长于前袖窿1.3cm

在袖窿腋底与侧缝交点处别针固定，旋转样板直到前、后中线平行

前中线

后中线

前片样板比后片大1.3cm

前、后中线平行时，前、后片侧缝形状和长度相同，说明样板是平衡的

图14-15

拉伸率和回复率

参见第313页关于各类针织面料的拉伸率和回复率的介绍。

校核样板

检测：本书前面讲到的关于合体性评价方法的相关内容也适用于针织服装。然而，在应用于针织服装时有两个主要区别。一方面，针织服装一般不采用省道来塑造人体曲线，而是利用织物的弹性来塑型。另一方面，袖窿腋底与侧缝处要向内收去一定量，以消除袖窿腋底的多余空隙。有关合体性的更多

详细信息，请参阅本章各个具体款式中关于合体性方面的讲解。

需要检查以下各部位。

» 侧缝的平衡性。

» 从前片到后片的平衡性。

» 袖窿的平衡性。

» 侧缝、袖窿腋底、袖窿形状。

修正：将袖窿腋底的侧缝向人体方向收去0.6cm（1/4英寸），并在5.1cm（2英寸）范围内将侧缝线修正圆顺，在侧缝去除这个三角部分是为了消除袖窿中多余的间隙。

基本款针织袖子

　　基本款针织袖子是根据基本款针织上衣的袖窿而专门设计的。传统的针织运动类服装均需要配这样的袖子，除非是无袖设计。

　　无论是采用具有较大拉伸率的双面针织物，还是单面针织物，袖子的尺寸都要能够满足基本款针织上衣的袖窿。因此，当使用拉伸率较小的针织物时，在弹性较小的方向上要选择较大的加放量［0.3~0.6cm（1/8~1/4英寸）］。

　　基本款针织袖可以用于其他款式袖子的变化设计，如宽松袖、盖肩袖等。基本针织袖子的样板可以从袖子基本纸样变化而来，见第95~97页的步骤1~13。四个部位的尺寸需要使用下表中数据。前、后袖山的形状相同，因为前、后袖窿的形状非常接近。针织袖子一般不需要采用肘省。

　　在绘制针织袖子之前，先掌握以下四个重要尺寸。

图14-16

表14-2　基本款针织面料袖子尺寸表

1. 袖长（从肩点到腕关节的长度）		
型号	8	10
袖长	57.8cm（22 3/4"）	58.4cm（23"）
2. 袖山高（从腋下位置到肩点的手臂外侧体表长度）		
型号	8	10
袖山高	13.3cm（5 1/4"）	13.7cm（5 3/8"）
3. 肘围（肘部围度再加松量5.1cm）		
型号	8	10
肘围	10.8cm（4 1/4"）	11.1cm（4 3/8"）
4. 袖肥（臂根的水平围度再加松量5.1cm）		
型号	8	10
袖肥	13.3cm（5 1/4"）	13.7cm（5 3/8"）

　　注　以上为8号或10号人台的合体针织面料袖子的参考数据。具体裁剪方法参见下一页的四个步骤。

基本针织面料袖子是在机织面料袖子样板的基础上绘制而成的。详见第95~97页的步骤1~13。然而，在制图时要参阅上一页提供的针织面料袖子数据。

1. 绘制袖山弧线时，在袖肥线上将腋下点向内偏进1.3cm（1/2英寸），过该点重新画出袖下线，不需要肘省。

2. 确定袖山弧线对位点和袖山弧线长度。将袖山弧线与袖窿弧线的净缝线对齐，不断地旋转袖山弧线，匹配两者的长度。参考第99~100页案例中的具体方法，并在袖山上标出对位点。如果袖山弧线过短，可在腋下缝处增加一定的量。

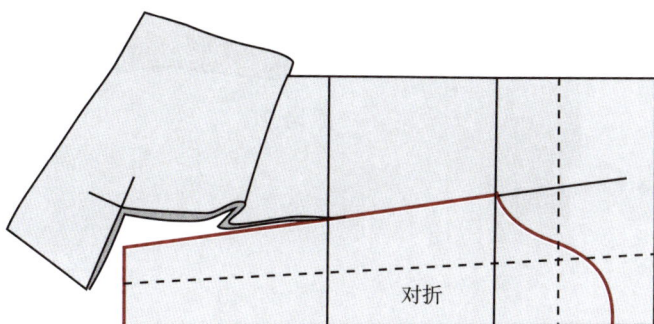

图14-17

3. 缝合前、后袖下缝，再将袖子与基本款针织上衣的袖窿缝合。

4. 将缝好袖子的针织服装穿到人台上，检查整体效果是否干净、整体、合体、平衡。袖窿周围是否有多余间隙或者紧绷现象。

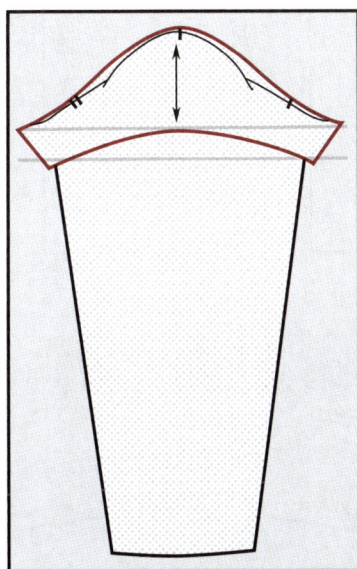

图14-19

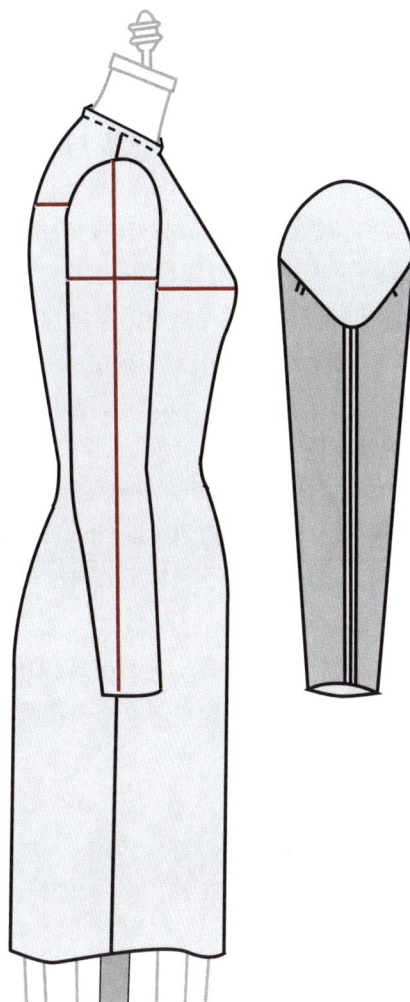

图14-18

袖子款式变化

针织服装中最常用的袖子是盖肩袖和宽松袖。图例为宽松袖，具体做法是采用基本款针织袖，将袖肥线提升5.1cm（2英寸），并旋转袖子样板到新袖肥线位置，画出新的袖山弧线和袖下缝。有关旋转袖肥线的做法请参阅第104~105页的详细内容。

基本款针织衬衫

基本款针织面料衬衫的肩部和袖窿下垂，适合采用衬衫袖型，衣身样板与机织面料衬衫样板类似，见第206~207页。然而，由于针织面料的弹性特性，在颈部、袖窿和侧缝等处都要一定程度的缩小。

基本款针织面料衬衫：拓板与校核

1 将第10章第207页的衬衫样板拓到针织面料上，裁剪下来并别合肩线和侧缝。

2 将针织衬衫穿到人台上，通过加大缝份修正领口、肩线的合体性〔缝份量在1.9~2.5cm（3/4~1英寸）〕。这样就缩小了领口，从而适应具有弹性的针织面料。同时肩线、袖窿处也要去除多余的面料，以满足针织面料袖窿的弹性需要。

3 将缝份量增大为2.5~3.2cm（$1~1\frac{1}{4}$英寸），重新别合侧缝，就缩小了整个衣身的尺寸，以适应针织面料的特性。

4 拓下衬衫袖子样板。按第10章第210页所述的方法，减少袖山弧长，调节袖山使其适应于新的针织袖窿。

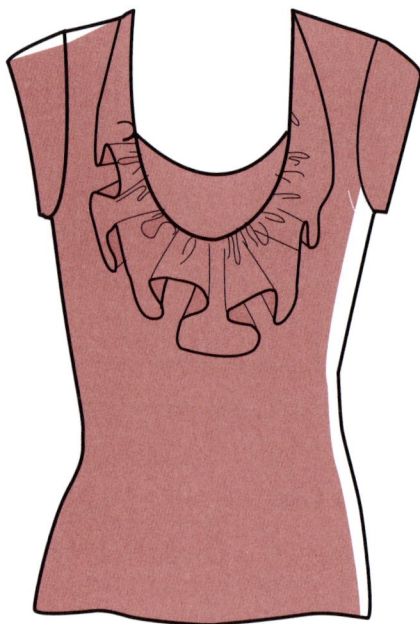

图14-20

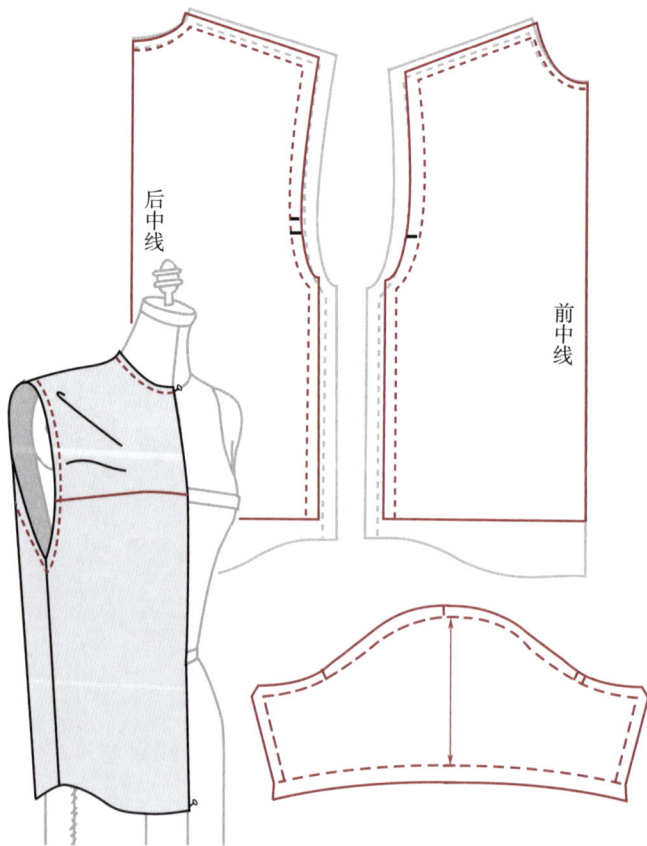

图14-21

国际服装立裁设计：美国经典立体裁剪技法（原书第5版）

322

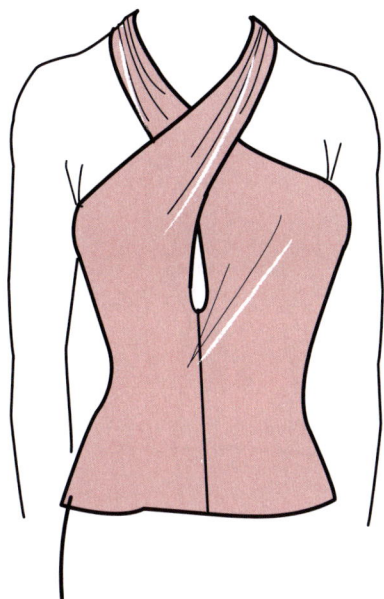

图14-22

针织吊带领上衣

针织吊带领上衣的设计类似于第142~143页讨论的斜裁吊带领上衣。不同之处在于面料、纱向和尺寸。本案例的前片经过侧缝后延伸到后片，前、后片为一个整体，没有侧缝。所有外边缘都用斜裁牵条绲边，使其具有一定的强力，穿着过程不易变形。

人台准备

» 由于采用针织面料，造型紧贴胸凸，立裁时不需要胸带，从人台上取下胸带。
» 用大头针别出或者用标记带贴出领口和袖窿的造型。

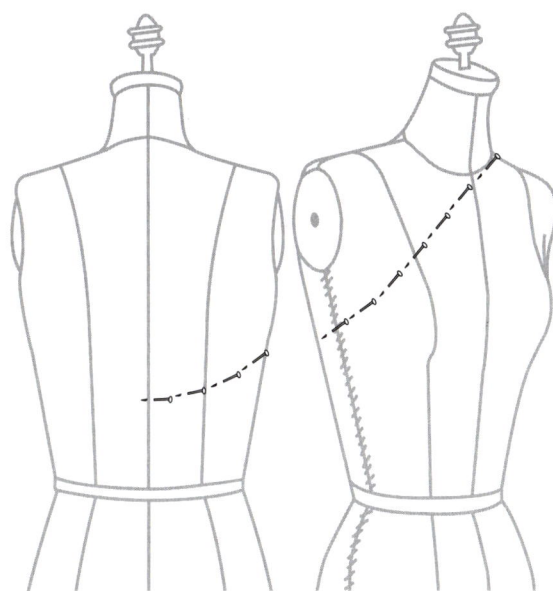

图14-23

面料准备

① 裁剪一块边长112cm（44英寸）的方形面料，用于整个前、后片。
② 在方形面料的中间分别画一条竖直线和一条水平线，分别代表前中线和胸围线。

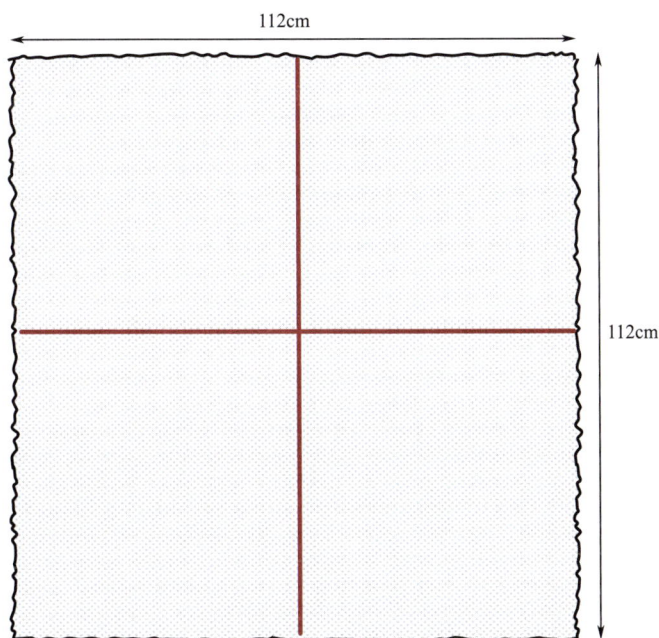

图14-24

针织吊带领上衣：立裁步骤

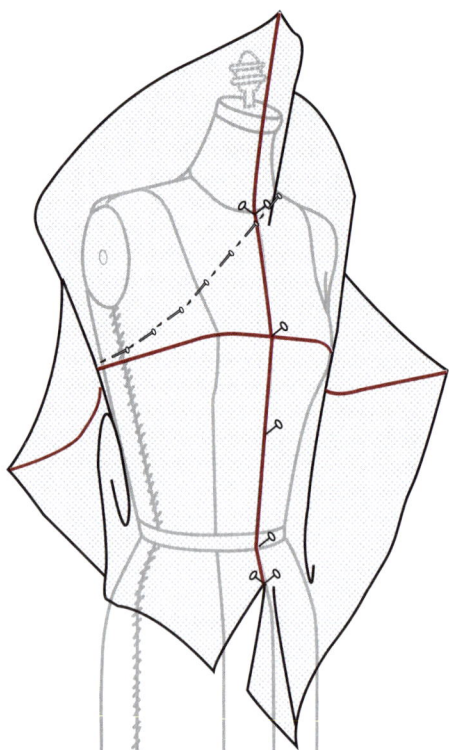

图14-25

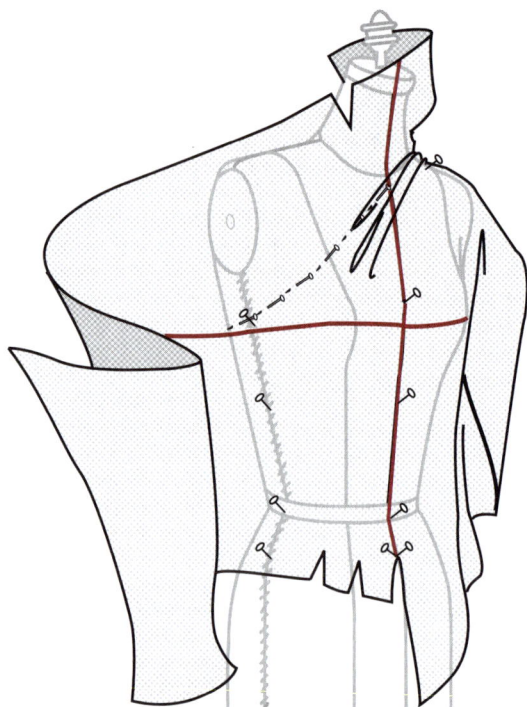

图14-26

① 面料上的竖直中线对准人台上的前中线，水平中线对准人台上的胸围线，别针固定。

② 修剪、打剪口、立裁腰围线。沿腰围线从一边侧缝到另一边侧缝捋顺面料，别针固定。

③ 再沿侧缝向上捋平面料，多余面料都推到胸围线以上领口附近。

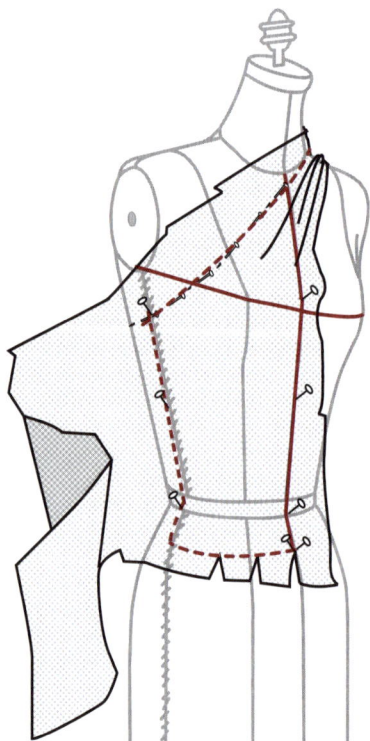

图14-27

④ 按照预先标记的设计线，修剪设计线周围多余面料，从后中到前肩、再到前领口依次修剪，设计线以上预留缝份5.1cm（2英寸）。

⑤ 捋平整理袖窿周围面料，修剪多余缝份。

⑥ 将领口附近多余面料整理、折叠成褶裥，或者抽成均匀褶皱，绕到后颈点结束。

国际服装立裁设计：美国经典立体裁剪技法（原书第5版）

⑦ 从前向后中捋顺衣身面料，经过侧缝后再整理到后中线。

⑧ 按照预先设计的后腰造型线，修剪后腰周围多余的面料。一旦将缝份修剪到设计线附近，针织面料就会在腰部形成所需的腰部形状，不需要打剪口。

⑨ 在衣身样片上标记出与人台对应的关键点。

　a. 袖窿、领口弧线：依照设计线画出前、后领口弧线。

　b. 侧缝：用虚线轻轻描出侧缝。

　c. 底边或腰围线：用虚线轻轻描出底边线。

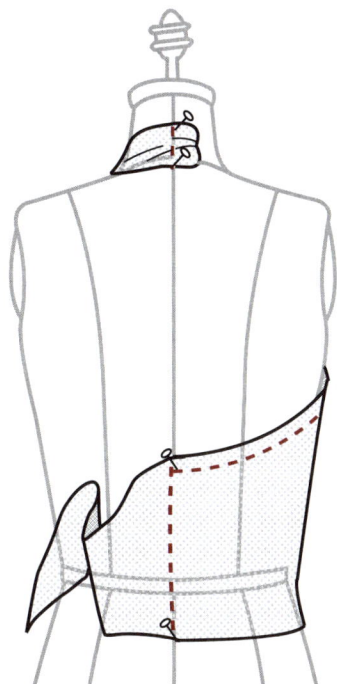

图14-28

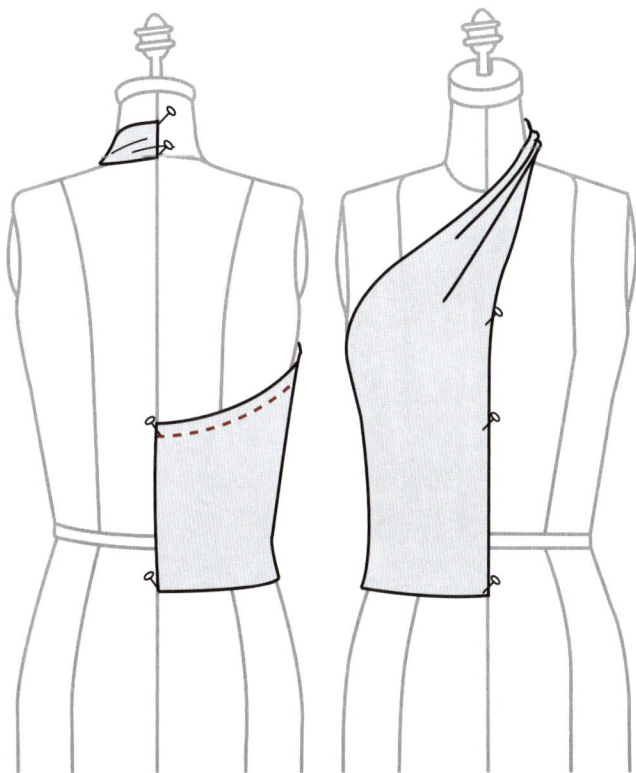

图14-29

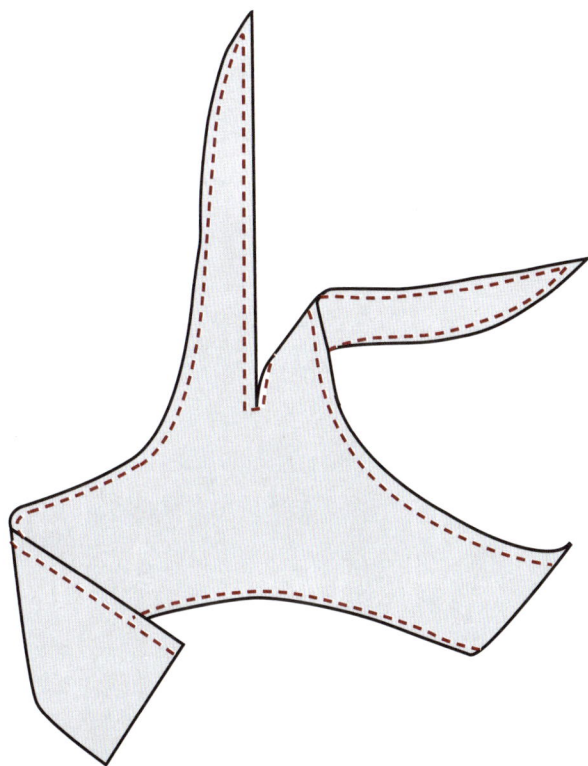

图14-30

⑩ 拓板。从人台上取下立裁样片，画顺所有的线条，加放缝份，修剪多余面料。并将前后片重新别合组装起来。

⑪ 将组装好的立裁样衣穿到人台上，检查准确性和合体性。

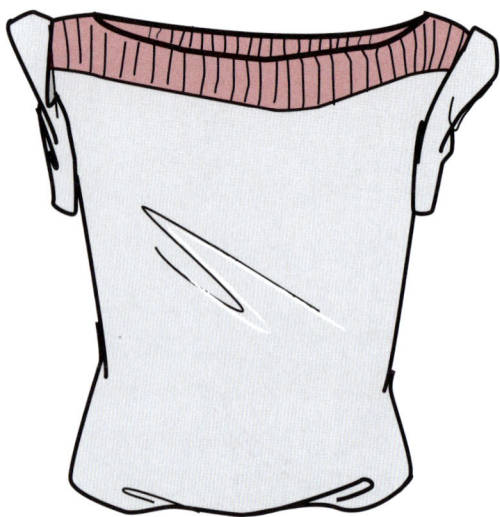

图14-31

船型领针织T恤

船型领T恤款式相对较简单。领口可以设计成有育克的形式，以给简单的T恤增添活力，也可以不带育克。当领口设计成育克形式时可采用罗纹针织面料。搭配不同款式的袖子也能增强T恤的设计感，包括袖长的变化。

人台准备

» 用大头针别出或者用标记带贴出所设计的领口造型和育克设计线。

» 由于针织弹性面料造型时紧贴胸凸表面，立裁时不需要胸带，将胸带从人台上取下。

图14-32

船型领针织T恤：面料准备

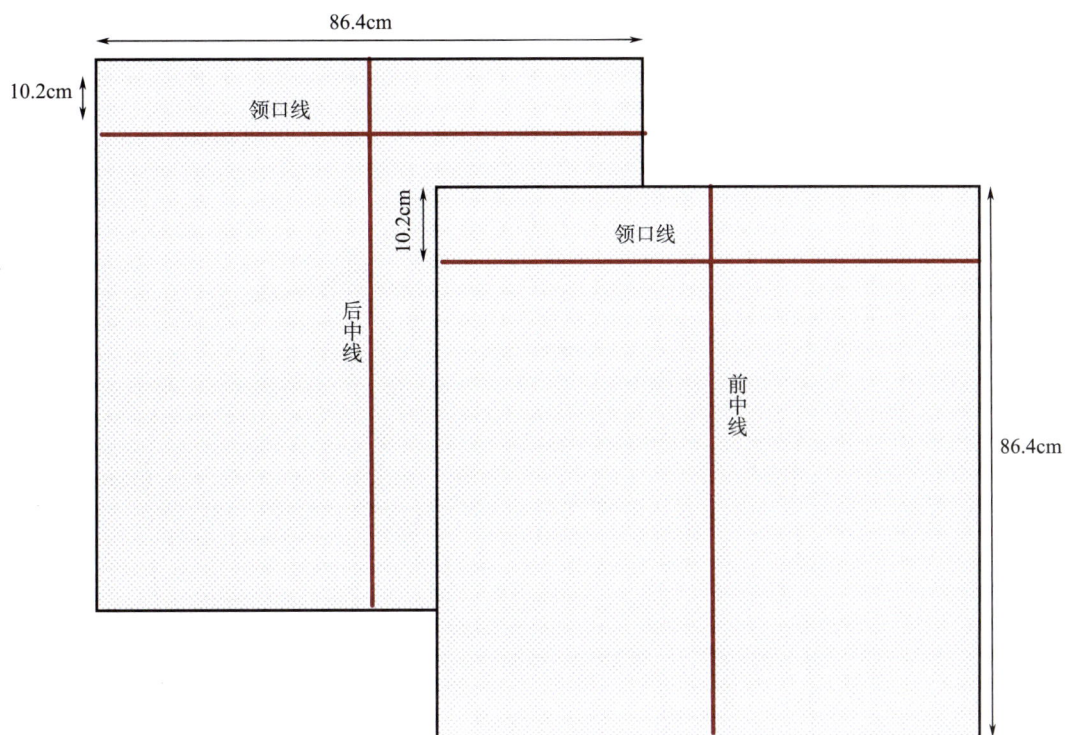

图14-33

① 测量并裁剪两块边长为86.4cm（34英寸）的方形面料，足够整个前片或后片的用料。

② 在每块面料的中间分别画一条竖直线，为T恤的前、后中线。

③ 两块面料分别从上向下量取10.2cm（4英寸）做水平线，代表领口的上边线。

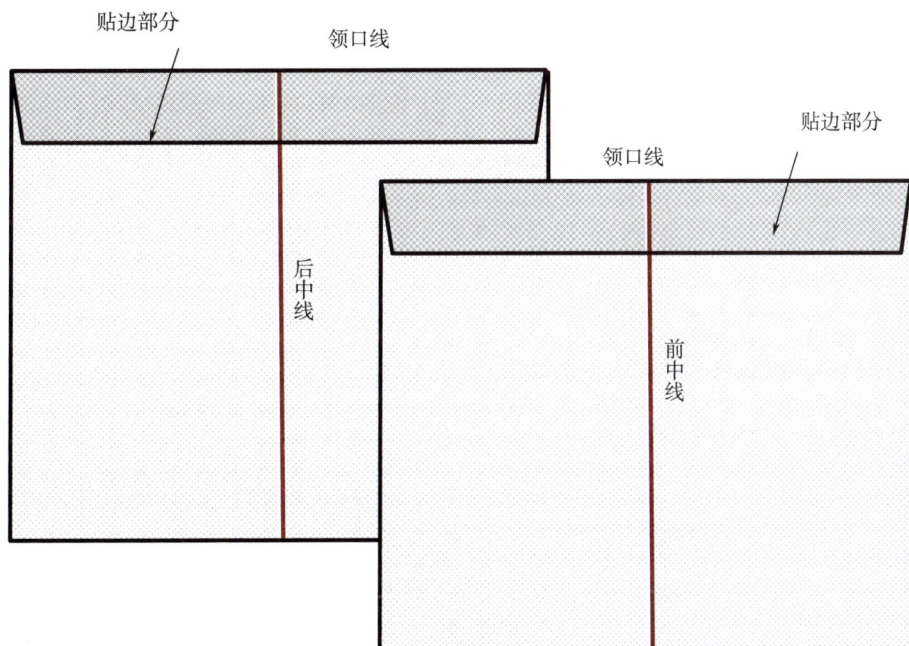

图14-34

④ 沿水平线折叠面料，折叠量为T恤领口的贴边。

船型领针织T恤：立裁步骤

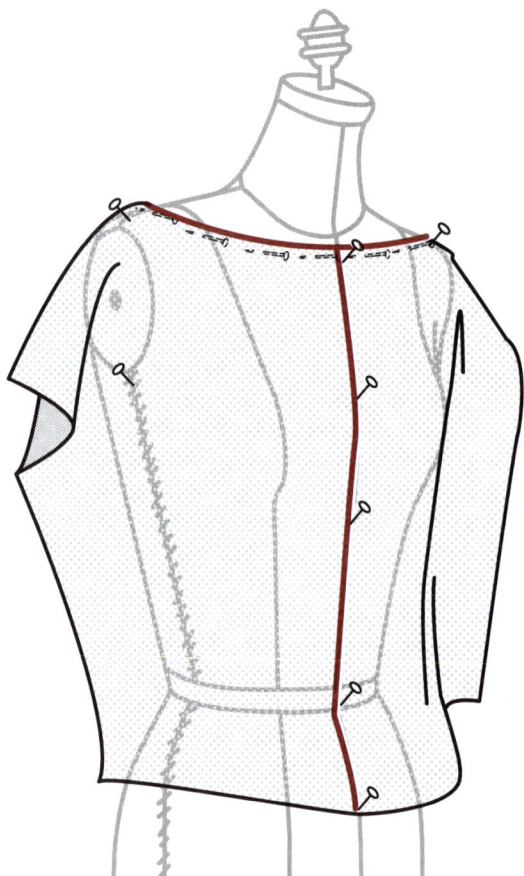

图14-35

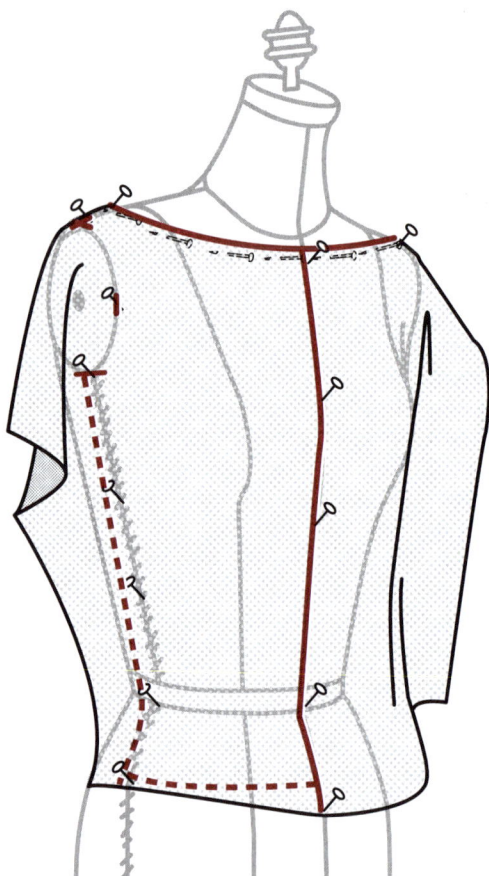

图14-36

1 面料上的前中线对准人台上的前中线别针固定。

2 面料上的双折线（领口水平线）对齐肩线与领口交点，别针固定。

3 向上捋平面料，一直捋过人台的肩线，将前肩线整理到位。

4 在人台的右侧，整理捋平袖窿周围面料，向上捋过肩点，向外捋过人台臂根。确保捋平袖窿周围所有多余面料。

5 继续在人台右侧整理前片侧缝。将平袖窿腋下所有多余布料，捋顺前片侧缝，按照预先设计的造型整理固定侧缝线。

6 在样片上标记出与人台对应的关键点。

a. 前肩线。

b. 袖窿：

» 肩端点做标记。

» 袖窿前腋点做标记。

» 袖窿腋下点做标记。

c. 前侧缝。

d. 底边线。

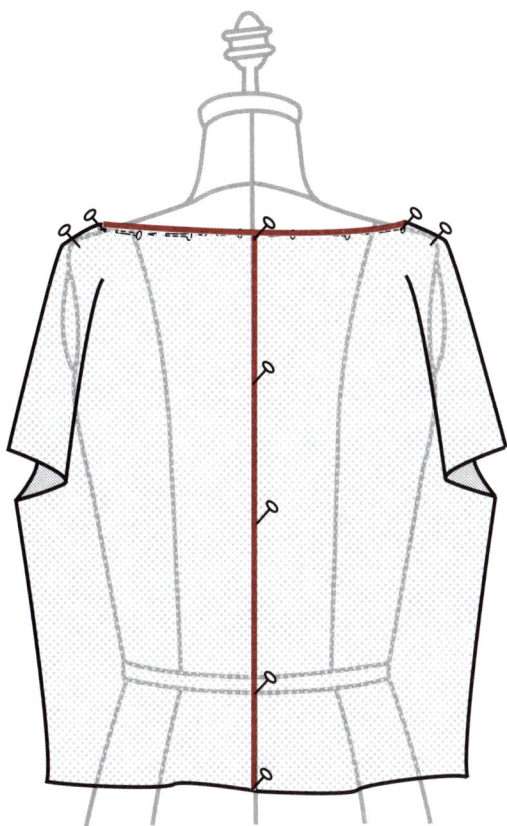

图14-37

⑦ 面料上的后中线对准人台上的后中线别针固定。

⑧ 面料上的双折线（领口水平线）对齐肩线与领口线交点，别针固定。

⑨ 向上捋平面料，一直捋过人台的肩线，整理固定后肩线。

⑩ 整理捋平后袖窿，向上捋顺到肩点，向外捋过人台臂根。确保袖窿周围所有多余的面料都被捋平。

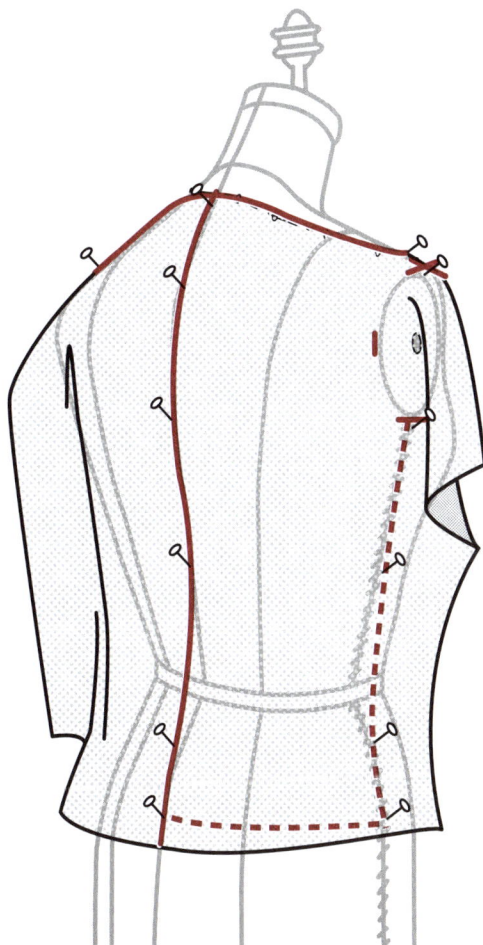

图14-38

⑪ 对齐前片侧缝，立裁后片侧缝。捋平侧缝和腋下多余面料，一直捋过侧缝线。按照前片侧缝线造型将后片侧缝线整理到位。

⑫ 在样片上标记出与人台对应的关键点。

a. 后肩线。

b. 袖窿：

» 肩端点做标记。

» 袖窿后腋点做标记。

» 袖窿腋下点做标记。

c. 后侧缝。

d. 底边线。

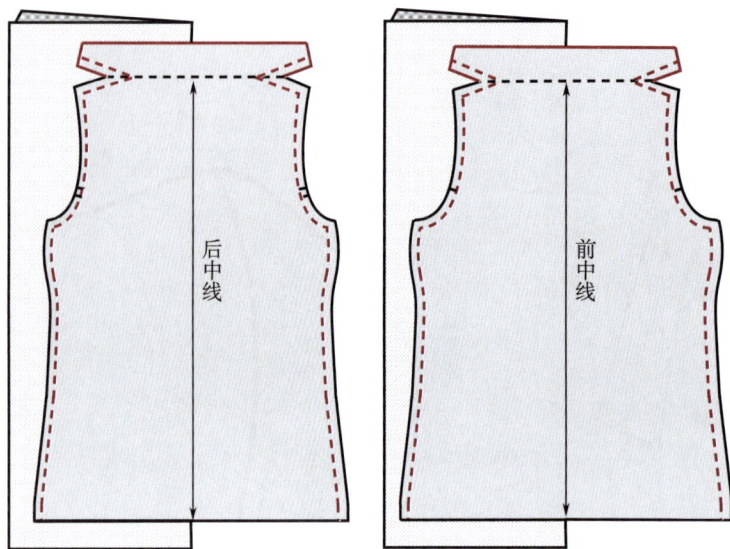

图14-39

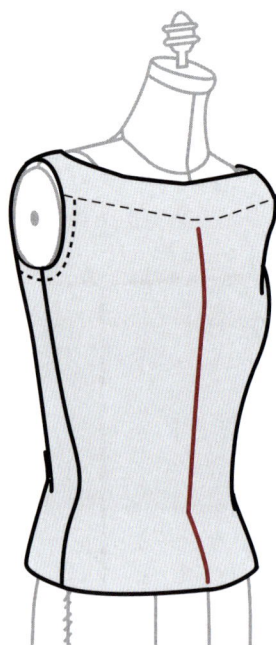

图14-40

⑬ 将所有立裁样片从人台上取下，重新画顺线条。

　a. 沿衣身中线对折，画顺所有线条。袖窿的修正方法见第318页的第13步。加放缝份。

　b. 保持领口线仍处于折叠的状态，确定领口贴边的宽度 $\left[\text{通常为}6.4\text{cm}\left(2\frac{1}{2}\text{英寸}\right)\right]$。贴边两端结束于袖窿中。

　c. 展平领口折叠部分，保持衣身中线仍处于对折状态，将衣身右侧的线条拓到左侧，修剪多余面料。

⑭ 将前、后片的肩线和侧缝缝合在一起，用圆头针采用"拉伸缝合"方法进行缝合。在肩缝处垫一条斜丝带起加固作用。

⑮ 将缝合后的针织上衣重新穿回到人台上，检查准确性、合体性和平衡性。

领口款式变化

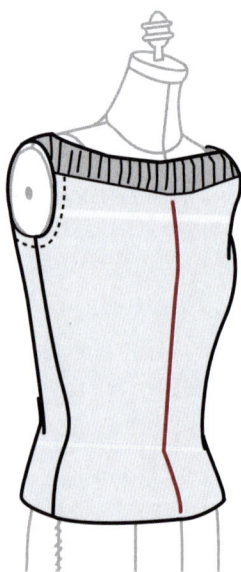

　领口的造型可以设计成用罗纹针织面料制作的育克形式。如果采用这种设计，距领口折线5.1cm（2英寸）做领口线的平行线，为育克设计线，剪下育克部分，分别在育克和衣身育克线上加放缝份。

图14-41

不对称裹裙

针织服装设计变得越来越复杂，通过这款不对称包裹裙的立裁学习，能为其他复杂连衣裙的立裁打下基础。像这类复杂款式一般都需要分别立裁左、右片。这件不对称针织连衣裙的衣身垂向一侧，下摆不对称。衣身前面是一片较大的前片，压在另一片较小的前片上面。由于领口设计得较低，且针织面料又具有弹性，这件服装不需要任何开口，可以套头穿脱。所有的外边缘都用斜裁牵条绲边。如果搭配简洁的盖肩袖或者纤细的合体袖，更能增强其可穿性和妩媚效果。

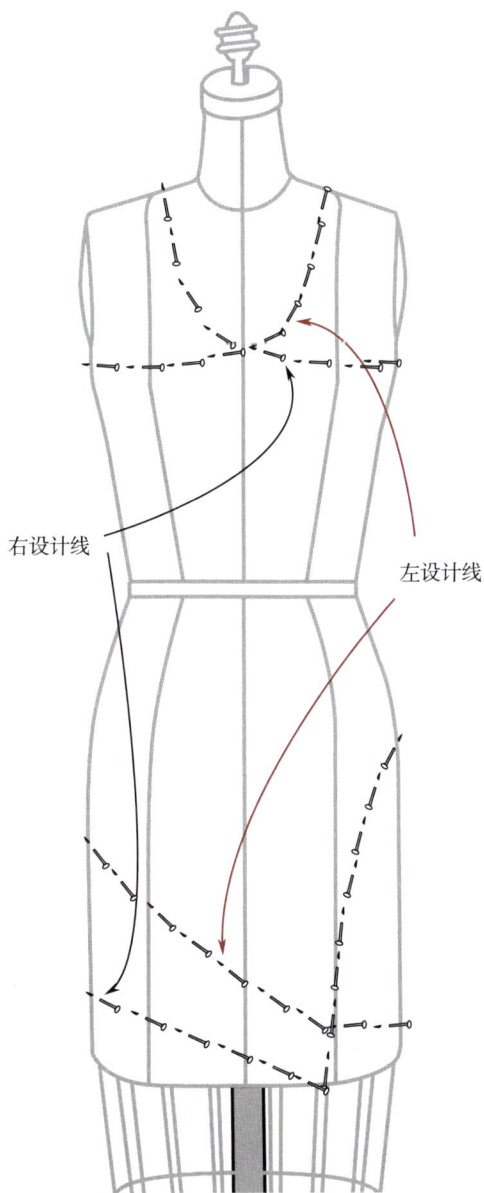

图14-42

人台准备

将胸带从人台上取下。用大头针别出或者用标记带贴出左、右领口造型线。同时也标记出裙子的左、右下摆造型。

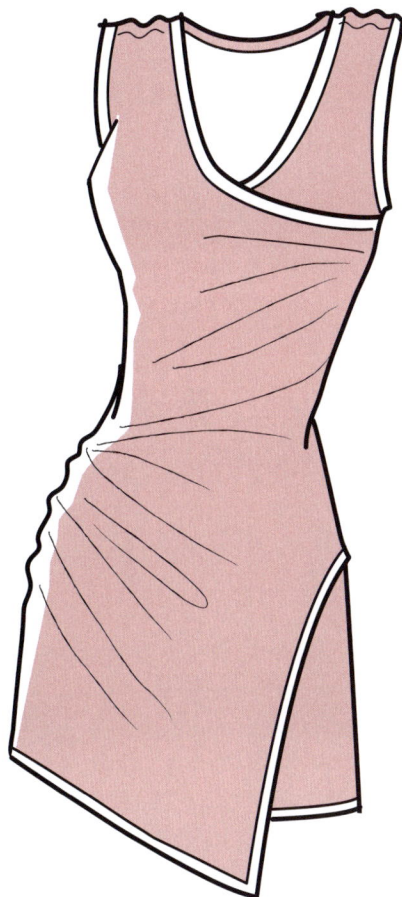

右设计线

左设计线

图14-43

不对称裹裙：面料准备

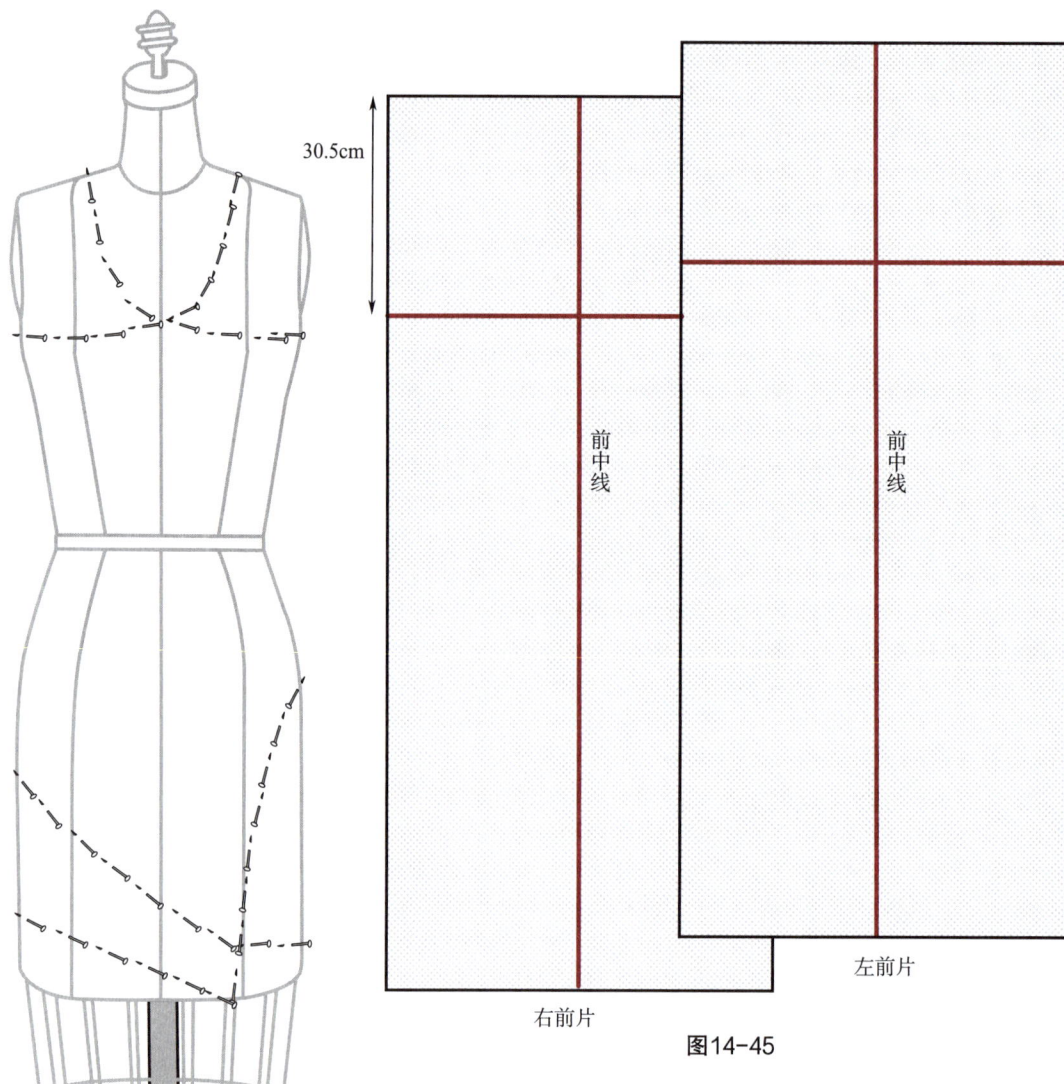

30.5cm

前中线

前中线

右前片

左前片

图14-44

图14-45

---

1 准备两块面料分别用于左、右前片。

a. 从人台肩线到所设计的裙长下摆处测量竖直长度，再加7.6cm（3英寸）为面料所需长度。

b. 在人台前面沿胸围线测量左、右侧缝之间的宽度，再加15.2cm（6英寸），剪取同样宽度的面料。

2 在两块面料的中间经向分别做竖直线。再从上向下竖直量取30.5cm（12英寸），过此点做水平线。

3 后片面料的准备方法与第315页所述的基本款针织上衣、连衣裙的相同，裁出合适长度和宽度的后片。

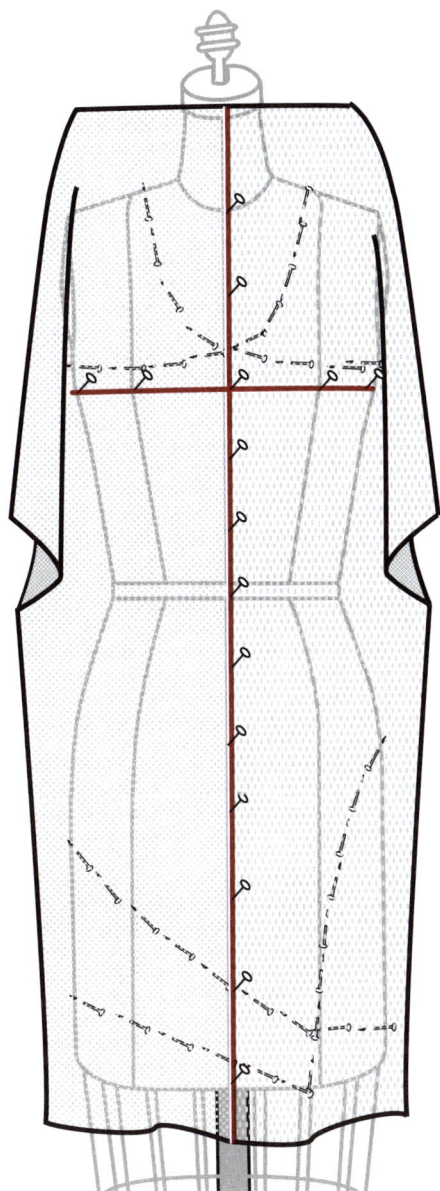

图14-46

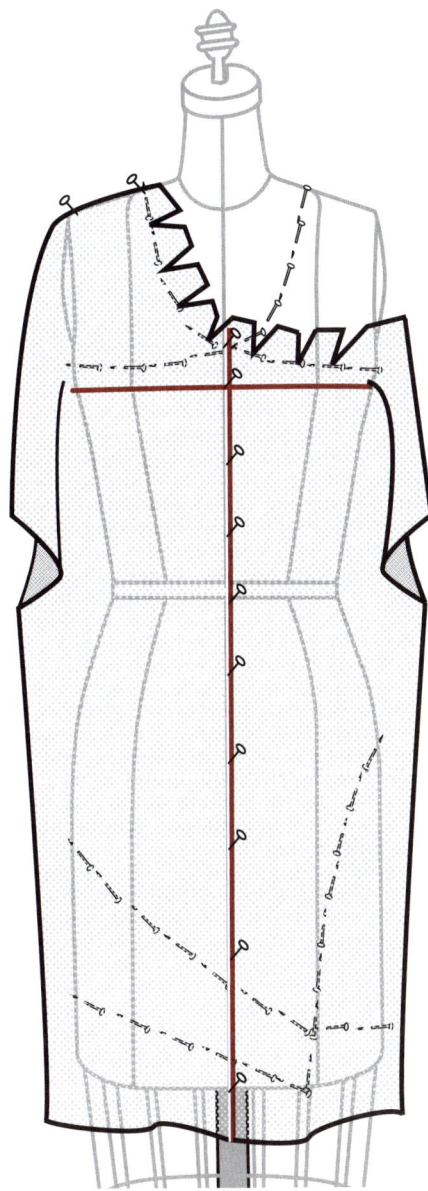

图14-47

1 面料上的竖直线对准人台上的前中线，面料上水平线与人台上的胸围线对齐，在竖直线和水平线上每间隔5.1cm（2英寸）别针固定。

2 整理修剪右前领口。沿前领口设计线向上将平面料直到人台的肩线。

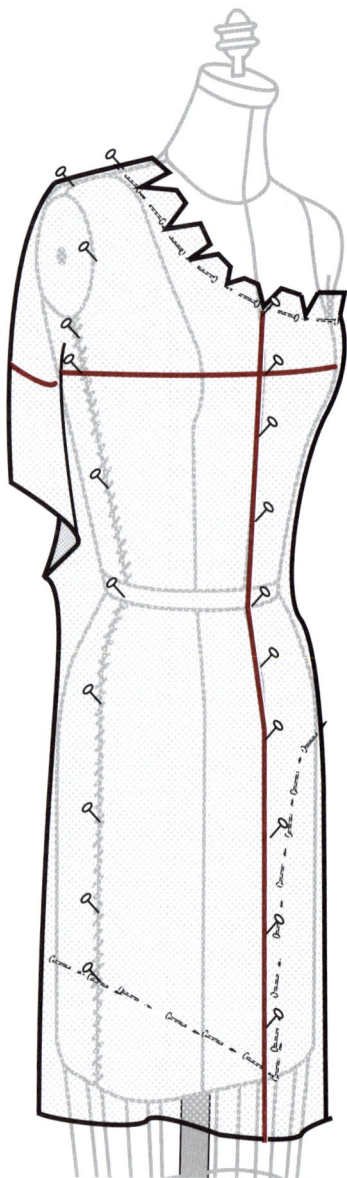

图14-48

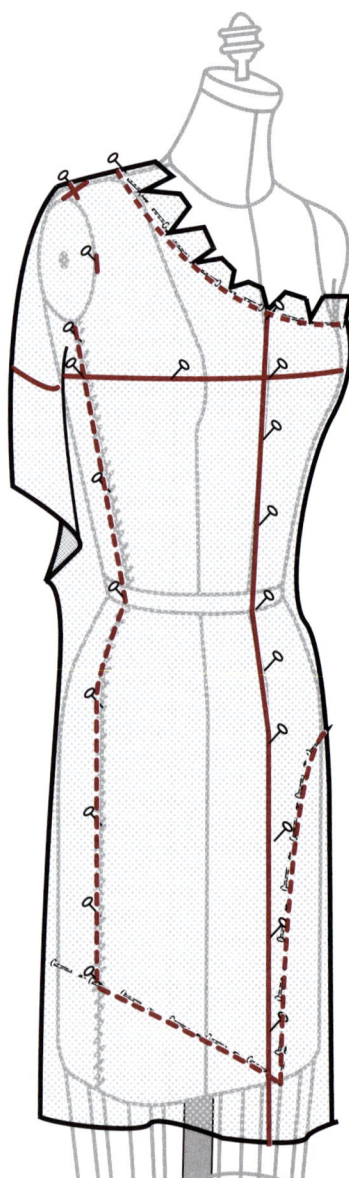

图14-49

③ 整理立裁右前袖窿，捋平袖窿周围多余面料，向上捋过人台肩点，向外捋过臂根。确保所有多余面料都抚平。

④ 立裁前片右侧缝。沿水平线向两侧捋顺面料，捋平腋下多余面料。按照所设计的侧缝造型将侧缝线整理到位。

⑤ 让面料自然下垂覆盖在整个前身，按照不对称下摆的设计线修剪底边，别针固定面料。

⑥ 在样片上标记出与人台对应的关键点。

a. 前领口弧线。

b. 右肩缝。

c. 袖窿：

» 肩端点做标记。

» 袖窿前腋点做标记。

» 袖窿腋下点做标记。

d. 右侧缝。

e. 底边造型线。

国际服装立裁设计：美国经典立体裁剪技法（原书第5版）

不对称裹裙：左前片立裁步骤

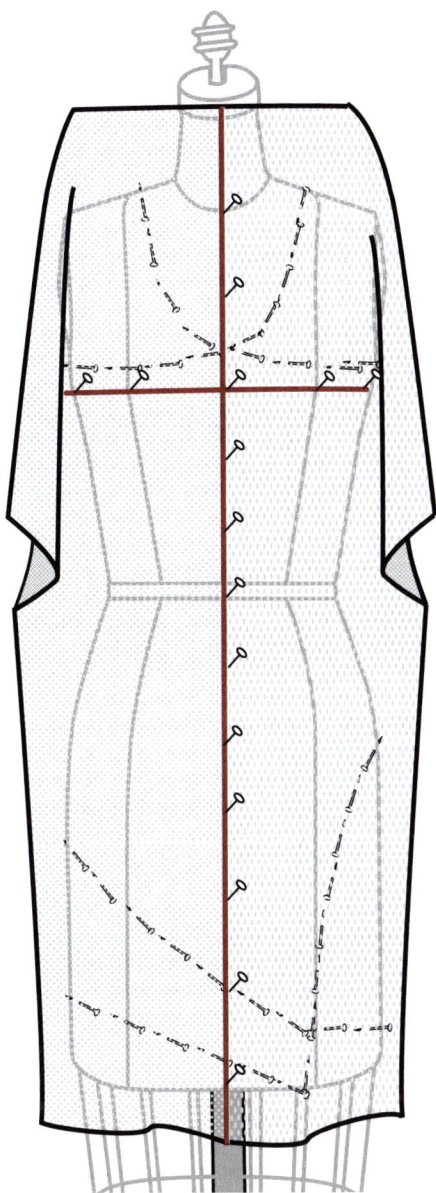

图14-50

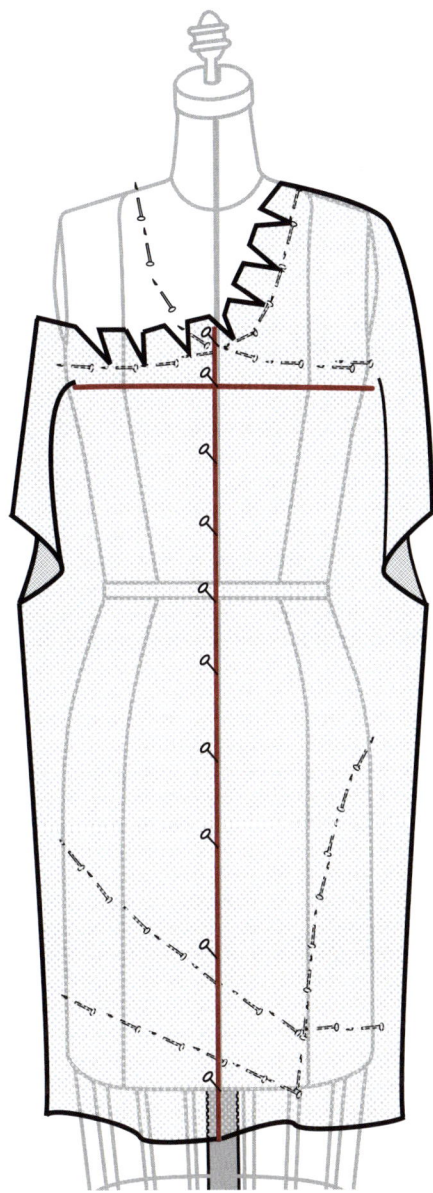

图14-51

① 面料上的竖直线对准人台上的前中线，面料上的水平线与人台上的胸围线对齐，在竖直线和水平线上每间隔5.1cm（2英寸）别针固定。

② 整理修剪左前领口。沿前领口设计线向上将平面料，一直捋过人台的肩线。

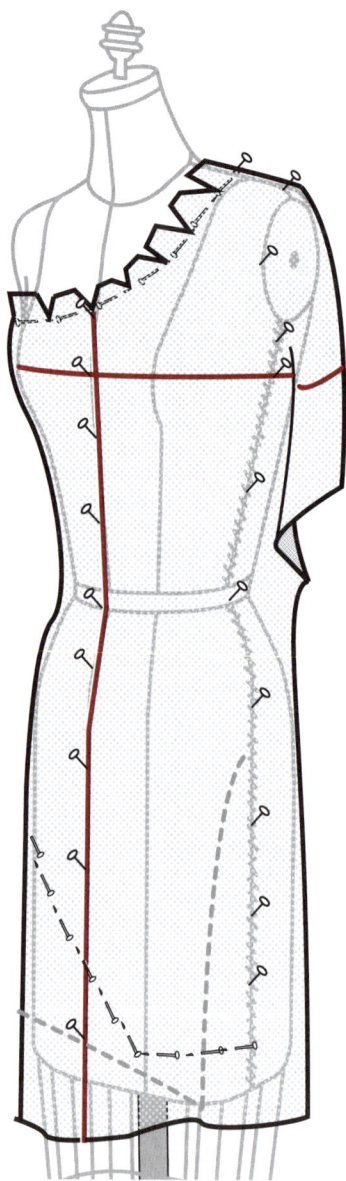

图14-52

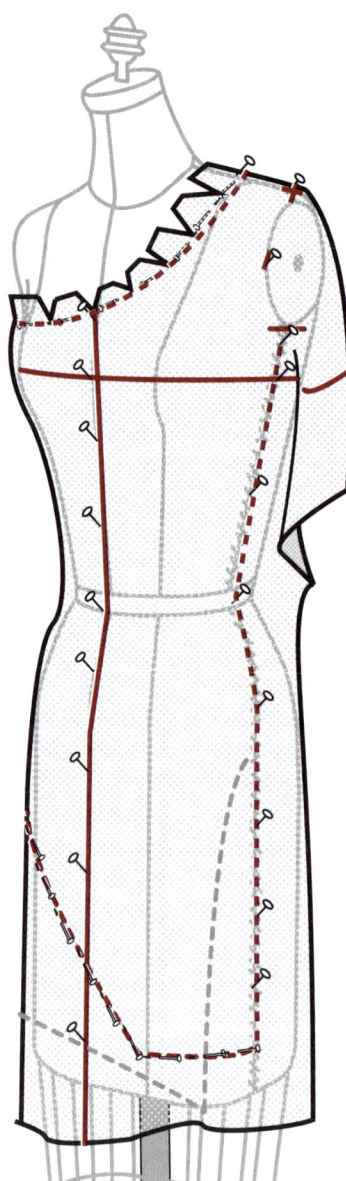

图14-53

③ 整理立裁左前袖窿，捋平袖窿周围多余面料，向上捋过人台肩点，向外捋过臂根。确保所有多余面料都要抚平。

④ 立裁前片左侧缝。沿水平线向两侧捋平面料，以及腋下多余面料。按照所设计的侧缝造型将侧缝线整理到位。

⑤ 让面料自然下垂覆盖在整个前身，按照不对称下摆的设计线修剪出底边线，并别针固定面料。

⑥ 在样片上标记出与人台对应的关键点。

　　a. 前领口弧线。

　　b. 左肩缝。

　　c. 袖窿：

　　» 肩端点做标记。

　　» 袖窿前腋点做标记。

　　» 袖窿腋下点做标记。

　　d. 左侧缝。

　　e. 底边造型线。

不对称裹裙：后片立裁步骤及拓板

1 拓板。将所有立裁样片从人台上取下，重新画顺线条，加放缝份，修剪多余面料，再将前片别回到人台上。

2 样板别回到人台上后，检查准确性、合体性和平衡性。

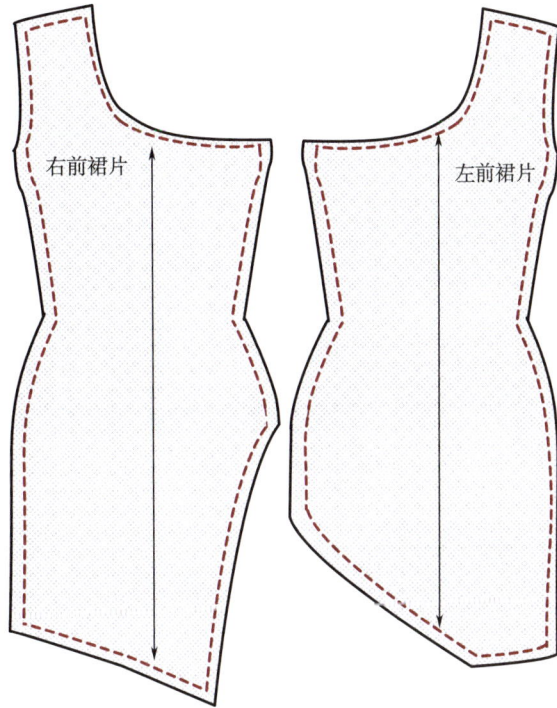

右前裙片

左前裙片

图14-54

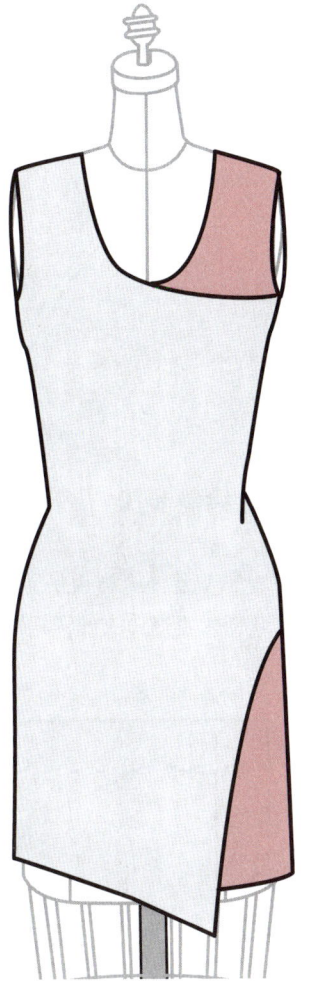

图14-55

3 立裁后片。按照基本款针织上衣、连衣裙的后片步骤进行立裁，见第317~318页的图示与步骤。确保后肩线与前肩线对齐，后领口造型准确。同样，前、后侧缝的造型和长度也要相同。

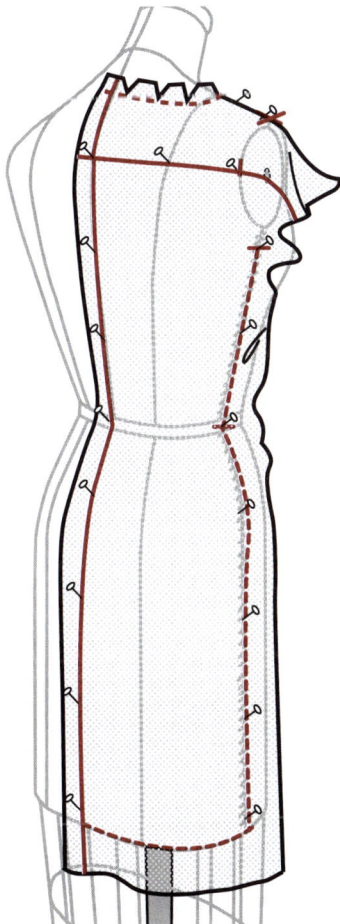

图14-56

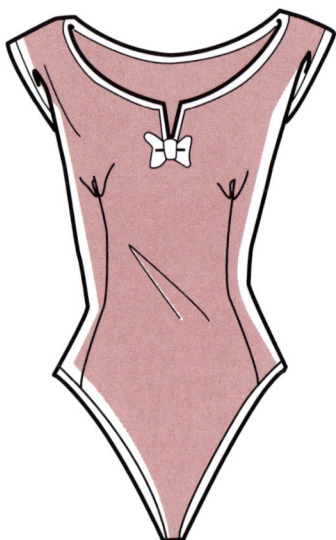

图14-57

针织连体衣

针织紧身连体衣、泳衣是没有裤腿的一片式连体衣，有时也带袖子。针织紧身连体衣是运动服和泳装的最新款式。这款新潮的服装使人体腿部线条完全暴露，设计师可以随意设计连体衣的腿底造型线。氨纶或莱卡等针织面料是这款简洁运动装的理想面料。

样板绘制步骤

紧身连体衣样板是通过修正无省针织上衣样板的基础上得到的，然后将样衣穿到人台上调节合体性。用这种方法获得紧身连体衣的样板快速而简单。通过这个基本款连体衣的样板，还可以变化设计出各种新潮时髦的款式。

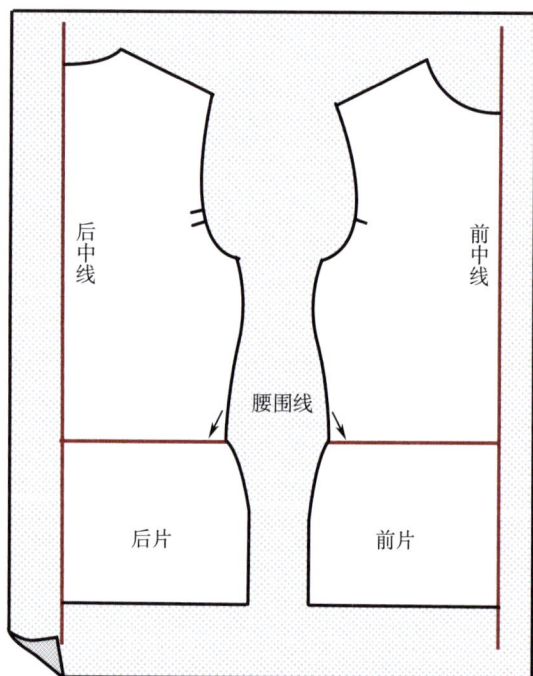

图14-58

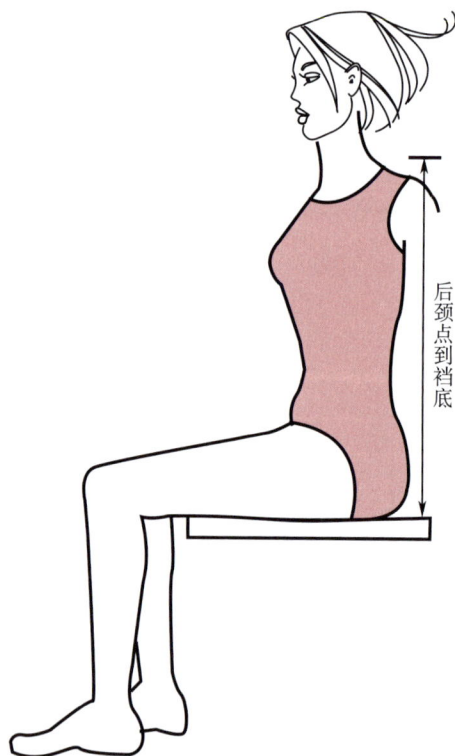

图14-59

① 将合体针织上衣的前、后片样板拓在打板纸上，合体针织上衣的面料弹性要与所设计的紧身连体衣的相同。

② 画出腰围线。

③ 测量模特从后颈点到裆底的长度，如果是坐姿，则直接测量到椅子表面。这个长度约为69cm（27英寸），再减去3.8cm（$1\frac{1}{2}$英寸）。

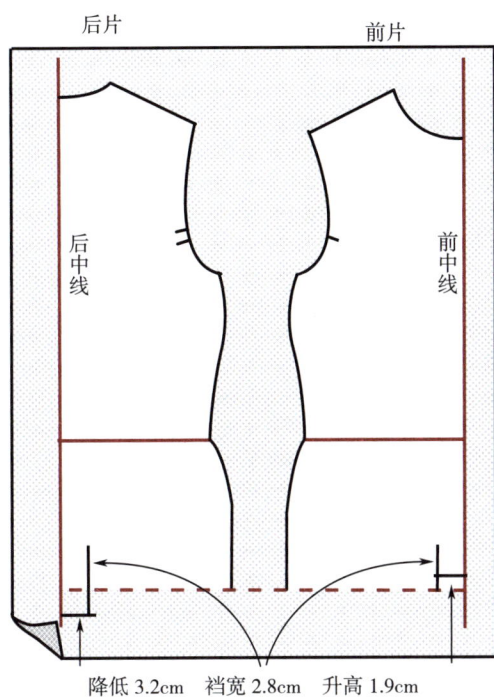

后片　　　　　前片

后中线　　　前中线

降低 3.2cm　　挡宽 2.8cm　　升高 1.9cm

图14-60

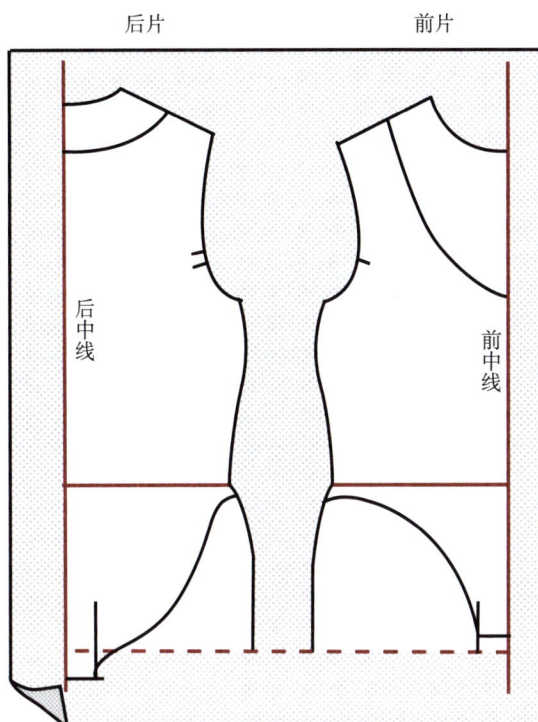

后片　　　　　前片

后中线　　　前中线

图14-61

④ 将后颈点到裆底的长度绘制到样板上。

　　a. 在样板上从后颈点向下量取上一步所测数值，并做记号。

　　b. 过记号点做一条水平线为横裆线，分别交于前中线和后中线。

⑤ 画出前裆宽。沿前中线从横裆线向上量取 1.9cm（3/4英寸），过此点向侧缝方向做水平线，长 2.8cm（$1\frac{1}{8}$英寸），并做出记号。

⑥ 画出后裆宽。沿后中线从横裆向下量取3.2cm（$1\frac{1}{4}$英寸），过此点向侧缝方向做水平线，长 2.8cm（$1\frac{1}{8}$英寸），并做出记号。

⑦ 画出腿底设计线。本案例的腿底造型是曲线，用法式曲线尺从裆底标记点开始，先竖直向上，再转向腰围线下面的侧缝处，最后变成水平方向的线条，线条方向转了90°。

注　为了能够较大范围的包裹臀部，后片腿底弧线应向下凸一些。

⑧ 按照设计用曲线尺画出前后领口弧线。

注　如果前领口设计得较低，那么后领口就要设计得高一些，反之亦然。因为从结构上考虑，如果前、后领口都很低，紧身连体衣就会容易从肩部滑落。

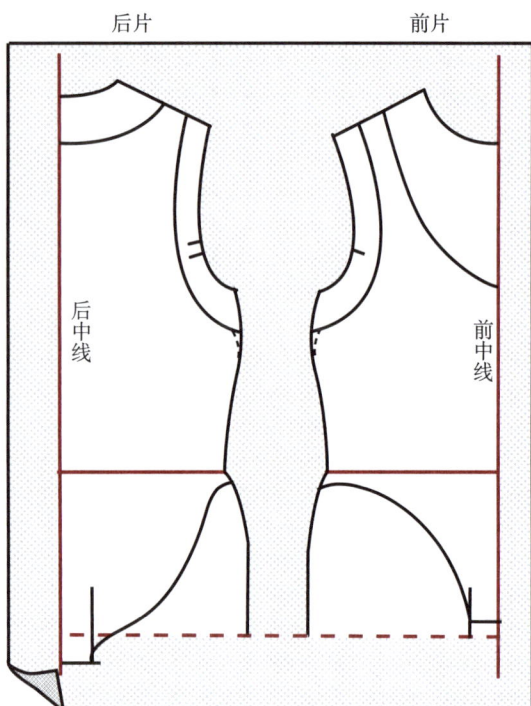

后片　　　　　　　前片

后中线

前中线

图14-62

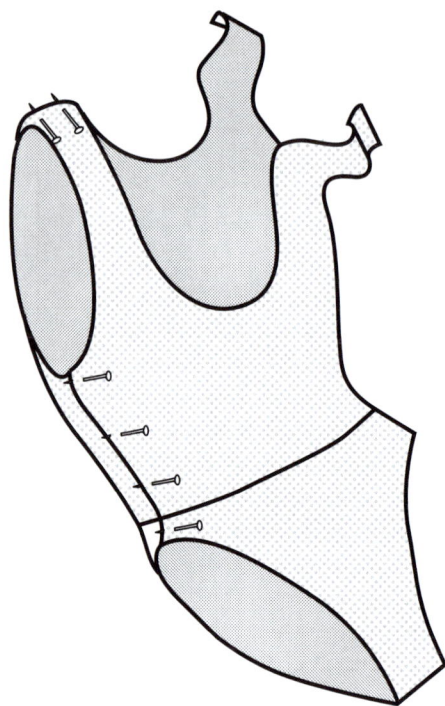

图14-63

⑨ 按照设计用曲线尺画出前、后袖窿弧线。与前面一样，在新袖窿腋底与侧缝交点处也要收进0.6cm（1/4英寸），再画顺新侧缝线、袖窿腋底。

> **注** 这样做是为了消除袖窿降低后可能在袖窿腋底产生的松量。

⑩ 在针织面料上裁出整个样片（包括左、右片）。将肩、侧缝和裆底用大头针别合组装起来。

> **注** 连体样衣所用面料弹性要与基本款针织上衣的相同，也要与最后成衣的面料弹性相同。

⑪ 将针织连体衣穿到带腿的人台上，轻轻固定中线位置。

⑫ 修正肩线、侧缝和裆底的合体性，根据需要修正、重别。用记号笔在有改动的地方做出标记。

⑬ 重新拓板。将修正好的样片从人台上取下，重新画顺线条，并加放1cm（3/8英寸）的缝份。因为合体性修正对样板做了改动，所以需要重新再拓一个新样板。

> **注** 关于在连体衣腿底边缘安装松紧的方法详见第348页的第4步。

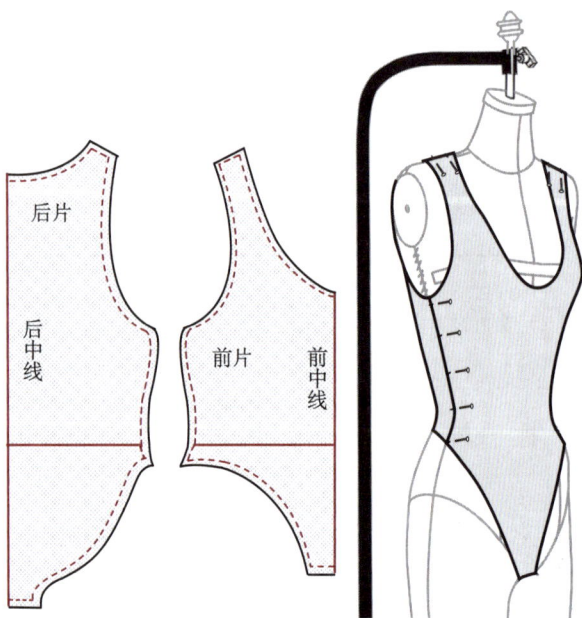

后片

后中线

前片　　前中线

图14-64

国际服装立裁设计：美国经典立体裁剪技法（原书第5版）

针织连体裤

　　合身针织连体裤是一种紧身、连腿的一体式衣裤结构，有时也带袖子。紧身裤可以是短裤、四分之三中裤或者长裤。

　　时尚、实用而又穿着舒适，是连体裤备受青睐的主要原因。这款一体式针织服装常常是时尚人士、运动爱好者和竞技运动员的理想之选。可以采用各种针织材料制作，如马海毛、纬编织物或经编织物等，总之要能保证身体活动自如。而且，同样的思路也可用于制作潜水服，但尺寸应稍大一些，以适应潜水服面料的弹性特点。

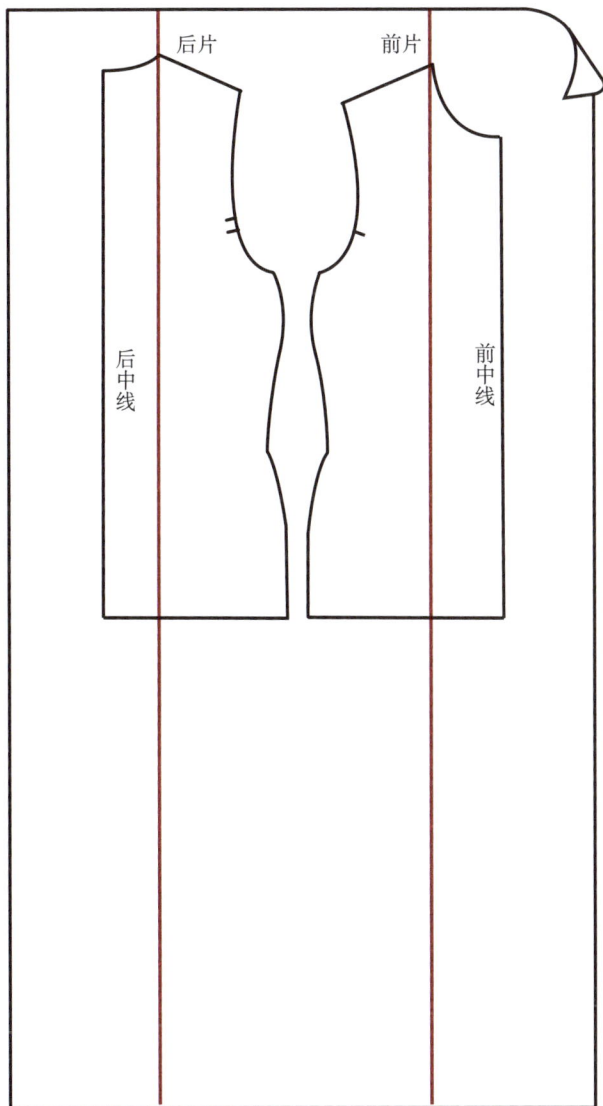

图14-65

样板绘制步骤

　　连体裤的样板是通过将无省针织上衣的样板修正成紧身贴体的造型而得到的。然后将样衣穿到人台上进行合体性的调节。用这种方法获得紧身连体裤的样板快速而简单。通过这个基本款连体裤样板，还可以变化设计出各种新潮时髦的款式。

1. 裁一张长152cm（60英寸）、宽76cm（30英寸）的打板纸。
2. 距打板纸的两边各28cm（11英寸），画出两条竖直的经向线。
3. 将合体针织上衣的前、后片样板分析拓在打板纸上，合体针织上衣的面料弹性要与连体裤相同。样板的侧颈点与打板纸上的竖直线对齐，竖直线与样板的前、后中线平行。

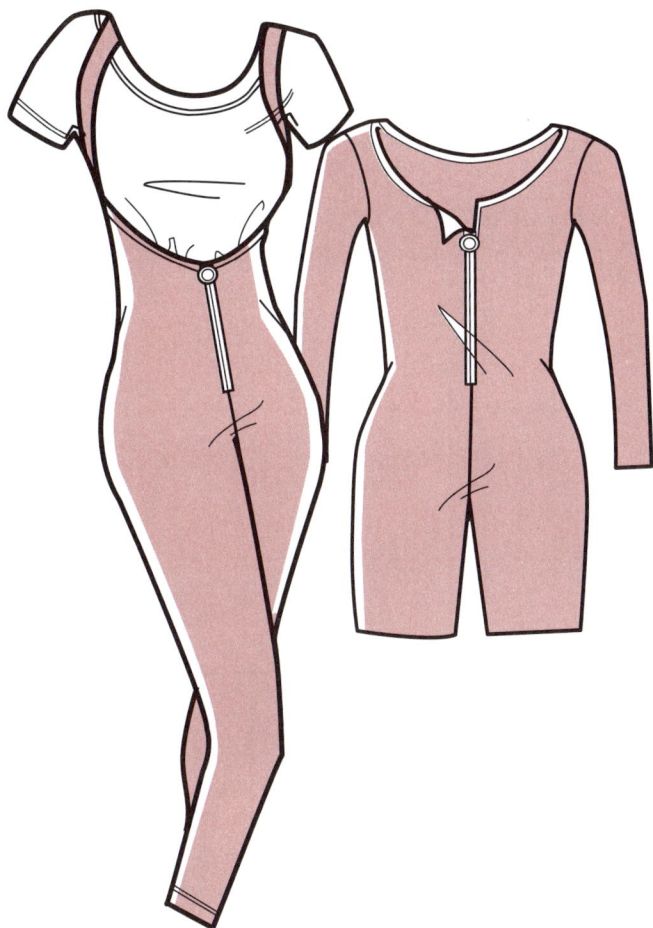

图14-66

④ 测量模特后颈点到裆底的长度，如果是坐姿，则直接测量到椅子表面。这个数值约为69cm（27英寸），再减去2.5cm（1英寸）。

⑤ 测量模特站立时后颈点到脚踝的长度，再减去3.8cm（$1\frac{1}{2}$英寸）。

┌─────────────────────────────────────┐
注　由于织物弹性大小的不同，这个数值会有略微的浮动。
└─────────────────────────────────────┘

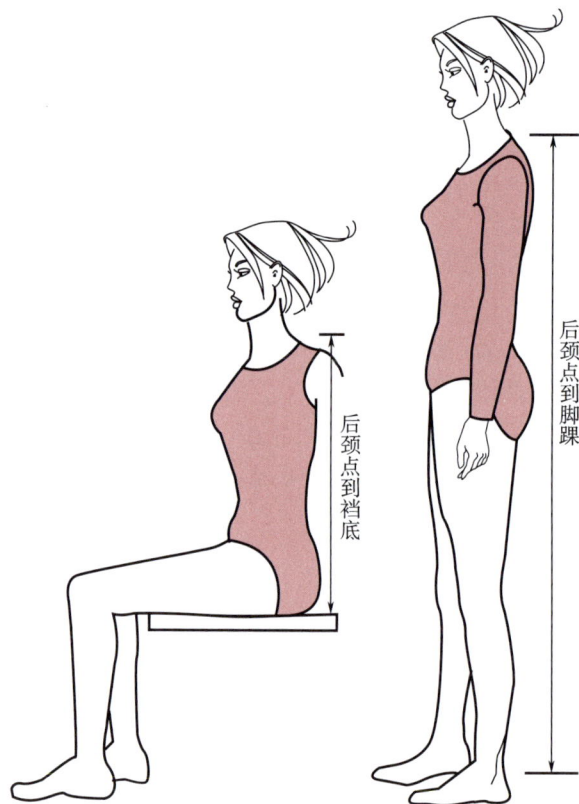

图14-67

⑥ 将后颈点到裆底的测量值绘制到样板上。用长直尺从样板的后颈点向下量取相同长度并做标记。过标记点做一条水平线横跨前、后样片，为横裆线。

⑦ 将后颈点到脚踝的测量值绘制到样板上。用长直尺从样板的后颈点向下量取相同长度并做标记。过标记点做一条水平线横跨前、后样片，为脚口线。

⑧ 确定中裆线。

　a. 测量横裆线到脚口线之间的距离后再减去5.1cm（2英寸），将所得数据等分，再加7.6cm（3英寸）。

　b. 从脚口线向上量取上一步所得数据，过此点做水平线横跨前、后样片，为中裆线。

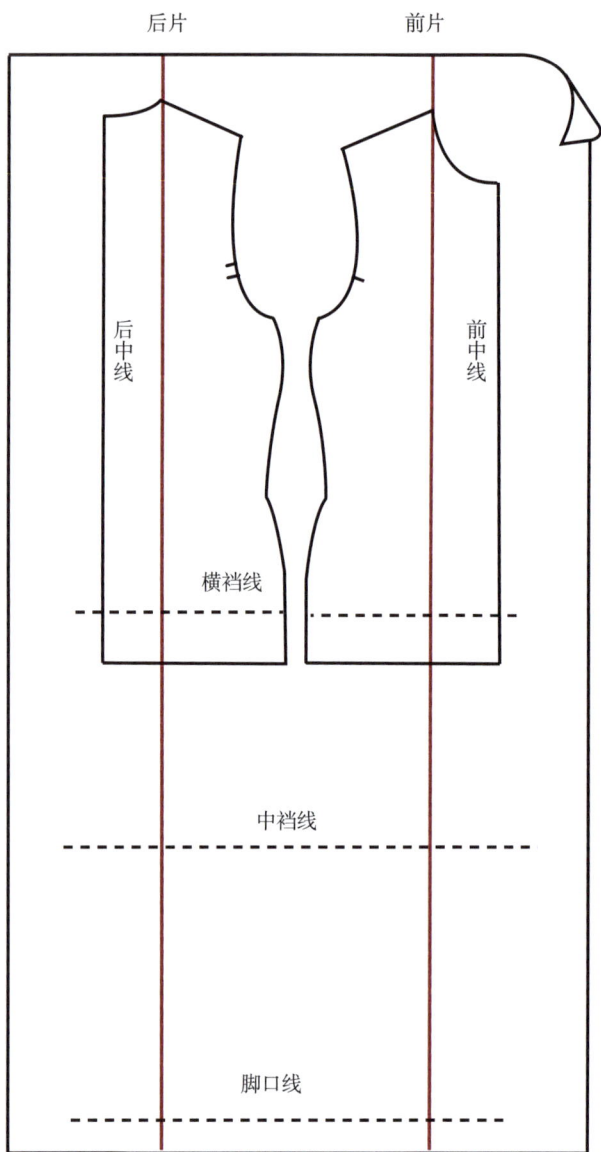

图14-68

国际服装立裁设计：美国经典立体裁剪技法（原书第5版）

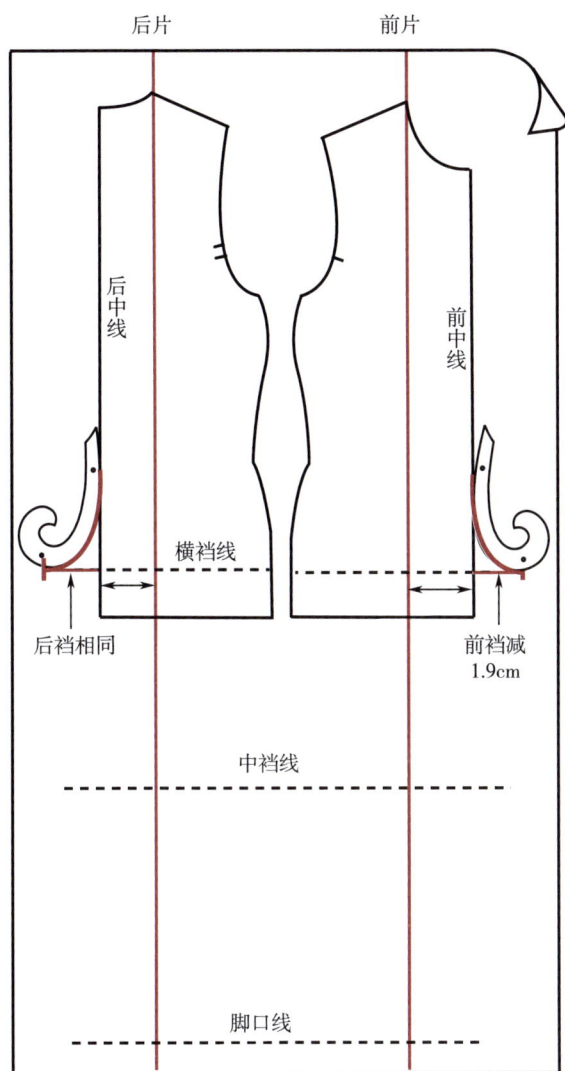

后片　前片

后中线　前中线

横裆线

后裆相同

前裆减
1.9cm

中裆线

脚口线

图14-69

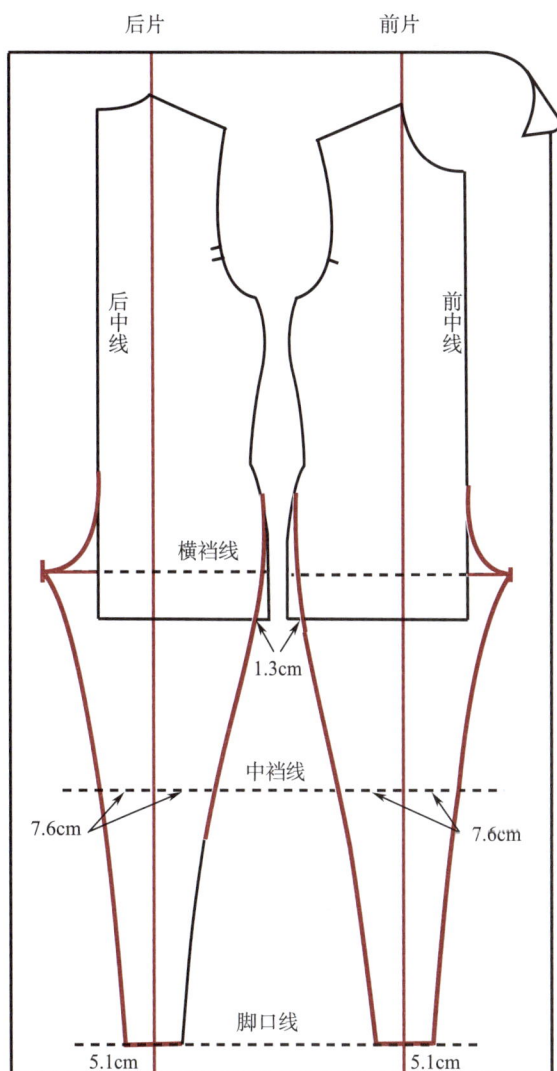

后片　前片

后中线　前中线

横裆线

1.3cm

中裆线

7.6cm　　7.6cm

脚口线

5.1cm　　5.1cm

图14-70

9 绘制裤裆。

a. 绘制前裤裆，测量前中线到竖直经向线之间的水平间距，再减1.9cm（3/4英寸），将横裆线从前中线向外延长所得的数值。

b. 绘制后裤裆，测量后中线到竖直经向线之间的水平间距，将横裆线从后中线向外延长相同的数值。

c. 画出前、后裆弯弧线，用曲线尺将上两步确定的前、后裆点，分别与前、后中线用圆顺的弧线画顺。

10 绘制裤腿。

a. 在脚口线上，从经向线向左、右两边各量取5.1cm（2英寸），做标记。

b. 标记新侧缝的位置。前、后侧缝在横裆线向内收进1.3cm（1/2英寸），做标记。

c. 在中裆线上，从经向线分别向两边量取7.6cm（3英寸），做标记。

d. 用长弧线尺，画顺横裆线到中裆线间的侧缝和内侧缝线。

e. 过新标记点，重新修顺腰围线到中裆线的侧缝线。用直尺连接中裆和脚口的标记点，并与中裆以上的侧缝线和内侧缝衔接顺畅。

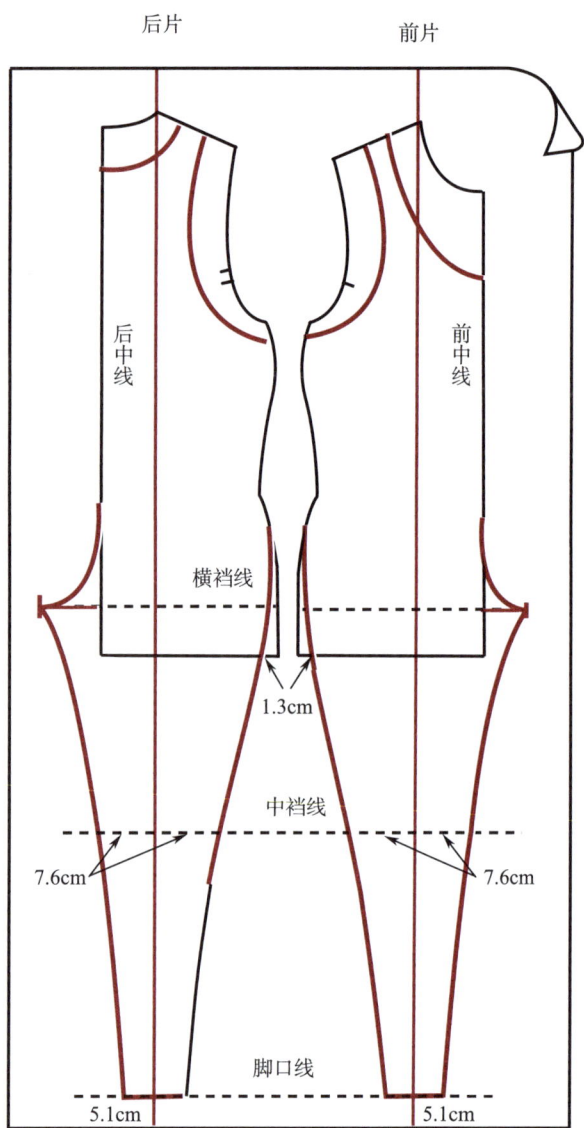

后片　　　　　　前片

后中线　　　前中线

横裆线

1.3cm

中裆线

7.6cm　　　　　　7.6cm

脚口线

5.1cm　　　5.1cm

图14-71

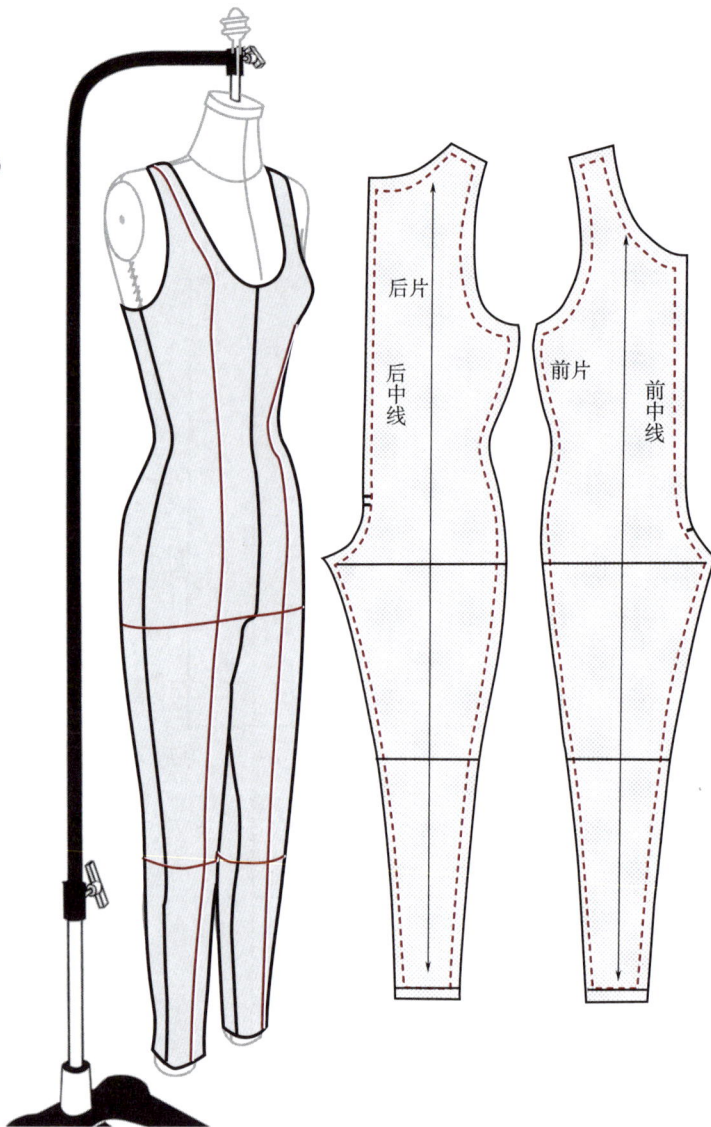

后片

后中线

前片

前中线

图14-72

11 按照设计用曲线尺画出前、后领口弧线。

注　如果前领口设计得较低，那么后领口就要
　　设计得高一些，反之亦然。因为从结构上
　　考虑，如果前、后领口都很低时，紧身连
　　体衣的肩部会容易滑落。

12 按照设计用曲线尺画出前、后袖窿弧线。新袖
　　窿仍需要将腋下侧缝收进0.6cm（1/4英寸），再
　　修顺侧缝、袖窿处的弧线。

13 在针织面料上裁出整个样片（左、右片）。将
　　肩缝、侧缝和内侧缝用大头针别合。

注　制作样衣的面料弹性要与基本款针织上衣的
　　相同，也要与最后成衣的面料弹性相同。

14 将针织连体裤穿到带腿的人台上，轻轻固定样
　　衣的中线。

a. 检查肩线、侧缝和内侧缝的合体性，根据设计
　　要求修正、重别。用记号笔在修正的地方做
　　上标记。

b. 重新拓板。将修正好的样片从人台上取下，
　　画顺所有线条，并加放1cm（3/8英寸）的缝
　　份。因为合体性修正将样板做了一定的改
　　动，所以有必要重新拓一个新样板。

国际服装立裁设计：美国经典立体裁剪技法（原书第5版）

针织裤

针织裤子紧身贴体、穿着舒适实用，常采用双向弹性织物制作。有时在脚口处设计有踩脚，用以稳定裤型。可以是短裤、四分之三中裤或是长裤。裤子的穿着已经有几个世纪的历史了，可以用皮革、尼龙绗缝面料或人造毛皮等材料制作。

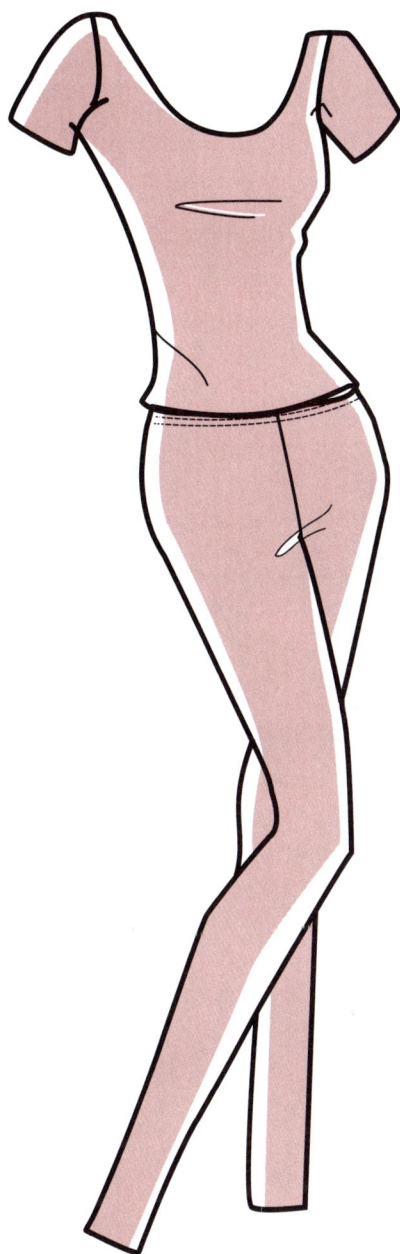

图14-73

样板绘制步骤

针织裤的样板绘制方法与连体裤类似，样衣缝合后在人台或者人体上进行合体性的校核与修正。

1. 按照针织连体裤的步骤绘制针织裤样板。
2. 仅取连体裤的腰围线以下部分。
3. 腰围线向上延伸3.8~5.1cm（$1\frac{1}{2}$~2英寸），延伸量取决于松紧带的宽度。

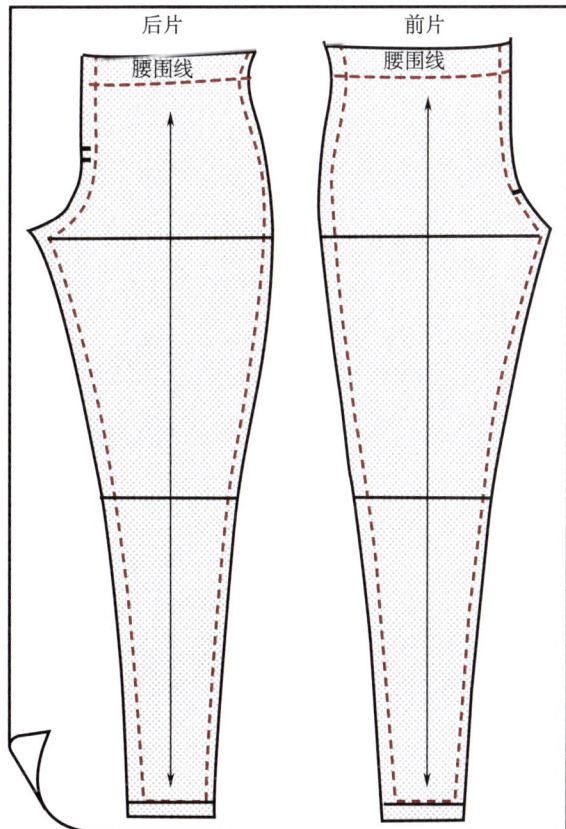

图14-74

针织裤：缝制步骤

① 量取松紧带的长度，应等于腰围尺寸减5.1cm（2英寸），将松紧带的两端重叠缝合牢固。

② 将腰围线以上延伸出来的腰头部分锁边。

③ 将松紧带与延伸出的腰头固定在一起。松紧带要等间距的分配到腰围上，分别在前中线、后中线和侧缝等处别针固定。

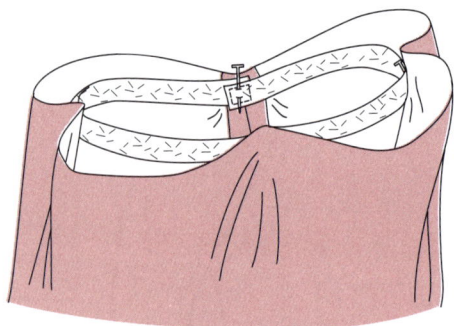

图14-75

④ 一边拉伸松紧带，一边用Z字针迹将松紧与腰头缝合。

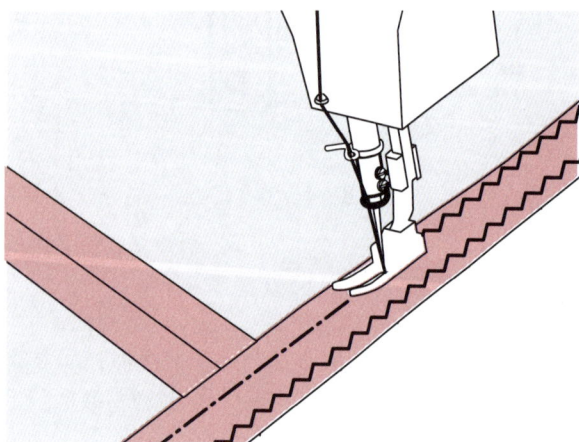

图14-76

⑤ 将装了松紧的腰头翻到反面（延伸量的一半）。

⑥ 一边拉伸松紧带一边缝合腰头的边缘。

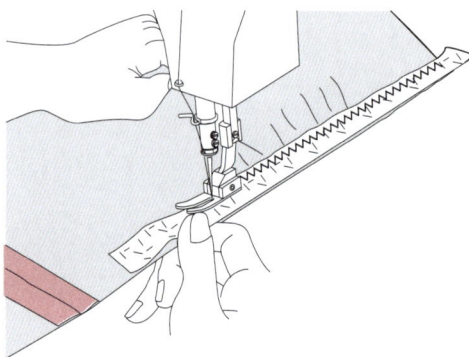

图14-77

⑦ 缝制完成后，穿到人台上或者人体上进行合体性评测。

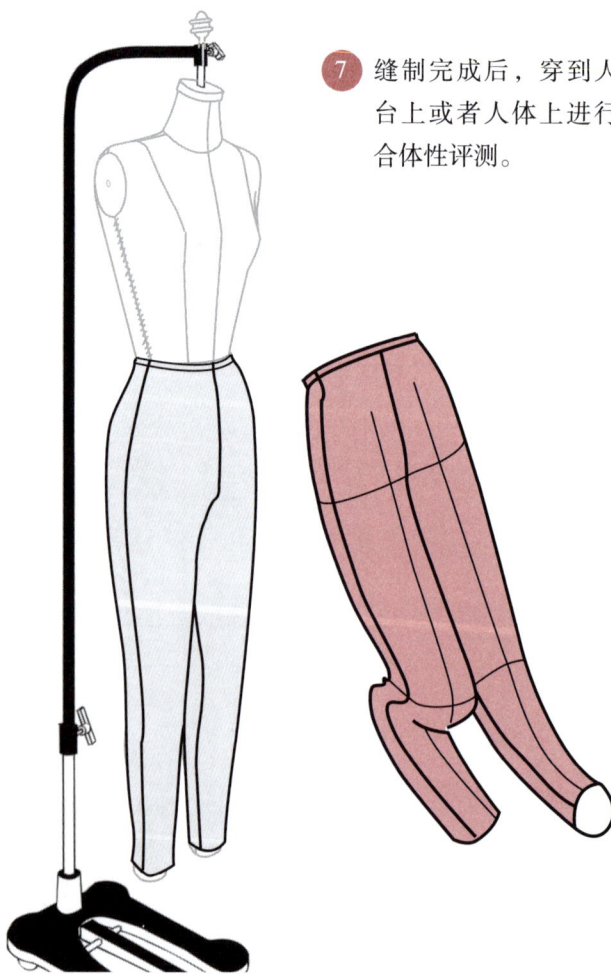

图14-78

针织内裤

针织面料由于穿着的舒适性变得越来越重要。轻薄针织物柔和、弹性大，常用于紧身衣、比基尼或弹力内裤等。如果立裁技术到位，合体性控制得当，内裤的设计也是一件充满乐趣的工作。

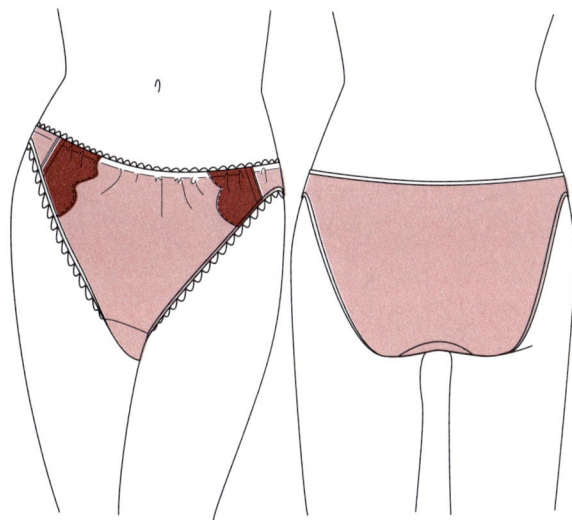

图14-79

样板绘制步骤

针织内裤的样板绘制可以基于连体衣的样板，样衣缝合后在人台或人体上进行合体性修正。

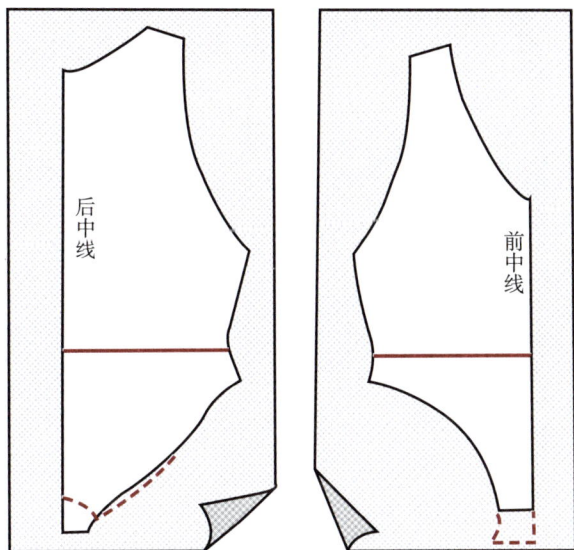

图14-80

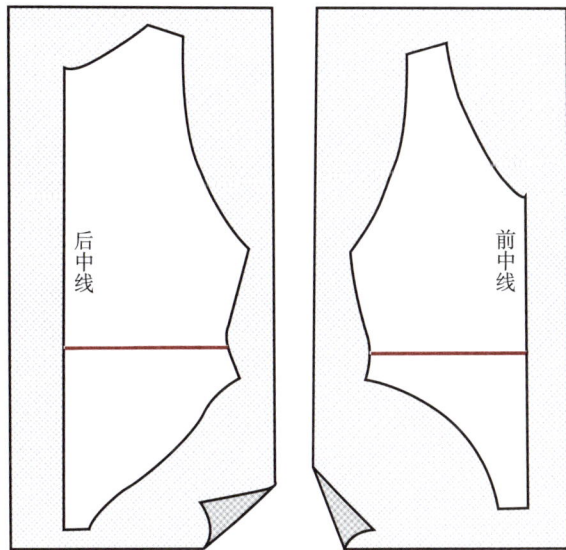

图14-81

1 将针织连体衣的前、后样板拓到一张打板纸上。

2 画出前、后腰围线和臀围线，用于内裤的制板。

3 重新绘制前、后裆。

  a. 为了使前裆更合体，将前裆偏下5.1cm（2英寸）。

  b. 为了使后裆更合体，将后裆偏上5.1cm（2英寸），后裆缝要画成向内凹的曲线。

  c. 在原前裆线处裁剪前片。

  d. 在新后裆线处裁剪后片。

  e. 前、后片的裆底通过插裆片连接到一起。

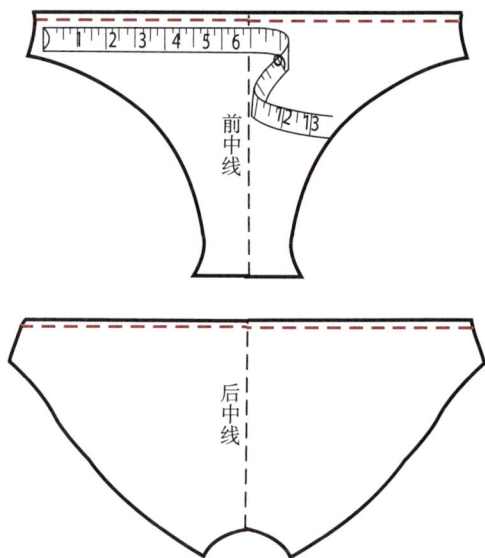

前中线

后中线

图14-82

4 量取腰围和腿围的松紧尺寸。

　　a. 腰围或腹围线上的松紧带应比人体实际尺寸小
　　　5.1cm（2英寸）。

　　b. 腿围松紧带长度约为56cm（22英寸）。

5 裁剪出整个内裤样片，样片所用面料的弹性要
　　与最终成衣的相同。

6 缝合裆弯和侧缝。用边拉伸边缝合的方法，腰
　　头和大腿围的松紧用单针缝合。后腿的松量宜
　　略小一些，使后臀更贴紧更安全。

7 内裤最终应在人体上试穿。将缝制完成的内裤
　　穿到人台上，做合体性方面的修正。

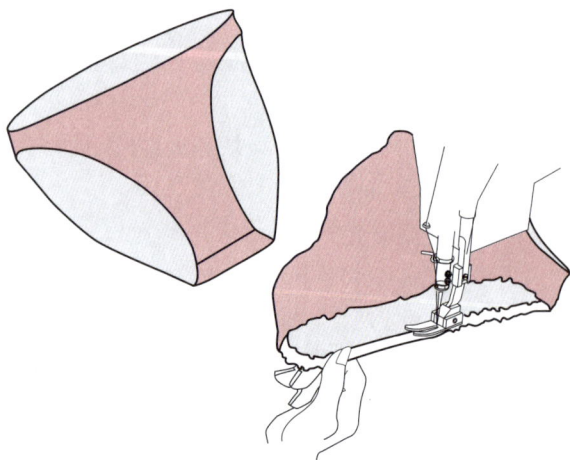

图14-83

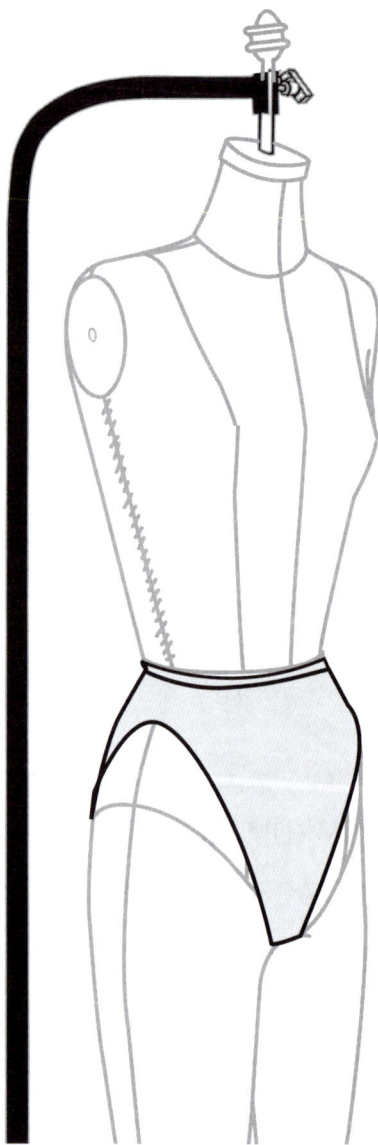

图14-84

国际服装立裁设计：美国经典立体裁剪技法（原书第5版）

第15章
领子和领口设计

领口处于上衣的焦点位置，衣领衬托着人的脸型。一般情况下，人们在看到服装的其他部位之前，首先就看到了领子。衣领要立裁制作得平整美观，这一点很重要，要花精力认真地学习领子的立裁和设计。

本章介绍各种环绕在人体颈部的领子和领口造型。有些领子平铺于肩上；有些领子从领口竖起再翻到肩上；有些则直接立在脖颈周围。掌握了正确、熟练的立裁技术后，设计师就可以基于经典领型创造出各种风格的创意领型。基于设计要求，通过改变装领线的形状，就可以控制领座的高低，从而创造出有别于传统立领的各种平翻领，反之亦然。读者从中还能理解到领子的宽窄和外口线形状对于领子达到完美的平衡性至关重要。

图15-1

目标

通过这部分立裁技法的学习，读者应能够具备以下技能。

» 能够设计各种领口造型，并且基于领口的形状进行领子的立裁。
» 针对要立裁的领型，确定面料的经纬纱向。
» 保证水平纱向与后领口线平行的基础上进行领子的立裁裁剪创作。
» 能够立裁传统立裁、翻领、平翻领以及不对称波浪领。
» 用斜丝面料立裁高翻领。
» 依据设计对领外口线进行修剪造型。
» 校核及评价立体裁剪的最终效果，分析造型、宽窄及合体性等相关问题。

领子专业术语

平领、翻领或立领均由两片组成，一片领面，另一片领里（领子贴边）。领子的外口线造型可以是尖角形、圆形或方形。常见的平领或翻领包括：两用领、中式领、铜盆领（平翻领）、水手领。

领子立裁术语

领子立体裁剪中常用术语：

领座：从颈跟领口线向上竖直的部分，也就领口线与翻折线之间的高度部分。

翻折线：领座的上边缘，领子从此处向下翻折。这条线的位置决定了领座的高低和翻领的宽窄。

领子造型线：领子的外口线轮廓（相对于领口线而言）。

止点：领子驳头部分开始翻折的位置，通常与青果领、翻领、西装领的驳头连在一起控制翻折点。

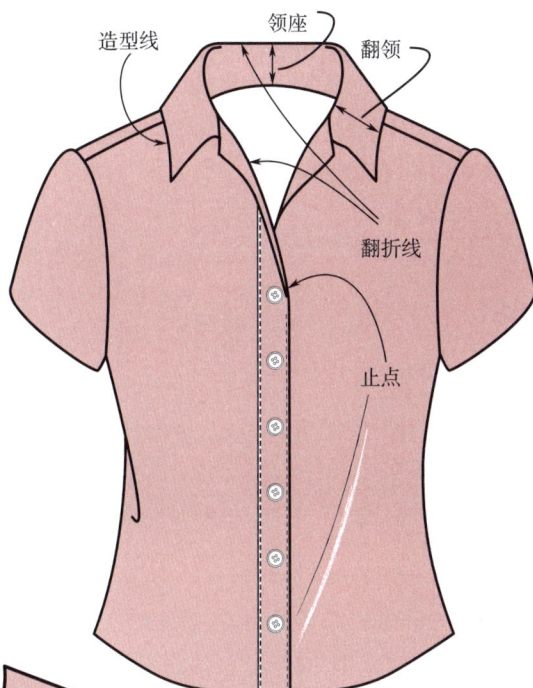

图15-2

领口线细节

圆形领口线的造型由设计而定。典型的小圆领在前颈点下落0.6cm（1/4英寸），再与侧颈点画顺领口弧线。

低领口是指加大前中线领口深度，然后再将领口弧线画顺到侧颈点。当前领口较低时，后领口通常保持原来的形状。

在设计领子时，如果搭门是按扣或纽扣的前开口形式，首先要设计门襟宽度（一般等于纽扣直径）和里襟尺寸 $\left[\text{通常宽为6.4cm}\left(2\frac{1}{2}\text{英寸}\right)\right]$。

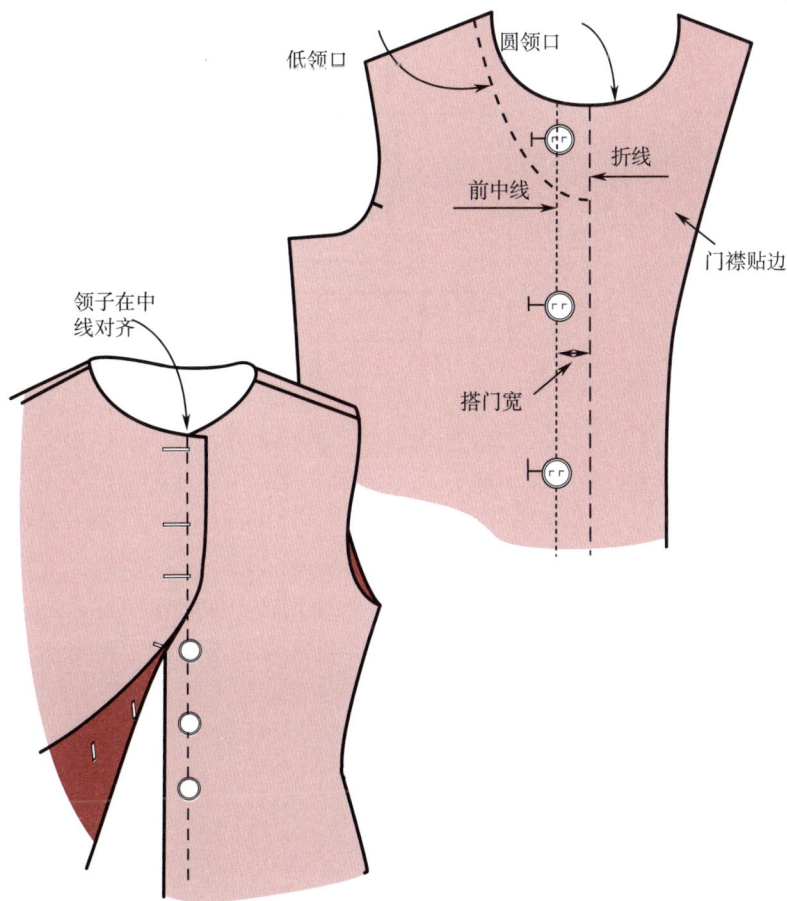

图15-3

两用领

　　两用领是有翻折线，但没有独立领座的整片翻领。领外口线可以设计成各种形状，通常是尖角形。该款领子既可以敞开穿着，也可以闭合穿着。两用领的装领线如果是直线，则领子完成时后中的领座会较高，从后中到前领口逐渐变小到消失。如果装领线是曲线，则领子完成时领座就会较低，有时不太明显。两用领与各种领口形状都能完美匹配，从V形领口到圆形领口。

图15-4

面料准备

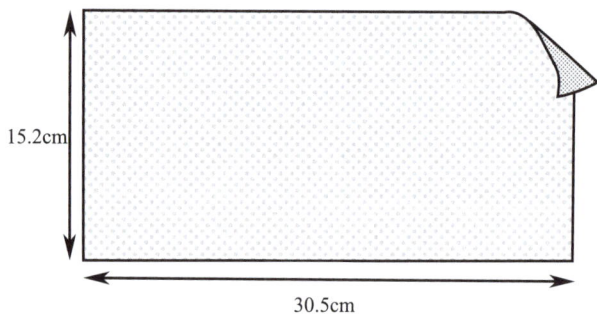

图15-5

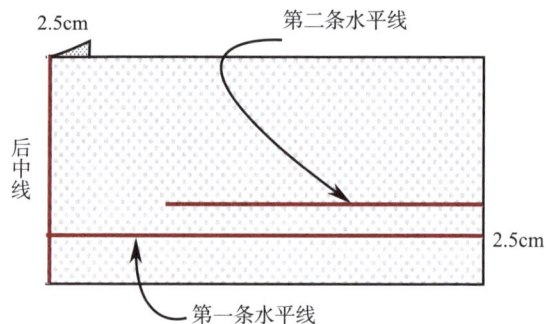

图15-6

① 量取所设计领子的宽度（沿经向），再加10.2cm（4英寸）。
　图例：约15.2cm（6英寸）。

② 从后中线到前中线量取所设计领子的长度（沿纬向），再加10.2cm（4英寸），打剪口并撕下所量取的面料。
　图例：约30.5cm（12英寸）。

③ 距离撕开的布边2.5cm（1英寸），沿经纱方向画一条竖直线为后中线，折倒缝份并熨烫平整。

④ 用L形直尺，距离下边2.5cm（1英寸）画一条水平线。

⑤ 在④步所画水平线的基础上再偏上1.3cm（1/2英寸），做第二条较短的水平线，距离后中7.6cm（3英寸）开始画起。

两用领：立裁步骤

① 在已经设计好的领口弧线上立裁翻领。

② 面料上的后中折线与人台后颈点处的后中线对齐。

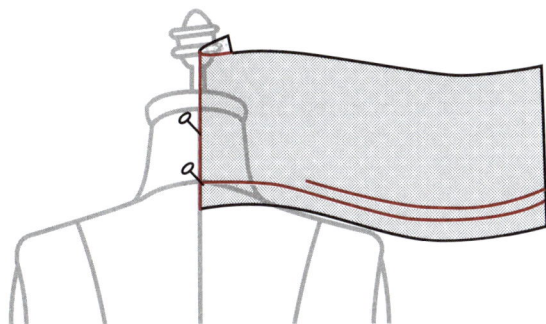

图15-7

③ 面料上的第一条水平线对齐人台的后中领口线。

④ 整理立裁后领部分。沿领口线从后中线向肩线将平领子面料，在缝头上打剪口，别针固定水平线。

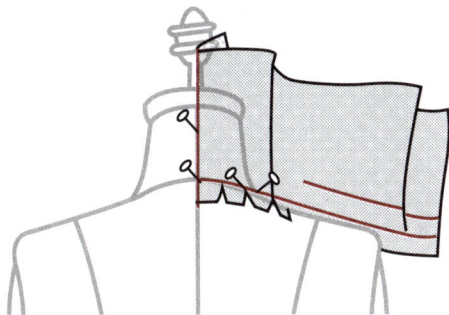

图15-8

⑤ 整理立裁前领部分。从肩线向前中线将平领子面料，修剪多余面料，在缝头上打剪口，别针固定水平线。

⑥ 操作前领时，使面料上的第二条水平线正好落在人台前中线的前领点上，此时理顺装领线。

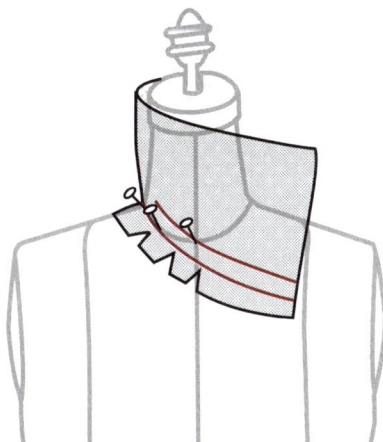

图15-9

⑦ 整理领座。在领子后中翻折线处固定一针，这是为了稳定领座的位置，并使其与后中线相垂直。将面料从后中固定点翻折下来（设计的宽度）。从后向前将翻折下来的翻领部分整理圆顺，领座逐渐变小，最后消失在前中。

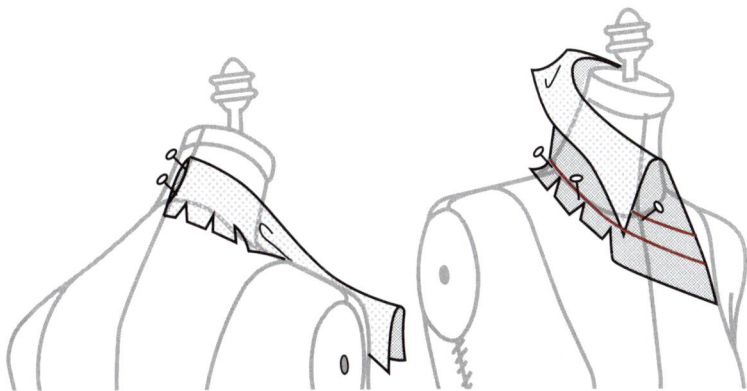

图15-10

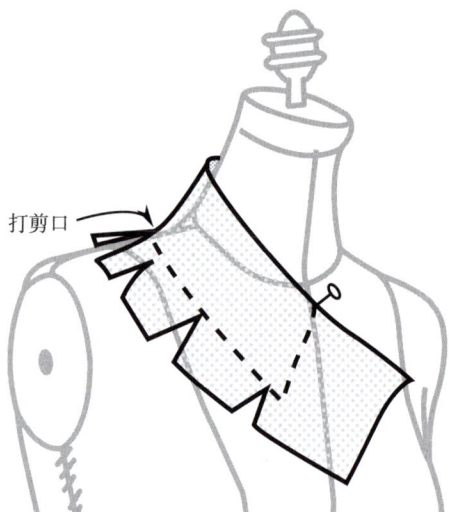

打剪口

图15-11

⑧ 在肩线处打剪口。为了使领子平服稳定在肩
上，在领子面料的外边缘打剪口，打到所设计
的领宽线附近。打完剪口后，在前中装领线下
面再别一针固定。

⑨ 按照领子的设计宽度修剪领外口多余面料。领
子应该自然地搭在肩上，前中部分要顺畅平服。

⑩ 画出领外口造型线。按照设计的宽度和造型，
从领前中一直画到后中。

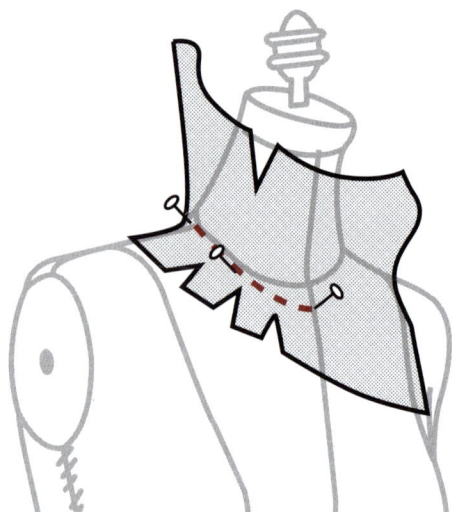

图15-12

⑪ 画出装领线。将翻领向上掀起，从肩线到前中
描出装领线，在肩线处做标记。

⑫ 拓板。

　a. 将领子样片从人台上取下，校核画顺所有线
　　条，加放缝份0.6cm（1/4英寸）。

　b. 将领子样板拓在另一块白坯布上。

　c. 领子周围加放缝份0.6cm（1/4英寸），修剪多
　　余面料。

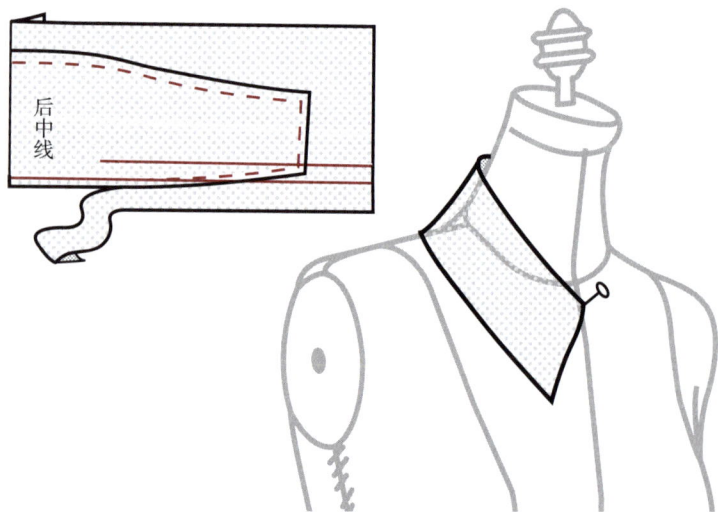

后中线

图15-13

⑬ 检查衣领合体性和外口线造型。
将修正好的领子重新别回到人台
上，检查立裁的准确性、合身
性、造型和平衡性。领子应该平
服顺畅地稳定于颈部周围，没有
紧绷或空浮现象。

中式领

中式领是围绕在颈部一周较窄的立领。改变领子的宽窄和领子与颈部的间距，可以形成各种款式的中式领。例如，可以设计成硬挺的、紧贴颈部的军旅风格；可以设计成柔软的、宽松的休闲风格；或者将开口设计在后背，前面呈窄条形。还可以在前中增加一条长带子，设计成蝴蝶结领。

图15-14

面料准备

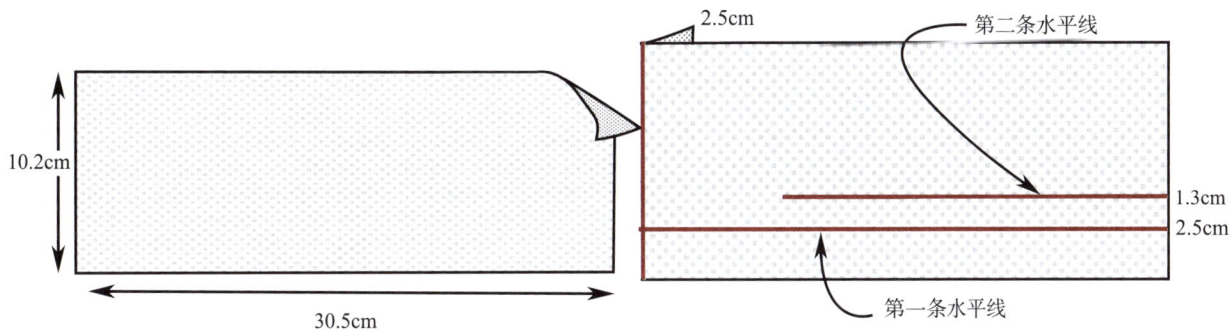

图15-15　　　　　　　　　　　　　　图15-16

1 测量所需的领子宽度（沿经向），再加5.1cm（2英寸），沿面料的经纱方向撕取所需的宽度。
图例：约为10.2cm（4英寸）。

2 从后中线到前中线测量领口弧线的长度，再加10.2cm（4英寸），沿面料的纬纱方向量取所需的长度，打剪口并撕下所量取的面料。
图例：约30.5cm（12英寸）。

3 距离撕开的布边2.5cm（1英寸），沿经纱方向画一条竖直线为后中线，折倒缝份并熨烫平整。

4 用L型直尺，距离面料下边2.5cm（1英寸），做一条水平线。

5 在④步所画水平线的基础上再偏上1.3cm（1/2英寸），做第二条较短的水平线，距离后中线7.6cm（3英寸）开始画起。

中式领：立裁步骤

1. 在已经设计好的领口弧线上立裁中式领。
2. 面料上的后中折线在后颈处对齐人台上的后中线，别针固定。

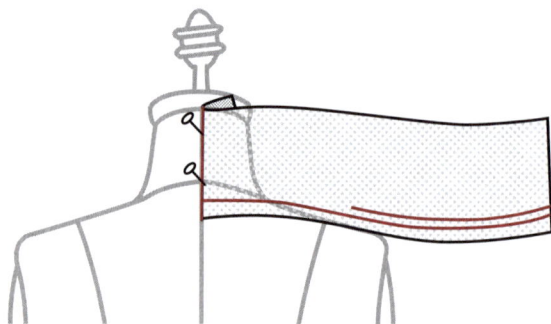

图15-17

3. 面料上的第一条水平线对齐人台后中的领口线。
4. 整理立裁后领部分（沿水平方向）。从后中线向肩线沿着后领口弧线将平领子面料，在缝头上打剪口，别针固定。

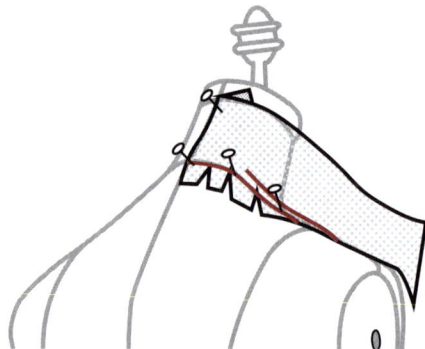

图15-18

5. 从肩线向前中线方向，继续沿着领口弧线将平领子面料，在缝头上打剪口，别针固定。使面料上的第二条水平线正好落在人台的前领口线上。

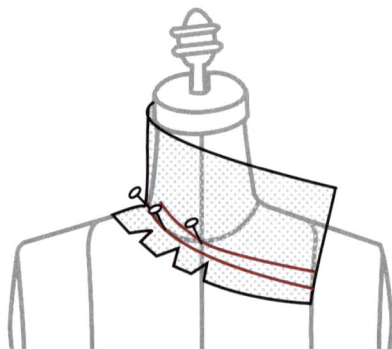

图15-19

6. 从肩线到前中线描出装领线。
7. 在肩线处做对位标记。
8. 从领子前中线到后中线，按照设计的中式领宽窄与造型，画出领外口造型线，应与装领线基本平行。

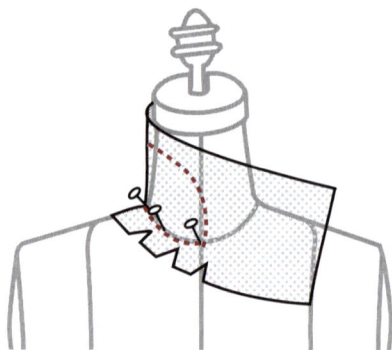

图15-20

国际服装立裁设计：美国经典立体裁剪技法（原书第5版）

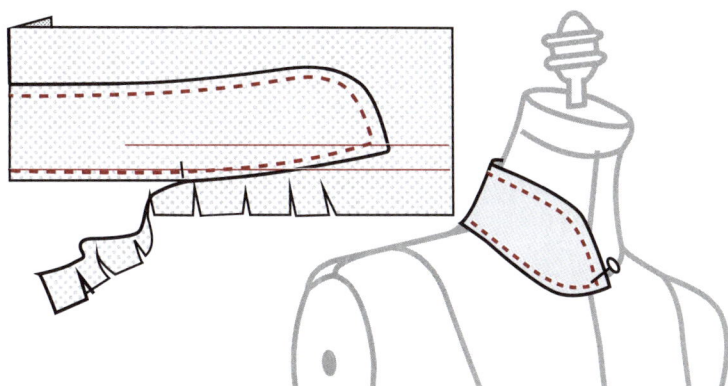

图15-21

⑨ 拓板。
    a. 将领子样片从人台上取下，校核画顺所有线条。
    b. 领子周围加放缝份0.6cm（1/4英寸），修剪多
       余面料。领后中线就是后中折线。

⑩ 检查衣领合体性和外口线的造型。将修正好的
领子重新别回到人台上，检查立裁的准确性、
合体性、造型和平衡性。领子应该平服顺畅地
稳定于颈部周围，没有紧绷牵拉和空浮现象。

蝴蝶结领

    蝴蝶结领的做法是先按中式立领的方法准备好领子样板，然后在领
子样板的前中延伸出飘带。延长部分的长度和形状由飘带或蝴蝶结的造
型决定。飘带部分经常用斜丝面料制作，使其更加柔顺飘逸。

    与中式立领相同的方法，从前中到后中立裁领子，修正线条，完成
样板。

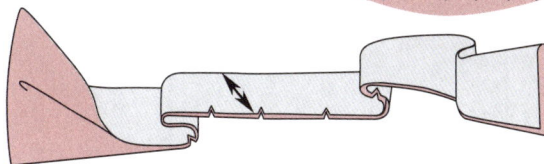

图15-22

平翻领

平翻领（彼得潘领）是略带一点领座、平服在衣身上的一种领型。通常领外口造型线是圆形，既可以设计成一整片，也可以设计成在前中线或后中线开口的两片形式。领子的形状和宽度可以任意设计。

传统的平翻领（彼得潘领）几乎没有领座，平服于肩上，装领线的弯曲程度几乎和衣身领口线相同。圆形与平服是传统平翻领的两个显著特征。然而，领子的宽度，从极窄到极宽，是可以任意设计的。外口线也可以设计成各种造型。

平翻领可以采用精细棉布、蕾丝、镂空编织物或是丝绸等面料制成精美的款式。

图15-23

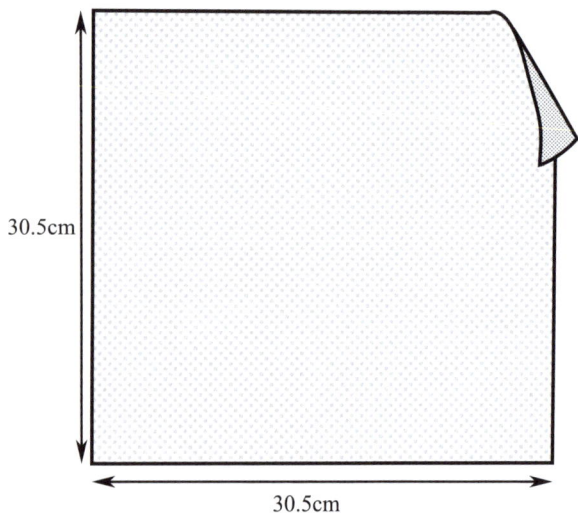

图15-24

面料准备

① 测量领子的长度和宽度，再加22.9cm（9英寸），裁一块相同尺寸的正方形面料。

图例：约30.5cm（12英寸）。

② 距离撕开的布边2.5cm（1英寸），沿经纱方向画一条竖直线为后中线，折倒缝份并熨烫平整。

③ 后领口立裁准备。

a. 过后中线的中点做一条水平线，长5.1cm（2英寸）。

b. 过5.1cm（2英寸）水平线的端点向上做第二条竖直线，平行于后中线。

c. 沿第二条竖直线和水平线裁剪，去除长方形部分。

④ 水平裁剪线偏下1.3cm（1/2英寸），再做一条较短的水平线，为后中领口线位置。

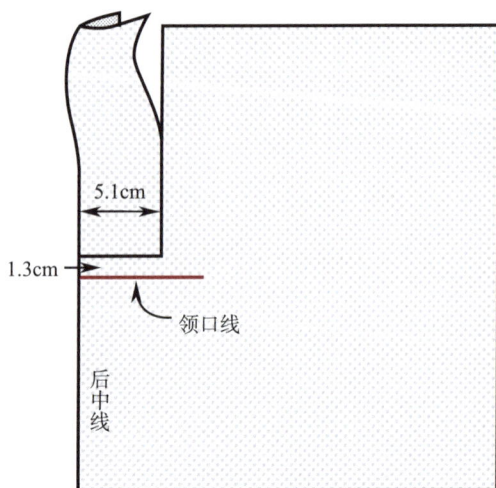

图15-25

国际服装立裁设计：美国经典立体裁剪技法（原书第5版）

平翻领：立裁步骤

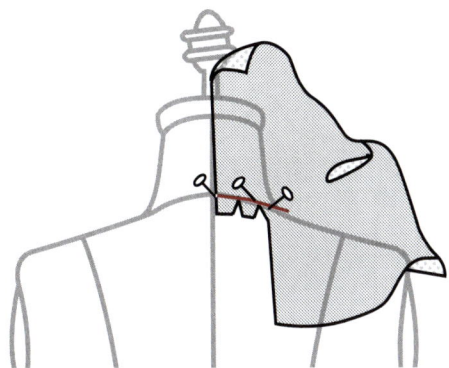

图15-26

1. 在已经设计好的领口弧线上立裁平翻领。
2. 面料上的后中折线在后颈点处对齐人台上的后中线，别针固定。
3. 面料后中线处的水平线［偏下1.3cm（1/2英寸）的水平短线］对齐人台后中的领口线。
4. 沿人台的领口线从后中线向肩线将平领子面料，在缝头上打剪口，别针固定水平线。

图15-27

图15-28

5. 整理、修剪、固定前领部分。
   a. 保持领子仍处于掀起状态，将剩余的领子面料在肩线处向前旋转，围绕在前领口线周围。
   b. 沿人台的前领口弧线捋顺领子面料，继续整理前领部分，在缝头上打剪口，别针固定装领线。

6. 将领子面料翻下，整理捋顺，使其平服在肩上。

⑦ 按照预先设计的宽度和造型，在面料外边缘打剪口，领子在剪口处应该自然平顺地搭在肩上。

⑧ 画出领外口造型线。从人台前中线一直画到后中线。

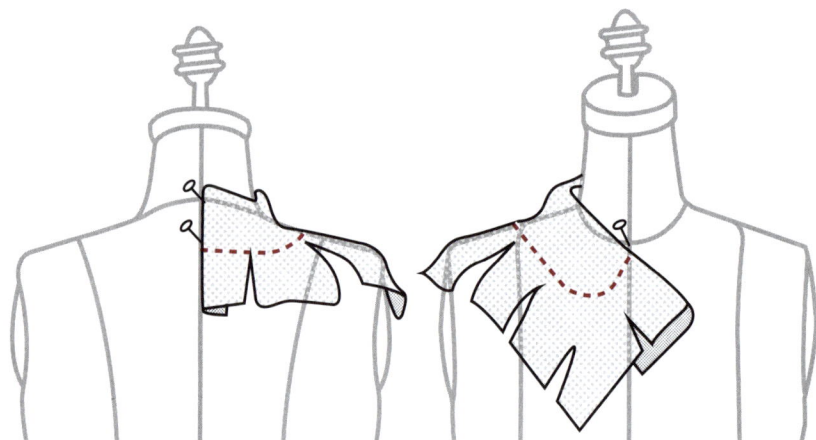

图15-29

注 保证领子后中的经向线与人台的后中线对齐，这一点非常关键。

⑨ 掀起翻领，从后中线到前中线描出装领线。

⑩ 在肩线位置做对位标记。

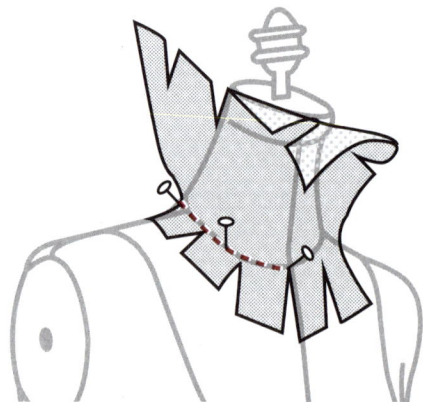

图15-30

⑪ 拓板。

　a. 将领子样片从人台上取下，校核画顺所有线条。

　b. 领子周围加放缝份0.6cm（1/4英寸），修剪多余面料。

　c. 要制作完整的一片领子，领子的后中线要对齐面料的双折边排板裁剪。

⑫ 将修剪好的领子重新别回到人台上，检查造型的准确性、合体性和平衡性。领子应该平服顺畅地伏于肩背上，没有紧绷或空浮现象。

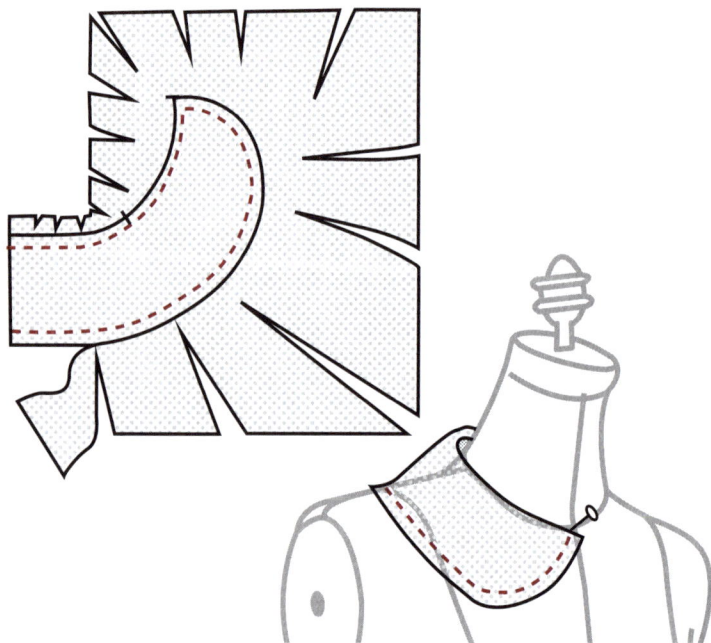

图15-31

高翻领

    高翻领是由一片斜丝面料制成的覆盖在脖子周围的高立领。斜丝面料双折形成的翻折线光滑顺畅，且具有较大的弹性。所以，可以将领子设计得较高贴近脖子的合体造型，也可以设计成宽敞低垂的大领口造型。这款斜裁高翻领有两个显著功能：一是具有较好的保暖性；二是增强了颈部的装饰性和美观性。

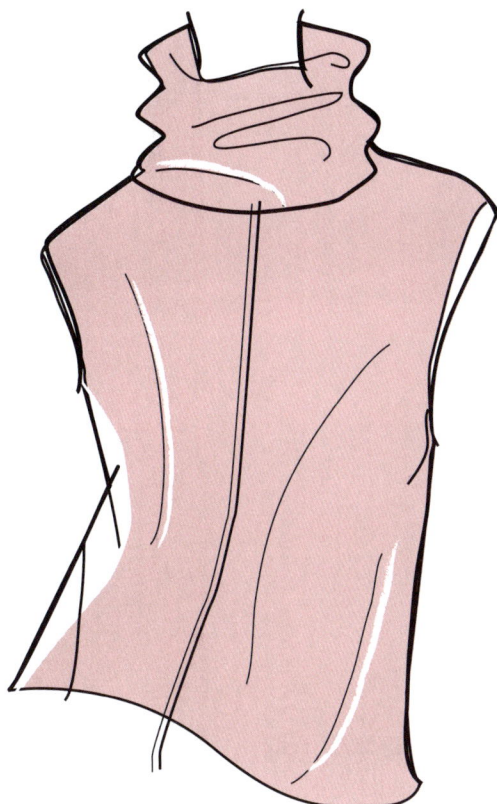

图15-32

人台准备

    用大头针在人台上别出所设计的领口线。测量整个领口的长度。

    请注意，领口线越大或者越低，领子造型就越夸张。

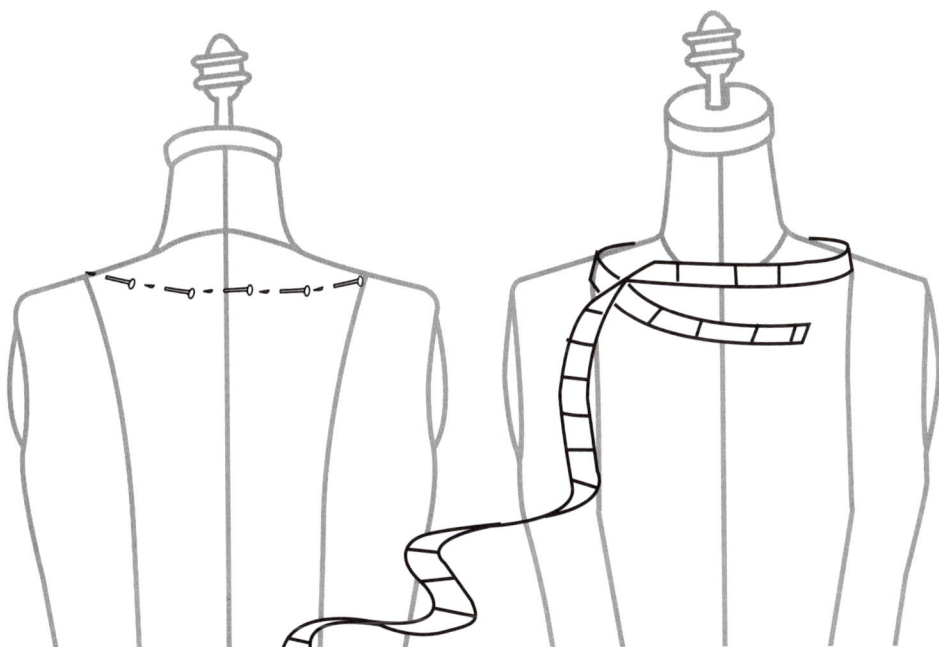

图15-33

高翻领：面料准备

① 裁一块正方形面料，沿对角线对折［边长
   76~102cm（30~40英寸）］。

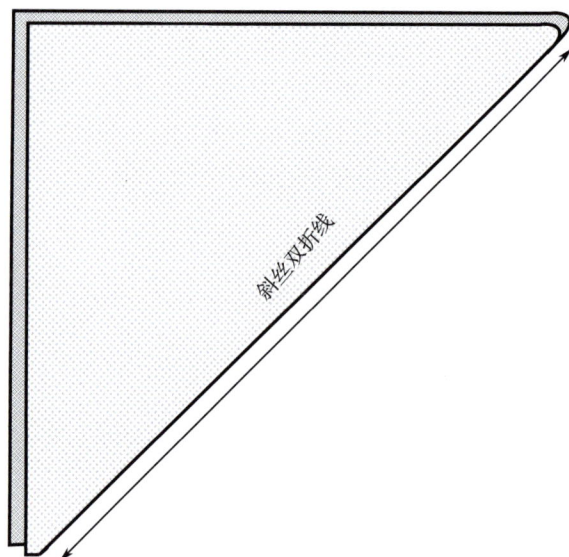

图15-34

② 垂直于折线向上做一条竖直线，长度等于领高
   的两倍再加1.3cm（1/2英寸），这条线应尽量靠
   近斜丝双折线的端头起画。

③ 过竖直线的上端点做斜丝双折线的平行线，长
   度等于所设计的领口弧长。

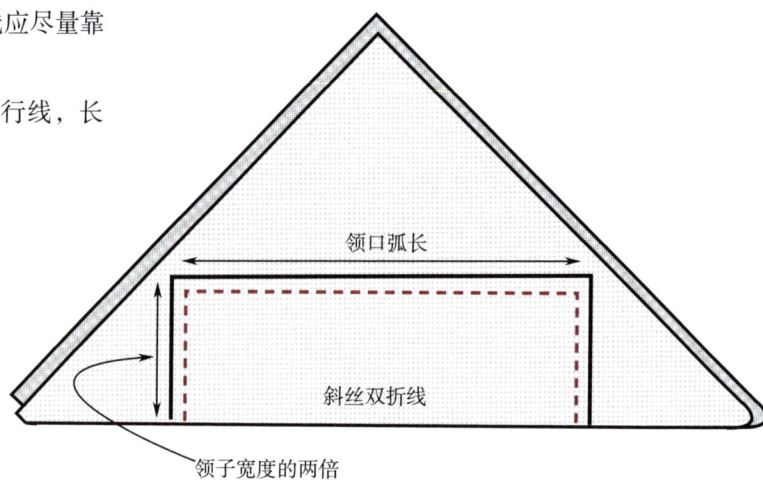

图15-35

④ 过平行线的末端再做斜丝双折线的垂线。

⑤ 给所画的长方形加放缝份，裁剪多余面料。

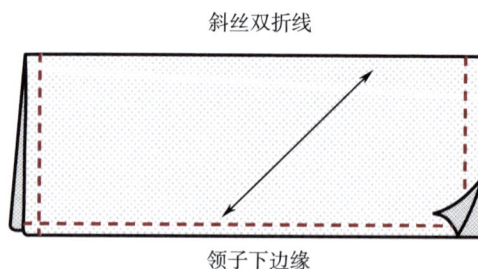

图15-36

国际服装立裁设计：美国经典立体裁剪技法（原书第5版）

362

高翻领：立裁步骤

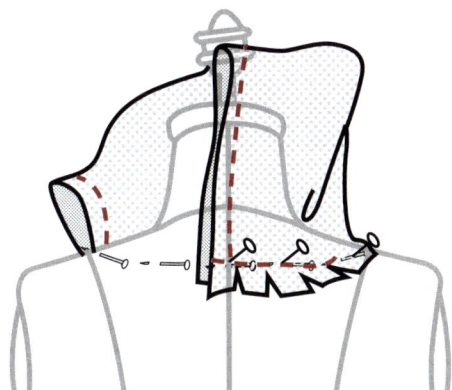

图15-37

1 将两层领子面料与领口弧线一起别合固定。面料上的后中竖直线在后颈点处与人台的后中线对齐，别针固定。面料一直保持双折状态。

2 将领子下边缘与人台上设计的领口线对齐。

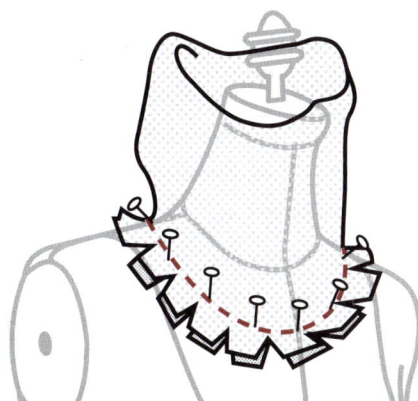

图15-38

3 按照人台上标记的领口线，将领子面料双层下边与领口线别合，直到别完整个领口线。

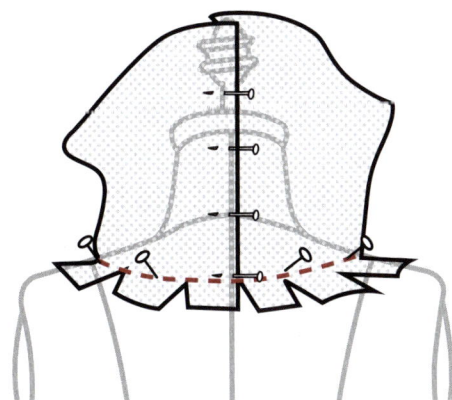

图15-39

4 将领子的左、右部分在后中别合，左、右竖直线对齐从下向上别合。

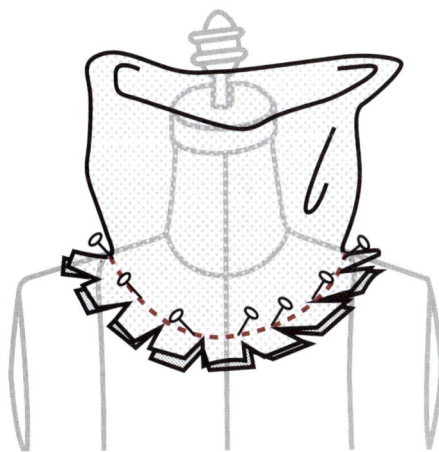

图15-40

5 画出装领线。

6 在肩线处做对位标记。

7 将上面的斜丝双折边向下翻折，盖住装领线。

> **注** 这种立裁方法便于设计师检测领子的宽度、大小等比例是否得当。降低或升高领口线，将会增长或缩短领子的围度。同时，增加或减小领子的宽度，将会改变立领的高低。

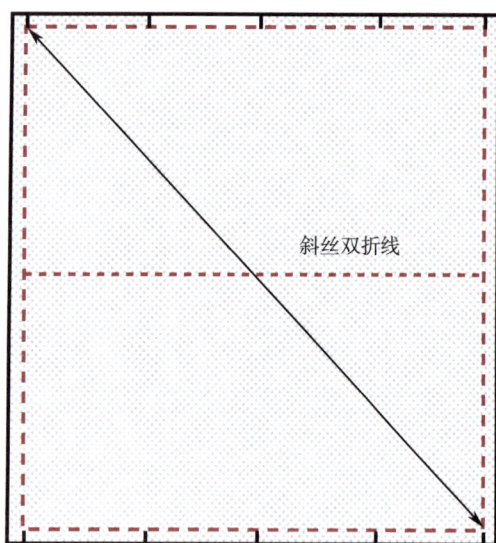

图15-41

图15-42

⑧ 拓板。将领子样片从人台上取下，校核画顺所有线条。

⑨ 将修剪好的领子重新别回人台，检查立裁的准确性、合体性和平衡性。领子应该平服顺畅地处于领口周围。

注　领子始终是斜丝。

高翻领的款式变化

若要设计成垂荡效果在大翻领，则要准备一块双折线更长的面料，从双折线到领子下边缘逐渐变小，裁成倒梯形。准备好面料后，立裁及装领方法与上述步骤相同。

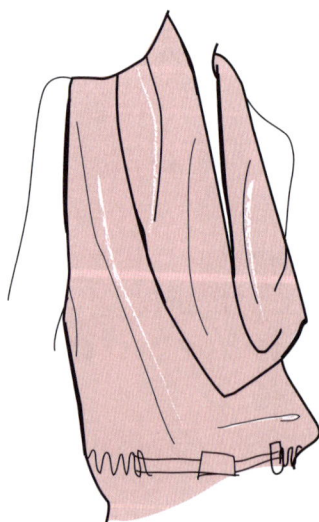

图15-43

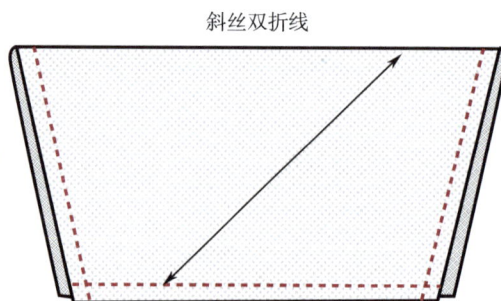

斜丝双折线

领子下边缘

图15-44

国际服装立裁设计：美国经典立体裁剪技法（原书第5版）

不对称领

    不对称款式的领子种类很多，在各种形式的领口上均可设计不对称领型。典型特点是在前中线表现出不对称效果。根据设计的不同，可以是高领座领子，也可以是低领座领子。因为有交叉重叠部分，通常采用立裁的手法创作这类领子，能够获得较好的效果。不对称结构给简单的领型增添了活力，可以使普通的领型变得更时尚。

图15-45

面料准备

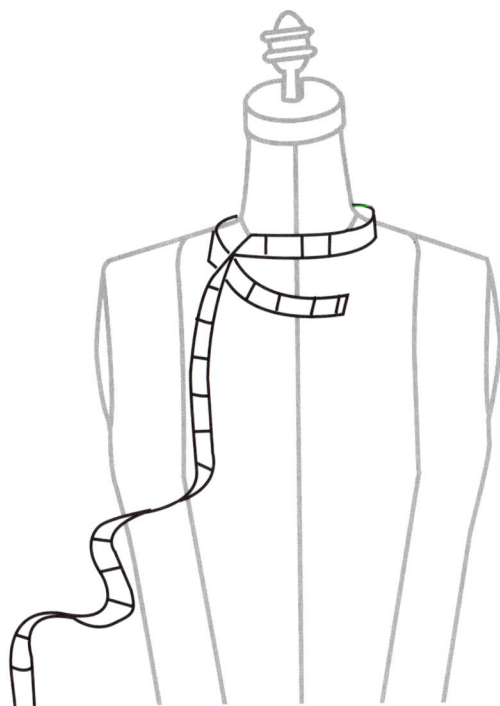

图15-46

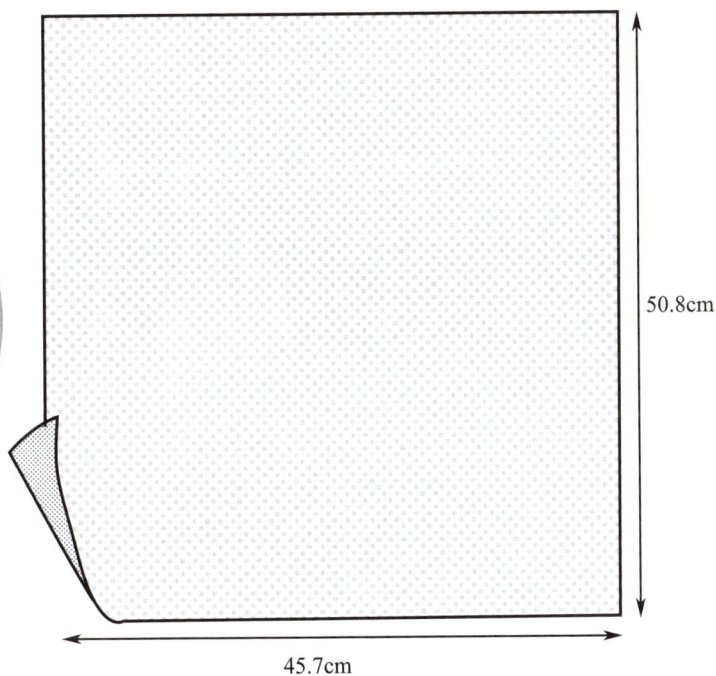

50.8cm

45.7cm

图15-47

1 测量人台上左、右两侧所设计的领口弧线的总长度。沿纬向量取相同长度的面料。

图例：约50.8cm（20英寸）。

2 测量所设计领子的宽度，沿经向裁取两倍宽度的面料。

图例：约45.7cm（18英寸）。

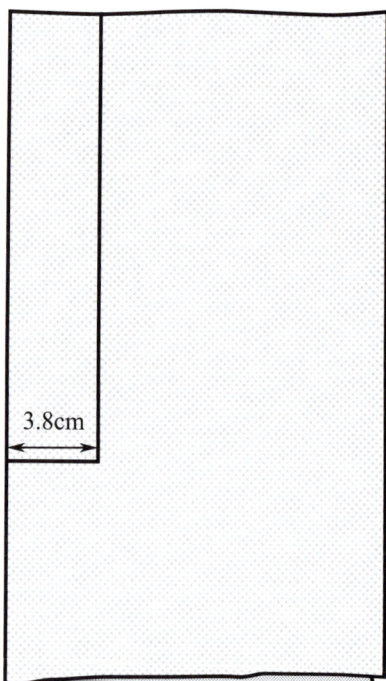

图15-48

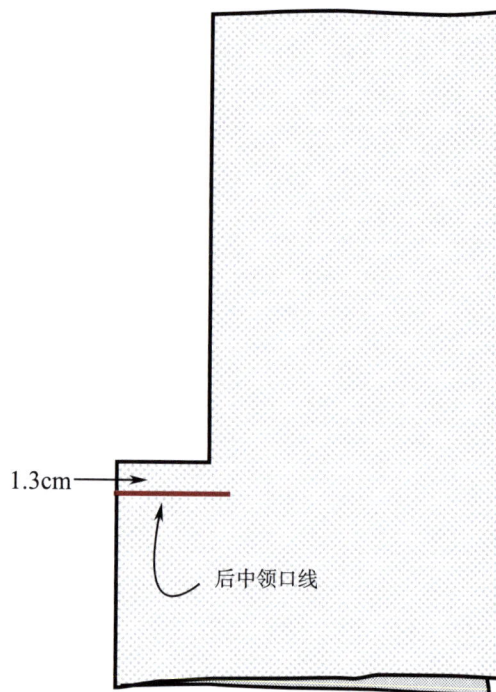

图15-49

3 后领口立裁准备。

a. 将面料沿中线对折，折线平行于经向纱线。

b. 从下向上量取折线长度的1/3，做标记。

c. 过标记点做长为3.8cm $\left(1\frac{1}{2}\text{英寸}\right)$ 的水平线。

d. 过3.8cm $\left(1\frac{1}{2}\text{英寸}\right)$ 线的端点，向上做平行于折线的竖直线。

4 沿竖直线和水平线裁剪，去除长方形部分。

5 水平裁剪线向下偏1.3cm（1/2英寸），再做一条较短的水平线，为后中领口线位置。

不对称领：立裁步骤

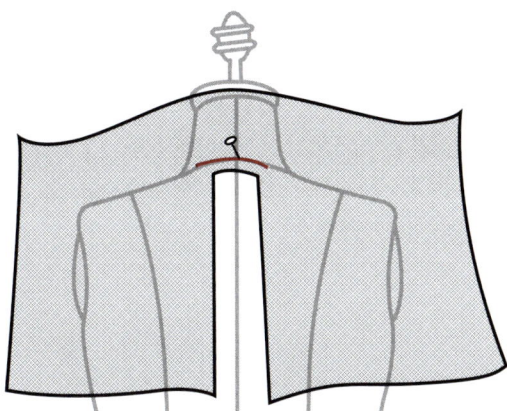

图15-50

① 面料上的双折线在后颈点处对齐人台的后中线，别针固定，将面料展开。

② 面料上的后领口线与人台后中的领口线对齐。

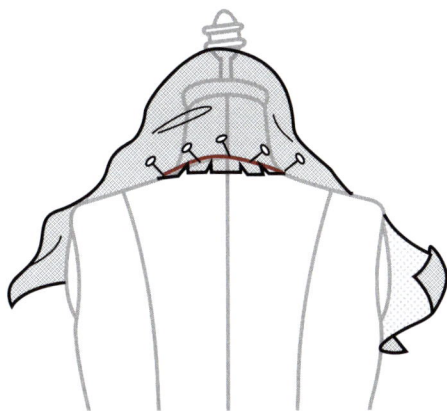

图15-51

③ 整理左、右肩线之间的后领面料，捋顺、修剪、别针固定，保持面料处于展开状态。

图15-52

④ 将后领中上面的面料翻折下来盖过装领线，翻折下来的面料应该平服顺畅。

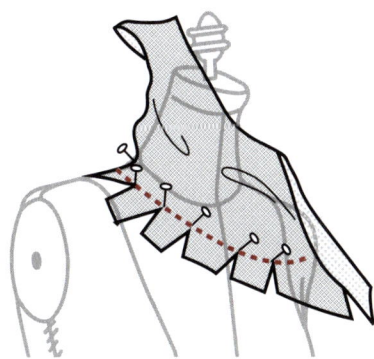

图15-53

⑤ 立裁右前领。从肩线开始将右前领的面料向上掀起，沿右前领口线将顺右前领面料，一直掀过前中线，结束于不对称设计线的末端。

⑥ 仍保持领子面料向上掀起的状态，从前中线到后中线画出右前领的装领线。

⑦ 在肩线和前中线位置做对位标记。

> **注** 前领口装领线越直，领子成型后的领座部分就越高。因此，要想获得较低的领座，立裁时要将前装领线立裁调整成曲度较大的线条。

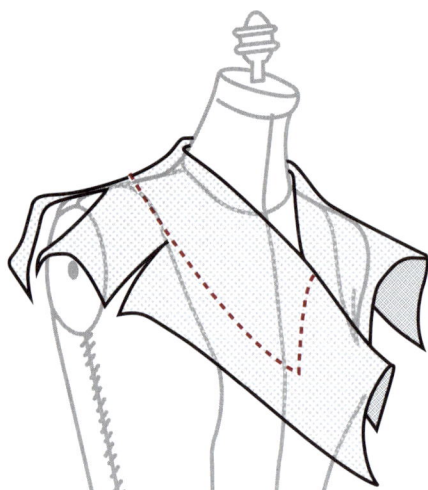

图15-54

8 将右前领的面料翻折下来，整理捋顺，使其平服在肩部周围。

9 按照领子预先设计的宽度和造型，在面料外边缘打剪口，使领子自然平顺地搭在肩上。并画出领外口造型线。

10 立裁左前领，按照上面右前领的立裁步骤（第5~9步）。从肩线继续向前整理左前领子面料，修剪并固定，经过前中线一直整理到不对称领口线的末端。

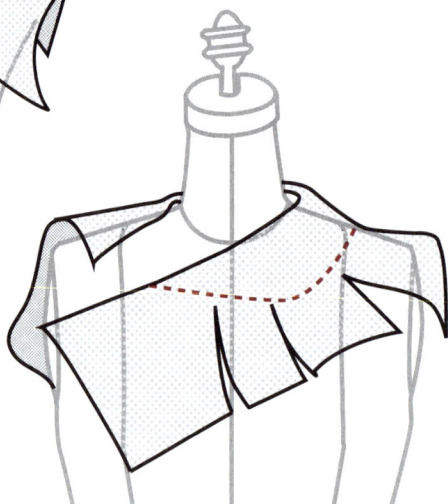

图15-55

11 向上掀起左前领子面料，画出左前领的装领线。

12 在肩线和前中线位置做对位标记。

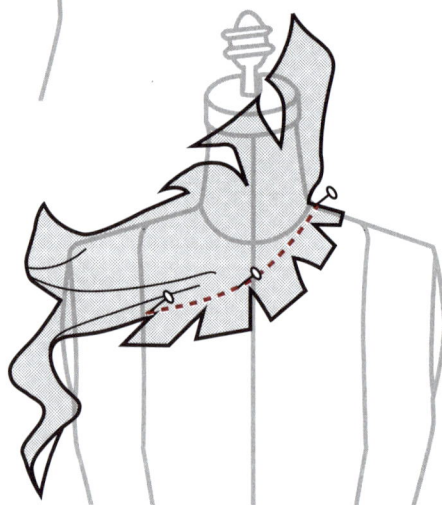

图15-56

⑬ 翻下左前领子面料，整理捋顺，使其平服在肩部周围。

⑭ 按照领子预先设计的宽度和造型，在面料外边缘打剪口，使领子自然平顺地搭在肩上。

⑮ 画出领外口造型线。

注 左右两肩之间的后领宽度应该相同。

图15-57

⑯ 拓板。将领子样片从人台取下，校核画顺所有线条。在领子周围加放缝份0.6cm（1/4英寸），修剪多余面料。在后中双折线上标明经纱方向。

⑰ 将修剪好的领子样片重新别回人台，检查立裁的准确性、合体性和平衡性。领子应该平服顺畅地伏于肩上，没有紧绷和空浮现象。

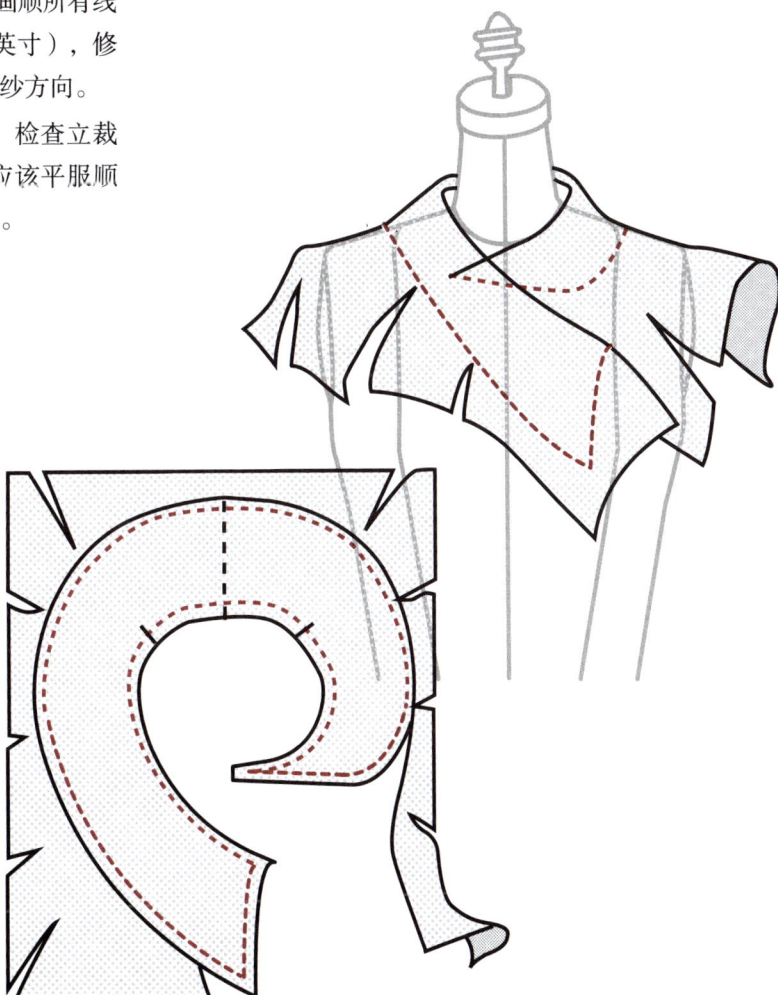

图15-58

波浪领

波浪领从肩线向下悬垂，柔和飘逸，非常具有女性魅力。这种领型常用于连衣裙、背心、衬衫和休闲夹克。

通过波浪领的立裁方法，说明如何在衣身领口上创作出一系列连续层叠的波浪造型。这种波浪领口造型可使衣服的纱向保持顺直。然而，波浪的长短和造型取决于设计。这款柔软的波浪领可以采用轻薄柔软的机织物或针织物制作。

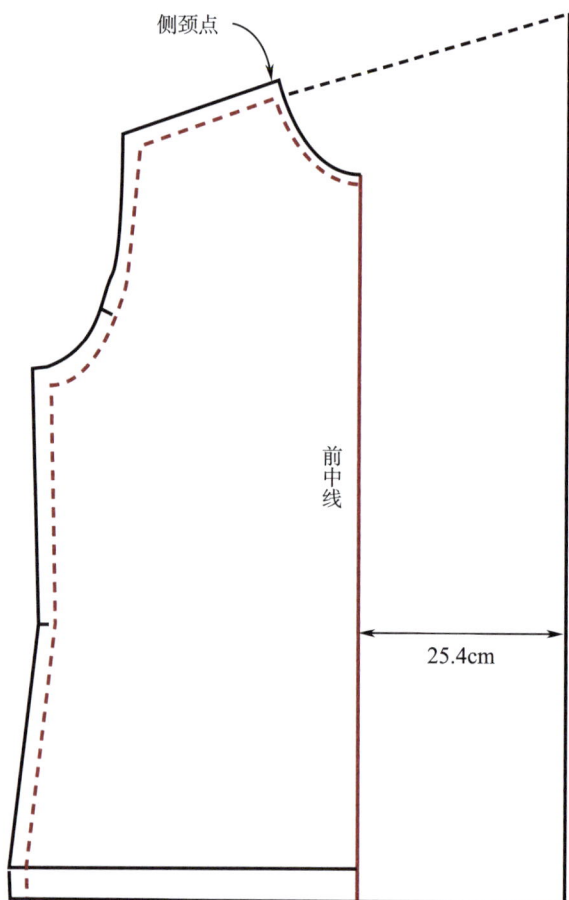

图15-59

面料准备

1 将衬衫样板拓在柔和的白坯布上，或者其他面料上。

2 衬衫样板的前中线向外偏出25.4cm（10英寸），做前中线的平行线，向下与底边延长线相交，向上超过肩线位置。

3 从侧颈点将肩线向外延长与新画的竖直线相交。

> 注 所有这些数值都会随着领口线长度和造型的不同而变化。但是，立裁和修剪的过程决定波浪领最终的长度和造型。

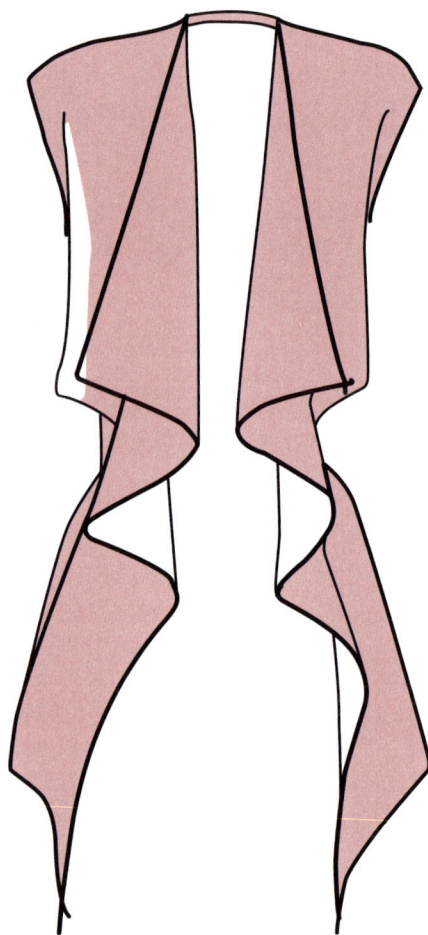

侧颈点

前中线

25.4cm

立裁修剪的过程决定最终造型，长度、宽度、角度等都可能随之而改变

图15-60

波浪领：立裁步骤

1 将准备好的衬衫样片穿在人台上。在肩线、侧缝和前中线处别和固定。

2 使前中线以外延长的面料从侧颈点向下自然悬垂在前身衣片上。

3 将悬垂面料的外边缘修剪成预先设计的造型。

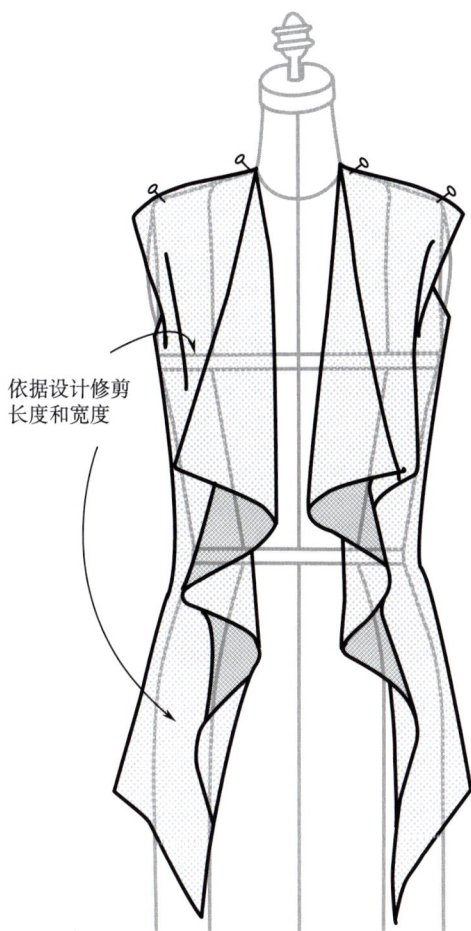

依据设计修剪
长度和宽度

图15-61

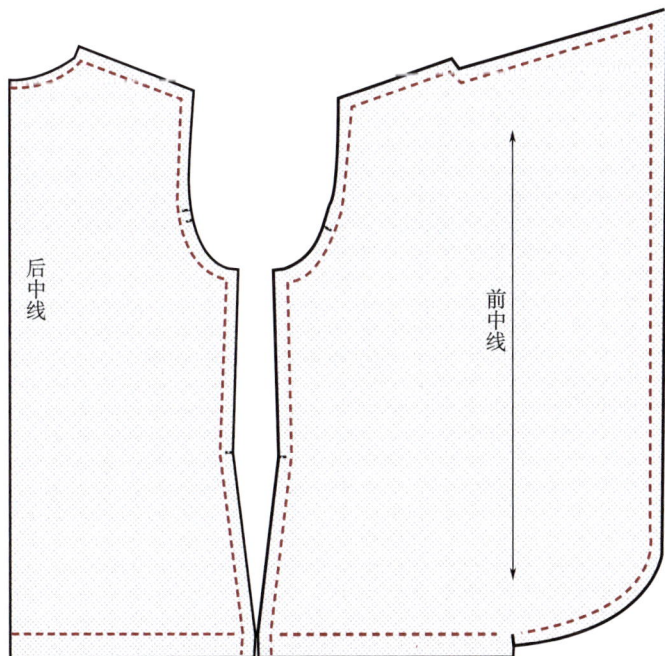

后中线

前中线

图15-62

4 将修剪好的样片从人台上取下，画顺所有线条，在外边缘波浪褶处加放缝份0.6cm（1/4英寸）。

5 修剪左、右前片和后片，再别回到人台上，检查波浪褶前领口的效果。

原身出领

原身出领的领口比普通的圆形领口向上升高了一些，塑造出圆润的颈部转折曲线，领口边缘平滑圆顺。这种造型的领子可用于各种款式的衬衫、紧身衣或夹克的领口设计。原身出领可以设计得偏高一些，也可以设计成比标准圆形领略高、略大的敞口型。

图15-63

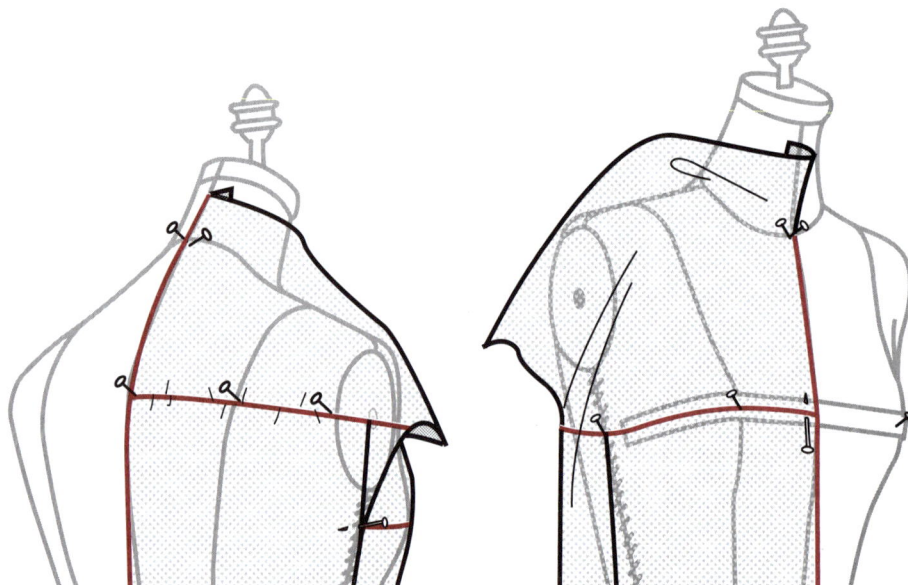

图15-64

面料准备

按照紧身上衣、衬衫或者夹克等款式服装面料的准备方法，准备衣身前、后片面料。

在立裁领口时，不要按照普通圆形领口或者低领口款式的方法修剪，而是按照下述的步骤对领口进行造型。

原身出领：立裁步骤

按照常规方法立裁紧身上衣、衬衫或者夹克的衣身部分，但领口除外。按照下述方法立裁原身出领。

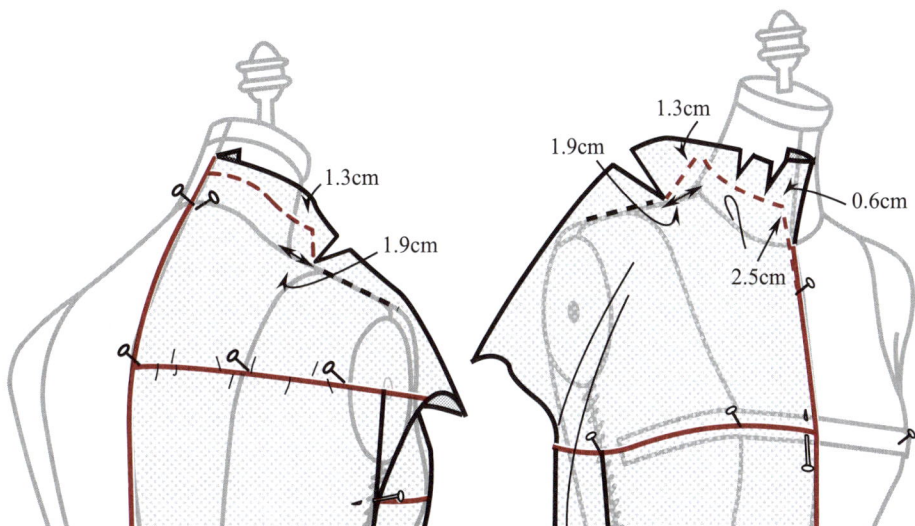

图15-65

1 分别在前、后领口弧线上，沿肩线从侧颈点向肩点方向量取1.9cm（3/4英寸）做标记，别针固定该点，对准该点在肩线缝份上打剪口。

2 以1.9cm（3/4英寸）标记点为支点，将标记点到侧颈点之间的原肩线向上抬高1.3cm（1/2英寸）。

3 在前颈点，沿前中线将原领口向上升高2.5cm（1英寸），端点再向内撇进0.6cm（1/4英寸）。

4 从前中线抬高的2.5cm（1英寸）到侧颈的升高点，平行于原领口线画顺两点间的新领口线，并在新领口线外边缘缝份上打剪口。

5 沿后中线从原领口向上升高2.5cm（1英寸），平行于原领口线，与升高的侧颈点和上一步新画的前领口线连接圆顺。

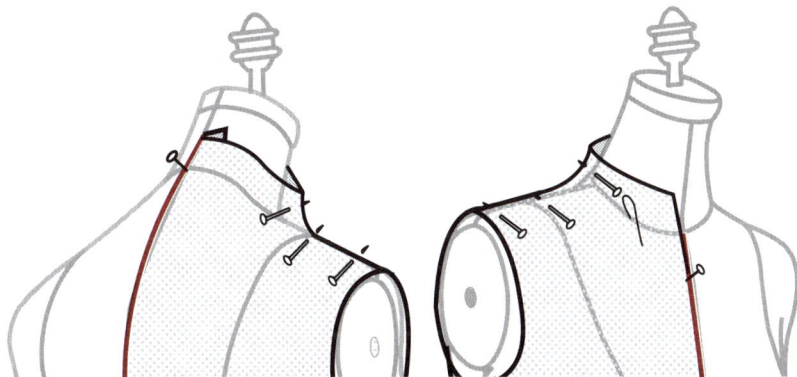

图15-66

6 将所有立裁样片从人台上取下，修剪多余面料，画顺线条，在肩线加放1.3cm（1/2英寸）的缝份，并修顺新前中线。

7 将新肩线别合起来，检查原身出领的合体性。

第16章
夹克造型及翻驳领设计

夹克一般穿在其他服装的外面，属于外衣类服装。夹克设计的关键点是衣长和宽松度，以及美观舒适的领子造型。门襟一般多为双排扣或单排扣，有些不系扣敞襟穿着，有些则采用拉链或纽扣闭合。

夹克和大衣外套的衣身造型都遵循相同的设计原则。腰部一般采用省道和公主线造型，臀围到下摆则竖直下垂。

因为夹克是外穿服装，立裁时要略微加大领口和衣身松量。加大的宽松量也给夹克内的衬里、内部工艺、垫肩等留出空间量。由于夹克和外套类服装都要使用肩垫，袖窿要开得大一些。有些公司采用比服装型号大一号的人台来制板，这样比较容易控制服装的合体度和尺寸。

图16-1

目标

通过本章立裁技法的学习，读者应具备以下技能。

» 能灵活设计各种款式的夹克。
» 理解如何在审视观察衣身整体造型的同时，对领子及驳头等细节进行设计。
» 掌握夹克造型、衣领和袖子等相关专业术语。
» 针对每款夹克的胸围线、背宽横线和侧缝等，确定夹克面料的经纬纱向。
» 领子与驳头和领口弧线相结合进行立裁时，能准确定出面料的经纬纱向。
» 对构成夹克的每一片进行造型设计。
» 对夹克领子的外口线进行造型设计。
» 基于模特体型评测前、后衣领是否合体到位。
» 校核夹克前、后衣身是否具有合适的松量、袖窿尺寸和平衡性。
» 校核和评价立体裁剪的最终效果，分析造型、宽窄及合体性等。

斯宾塞夹克

这是一款男、女均适合穿着的传统型无领齐腰夹克，风格偏重古典型。在19世纪初，斯宾塞勋爵（Lord Spencer）将燕尾服的燕尾剪掉，从而使这款夹克流行起来。图示的款式可以搭配一片袖或两片袖。

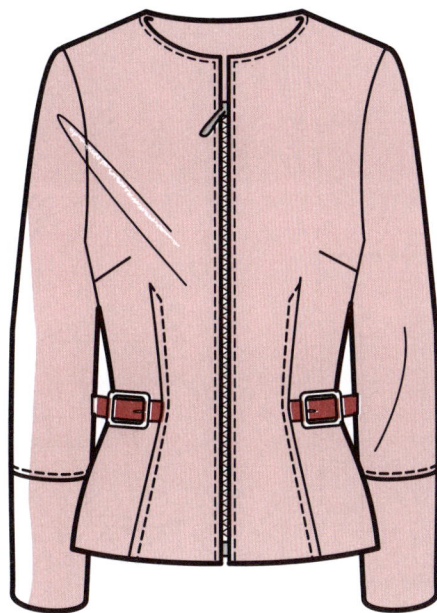

图16-2

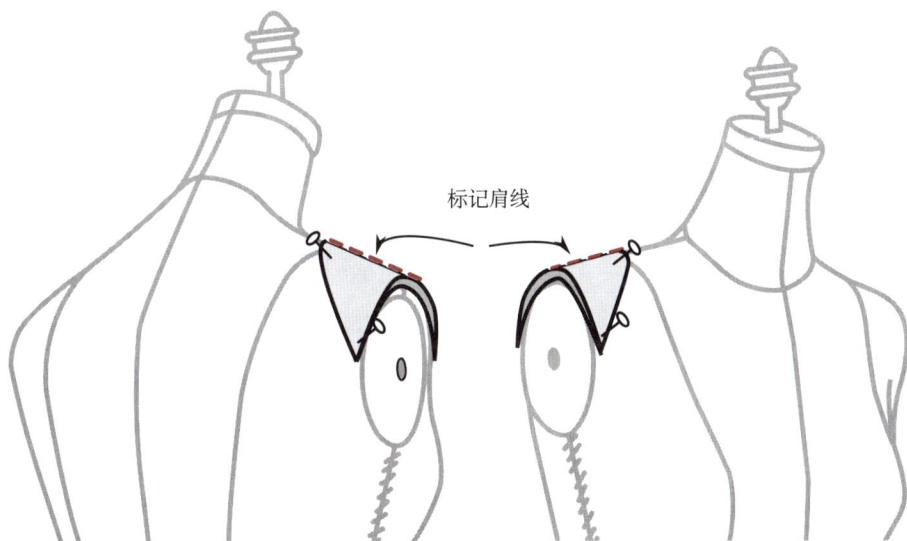

标记肩线

图16-3

人台准备

选择适合于所设计款式的垫肩（垫肩的厚度随季节的不同而不同，在同一季节中又随款式的不同而不同）。

将垫肩放于人台肩上，超出人台肩宽标记点1.3cm（1/2英寸），别针固定。

在垫肩处标记出肩线。

斯宾塞夹克：面料准备

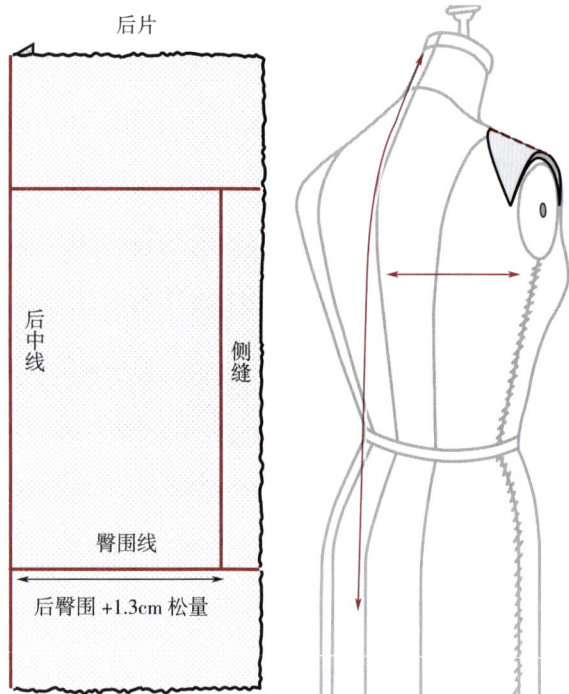

图16-4

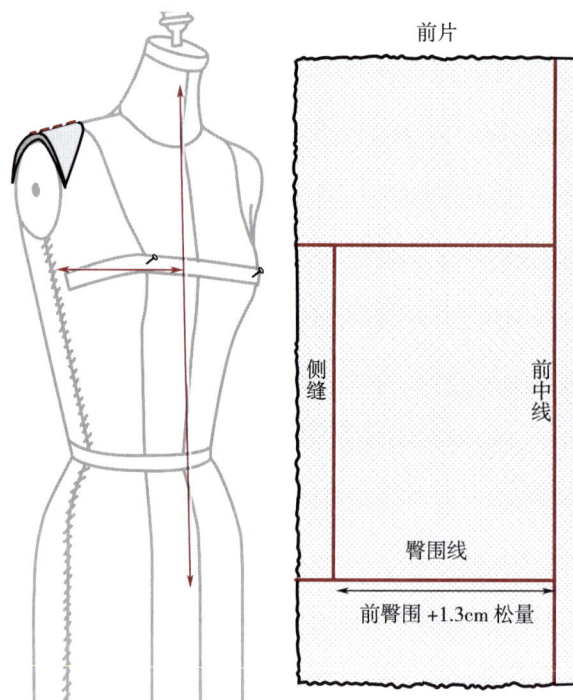

图16-5

① 分别从人台前、后颈口测量到臀围线的竖直长度（沿经向），再加12.7cm（5英寸），为前、后片用料长度。

打剪口并撕取面料长度。

② 分别测量人台前、后中线到侧缝的水平宽度（沿纬向），再加10.2cm（4英寸），为前、后片用料宽度。

打剪口并撕取面料宽度。

③ 距离撕开的经纱布边2.5cm（1英寸），分别画出前、后中线，并折倒缝份熨烫平整。

④ 分别在前、后片上画出水平线。

⑤ 分别在前、后片上画出侧缝线（具体画法参见第110、111页的全身式衣身原型的面料准备）。

斯宾塞夹克：立裁步骤

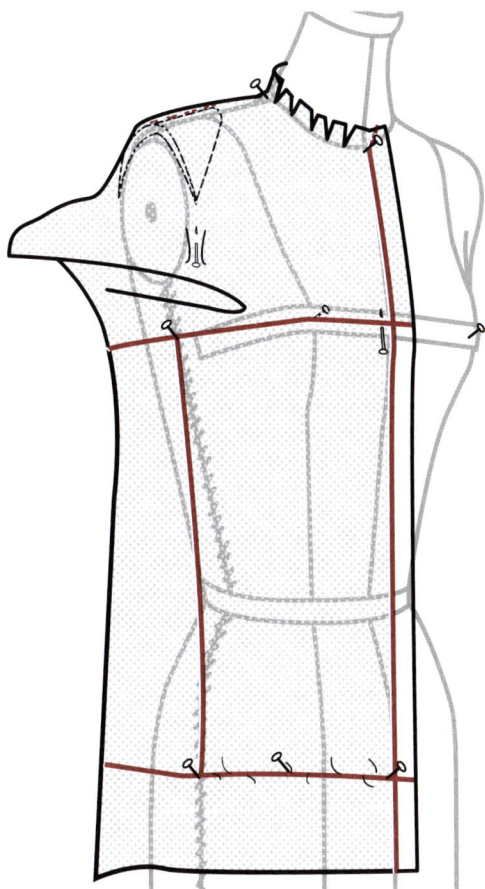

图16-6

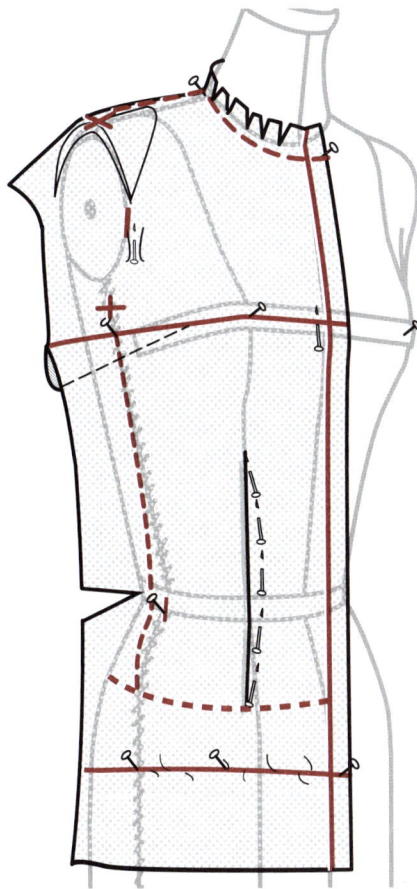

图16-7

1. 面料上的前中线与人台上的前中线对齐。面料上的水平线分别与人台上的胸围线和臀围线对齐，别针固定。

2. 整理侧缝、腰围。侧缝的腰围线处在原侧缝线的基础上向前中方向偏进1.3cm（1/2英寸），对准该点打剪口，别针固定。

3. 立裁前领口，修剪颈部多余面料，在缝份上均匀地打上剪口。捋平颈部周围面料，别针固定。

4. 将平肩线上的面料，向下捋顺袖窿。在袖窿前腋点留0.6cm（1/4英寸）的松量，在此处别针固定松量。所有的胸凸余量都推到腋下胸围线上。

5. 整理立裁侧胸省。将推到胸围线上的多余面料整理捏成侧胸省，省道正好在胸围线上，折叠省道别针固定。将腰部多余面料在公主线处整理捏成菱形腰省。

6. 在前片上标记出与人台对应的关键点。

   a. 领口线：在前颈点下降1.3cm（1/2英寸），侧颈加大0.3cm（1/8英寸），用虚线轻轻画顺前颈点到侧颈点间的领口线。

   b. 肩线。

   c. 侧缝的腰围线。

   d. 袖窿腋下点。

   e. 菱形腰省。

   f. 底边线（设计的长度）。

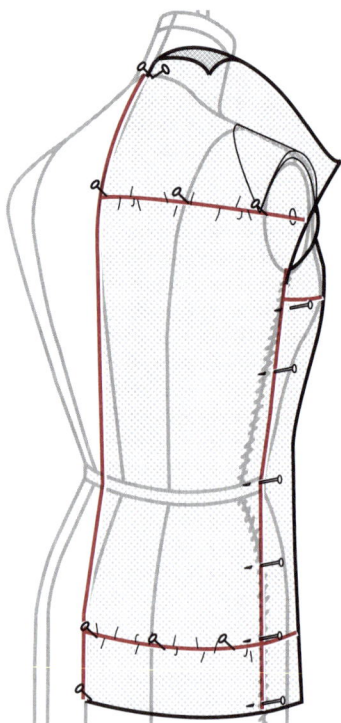

图16-8

⑦ 立裁后片侧缝，将后片侧缝的缝份折倒与前片对齐，压在前片侧缝上别针固定，此时前片的缝份朝后。

⑧ 前、后片臀围线在侧缝处对齐。

⑨ 面料的后中折线与人台的后中线对齐别针固定。确保前、后片臀围线始终对齐且水平，没有歪曲，前、后片面料竖直向下悬垂。

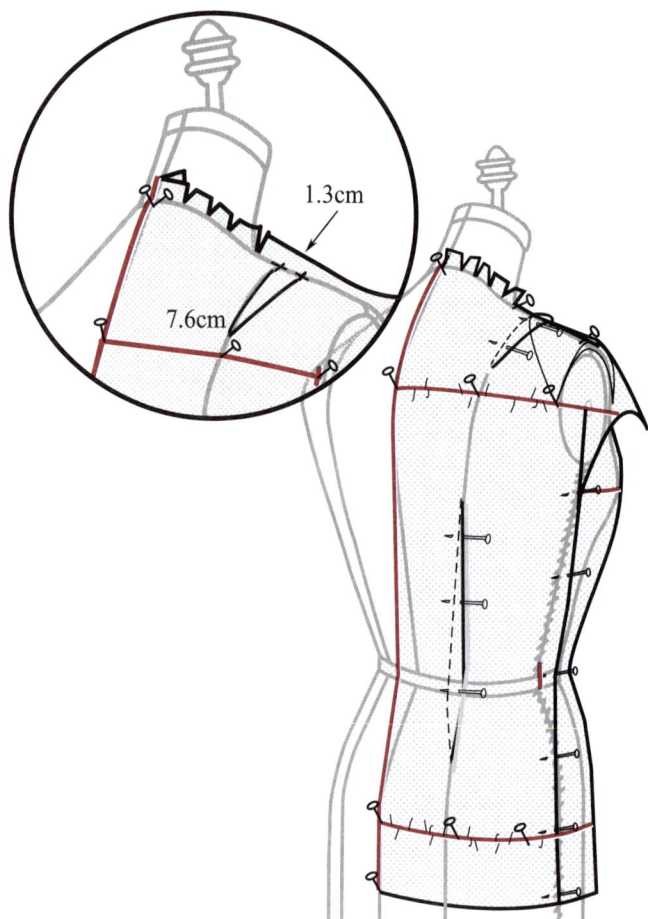

图16-9

⑩ 立裁后肩省，省长7.6cm（3英寸），省大1.3cm（1/2英寸），具体做法。

  a. 沿肩线从颈侧点向公主线方向捋平面料，在公主线处做标记。

  b. 从标记点向肩点方向量取省大1.3cm（1/2英寸），再做标记。

  c. 沿公主线从肩线向下量取省长7.6cm（3英寸），并做标记。

  d. 整理别合后肩省。将肩线上公主线位置所做的两标记点间的面料捏成1.3cm（1/2英寸）的肩省，省尖向下消失在7.6cm（3英寸）的标记点处。

⑪ 在后腰公主线位置立裁菱形腰省。将腰部多余的面料捏成1.3cm（1/2英寸）的省道［展开后的总省量为2.5cm（1英寸）］。依照人台公主线对省道造型，上省尖消失在腰围线上17.8cm（7英寸），下省尖在腰围线下10.2cm（4英寸）。

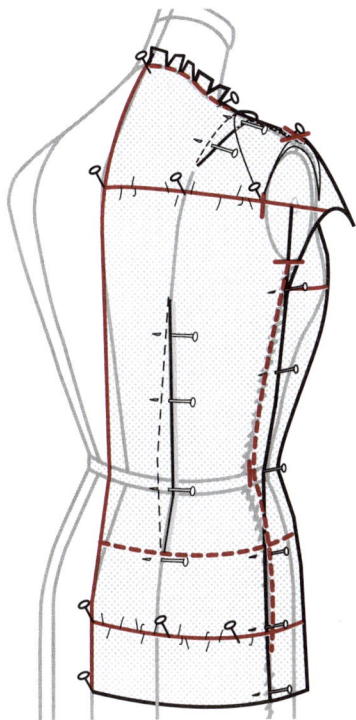

图16-10

12 在后片上标记出与人台对应的关键点。
　　a. 领口线：后颈点下降1.3cm（1/2英寸），侧颈
　　　　加大0.3cm（1/8英寸），用虚线轻轻画顺后颈
　　　　点到侧颈点之间的领口弧线。
　　b. 肩线和肩省：用虚线轻轻描出肩线，肩省和
　　　　肩点做标记。
　　c. 菱形腰省。
　　d. 袖窿：
　　» 肩点。
　　» 袖窿后腋点。
　　» 袖窿腋下点。
　　e. 侧缝：用虚线轻轻描出。
　　f. 底边线（设计长度）。

13 将所有样片从人台上取下，重新画
　　顺领口线、肩线、肩省以及前、后
　　袖窿弧线。

14 加放缝份，修剪多余面料。

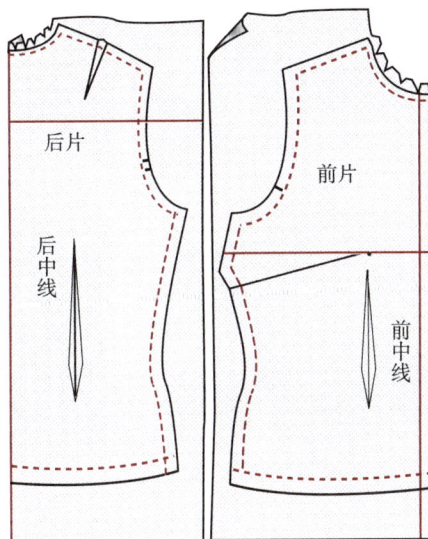

图16-11

15 修剪完样片后，将其重新别回人台。
　　a. 别合省道、侧缝和肩缝。将前、后片的肩缝和
　　　　侧缝对齐别合，大头针垂直于接缝。
　　b. 将别好的样片重新别回到人台上，检查立裁
　　　　的准确性、合体性和平衡性。立裁时只做了
　　　　半身，将其穿在人台的右半身上检测。

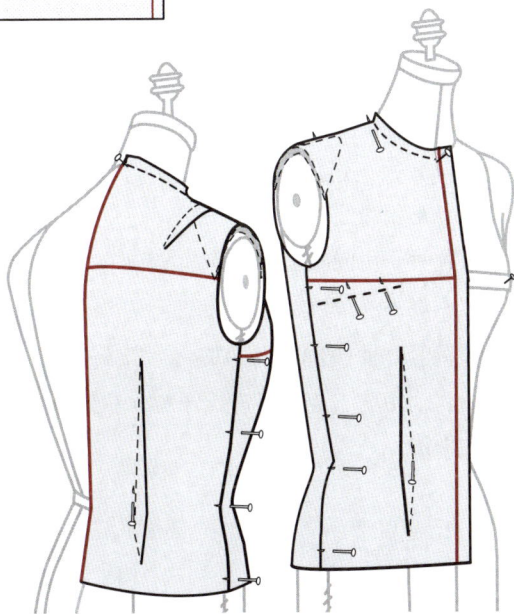

图16-12

第16章　夹克造型及翻驳领设计

一片夹克袖

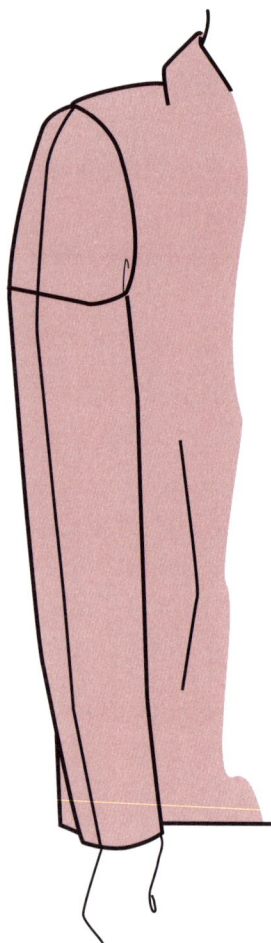

图16-13

一片夹克袖的特点是袖肥和袖山高均比普通袖子的要大一些。要使袖子能够适合加了垫肩的袖窿，袖子的吃缝量也要比原型袖大一些。在一片袖的基础上可以绘制两片夹克袖和衬里的样板。

袖子准备

采用一片袖原型样板来调节修正夹克一片袖（无肘省）。

① 为了适应增大的袖窿尺寸和加宽的侧缝，将袖山抬高1.3cm（1/2英寸）。同时，降低并加宽袖肥1.9cm（3/4英寸）。袖口两边等量增大，将袖口尺寸修正到28cm（11英寸）。用法式曲线尺画顺新袖山弧线，修正袖下线。

② 在袖子中间画出竖直经向线。

③ 在新袖底位置画出新袖肥线。

④ 裁剪出袖子样板，周边加放缝份3.8cm（1½英寸）。

⑤ 将袖山与夹克袖窿进行匹配，参见第99页的具体做法。

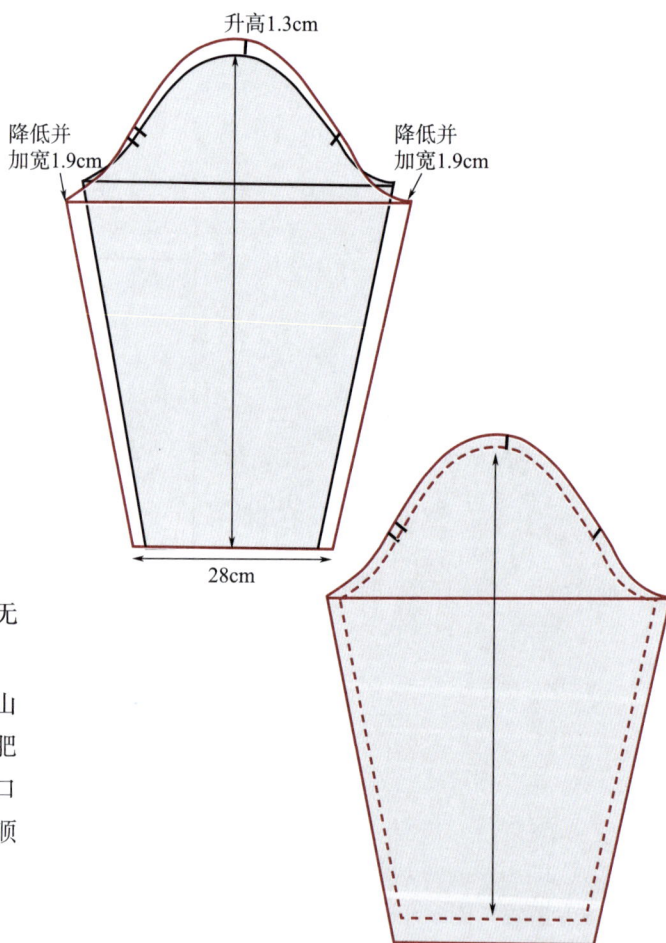

升高1.3cm

降低并加宽1.9cm

降低并加宽1.9cm

28cm

图16-14

注 袖子调整后会增大袖山弧线的长度。因此，有必要将袖子与袖窿重新进行匹配，以决定袖山弧线是否长短合适，是否有足够的吃缝量。具体内容可参考第106页的袖山吃缝量的调整。

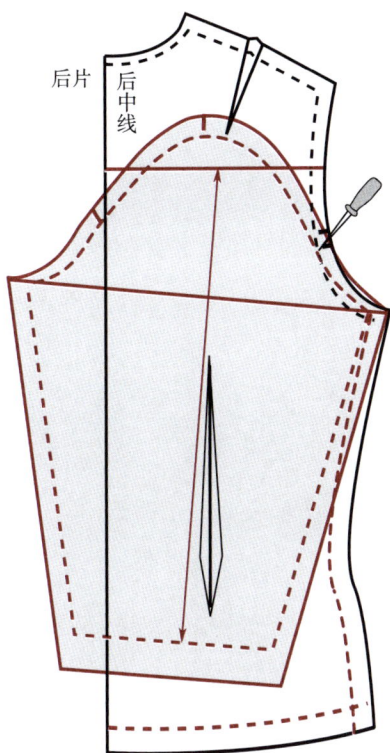

图16-15

后片　后中线

切开展开袖子以增加吃缝量。
每个剪开处的增加量为 0.3~1cm
（1/8~3/8 英寸）

图16-16

吃缝量过小时：沿袖中线和1/4折线，从袖山向袖口方向剪开袖子纸样。打开一部分袖山，以增加所需的吃缝量，重新画顺袖山弧线。

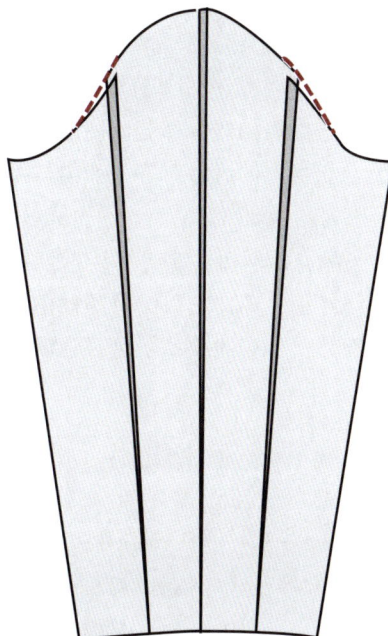

切开合并袖子以减少吃缝量。
每个剪开处的减少量为 0.3~1cm
（1/8~3/8 英寸）

图16-17

吃缝量过大时：沿袖中线和1/4折线，从袖山向袖口方向剪开袖子纸样。合并一部分袖山，以减小吃缝量，重新画顺袖山弧线。

6　袖山与袖窿的匹配。用铅笔或锥子压在净缝线上防止样片滑动。从腋底侧缝处开始，沿着袖窿净缝线旋转对齐袖山弧线，直到袖山与袖窿的肩线相遇。

在旋转移动袖山时，当走到袖窿对位点处，在袖山弧线上的对应位置也做上对位点（前袖山为单对位点，后袖山为双对位点）。同样，当袖山弧线移动到袖窿的肩线时，分别在前、后袖山上的相应位置做标记（袖窿上的对位点在立裁衣身时就已经做好了）。

7　决定袖山吃缝量。夹克的吃缝量在3.8~5.1cm（$1\frac{1}{2}$~2英寸），吃缝量的大小取决于夹克所用面料和款式。

8　袖山与袖窿匹配完之后，如果吃缝量比所需的过大或过小，则按照下述步骤增大或减少吃缝量。

⑨ 调节袖子合体性。在面料上裁剪出袖子样片，缝合袖下缝，从前对位点到后对位点缩缝袖山。

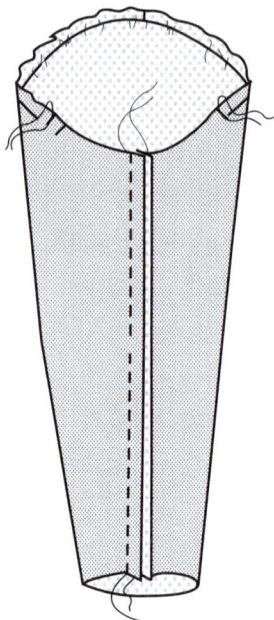

图16-18

⑩ 将布手臂装到人台上。同时将夹克衣身也穿到人台上。
抬起布手臂，露出袖窿腋底部分。将前、后对位点之间的腋下部分袖山与袖窿净缝线对齐别合。

⑪ 别合袖山与袖窿的剩余部分。袖山上的肩缝对位标记与衣身上的肩缝对齐，袖山与袖窿净缝线对齐别完剩余袖窿。

⑫ 检查袖子的合体性和悬垂性。参见第101页袖子的组装与修正，第102、103页的袖山与袖窿的合体性部分，检查此款袖子是否合体，并做必要的修正。

注 这款一片袖样板将用来绘制两片夹克袖样板（下一页）。如果夹克选择用一片袖，则需要加上肘省。参考第98页的原型袖部分相关内容，做出肘省。

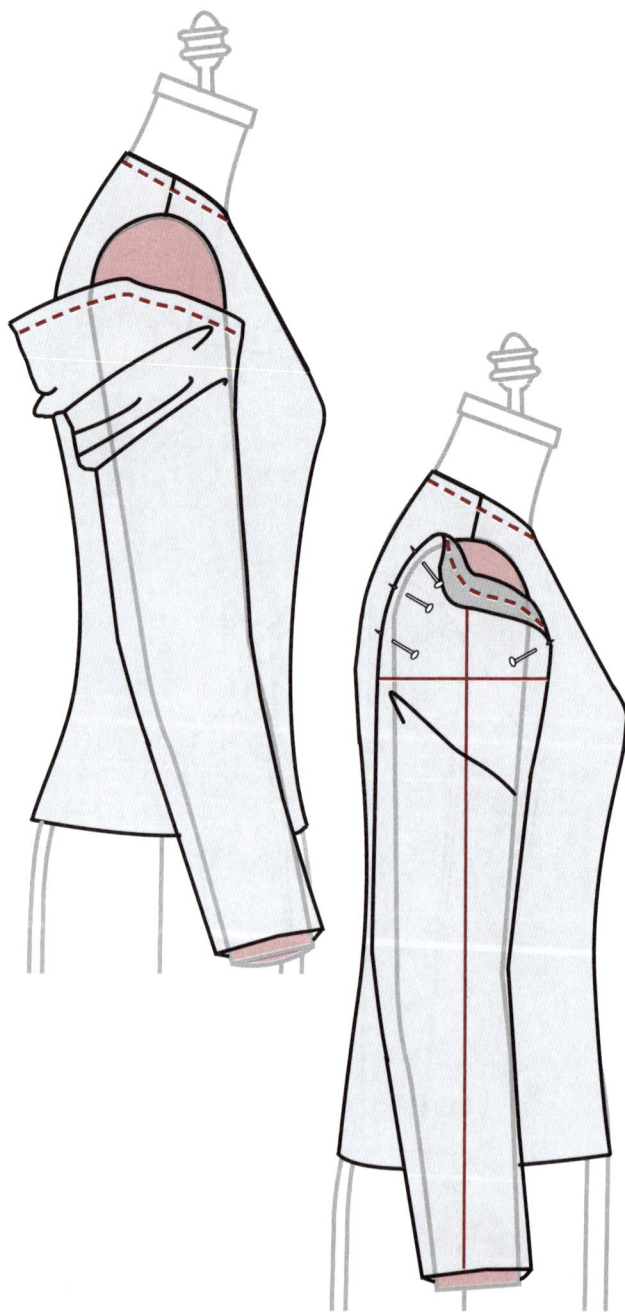

图16-19

两片夹克袖

两片袖通常是做工精良的高档夹克的首选。袖子被裁剪成两片：一片是腋下的小袖，另一片是外侧的大袖。两片结构使袖子的肘弯和肘凸造型更符合人体，使手臂弯曲更自由。比一片袖穿着起来更合体更舒适，也给设计者留有更多的设计空间。下列图示和步骤是一片袖转变成两片袖的方法。

图16-20

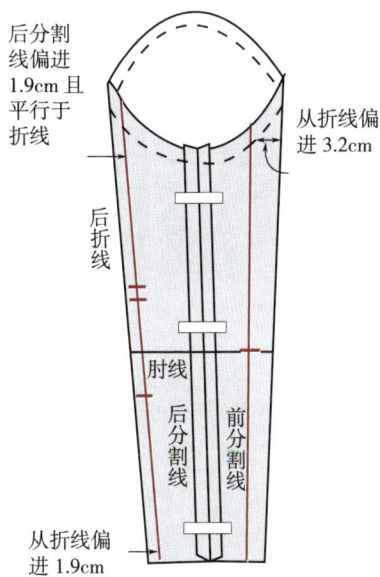

图16-21

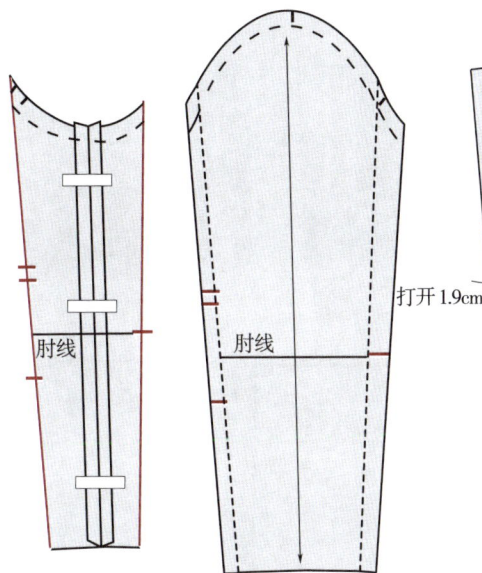

图16-22

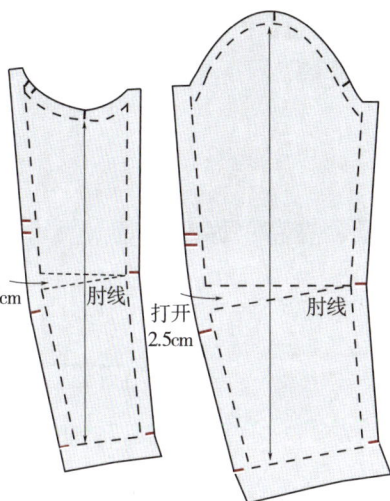

图16-23

1 复制一片袖样板，沿1/4等分线对折，前、后袖下缝对折后正好重合在袖中线上，将前、后袖下缝用胶纸贴合。

2 画出袖肘线（过袖下缝的中点）。

3 绘制两片袖的分割线。

   a. 后分割线从后袖的1/4折线向内偏进1.9cm（3/4英寸），且平行于折线。

   b. 前分割线在袖口偏进1.9cm（3/4英寸），在袖肥偏进3.2cm（$1\frac{1}{4}$英寸），画顺整条分割线。

4 确定前、后分割线上的缝合对位点。后分割线对位点设在肘线上下各5.1cm（2英寸）处（后片为双对位记号），前分割线设在肘线上（单对位记号）。

5 沿分割线裁剪袖片。袖子就被分成大、小两片，将大袖部分展平。

6 在小袖肘线上，从后向前沿肘线剪开，打开1.9cm（3/4英寸），并用小片纸补上打开的缺口。

7 在大袖肘线上，从后向前沿肘线剪开，打开2.5cm（1英寸）［大袖后袖缝的两对位点间应有0.6cm（1/4英寸）的吃缝量］。

8 重新修正袖中线，将袖子肘线以上部分的原始中线竖直向下延长到袖口线。

9 加放缝份，袖子周边加放缝份1.3cm（1/2英寸）。

平驳领夹克

平驳领（缺角领）夹克有单排扣和双排扣两种，一般都是前门襟开口。平驳领夹克合体优雅，是经典的量身定制服装。

领子与驳头连接处设计一个缺角，领子与驳头是分开裁剪的，这一点与两用领类似。驳头和领子的造型、长短和宽窄都可以变化。领子外口线可以设计得挺括硬朗，也可以设计得柔和圆润。后领的领座高低可随设计调节，当底领线裁剪得较直时，领座相对较高；当底领线较弯时，领座则相对较低。平驳领非常适合西服、夹克、外套、连衣裙或衬衫等类型的服装。

图16-24

平驳领夹克：面料准备

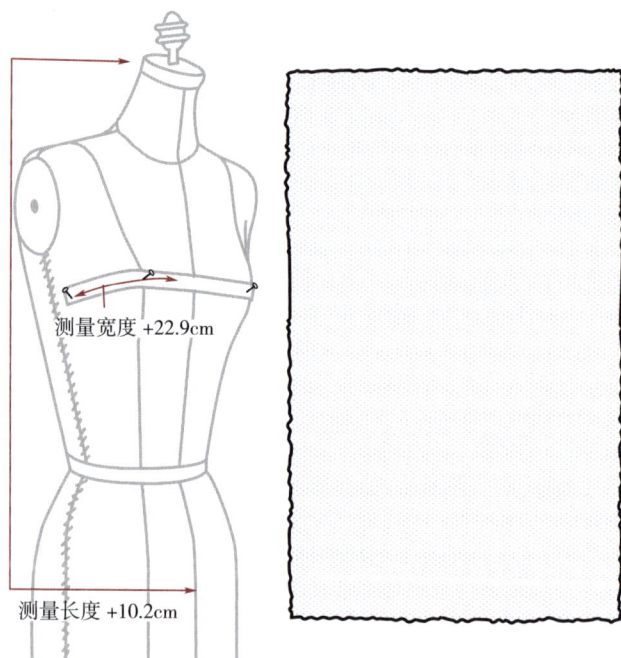

测量宽度 +22.9cm

测量长度 +10.2cm

图16-25

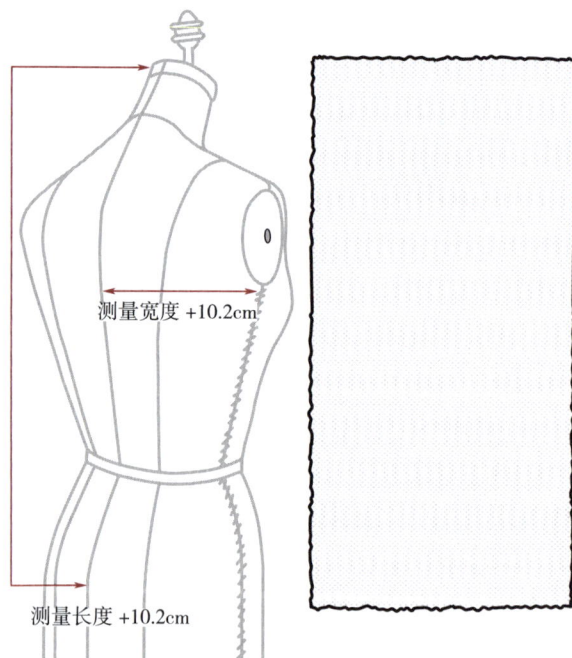

测量宽度 +10.2cm

测量长度 +10.2cm

图16-26

① 从人台前、后颈口测量到所设计的衣长底边线的竖直长度（沿经向），再加10.2cm（4英寸），为前、后片用料的长度。在面料上打剪口并撕取相同长度。

② 测量人台前中到侧缝的水平宽度（沿纬向），再加22.9cm（9英寸），为前片用料的宽度，在面料上打剪口并撕取相同宽度。

③ 测量人台后中到侧缝的水平宽度（沿纬向），再加10.2cm（4英寸），为后片用料的宽度，在面料上打剪口并撕取相同宽度。

2.5cm

前中领口线

12.7cm

前中线

止口线

图16-27

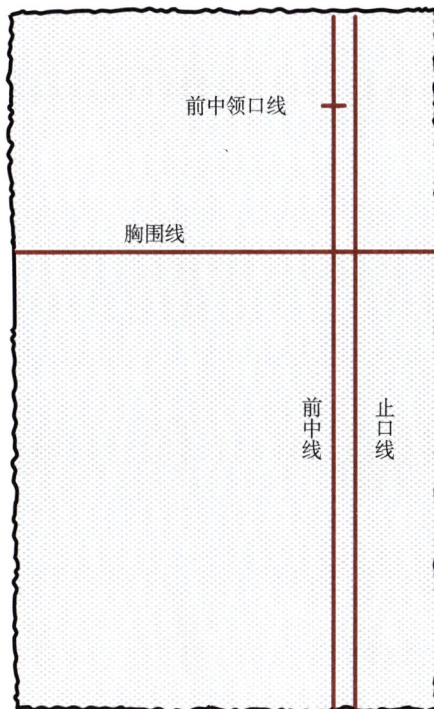

前中领口线

胸围线

前中线

止口线

图16-28

4 在前片面料上距离撕开的经纱布边12.7cm（5英寸）画出前中线，但不要熨烫。

5 从前中线向外定出所需的搭门宽度，画一条平行于前中的经向线为门襟止口线。

图例为2.5cm（1英寸）［如果是双排扣门襟，则搭门宽度为5.1~6.4cm（2~2$\frac{1}{2}$英寸）］。

6 在前中线上做出前领口位置。从上向下沿前中线量取10.2cm（4英寸），并做标记。

7 测量人台前领点到胸围线的距离以决定面料上的胸围线位置。

a. 在面料上沿前中线从前领标记点向下量取人台上的前颈点到胸围线的距离，并做标记。

b. 用L型直尺过标记点做水平胸围线。

8 在水平线上标记出胸高点、侧缝线、公主面中线。必要的话可参考第38页基本原型部分。

9 对于直身型夹克，画出水平臀围线。沿人台臀围线测量从前中到侧缝的宽度，再加1.3cm（1/2英寸）的松量，在面料的胸围线上量取该长度并画出侧缝线。必要的话可参考第100~111页全身式衣身原型部分。

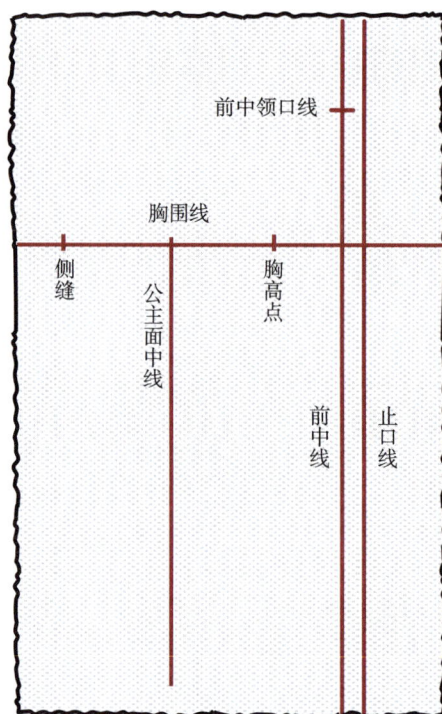

图16-29

平驳领：面料准备

1 测量所需的领子长度，约为30.5cm（12英寸）（纬向）。

2 测量所需的领子宽度，再加10.2cm（4英寸），约为20.3cm（8英寸）（经向）。

3 距离撕开的布边2.5cm（1英寸），沿经纱方向画一条竖直线为后中线，折倒缝份并熨烫平整。

4 距离下边缘5.1cm（2英寸）画一条水平线。

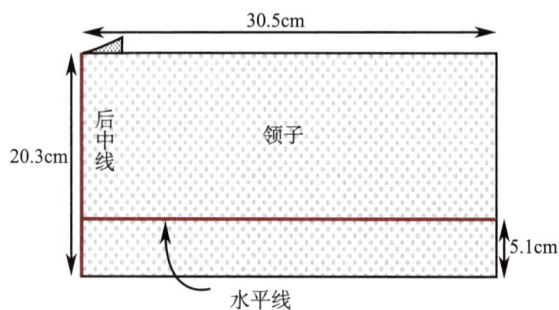

图16-30

平驳领夹克：后片面料准备及立裁步骤

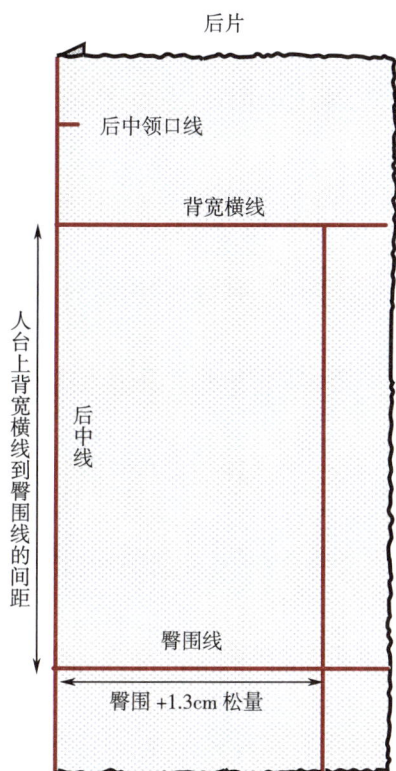

图16-31

① 在后片上画出后中线、后中领口线、背宽横线、侧缝线和臀围线。

具体画法可参考全身式衣身原型（第100~111页）。

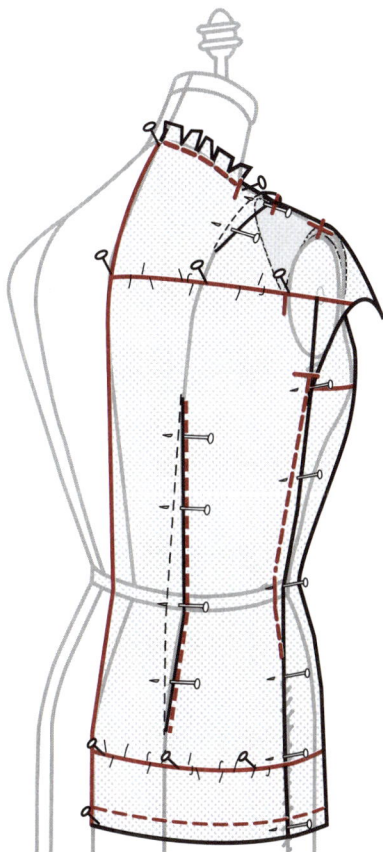

图16-32

② 根据所设计的款式效果图，完成后片衣身的立裁。具有做法可参考全身式衣身原型第114、115页。

> **注** 夹克的后领点位置依旧定在原型领口位置，以便装领。另外，如果需要安装垫肩，则在立裁之前就要将垫肩安装在人台上。

③ 在后片上标记出与人台对应的关键点。

   a. 领口线。

   b. 肩线。

   c. 肩省。

   d. 袖窿肩点。

   e. 袖窿后腋点。

   f. 侧缝。

   g. 袖窿腋下点。

   h. 底边线。

④ 重新画顺后片上的线条，加放缝份。再将样片别回到人台上检查合体性。

平驳领夹克：前片立裁步骤

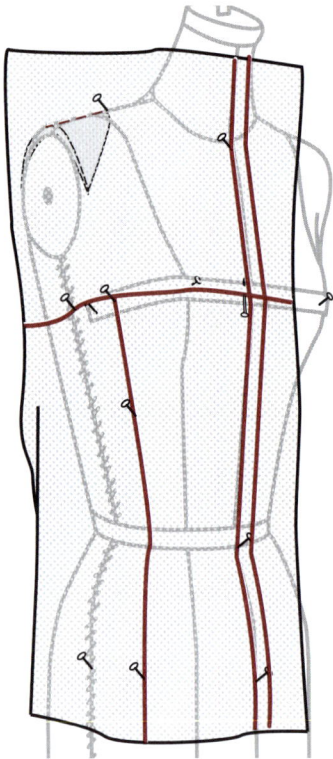

图16-33

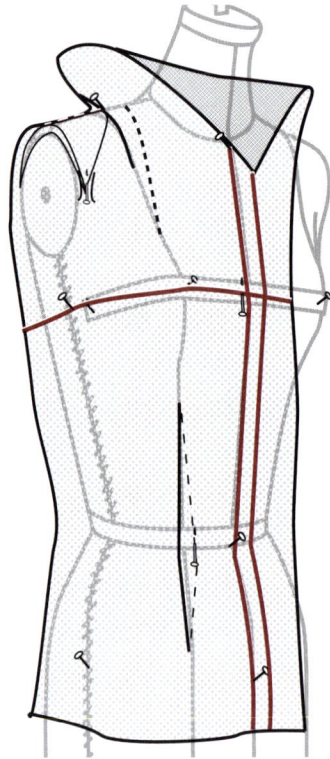

图16-34

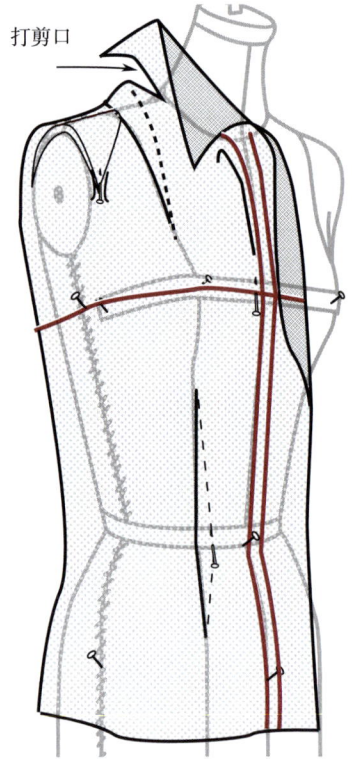

打剪口

图16-35

① 面料上的胸高点对齐人台上的胸高点，别针固定。

② 捋平胸高点周围面料，向前一直捋过前中线。

　a. 在前中线上的前颈点别针固定。

　b. 别针固定前颈点以下的前中线。

③ 面料上的侧缝线和公主面中线分别与人台上的相应线对齐。在臀围线上的公主面中线和侧缝处别针固定。

④ 面料上的水平线分别与人台上的胸围线和臀围线对齐，别针固定，确保竖直，不要扭曲或偏斜。

⑤ 整理侧缝和腰围。将公主面中线上腰围处的固定针拿掉，让面料自然悬垂到臀围（铅垂）。

⑥ 将面料从胸围线向上捋平，一直捋过肩线。在袖窿腋点附近留0.6cm（1/4英寸）的松量，并别针固定该松量。

⑦ 保持侧缝平服，立裁肩省。使胸凸产生的多余面料都推到肩线的公主线位置，将其折倒捏成肩省，省量朝向中线。同时，在腰围的公主线位置捏出菱形腰省（可选做）。

⑧ 在领口弧线与肩线交点的面料缝份上打剪口，别针固定领口弧线与肩线交点。

⑨ 将前中线上的前领口到胸围线之间的固定针拿掉。

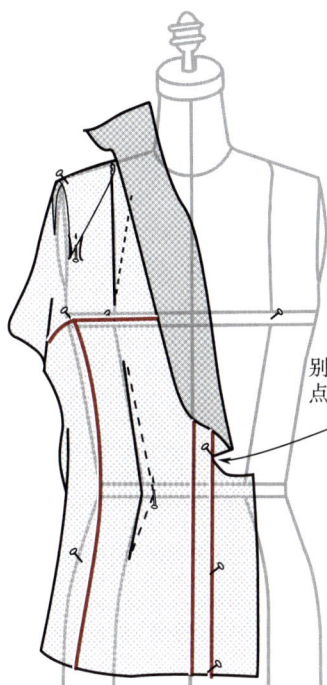

图16-36

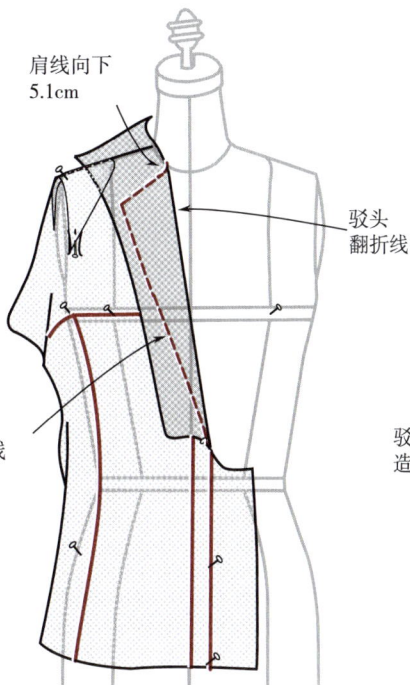

肩线向下
5.1cm

驳头
翻折线

驳头
造型线

别针固定止
点并打剪口

图16-37

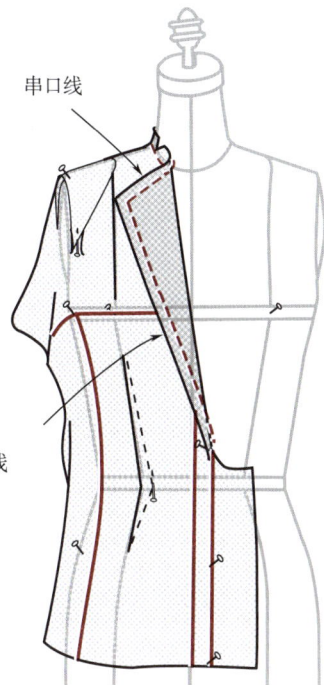

串口线

驳头
造型线

图16-38

10 在搭门止口线上确定平驳领的翻折止点位置（领口的最低点），别针固定该点。

11 将止点以下到底边之间的前中线和止口线别针固定到人台上。

12 将止点以上前中线上的固定针都拿掉。

13 从止点外侧面料边缘向止点打剪口。

14 从止点固定针到领口线翻折点固定针，将前片驳头部分翻折到衣身上。

15 从肩线下约5.1 cm（2英寸）的领口翻折线开始（参考设计图），画出所设计的驳头造型线，结束于前中止口线上的翻折止点。

注 驳头上边缘翻折的领口线是领子的新装领线。

16 修剪前领口及驳头外边缘多余面料，预留缝份2.5cm（1英寸）。在驳头串口线上的翻折线处打剪口，向下一直修到止点，预留缝份2.5cm（1英寸）。

17 在前片上标记出与人台对应的关键点。
a.领口线及串口线。
b.肩线。
c.省道。
d.袖窿。
e.侧缝。
f.底边线。

平驳领：立裁步骤

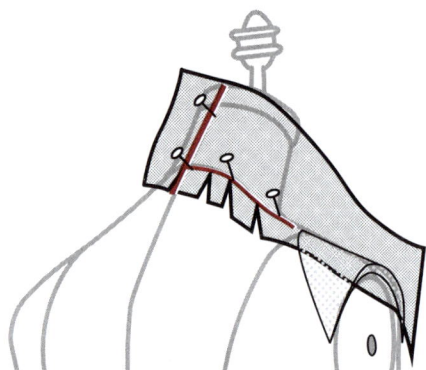

图16-39

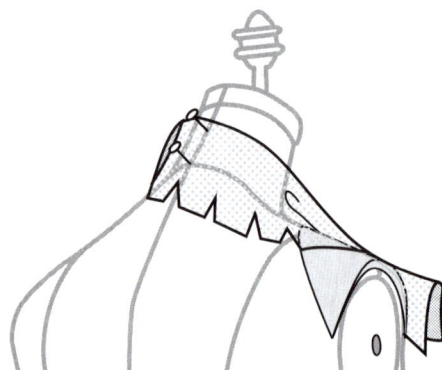

图16-40

① 面料上的后中线对齐人台后领口处的后中线，别针固定。

② 面料上的水平线对齐人台的后领口线。

③ 沿领口净缝线从后中向肩线方向捋平领子面料，别针固定，在领口弧线与肩线交点处打剪口，并别针固定。

④ 将领子面料翻折下来，整理出领座，在后中翻折线别针固定（这是为了保持领座的位置及宽度，使其不会偏斜或者下落）。
整理翻领部分，并别针固定后中翻领。

⑤ 按照预先设计的领子宽度和造型，修剪后领外边缘多余面料。在面料边缘缝份上打剪口，使领子平服地稳定在后肩上。

⑥ 将领子前部与驳头别合固定。

　　a. 将驳头掀起来，在前中将平盖过前中线。

　　b. 整理领子前半部分，使领子的翻折线与驳头的翻折线处于同一倾斜度。调节前领装领线，直到其弯曲程度能够满足领座高度的要求。

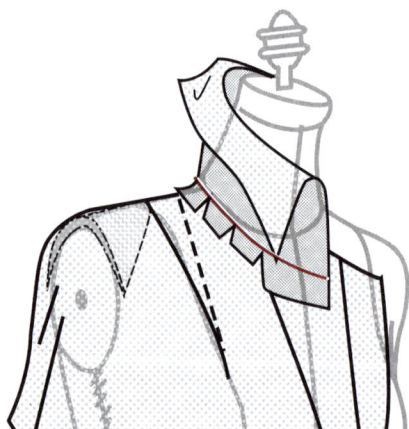

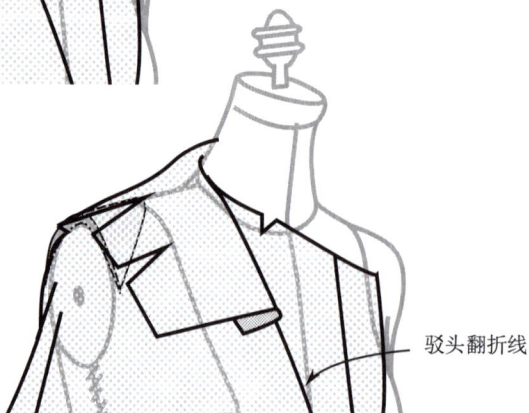

驳头翻折线

图16-41

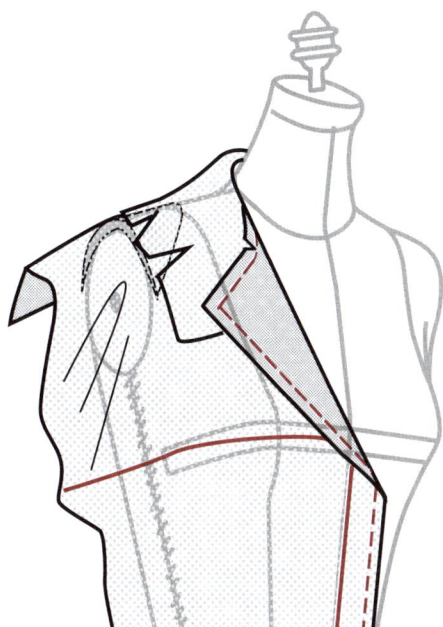

图16-42

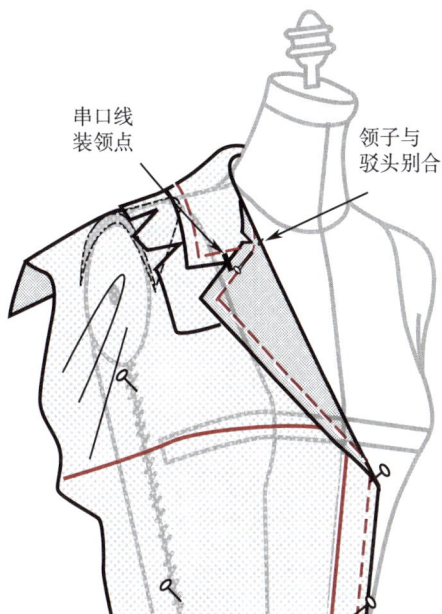

串口线
装领点

领子与
驳头别合

图16-43

⑦ 将驳头再翻下来，盖在领子面料上。过串口线
上的翻折线剪口标记点使驳头翻折下来，平顺
地搭在领子面料上。

驳头翻折线将顺直地向上延伸，与领子翻折线
衔接圆顺。

⑧ 画出所设计的领子外口造型。从后中点一直画
到串口线上的装领点，装领点约在串口线外
端偏进3.8cm（$1\frac{1}{2}$英寸）处，在此处做上装领
记号。

⑨ 将领子与驳头在串口线别合。

检查驳头造型，必要时做一定的修正。

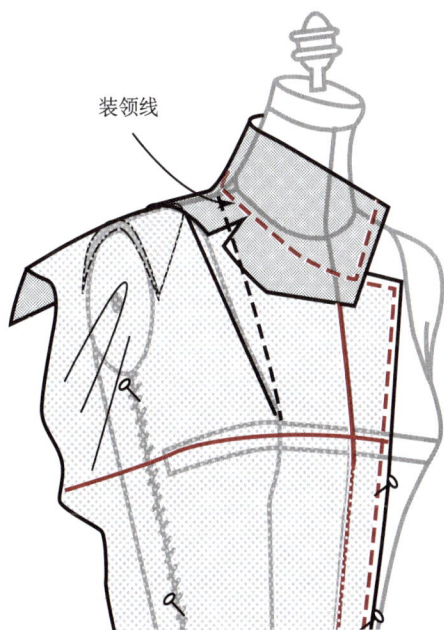

装领线

图16-44

⑩ 画出装领线。

a. 将领子和驳头同时向上或向外掀起，露出底
领线。

b. 从后中线到肩线描出装领线，并在肩线位置
做标记。

c. 参考衣身的领口线，继续描出从肩线到前领口
线上的翻折点标记之间的前领装领线。

d. 从翻折点到装领点标记之间的串口线也在领
子上描出。

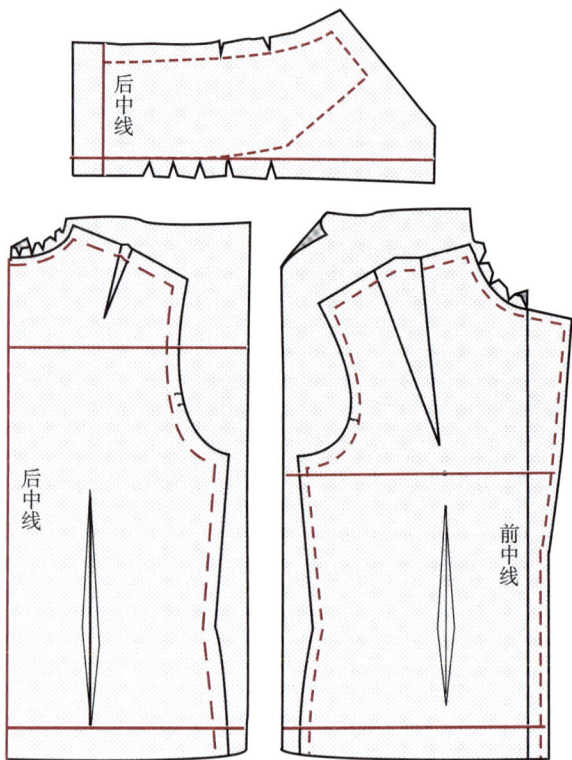

图16-45

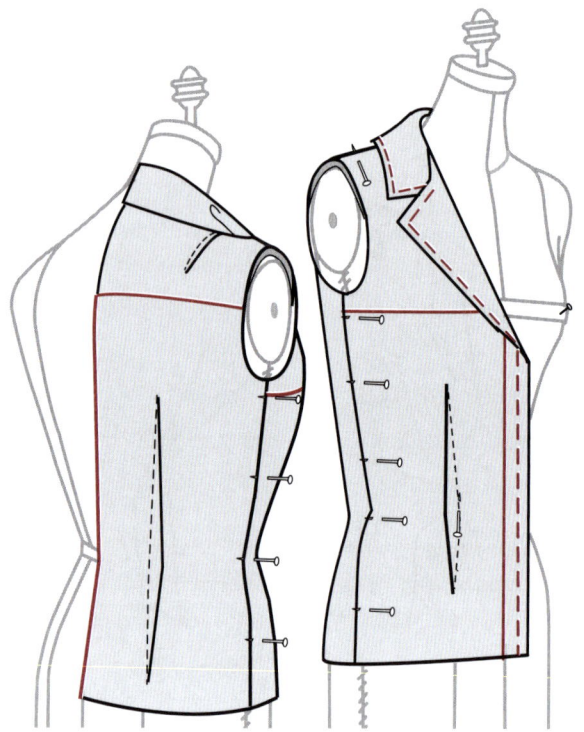

图16-46

11 领子拓板。将领子样片从人台上取下，画顺所有线条。领子周围加放缝份0.6cm（1/4英寸），修剪多余面料。

> **注** 通常成衣的领面后中线不破缝，是一整片。而领里在后中线要破缝，并用斜丝面料裁剪领里，使其翻折更柔顺。

12 衣身拓板。将衣身样片从人台上取下，校核画顺所有线条。加放缝份，修剪多余面料。

13 校核衣身和领子的造型及合体性。将修剪好的领子和衣身样片重新别回到人台上，检查立裁的准确性、合身性和平衡性。领子应该平服顺畅地搭于肩上，没有紧绷和起浮现象。

图16-47

青果领夹克

青果领的特点是驳头与领子和衣身一起连裁成一整片。青果领可以设计成各种高低不同的领口线，领座从很高到极低都能与衣身成功匹配。

青果领一般设有后中缝，以使夹克前衣身下摆处于直丝方向。基于夹克的设计风格不同，领子的长度和宽度变化很大。领子外口线可以设计成弧线形、扇形或者缺角形。后领较直时，领座会较高；后领曲度大时，领座会较低。后领的高低由设计师所需的造型决定。

在立裁时要注重表现出款式的设计风格和整体造型。

面料准备

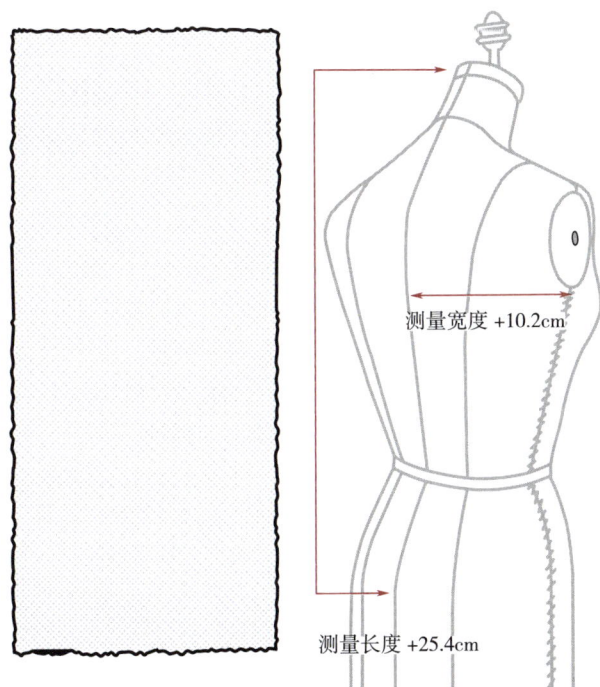

测量宽度 +10.2cm

测量长度 +25.4cm

图16-48

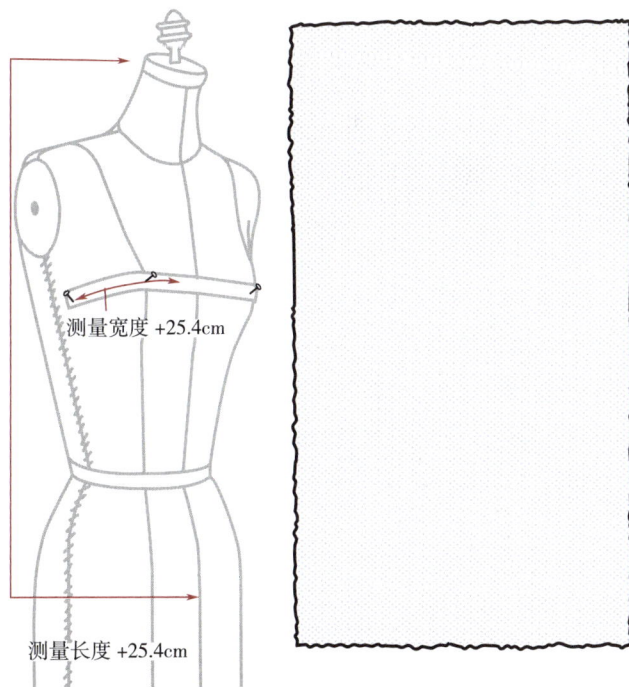

测量宽度 +25.4cm

测量长度 +25.4cm

图16-49

1 从人台前、后颈口测量到衣长底边线的竖直长度（沿经向），再加25.4cm（10英寸）为前、后片用料的长度。在面料上量取相同的长度并打剪口撕开。

2 从人台前、后中线测量到侧缝的水平宽度（沿纬向），前面加25.4cm（10英寸）为前片用料宽度；后面加10.2cm（4英寸）为后片用料宽度。在面料上量取相同的宽度并打剪口撕开。

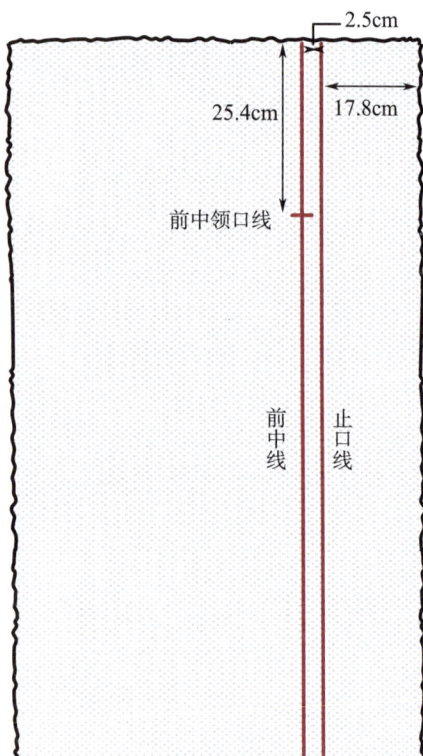

图16-50

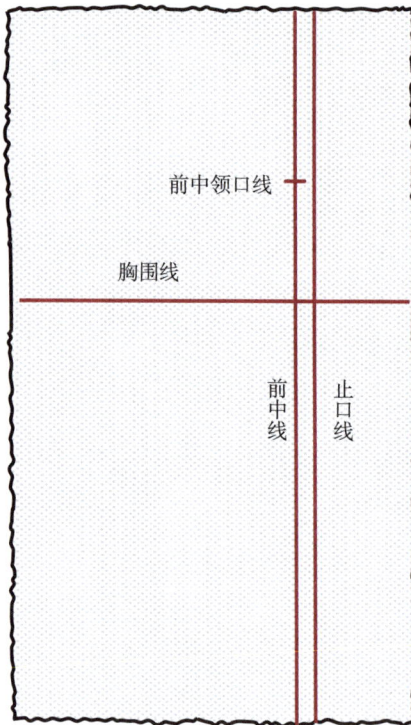

图16-51

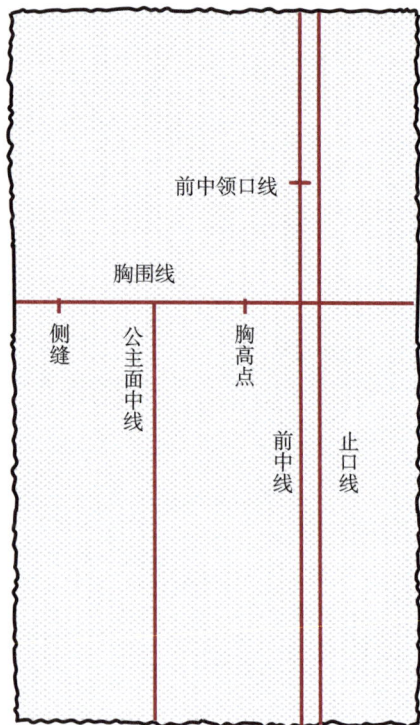

图16-52

③ 在前片面料上距离撕开的经纱布边17.8cm（7英寸），沿经纱方向画出前中线，但是不要熨烫。

④ 从前中线向外定出所需的搭门宽度，画一条平行于前中的竖直线为止口线。图示宽为2.5cm（1英寸）。

⑤ 在前中线上做出前领点标记。沿前中线从上向下量取25.4cm（10英寸）做标记。

⑥ 测量人台前颈点到胸围线的距离，以决定面料上的胸围线位置。

a. 在面料上沿前中线从前领点标记向下量取人台前颈点到胸围线的间距，并做标记。

b. 过标记点，用L型直尺做水平胸围线。

⑦ 做出胸高点标记、侧缝线、公主面中线。必要时可参考第38页的基本原型部分。

⑧ 对于直身型夹克，从胸围线竖直向下量取35.6cm（14英寸）做出臀围线。沿人台臀围线测量前中到侧缝之间的宽度，再加1.3cm（1/2英寸）的松量，在面料上画出侧缝线。必要时可参考第111页全身式衣身原型部分。

青果领夹克：后片面料准备及立裁步骤

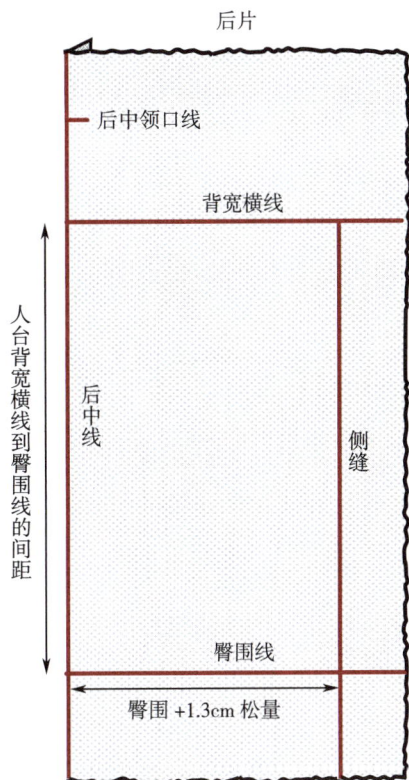

图16-53

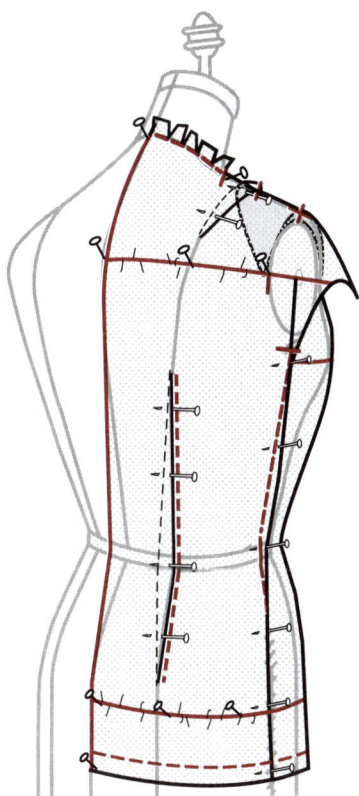

图16-54

图16-53 标注：
- 后片
- 后中领口线
- 背宽横线
- 后中线
- 侧缝
- 臀围线
- 人台背宽横线到臀围线的间距
- 臀围 +1.3cm 松量

① 在后片上画出后中线、后中领口线、背宽横线、侧缝线和臀围线。

② 根据设计选择合适厚度的垫肩安装在人台上。

③ 根据设计效果图，完成后片衣身的立裁，后片造型要与前片的设计相呼应。具体做法可参考全身式衣身原型部分（第114、115页）。

> **注** 夹克的后领点依旧设在原型领口的位置，以便装领。另外，如果需要安装垫肩，则在立裁之前就要将其安装在人台上。

④ 在后片上标记出与人台对应的关键点。
  a. 领口线。
  b. 肩线。
  c. 肩省。
  d. 可选的菱形腰省。
  e. 袖窿肩点。
  f. 袖窿后腋点。
  g. 袖窿腋下点。
  h. 侧缝。
  i. 底边线。

⑤ 拓板。重新画顺后片的线条，加放缝份。再将样片别回到人台上检查合体性。

青果领夹克：前片立裁步骤

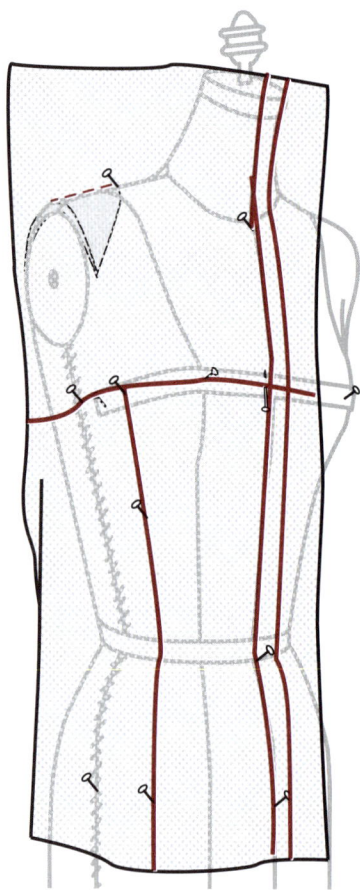

图16-55

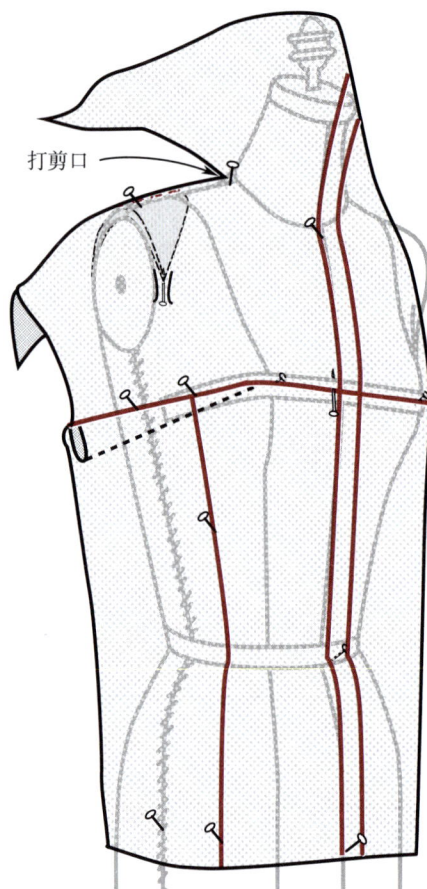

打剪口

图16-56

① 面料上的胸高点标记对齐人台上的胸高点别针固定。

② 从胸高点向前中线捋顺面料，一直捋过前中线。

　a. 在前中线的前颈点别针固定。

　b. 固定前颈点以下的前中线。

③ 面料上的公主面中线与人台上的对齐。面料上的侧缝线与人台上的对齐，别针固定。

④ 面料上的水平线分别对齐人台上的胸围线和臀围线，别针固定，确保面料不扭曲或偏斜。

⑤ 在侧颈点打剪口。从后公主线位置开始向领口线与肩缝交点处打剪口，并别针固定领口线与肩缝交点。

⑥ 将平肩线面料，将多余面料搭在肩上，将平肩线并别针固定。继续捋顺袖窿周围面料，在袖窿前腋点附近留0.6cm（1/4英寸）的松量，并别针固定该松量。

⑦ 整理侧胸省，将胸凸产生的面料余量整理到水平胸围线上。拿掉胸围线上的固定针，将多余面料在胸围线的侧缝处捏出侧胸省。使侧胸省及胸围线以下的衣身竖直向下自然悬垂到臀围（铅垂）。

国际服装立裁设计：美国经典立体裁剪技法（原书第5版）

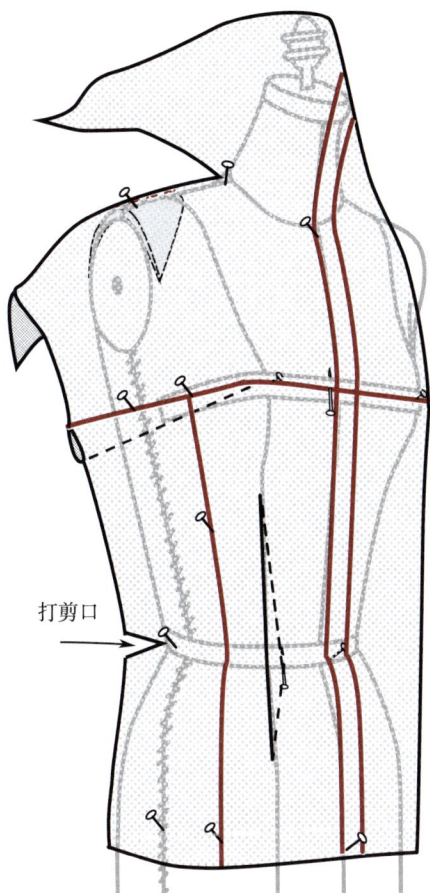

打剪口

图16-57

剪到止点固定针

图16-58

8 整理固定侧缝、腰部。在侧缝的腰围线处的缝份上打剪口。别针固定侧缝与腰围线交点。

9 在前腰公主线位置立裁菱形腰省。将腰部多余的面料捏成1.3cm（1/2英寸）的省道［展开后的总省量为2.5cm（1英寸）］。依照人台的公主线对省道造型，上省尖在胸高点下5.1cm（2英寸），下省尖在腰围线下10.2cm（4英寸）。

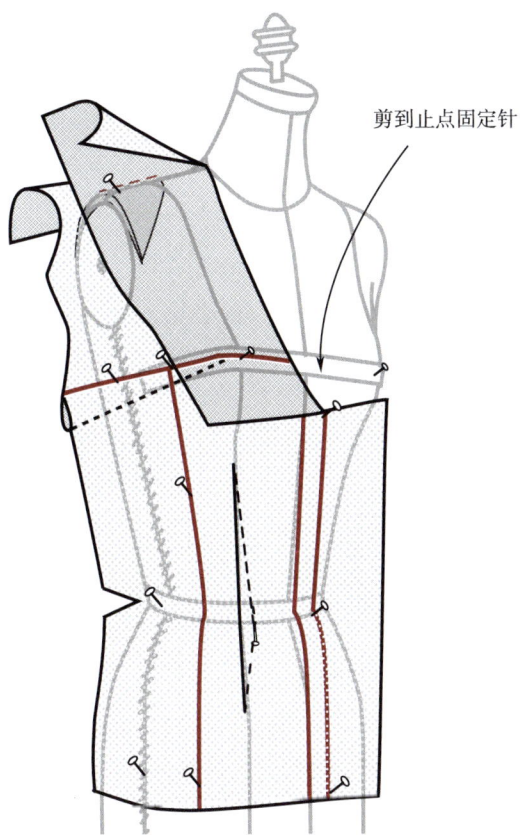

10 在翻折止点、前中线和止口线上别针。

a. 在止口线上确定青果领的翻折止点位置（领口的最低点），别针固定该点。

b. 将翻折止点以下的前中线和止口线别针固定在人台上，一直固定到底边线。

c. 拿掉翻折止点以上的前中线上的固定针。

11 对准翻折止点从面料边缘向止点固定针打剪口。

12 将止点固定针到领口线与肩线固定针之间的面料翻折到前片衣身上。

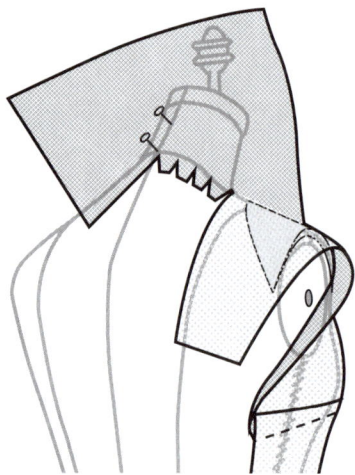

图16-59

13 修剪、固定、捋平、整理后领口线。

　　a. 从领口线与肩线固定针处掀起驳头面料。

　　b. 沿着人台后领口线，捋顺后领面料、打剪口、别针固定。

　　c. 标记立裁好的后领装领线。

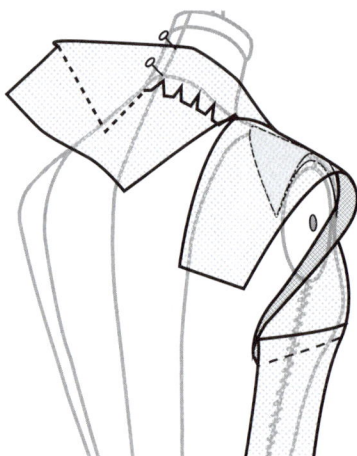

图16-60

14 别针固定后中领子翻折点，这是为了保证领座的位置及高度，使其在操作过程中不会变动。将领子面料翻下来，整理出领座，别针固定。

15 按照预先设计的领子宽度，修剪领子外边缘多余面料。

16 画出领子外边缘造型线。从翻折止点一直画到后中线。

17 修剪多余面料，预留足够的缝份。

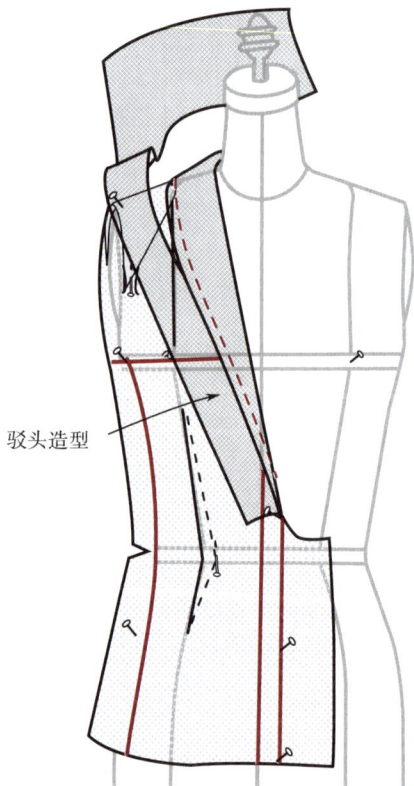

驳头造型

图16-61

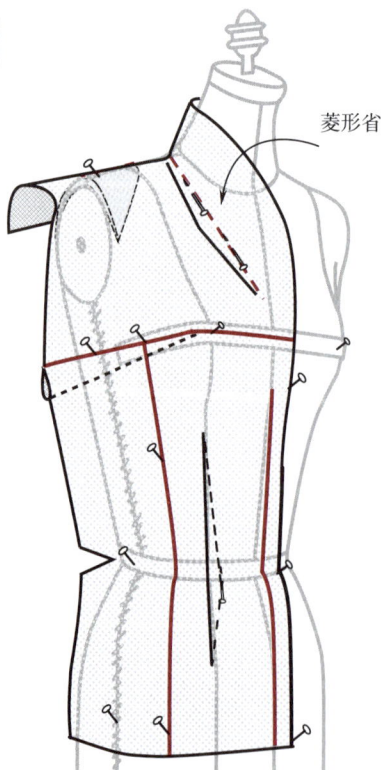

菱形省

图16-62

18 整理立裁领底菱形省。将领面掀起，在领子翻折线上做出一个菱形省。省道起始于肩线与领口线交点，向前倾斜到衣身的前中线。菱形省使翻折线略带弯曲效果。

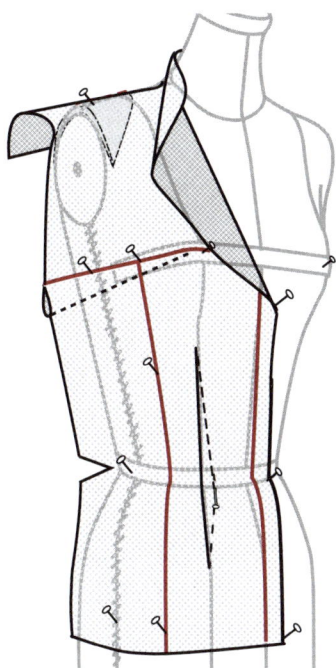

图16-63

19 在前片上标记出与人台对应的关键点。

　　a. 肩线。

　　b. 菱形省。

　　c. 袖窿。

　　» 肩端点。

　　» 袖窿前腋点。

　　» 袖窿与侧缝交点。

　　d. 侧缝和侧胸省。

　　e. 底边设计线或腰围线。

注　为了使侧缝更合体，可在侧缝的腰围线处打剪口，将腰围收进一些，使侧缝更贴合人台。

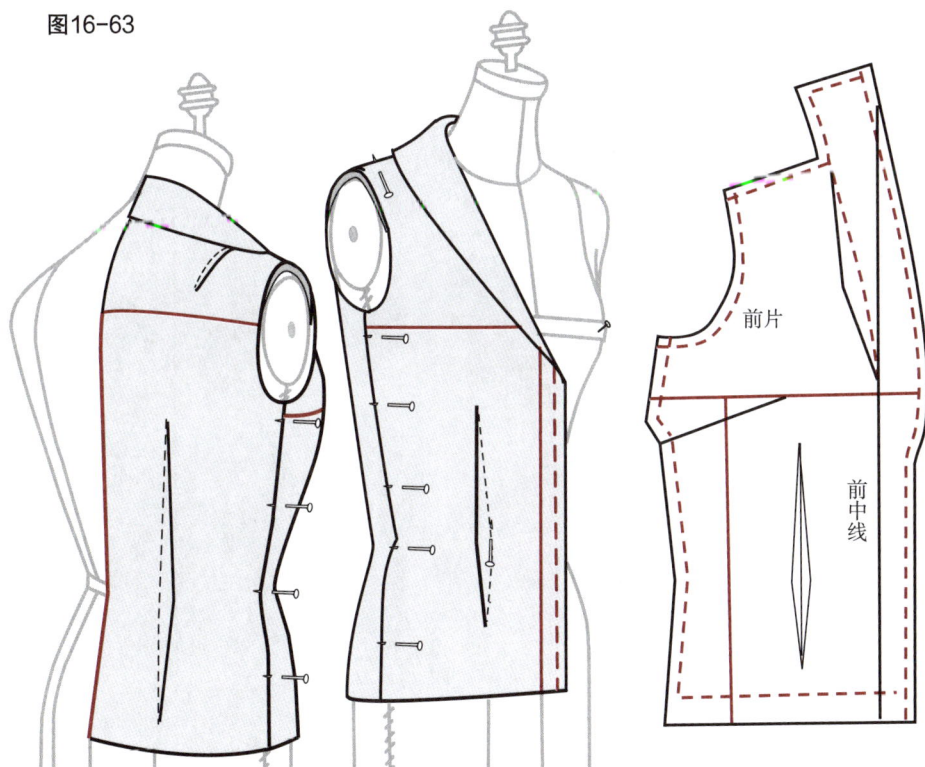

前片

前中线

图16-64

20 拓板。将前、后片样片从人台上取下，校核画顺所有线条。加放缝份，在后领口装领线和领子外口线加放缝份0.6cm（1/4英寸），其他地方均加放缝份1.3cm（1/2英寸）。

21 校核立裁效果。将衣身前、后片别合后，重新别回到人台上，检查立裁的准确性、合身性和平衡性。领子应该平服顺畅地搭于肩上，没有紧绷和起浮现象。同时，整个衣身的各个部位都与人台对准、合体。

半公主线翻领夹克

半公主线结构的夹克也是经典款式，是用相对较直的分割线将前、后片分成两片。腋下侧片的半公主线分割从袖窿前、后腋点下方开始，比较靠近侧缝线的位置。由于半公主线不经过胸高点，所以在胸围附近的公主线上有一个较小的侧胸省。

半公主线结构夹克外观挺阔、修长、苗条，给传统经典夹克增添了灵活多样性。许多时髦的套装或运动单品都可以设计成如同这款的长度和造型。

图16-65

人台和面料准备

人台准备

1. 用针别出或用标记带贴出半公主线的位置。
2. 选择与设计相适合的垫肩尺寸（垫肩的厚度随季节的不同而不同，同一季节又随款式的不同而变化）。将垫肩装于人台上，超出人台标记的肩宽点1.3cm（1/2英寸），别针固定。

量取面料

1. 分别测量人台前、后颈口以及夹克侧片到底边线的竖直长度（沿经向），再加10.2cm（4英寸）为面料所需的长度。在面料上量取相同长度打剪口并撕开。
2. 将面料沿宽度方向平分成三等份，分别为前片、腋下侧片和后片用料。

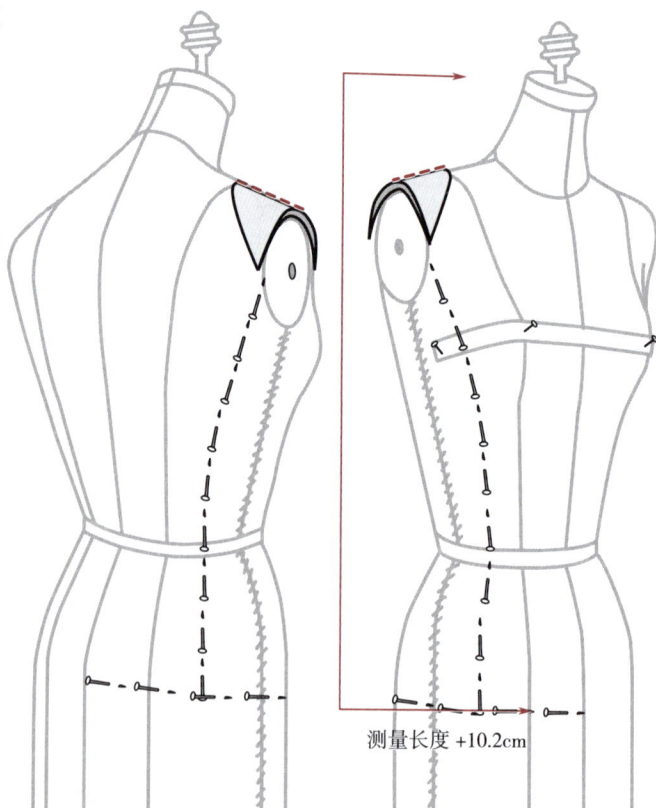

测量长度 +10.2cm

图16-66

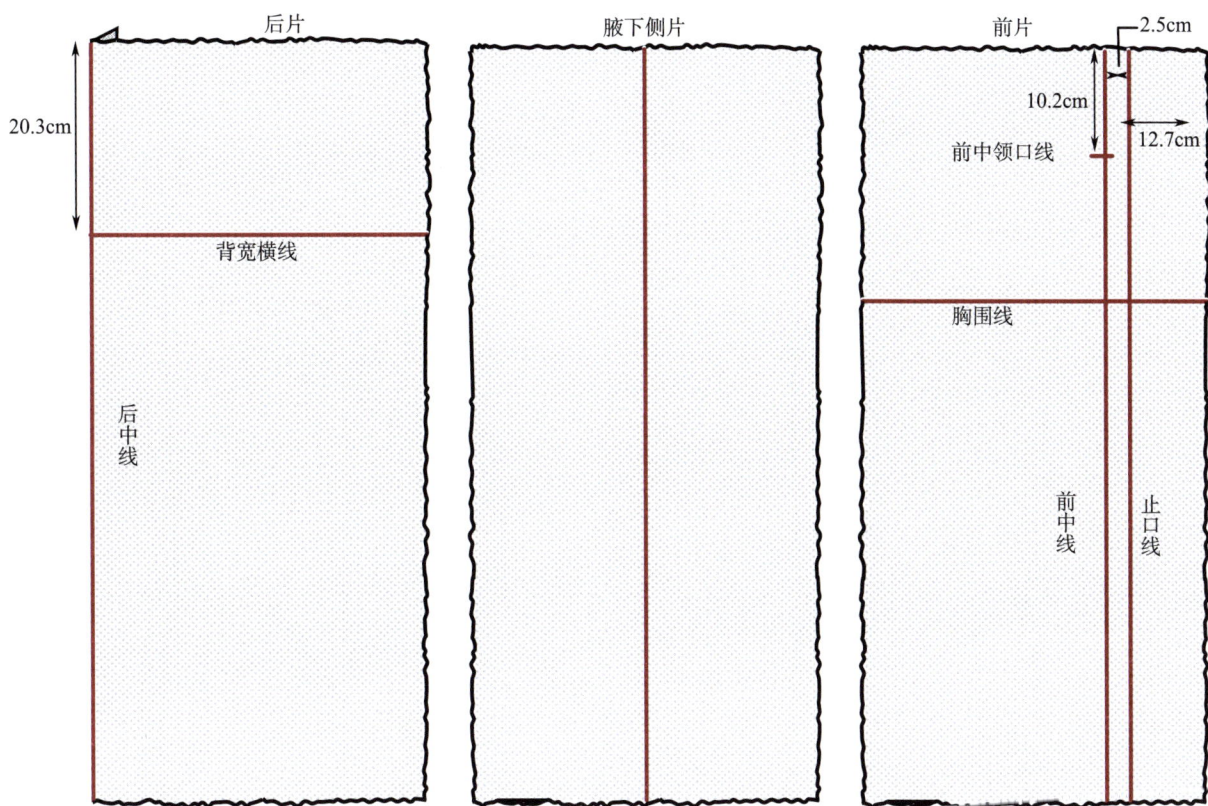

后片　　　　　　　　腋下侧片　　　　　　前片　　　　⤒2.5cm

20.3cm

10.2cm

12.7cm

背宽横线

前中领口线

胸围线

后中线

前中线　止口线

图16-67

3 取其中一块面料作为前片，准备前片上的竖直线。

　a. 在前片面料上距离撕开的经纱布边12.7cm（5英寸），沿经纱方向做出前中线，但是不要熨烫。

　b. 从前中线向外确定出所设计的搭门宽度，画一条平行于前中的竖直线为止口线。图示为2.5cm（1英寸）。

　c. 从上向下沿前中线量取10.2cm（4英寸），过此点做标记，为前中领口线。

　d. 测量人台前颈点到胸围线间的距离，以决定面料上胸围线的位置。将测量值转换到面料上相应位置，用L型直尺做出水平胸围线。

4 准备腋下侧片面料。取其中一片面料，在中间画出竖直的经向线。

5 用最后剩余的一片面料，准备后片面料。

　a. 距离撕开的经纱布边2.5cm（1英寸），沿经纱方向做出后中线，折倒缝份熨烫平整。

　b. 从上向下量取20.3cm（8英寸），过此点做水平线，此线对应人台上的背宽横线。

半公主线翻领夹克：前片立裁步骤

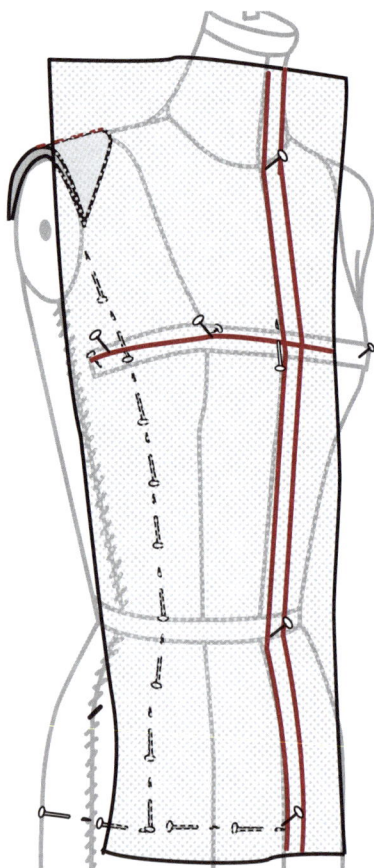

图16-68

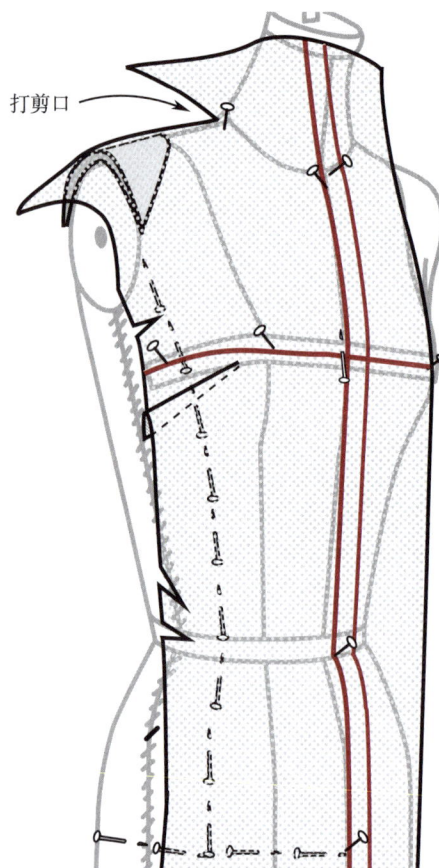

图16-69

1. 面料上的前中线与人台的前中线对齐，面料上的水平线与人台的胸围线对齐，确保面料竖直顺畅，别针固定。

2. 别针固定前颈点和前臀围点，在胸带上再别一针固定。

3. 捋平肩线上的多余面料，别针固定。

4. 从后公主线位置开始向领口线与肩缝交点打剪口，并别针固定领口线与肩缝交点。

5. 立裁肩线，捋平肩线上的面料，一直捋过肩点，别针固定。

6. 继续向下捋平袖窿周围面料，在袖窿前腋点附近留0.6cm（1/4英寸）的松量，并别针固定该处松量（正好在半公主线的上方）。

7. 拿掉半公主线与胸高点之间的胸围线上的固定针。继续向下整理半公主线，将胸凸产生的多余面料推到胸围线下方，别针固定。

8. 整理立裁胸省，将胸围线下的多余面料捏成侧胸省，省道量倒向腰围线，别针固定。

9. 在半公主线的腰围线处打剪口（腰围面料应该平服顺畅，不紧绷）。

半公主线翻领夹克：翻领和前片立裁步骤

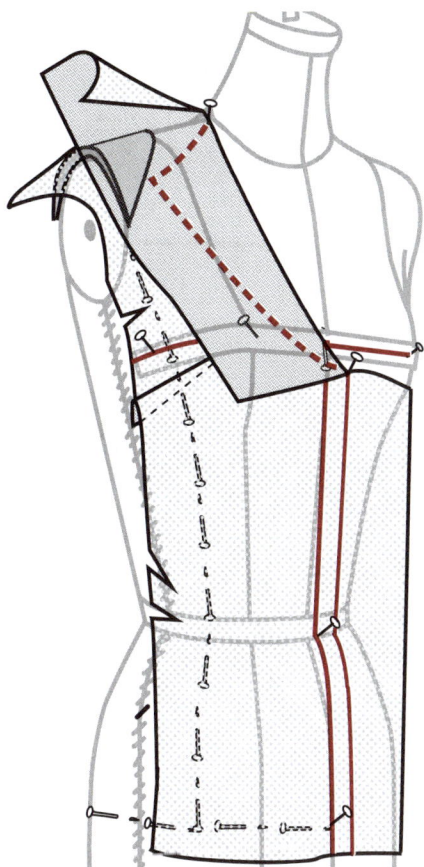

图16-70

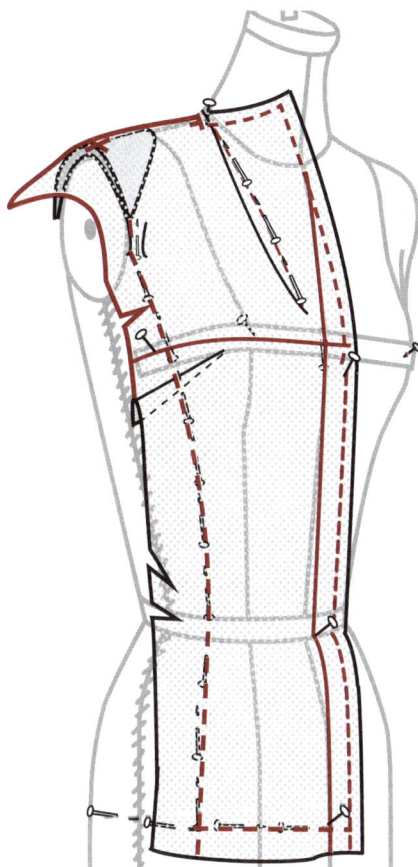

图16-71

① 在翻领翻折止点、前中线和止口线上别针固定。

   a. 在止口线上确定领子翻折止点位置（领口线的最低点），别针固定该点。

   b. 将翻折止点以下到底边的前中线和止口线别针固定在人台上。

   c. 将翻折止点以上的前中固定针都拿掉。

② 对准翻折止点从面料边缘向止点固定针打剪口。

③ 将止点固定针和领口线与肩线固定针之间的面料翻折到前片衣身上，形成翻领驳头。

④ 按照预先设计的造型，从领口线与肩线交点到翻折止点画出驳头外边缘造型。修剪止口线及领子外边缘多余面料。

⑤ 立裁出菱形省。将驳头掀起，在领口翻折线上做出菱形省。省道起始于肩线与领口线交点，向下倾斜到夹克前中线上结束（菱形省的作用在于使翻折线略带一点弯势）。

⑥ 在前片上标记出与人台对应的所有关键点。

⑦ 将前片从人台上取下，重新画顺所有线条，加放缝份及前袖窿对位点。再将前片重新别回到人台标记检查半公主线前片的造型与合体性。

半公主线翻领夹克：后片立裁步骤

① 面料上的后中折线与人台的后中线对齐，别针固定。

② 面料上的水平线与人台上的背宽横线对齐，别针固定。

③ 捋平后领口周围面料，修剪多余面料，在缝份上等间距地打剪口。

④ 捋平肩线上的面料，别针固定肩线。

⑤ 从后中向半公主线捋平后片面料，一直捋过公主线，别针固定。在半公主线的腰围线处打剪口（腰围线处的面料应该平服顺畅，不紧绷）。

⑥ 在后片上标记出与人台对应的关键点。
　　a. 领口线。
　　b. 肩线。
　　c. 后公主线。
　　d. 公主线对位点：后片用双对位标记。
　　e. 底边线。

⑦ 拓板。将后片从人台上取下，画顺所有线条，加放缝份，修剪多余面料。再将后片重新别回到人台上。

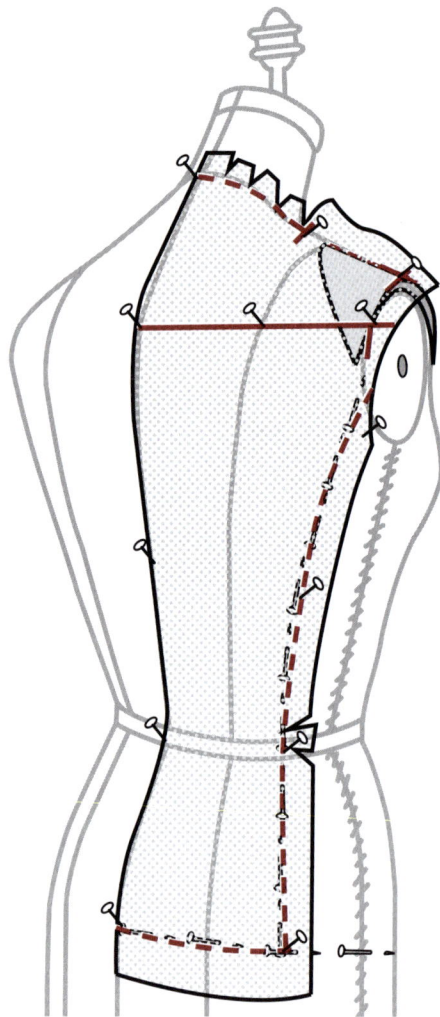

图16-72

半公主线翻领夹克：腋下侧片立裁步骤

① 侧片面料上的中线与人台侧缝对齐在腋下别针固定，再在腰围线和臀围线上别针固定。

② 在中线两边从袖窿到下摆分别捏出0.6cm（1/4英寸）的松量，别针固定（这一松量是袖窿、腰围以及臀围上所必需的活动量）。

③ 捋平面料，整理固定半公主缝。从中线分别向前、向后捋平面料，一直捋过半公主线，别针固定。在公主线的腰围处打剪口。腰围线处的面料应该平服顺畅，但不紧绷。

④ 在腋下侧片上标记出与人台对应的关键点。

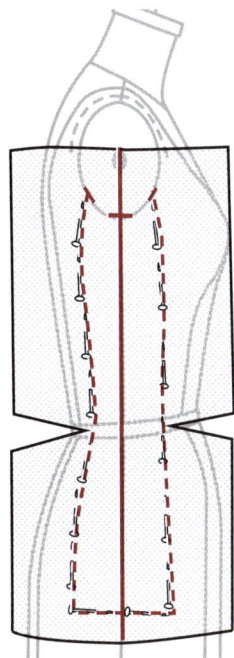

图16-73

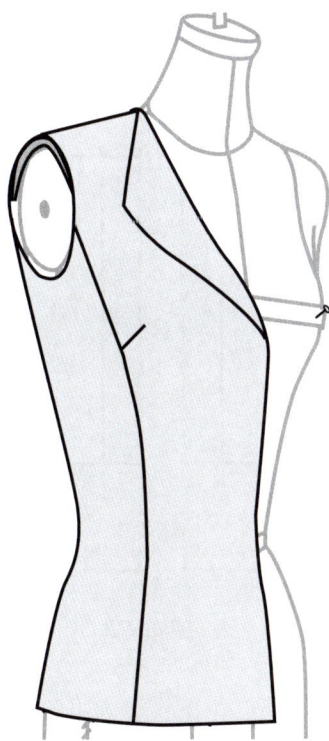

图16-74

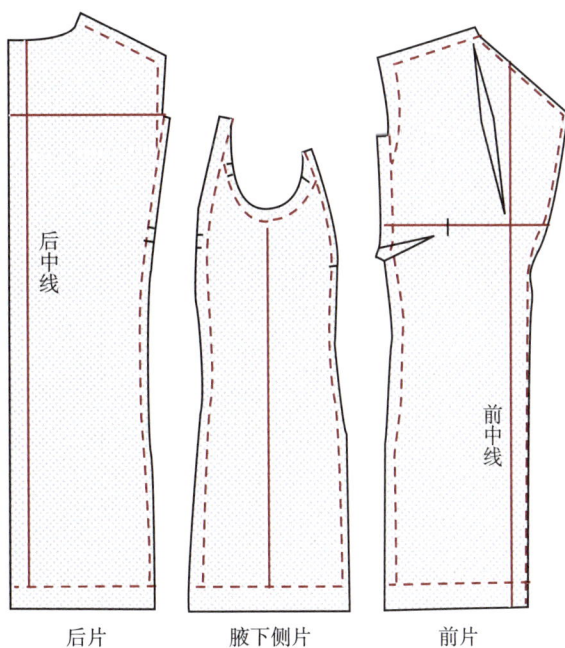

后片　　腋下侧片　　前片

图16-75

a. 公主线对位点：与前片对应的对位标记。

b. 袖窿：在袖窿底的侧缝位置上做对位标记。

c. 底边线。

⑤ 将腋下侧片从人台上取下，画顺所有线条，加

放缝份，修剪多余面料。

⑥ 将前、后片与侧片别合，重新别回到人台上，检查半公主线、对位点、合体性及悬垂性等相关问题。

图16-76

宽松夹克

这款夹克类似于无省衬衫的宽松风格，肩部下落，袖窿降低，适合采用衬衫袖子，以便有更大的活动量。这类风格的夹克常采用牛仔、皮革或者绗缝面料，款式变化丰富，但都以宽松舒适、穿着方便为主要特征。

根据设计风格选择合适厚度的垫肩（垫肩的厚度随季节的不同而不同，在同一季节中又随款式的不同而变化）。将垫肩安装在人台肩上，超出人台肩宽标记1.3cm（1/2英寸），别针固定。

人台准备

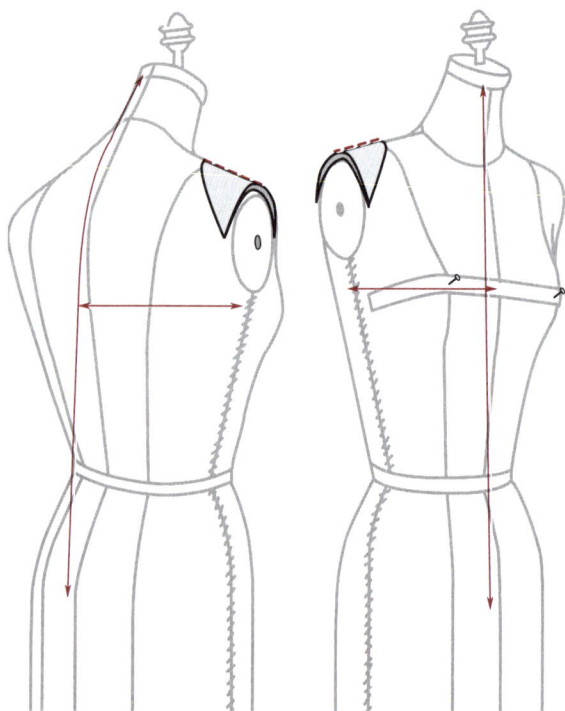

图16-77

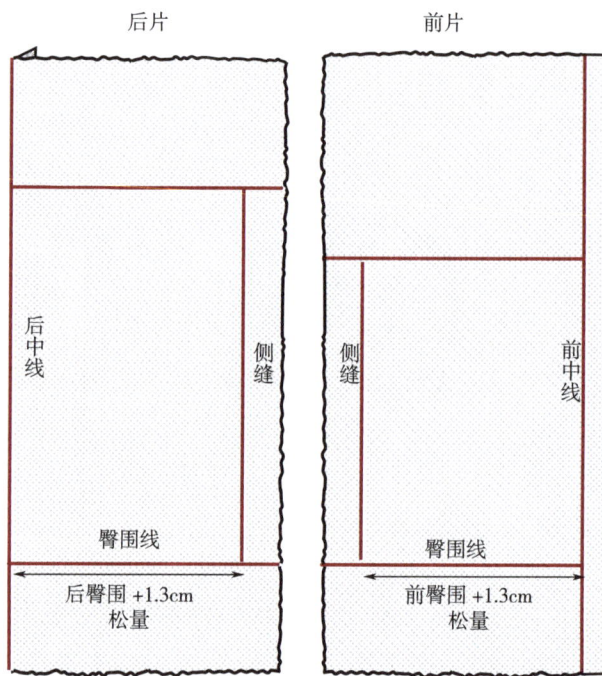

图16-78

面料准备

① 测量人台前、后颈口到底边线的竖直长度（沿经向），再加10.2cm（4英寸），为前、后片面料的长度。量取相同面料长度，打剪口并撕开。

② 测量人台前、后中线到侧缝的水平宽度（沿纬向），再加10.2cm（4英寸），为前、后片所用面料的宽度。量取相同面料宽度，打剪口并撕开。

③ 如图所示，在面料上画出前、后中线、水平线、领口标记点、臀围线以及侧缝线。具体画法可参考第200、201页的无省设计。

宽松夹克：前、后片立裁步骤

1 这款宽松夹克的前、后片立裁步骤与无省上衣的相同，请参考第202、203页的相关内容。

2 前、后片拓板时，袖窿不要绘制成合体袖窿，而是采用衬衫的宽松结构形式。具体做法见第206、207页的相关内容。

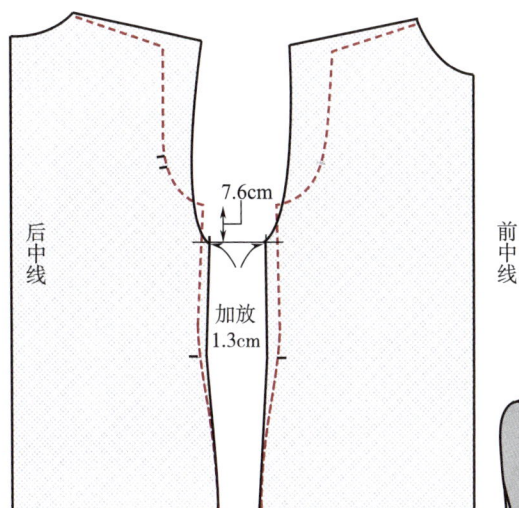

图16-80

7.6cm

后中线

加放1.3cm

前中线

图16-79

3 对袖子进行调节，使其适合无省衬衫的袖窿，具体做法见第207~210页的相关内容。

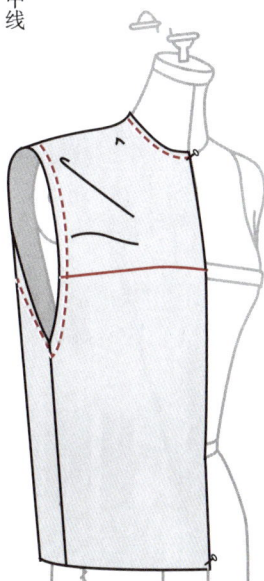

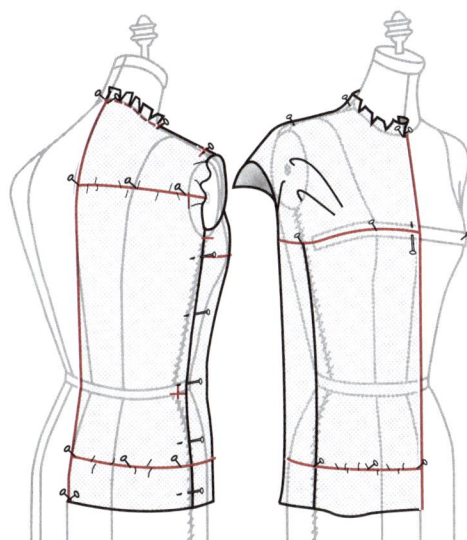

4 根据设计立裁出领子，基于款式风格加上相应的口袋。

图16-81

第17章
垂荡褶设计

» 基本领口垂荡褶
» 垂荡领衬衫设计
» 腋下、侧缝垂荡褶

图17-1

垂荡褶柔和流畅、优雅妩媚，常常应用在服装领口或腋下。垂荡褶的立裁要采用斜丝面料，适宜选择轻薄精细的面料，以增强柔和顺滑的效果。垂荡褶在衬衫或连衣裙上的巧妙应用，可以给普通的款式增添新意与活力。但垂荡褶样衣所用的替代面料要与成衣面料的薄厚相同。

目标

通过本章立裁技法的学习，读者应具备以下技能。

» 应用柔软的斜丝面料，立裁合体衣身的垂荡褶。

» 采用有腰线的结构，用斜丝面料对人体胸腰部进行合体性造型。

» 基于模特体型评测前、后领口垂荡褶的效果。

» 校核及评价立体裁剪的最终效果，分析合体性、悬垂性和比例等相关问题。

基本领口垂荡褶

基本领口垂荡褶是指在基本领口线上设计的垂荡褶，其领口较浅，褶皱数量比较少。这种设计可以给普通的服装款式增加创意。垂荡褶要用斜丝面料立裁，适合选择轻薄精细的面料，以增强柔顺和谐的感观。基本垂荡褶是进行垂荡褶设计变化的基础，在下面章节中将具体分析讲解。基本单品虽然款式简单，但穿着起来优雅别致，无论是日常装还是周末装都适合。

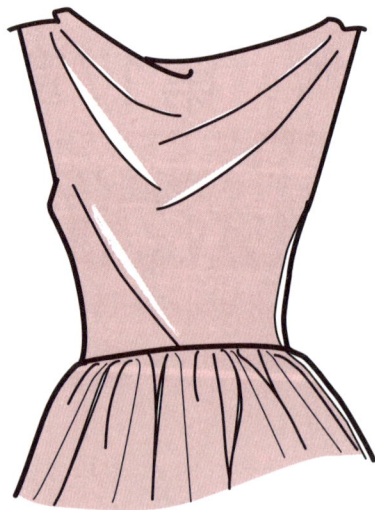

图17-2

基本领口垂荡褶：面料准备

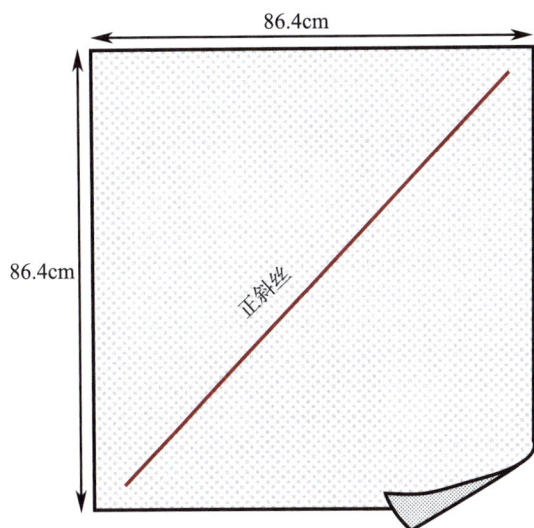

图17-3

① 裁剪一块正方形面料，宽度要足够整个前片或后片的用料［边长约86.4cm（34英寸）］。

② 画出正方形面料的一条对角线，即为正斜丝方向。

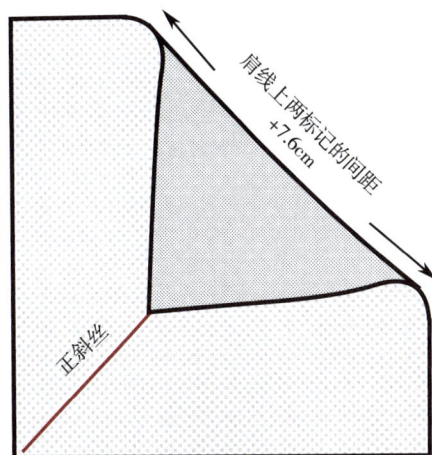

图17-4

③ 确定领口位置和贴边。将对角线的一个角折叠，折叠后的双折边长度至少要大于从一侧肩线上的领宽标记点经领深标记点再到另一侧肩线上的领宽标记点的总长，再加7.6cm（3英寸）的松量。不要熨烫折线。

基本领口垂荡褶：立裁步骤

① 准备人台。
设计领口深度。在人台的前中别针标记领深位置，然后在两边肩线上别针标记领宽位置。

② 面料上的双折边对齐人台领深标记点，面料上的正斜丝对角线对齐人台的前中线，别针固定。

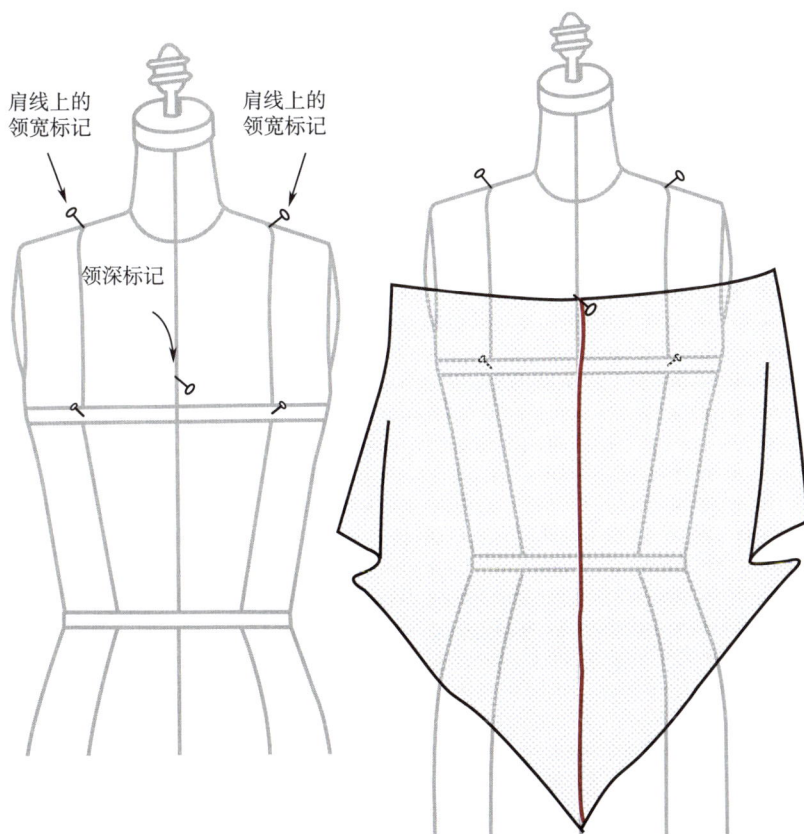

图17-5

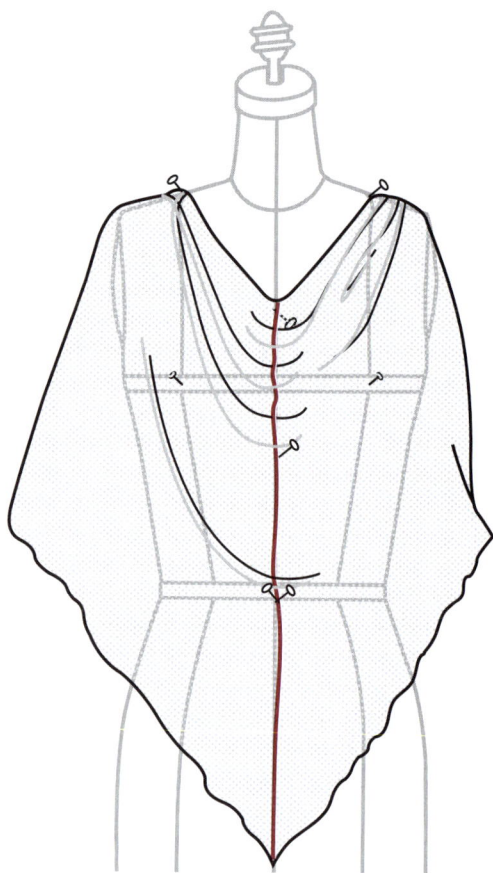

图17-6

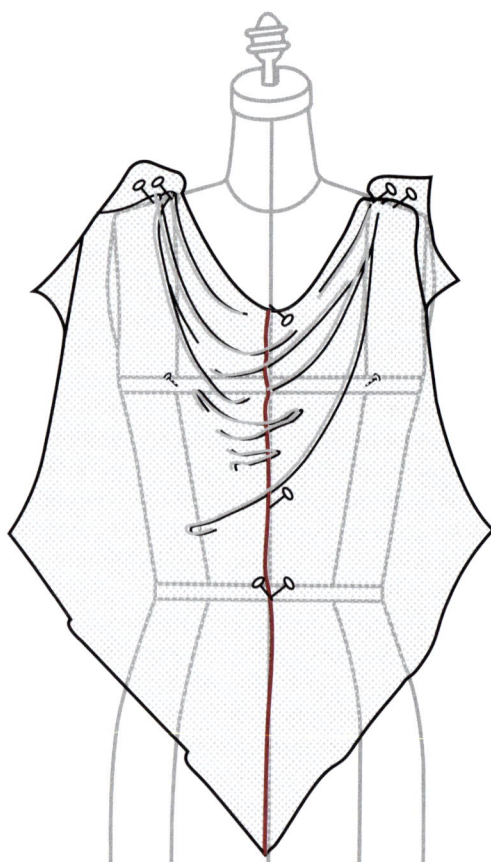

图17-7

③ 立裁前领，将双折边面料的两端向上提起到人台肩线，并在肩线上别针固定。随着面料的上提悬垂褶就自然形成了。操作过程中要保持面料正斜丝对角线始终对齐人台的前中线。为了保证不偏斜，可在正斜丝线上别针固定。

④ 选做步骤：如果想设计更多的悬垂褶，则可再提升、折叠两边肩线上的面料，形成更多的褶皱（基于设计决定增加的悬垂褶数量）。

⑤ 修剪腰围线以下多余面料。捋平、整理、固定腰围线、侧缝和袖窿。

⑥ 在衣身样片的一侧标记出与人台对应的关键点。

    a. 肩线。

    b. 侧缝。

    c. 腰围线。

    d. 袖窿：根据设计标记袖窿造型。

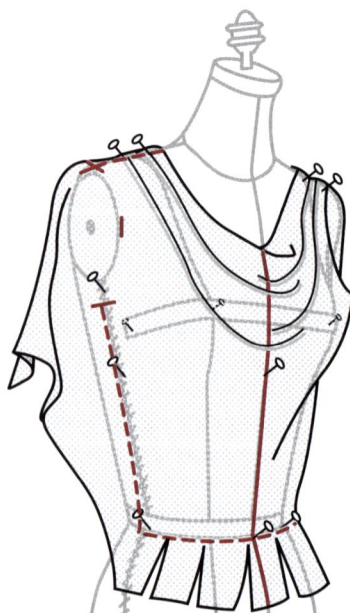

图17-8

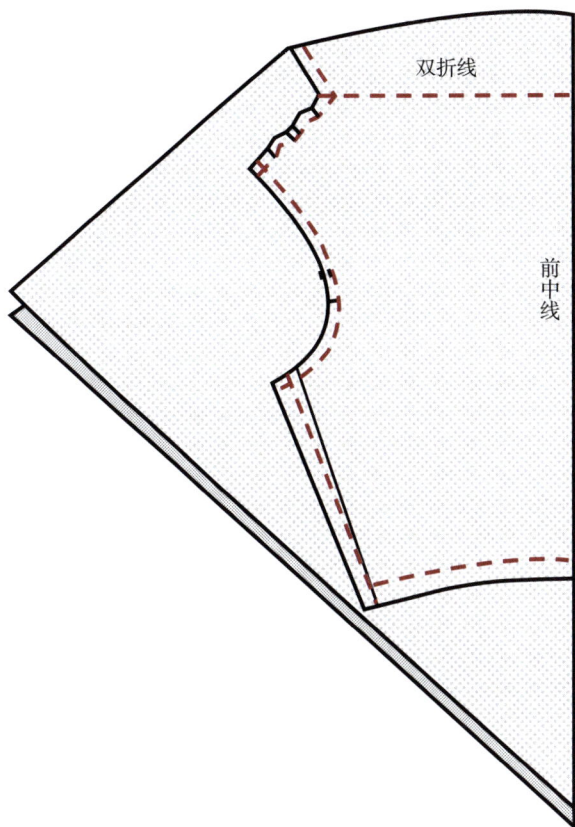

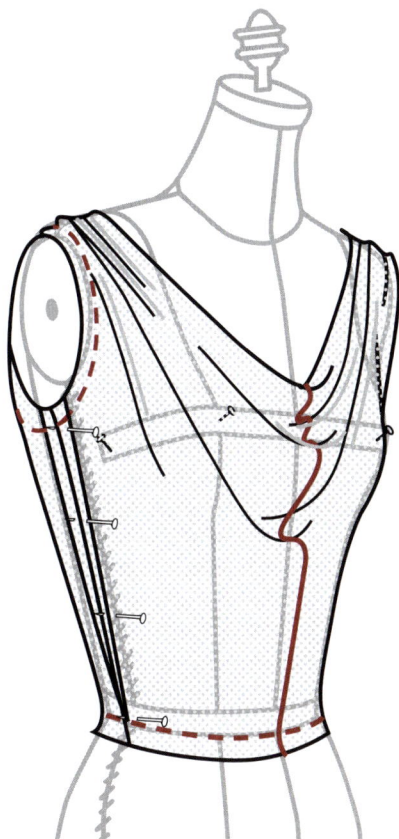

图17-9

⑦ 前片悬垂褶立裁拓板。

    a. 按前中斜丝对角线对折前片。

    b. 画顺所有的线条，加放缝份。

    c. 在领口双折线处，决定所需的领口贴边宽度，保持衣身样片仍是对折状态，将衣身一侧标记点拓到另一侧未做标记的衣身上。画顺线条，修剪多余面料。

⑨ 后片的立裁可参考第3章基本原型的后片立裁方法。

注 后领口线不宜过低，否则衣服有可能会从肩头滑落。前、后领口在肩线要对齐。

⑧ 将样片再重新别回到人台上。检查立裁的正确性，做必要地修改。可参考第46~50页的基本原型部分，校核肩线、侧缝和腰围等部位。

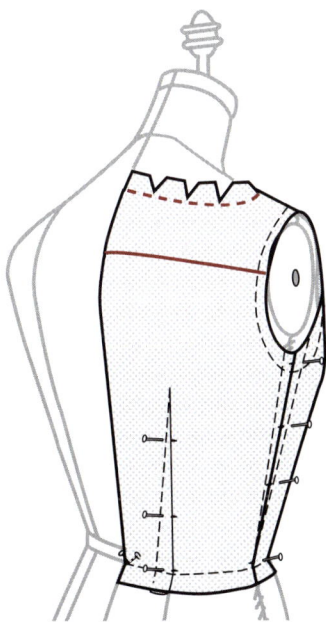

图17-10

垂荡领衬衫设计

垂荡褶裁剪简单、穿着美观。用光滑轻薄的机织或针织面料效果都很好。

与基本领口垂荡褶的设计原则相同，垂荡褶可用于T恤、衬衫或连衣裙等各种服装的设计上，塑造妩媚时髦的风格。垂荡褶设计的关键点在于褶的深度以及两侧的褶裥造型。垂荡褶可以变化应用于领子、袖子及无袖服装的设计上，使款式丰富多彩、充满活力。因为垂荡褶用斜丝裁剪，一般不需要胸省。

垂荡褶上衣可以和牛仔裤搭配，既时尚又休闲；也可以和日装或晚装短裙搭配穿着。

图17-11

面料准备

各种垂荡褶的面料准备方法都与基本领口垂荡褶相同，只是正方形面料的大小不同而已。面料的大小取决于设计的领深和宽度。参见第413页的具体方法。

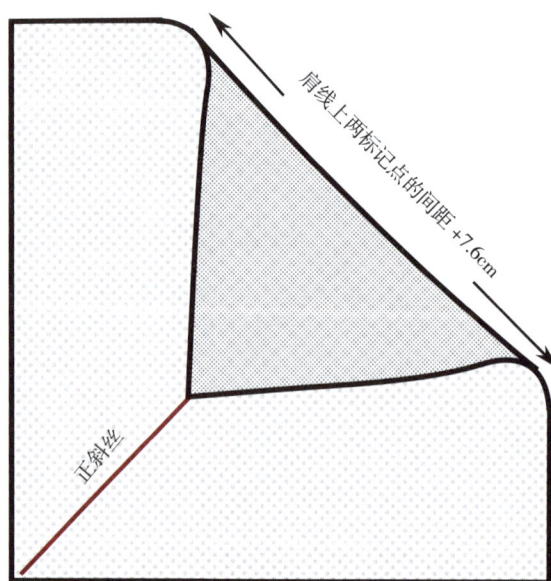

图17-12

垂荡领衬衫：立裁步骤

领口造型变化

① 按照基本领口垂荡褶的人台准备及立裁步骤进行操作（垂荡褶可能是后领口或前领口）。

② 按照设计将面料整理到肩线上，形成垂荡褶造型。

前领口较低的造型　　　　　后领口较低的造型　　　　　育克领口垂荡褶

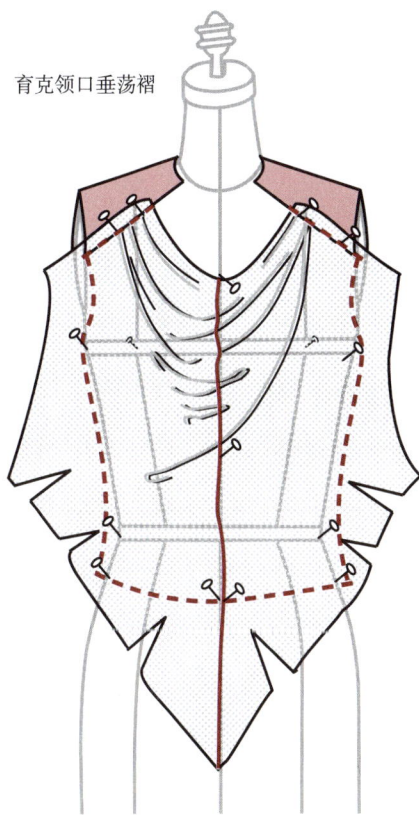

图17-13　　　　　　　　　图17-14　　　　　　　　　图17-15

前领口较低的造型：

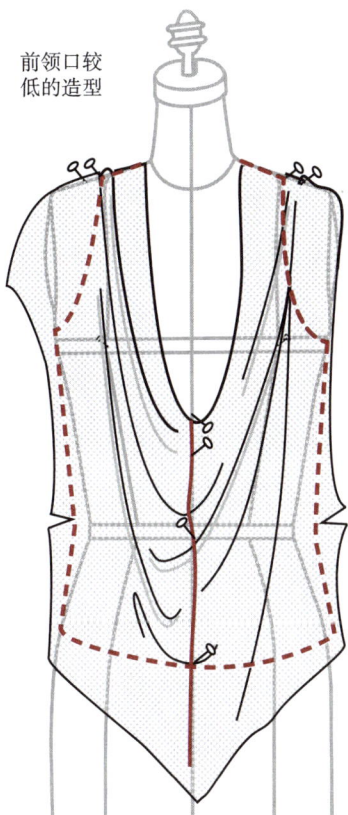

» 根据预先设计的领口，在领深处别针做标记，在肩线上别针做领宽标记。

» 按照基本领口垂荡领的立裁步骤进行立裁。

» 整理确定肩宽，可选择褶裥装饰的肩线，或者是一般平肩。

后领口较低的造型：

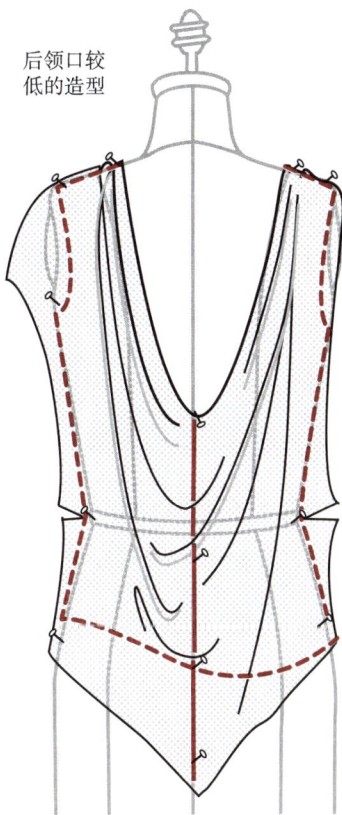

» 根据预先设计的领口，在领深处别针做标记，在肩线上别针做领宽标记。

» 按照基本领口垂荡领的立裁步骤进行立裁。

» 整理确定肩宽，可选择褶裥装饰的肩线，或者是一般平肩。

育克领口垂荡褶：

» 按照设计做出育克造型线，立裁、拓板、加放缝份。

» 按照基本领口垂荡领的立裁步骤进行立裁。但是，垂荡褶不是整理到肩线上，而是整理到育克造型线上。

» 加放缝份，修剪多余面料。

侧缝造型变化以及长度设计：

衬衫的侧缝通常较宽松，而连衣裙的侧缝则主要是为了造型设计。完成了领口垂荡褶的造型之后，再按设计对侧缝进行立裁（见案例）。

腋下、侧缝垂荡褶

腋下、侧缝垂荡褶是在腋下的侧缝位置产生柔和的曲线层叠褶皱。立裁时要用面料的正斜丝,衣服不设置侧缝。这类款式必须有前、后中缝。腋下、侧缝垂荡褶有种柔和的奢华感,不会显得太过夸张。这种造型为柔软丝滑的面料提供了设计灵感,营造出优雅的气氛。

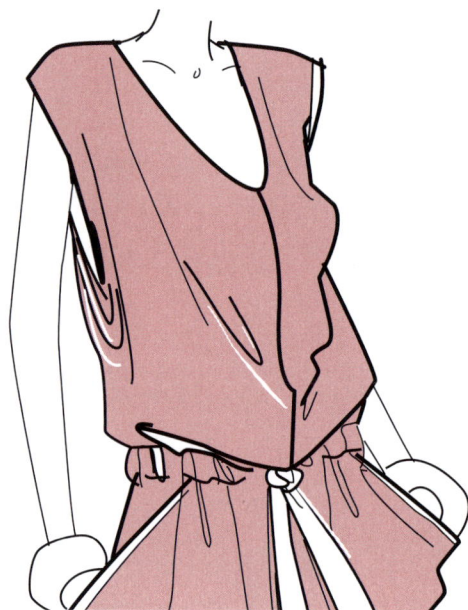

图17-16

面料准备

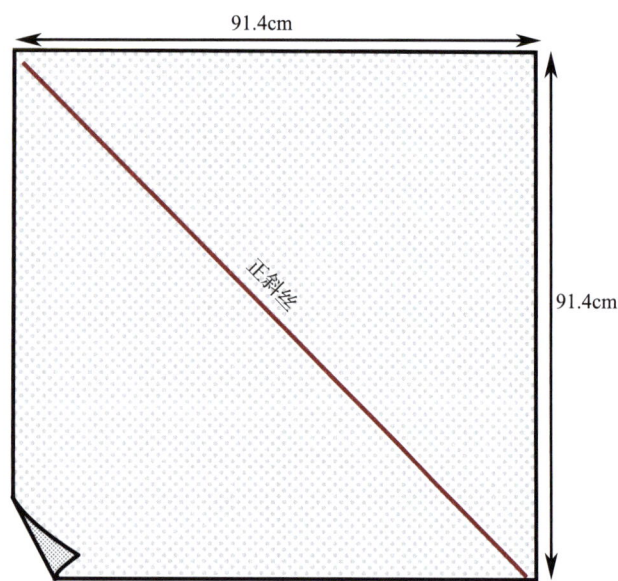

图17-17

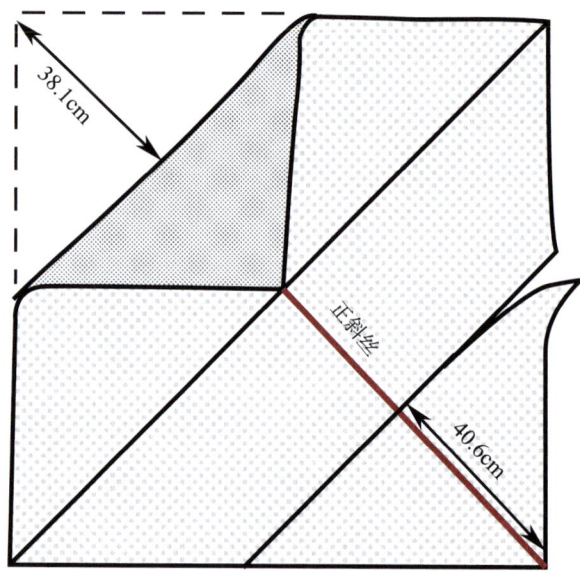

图17-18

1. 选择柔软的面料,裁剪成边长为91.4cm(36英寸)的正方形。这个长度要足够整个半身的前片和后片用料,以便形成腋下的垂荡褶。

> **注** 立裁用料要与最终成衣面料的特性相同。

2. 做出正方形面料的正斜丝对角线,沿斜丝线从上向下量取38.1cm(15英寸)。

3. 过38.1cm(15英寸)点做斜丝线的垂线,沿垂线折叠面料。

4. 沿斜丝线从下向上量取40.6cm(16英寸)。

5. 过40.6cm(16英寸)点再做斜丝对角线的垂线,沿此线裁剪面料。

国际服装立裁设计:美国经典立体裁剪技法(原书第5版)

腋下、侧缝垂荡褶：立裁步骤

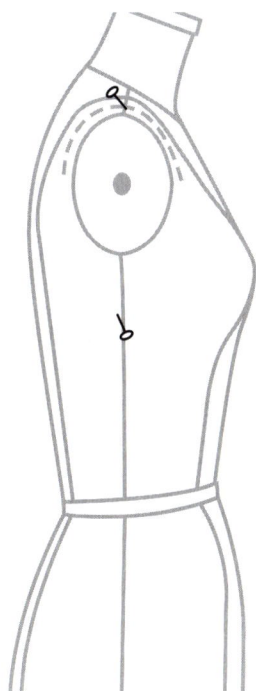

图17-19

人台准备

设计垂荡褶的深度。在人台腋下垂荡褶的深度处别针做标记。同样，在肩线上别针做标记，确定垂荡褶在肩线上的位置。

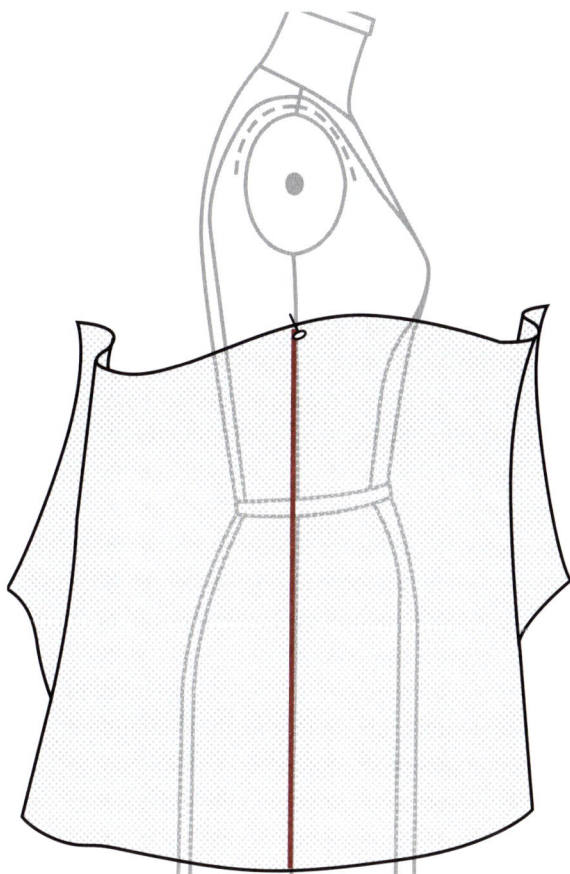

图17-20

① 将面料固定到人台腋下的侧缝处。斜丝对角线对齐人台的侧缝，折线对齐垂荡褶深度标记。

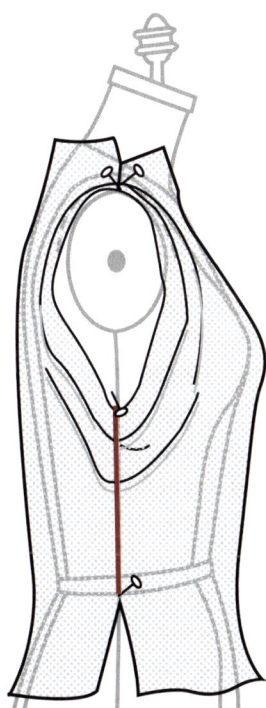

图17-21

② 整理肩线上面料，形成腋下垂荡褶。

　a. 提起双折边两端的面料。

　b. 将面料向上提起悬挂到肩线上。

　c. 将肩线上的面料别针固定到位。随着向肩线上悬挂面料，就自动形成了腋下的悬垂褶。以防操作过程将面料拉伸变形，要始终保持斜丝对角线对齐人台上的侧缝线。

注 如果要设计更深的侧缝垂荡褶，则需要在肩线折叠褶裥。

③ 在侧缝处打剪口。从面料底边向上对齐斜丝线打剪口，剪口打到腰围线。并在侧缝、腰围线交点别针固定。

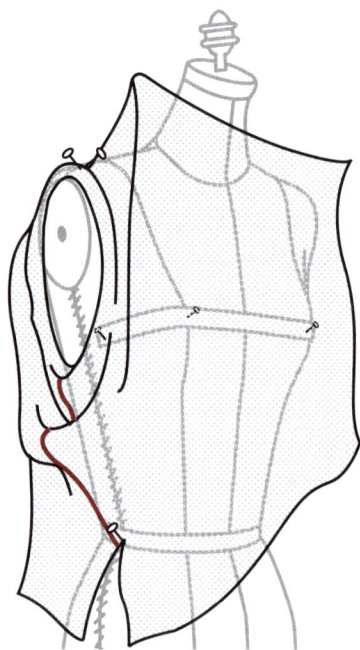

图17-22

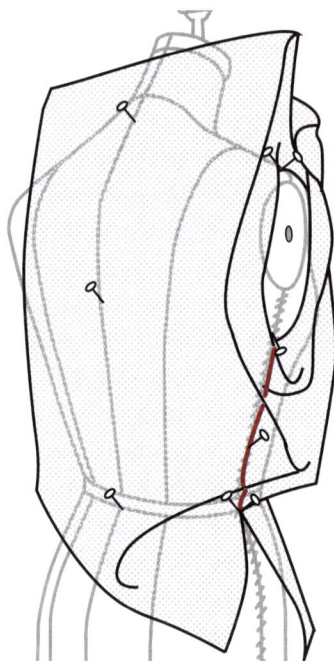

图17-23

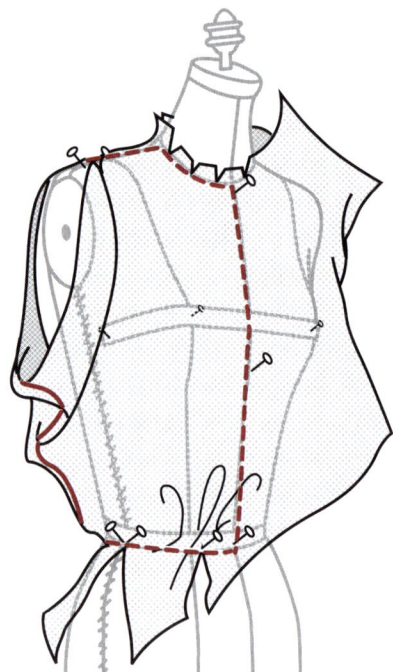

图17-24

④ 从侧缝向前中线整理将平面料，一直将过前中线，直到面料的经纱与人台的前中线相平行。

⑤ 从侧缝向后中线整理将面料，一直将过后中线，直到面料的经纱与人台的后中线相平行。

⑥ 修剪固定前、后腰围线。

⑦ 修剪固定前、后领口线，整理肩线。

注 在立裁腰围线时，设计师也可以利用塔克褶、省道、抽褶等方式来塑造腰围造型。

⑧ 标记出所有关键点。

a. 前片和后片。

b. 前中线。

c. 后中线。

d. 前、后腰围线。

e. 肩线和褶裥。

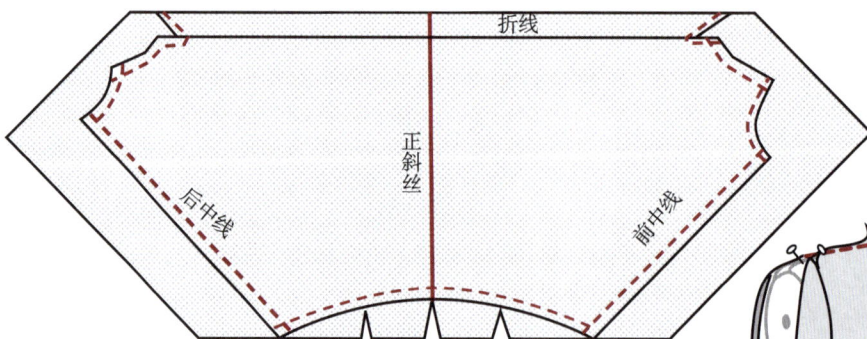

折线

正斜丝

后中线

前中线

前中线

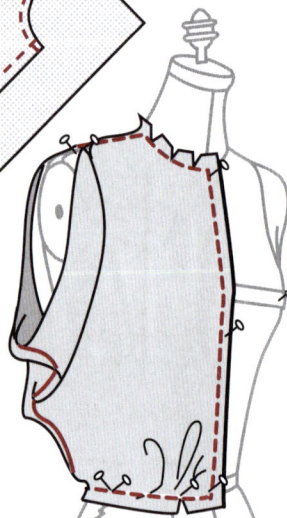

⑨ 参考第46~50页基本原型的方法拓板，校核肩线、领口线、侧缝和腰围线等部位。加放缝份，修剪多余面料。在腋下垂荡褶的双折线处，确定袖隆贴边的宽度和形状。

图17-25

国际服装立裁设计：美国经典立体裁剪技法（原书第5版）

第18章
日常休闲连衣裙设计

» 帝国式连衣裙
» 吊带公主线连衣裙
» 吊带领连衣裙
» 露肩连衣裙或衬衫
» 斜裁吊带连衣裙

连衣裙的造型随着侧缝、领口线、袖型、领子等元素的变化种类繁多。连衣裙一年四季任何时间任何场合都可穿着，如上班、娱乐、白天或晚间等。

休闲连衣裙的款式比较适合高级立裁技术的学习与训练。因此，本章主要介绍各种休闲连衣裙的立裁方法，帮助读者掌握各种造型的立裁原则。

图18-1

目标

通过本章立裁技法的学习，读者应具备以下技能。

» 在前面章节的立裁基础上，掌握更复杂的连衣裙的立裁技法。

» 能够在人台上掌握操作面料，进行折叠、省道、褶裥以及宽松度等方面的造型。

» 探索并掌握连衣裙分割线的设计，从而进行人体胸、腰、臀等部位的造型。

» 掌握丝滑柔软面料的设计，并且不会对面料做过多的操作。

» 培养独创力，激发各种创新想法。

» 提高处理柔韧面料的立裁技巧。能够基于某个特定的客户进行适合其体型的连衣裙设计。

帝国式连衣裙

　　连衣裙的任何水平位置都可以设置分割线。帝国分割线特别适合半合体的宽松腰围的造型。其特点是腰节线较高，正好位于胸下围线，渐渐向后倾斜。裙子的侧缝可以立裁成平行于前中线的直线形，也可立裁成一定摆围的喇叭形。"帝国线"一词因拿破仑的第一任妻子——法国的约瑟芬皇后而流行起来。她的连衣裙领口很低，短小的泡泡袖，裙长至脚踝，胸下围系着一条腰带。

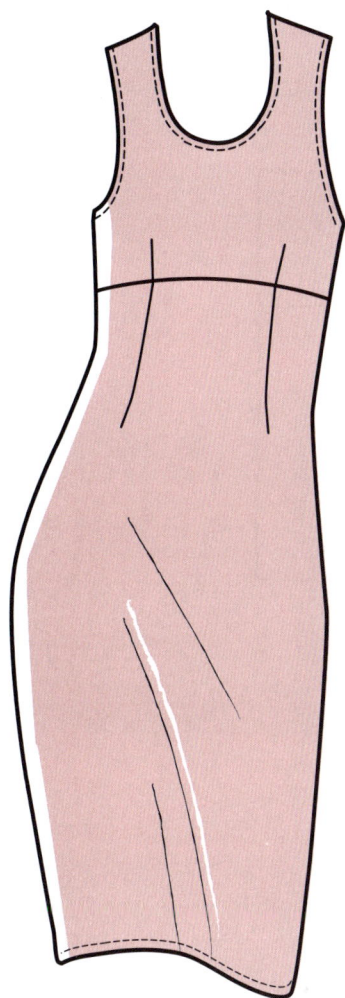

图18-2

人台准备

　　参考图例，在人台前、后用大头针别出或用标记带贴出领口造型线和帝国高腰线。在人台的臀围线上也用大头针做出标记。

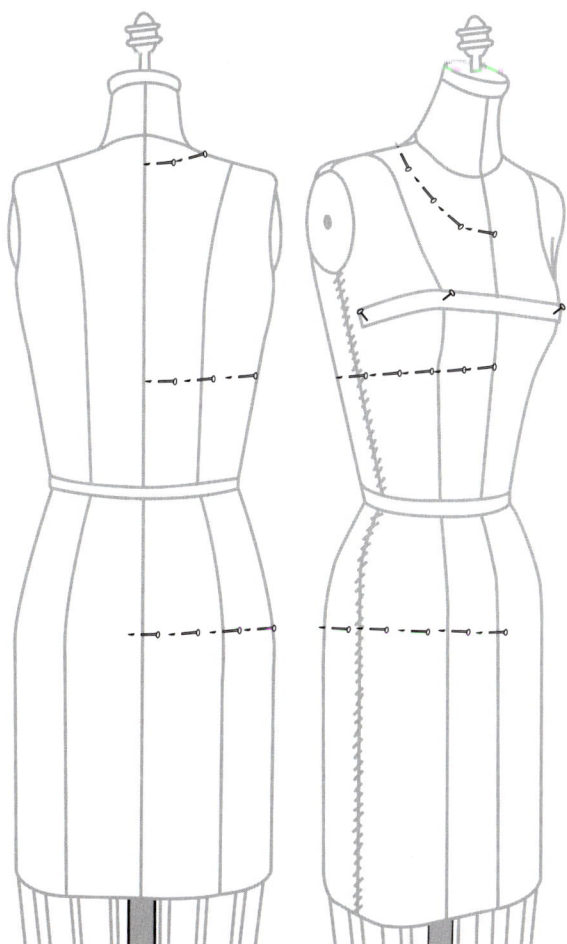

图18-3

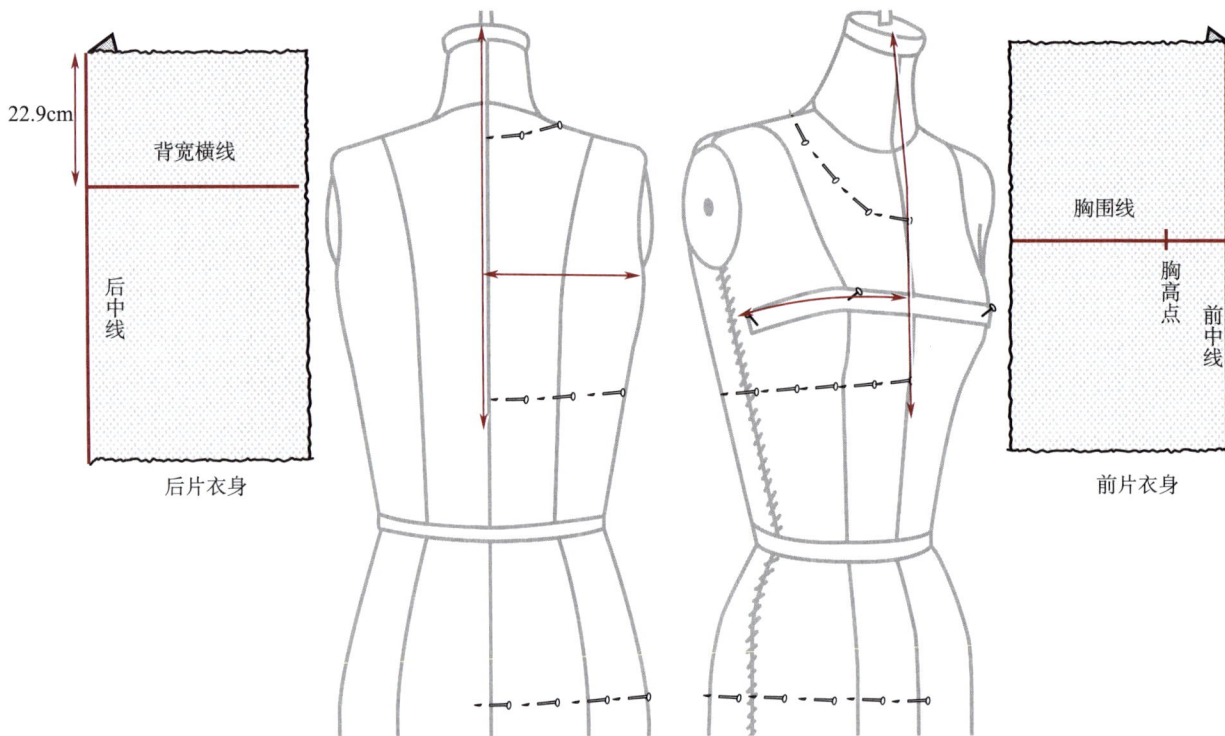

图18-4

图18-5

① 测量前、后衣身的长度和宽度，再加10.2cm（4英寸）。打剪口并撕取相同尺寸的面料。

② 前、后片面料上距离撕开的经纱布边2.5cm（1英寸），平行于经纱方向画出前、后中线，折倒缝份并熨烫平整。

③ 在前片面料上画出水平胸围线（大约在面料的中间位置）。

　a. 测量人台上的胸高点距离前中线的宽度。

　b. 在面料的胸围线上量取相同数值，做出胸高点标记。

④ 后片面料从上向下量取22.9cm（9英寸），过此点做一条水平线为背宽横线。

帝国式连衣裙：裙子面料准备

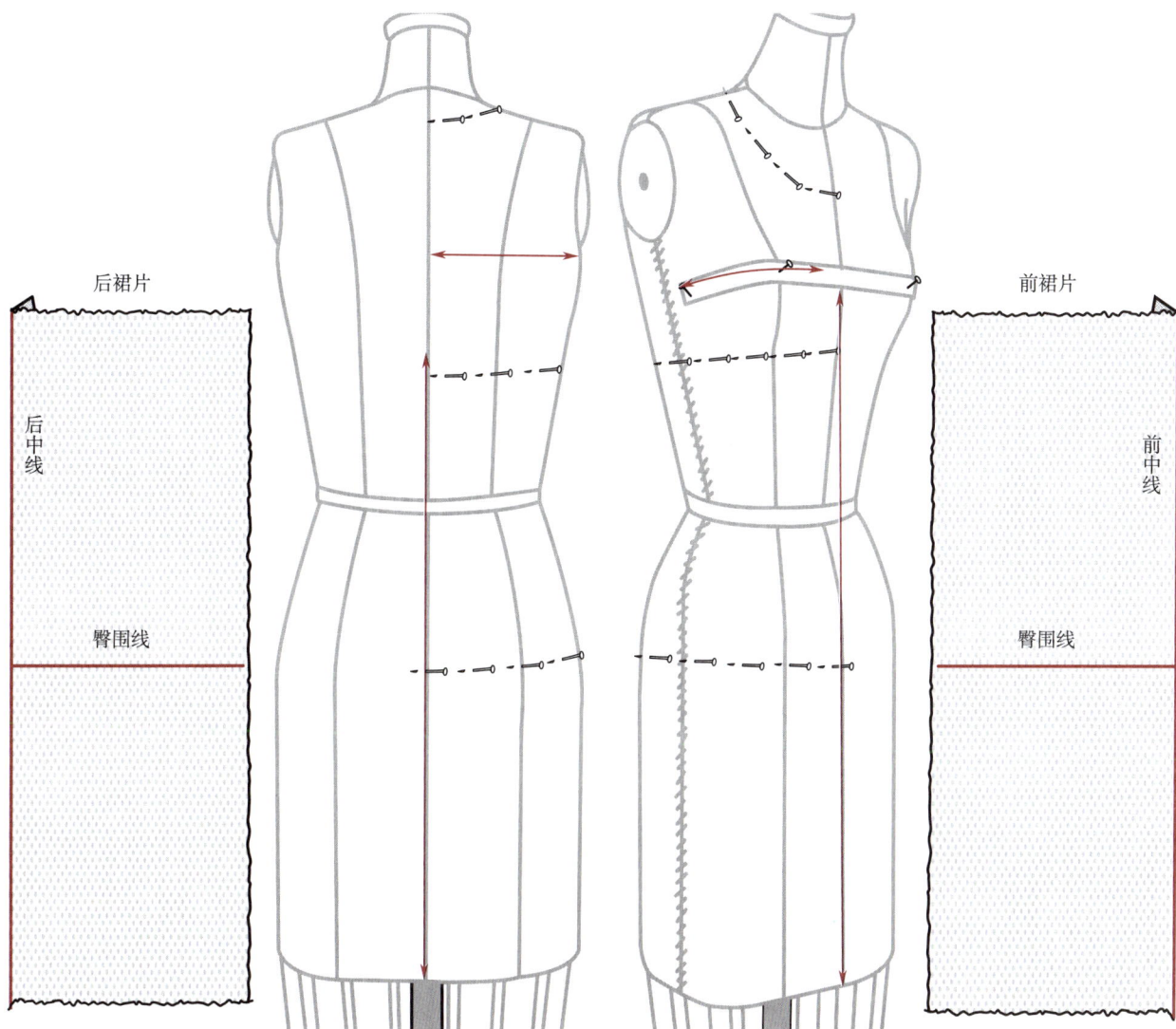

后裙片

后中线

臀围线

图18-6

前裙片

前中线

臀围线

图18-7

① 测量前、后裙子部分所需的长度（沿经向）。

② 从帝国分割线测量到裙长位置，再加12.7cm（5英寸）。打剪口并撕取相同长度的面料。

③ 将面料平分成两半。把面料布边对齐双折，沿经向线撕成两半。一块用于前裙片，另一块用于后裙片。

④ 前、后裙片上距离撕开的经纱布边2.5cm（1英寸）画出前、后中线，折倒缝份并熨烫平整。

⑤ 在前、后裙片上做出臀围线。从上向下量取人台上的帝国线到臀围线的长度，再加10.2cm（4英寸），分别在前、后裙片量取相同的数值画出水平臀围线。

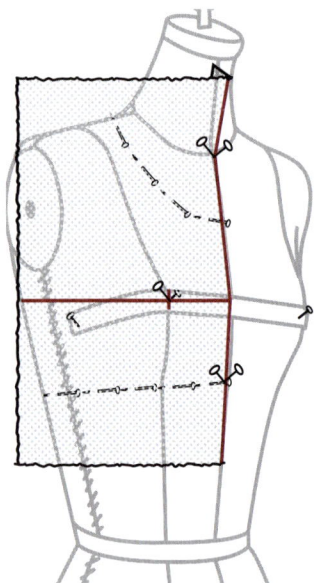 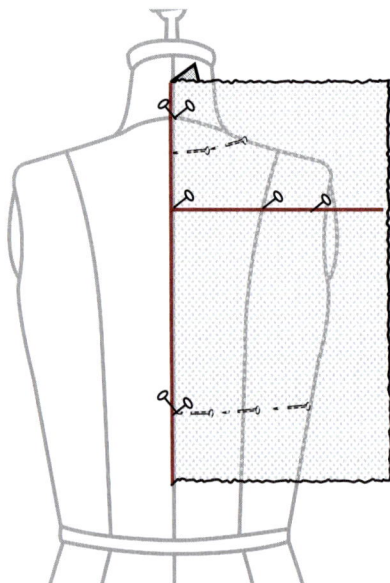

图18-8　　　　　　　　　图18-9

1　固定前片的竖直线和水平线。衣身前片上的前中折线与人台上的前中线对齐，面料上的水平线与人台上的胸围线对齐，别针固定。在前中线上的前颈点和前帝国分割线再别针固定。

2　固定后片的竖直线和水平线。衣身后片面料上的后中折线与人台的后中线对齐，面料上的水平线对齐人台上的背宽横线，别针固定。在后中线上的后颈点和后帝国分割线再别针固定。

3　捋平、修剪、固定前领口线。以逆时针方向从领口到肩线，再到袖窿整理捋顺面料。胸凸产生的多余面料都捋到胸高点以下的帝国分割线上（胸高点与侧缝之间的水平线将向下倾斜）。

4　捋平、修剪、固定后领口线。从后领口到肩线，再到后袖窿捋平面料，将多余的面料都整理到后背下方的帝国分割线上。

5　前、后肩线对齐，前肩压后肩别合。

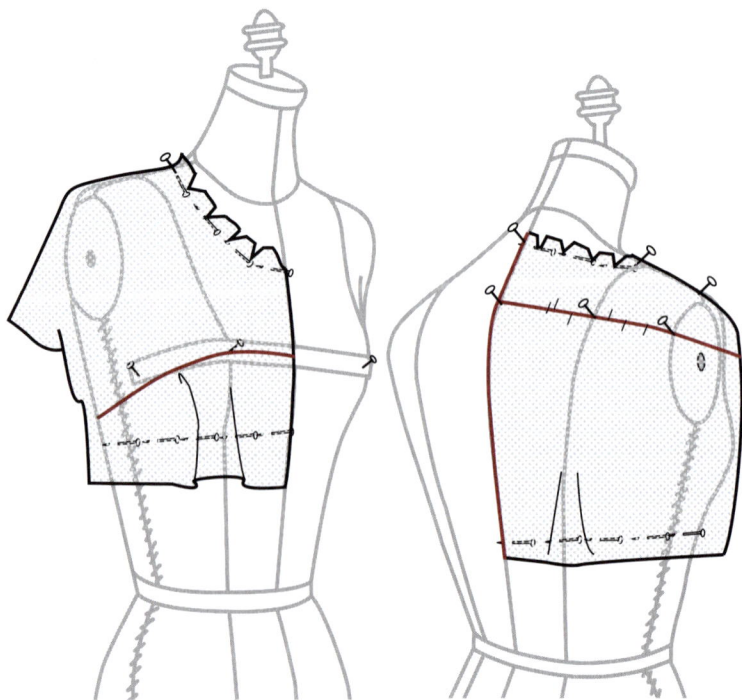

图18-10

6 整理捋平前袖窿，将胸凸产生的多余面料向下捋过侧缝，再捋到胸高点下的帝国分割线上，别针固定侧缝。

» 对于有袖款式：在袖窿前腋点附近留0.6cm（1/4英寸）的松量。并且不要过早地修剪袖窿周围的多余面料，因为袖窿常常会立裁得过紧。

» 对于无袖款式：捋平、修剪袖窿周围多余面料。不用在袖窿中留松量，但也不要把袖窿立裁得过紧。

7 整理前帝国分割线。将聚集在胸高点以下的多余面料整理成省道、褶裥或抽褶等形式，创造出具有个性的帝国分割线设计（如果设计需要有前袖窿省或侧胸省，则需将多余面料整理成该部位的省道）。整理固定剩余部分的帝国设计线。

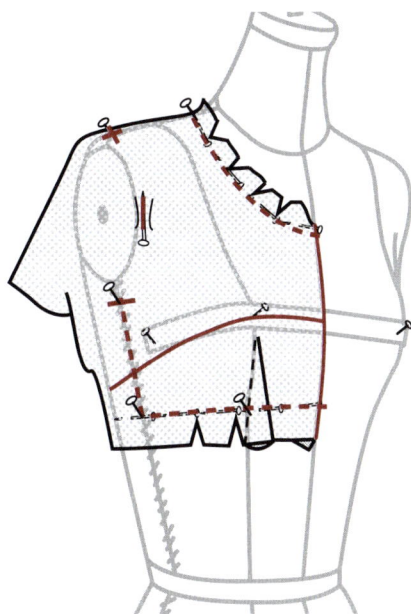

图18-11

8 整理捋平后袖窿，从背宽横线到后袖窿，再到后侧缝捋顺面料。将多余面料推到肩胛骨下方的帝国分割线上，整理成省道或抽褶。

» 对于有袖款式：在袖窿后腋点附近的背宽横线处留松量0.6cm（1/4英寸）。

» 对于无袖款式：按照设计的袖窿造型，捋平、修剪袖窿周围多余面料。肩部多余面料均处理到后片帝国分割线上。

9 整理后帝国分割线。从后中到后公主线捋平面料。在后公主线位置，捏一个1.9cm（3/4英寸）的省道。继续沿着帝国分割线向侧缝捋平面料，一直捋过侧缝，别针固定侧缝。

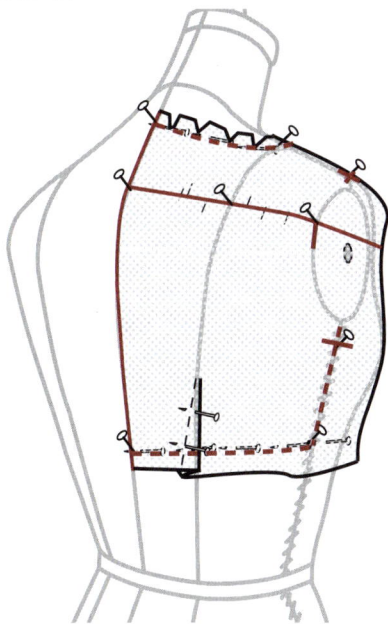

图18-12

10 在衣身上标记出与人台对应的关键点。

a. 领口线：在前颈点、领口线与肩线交点做标记。

b. 肩线：用虚线轻轻描出肩线，在肩线与袖窿交点做标记。

c. 袖窿：

» 肩端点。

» 袖窿腋点。

» 袖窿腋下点。

d. 侧缝：用虚线描出。

e. 帝国分割线和其他设计细节。

帝国式连衣裙：裙子立裁步骤

1. 将裙子前、后片面料上的前、后中线分别对齐人台上的前、后中线。面料上端超过帝国分割线5.1cm（2英寸）。在前中线和后中线上别针固定，从帝国分割线一直固定到底边。

2. 沿水平臀围线从前中线到侧缝捋顺平面，别针固定整个水平臀围线［平均分配臀围上的松量0.6cm（1/4英寸）］。

3. 别针固定侧缝线（臀围线以下）。在侧缝的腰围线打剪口，继续向上捋顺侧缝面料，直到帝国分割线。

> **注** 腰围是合体还是宽松造型，取决于每款裙子的设计。因此，腰围线可以立裁成离开人体的宽松造型，也可以是紧贴人体的合体造型。若要腰围非常合体，则需要在分割线上加入省道。

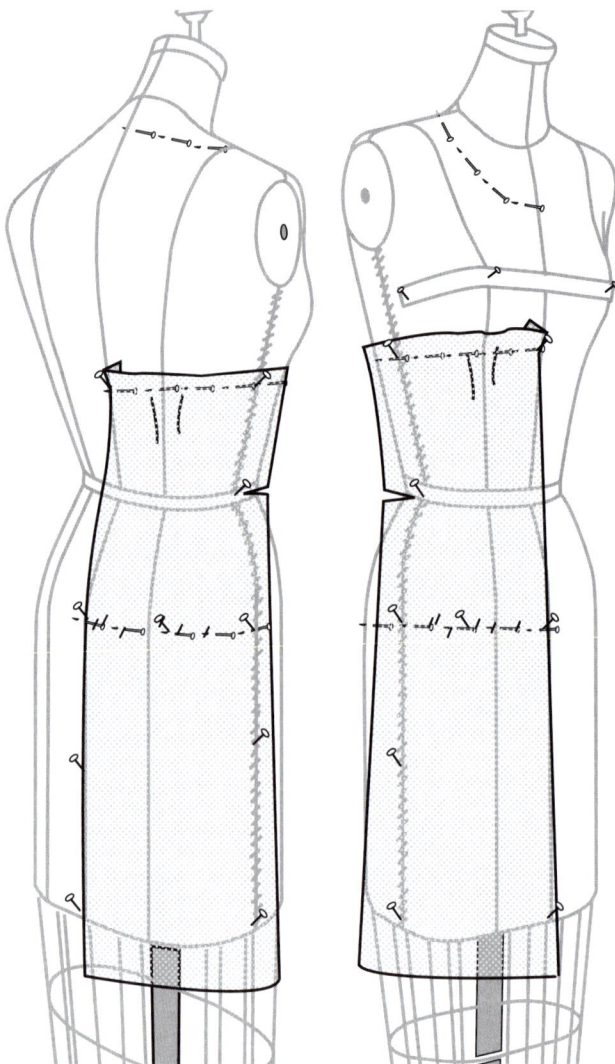

图18-13

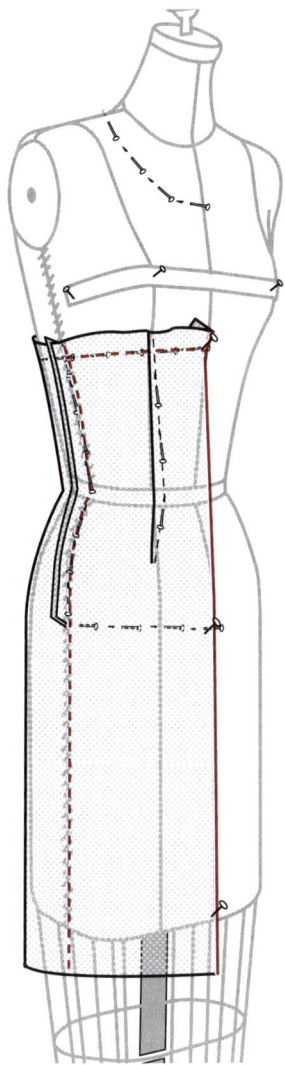

图18-14

④ 别合裙子前、后侧缝。将臀围线上的固定针拿掉，从臀围线开始将前、后侧缝的缝头朝外别合，这样比较容易操作。检查裙片是否被拉拽变形。必要时重新调整裙子面料的纱向，同时检查侧缝的造型是否达到设计要求。

⑤ 立裁裙子上的省道。传统上第一个省道都会放在公主线上。从帝国分割线起始向腰围捏出省道，下省尖消失在腰围线以下约10.2cm（4英寸）。如果设计有第二个省道，则位于公主线侧边3.2cm（$1\frac{1}{4}$英寸），前片省道长度最大为10.2cm（4英寸），后片最大为14cm（$5\frac{1}{2}$英寸）。

⑥ 在裙片标记出与人台对应的关键点。
　a. 侧缝：用虚线轻轻描出。
　b. 省道：标记出省口大小和省尖位置。
　c. 帝国分割线和其他设计细节。

⑦ 衣身和裙片拓板。样板拓写完成后，将前、后衣身与前、后裙片在帝国分割线别合起来，任何一片若有牵拉扭曲现象，都要重新调节。必要时重新调节省道位置。

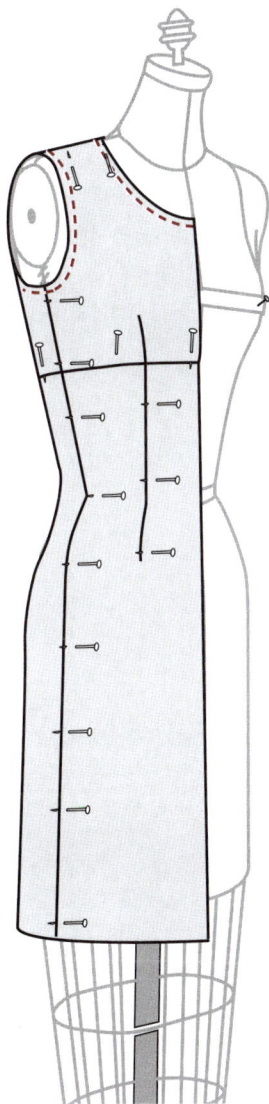

图18-15

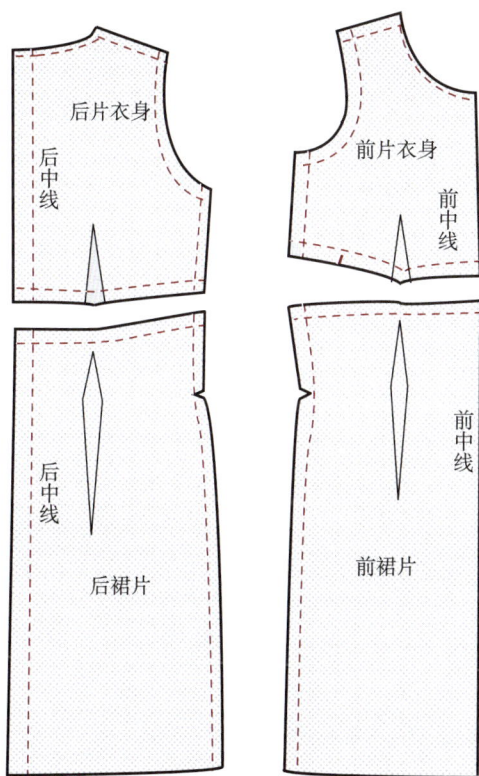

图18-16

图18-17

吊带公主线连衣裙

这款公主线分割的连衣裙是无袖设计，领口低及胸，整件衣服以纤细的肩带为支撑。衣身上的纵向分割线，将前、后裙片分成两片。公主线连衣裙没有水平腰围线，仅是修长的竖直线。可以在腰到下摆的竖直分割线上加放出摆量。这款吊带连衣裙通常选用柔软的面料，使造型柔和飘逸。

人台准备

用大头针或用标记带在人台上标记出领口造型。

图18-18

吊带公主线连衣裙：面料准备

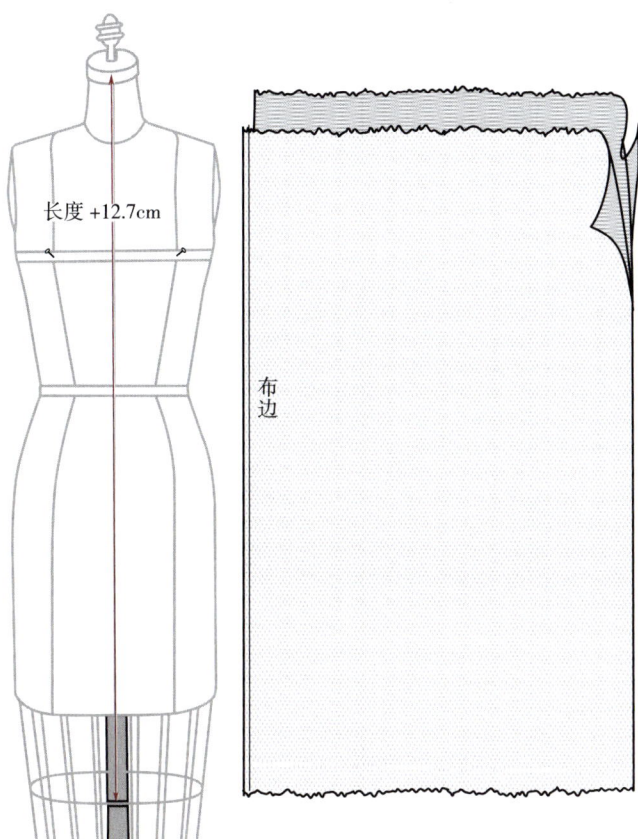

图18-19

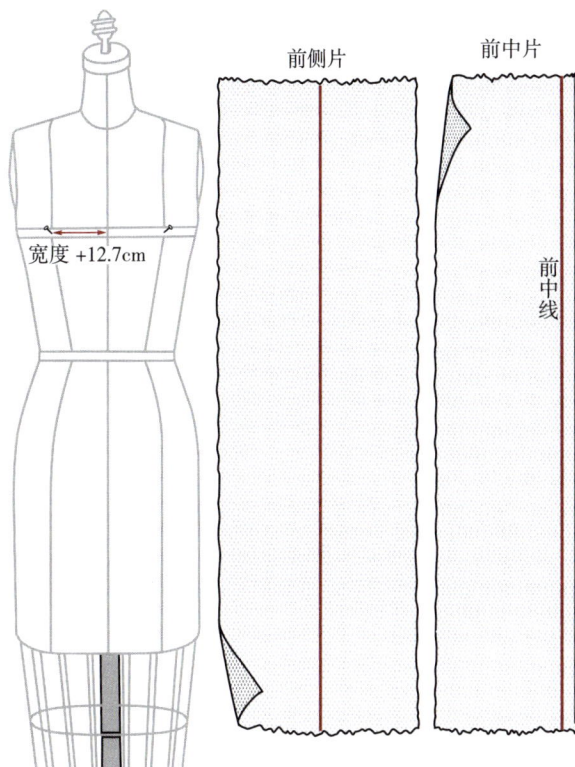

图18-20

① 测量人台前、后中线（沿经向）从颈口到裙长底边线的竖直长度，再加12.7cm（5英寸）。打剪口并撕取相同长度的面料。

② 平分面料。将面料的两布边对齐双折，沿经向平均撕成两半。其中一块为前片，另一块为后片。

③ 取第①、②步所得面料的其中一块，确定前中片的宽度。测量前中线到公主线间的距离（沿水平线），再加12.7cm（5英寸），量取相同宽度的面料并撕开为前中片。剩余面料为前侧片。

④ 在前中片上画出经纱线，距离撕开的布边2.5cm（1英寸）画一条竖直线为前中线，折倒缝份并熨烫平整。

⑤ 在前侧片的中间沿经纱方向画一条竖直线。

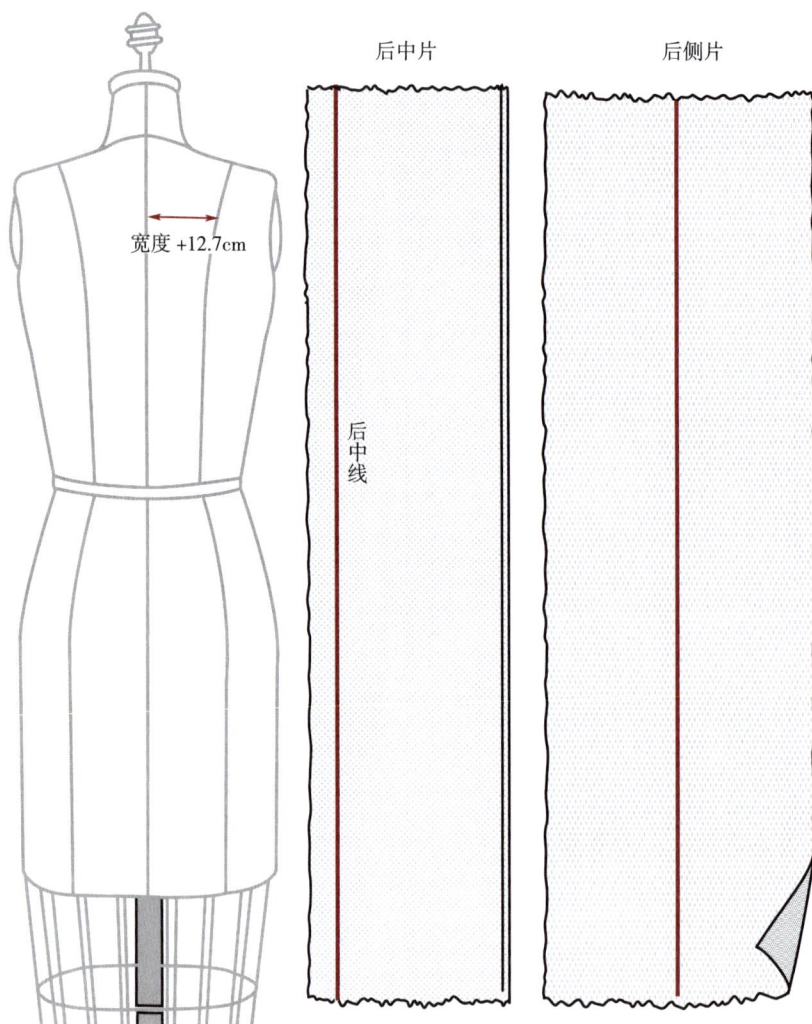

后中片　　　　后侧片

宽度 +12.7cm

后中线

图18-21

⑥ 取第①、②步所得面料的另一块，确定后中片的宽度，沿人台背宽横线测量后中线到后公主线之间的宽度，再加12.7cm（5英寸），量取相同宽度面料并撕开为后中片，剩余部分为后侧片。

⑦ 在后中片上画出经向线，距离撕开的布边2.5cm（1英寸）做一条竖直线为后中线，折倒缝份并熨烫平整。

⑧ 在后侧片的中间沿经纱方向画一条竖直线。

吊带公主线连衣裙：前中片立裁步骤

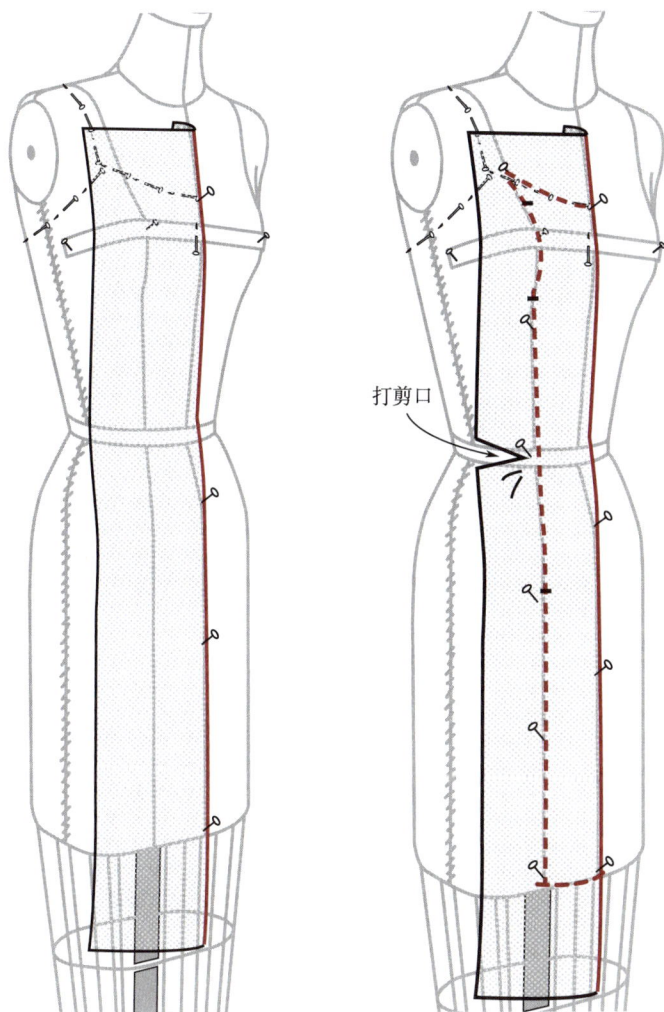

图18-22

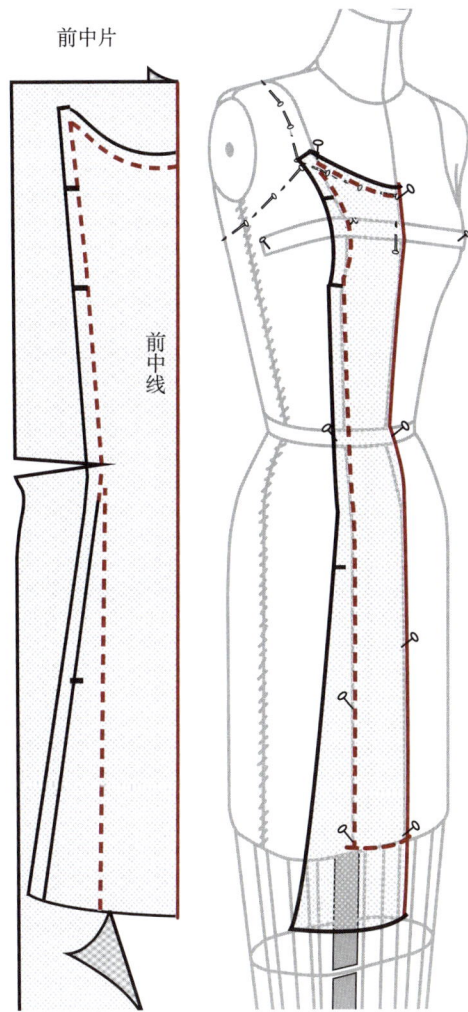

图18-23

① 前中片面料上的前中折线对齐人台上的前中线别针固定。上下调节面料，使面料上边超过领口设计线至少7.6cm（3英寸）。

② 在公主线的腰围处打剪口。从前中向公主线捋顺面料，一直捋过公主线，整理固定公主线（腰围处面料平滑顺畅，但不紧绷）。

③ 在前中片上标记出与人台对应的关键点。

a. 及胸领口设计线。

b. 公主线。

c. 公主线对位点：在胸高点上下各5.1cm（2英寸）处做标记。

d. 底边线：参考人台底边或环形支架做标记。

e. 前中片拓板。

在公主线的下摆处加入一定的喇叭形加放量，将此量向上一直画顺到腰围线。

给前中片加放缝份，修剪多余面料。再将修剪好的前中片固定回人台上，检查合体性。

吊带公主线连衣裙：前侧片立裁步骤

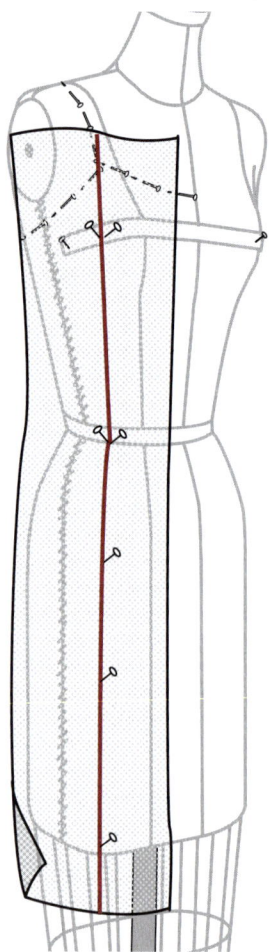

图18-24

① 前侧片面料上的竖直中线对齐人台上的公主面中线。面料上边缘至少超过领口设计线7.6cm（3英寸）。在竖直中线的领口线、腰围线和臀围线处别针固定。

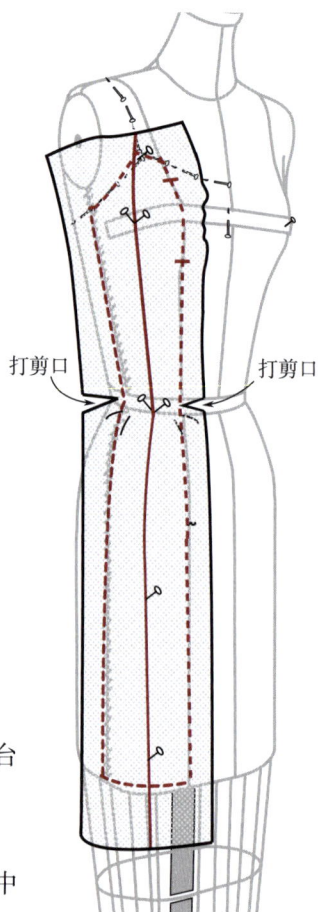

② 在公主线的腰围线上打剪口。从前侧片竖直中线向公主线捋顺面料，整理固定公主线（胸围线上有少许多余面料，将作为公主缝两标记点之间的吃缝量）。

③ 在侧缝的腰围线上打剪口。从前侧片竖直中线向侧缝方向捋顺面料，一直捋过侧缝线，并别针固定侧缝。

打剪口   打剪口

图18-25

④ 在前侧片上标记出与人台对应的关键点。
  a. 公主线。
  b. 公主线对位点：与前中片对应的对位标记。
  c. 及胸领口设计线。
  d. 侧缝。
  e. 底边线。

⑤ 拓板。将前侧片从人台上取下，重新画顺所有线条。在公主线和侧缝的下摆处加入一定的喇叭形加放量，将此量向上画顺到腰围线。

⑥ 加放缝份，并修剪多余面料。将修剪好的前中片与前侧片别合后，再别回到人台上，检查接缝、对位点和平衡性等是否到位。

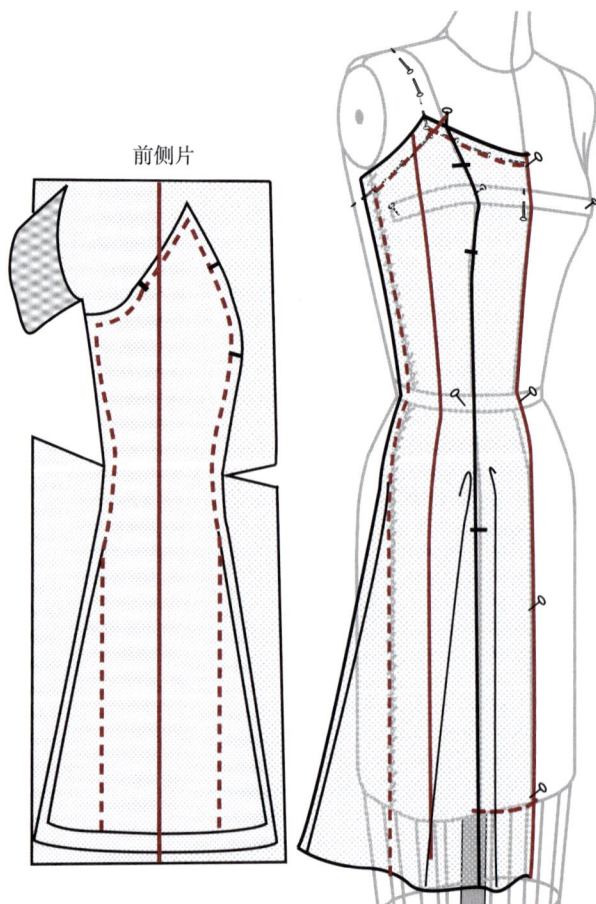

前侧片

图18-26

吊带公主线连衣裙：后中片立裁步骤

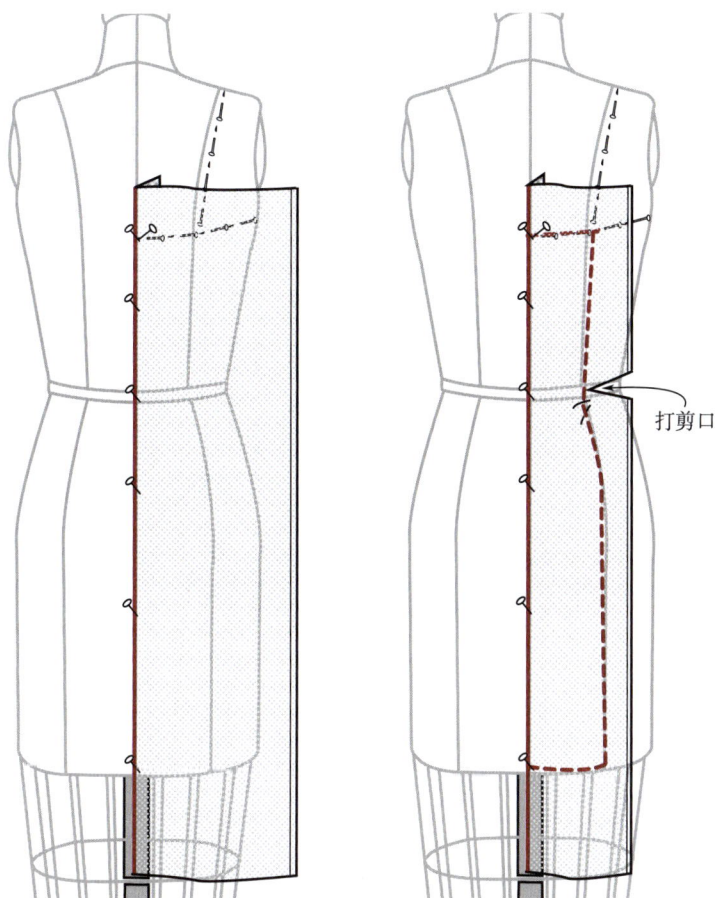

图18-27

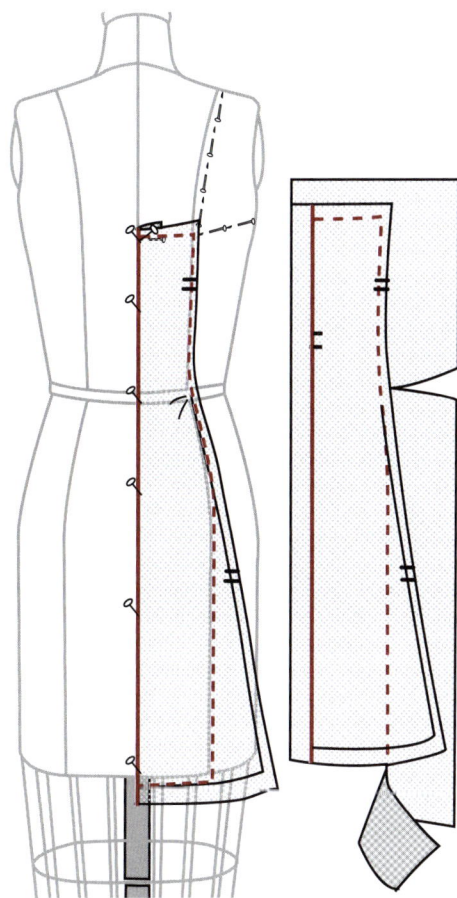

图18-28

① 面料上的后中折线对准人台上的后中线。面料上边缘至少超过领口设计线7.6cm（3英寸），别针固定。

② 在公主线的腰围线上打剪口。从后中向公主线抚顺面料，一直抚过公主线，整理固定公主线（腰围处面料平滑顺畅，但不紧绷）。

③ 在后中片上标记出与人台对应的关键点。
a. 及胸领口设计线。
b. 后公主线。
c. 公主线对位点：后片用双对位标记。
d. 底边线。

④ 拓板。将后中片从人台上取下，重新画顺所有线条。在公主线下摆处加放一定的喇叭形加放量，并将此量向上画顺到腰围线。

⑤ 加放缝份并修剪多余面料。再将修剪好的后中片别回到人台上，检查合体性。

吊带公主线连衣裙：后侧片立裁步骤

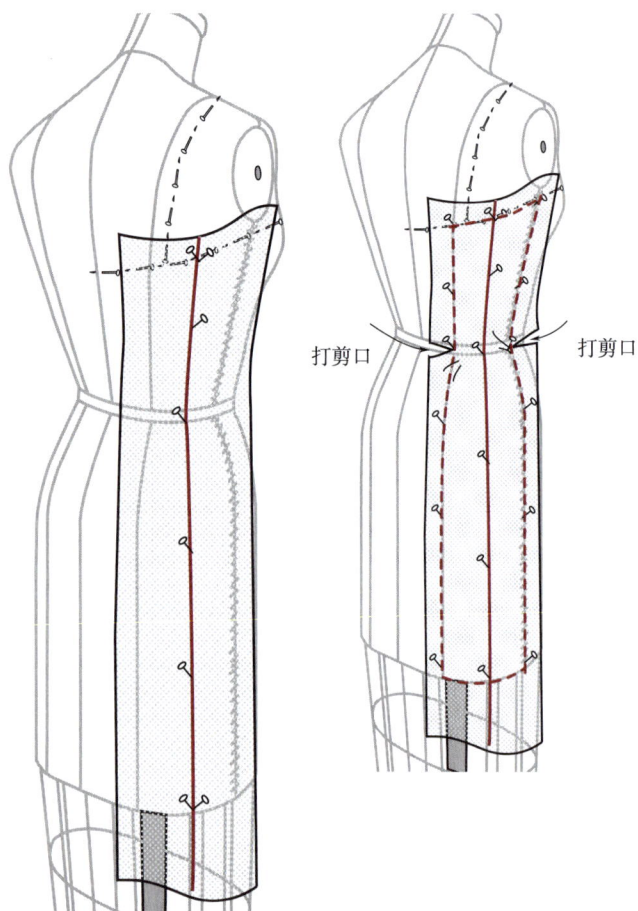

图18-29

① 后侧片面料上的竖直中线对齐人台上的公主面中线。面料上边缘至少超过领口设计线7.6cm（3英寸）。在竖直中线的领口线、腰围线和臀围线处别针固定。

打剪口　　打剪口

后侧片

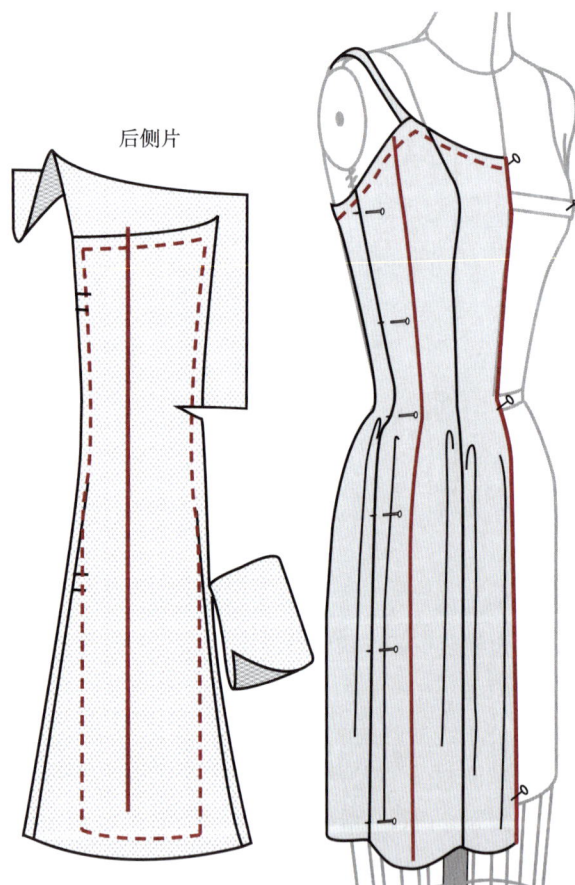

图18-30

② 在公主线的腰围线上打剪口。从后侧片竖直中线向公主线方向捋顺面料，不要使纱向偏离位置而歪斜，整理固定后公主线。

③ 在侧缝的腰围线上打剪口。从后侧片竖直中线向侧缝方向捋顺面料，一直捋过侧缝线，并别针固定侧缝。

④ 在后侧片上标记出与人台对应的关键点。

　a. 公主线。

　b. 公主线对位点：与后中片对应的对位标记。

　c. 及胸领口设计线。

　d. 侧缝。

　e. 底边线。

⑤ 拓板。将后侧片从人台上取下，重新画顺所有线条。在公主线和侧缝的下摆处加放一定的喇叭形加放量，并将此量向上画顺到腰围线。

⑥ 加放缝份并修剪多余面料。将修剪好的前、后片重新别合在一起，再别回到人台上。检查立裁的准确性、合体性以及悬垂效果。

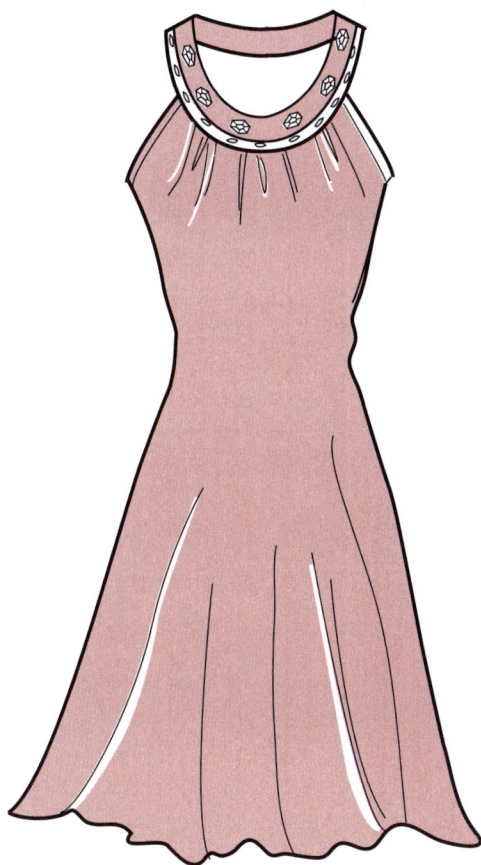

图18-31

吊带领连衣裙

这款吊带领连衣裙的惊艳之处在于吊带领下面的放射状褶皱。褶皱的形成是通过将省道量转移到领口前中，整理成碎褶。该款连衣裙造型美观，穿着舒适。还可在吊带领上增加装饰珠宝，更显妩媚浪漫。

人台准备

用大头针或标记带在人台颈部和袖窿标记出造型线。

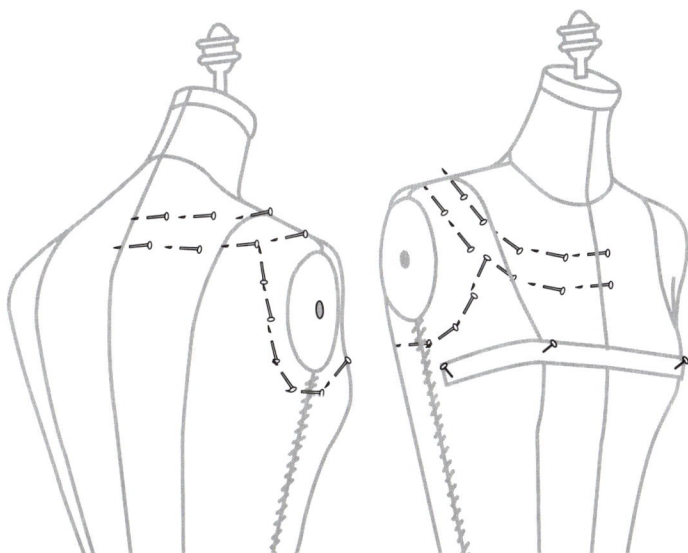

图18-32

吊带领的面料准备

1 裁剪一块长50.8cm（20英寸）、宽33cm（13英寸）的长方形面料。

2 在长方形的右下角裁掉一块长方形：长17.8cm（7英寸）、宽5.1cm（2英寸）。

3 距离裁掉的长边17.8cm（7英寸）的边缘2.5cm（1英寸），做一条竖直线为前中线；在裁掉的短边上方1.3cm（1/2英寸），做一条水平线，两线交点为前领点。

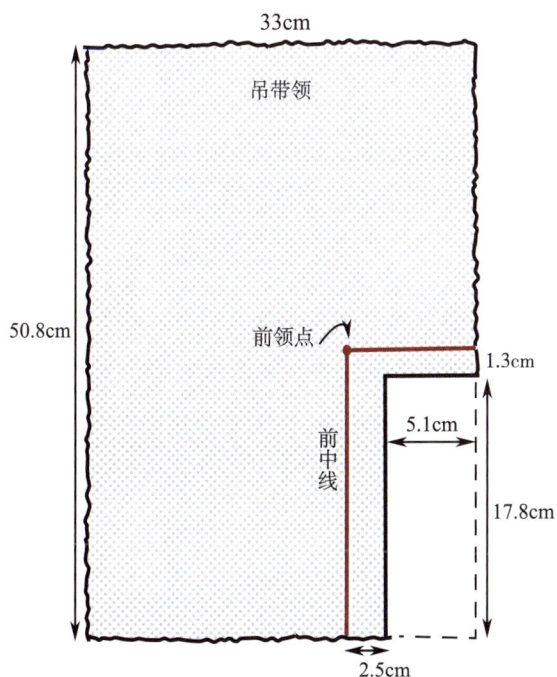

图18-33

吊带领连衣裙：裙子面料准备

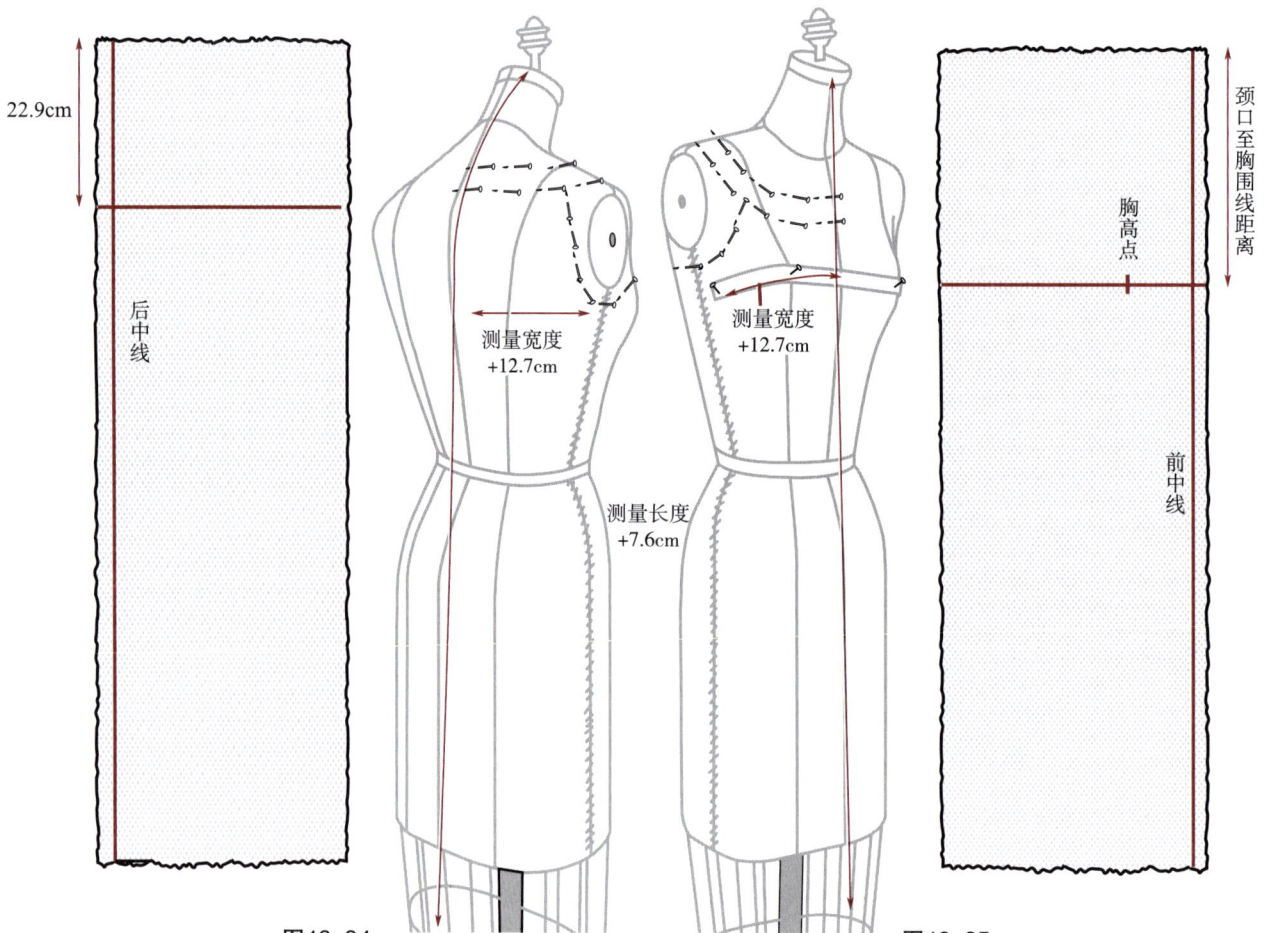

图18-34　　　　　　图18-35

① 分别测量人台前、后中线，从颈口到裙长底边的竖直长度，再加7.6cm（3英寸）。沿经向量取相同长度的面料，打剪口并撕开面料。

② 分别测量人台从前、后中线到侧缝的水平宽度，再加12.7cm（5英寸），沿纬向量取相同宽度的面料，打剪口并撕开面料。

③ 距离撕开的经纱布边2.5cm（1英寸），分别在前、后片面料上画出平行于经纱方向的前、后中线，折倒缝份并熨烫平整。

④ 在前片面料的胸围线位置做出水平线（从人台颈口到胸围线的距离）。

　　a.测量人台前中线到胸高点的水平距离。

　　b.在面料胸围线上量取相同距离，标记出胸高点位置。

⑤ 后片面料从上向下量取22.9cm（9英寸），过此点做一条水平线为背宽横线。

吊带领连衣裙：吊带领立裁步骤

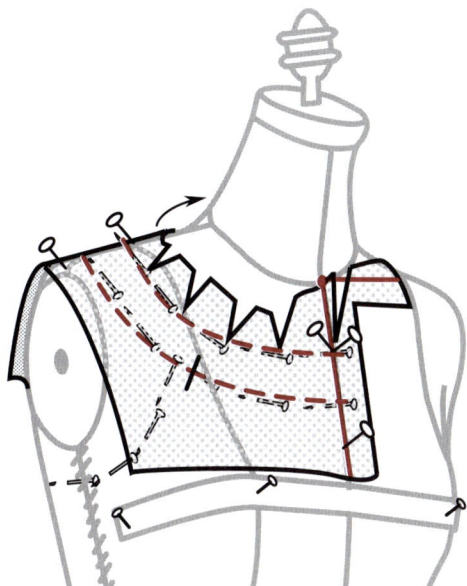

图18-36

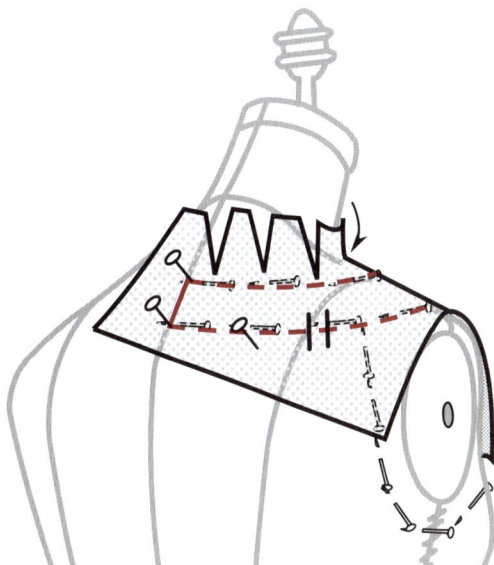

图18-37

① 将吊带领面料上的前中线对齐人台上的前中线，面料上的前领点对齐人台前中的前领口点，别针固定面料。

② 捋平、修剪、固定吊带领边缘面料，直到面料平服地位于人台肩部的设计线上。

③ 继续捋平、修剪、固定吊带领后边缘的面料，直到面料与后中线相交。多数情况此处面料为45°斜丝。

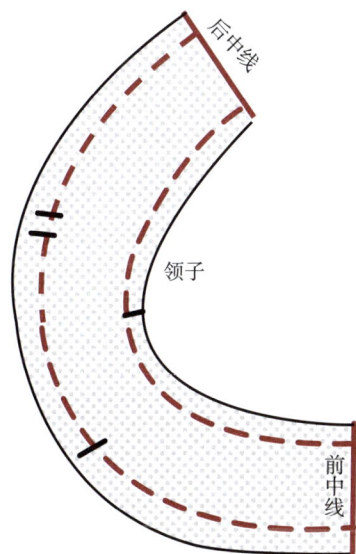

图18-38

④ 在面料上描出人台上的关键点。画出吊带领的领口线和领外口线。同时做出缝纫对位点：前片为单对位点，后片为双对位点。

⑤ 拓板。将立裁好的吊带领样片从人台上取下，画顺所有线条，加放缝份，修剪多余面料。再将修剪好的吊带领重新别回人台，检查准确性及合身性。

吊带领连衣裙：前、后裙片立裁步骤

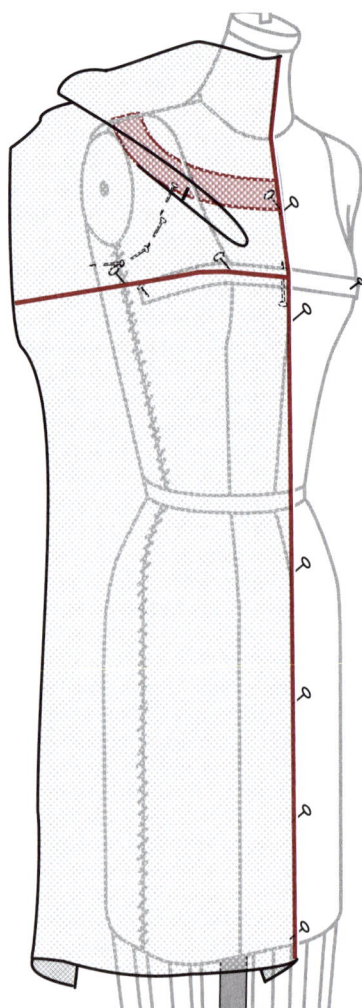

图18-39

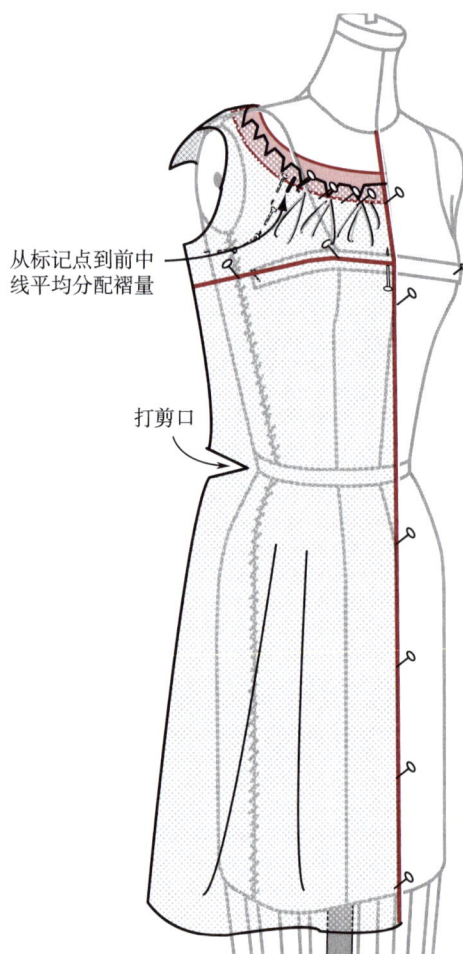

从标记点到前中
线平均分配褶量

打剪口

图18-40

① 面料前片上的胸高点标记与人台上的胸高点对准固定。

② 面料前中折线对齐人台的前中线，从前中吊带向下别针固定前中线。然后在胸带上也要别一针固定。

③ 面料上的胸围线与地面平行，向侧缝方向捋平面料，并别针固定侧缝。

④ 从胸围线向上捋平面料，将多余面料捋向吊带领前中线。同时，要抚平袖窿设计线周围面料。

⑤ 依据吊带领的造型，整理修剪前领口周围多余面料，在缝份上等间隔地打剪口。胸凸产生的多余面料整理成领口抽褶，从标记点到前中线均匀分配抽褶量，并别针固定领口。

⑥ 在侧缝的腰围线上打剪口，整理固定侧缝。

注 由于裙摆加入了较多的喇叭形褶量，与之相呼应，在领口也应做出更多的抽褶量。可以通过平移侧缝来增加额外需要的褶量。

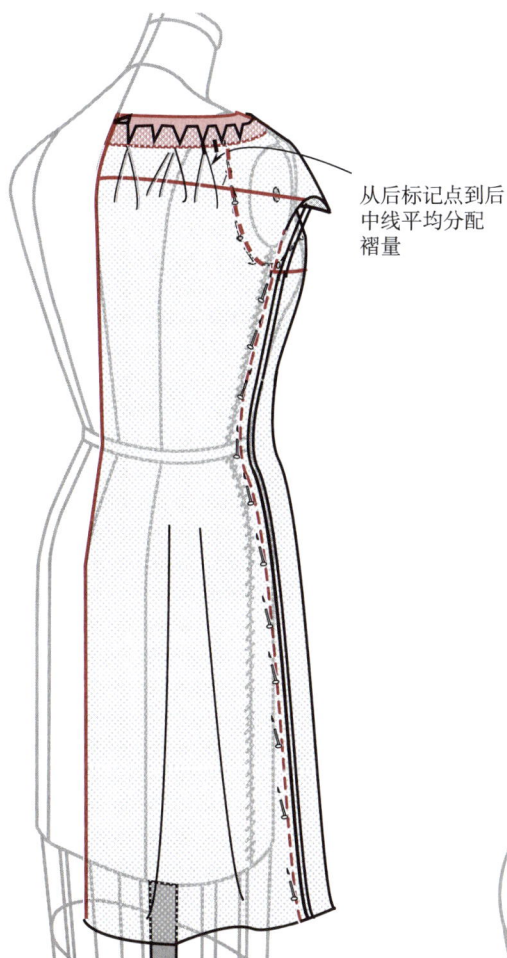

图18-41

吊带领连衣裙：拓板

① 从人台上取下立裁样片，画出所有的线条，加放缝份，修剪多余面料。

② 将修剪好的样片重新别合组装，再别回到人台上，检查准确性、合体性和平衡性。

⑦ 立裁后裙片。

　　a. 面料后中折线对齐人台上的后中线，别针固定后中线。

　　b. 面料上的背宽横线与人台上的背宽横线对齐。从后肩端点向后领口捋平、修剪面料，将多余面料捋向吊带下方。将侧缝向后中线方向移动一定的量，以增加后领口的抽褶量。

　　c. 在侧缝的腰围线上打剪口，对齐前侧缝整理固定后侧缝，别合前后侧缝（前、后裙片加放的摆量应相同）。

⑧ 在立裁样片上标记出与人台对应的所有关键点。

　　a. 吊带领设计线。

　　b. 袖窿设计线。

　　c. 侧缝：用虚线轻轻描出。

　　d. 底边线：按设计的长度和造型做标记。

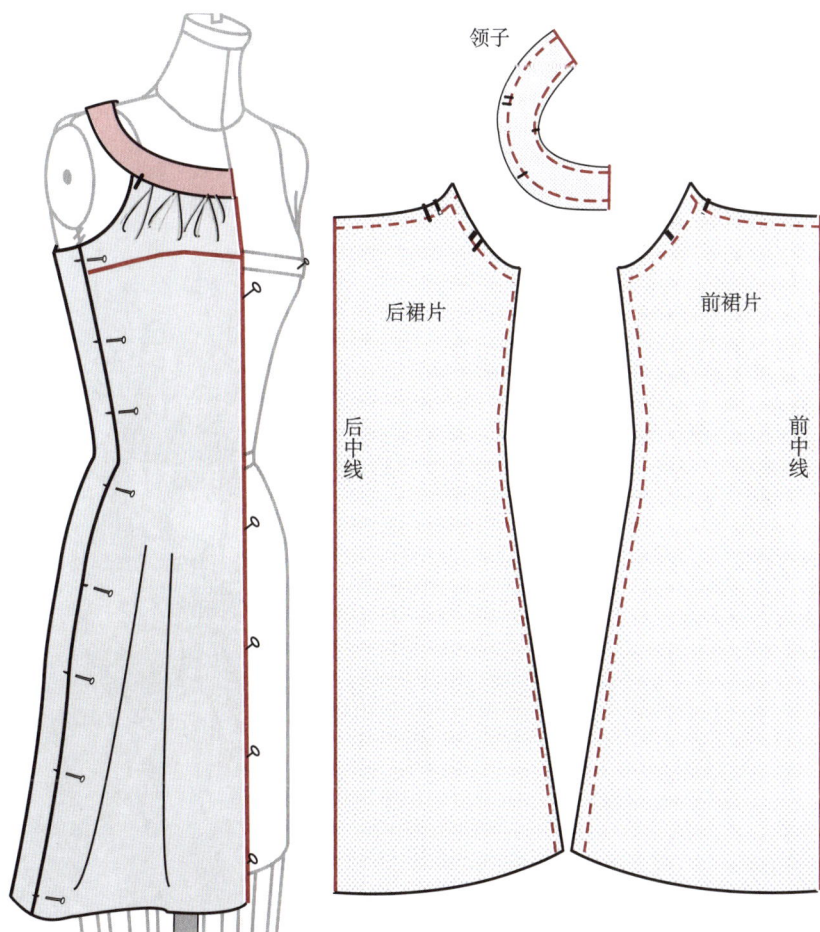

图18-42

露肩连衣裙或衬衫

    露肩连衣裙的款式虽然简单，但很时髦，透露出优雅浪漫的气息。露肩造型可以应用于各种连衣裙和衬衫上，穿着轻松舒适，它将休闲轻松与柔美女性的特点结合了起来。

    露肩连衣裙可以应用于普通T恤或休闲连衣裙。也可以将露肩用于紧身款式的设计中，给服装增加浪漫感。

    露肩连衣裙或衬衫可以选择悬垂性好的针织面料或轻薄的机织面料制作，如绉缎、双绉或柔软的平纹织物。

    任何时候，只要想设计一款外观妩媚动人，而又轻松舒适的服装时，都可以选择露肩造型。

图18-43

露肩造型样板准备

1 立裁一件连衣裙或衬衫，按照设计修整好领口和肩线。

2 按照设计调整好袖窿造型。

3 为了提高露肩造型的立裁准确性和合体性，提前准备好布手臂，并安装于人台上。可参考第92、93页布手臂的制作部分。

4 裁剪袖子样板，将袖子的腋下部分与袖窿别合（若是机织面料则用机织袖子样板，针织面料则用针织袖子样板）。

5 将袖子一直安装到袖窿中部的前、后腋点处。

6 立裁修剪袖山部分造型。

注 将袖山顶点到袖山中部之间的面料去除，去除量的大小取决于露肩造型设计和面料特性。

7 缝制露肩部分，要用斜裁嵌条将缝份处理干净。

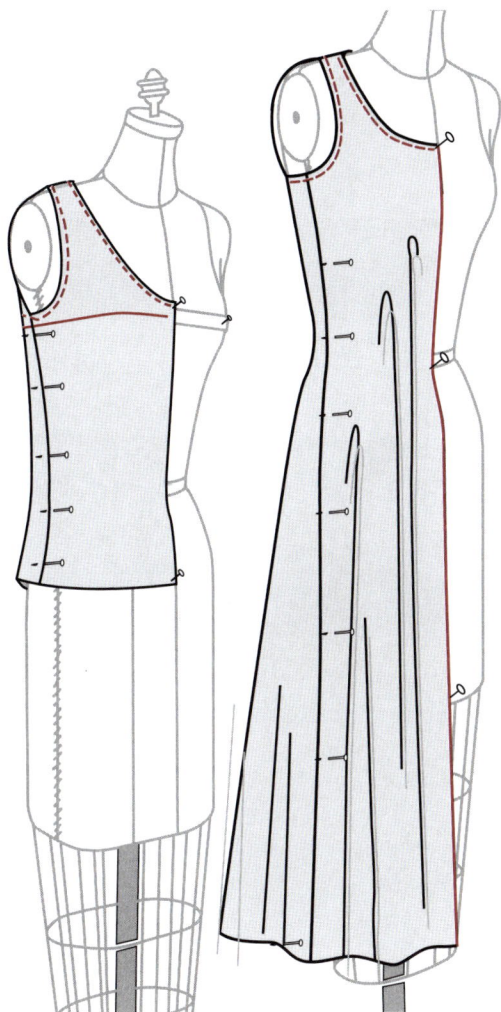

图18-44

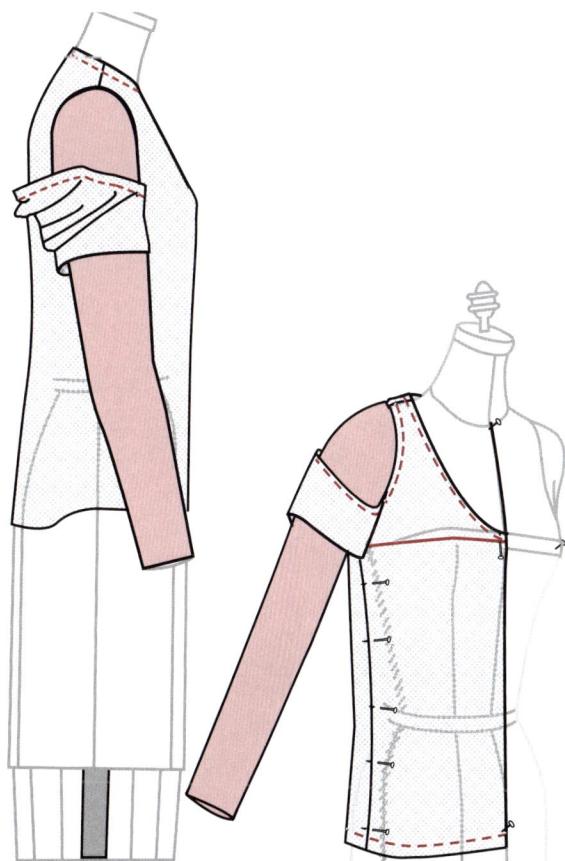

图18-45

紧身上衣露肩设计

1. 立裁一款胸部合体型的紧身上衣，按照设计修整裁剪好肩带和前、后领口线。

2. 为了使露肩造型的准确性和合体性更高，准备好布手臂，并安装于人台上。可参考第92、93页布手臂的制作部分。

3. 按照设计造型裁剪臂带，将其两端缝于前、后袖窿上，臂带位于上臂最大围处。为了保持臂带位置稳定不易滑落，可在带子中加入松紧带。

4. 裁剪一块宽为12.7cm（5英寸）、长为臂带两倍的长方形面料，将其抽褶。

5. 将抽褶后的面料两端缝合，形成圆环。

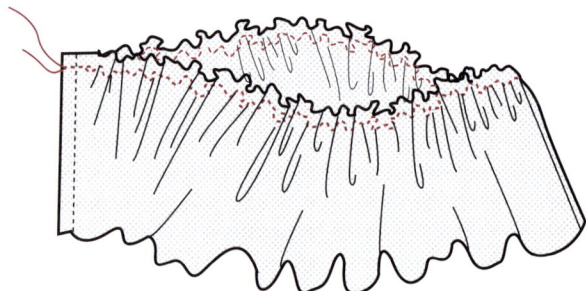

图18-47

6. 将抽褶环形面料与臂带缝合在一起，褶量均匀分布在手臂一周。

图18-46

图18-48

图18-49

斜裁吊带连衣裙

这款浪漫的连衣裙给人一种甜美优雅的感觉，它是用高超的斜裁技术裁剪的。可选用富有飘逸感的轻薄面料制作，如绉缎、双绉或者柔软的平纹织物。

由于斜丝面料具有良好的弹性，一些设计师利用面料的这一特性，设计出了很多划时代的新风尚服装，如20世纪90年代的唐娜·卡兰（Donna Karan），20世纪20年代的玛德琳·维奥内特（Madeleine Vionnet）等。斜裁连衣裙在各个档次的零售市场上都很受欢迎。它可以很轻松地套头穿着，穿脱方便舒适。

这款斜裁连衣裙是无袖设计，领口线较低，位于胸围上方，纤细的肩带支撑着整件连衣裙。由于斜丝方向的弹性特征，衣身较合体的同时，仍具有较好的活动性和舒适性。因此，吊带斜裁裙渐渐取代了紧身连衣裙。它既可以独立穿着，也可以搭配羊毛衫、合体夹克穿着，或者内搭紧身裤。

人台准备

用大头针或标记带在人台颈部和袖窿标记出造型线。

将胸带（或者胸罩）从人台上拿掉。

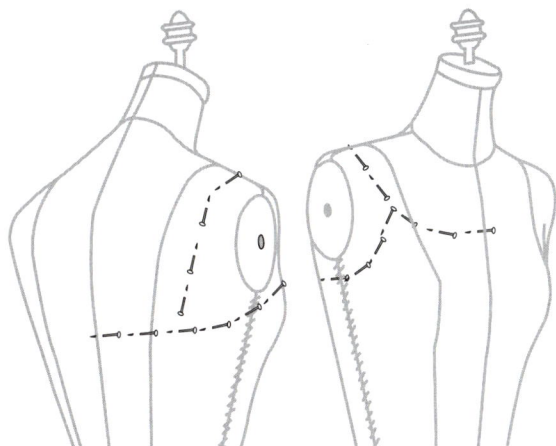

图18-50

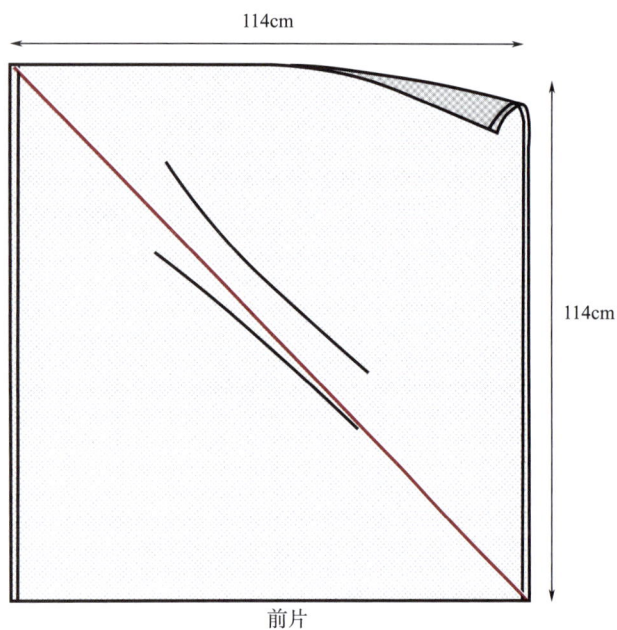

前片

114cm

114cm

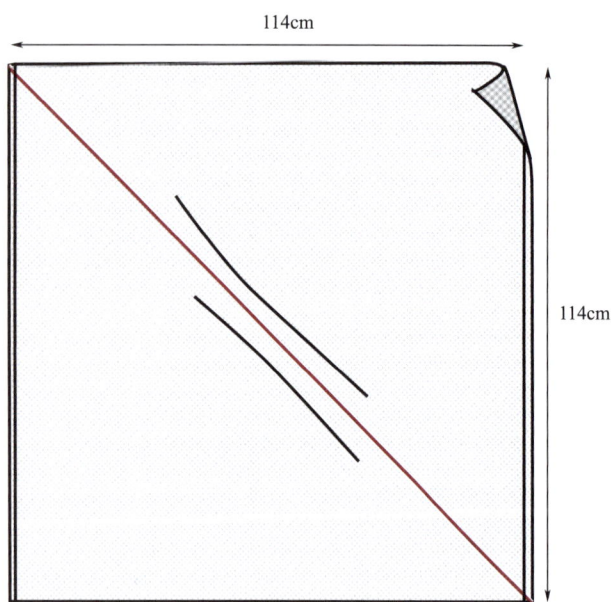

后片

114cm

114cm

图18-51

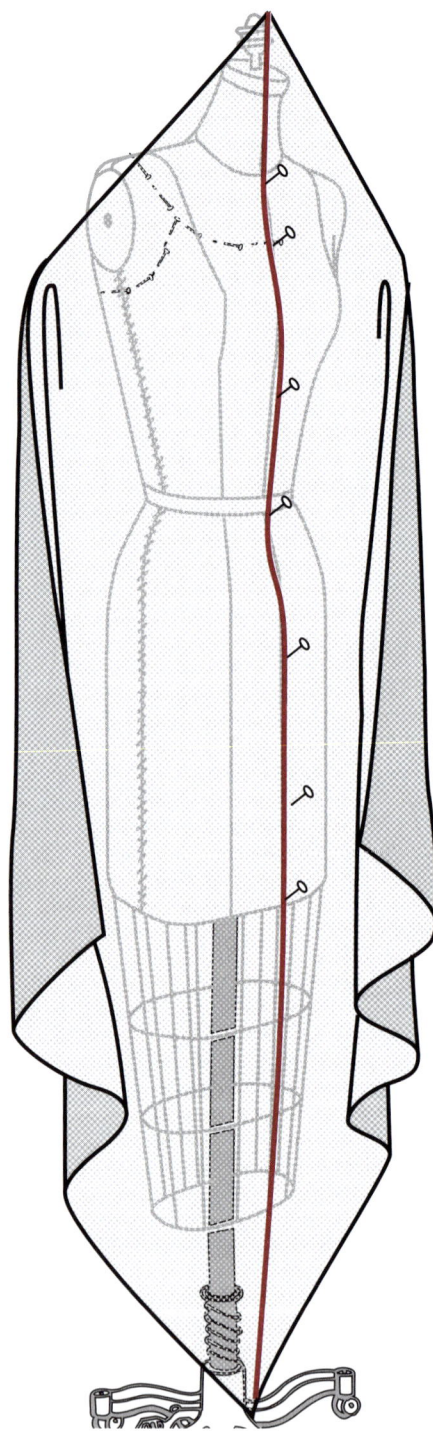

图18-52

斜裁吊带连衣裙：面料准备

1 基于连衣裙的长度和宽度，裁剪两块边长为114cm（45英寸）的方形面料。

2 画出方形面料的一条对角线，即为正斜丝方向。

斜裁吊带连衣裙：立裁步骤

1 面料上的正斜丝线对齐人台上的前中线，面料应该超过胸围上的领口设计线至少7.6cm（3英寸），别针固定。

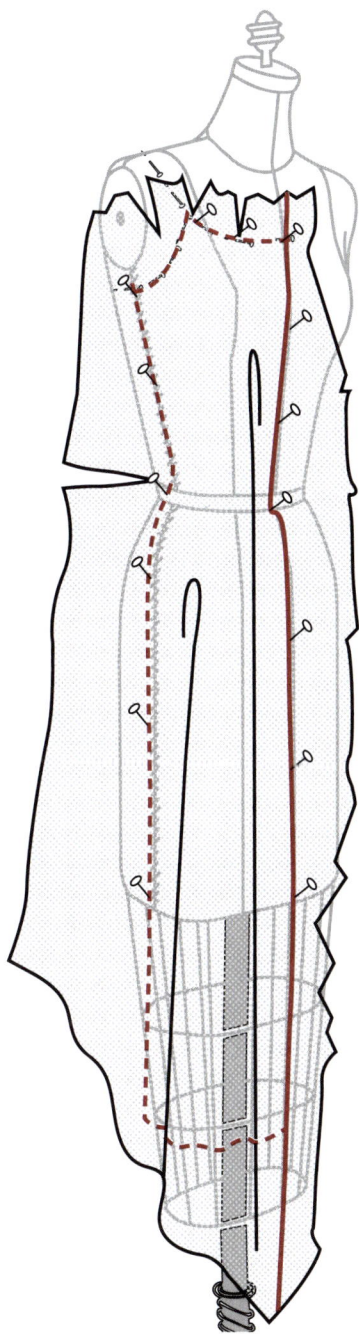

图18-53

② 沿领口设计线，捋平、修剪、固定面料。距离前中线约5.1cm（2英寸），从面料上边缘向领口设计线打剪口，在剪口处别针固定领口线。

③ 在领口设计线以下立裁出流畅的微喇叭形。因为面料是斜丝，会很柔顺且有弹性，胸凸周围可以裁剪成合体型。由于胸部的斜丝紧身造型，在胸围线以下到下摆的面料上就会形成一个微喇叭造型。

④ 沿领口设计线将平、修剪、固定面料，从第一个剪口向侧缝方向约5.1cm（2英寸）再打一剪口。继续理顺胸凸周围其余面料；向侧缝方向捋顺领口设计线。

⑤ 从袖窿向腰围线，捋平、修剪、整理侧缝，使腰围合体，此时在臀围线以下公主面中部会形成第二个微喇叭形状。继续向下整理固定腰围线以下的侧缝线。

⑥ 在前片上标记出与人台对应的所有关键点。
  a. 胸围线上部的领口设计线。
  b. 侧缝处腰线：在侧缝的腰围线上打对位点。
  c. 侧缝：用虚线轻轻描出。
  d. 底边线：参考人台底边或者人台圆环支架做标记。
  不要将前片从人台上拿下。

⑦ 将后片面料上的正斜丝线对齐人台上的后中线，面料应该超过领口设计线至少7.6cm（3英寸），别针固定。

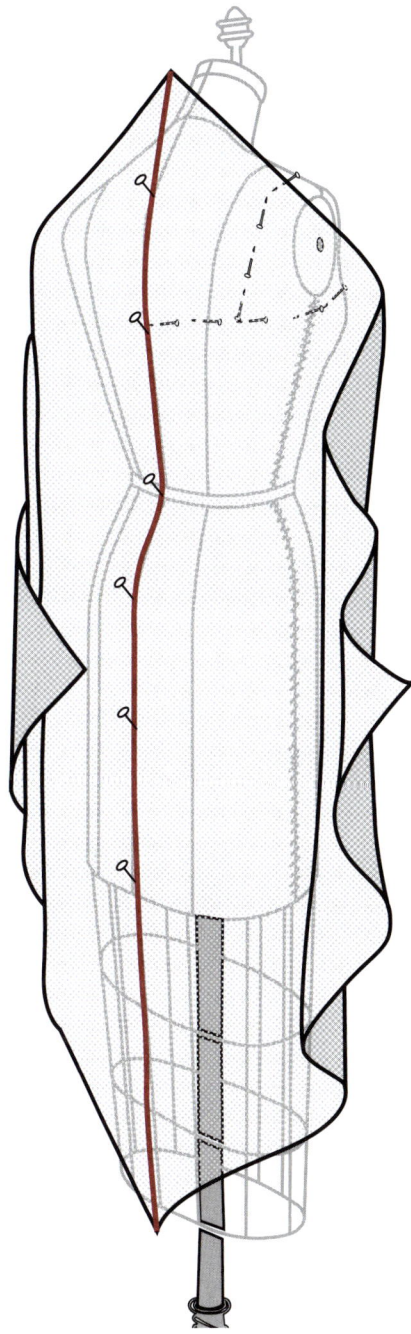

图18-54

第18章　日常休闲连衣裙设计

447

8 沿后领口设计线，将平、修剪、固定面料。距离后中线约5.1cm（2英寸），从面料上边缘向领口设计线打剪口，在剪口处别针固定领口线。

9 后领口设计线以下塑造出微喇叭形。因为后领口面料是斜丝，在公主线位置会产生一个微喇叭形，一直延伸到下摆。

10 沿领口设计线将平、修剪、固定领口面料，从第一个剪口向侧缝方向约5.1cm（2英寸）再打剪口固定。继续将顺剩余领口线，再向侧缝方向将平面料。

11 从袖窿向腰围线将顺、修剪、整理侧缝，将后侧缝与前侧缝别合固定。由于侧缝为合体造型，此时在臀围线以下公主面中线位置会形成第二个微喇叭形。继续整理固定腰围线以下剩余侧缝。

12 后侧缝与前侧缝对齐别合，调节裙子的合体度，直到达到满意的造型为止。

13 在后片上标记出与人台对应的所有关键点。
a. 后胸围线上部的领口设计线。
b. 侧缝处腰围线：在侧缝的腰围线上打对位点。
c. 侧缝：用虚线轻轻描出。
d. 底边线：参考人台底边或者人台圆环支架做标记。

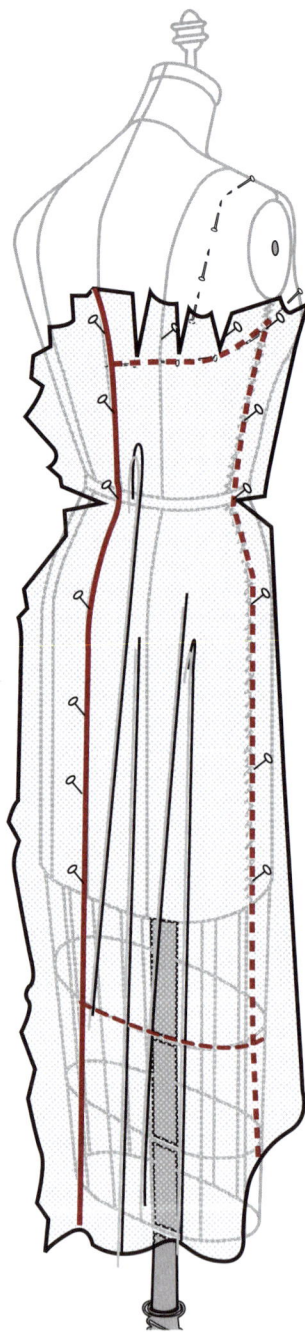

图18-55

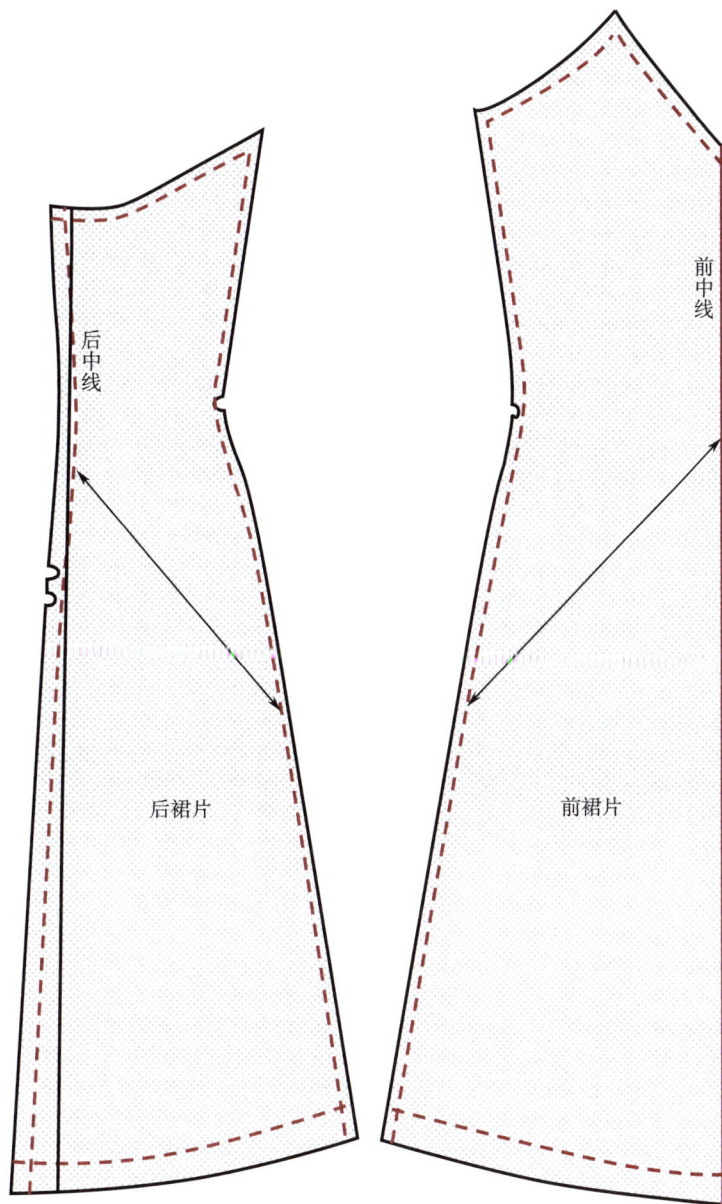

图18-56

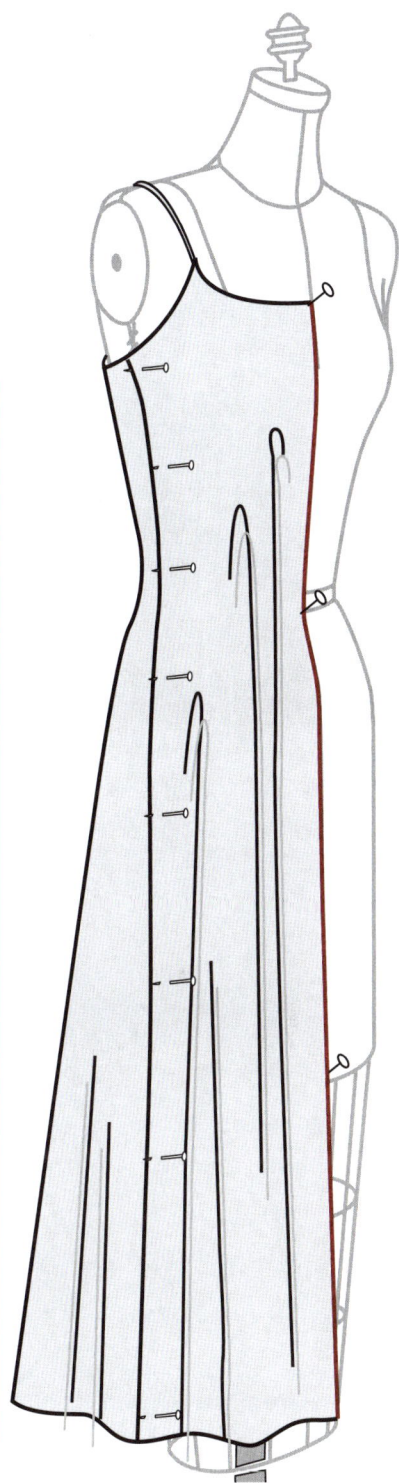

图18-57

(14) 测量连衣裙所需肩带的尺寸，并加放缝份
2.5cm（1英寸）。

(15) 前、后片拓板。将立裁样片从人台上取下，画
顺所有线条，加放缝份，修剪多余面料，再将
前、后片别合。

(16) 将组装好的样衣重新别穿回到人台上，检查准
确性、合体性和平衡性。

第19章
正装礼服连衣裙设计

» "刻纹褶皱"礼服连衣裙
» 高腰扭转吊带领礼服连衣裙
» 紧身胸衣设计
» 单肩紧身礼服连衣裙

晚礼服高贵华丽，大多采用悬垂丝滑的礼服面料制作，走动时显得性感迷人。礼服裙常用荷叶边、放射形褶皱、层叠褶皱、抽褶、斜裁等技法来塑造。通过本章内容的学习，设计师将会提高各种立裁技法的综合应用能力，从而创作出适合各类客户的晚礼服。

设计师既可以用草图形式记录设计方案后再裁剪制作，也可以仅在脑海中构思造型，通过立体裁剪，以眼与手的相互配合操作来决定服装的线条和形状。在立裁鸡尾酒会礼服或晚礼服时，本章案例建议读者采用成品服装面料直接在人台上进行立裁创作，这是悬垂性较好的柔软丝滑面料常用的立裁方法。因为当选用了不同特性的替代面料时，在人体上又会产生不同的穿着效果，从而导致服装的合体性出现偏差。所以，这种情况就直接选用成品面料立裁会更精准些。只有积累了一定的经验，储备了必要的专业知识后，设计师才能轻松地在人台上进行复杂的原创设计。

图19-1

目标

通过本章立体裁剪技法的学习，读者应具备以下技能。

» 在前几章所掌握的立裁技术的基础上，学习晚礼服和紧身礼服的立裁技法。

» 学习直接采用成品礼服面料进行立体裁剪。

» 学习如何轻柔地操作面料进行造型。

» 学习如何在人台上控制面料，立裁出各种造型、放射褶、层叠褶等。

» 掌握丝滑悬垂面料的设计，且不会对面料做过多的操作。

» 培养独创能力和对各种晚礼服的创新设计能力。

» 提高处理柔韧面料的立裁技巧，基于特定的客户能够做出适合客户体型的礼服设计方案。

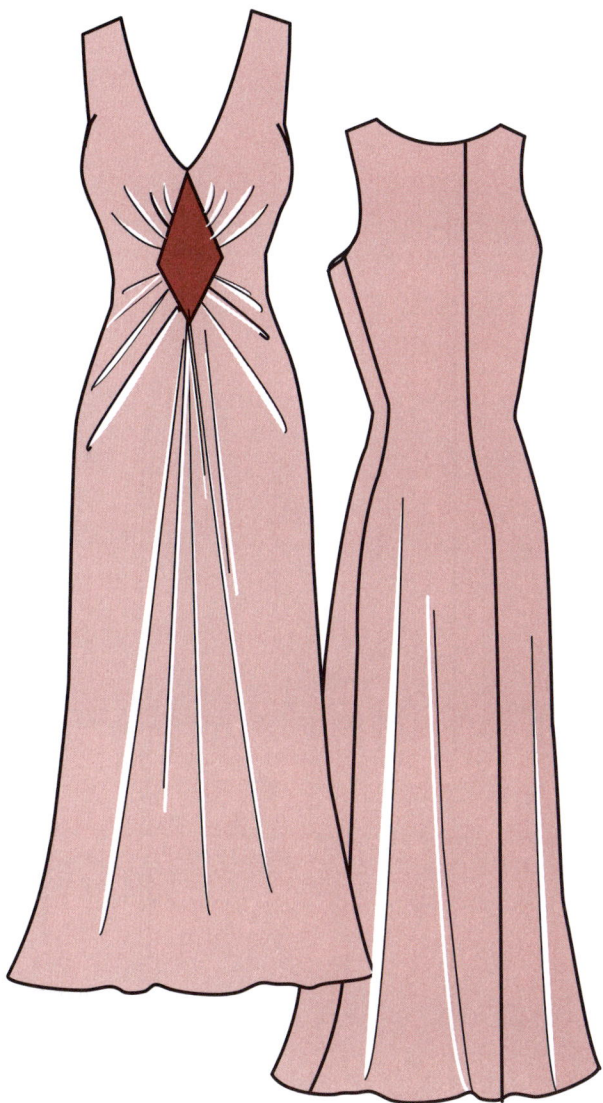

图19-2

"刻纹褶皱"礼服连衣裙

"刻纹褶皱"礼服是指从胸前特定形状的图案四周，放射出如同雕刻般的塔克褶或碎褶，然后逐渐消失到衣身周边的侧缝处。塔克褶或碎褶围绕胸前图案分布，腰部以下又悬垂着丝滑柔顺的重叠褶皱，这种多重褶皱萦绕在人体上的礼服连衣裙尤显性感迷人。

人台准备

取下人台上的胸带（胸罩）。参考设计，在人台前胸确定出褶皱发散的位置和图形（图示为钻石形。然而设计成任何形状都可以。此图形也可以放于人体的任何部位，如肩部、臀部等）。设计并裁剪出这个图案的样片，加放缝份，将其别在人台上的相应部位。

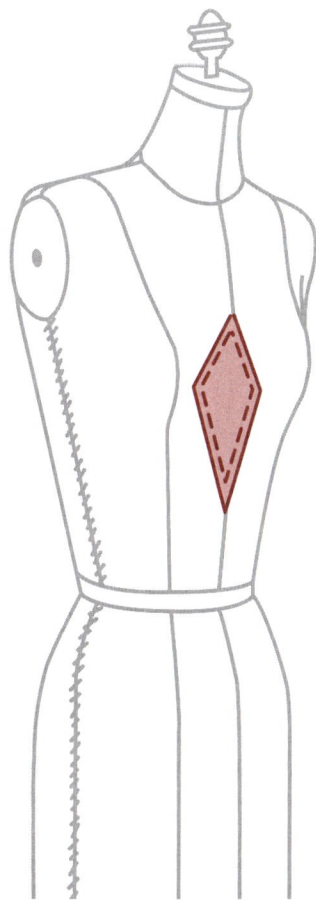

图19-3

图19-4

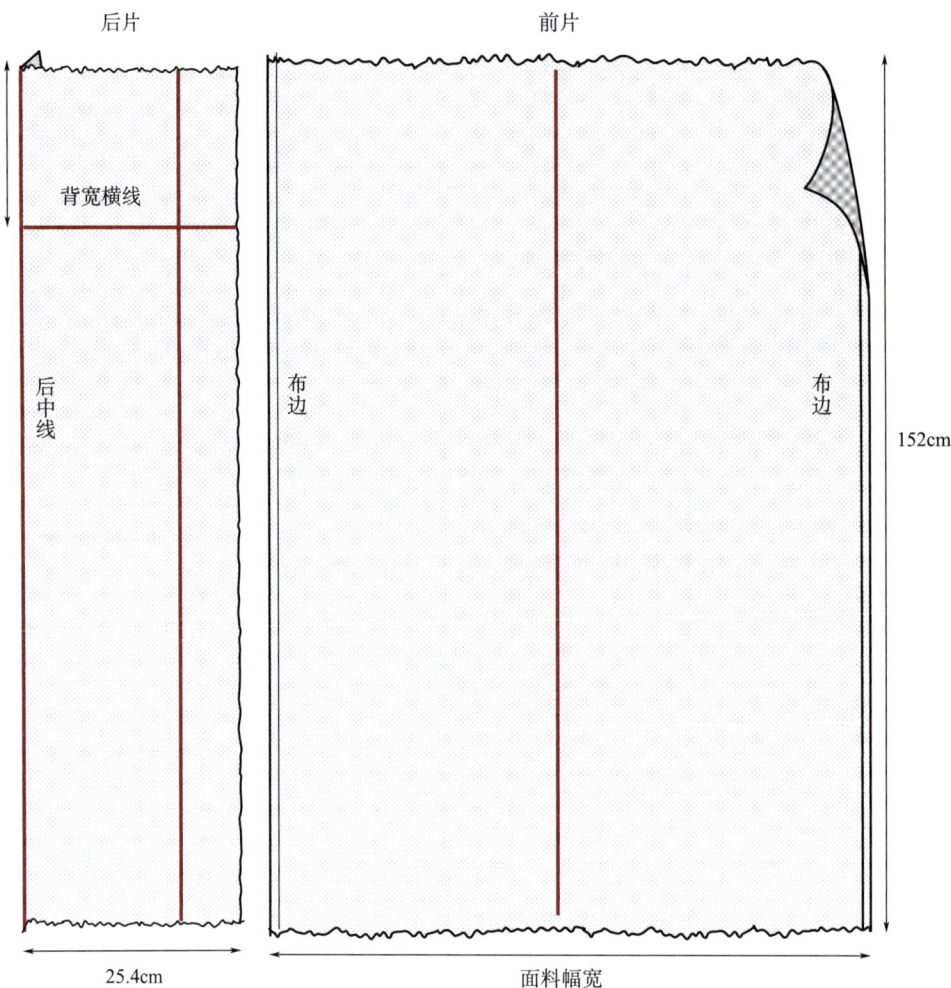

图19-5

1 前、后片面料长度：沿面料经纱方向量取面料长度152~224cm（60~88英寸），打剪口并撕取面料。

2 前片面料宽度：

a. 为了前片造型的需要，面料需要整个布幅的宽度。

b. 在面料中间画一条竖直的经向线。

3 后片面料宽度：

a. 测量人台后中线到侧缝的水平宽度，再加20.3cm（8英寸），量取相同宽度的面料，打剪口并撕开。所量取的面料宽度至少为45.7cm（18英寸）。

b. 距离撕开的经纱布边25.4cm（10英寸），画出平行于经纱方向的后中线。

c. 从上向下量取22.9cm（9英寸），过此点做一条水平线为背宽横线。

"刻纹褶皱" 礼服连衣裙：前片立裁步骤

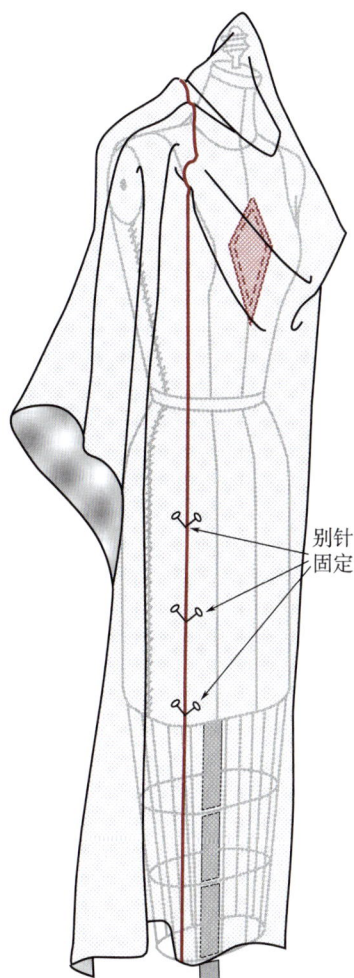

图19-6

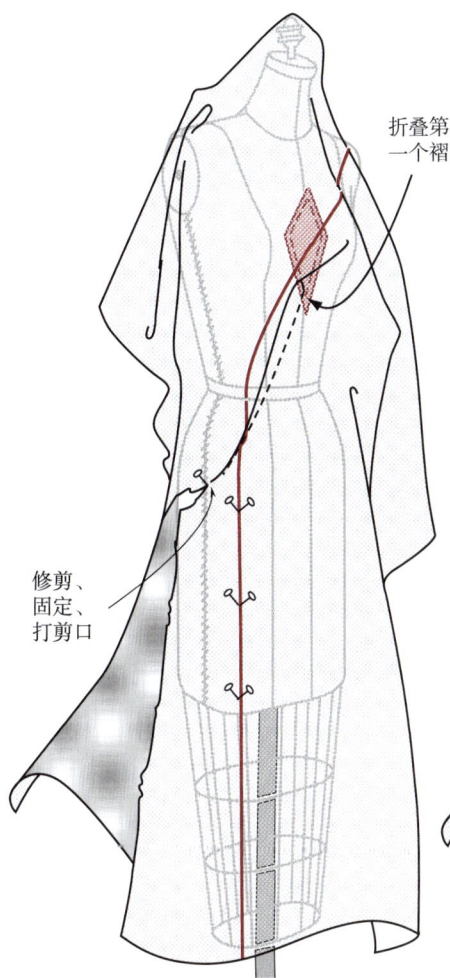

折叠第
一个褶

修剪、
固定、
打剪口

图19-7

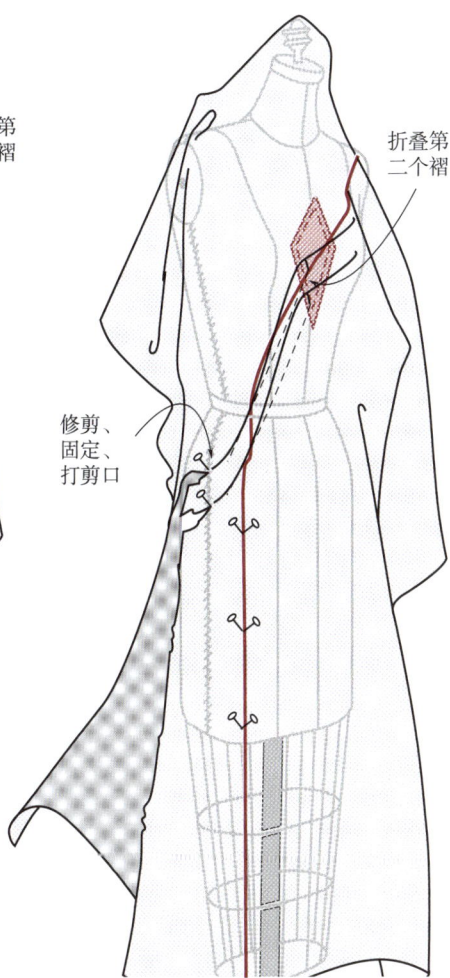

折叠第
二个褶

修剪、
固定、
打剪口

图19-8

① 将面料中间所画的竖直线对
齐人台上的公主面中线，自
下向上从人台底边到臀围线
别针固定竖直线，至少固定
三针。在操作下面时可将上
面的面料搭在人台的肩上。

② 整理固定前中面料。保证面
料上的经向线平行于人台的
前中线，在人台前中线上别
几针固定前中面料。

③ 修剪侧缝面料，预留缝份至少
2.5cm（2英寸）。从面料底端向
上修剪侧缝，一直修剪到最低
的褶皱消失点为止。

  a. 在面料侧缝上最低的褶皱消
失点处固定一枚大头针。

  b. 对准固定针在侧缝缝份上打
剪口。

  c. 在胸前的钻石图案上折叠出
第一个褶裥，使褶裥消失到
侧缝固定针处（此时面料的
经纱开始斜向前中，并且随
着不断地折叠褶皱，面料倾
斜会越多。而且，第一个褶
皱是最难整理到位的，要耐
心操作）。

④ 立裁出第二个褶裥。

  a. 从固定针向上继续抚平侧缝
面料，直到第二个褶裥的消失
点，在此处侧缝固定第二枚大
头针。

  b. 对准第二枚固定针在侧缝面料
缝份上打剪口。

  c. 在胸前的钻石图案上折叠出第
二个褶裥，使褶皱消失到侧缝
的第二枚固定针处。

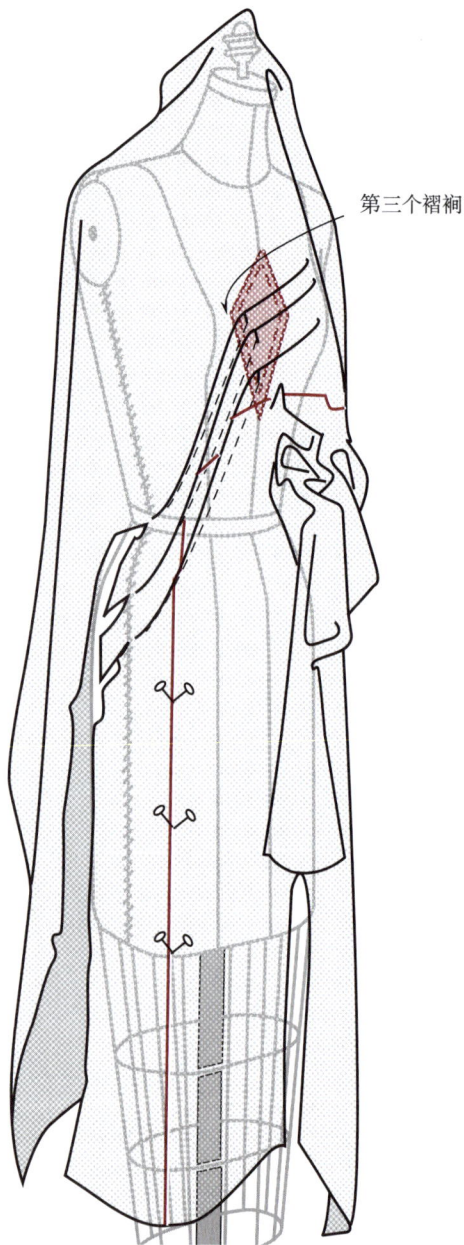

第三个褶裥

图19-9

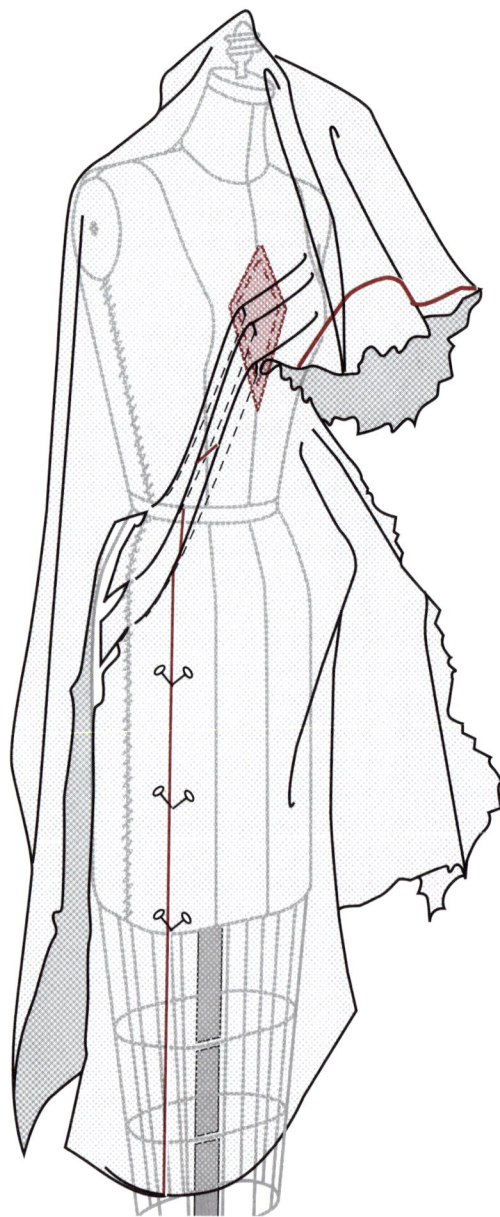

图19-10

⑤ 继续固定、修剪、立裁其余的褶裥。在侧缝上大约每2.5cm（1英寸）固定一针、打剪口。在每个固定针处折叠一个新褶裥，使其从胸前钻石图案边缘发散而来，消失到侧缝边。继续向上修剪侧缝，一直修过腰围线。

⑥ 操作完侧缝边后，以顺时针方向，向上将平袖窿和肩线的面料，操作时注意不要用力拉伸面料。

⑦ 修剪掉垂在肩线后面的多余面料，预留10.2cm（4英寸）的缝份，检查肩线造型。

⑧ 从面料边缘竖直线附近向前中的钻石图案边缘打剪口。

⑨ 修剪掉钻石图案周围已经立裁完褶裥的多余面料，预留足够的缝份和上衣所需面料。

⑩ 整理钻石图案周围的褶裥。

　　a. 利用垂在胸围线周围的多余面料，从左向右，在钻石图案净缝线上折叠、固定褶裥，使每个褶裥都向胸部发散、逐渐消失。

　　b. 修剪钻石图案上的褶皱缝份（逐个修剪），修剪时要保证每个褶裥都固定到位。

⑪ 整理修剪领口线。按照预先设计的领口造型，修剪多余面料，至少预留缝份5.1cm（2英寸），以备后续可能需要的调节量。

⑫ 按照设计的领口线固定领口面料，修剪领口、肩线、侧缝处多余面料。

⑬ 在前片上标记出与人台对应的所有关键点。

　　a. 肩线。

　　b. 前袖窿造型线。

　　c. 前领口造型线。

　　d. 侧缝。

　　e. 钻石图案净缝线和褶裥。

⑭ 选做其他额外褶皱：为了使前中线处裙身的体量更大一些，在修剪整理面料时，可在最低的褶裥消失点与底摆、前中线之间悬垂更多的面料量。参照人台前中线在面料上重新确定新前中线的位置（在钻石图案处把面料轻轻向上提一点，则裙子前中的褶皱就会更顺畅地层叠而下）。

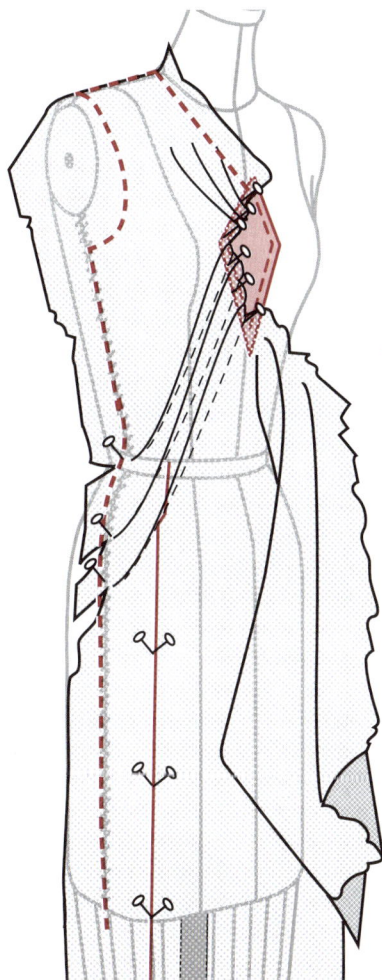

图19-11

图19-12

"刻纹褶皱"礼服连衣裙：后片立裁步骤

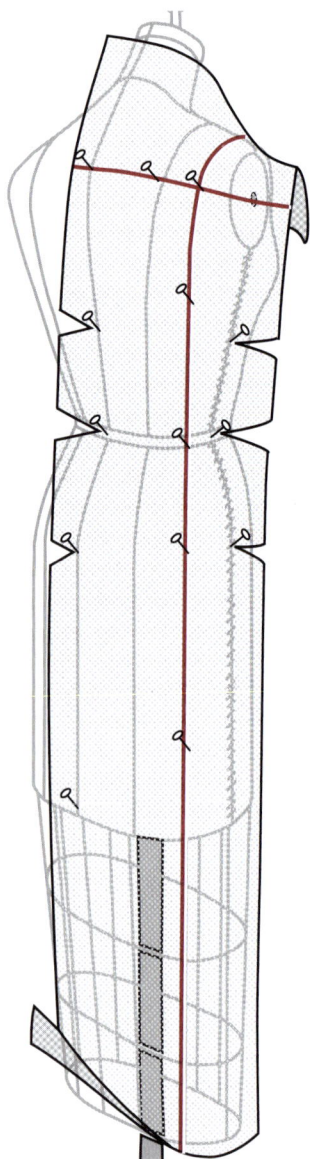

图19-13

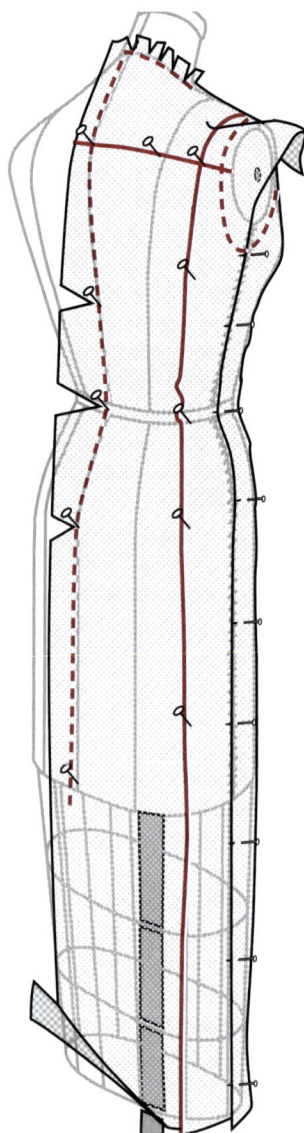

图19-14

① 面料上的背宽横线与人台上的对齐，别针固定。

② 将面料上的竖直线对齐人台后公主面中线，别针固定。并且将后中线处的底边部分也固定在人台上。

③ 在后中线和侧缝的腰围线上打剪口，在剪口上下再各打一个剪口。

④ 抚平、整理、固定后中缝，使后中缝贴合人体。在后中、腰围处大概收掉1.9cm（3/4英寸）的省量。向上抚顺面料直到背宽横线，向下抚顺面料直到臀围线。

⑤ 修剪、整理、立裁后领口线。

⑥ 整理后肩线。向上抚平面料，一直抚过肩线，将肩线整理到位后固定。

⑦ 抚平、整理、固定后侧缝，使后侧缝贴体合身，前侧缝压后侧缝别合。

⑧ 在后片上标记出与人台对应的所有关键点。

　a. 后领口线。

　b. 肩线：与前肩线对齐。

　c. 袖窿造型线。

　d. 侧缝。

⑨ 将立裁样片从人台上取下，画顺所有线条，给钻石图案、前后裙片加放缝份，修剪
多余面料。

将前、后片重新别合组装，再别回到人台上，检查准确性、合体性和平衡性。

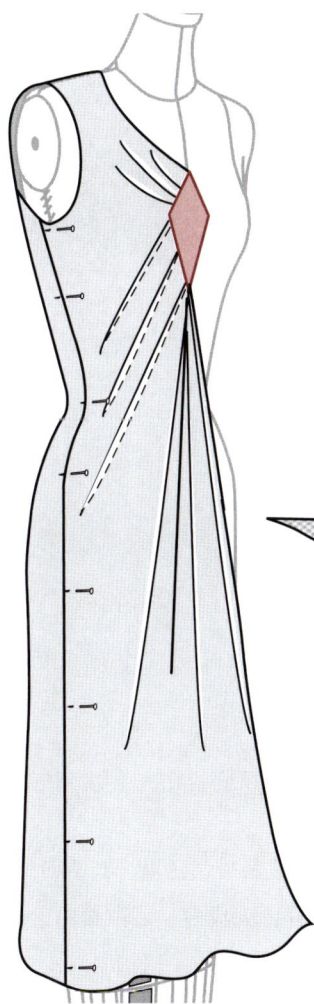

图19-15

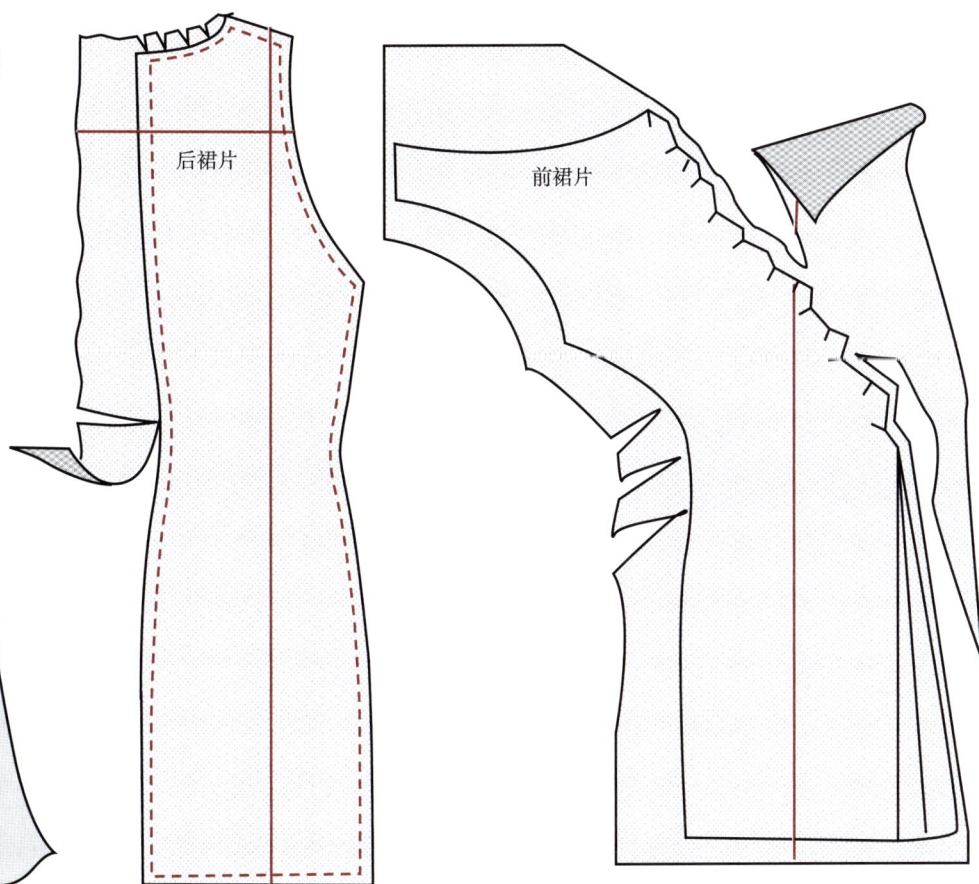

后裙片

前裙片

图19-16

高腰扭转吊带领礼服连衣裙

这款帝国式高腰扭转吊带领礼服裙是从传统经典款式演变而来的新款，她的原型是20世纪30年代具有希腊女神特点的扭转领。一般采用非常柔软的面料制作，如雪纺，可以对面料预先进行打褶，制作出挂在吊带领下面的胸部扭转造型。在当今时尚中，环形吊带领通常是设计的焦点，常常装饰有引人注目的珠宝或亮片。

图19-17

人台、领子、束腰的准备

图19-18

从人台上取下胸带（胸罩）

① 基于设计，用大头针或标记带在人台颈部标记出吊带领的造型线。

② 参考第439页内容，完成吊带领的设计与造型。

③ 参考第125~127页内容，完成前、后束腰的设计与造型。

④ 用大头针做出腋下到领口的造型。

国际服装立裁设计：美国经典立体裁剪技法（原书第5版）

高腰扭转吊带领礼服连衣裙：面料准备

1 裁剪一块宽度足够整个前片的柔软的正方形面料 [图示为71cm（28英寸）]。

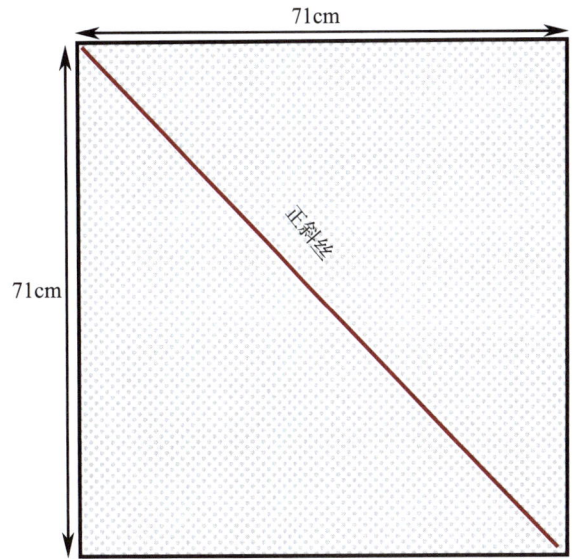

图19-19

2 画出正方形面料的一条对角线，即为正斜丝方向。分别画出左、右前中线，并在面料上用文字注明。

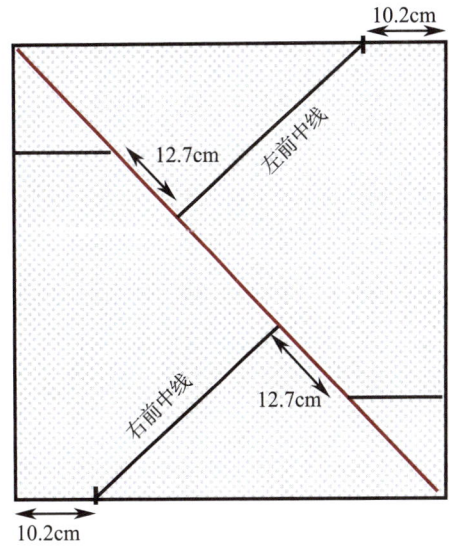

图19-20

3 画出其他线条，并裁剪面料。

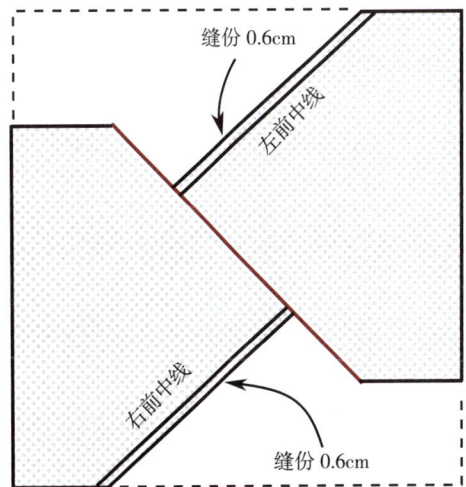

图19-21

高腰扭转吊带领礼服连衣裙：立裁步骤

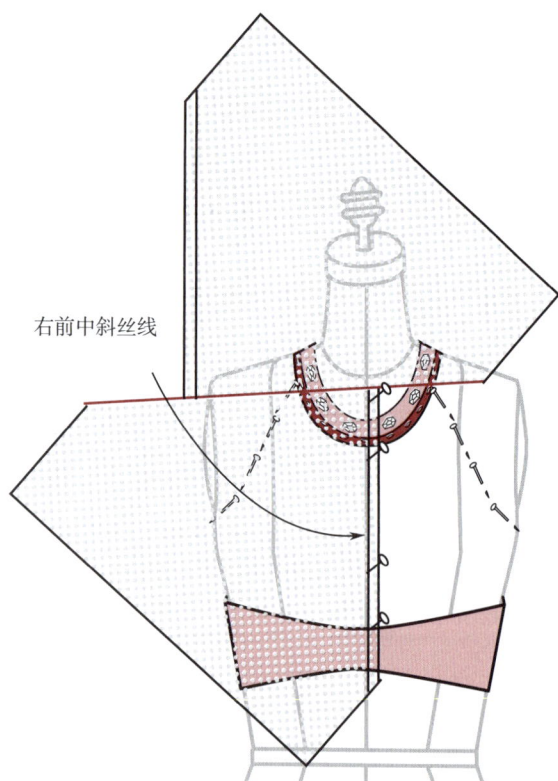

右前中斜丝线

图19-22

1 面料的右前中线对齐人台的前中线，对齐前颈点别针固定。面料下边至少超过束腰底边5.1cm（2英寸）。

2 顺时针方向整理、修剪束腰上边线的多余面料。

3 沿束腰设计线向体侧捋顺面料，一直捋过侧缝线，直到后束腰线，如图所示。再继续沿顺时针方向整理、修剪腋下与领口处面料。

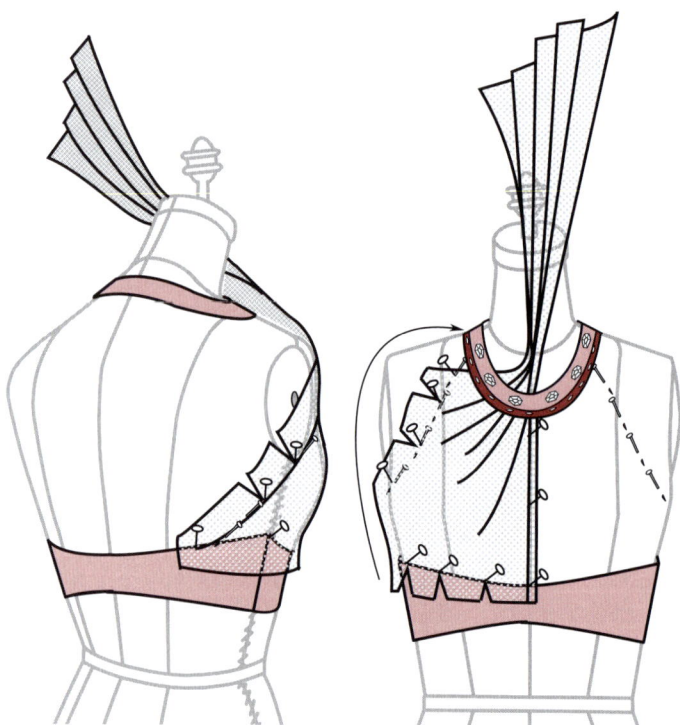

图19-23

图19-24

4 将多余面料都整理到前中吊带领下面。

5 将剩余面料绕过吊带领圈，翻到衣身左侧，左前中线对齐人台的前中线。

6 捋平、整理、修剪左侧领口到腋下的设计线，捋过侧缝，一直到后背束腰设计线，再捋平、修剪胸下的束腰设计线。

国际服装立裁设计：美国经典立体裁剪技法（原书第5版）

⑦ 在样片上标记出关键点。画顺所有线条，加放
缝份。再将样片别回到人台上检查合体性。

⑧ 裙子的立裁方法请参考第445~449页相关内容。
裙子与束腰下边线别合立裁，而非领口线。

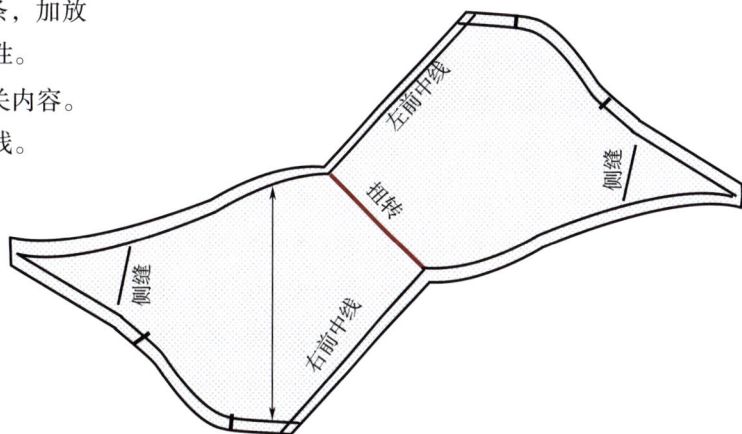

图19-25

图19-26

紧身胸衣设计

紧身胸衣是一种紧身合体的、无肩带的上衣，在胸部束得特别紧。传统紧身胸衣前、后领口开得很低，内衬层一般采用公主线结构。前公主线用来对前胸进行塑型，并与侧缝线配合使胸部更加紧身贴体。

紧身胸衣采用特殊的缝纫技术制作，需要多层结构来支撑抹胸设计。质量好的紧身胸衣一般需要三层，最外层是成衣面料，内层是贴身内衬，中层是带有鱼骨的塑身层，缝于外层与内衬之间。内衬层和中间层的前片总是采用公主线结构，后片既可以是一片式，也可以是公主线形式。外层的设计可以随意变化，但是，在领口线处三层的设计要一致。

低腰紧身胸衣

高腰紧身胸衣

基本款紧身胸衣

图19-27

紧身胸衣的款式变化

紧身胸衣的款式设计多种多样，但有三种基本造型。

» 基本款紧身胸衣——衣长到正常腰围线的基本款式，腰部合体有分割线，下接裙子部分。

» 低腰紧身胸衣——衣长在腰围线与臀围线之间，覆盖躯干的长款造型。

» 高腰紧身胸衣——仅仅覆盖胸部罩杯部分的文胸式短款形式。

紧身胸衣设计：中间塑身层立裁步骤

经典抹胸连衣裙的胸衣一般都需要采用特殊的骨骼支撑和缝纫技术。紧身胸衣的中间塑身层必须采用鱼骨或文胸钢圈做支撑。这一层缝合在外部款式层和内衬层的中间。中间塑身层总是采用有公主缝的结构形式。

图19-28

人台准备

从人台上取下胸带（胸罩）。按照紧身胸衣的设计，用大头针或标记带在人台上标记出抹胸设计线（如果紧身胸衣是高腰或者低腰款式，则也需要在人台上标记出相应的设计线）。

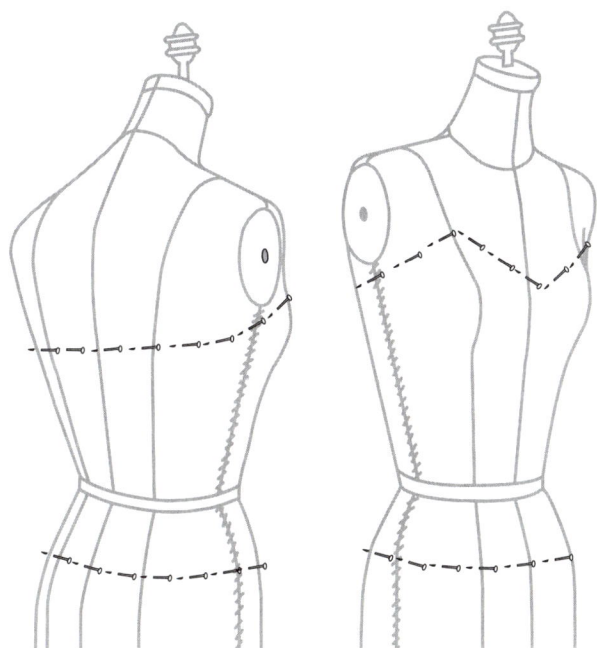

图19-29

面料准备

1. 测量前片和后片的长度（沿经向），从抹胸设计线测量到腰围线的竖直长度，再加10.2cm（4英寸）。

2. 平分面料。将面料的布边对齐双折，沿经向平分撕成两半。

一片为前片，另一片为后片。

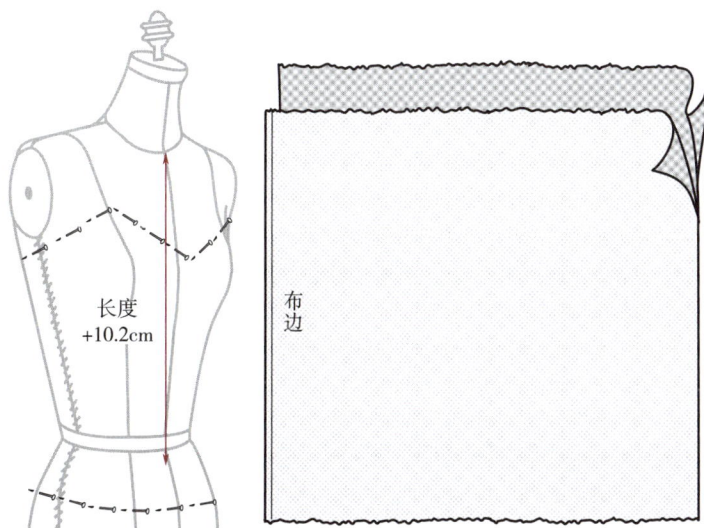

长度 +10.2cm

布边

图19-30

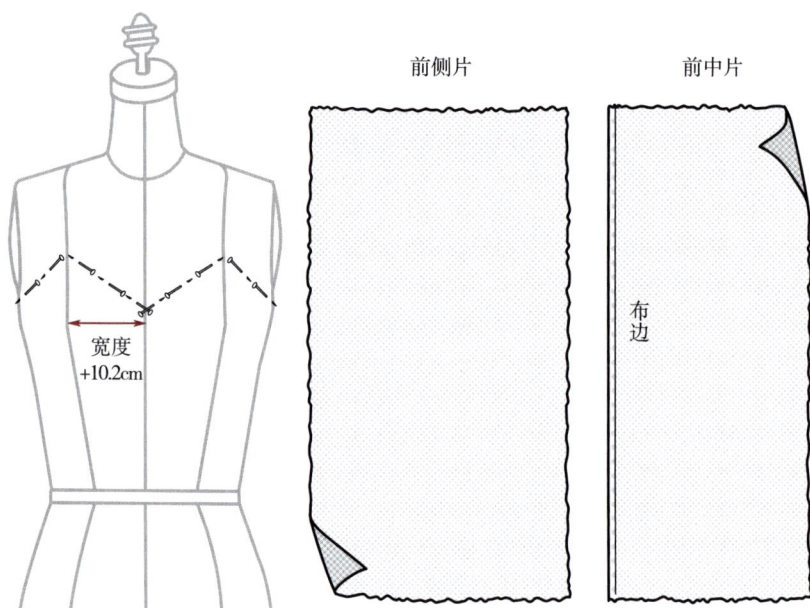

3 取第①、②步所得面料的其中一块，确定前中片的宽度。沿人台胸围线测量前中线到公主线之间的距离（沿水平方向），再加10.2cm（4英寸）为前中片用料宽度，剩余部分为前侧片。

图19-31

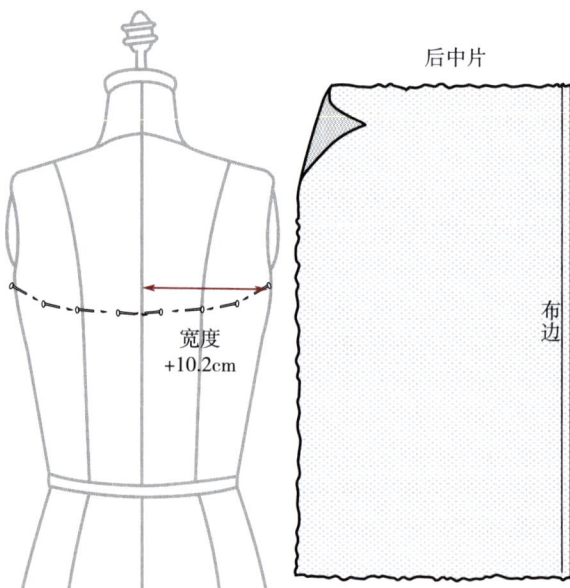

4 取第②步所得的另一块面料，确定后片的宽度。沿水平方向从人台后中线测量到侧缝的宽度，再加10.2cm（4英寸），在面料上量取相同宽度撕开。

图19-32

5 在面料上画出经向纱线。

　a. 在前中片面料上，距离撕开的布边2.5cm（1英寸），画一条竖直经向线为前中线，折倒缝份并熨烫平整。

　b. 在前侧片面料的中间画一条竖直经向线。

　c. 在后片面料上，距离撕开的布边2.5cm（1英寸），画一条竖直经向线为后中线，折倒缝份并熨烫平整。

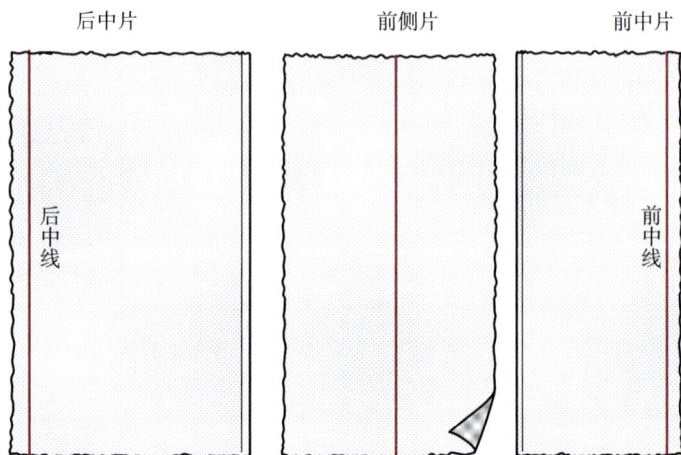

图19-33

紧身胸衣设计：中间塑身层立裁步骤

① 面料上的前中折线对准人台的前中线，别针固定。面料上边缘至少超过抹胸设计线7.6cm（3英寸），下边缘至少超过腰围线7.6cm（3英寸）。

② 整理立裁公主线。从人台前中线向公主线方向捋顺面料，一直捋过公主线，别针固定。

③ 在前中片上标记出与人台对应的关键点。

  a. 抹胸设计线。

  b. 公主线和对位标记：在胸高点上下各3.8cm（$1\frac{1}{2}$英寸）做对位标记点。

  c. 腰围线。

  修剪多余面料，预留缝份。

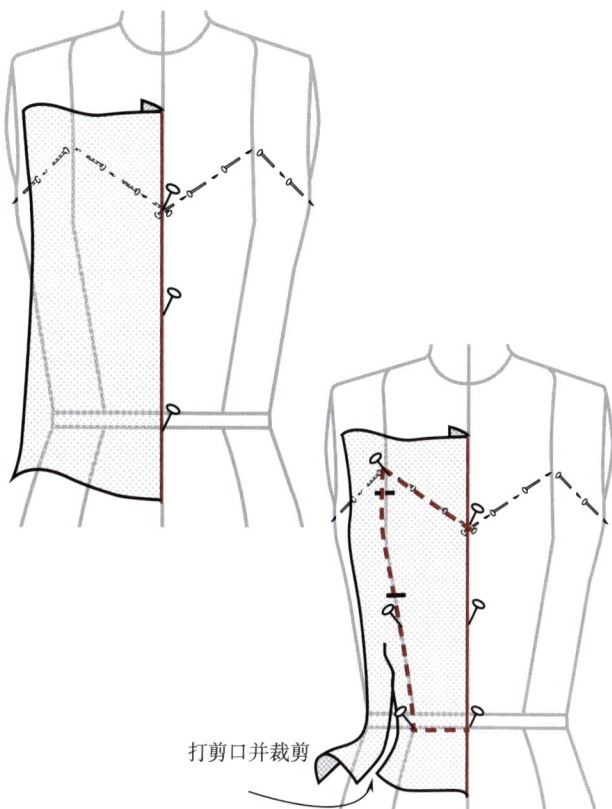

打剪口并裁剪

图19-34

④ 前侧片面料中间的经向线与人台公主面中线对齐，别针固定。前侧片面料上边缘至少超过抹胸设计线7.6cm（3英寸），下边缘至少超过腰围线7.6cm（3英寸）。

⑤ 从下向上在腰围线的前侧片中线处打剪口。

⑥ 从前侧片中线向侧缝方向捋平面料，别针固定侧缝线和腰围线。操作过程中不要使中线偏离位置。

⑦ 从前侧片的中线向公主线捋平面料，一直捋过公主线。别针固定公主线和腰围线，操作中不要使中线偏离位置。

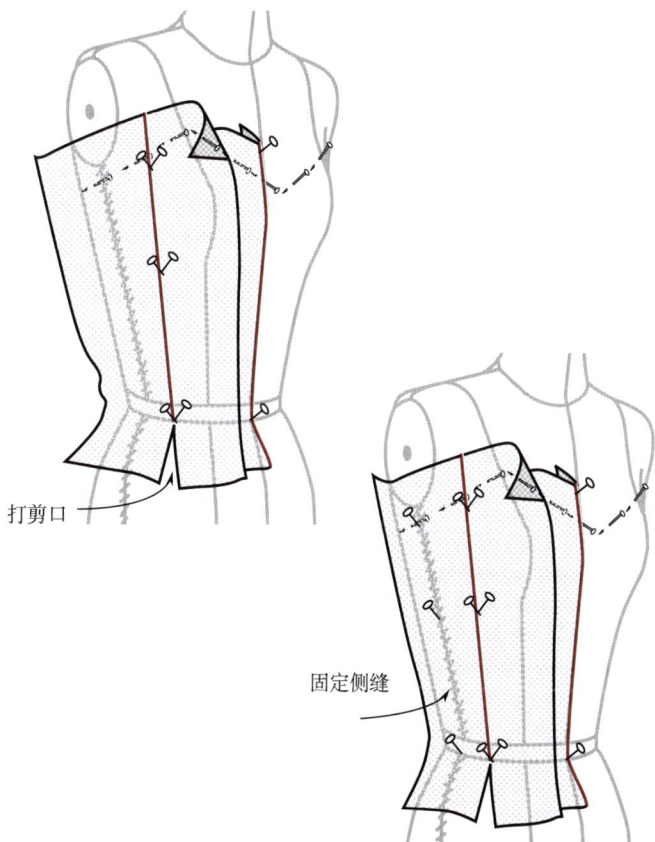

打剪口

固定侧缝

图19-35

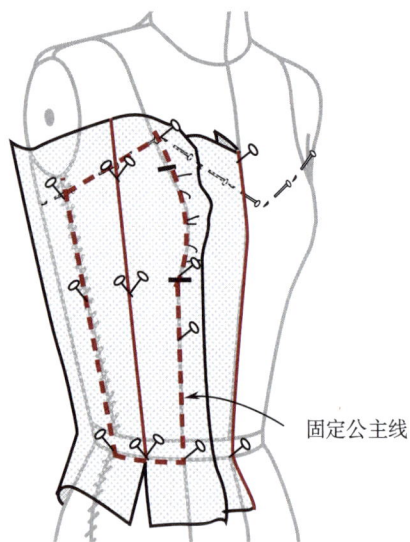

固定公主线

图19-36

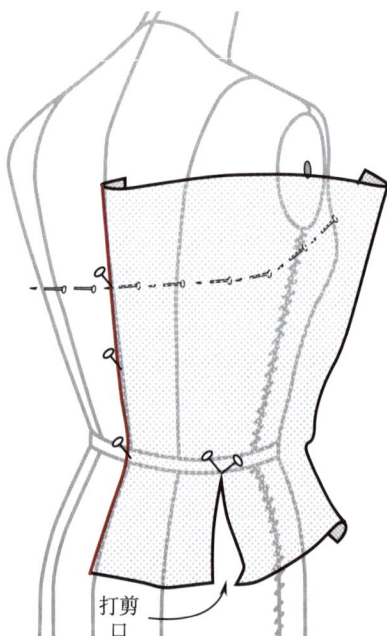

打剪口

图19-37

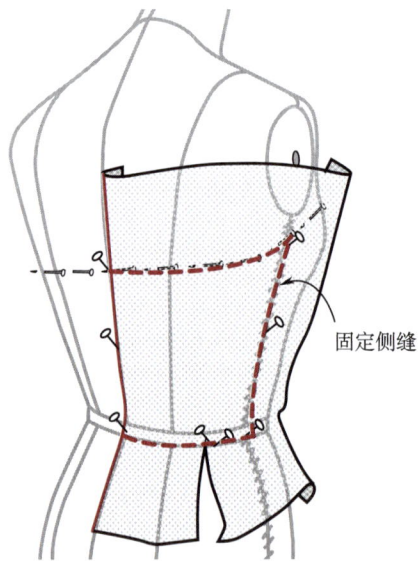

固定侧缝

图19-38

⑧ 在前侧片上标记出与人台对应的关键点。

　　a. 抹胸设计线。

　　b. 公主线和对位标记：与前中片对应的对位点。

　　c. 腰围线。

　　d. 侧缝。

⑨ 修剪多余面料，预留缝份。

⑩ 面料后片上的后中折线对准人台上的后中线，后中面料上边缘至少超过抹胸设计线7.6cm（3英寸），下边缘至少超过腰围线7.6cm（3英寸），别针固定。

⑪ 从下向上在腰围线的后公主面中线处打剪口，捋平腰围面料，在侧缝与腰围交点处别针固定。

⑫ 整理立裁侧缝。从后中线向侧缝方向捋平面料，注意不要使面料的纱向歪曲。

⑬ 在后片上标记出与人台对应的关键点。

　　a. 抹胸设计线。

　　b. 腰围线。

　　c. 侧缝。

国际服装立裁设计：美国经典立体裁剪技法（原书第5版）

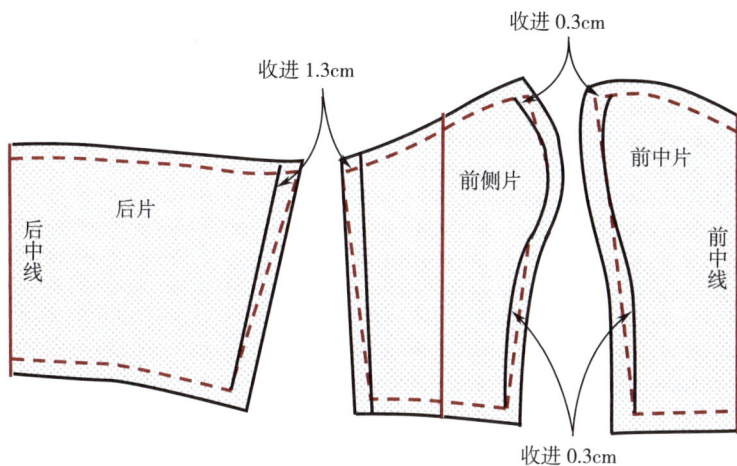

收进 1.3cm

收进 0.3cm

后中线

后片

前侧片

前中片

前中线

收进 0.3cm

图19-39

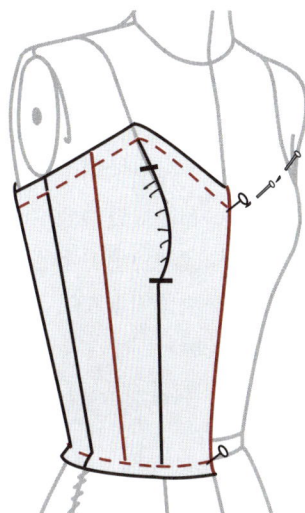

图19-40

14　拓板。将所有立裁样片从人台上取下，画顺所有线条。

　　a. 为了保证胸部的合体性，在对位点以上和以下将公主线收进0.3cm（1/8英寸），从修正处分别向上、向下修顺公主线。

　　b. 为了保证腋下的合体性，在前、后侧缝的胸围线处收进1.3cm（1/2英寸）。从修正处向下到腰围线重新画顺侧缝线。

15　加放缝份，修剪多余面料。对齐对位点，再将修剪好的样片别合组装起来，重新别回到人台上，检查立裁的正确性、合体性和平衡性。

> 注　建议用溜肩的人台来检查最终的立裁效果。

16　将立裁样片拓到打板纸上，此样板可以用于塑身层和内衬层的设计。在后续的学习中，这款公主缝紧身胸衣将作为基础样板用于其他紧身胸衣的变化设计。

低腰和高腰紧身衣立裁要点

　　与上面所述公主线紧身胸衣的立裁方法基本相同。

　　对于低腰紧身胸衣：立裁公主线时要在公主线和侧缝的腰围线处打剪口。具体步骤可参考第176~183页的公主上衣、衬衫。衣长在腰围线与臀围线之间，立裁成覆盖躯干的长款形式。其他与上述紧身胸衣的立裁方法相同，要塑造出胸廓、侧缝以及领口线的造型。

　　对于高腰紧身胸衣：仅需要塑造胸部罩杯部分，如图所示。依照胸型设计出罩杯周围的造型线，侧缝仅剩下胸围附近很短一段。其他步骤与上述紧身胸衣的立裁方法相同，要塑造出胸廓、侧缝以及领口线的造型。

图19-41

紧身胸衣设计：外层设计与立裁步骤

如果胸衣的外层结构不同于内部塑身层的公主线结构，就要分开单独裁剪。但一定要记住，内、外层的领口线造型一定要相同。

外层的设计可以采用省道、荷叶边、褶裥、层叠或抽褶等形式，创作出不同于公主线结构的多样形式。基于面料特点和设计风格的不同，紧身衣可以和造型合体的裙身构成精致的鸡尾酒会晚礼服，也可以和运动型裙子搭配成休闲连衣裙，或者和豪华的长裙搭配成高贵的晚礼服。

如图所示，内部塑身层与不同的外层设计构成的各种款式的礼服。

1　按照紧身胸衣的外层设计立裁外层（图示案例为紧身胸衣外层设计的参考）。

> **注**　外层的领口线必须与内层的相同。然而，在保证内外层的造型相同的情况下，外层表面可以采用褶裥、塔克褶荷叶边或抽褶等设计。
>
> 此外，外层的公主线不是必须要有的，但侧缝必不可少。

2　在样片上标记关键点，从人台上取下样片。

3　拓板，加放缝份，修剪多余面料。

4　将各样片缝合起来，后中缝开口不缝合（通常装拉链）。

低腰长款紧身胸衣

高腰短款紧身胸衣

图19-42

国际服装立裁设计：美国经典立体裁剪技法（原书第5版）

紧身胸衣设计：塑身层鱼骨安装缝制

塑身层技术要点

塑身层的设计是为了安装鱼骨，给身体最大的支撑力。制作完成后的紧身胸衣类似"三明治"结构，塑身层夹在外层与内层中间。鱼骨是由轻薄的动物骨片或网状的塑料薄片制成的柔韧细条，用于加固紧身型服装的接缝和边缘，提供支撑力和安全性，防止衣服滑落或接缝绷开。

鱼骨种类

» 传统型鱼骨——多为柔韧的塑料、鲸鱼骨或钢片，用布条包裹。布条的两端预留缝份1.3cm（1/2英寸），缝合时将两端缝份翻折到鱼骨内侧。

» 柔软金属鱼骨——需要用面料制作管套封装包裹。制作管套时，面料裁剪成宽1.3cm（1/2英寸）的斜丝布条，取两倍鱼骨长度，对折后缝合布条的两边形成一个套管。

» 网状塑料鱼骨——由尼龙制成的各种宽度的薄片。放于面料的接缝处（无须封装包裹），用Z字缝迹将其固定在中层面料上。

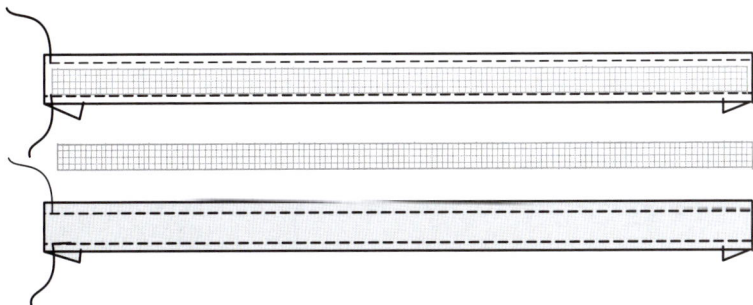

图19-43

紧身胸衣设计：塑身层缝制方法

塑身层面料

塑身层需要选用结实的机织物，如口袋布、斜纹布、府绸或厚缎等。对于轻薄的内部结构，可选用其他不同材料做衬里，如100%纯棉面料，裁剪之前要进行预缩。

1 选择合适的面料，裁剪紧身胸衣样片（如上所述）。中间塑身层按467页的方法立裁出有公主线结构的样片。

2 缝合塑身层的各裁片。包括公主缝和侧缝，后中缝不缝合，将所有缝份劈开熨烫平整。
按下述方法安装鱼骨。

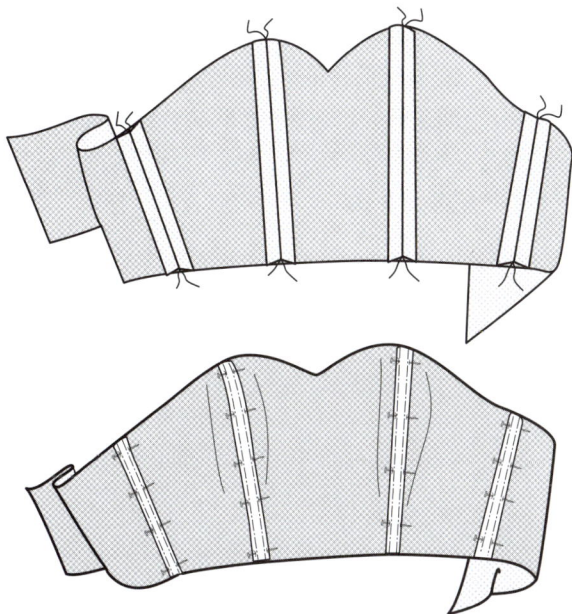

图19-44

③ 用大头针在每条公主缝和侧缝上固定一条鱼骨。鱼骨放在面料的反面，盖在接缝上。

注 包裹鱼骨的斜裁布条两端要预留缝份1.3cm（1/2英寸），缝合时将两端留出的缝份翻到鱼骨内侧绲缝固定。

④ 将鱼骨缝合到公主缝和侧缝上，缝纫时可选用拉链压脚或绲边压脚。

低腰胸衣和高腰胸衣的鱼骨安装方法

基于紧身胸衣款式设计和罩杯的不同，鱼骨安装的方法可选择下面的其中一种。

增强型：当需要较强的支撑力时，可在胸衣的某些地方增设鱼骨，如从上到下在侧片上安装鱼骨。

低腰型：在公主缝和侧缝上缝合鱼骨，缝纫时可选用拉链压脚或绲边压脚。

腰部增加额外支撑：在反面腰围线位置安装一条带子，这样能给服装的腰围提供额外的支撑力。安装前需要在侧缝和公主缝的腰围处缝份上打剪口。

罩杯设计：将罩杯样板拓在打板纸上。不要加放缝份，选择合适的衬里面料裁剪出罩杯样片。

用Z型线迹缝合罩杯各片。将缝合好的罩杯放于中间塑身层的反面领口线下2.5cm（1英寸）处。依照罩杯的外轮廓线将罩杯与塑身层缝合在一起。

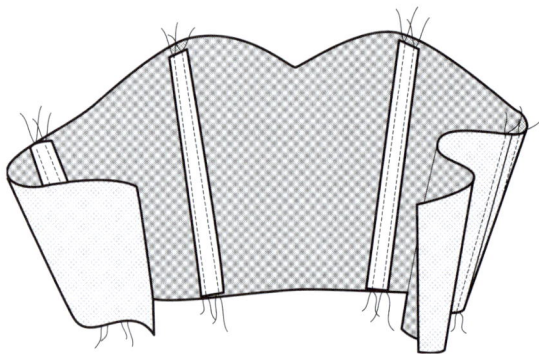

图19-45

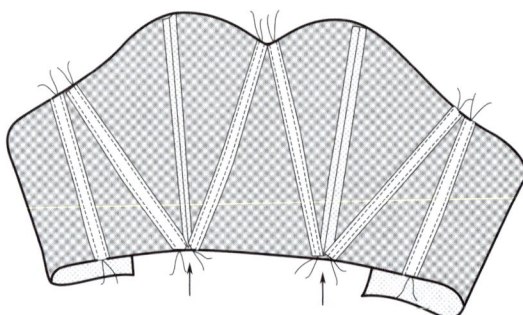

增加鱼骨提供更大的支撑力

图19-46

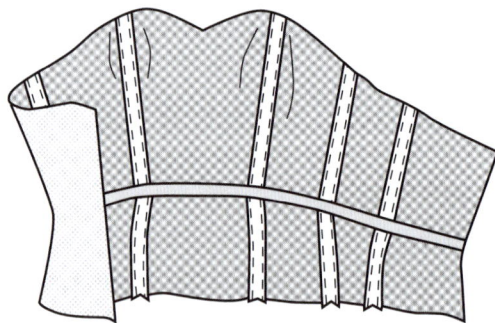

图19-47

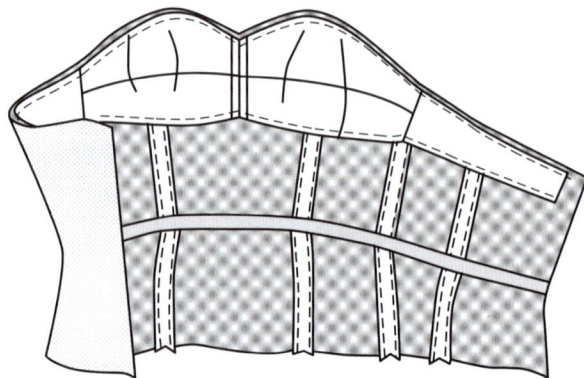

图19-48

紧身胸衣设计：内衬层缝制方法

内衬层各接缝与外观必须干净整齐。内衬层的作用是给整个胸衣提供支撑力，同时也是遮盖住中间塑身层的内部工艺。内衬层的结构形式与中间塑身层相同，只是不用装鱼骨。内衬层可选择比服装主料更轻薄的面料制作。

1 内衬层采用和塑身层相同的公主线结构紧身胸衣样板，选用合适的面料裁剪内衬层样片。

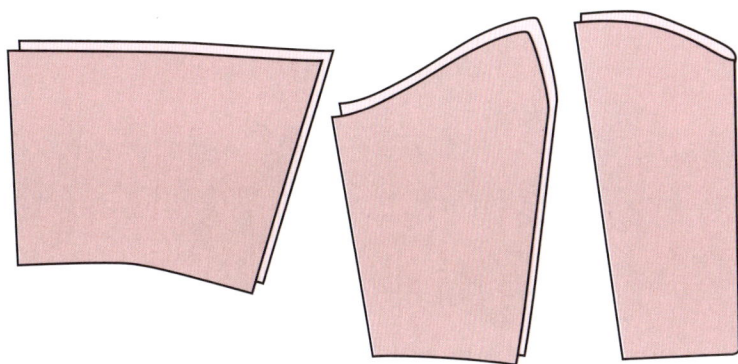

图19-49

2 缝合内衬层各样片，后中缝不缝合，将所有缝份劈开熨烫平整。

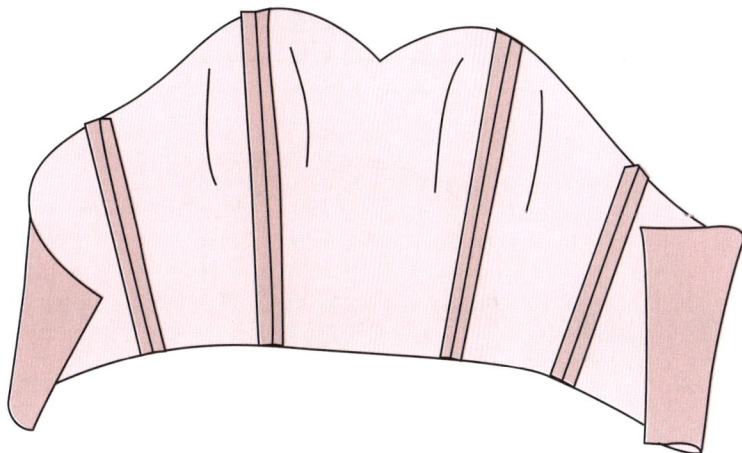

图19-50

塑身层

3 中间塑身层与内衬层反面相对别针固定，用稀疏的针脚将塑身层与内衬层的外轮廓假缝在一起，使其成为一整片。

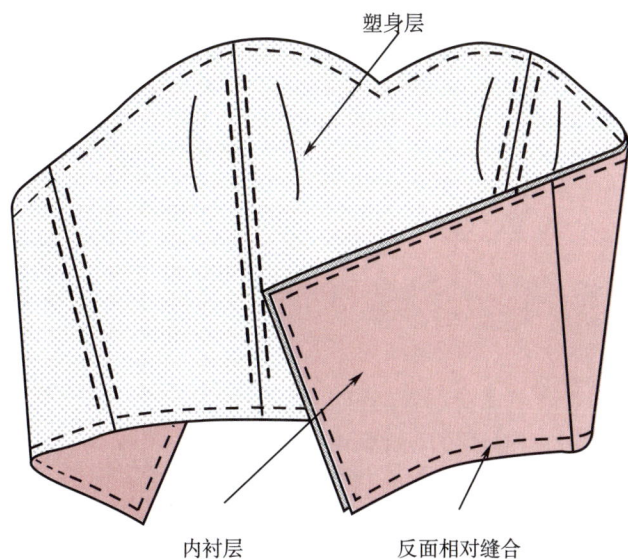

内衬层　　　反面相对缝合

图19-51

紧身胸衣设计：外层与内衬层缝合方法

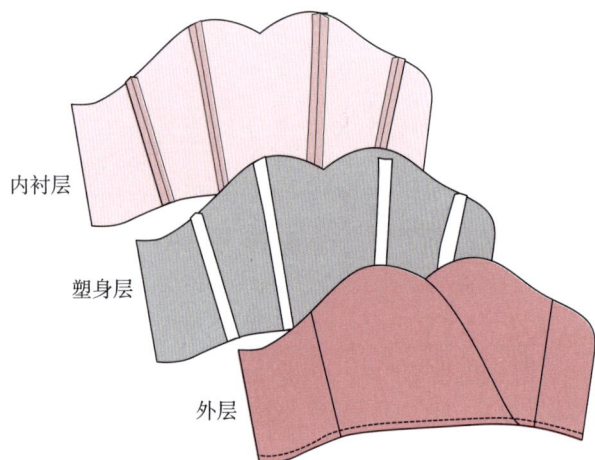

内衬层

塑身层

外层

图19-52

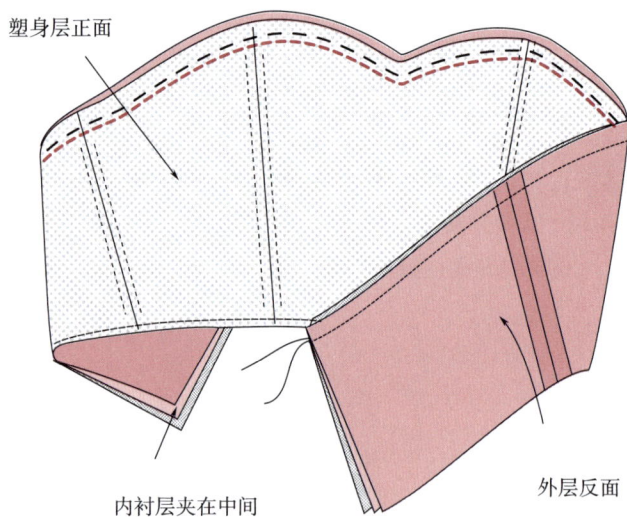

塑身层正面

内衬层夹在中间

外层反面

图19-53

1 缝合外层各裁片，后中缝不要缝合（用于装拉链）。

2 外层与内衬层（包括与内衬层已经假缝到一起的塑身层）正面相对，别针固定到一起。

3 缝合紧身胸衣的领口线，缝份为0.6cm（1/4英寸）。

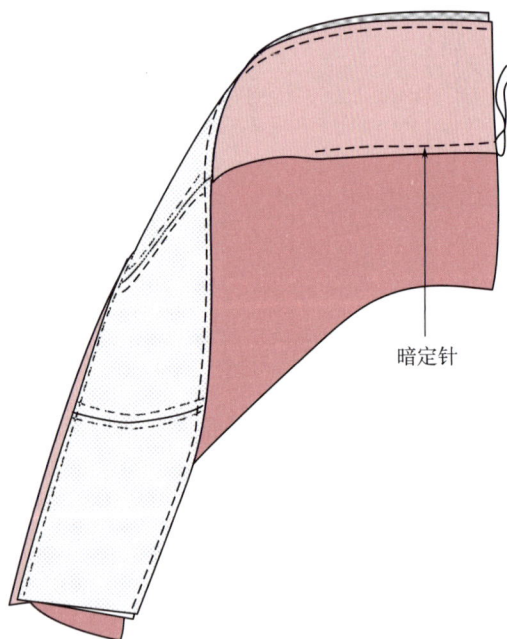

暗定针

图19-54

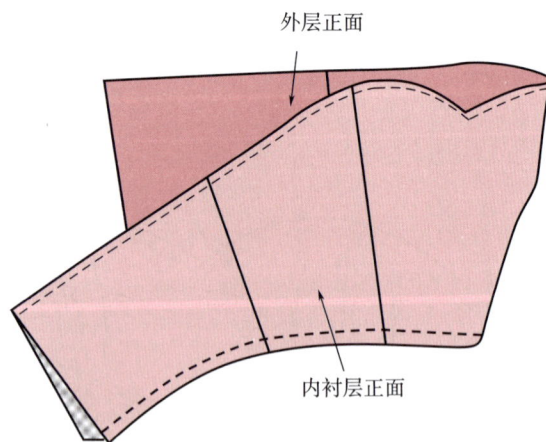

外层正面

内衬层正面

图19-55

4 用暗定针将所有的缝份与内衬层缝合在一起。缝合时先将内衬层（包括与内衬层已经假缝到一起的塑身层）铺平，再将领口线的缝份折倒到内衬层上，紧邻净缝线将缝份与内衬层缉缝在一起。

5 将紧身胸衣翻到正面，此时外层的正面朝外，内衬层的正面朝内贴着人体。

国际服装立裁设计：美国经典立体裁剪技法（原书第5版）

图19-56

⑥ 紧身胸衣已经缝制完成，下一步就是将其与下半身的裙子相缝合。将紧身胸衣的腰围线与裙子的腰围线缝合到一起。在后中缝装拉链，拉链向下超过腰围线至少17.8cm（7英寸）。

⑦ 腰围增加额外支撑：在内层腰围处加装一条细带，起加固腰部作用，能给衣服提供额外支撑力。

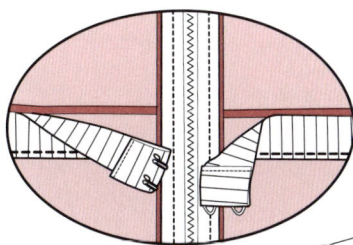

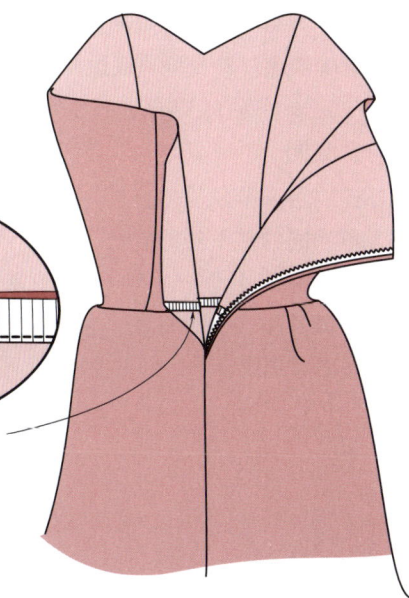

图19-57

图19-58

单肩紧身礼服连衣裙

这款单肩紧身礼服是长款紧身胸衣的一个很好的应用案例，紧身胸衣长度到臀围，外层是单肩设计，不对称的长裙，使整件礼服显得妩媚修长。

低腰长款紧身胸衣塑身层的准备

1　按照上一节紧身胸衣的设计方法准备人台和面料：与第465、466页的做法相同，只是面料下边缘要超过紧身胸衣底边线10.2cm（4英寸）。一定要注意，塑身层的领口线要与外层的造型相同。

2　按照上一节紧身胸衣的立裁方法立裁塑身层，但不同的是下边缘较低，到臀围线附近。因为不对称设计，先在人台一侧立裁出公主线结构的紧身胸衣，再将左、右样片别回到人台上，按照臀围线设计线修正底边。

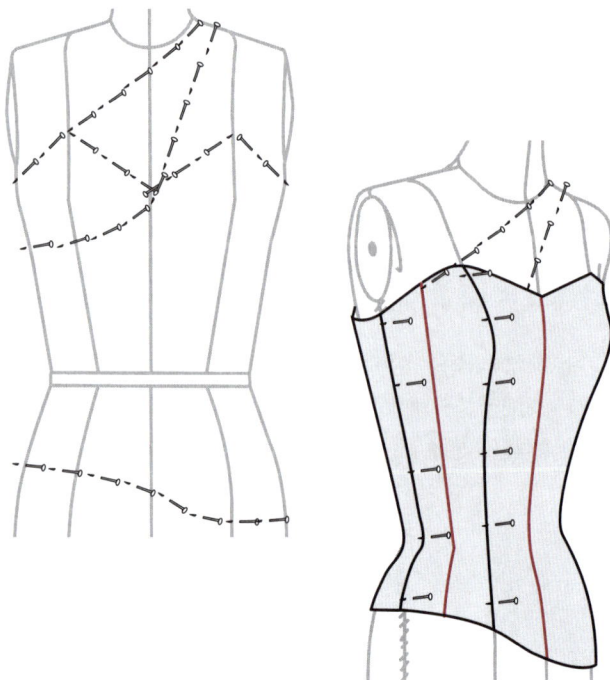

图19-59

单肩紧身礼服连衣裙：面料准备

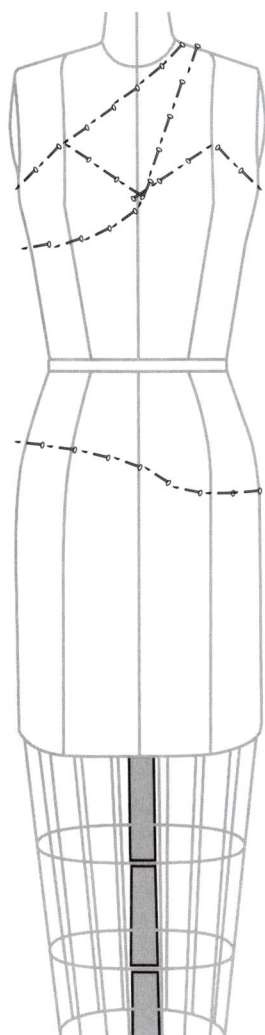

图19-60

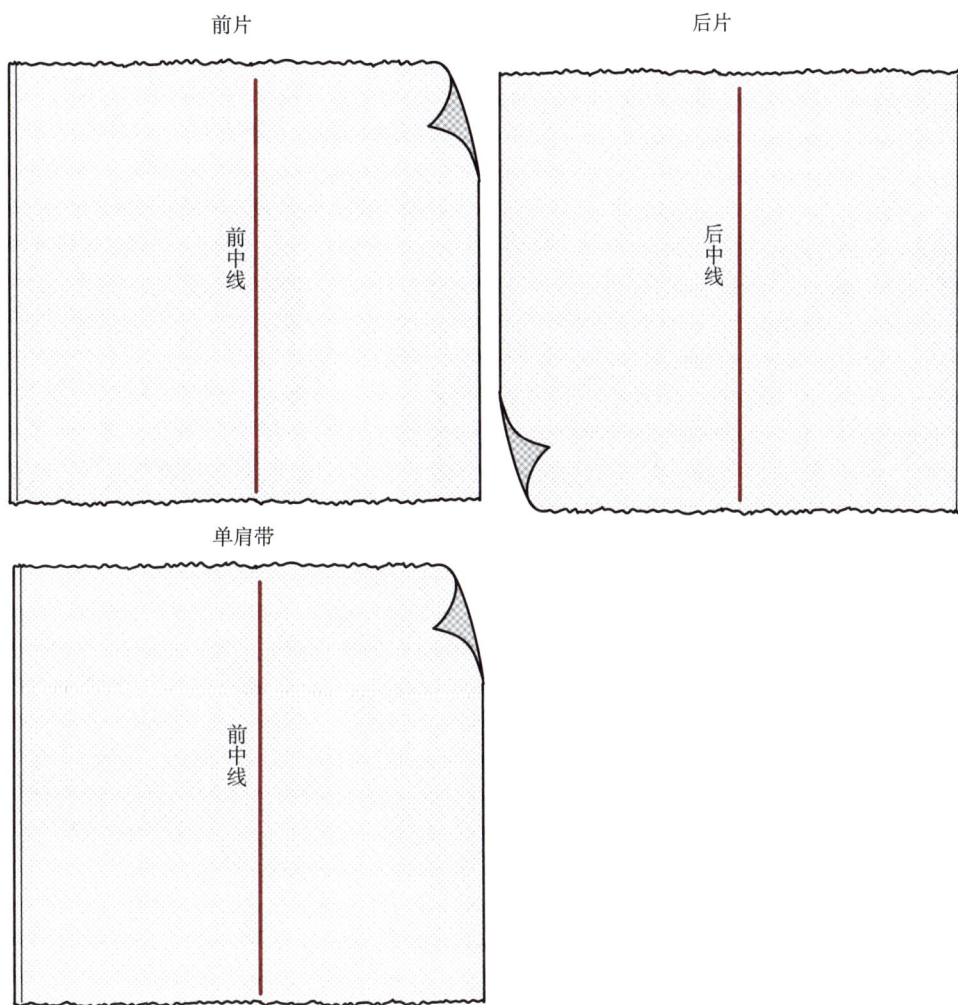

前片

后片

前中线

后中线

单肩带

前中线

图19-61

1 准备衣身面料。

　a.测量前片和后片（沿竖直方向）从领口线到臀围线的竖直长度，再加10.2cm（4英寸），为面料长度。

　b.将面料布边对齐双折，沿经向撕开平分成两片。一片为前片，另一片为后片。

　c.分别在前、后片面料的中间画一条竖直经向线。

2 准备肩带面料：测量从颈口到胸围线的长度，再加10.2cm（4英寸），平分面料成两半（仅其中一片用作前肩带）。在面料的中间沿经向画一条竖直线代表前中线。

3 准备裙子面料：按照第266~272页圆裙的方法准备裙子面料，立裁时裙子上边与臀围设计线相接，而非腰围线。

单肩紧身礼服连衣裙：衣身立裁步骤

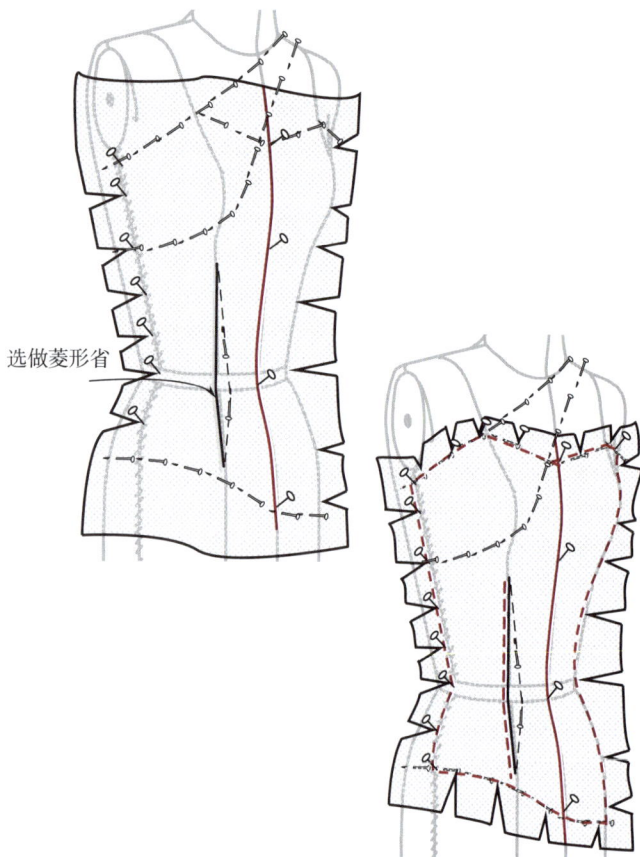

选做菱形省

图19-62

前片立裁步骤

1. 前片面料上的竖直中线与人台的前中线对齐，面料上边缘至少超过领口设计线7.6cm（3英寸），下边缘至少超过臀围设计线7.6cm（3英寸），别针固定面料。

2. 沿胸围线向侧缝抚平面料，在侧缝上平均每5.1cm（2英寸）打一剪口，整理出侧缝造型。基于面料软硬度不同，有些款式需要在胸凸下方的腰围处设置一个菱形省道，省长到臀围线（左、右长度可能不同）。

3. 沿领口设计线，抚平、整理、修剪领口线周围面料。

4. 沿臀围设计线，抚平、整理、修剪臀围线周围面料。

5. 标记所有关键点，拓板，加放缝份。

后片立裁步骤

1. 后片面料上的竖直中线与人台的后中线对齐，面料上边缘至少超过领口设计线7.6cm（3英寸），下边缘至少超过臀围设计线7.6cm（3英寸），别针固定面料。

2. 沿后片领口设计线向侧缝抚平面料，整理、修剪后领口线。

3. 在侧缝缝份上平均每5.1cm（2英寸）打一剪口，整理出左、右侧缝造型。基于面料的软硬度不同，有些款式需在后公主线处设置一个菱形省道，省长到臀围线（左、右长度可能不同）。

4. 沿臀围设计线，抚平、整理、修剪后臀围周围面料。

5. 标记所有关键点，拓板，加放缝份。将前片与后片别合组装，再别回到人台上。

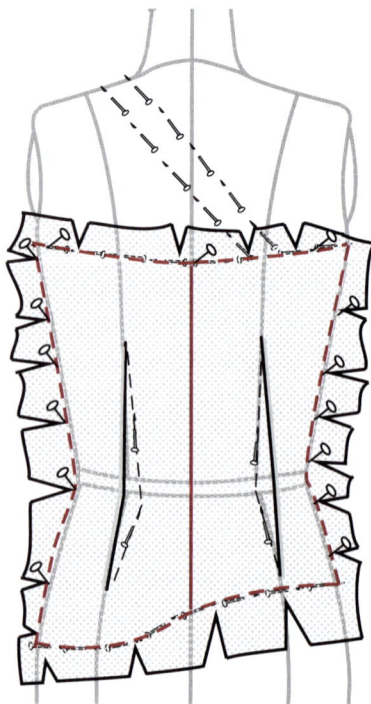

图19-63

肩带立裁步骤

① 面料上的前中线与人台的前中线对齐，面料下
边至少超过单肩下边缘设计线7.6cm（3英寸），
其余面料均留在上面，搭在人台上。

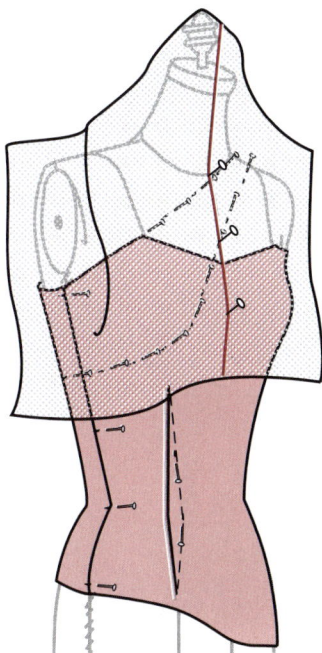

图19-64

② 沿胸围线向侧缝抟平、固定面料，修剪
侧缝和罩杯下的单肩设计线。至少预留
缝份2.5cm（1英寸），以备后续修正和
加放缝份。基于面料特性和胸凸大小，
在胸凸下方可能需要做出一个胸省，在
此步做出这个省道。

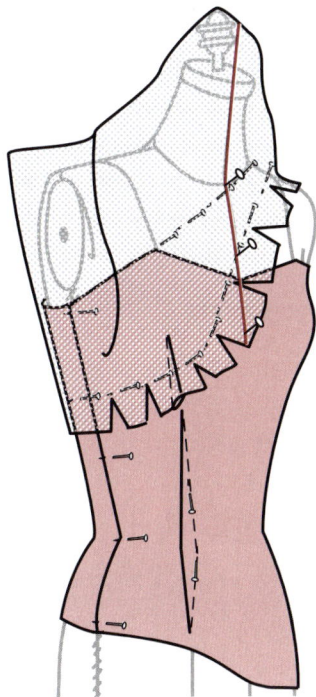

图19-65

③ 向上修剪肩带周围多余面料，至少预留缝份
2.5cm（1英寸），以备后续修正和加放缝份。

④ 沿肩带设计线向上到左肩，再到后领口线，抟
平修剪肩带，固定到位。

⑤ 标记所有关键点，拓板并加放缝份。再将肩带
别回人台，检查是否存在合体性问题。

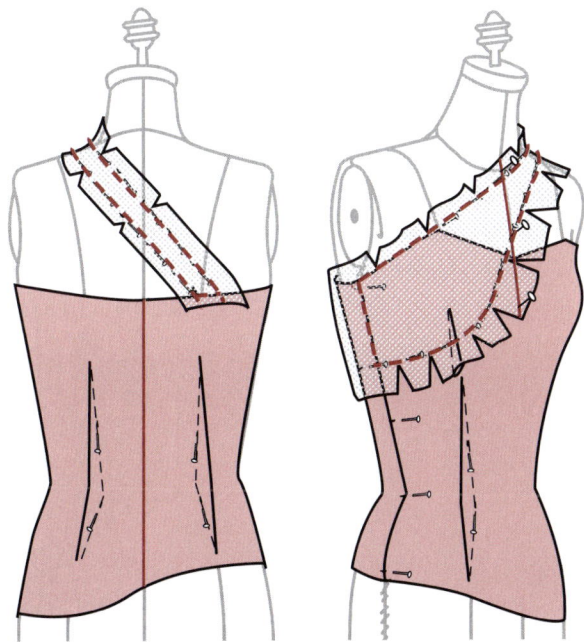

图19-66

单肩紧身礼服连衣裙：裙子立裁步骤

　　这款礼服的裙子部分是不对称腰线设计，如上所述，这种不对称设计给人以妩媚修长的美感。

　　裙子的立裁用斜裁圆裙的方法，面料准备方法及立裁步骤见第266~272页相关内容。不同之处在于立裁时裙子与臀围设计线相接，而非腰围线。

　　将面料上竖直线与人台的侧缝对齐固定，面料上边缘至少超过单肩的下边缘7.6cm（3英寸），将其余面料搭在人台上。与圆裙的立裁方法相同，沿着臀围设计线，不断地整理、固定、修剪，做出裙子的摆量，直到完成，最后做标记、拓板。

图19-67

国际服装立裁设计：美国经典立体裁剪技法（原书第5版）

立体裁剪专业词汇

以下是立体裁剪的相关专业词汇表。这些专业术语对教师、学生以及服装行业从业者都会有所帮助。每个词汇的定义都给出了在立体裁剪专业领域中的简洁释义，读者通过参考本词汇表，有助于对全书内容的理解。

A-line：A型　连衣裙或半身裙的一种简单造型，顶部合身，下摆较宽，类似字母A的形状。

Apex：胸高点　人台或者人形模特的胸部最高点。在立裁中，胸高点是前片面料纬纱方向的参考点。

Balance：平衡性　各个相邻样片间的纱向相互匹配。校正时，样片上的线条应与人形模特上测量的线条相吻合。所有样片都与人形模特的相应位置有明确的关系，使服装穿着后能够横平竖直。如果样片的经纬纱不正确，服装穿着后就会出现扭曲拉扯等不良现象。

Bias：斜向　以对角线斜向穿过织物纹理的线条，此方向具有最大的拉伸性。正斜是指45°斜向。

Blend：圆顺　将立裁样片上的标记点进行平滑、圆顺成连续的线条。袖缝、公主线、腰线以及裙摆等都是最常见的需要圆顺的线条。

Blocking：1.归正丝缕　通过拉拽以及蒸汽熨烫等手法整理面料丝缕的一种技术。**2.基础样板**。

Bolt：匹　制造商包装出售面料的单位。

Boning：安装鱼骨　将软硬不同材质的窄条安装到服装的接缝上，起到加固、防撕裂的作用。

Break point：翻折止点　控制领子翻折位置的点，通常与翻领、青果领、西装领等相关。

Canvas arm：布手臂　一种比较结实的代替人体手臂的布手臂，用于立体裁剪或者成衣的试装。

Center back：后中　样片或服装上对应人台的后中心线的相应位置。

Center front：前中　样片或服装上对应人台的前中心线的相应位置。

Clip：剪口　在样片缝份上打剪口，多用于弧形或方形的线条周围，用来释放面料的张力，以便将平面料，常用在领窝线、贴边线、衣领线等部位。

Collar：领子　装在衬衫、上衣、连衣裙等衣身领口线上的长条形或者可以翻折的造型。

Convex curve：凸曲线　向外凸的圆弧形曲线，例如荷叶边、小圆帽、小圆领以及青果领的外口弧线。

Courses：横列　面料上横向一行行连续的线迹。

Crease：折印　沿纱向线或结构线在面料上折出印迹并用手指折压成型。

Crossmark：十字标记　在立裁样片或样板上的关键部位做十字形标记，用于标明各样片或样板间相关联的对位点，常用在设计线、肩线、育克、领子、前后中线等部位。

Crosswise grain：横纱　织物组织中横穿于两布边之间的、垂直于经纱的纱线，也称作纬纱。

Crotch seam：裆缝　两裤腿相交处的裤裆部曲线。

Cut in one：连裁　两个或多个样片连在一起裁成一个样片，如贴边与前片连裁、袖子与衣身连裁。

Dart：省道　将某处多余面料捏合掉，在另一端或两端省尖处自然消失的造型方式，用于设计需要和合体性处理，有助于使服装贴合人体。

Dart legs：省边　省道两边的缝迹线。

Dot：点影　在立裁白坯布或面料上用笔沿缝迹线或设计线所做的标记，用于绘制和校正线条。

Ease：吃缝　一条稍长的接缝与另一条稍短的接缝缝合时，在不形成褶皱的情况下，稍长接缝的缩缝称作吃缝，常用在装袖、公主线以及其他部位。

Ease allowance：松量　立裁时在样片中加入的多余面料量，以使服装具有更好的穿着舒适性和活动性。

Fabric excess：面料余量　在立裁操作中为某个设计区域（如肩部、腰部、侧缝）预留的多余的面料量，以塑造人体的体型或者服装造型。

Filling yarns：纬纱　织物上垂直于布边的横向纱线。

Fold：双折　用于左右对称的造型，一边可以参照另一边对称复制出造型线，如省道、褶皱、塔克褶或贴边等部位。

Gather：抽褶　在缝线上抽缩面料形成褶皱。

Grain：纱向　面料上纱线的方向，也可参见斜向、纬纱和经纱。

Guidelines on muslin：白坯布参考线　在白坯布上画出的与人台对应的相关参考线，如经纱线、纬纱线、前中线、后中线、肩线、胸围线、胸高点、臀围线、侧缝线等，这些线条有助于正确地进行立裁操作。

Lengthwise grain：经纱　与布边平行的纱线，也称作经向或直纱。

Master pattern：原型　基于特定的测量绘制而成的基础样板，主要用作标准样板的拓板而非一般的裁剪。

Match：相符　两个样片上的对位剪口或其他结构标记相匹配。

Muslin：白坯布　未经漂白的粗梳纱线制成的平纹织物，薄厚不等、软硬兼具。

Muslin shell：白坯布样衣　由白坯布制作的基本样品服装，辅助对款式设计和合体性进行评测。

Notch：剪口　在立裁样片或样板上所做的标记，缝合样片时起到对位和辨别的作用，常用在侧缝、前中、后中等部位。

Panel：布片　预先裁好的用于立裁的一块布料，长和宽通常比成品样片大10.2cm（4英寸）~25.4cm（10英寸）。如果布片太大，布料的重量会影响立裁的准确性。

Pivot：旋转　从某位置将样板旋转或移动到另一指定位置。

Placket：门襟　服装开口处的重叠部分。

Plain weave：平纹织物　每根纬纱（横纱）与每根经纱（直纱）分别上下交织的织物。

Pleat：褶裥　折叠面料形成褶，通常不完全缝合，仅缝合局部，起到调节合体性和宽松度的作用。

Ply：层　铺叠好待裁剪面料的其中一层。

Punch holes：打孔　用于标记省道或者塔克褶的结束位置。

Satin weave：缎纹织物　纬纱（横纱）间隔几根经纱（直纱）才交织一次，表面富有光泽的织物。

Seam：接缝　样片的两边或多边通过各种线迹缝合在一起的接缝。接缝的形式因面料的种类、服装的款式以及服装部位的不同而不同。

Seam allowance：缝份　缝份是为了将样片缝合在一起，需要在净缝线外加放的做缝。任何需要缝合的地方都要加放缝份。缝份的宽窄取决于接缝所在的位置以及服装成本预算。

Selvage：布边　成品织物经纱方向的两边缘织得紧密牢固的窄边，保证面料不会散边。

Shears：裁缝剪刀　刀刃长度15.24cm（6英寸）或更长，手柄一大一小，比常规剪刀大。

Shirr：抽褶　沿缝迹线抽缩面料，使服装部位呈现蓬松感。有时也指多行抽褶。

Side seam：侧缝　样板或服装上前片与后片相缝合的接缝。

Slash：切口　从面料边缘向设计线剪开的较长切口。切口可以释放面料的张力，使立裁造型更贴合人体。

Sleeve cap：袖山头　装袖袖山的顶部凸弧线部分。

Sloper：原型。

Squared line：垂直线　画一条直线垂直于另一条。通常用L形直角尺能够绘出完美的直角线。

Stitch line：缝线　缝合接缝的线迹，常见缝份为1.6cm（5/8英寸）、1.3cm（1/2英寸）或0.6cm（1/4英寸）。

Style line：款式线　除肩线、袖窿弧线、侧缝线以外的其他设计线。款式线通常从服装的一端延伸到另一端，如育克线横贯后背，公主线从肩到腰纵向贯通。

Transferring：拓板　将立裁白坯布上的所有标记点和标记线转移复制到打板纸上的过程。有些设计师倾向于使用菱格纸来拓画样板。

Trim（cut）：修剪　在缝合完后对多余的缝份进行修剪，或者对服装转角处多余面料进行修剪，使翻到正面后服装更加平服。

Trueing：画顺样板　将立裁过程中在白坯布上所做的标记点、十字标记等画顺成圆顺线条的过程。这一步使结构线、款式线、省道等都完善成圆顺连续的线条。有些设计师倾向于将白坯布上的标记点转移到打板纸进行画顺样板，另一些设计师则直接在白坯布上操作。

Twill weave：斜纹织物　纬纱至少间隔两根经纱才与一根或多根纱线交织的织物。

Underlay：底层　立裁样片的下层。

Vanishing point：省尖　省道消失的尖端点。

Waist midriff：束腰造型　与传统原型的合体性相似，但在胸围与腰围线之间有一条水平分割线。束腰在胸下围处紧身贴体，具有较好的腰部造型。

Wales：纵向线圈　针织物中的纵向线圈。

Warp：经纱。

Warp knitting：经编　一根纱线形成的线圈沿着织物长度方向相互串套。

Weft：纬纱。

Weft knitting：纬编　每根纱线连续在一行横列中形成线圈。

Yoke：育克　上衣、裤子或者裙子等服装中的横向分割线分割后的上半部分。

单位换算表

测量单位

英制单位	国际单位
长度	
英寸（in）	厘米（cm）
英尺（ft）	毫米（mm）
码（yd）	米（m）
面积	
平方英寸（in^2）	平方厘米（cm^2）
平方英尺（ft^2）	平方毫米（mm^2）
平方码（yd^2）	平方米（m^2）
质量	
盎司（oz）	克（g）
每平方码盎司重（oz/yd^2）	每平方米克重（g/m^2）

英制单位转换成国际单位

英制单位	换算系数	国际单位
	长度转换	
in	2.54	cm
in	25.4	mm
ft	304.8	mm
ft	0.3048	m
yd	0.9144	m
	面积转换	
in^2	6.4516	cm^2
in^2	645	mm^2
yd^2	0.83612736	m^2
	质量转换	
oz	28.35	g
oz/yd^2	33.90575	g/m^2

国际单位转换成英制单位

国际单位	换算系数	英制单位
	长度转换	
cm	0.3937	in
mm	0.03937	in
mm	0.00328	ft
m	3.28084	ft
m	1.09361	yd
	面积转换	
cm^2	0.1550	in^2
mm^2	0.00155	in^2
m^2	1.19599	yd^2
	质量转换	
g	0.0353	oz
g/m^2	0.0294935	oz/yd^2

英制单位转换成国际单位

英寸 /in		英尺 /ft	码 /yd	厘米 /cm	毫米 /mm
1/8	0.125			0.317	3.175
3/16	0.188			0.477	4.775
1/4	0.250			0.635	6.350
3/8	0.375			0.952	9.525
1/2	0.500			1.270	12.700
5/8	0.625			1.587	15.875
3/4	0.750			1.905	19.050
1	1.000			2.540	25.400
1 1/4	1.250			3.175	31.750
1 1/2	1.500			3.810	38.100
1 3/4	1.750			4.445	44.450
2	2.000			5.080	50.800
2 1/4	2.250			5.715	57.150
2 1/2	2.500			6.350	63.500
2 3/4	2.750			6.985	69.850
3	3.000			7.620	76.200
3 1/4	3.250			8.255	82.550
3 1/2	3.500			8.890	88.900
3 3/4	3.750			9.525	95.250
4	4.000			10.160	101.600
4 1/4	4.250			10.795	107.950
4 1/2	4.500			11.430	114.300
4 3/4	4.750			12.065	120.650
5	5.000			12.700	127.000
5 1/4	5.250			13.335	133.350
5 1/2	5.500			13.970	139.700
5 3/4	5.750			14.605	146.050
6	6.000	1/2 英尺		15.240	152.400
6 1/4	6.250			15.875	158.750
6 1/2	6.500			16.510	165.100
6 3/4	6.750			17.145	171.450
7	7.000			17.780	177.800
7 1/4	7.250			18.415	184.150
7 1/2	7.500			19.050	190.500
7 3/4	7.750			19.685	196.850
8	8.000			20.320	203.200
8 1/4	8.250			20.955	209.550
8 1/2	8.500			21.590	215.900
8 3/4	8.750			22.225	222.500
9	9.000			22.860	228.600
9 1/4	9.250			23.495	234.950
9 1/2	9.500			24.130	241.300
9 3/4	9.750			24.765	247.650
10	10.000			25.400	254.000
10 1/4	10.250			26.035	260.350
10 1/2	10.500			26.670	266.700
10 3/4	10.750			27.305	273.050
11	11.000			27.940	279.400
11 1/4	11.250			28.575	285.750
11 1/2	11.500			29.210	292.100
11 3/4	11.750			29.845	298.450
12	12.000	1 英尺		30.480	304.800
24	24.000	2 英尺		60.960	609.600
36	36.000	3 英尺	1 码	91.440	914.400
48	48.000	4 英尺		121.920	1219.200
60	60.000	5 英尺		152.400	1524.000
96	96.000	8 英尺		243.840	2438.400
108	108.000	9 英尺	3 码	274.320	2743.200
120	120.000	10 英尺		304.800	3048.000